TRAITÉ

DE LA

FABRICATION DU SUCRE

DE BETTERAVE ET DE CANNE

PAR MM.

L. BEAUDET, H. PELLET

ET

Ch. SAILLARD

INGÉNIEURS-CHIMISTES DE SUCRERIE

TOME PREMIER

212 FIGURES DANS LE TEXTE

PARIS

LIBRAIRIE GÉNÉRALE SCIENTIFIQUE & INDUSTRIELLE

H. DESFORGES

ACQUÉREUR DE LA LIBRAIRIE INDUSTRIELLE L. FRITSCH

39, Quai des Grands-Augustins, 39

1894

TRAITÉ

DE LA

FABRICATION DU SUCRE

TYPOGRAPHIE

EDMOND MONNOYER

AU MANS (Sarthe)

TRAITÉ

DE LA

FABRICATION DU SUCRE

DE BETTERAVE ET DE CANNE

PAR MM.

L. BEAUDET, H. PELLET

Ch. SAILLARD

INGÉNIEURS – CHIMISTES DE SUCRERIE

TOME PREMIER

212 FIGURES DANS LE TEXTE

PARIS

LIBRAIRIE GÉNÉRALE SCIENTIFIQUE & INDUSTRIELLE

H. DESFORGES

ACQUÉREUR DE LA LIBRAIRIE INDUSTRIELLE J. FRITSCH

39, Quai des Grands-Augustins, 39

—

1894

PRÉFACE

L'industrie sucrière a subi depuis une dizaine d'années une série de transformations sans exemple. Les inventions nouvelles, les perfectionnements des appareils et des procédés de fabrication se succèdent et se refoulent, parfois avec une rapidité extraordinaire. Dans ces conditions, les ouvrages existant sur la matière vieillissent vite, et la jeune génération qui demande aux traités spéciaux des enseignements propres à la guider, n'y trouve pas ce qu'elle cherche. Le besoin d'un ouvrage nouveau, ne laissant rien à désirer au point de vue scientifique, très complet au point de vue des découvertes les plus récentes, soit dans l'outillage, soit dans les procédés de fabrication, se faisait donc sentir ; aussi la demande d'un guide de ce genre était-elle depuis quelques années très considérable. Mais que d'obstacles à surmonter, que de difficultés à vaincre, quelle somme énorme de travail à fournir pour créer un ouvrage complet et réellement neuf ! Il était réservé à nos auteurs de mener à bien ce travail, à l'achèvement duquel ils ont apporté toute la compétence qu'on leur connaît. Nous avons la confiance que tous ceux qui étudieront cet ouvrage leur rendront cette justice que le but a été pleinement atteint, du moins pour le moment, car la science fait chaque jour de nouveaux progrès et ce n'est pas à elle qu'il faut dire : « Tu n'iras pas plus loin ! »

M. Beaudet s'est plus particulièrement occupé de la fabrication du sucre de betteraves et du contrôle chimique. M. Pellet a écrit un chapitre magistral sur la sélection des betteraves et enfin M. Saillard a traité avec tout le développement que permettait notre cadre la partie concernant la fabrication du sucre de cannes.

Le second volume, qui est sous presse, était destiné à paraître en même temps que le premier ; mais un cas de force majeure a empêché un de nos collaborateurs de nous remettre en temps voulu une partie essentielle du manuscrit.

Nous avons beaucoup regretté ce contre-temps, mais pour ne pas retarder davantage l'apparition de l'ouvrage, nous avons préféré livrer au public le premier volume ; nous serons, du reste, en mesure de pouvoir offrir le second à bref délai.

Ce second volume contiendra un exposé très complet du travail des mélasses et du raffinage en fabrique, avec descriptions et plans d'installation pris sur place ; viendra ensuite le contrôle chimique de la fabrication, la sélection des betteraves, et enfin la fabrication du sucre de cannes.

Qu'il nous soit permis de témoigner ici toute notre reconnaissance aux nombreux spécialistes qui ont bien voulu nous aider de leurs conseils soit pour le fond, soit pour l'illustration de l'ouvrage. Nous voudrions citer des noms ; mais, en vérité, la liste en serait longue et nous savons que ce qu'ils demandent avant tout, c'est de fournir en savants modestes, leur part pour le développement de l'industrie à laquelle ils ont voué leur existence.

L'ÉDITEUR.

TABLE DES MATIÈRES

PREMIÈRE PARTIE

FABRICATION DU SUCRE DE BETTERAVES

CHAPITRE I. — LE SUCRE. — SES PROPRIÉTÉS

CHAPITRE II. — LA BETTERAVE A SUCRE

CHAPITRE VIII. — DE LA FILTRATION

CHAPITRE IX. — L'ÉVAPORATION

CHAPITRE X. — LA CUITE

CHAPITRE XI. — TURBINAGE

CHAPITRE XII. — TRAVAIL DES BAS PRODUITS

TABLE DES GRAVURES

(1) Construit par la Cie du frein Westinghouse dans ses nouveaux établissements de Freinville, à Sevran-Livry. — Représentants : MM. Rogers et Boulte, à Paris.

CHAPITRE PREMIER

LE SUCRE. — SES PROPRIÉTÉS

Le sucre que l'on extrait de la betterave, de la canne et de quelques autres plantes, « la saccharose » ou sucre de canne est, au point de vue chimique, un hydrate de carbone.

Les sucres en général ou hydrates de carbone sont très répandus dans les plantes, dont ils forment les principaux constituants ; ils sont composés de carbone, d'hydrogène et d'oxygène, ces deux derniers se trouvant dans les mêmes proportions que dans l'eau ; ils ont par conséquent pour formule

$$C^x H^{2n} O^n$$

Ces corps peuvent se diviser en quatre groupes :

1er groupe : les *glucoses*, qui ont pour formule :

$$C^6 H^{12} O^6$$

2e groupe : les *bisaccharates*, qui ont pour formule :

$$C^{12} H^{22} O^{11} = 2(C^6 H^{12} O^6) - H^2 O$$

3e groupe : le *trisaccharate*, la raffinose, qui a pour formule :

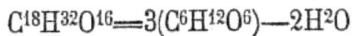

$$C^{18} H^{32} O^{16} = 3(C^6 H^{12} O^6) - 2H^2 O$$

4e groupe : les *polysaccharates*, qui ont pour formule :

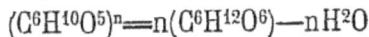

$$(C^6 H^{10} O^5)^n = n(C^6 H^{12} O^6) - n H^2 O$$

Dans le 1er groupe, les glucoses, nous trouvons les corps suivants :

Lévulose	Inosite
Dextrose ou glucose	Dambonite ou dambose
Galactose ou lactose	Méthylenitane
Sorbine	

Dans le 2e groupe, les bisaccharates ou bioses :

Saccharose ou sucre de canne   Tréhalose
Lactose ou lactine ou sucre de lait   Mélézitose
Maltose

Dans le 3e groupe, le trisaccharate :

Raffinose ou mélitose

Et enfin dans le 4e groupe, les polysaccharates :

Amidon   Glycogène
Paramylon   Dextrine
Lichénine   Cellulose
Inuline

Parmi tous ces sucres nous ne passerons en revue que ceux qui ont un intérêt direct pour le fabricant de sucre, savoir : la lévulose, la glucose, la saccharose, la raffinose, la cellulose.

LÉVULOSE — $C^6H^{12}O^6$

Préparation. — Dubrunfaut indique la préparation suivante :

Mélanger 10 grammes de sucre interverti (mélange de glucose et de lévulose), 6 grammes de chaux hydratée et 100 grammes d'eau. Agiter jusqu'à obtention d'une masse pâteuse, presser dans une toile : le glucosate de chaux reste sur cette dernière, tandis que le lévulosate la traverse ; le recueillir, le laver et le décomposer par l'acide oxalique, évaporer et purifier par une série de lavages à l'alcool ; on obtient un sirop qui a été longtemps considéré à tort comme incristallisable.

On peut encore préparer la lévulose en faisant fermenter du sucre interverti ; la glucose fermente d'abord ; si on interrompt cette fermentation après disparition de plus de la moitié de la substance dissoute, la lévulose reste seule, ou à peu près seule en solution.

D'après Bouchardat, en soumettant l'inuline à l'action prolongée de l'eau bouillante, on obtient la lévulose, alors appelée sucre d'inuline.

Propriétés physiques. — Comme nous le disions plus haut, la lévulose peut être obtenue cristallisée ; elle présente alors l'aspect de cristaux brillants qui atteignent parfois jusqu'à un centimètre de côté ; à cet effet, on fait cristalliser une solution de lévulose dans l'alcool absolu.

Ces cristaux fondent à 95°, ils sont très solubles dans l'eau et l'alcool.

Une solution de lévulose à 20 0/0 possède, à 20°C, un pouvoir rotatoire de

$$[\alpha]D = -71,4 ;$$

ce pouvoir diminue très rapidement avec la température ; il en est de même en présence de l'alcool. D'après Winter il se formerait en solution dans l'alcool absolu un éthylate de lévulose

$$C^6H^{11}(C^2H^5)O^6.$$

Propriétés chimiques. — La lévulose forme avec la chaux une combinaison peu soluble, cristallisée en aiguilles microscopiques.

Avec le plomb on obtient le composé

$$C^6H^{12}O^62. (PbO,H^2O)$$

En présence des alcalis et sous l'action de la chaleur, la lévulose est détruite.

La lévulose précipite le cuivre d'une solution de sulfate de cuivre dans de la lessive de potasse ou de soude, et cela surtout sous l'action de la chaleur.

Comme nous le verrons plus loin en nous occupant du sucre interverti, la lévulose subit la fermentation alcoolique en présence de la levure.

GLUCOSE $C^6H^{12}O^6$

La glucose, aussi appelée dextrose, sucre de raisin, fut ainsi nommée par Dumas du mot grec γλυκυς doux ; sa composition fut déterminée par de Saussure et Proust.

Lowitz en 1792 et Proust ont découvert, le premier dans le miel, le deuxième dans le sucre de raisin, la présence d'un sucre autre que la saccharose. Kirchhoff en 1811 obtint la glucose par l'action de l'acide sulfurique sur l'amidon, et Braconnot par l'action du même acide sur la cellulose.

Préparation. — Par le miel : délayer du miel cristallin dans de l'alcool froid, presser pour chasser la lévulose qui se trouve en solution ; reprendre le résidu, le laver plusieurs fois à l'alcool froid et le faire cristalliser plusieurs fois dans l'alcool bouillant à 85°.

Par le jus de raisin : laisser reposer le jus, le décanter, le chauffer légèrement et ajouter de la poudre de craie afin de neutraliser l'acide tartrique qu'il contient, laisser reposer de nouveau et décanter pour éliminer le tartrate de chaux, clarifier avec du sang, décanter une dernière fois, concentrer et faire cristalliser en couche mince.

Par l'amidon : faire bouillir de l'amidon avec de l'acide sulfurique jusqu'à transformation complète ; neutraliser l'excès d'acide par le carbonate de chaux, décolorer par le noir, filtrer et concentrer, laisser enfin cristalliser.

Par la cellulose : on peut encore opérer d'une façon analogue avec la cellulose.

Par l'urine diabétique : la glucose peut encore être extraite de l'urine diabétique par cristallisation après défécation par le sous-acétate de plomb et filtration.

Propriétés physiques. — La glucose cristallisée contient une molécule d'eau $C^6H^{12}O^6,H^2O$; elle se présente sous la forme de petits cristaux blancs, opaques.

Pour obtenir des cristaux analogues à ceux du sucre ordinaire, Soxhlet indique le moyen suivant : faire cristalliser la glucose de sa solution dans l'alcool méthylique à une température supérieure à 30°, on obtiendra de cette manière des cristaux hydratés ou anhydres.

La glucose cristallisée fond à 80° et perd son eau de cristallisation à 100°.

A 170° la glucose se décompose, perd une molécule d'eau et se transforme en glucosane ; à une température plus élevée, elle donne naissance à du caramel.

La glucose est soluble en toutes proportions dans l'eau bouillante ; à la température ordinaire une partie d'eau dissout 3 parties de glucose.

Deux solutions, l'une de glucose, l'autre de saccharose de même teneur, ont à peu près la même densité.

La glucose est d'autant plus soluble dans l'alcool que celui-ci est plus dilué.

Le pouvoir édulcorant de la glucose est sensiblement moitié moindre que celui de la saccharose.

La glucose, aussi appelée pour cette raison dextrose, dévie à droite le plan de la lumière polarisée.

Suivant Tollens, le pouvoir rotatoire d'une solution de glucose à n 0/0 est donné par la formule

$$[\alpha]D = 47°,92541 + 0,015534n + 0,0003883n^2$$

Enfin d'après Soxhlet, la glucose anhydre en solution à 18,6211 0/0 offre un pouvoir rotatoire égal à :

$$[\alpha]D = 52°,85$$

Une solution de glucose cristallisée n'offre un pouvoir rotatoire constant qu'au bout d'un temps assez long, au début il est bien supérieur ; si on se sert au contraire de glucose fondue, on obtient immédiatement le pouvoir rotatoire exact.

Propriétés chimiques. — On connaît deux hydrates du glucose qui ont pour formule, l'un

$$C^6H^{12}O^6, H^2O$$

l'autre

$$2(C^6H^{12}O^6)H^2O$$

En présence des alcalis et sous l'action de la chaleur, la glucose est détruite ; elle donne naissance, d'après Schützenberger, à de l'acide glucique et de l'acide mélassique brun et, d'après Berthelot, à de la pyrocatéchine.

On peut obtenir deux glucosates de baryte, l'un $C^6H^{10}BaO^6$, l'autre $4(C^6H^{11}O^6)Ba^2, BaO + 6H^2O$, le premier en versant une solution alcoolique de baryte dans un excès d'une solution alcoolique de glucose, et le deuxième en versant une solution de glucose dans l'esprit de bois dilué dans une solution méthylique de baryte.

La glucose en solution forme, en présence de la chaux, un glucosate de chaux précipitable par l'alcool ; ce glucosate est soluble dans l'eau et l'alcool dilué.

La glucose donne avec le plomb deux glucosates, l'un

$$(C^6H^9O^6)2Pb^3, 4H^2O$$

l'autre

$$C^6H^8Pb^2O^6$$

Le premier s'obtient en versant une solution ammoniacale d'acétate de plomb dans un excès de solution de glucose ; l'autre en dissolvant 20 parties de glucose et 35 parties d'acétate neutre de plomb dans 400 parties d'eau et en ajoutant 25 parties d'ammoniaque.

Les sels de cuivre servent à reconnaître et même à doser la glucose : à cet effet, on se sert d'une solution de sulfate de cuivre en présence de potasse ou de soude, des traces de glucose donnent à l'ébullition un précipité rouge d'oxyde de cuivre.

La glucose donne deux composés avec le chlorure de sodium,

$$2(C^6H^{12}O^6)NaCl + H^2O$$

l'autre

$$C^6H^{12}O^6.NaCl + 1/2H^2O$$

qui s'obtiennent en faisant agir le sel marin sur l'urine diabétique.

Le bromure de sodium donne aussi un composé

$$2C^6H^{12}O^6.BrNa$$

A l'ébullition en présence des acides sulfurique et chlorhydrique étendus, la glucose se transforme en produits bruns, ulmine et acide ulmique.

L'acide sulfurique concentré la transforme en donnant naissance à de l'acide sulfoglucique.

L'acide nitrique concentré à froid donne de la nitroglucose, et, étendu à chaud, de l'acide oxalique et de l'acide oxysaccharique.

Comme la lévulose, la glucose subit la fermentation alcoolique en présence de la levure.

SACCHAROSE OU SUCRE DE CANNE $C^{12}H^{22}O^{11}$

Le sucre de canne ou saccharose, que nous appellerons simplement « sucre », était connu des Chinois dès la plus haute antiquité. L'extraction du sucre de la canne fut d'abord pratiquée en Arabie et en Egypte, puis cette industrie fut introduite en Sicile vers 1230, ensuite aux îles Canaries et enfin en Amérique. Sous Louis XIV,

Colbert acheta une partie des Antilles où se développa rapidement l'industrie du sucre.

C'est un allemand, Margraff, qui en 1747 reconnut dans la belterave la présence d'un sucre extractible; puis Achard, descendant d'émigrés Français, reprit les travaux de Margraff et établit en Allemagne une petite fabrique de sucre.

On rencontre encore le sucre dans le sorgho, la garance, un assez grand nombre de racines, dans le tronc de quelques arbres et dans les fruits, mais en proportion parfois peu importante car il est assez rapidement interverti sous l'action d'un ferment que ceux-ci renferment.

Propriétés physiques. — Le sucre cristallise avec une grande facilité. Pour obtenir de beaux cristaux, il suffit de placer dans un cristallisoir une couche mince de sirop de sucre et de laisser en repos.

Les cristaux de sucre font partie du système monoclinique, ce sont des prismes rhomboïdaux obliques, hémiédriques à six faces terminées par des pyramides.

La densité du sucre est 1,606; il est soluble dans l'eau et sa solubilité varie avec la température :

Solubilité du sucre dans l'eau

TEMPÉRATURE DE LA solution en 0° C.	SUCRE DISSOUS %	TEMPÉRATURE DE LA solution 0° C.	SUCRE DISSOUS %
0	65.0	30	69.8
5	65.2	35	72.4
10	65.6	40	75.8
15	66.1	45	79.2
20	67.0	50	82.7
25	68.2		

Le sucre est aussi soluble dans l'alcool étendu, insoluble dans l'alcool absolu à 0° C.

Solubilité du sucre dans l'alcool, d'après Flourens

RICHESSE alcoolique DU DISSOLVANT	A 0°		A 14°		A 40°
	DENSITÉS A 17° 5	SUCRE % cc gr.	DENSITÉS A 17° 5	SUCRE % cc gr.	SUCRE % cc gr.
0	1.3248	85.8	1.3258	87.5	105.2
10	1.2991	80.7	1.3000	81.5	95.2
20	1.2360	74.2	1.2662	74.5	90.0
30	1.2293	65.5	1.2327	67.9	82.2
40	1.1823	56.7	1.1848	58.0	74.9
50	1.1294	45.9	1.1305	47.1	63.4
60	1.0500	32.9	1.0582	33.9	49.9
70	0.9721	18.2	0.9746	18.8	31.4
80	0.8931	6.4	0.8953	6. 6	13.3
90	0.8369	0.7	0.8376	0.9	2.3
97.4	0.8062	0.08	0.08082	0.36	0.5
100		0.0			

Le point d'ébullition d'une solution sucrée varie avec sa concentration.

Une solution à 10 p. cent entre en ébullition à 100,4 c.

—	20	—	100,6
—	30	—	101,0
—	40	—	101,5
—	50	—	102,0
—	60	—	103,0
—	70	—	106,5
—	90,8	—	130

Plus une solution sucrée est riche en sucre, plus elle est dense; c'est sur ce phénomène qu'est basé le dosage du sucre par les densimètres (voir Analyses).

Si on chauffe du sucre à 160° on obtient un liquide clair qui par le refroidissement donne une masse amorphe (sucre d'orge), si on maintient la température pendant quelque temps à 160°, le sucre se décompose en glucose et lévulosane.

$$C^{12}H^{22}O^{11} = C^6H^{12}O^6 + C^6H^{10}O^5$$

Si on continue de chauffer jusqu'à 210° il se dégage de l'eau; à cette température on obtient le caramel et l'assamar; au-dessus de 210° il y a distillation d'acide acétique, d'acétone, d'aldéhyde et d'huiles brunes, on obtient alors du charbon comme résidu.

Les solutions de sucre dans l'eau dévient à droite le plan de polarisation.

$$[\alpha]D = +67,31$$

Propriétés chimiques. — Action des acides — L'acide sulfurique concentré mis en présence du sucre le décompose sous l'action de la chaleur : la masse se boursoufle, on obtient comme résidu du charbon, tandis qu'il y a dégagement d'acide sulfureux.

L'acide chlorhydrique concentré décompose également le sucre.

L'acide nitrique l'oxyde et donne naissance aux acides oxalique, saccharique et tartrique.

Un mélange d'acide nitrique et d'acide sulfurique concentrés mis en présence du sucre le transforment en nitrosaccharose.

D'après Berthelot, si l'on fait agir à 100° l'acide tartrique sur le sucre, on obtient l'acide saccharosotétratartrique.

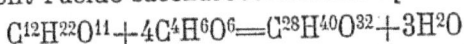

$$C^{12}H^{22}O^{11} + 4C^{4}H^{6}O^{6} = C^{28}H^{40}O^{32} + 3H^{2}O$$

Sucre interverti. — Si au lieu de faire agir sur le sucre des acides concentrés on fait agir sur une solution sucrée des acides étendus, on obtient du sucre interverti qui est un mélange de glucose et de lévulose.

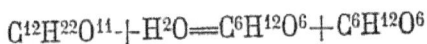

$$C^{12}H^{22}O^{11} + H^{2}O = C^{6}H^{12}O^{6} + C^{6}H^{12}O^{6}$$

Du sucre en solution est aussi interverti par l'action d'une ébullition prolongée, mais l'intervention des acides accélère la transformation.

Les auteurs ne sont pas tous d'accord sur l'interversion en solution neutre : Béchamp n'admet la transformation en présence d'eau froide que comme une fermentation, il y aurait toujours dans ce cas formation de moisissures. W. L. Clasen est d'un avis contraire.

En tous cas, il est facile d'empêcher l'altération d'une solution sucrée ; il suffit d'y ajouter certains sels, tels que le chlorure de zinc, le chlorure de calcium, le sulfate de chaux, le nitrate de potasse ; la présence de l'acide phénique à faible dose produirait le même effet.

Les acides organiques, tels que l'acide tartrique et l'acide acétique, produisent aussi l'interversion, mais moins rapidement que les acides sulfurique et chlorhydrique.

L'acide carbonique en présence de l'eau intervertit aussi le sucre.

D'après Herzfeld, si l'on représente par 100 le pouvoir inversif de l'acide chlorhydrique, on aura :

Pour l'acide	carbonique	100
—	azotique	100
—	sulfurique	53,6
—	formique	1,5
—	acétique	0,4
—	lactique	1,0
—	oxalique	18,6
—	citrique	1,7
—	phosphorique	6,2
—	arsénique	4,8

Arrivons maintenant à un autre mode de formation et de destruction du sucre interverti.

Fermentations. — On désigne sous le nom de fermentation la transformation d'un corps organique sous l'influence de microorganismes appelés ferments. Ce mot vient du latin *fervere*, bouillir ; il a été adopté parce que dans plusieurs fermentations le dégagement d'acide carbonique produit des soulèvements qui rappellent l'ébullition.

La fermentation la plus anciennement connue est la fermentation alcoolique des sucres : mais tous ne fermentent pas directement. De ce nombre est la saccharose : avant de fermenter elle s'hydrate et se transforme comme nous l'avons vu plus haut, par exemple sous l'action des acides étendus, en sucre interverti, c'est-à-dire en un mélange de parties égales de glucose et de lévulose ; ce n'est qu'ensuite que la fermentation se produit aux dépens de ces deux corps. Sous l'influence de la levure de bière ils sont transformés en alcool et acide carbonique.

L'intervention des acides n'est cependant pas indispensable, la levure seule produit l'inversion avant de décomposer le sucre interverti et cela grâce à un ferment soluble spécial qu'elle renferme (Berthelot). Ce ferment, étudié par Béchamp, fut appelé par lui *zymase ;* il est connu aussi sous le nom d'invertine.

Le sucre introduit dans l'organisme est inverti par le suc intestinal.

Si on examine la levure de bière au microscope on y remarque une grande quantité de cellules les *Saccharomyces cerevisiæ*,

Le cadre de cet ouvrage ne nous permet pas de nous étendre longuement sur l'étude de la levure ; aussi engagerons-nous le lecteur que ce sujet intéresse à consulter l'ouvrage de M. Schützenberg sur les fermentations.

Les températures les plus favorables à la fermentation sont comprises entre 25° et 30° C. La lumière active la fermentation.

Une quantité d'acide équivalent à 100 fois le poids de l'acide contenu dans la levure arrête la fermentation ; pour l'acide chlorhydrique et l'acide tartrique il faut aller à 200 équivalents.

Les alcalis, mais à doses assez élevées, arrêtent la fermentation.

En ce qui touche l'influence des sels sur la fermentation, nous ne pouvons faire mieux que de donner le tableau suivant de Dumas.

1° La fermentation du sucre est totale, plus ou moins rapide, en présence des sels suivants :

Sulfate de potasse.
Chlorure de potassium.

Phosphate ⎫
Sulfovinate ⎪ de
Sulfométhylate ⎬ potasse
Hyposulfate ⎪
Hyposulfite de chaux.
Formiate ⎫
Tartrate ⎬ de potasse.
Bitartrate ⎭
Phosphate d'ammoniaque.
Sulfate de magnésie.
Chlorure de calcium.
Phosphate de chaux.
Sulfate de chaux.

Sulfocyanure ⎫
Cyanoferrure ⎬ de potassium.
Cyanoferride ⎭
Phosphate ⎫
Sulfate ⎪
Bisulfate ⎬ de soude.
Pyrophosphate ⎪
Lactate ⎭

Chlorure de strontium.
Alun.
Sulfate de zinc.
Sulfate de cuivre au $\frac{1}{40000}$.

2° La fermentation du sucre est partielle, et plus ou moins ralentie, en présence des sels suivants :

Bisulfite ⎫
Nitrate ⎪
Butyrate ⎬ de potassium.
Iodure ⎪
Arséniate ⎭
Sulfite de soude.
Hyposulfite de soude.
Hyposulfite de potasse.
Borax.

Savon blanc.
Nitrate d'ammoniaque.
Tartrate d'ammoniaque.
Sel de seignette.
Chlorure de baryum.
Sulfate ferreux au $\frac{1}{350}$.
Sulfate de manganèse au $\frac{1}{350}$:

3º Interversion plus ou moins avancée du sucre sans fermentation.

Azotite		Sel marin.
Chromate.	de potasse.	Acétate de soude.
Bichromate		Sel ammoniac.
Nitrate de soude.		Cyanure de mercure.

4º Ni interversion, ni fermentation,

| Acétate de potasse. | Monosulfure de sodium. |
| Cyanure de potassium. | |

La fermentation du sucre de canne n'est pas aussi simple que nous l'avons laissé supposer jusqu'ici, elle ne donne pas uniquement naissance à de l'alcool et à de l'acide carbonique.

D'après Pasteur 100 parties de saccharose correspondant à 105,26 de sucre interverti donnent :

Alcool	51,11
Acide carbonique	49,42
Acide succinique	0,67
Glycérine	3,16
Matière cédée à la levure	1,00

En plus de ces corps, on rencontre dans la fermentation alcoolique l'acide acétique. Pasteur expliquait ce fait par une fermentation acétique qui aurait accompagné la fermentation alcoolique ; mais les travaux de Duclaux ont démontré que l'acide acétique est simplement produit par la levure pendant la fermentation alcoolique.

Le sucre interverti est encore susceptible de subir la fermentation lactique, celle-ci peut accompagner la fermentation alcoolique ; elle est exprimée par la formule.

$$C^6H^{12}O^6 = 2C^3H^6O^3$$

Le jus de betteraves fermenté contient de l'acide lactique, il en est souvent de même pour les mélasses qui proviennent d'un mauvais travail.

La température la plus favorable à la fermentation lactique paraît être 35º.

La fermentation lactique peut être accompagnée de la fermentation butyrique ; on peut l'expliquer par la transformation du glucose en acide lactique et de l'acide lactique en acide butyrique, acide carbonique et hydrogène.

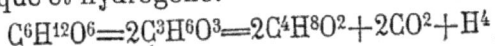

$$C^6H^{12}O^6 = 2C^3H^6O^3 = 2C^4H^8O^2 + 2CO^2 + H^4$$

Le ferment butyrique a la forme de baguettes cylindriques arrondies aux extrémités, d'une longueur variant de 2 à 20 millièmes de millimètre et d'un diamètre de 2 millièmes de millimètre, c'est un infusoire du genre vibrion (Pasteur). Peut encore se produire la fermentation visqueuse ou mannitique qui donne naissance à une gomme, à de la mannite et à de l'acide carbonique ; cette gomme est bien connue des fabricants de sucre qui la désignent sous le nom vulgaire de *frai de grenouille,* elle se rencontre dans le cours d'un mauvais travail et se dépose plus particulièrement sur les filtres à sirops, les glaces du triple effet, les bacs à masse cuite et les osmogènes.

D'après Pasteur 100 parties de sucre fournissent environ 51,09 de mannite, 45,5 de gomme et de l'acide carbonique, ce qui peut s'exprimer par la formule suivante :

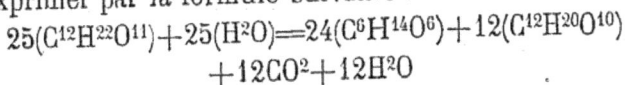

$$25(C^{12}H^{22}O^{11}) + 25(H^2O) = 24(C^6H^{14}O^6) + 12(C^{12}H^{20}O^{10})$$
$$+ 12CO^2 + 12H^2O$$

La température la plus favorable à la fermentation visqueuse est 30°.

Examinons maintenant les principales propriétés de sucre interverti.

Le pouvoir rotatoire spécifique du sucre est $\alpha = -26,6$.

Prenons une solution de saccharose polarisant 100° et intervertissons-la, le pouvoir rotatoire diminuera de plus en plus, arrivera à 0, et nous finirons par avoir une polarisation de 44° à gauche.

La saveur du sucre interverti est plus agréable que celle du sucre de canne, soumis à une longue ébullition il est détruit ; l'influence des alcalis est la même sur le sucre interverti que sur la glucose et la lévulose, il est détruit et plus rapidement à chaud qu'à froid ; de plus, comme ces derniers aussi il peut être recherché est dosé par une liqueur de sulfate de cuivre en présence de potasse et de soude.

Mais continuons l'étude des propriétés chimiques de la saccharose.

Le sucre peut être oxydé, il réduit à chaud les sels de mercure et d'argent, et précipite l'or du chlorure d'or ; le permanganate de potasse en solution acide le transforme en eau et acide carbonique ; la même décomposition a lieu si le sucre reste longtemps soumis au contact de l'air sec ou mieux de l'oxygène sec ; l'air ozonisé par le phosphore agit plus rapidement. L'ozone produit la même transformation, mais lentement et en présence du carbonate de soude.

L'action des alcalis sur le sucre est peu importante. Ceux-ci ne possèdent pas la propriété de détruire la saccharose comme ils détruisent la glucose et la lévulose ; cependant si l'on soumet une solution de sucre a une ébullition très prolongée avec de la potasse et de la soude elle s'altère.

Mais ce qui nous intéresse plus particulièrement au point de vue de la fabrication du sucre, c'est la propriété que possède le sucre de former des sucrates avec diverses bases, il joue dans ce cas le rôle d'un acide.

Sucrates. — Avec la potasse et la soude, la saccharose peut former des composés précipitables par l'alcool et décomposables par les acides.

Avec la baryte on peut former le sucrate.

$$O^{12}H^{22}O^{11}, BaO.$$

Il suffit pour cela de verser de l'eau sucrée dans une solution de baryte et de chauffer, on obtient un précipité cristallin ; dans l'eau froide le composé reste en solution, mais il est précipitable par l'alcool, il est de plus décomposable par l'acide carbonique.

Cette réaction est appliquée dans la sucraterie à la baryte ; à 15° le sucrate de baryte est soluble dans 41 fois son poids d'eau et dans 43 fois ce poids à 100°.

Le sucre et la strontiane fournissent deux sucrates :

Si, à une solution bouillante de sucre on ajoute de la strontiane hydratée de manière à avoir en présence ces deux corps dans la proportion de au moins 2 molécules de strontiane pour 1 de sucre, il se forme un précipité de saccharate de strontiane bibasique,

$$C^{12}H^{22}O^{11}, 2SrO.$$

Ce corps se décompose par refroidissement et donne naissance à un saccharate monobasique.

$$C^{12}H^{22}O^{11}, SrO.$$

A 58°C le saccharate monobasique se décompose.

Scheibler a donné la table suivante relative à la solubilité du saccharate monobasique.

Solubilité du saccharate monobasique de strontiane, d'après Scheibler

TEMPÉRATURE o·C	LE LITRE CONTIENT				DENSITE DE LA solution de Monosaccharate
	SACCHARATE Monobasique gr.	SUCRE gr.	STRONTIANE SrO	STRONTIANE hydratée cristallisée H²SrO²,8H²O	
0	28.4	21.80	6.60	16.93	1.01775
2	30.2	23.18	7.02	18.00	1.01892
4	32.0	24.56	7.44	19.07	1.02000
6	33.9	26.03	7.87	20.21	1.02119
8	35.7	27.41	8.29	21.28	1.02231
10	37.5	28.79	8.71	22.35	1.02344
12	39.5	30.32	9.18	23.54	1.02469
14	41.6	31.93	9.67	24.79	1.02600
16	43.8	33.62	10.18	26.10	1.02738
18	46.2	35.46	10.74	27.53	1.02888
20	48.6	37.31	11.29	28.96	1.03038
22	51.2	39.31	11.89	30.51	1.03200
24	53.9	41.38	12.52	32.12	1.03369
26	56.7	43.53	13.17	33.79	1.03544
28	59.7	45.83	13.87	35.58	1.03731
30	62.7	48.13	14.57	37.37	1.03919
32	65.8	50.51	15.29	39.21	1.04113
34	69.3	53.20	16.10	41.30	1.04331
36	73.2	56.18	17.02	43.62	1.04575
38	77.5	59.49	18.01	46.19	1.04844
40	82.3	63.18	19.12	49.05	1.05144
42	87.8	67.40	20.40	52.33	1.05488
44	93.8	72.01	21.79	55.90	1.05863
46	100.7	77.31	23.39	60.01	1.06294
48	109.7	84.21	25.49	65.38	1.06856
50	121.9	93.58	28.32	72.65	1.07619
52	134.3	103.10	31.20	80.04	1.08394
54	147.0	112.85	34.15	87.61	1.09188
56	162.9	125.05	37.85	97.08	1.10181
58	185.1	142.10	43.00	110.31	1.11569

La chaux forme avec le sucre des combinaisons qui nous intéresseront d'une manière toute spéciale lorsque nous traiterons de la carbonatation et des procédés de sucraterie à la chaux.

La première de ces combinaisons est le sucrate monocalcique
$$C^{11}H^{22}O^{11}CaO.$$

On l'obtient en mélangeant de l'eau sucrée avec un lait de chaux ; après filtration on précipite le sucrate monocalcique par l'alcool, on se trouve alors en présence d'un précipité blanc et cassant ; ou bien, après avoir préparé un mélange d'une solution de sucre avec un excès de lait de chaux on y ajoute du chlorure de magnésium, il se forme alors de l'hydrate de magnésium qui précipite, on filtre et, dans le liquide filtré, on précipite par l'alcool une masse blanche soluble dans l'eau froide et qui, à l'ébullition, donne naissance à du sucrate tricalcique,

Le sucrate monocalcique contient 2 molécules d'eau de cristallisation ; sa formule est donc
$$C^{12}H^{22}O^{11}CaO + 2H^2O.$$

Le sucrate bibalcique a pour formule
$$C^{12}H^{22}O^{11}, 2CaO + 1/2H^2O.$$

On l'obtient en le précipitant par l'alcool d'une solution de sucre accompagnée d'un excès de chaux ; il se présente sous forme de cristaux blancs, solubles dans 33 fois leur poids d'eau et très solubles dans l'eau sucrée.

Si l'on fait bouillir une solution de sucrate bicalcique elle donne naissance à du sucrate tricalcique insoluble, accompagné de sucre et de sucrate bicalcique soluble.

Le sucrate sesquicalcique
$$2C^{12}H^{22}O^{11}, 3CaO$$
se prépare en versant un excès de lait de chaux dans une solution étendue de sucre et en évaporant à sec.

En se reportant à ce qui a été dit au sucrate bicalcique on trouve une manière d'obtenir le sucrate tricalcique :
$$C^{12}H^{22}O^{11}, 3CaO.$$

Insoluble dans l'eau chaude, très peu soluble dans l'eau froide, il est plus soluble en présence d'eau sucrée.

Tous ces sucrates sont décomposables par les acides et en particulier par l'acide carbonique. C'est sur cette propriété qu'est basée la carbonatation.

Le pouvoir rotatoire des sucrates est inférieur à celui qui correspond à la quantité de sucre qu'ils contiennent ; c'est pourquoi, quand on analyse par le polarimètre une liqueur sucrée contenant du sucrate, on décompose préalablement ce dernier par un acide.

De ce que nous venons de dire sur les sucrates, on peut déduire que plus un composé de chaux et de sucre contient de chaux, plus il est soluble ; donc, plus une solution sucrée contient de sucre plus elle peut dissoudre de chaux. Berthelot a publié sur ce sujet un tableau que nous reproduisons ci-dessous.

Solubilité de la chaux dans les solutions sucrées, d'après Berthelot.

SUCRE % cc de solution	CHAUX DISSOUTE à 5 % cc de solution de sucre	PROPORTION DE		PROPORTION DE chaux après soustraction de la chaux dissoute dans l'eau seule	PROPORTION DE sucre après soustraction de la chaux dissoute dans l'eau seule
		CHAUX	SUCRE		
4.850 gr.	1.301 gr.	17.5	82.5	15.4	84.6
2.401	0.484	16.8	83.2	12.3	87.7
2.000	0.433	17.8	82.2	12.5	87.5
1.660	0.364	18.0	82.0	11.5	88.5
1.386	0.326	19.0	81.0	11.4	88.6
1.200	0.316	20.8	79.2	12.2	87.8
1.058	0.281	21.0	79.0	11 2	88.8
0.960	0.264	21.6	78.4	10.8	89.2
0.400	0.194	32.7	67.3	10.3	89.7
0.191	0.172	47.4	52.6	11.2	88.8
0.096	0.154	61.6	38.4	—	—

Certains oxydes métalliques sont solubles dans une solution de sucrate de chaux en présence d'un excès de sucre ; tels sont : les oxydes de magnésium MgO, d'aluminium Al^2O^3, de fer Fe^2O^3, de manganèse Mn^2O^3, de zinc ZnO, de cuivre CuO, etc.

Sucrocarbonates. — Si l'on fait passer un courant d'acide carbonique dans une solution suffisamment dense de sucre et de chaux, l'acide carbonique est retenu et il se forme bientôt une masse gélatineuse appelée par MM. Boivin et Loiseau hydrosucrocarbonate de chaux qui a pour formule

$$3CO^3CaO + C^{12}H^{22}O^{11} 3CaO + 2H^2O$$

M. Horsin-Déon a formé le sucrocarbonate de la formule suivante :

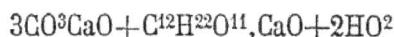

$$3CO^3CaO + C^{12}H^{22}O^{11}, CaO + 2HO^2$$

2

Ces sucrocarbonates sont détruits par un excès d'acide carbonique, par un excès de sucre et sous l'influence d'une température supérieure à celle qui existait lors de leur formation.

Les composés de sucre et de magnésie, s'ils existent, restent encore à étudier.

Examinons maintenant les combinaisons qui peuvent se former avec le sucre et les métaux :

Le cuivre est soluble dans l'eau sucrée en présence de l'air ; il en est de même pour le carbonate de cuivre. Une solution concentrée de sulfate de cuivre et de sucre donne au bout d'un certain temps un précipité bleuté qui a pour formule

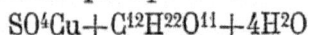

$$SO^4Cu + C^{12}H^{22}O^{11} + 4H^2O$$

L'hydrate d'oxyde de cuivre est soluble en présence d'un excès d'alcali.

Le plomb est soluble dans l'eau sucrée.

Dubrunfaut a préparé le sucrate biplombique $C^{12}H^{18}Pb^2O^{11}$ en faisant bouillir de la litharge en présence d'une solution de sucre ; on peut encore l'obtenir en faisant réagir une solution ammoniacale d'acétate neutre de plomb sur de l'eau sucrée.

Pour obtenir le sucrate triplombique $C^{12}H^{16}Pb^3O^{11}$, il suffit d'ajouter une quantité voulue de potasse ou de soude à un mélange de sucre et d'acétate neutre de plomb, puis de chauffer (Boivin et Loiseau) ; on peut encore le former par un mélange d'acétate de plomb ammoniacal et d'eau sucrée jusqu'à précipité persistant.

Le sucrate triplombique est soluble dans l'eau sucrée, insoluble dans l'eau froide et un peu soluble dans l'eau chaude.

Enfin, on peut obtenir avec le chlorure de sodium les composés suivants :

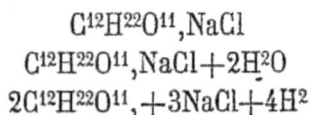

$$C^{12}H^{22}O^{11}, NaCl$$
$$C^{12}H^{22}O^{11}, NaCl + 2H^2O$$
$$2C^{12}H^{22}O^{11}, +3NaCl + 4H^2$$

Avec le chlorure de potassium

$$C^{12}H^{22}O^{11}, KCl$$

Avec l'iodure de sodium

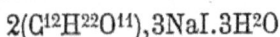

$$2(C^{12}H^{22}O^{11}), 3NaI.3H^2O$$

Avec le bromure de sodium

$$C^{12}H^{22}O^{11}, NaBr + 11/2H^2O$$

Avant de terminer l'étude des propriétés du sucre, il nous reste à dire quelques mots d'un sucre inactif :

Sucre inactif. — Il a été signalé par M. A. Girard dans certains bas produits de sucrerie ; ce sucre n'a aucune action sur la lumière polarisée ; il constituerait un mélange de parasaccharose et de lévulose. La parasaccharose serait elle-même une modification de la saccharose, modification formée par l'action de la chaleur naturelle en présence de phosphate d'ammonium et de sodium, et la transformation serait due au ferment *Torula Pastoris* (Jodin).

D'après M. Horsin-Déon, le sucre en question serait simplement un mélange de glucose et de lévulose dans lequel le pouvoir rotatoire de la glucose serait égal et de signe contraire à celui de la lévulose.

Mais l'explication qui paraît la plus admissible semble découler des travaux de M. Fischer sur la constitution des sucres, travaux dont nous dirons quelques mots plus loin. Il existerait parmi 16 glucoses possibles, deux glucoses dont l'un aurait un pouvoir rotatoire droit égal au pouvoir rotatoire gauche attribué à l'autre ; ces deux glucoses mélangés, molécule pour molécule, donneraient le sucre inactif.

RAFFINOSE OU MÉLITOSE $C^{18}H^{32}O^{16}$.

La raffinose se rencontre en petite quantité dans la betterave et en proportion beaucoup plus grande dans les bas produits de la fabrication du sucre, puisqu'elle est plus soluble que la saccharose ; mais c'est surtout dans les produits de la sucraterie qu'on trouve la raffinose ; c'est sa présence dans les sucres de ces établissements qui produit cette forme allongée qui les a fait surnommer sucres pointus.

La raffinose se rencontre encore dans la manne d'Australie, d'où elle a été extraite par Berthelot.

La présence de la raffinose dans les solutions sucrées fausse leur pouvoir rotatoire, car elle a elle-même pour pouvoir rotatoire

$$\alpha D = 104°$$

Elle cristallise en fines aiguilles entrelacées, elle est plus soluble dans l'eau que la saccharose, moins soluble dans l'alcool, mais très soluble dans l'alcool méthylique.

La composition de la raffinose est représentée par la formule $C^{18}H^{32}O^{16}+2H^2O$.

Tollens a démontré qu'elle est composée de dextrose, de galactose et de lévulose.

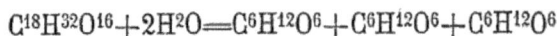

$$C^{18}H^{32}O^{16}+2H^2O=C^6H^{12}O^6+C^6H^{12}O^6+C^6H^{12}O^6$$

En traitant la raffinose par l'acide nitrique on obtient de l'acide mucique ; on peut se baser sur cette réaction pour doser la raffinose dans les bas produits de sucrerie, en traitant par l'acide nitrique et en dosant l'acide mucique ; on peut encore opérer par polarisation et inversion ou par séparation de la saccharose qui est plus soluble dans l'alcool que la raffinose, ou enfin par extraction de la raffinose par l'alcool méthylique.

Sous l'action de la chaleur et dans le vide la raffinose perd son eau de cristallisation ; elle fermente avec la levure et ne réduit pas la liqueur cuivrique.

En présence du sous-acétate de plomb le pouvoir rotatoire de la raffinose serait diminué.

CELLULOSE $(C^6H^{10}O^5)n$

Comme nous l'avons vu plus haut, la cellulose est un polysaccharate, c'est un des principaux constituants des végétaux où elle se forme probablement aux dépens des glucoses ; elle se présente dans les tissus des plantes sous des aspects très différents.

La cellulose pure est blanche, inodore et insipide ; sa densité est 1,525.

Pour doser la cellulose, on se sert du réactif de Schweitzer ; on le prépare de la manière suivante :

Ajouter de la potasse à une solution de sulfate de cuivre ammoniacale, il se forme alors un précipité bleu qu'on lave et dissout dans l'ammoniaque.

Cette liqueur dissout la cellulose.

- Mais il faut distinguer d'après Frémy, trois espèces de cellulose :
1° la cellulose proprement dite qui, comme nous venons de le dire, est soluble dans le réactif de Schweitzer ;

2° La paracellulose qui ne devient soluble dans ce réactif qu'après une ébullition prolongée en présence d'acide chlorhydrique ;

3° La métacellulose insoluble dans la liqueur de Schweitzer, même après ébullition avec l'acide chlorhydrique.

La cellulose est attaquée par les alcalis caustiques, par les acides; son aspect subit des transformations particulières.

En faisant agir, soit à froid, soit à chaud, l'acide nitrique concentré sur la cellulose on obtient, après précipitation par l'eau, les celluloses nitriques, produits très inflammables parmi lesquels on distingue la pyroxyline.

Pour terminer ce chapitre des sucres nous allons donner un extrait d'un travail récent de M. Fischer sur la constitution des sucres, travail qui ouvre de nouveaux horizons sur la chimie organique des hydrates de carbone.

SYNTHÈSE DES SUCRES, D'APRÈS M. FISCHER

Avant d'aborder la synthèse des sucres, réalisée par M. Fischer, résumons en quelques lignes la théorie du carbone asymétrique, imaginée par MM. Lebel et Van'Hoff pour expliquer l'isomérie d'une série de corps, tels que les matières sucrées, possédant les mêmes propriétés chimiques et la même constitution, et qui se différencient uniquement par leurs propriétés physiques, leur action sur la lumière polarisée, par exemple. Ces corps contiennent toujours un atome de carbone combiné à 4 radicaux différents, c'est-à-dire un carbone asymétrique.

Si nous supposons un atome de carbone C placé au centre de gravité d'un tétraèdre dont les sommets sont occupés par les radicaux R^1, R^2, R^3, et R^4, nous voyons que ce tétraèdre ne possède

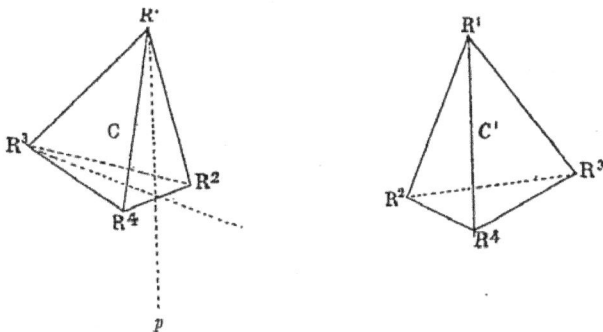

aucun plan de symétrie et n'est pas superposable avec C, son image dans un miroir. On peut donc admettre aisément qu'un composé chimique contenant un tel atome de carbone peut exister en deux isomères C et C¹, agissant également et en sens inverse sur la lumière polarisée. Si deux des radicaux deviennent égaux, R² et R⁴, par exemple, l'atome C acquiert un plan de symétrie p, et de plus est superposable, identique avec son image C (on n'a qu'à retourner C ou C¹, en faisant R¹ R³ de C parallèle à R¹ R³ de C¹). Il est donc évident qu'un corps ne possédant pas de carbone asymétrique ne possède aucun stériaisomère et n'agit pas sur la lumière polarisée.

Si nous considérons une molécule contenant 2 carbones asymétriques

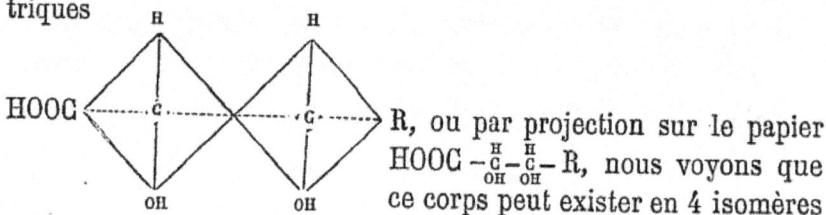

R, ou par projection sur le papier $HOOC - \overset{H}{\underset{OH}{C}} - \overset{H}{\underset{OH}{C}} - R$, nous voyons que ce corps peut exister en 4 isomères agissant 2 par 2 également et en sens inverse sur la lumière polarisée.

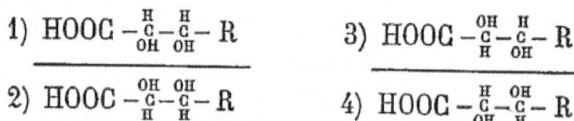

1) $HOOC - \overset{H}{\underset{OH}{C}} - \overset{H}{\underset{OH}{C}} - R$ 3) $HOOC - \overset{OH}{\underset{H}{C}} - \overset{H}{\underset{OH}{C}} - R$

2) $HOOC - \overset{OH}{\underset{H}{C}} - \overset{OH}{\underset{H}{C}} - R$ 4) $HOOC - \overset{H}{\underset{OH}{C}} - \overset{OH}{\underset{H}{C}} - R$

Si nous transformons R en CHOH—R¹, c'est-à-dire si nous introduisons un troisième atome de carbone asymétrique dans la molécule, chacun des 4 isomères se dédoublera.

Le composé 1) par exemple donnera.

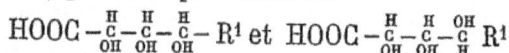

$HOOC - \overset{H}{\underset{OH}{C}} - \overset{H}{\underset{OH}{C}} - \overset{H}{\underset{OH}{C}} - R^1$ et $HOOC - \overset{H}{\underset{OH}{C}} - \overset{H}{\underset{OH}{C}} - \overset{OH}{\underset{H}{C}} - R^1$

Nous pouvons donc dire qu'en général la formation d'un nouvel atome de carbone asymétrique dans une molécule qui en possède déja a pour effet de doubler le nombre de stériaisomères, n étant le nombre de carbones asymétriques ; le nombre d'isomères sera donc de 2^n. Ce nombre n'est qu'un maximum comme nous allons le démontrer. Transformons dans les molécules 1, 2, 3 et 4 R en COOH.

Nous aurons :

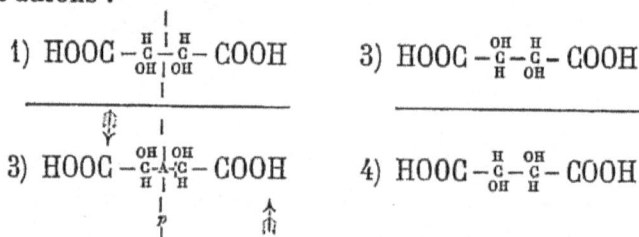

1) $HOOC - \overset{H}{\underset{OH}{C}} - \overset{H}{\underset{OH}{C}} - COOH$ 3) $HOOC - \overset{OH}{\underset{H}{C}} - \overset{H}{\underset{OH}{C}} - COOH$

3) $HOOC - \overset{OH}{\underset{H}{C}} - A - \overset{OH}{\underset{H}{C}} - COOH$ 4) $HOOC - \overset{H}{\underset{OH}{C}} - \overset{OH}{\underset{H}{C}} - COOH$

Nous voyons immédiatement que le composé 1), quoique possédant 2 carbones asymétriques, est symétrique par rapport au plan p. Il sera donc inactif. Le même phénomène a lieu pour 2°). De plus 1°) et 2°) seront superposables; on n'a qu'à retourner pour cela 2) dans le sens de la flèche, A restant fixe. Le corps HOOC CHOH CHOH COOH n'existera donc qu'en 3 isomères, 1), 3) et 4), dont 3 et 4 agiront également et en sens inverse sur la lumière polarisée.

La description détaillée des synthèses de M. Fischer ne pouvant entrer dans le cadre de cet ouvrage, nous ne décrirons que les principaux sucres à chaîne normale.

Fischer appelle *aldoses* les corps ayant la fonction alcool et aldéhyde, et *cétoses* les alcools acétones. Le corps $CH^2OH - CHOH - CHO$ sera donc une aldose, $CH^2OH - COCH^2OH$ une cétose. Les aldoses seront appelées bioses, trioses, tétroses, etc., suivant le nombre de fonctions qu'elles renferment.

1) *Biose.* L'unique biose $CH^2OH-CHO$, l'aldéhyde glycolique, a été obtenue par M. Fischer en saponifiant l'aldéhyde bromé par la baryte à froid. Ce corps réduit la liqueur de Fehling et se colore à chaud par les alcalis, comme toutes les matières sucrées.

2) *Triose.* Glycérose. On l'obtient par oxydation de la glycérine par le brome en présence de carbonate de soude. Elle réduit la liqueur de Fehling et se polyméryse spontanément en donnant a-acrose, une hexose.

4) *Tétrose.* La biose se transforme par condensation en tétrose CH^2OH $CHOH$ $CHOH$ CHO dont la formule n'a pas pu être établie, vu que dans un cas les méthodes de purification connues ont échoué complètement jusqu'à présent.

5) *Pentoses.* On en connaît trois. L'arabinose $CH^2OH - \overset{OH}{\underset{H}{C}} - \overset{OH}{\underset{H}{C}} - \overset{H}{\underset{OH}{C}} - CHO$ a été isolée par Scheibler de la gomme arabique, et la xylose $CH^2OH - \overset{H}{\underset{OH}{C}} - \overset{OH}{\underset{H}{C}} - \overset{H}{\underset{OH}{C}} - CHO$ par Wheeler et Tollens de la sciure de bois.

Par leur réduction on obtient l'arabite active $CH^2OH \overset{OH}{\underset{H}{C}} - \overset{OH}{\underset{H}{C}} - \overset{H}{\underset{OH}{C}} - CH^2OH$ et la xylite $CH^2OH - \overset{H}{\underset{OH}{C}} - \overset{OH}{\underset{H}{C}} - \overset{H}{\underset{OH}{C}} - CH^2OH$, qui est inactive par suite de la symétrie par rapport au carbone central. L'oxydation par l'eau bromée fournit les acides arabonique $CH^2OH - \overset{OH}{\underset{H}{C}} - \overset{OH}{\underset{H}{C}} - \overset{H}{\underset{OH}{C}} - COOH$ et xylonique $CH^2OH - \overset{H}{\underset{OH}{C}} - \overset{OH}{\underset{A}{C}} - \overset{H}{\underset{OH}{C}} - COOH$. Par une oxydation plus énergique par l'acide azotique, on obtient les acides trioxyglutarique de l'arabinose $COOH - \overset{OH}{\underset{OH}{C}}\overset{OH}{\underset{H}{C}}\overset{H}{\underset{H}{C}} - COOH$ actif et de la xylose inactive $COOH - \overset{H}{\underset{OH}{C}}\overset{OH}{\underset{H}{C}}\overset{H}{\underset{OH}{C}} - COOH$. M. Fischer a obtenu une troisième pentose, la ribose $CH^2OH - \overset{OH}{\underset{H}{C}}\overset{OH}{\underset{H}{C}}\overset{H}{\underset{H}{C}} - CHO$, en réduisant l'acide ribonique $CH^2OH - \overset{OH}{\underset{H}{C}}\overset{OH}{\underset{H}{C}}\overset{OH}{\underset{H}{C}} - COOH$ par l'amalgame de sodium en solution faiblement acide. L'acide ribonique est obtenu en chauffant l'acide arabonique en vase clos en présence de pyridine.

$CH^2OH - \overset{OH}{\underset{H}{C}}\overset{OH}{\underset{H}{C}}\overset{H}{\underset{OH}{C}} - COOH$ se transforme en $CH^2OH - \overset{OH}{\underset{H}{C}}\overset{OH}{\underset{H}{C}}\overset{OH}{\underset{H}{C}} - COOH$.

Cette réaction, basée sur la mobilité de l'hydroxyle voisin d'un groupe carboxyle, est commune à tous les corps contenant le groupe $- \overset{H}{\underset{OH}{C}} - COOH$.

L'oxydation de la ribose par l'acide azotique fournit un acide trioxyglutarique inactif $COOH - \overset{OH}{\underset{H}{C}}\overset{OH}{\underset{H}{C}}\overset{OH}{\underset{H}{C}} - COOH$.

6. *Hexoses*. Nous avons vu plus haut que la triose se condense facilement en formant l'a-acrose. Cette dernière se combine avec la phénylhydrazine ; on obtient l'osazone

$$CH^2OH — CHOH — CHOH — CHOH — C — CH$$
$$H — = — =$$
$$C^6H^5 Az — Az — Az — Az — Az — C^6H^5.$$

L'acide chlorhydrique les transforme en glucosane qui nous permet d'obtenir par réduction une cétose, la i-fructose inactive : $CH^2OH — CHOH — CHOH — CHOH — COH^2OH$ par compensation, c'est-à-dire un mélange à quantités égales de l-fructose ou l-lévulose et de d-fructose ou d-lévulose. Remarquons qu'on donne les indices l et d aux isomères stériochimiques agissant également et en sens inverse sur la lumière polarisée.

M. Fischer a donné au composé dextrogyre l'indice d ; mais ayant obtenu ultérieurement certains corps lévogyres se rattachant étroitement par leur constitution aux corps dextrogyres, dans lesquels on pouvait les transformer par des réactions très simples, il a dû conserver pour eux l'indice d ; la d sorbite dextrogyre, par exemple, fournit en passant par l'osazone la lévulose lévogyre, pour laquelle on a conservé la désignation de d-lévulose. Par suite, on a dû appeler l-lévulose son inverse optique, dextrogyre.

Par la fermentation avec la levure de bière, la i-fructose se décompose en d-fructose, lévulose ordinaire, lévogyre, qui est détruite, et en l-fructose ou l-lévulose, son inverse optique qu'on isole du produit de la fermentation.

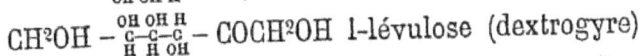

$$CH^2OH - \overset{H \ H \ OH}{\underset{OH \ OH \ H}{C-C-C}} - CO - CH^2OH \text{ d-lévulose (lévogyre)}$$

$$CH^2OH - \overset{OH \ OH \ H}{\underset{H \ H \ OH}{C-C-C}} - COCH^2OH \text{ l-lévulose (dextrogyre)}$$

La i-fructose se transforme par réduction en i-mannite qui, par oxydation, fournit l'acide i-mannonique inactif par compensation, ce dernier est dedoublé en acides l et d mannonique par le sel de strychnine.

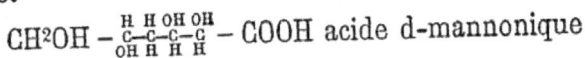

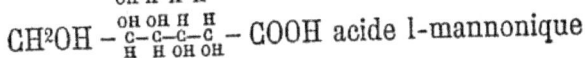

$$CH^2OH - \overset{H \ H \ OH \ OH}{\underset{OH \ H \ H \ H}{C-C-C-C}} - COOH \text{ acide d-mannonique}$$

$$CH^2OH - \overset{OH \ OH \ H \ H}{\underset{H \ H \ OH \ OH}{C-C-C-C}} - COOH \text{ acide l-mannonique}$$

a. *Mannoses.* — On les obtient par réduction des acides mannoniques.

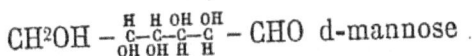

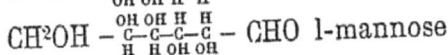

$$CH^2OH - \overset{H \ H \ OH \ OH}{\underset{OH \ OH \ H \ H}{C-C-C-C}} - CHO \text{ d-mannose}$$

$$CH^2OH - \overset{OH \ OH \ H \ H}{\underset{H \ H \ OH \ OH}{C-C-C-C}} - CHO \text{ l-mannose}$$

Leur oxydation fournit les acides d et l-mannosacchariques

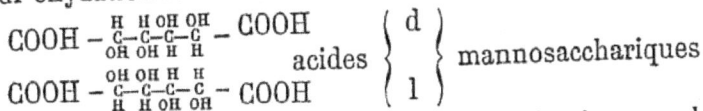

$$COOH - \overset{H \ H \ OH \ OH}{\underset{OH \ OH \ H \ H}{C-C-C-C}} - COOH \qquad \text{acides} \left\{\begin{matrix} d \\ \\ l \end{matrix}\right\} \text{ mannosacchariques}$$

$$COOH - \overset{OH \ OH \ H \ H}{\underset{H \ H \ OH \ OH}{C-C-C-C}} - COOH$$

En traitant la d-mannose par la phenyl-hydrazine on obtient l'osazone et par hydrolyse de ce dernier la d-fructose, la lévulose ordinaire.

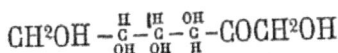

$$CH^2OH - \overset{H \ |H \ OH}{\underset{OH \ OH \ H}{C-C-C}} - COCH^2OH$$

b. *Glucoses.* En chauffant les acides mannoniques en présence de quinoléine (voir ribose) on obtient les acides gluconiques.

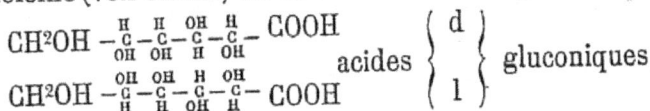

$$CH^2OH - \overset{H \ H \ OH \ H}{\underset{OH \ OH \ H \ OH}{C-C-C-C}} - COOH \qquad \text{acides} \left\{\begin{matrix} d \\ \\ l \end{matrix}\right\} \text{ gluconiques}$$

$$CH^2OH - \overset{OH \ OH \ H \ OH}{\underset{H \ H \ OH \ H}{C-C-C-C}} - COOH$$

et par leur réduction :

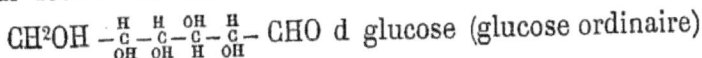

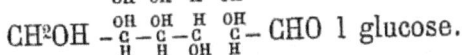

$$CH^2OH - \overset{H \ H \ OH \ H}{\underset{OH \ OH \ H \ OH}{C-C-C-C}} - CHO \text{ d glucose (glucose ordinaire)}$$

$$CH^2OH - \overset{OH \ OH \ H \ OH}{\underset{H \ H \ OH \ H}{C-C-C}} \ C - CHO \text{ l glucose.}$$

Les acides bibasiques correspondants sont les acides d et l sacchariques. La réduction de l'acide d saccharique

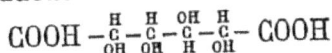

$$COOH - \overset{H \ H \ OH \ H}{\underset{OH \ OH \ H \ OH}{C-C-C-C}} - COOH$$

a fourni un résultat intéressant. On n'obtient pas, comme on aurait pu le supposer, l'acide d gluconique

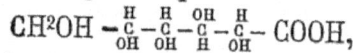

$$CH^2OH - \overset{H}{\underset{OH}{C}} - \overset{H}{\underset{OH}{C}} - \overset{OH}{\underset{H}{C}} - \overset{H}{\underset{OH}{C}} - COOH,$$

mais un nouvel acide, l'acide gluconique

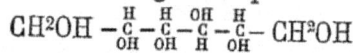

$$CH^2OH - \overset{H}{\underset{OH}{C}} - \overset{H}{\underset{OH}{C}} - \overset{OH}{\underset{H}{C}} - \overset{H}{\underset{OH}{C}} - CH^2OH$$

la réduction se portant sur le carboxyle opposé. L'acide d gulonique,

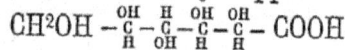

$$CH^2OH - \overset{OH}{\underset{H}{C}} - \overset{H}{\underset{OH}{C}} - \overset{OH}{\underset{H}{C}} - \overset{OH}{\underset{H}{C}} - COOH$$

par retournement de la formule précédente, fournit par la réduction un nouveau sucre, la d gulose

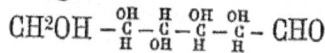

$$CH^2OH - \overset{OH}{\underset{H}{C}} - \overset{H}{\underset{OH}{C}} - \overset{OH}{\underset{H}{C}} - \overset{OH}{\underset{H}{C}} - CHO$$

On obtient son inverse optique par addition d'acide prussique à l'arabinose, et saponification et réduction ultérieure.

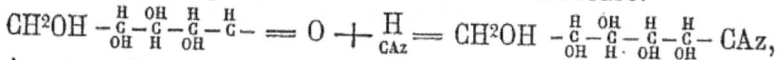

$$CH^2OH - \overset{H}{\underset{OH}{C}} - \overset{OH}{\underset{H}{C}} - \overset{H}{\underset{OH}{C}} - \overset{H}{\underset{}{C}} - = O + \overset{H}{\underset{CAz}{}} = CH^2OH - \overset{H}{\underset{OH}{C}} - \overset{OH}{\underset{H}{C}} - \overset{H}{\underset{OH}{C}} - \overset{H}{\underset{OH}{C}} - CAz,$$

qui se transforme en

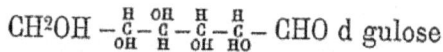

$$CH^2OH - \overset{H}{\underset{OH}{C}} - \overset{OH}{\underset{H}{C}} - \overset{H}{\underset{OH}{C}} - \overset{H}{\underset{HO}{C}} - CHO \text{ d gulose}$$

L'oxydation des guloses et des glucoses fournit les acides sacchariques, leur réduction les sorbites :

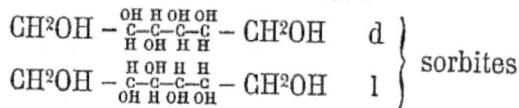

$$CH^2OH - \overset{OH}{\underset{H}{C}} - \overset{H}{\underset{OH}{C}} - \overset{OH}{\underset{H}{C}} - \overset{OH}{\underset{H}{C}} - CH^2OH \quad d$$
$$CH^2OH - \overset{H}{\underset{OH}{C}} - \overset{OH}{\underset{H}{C}} - \overset{H}{\underset{OH}{C}} - \overset{H}{\underset{OH}{C}} - CH^2OH \quad l \quad \Big\} \text{ sorbites}$$

6. *Galactoses.* Les galactoses n'ont pas pu être obtenues jusqu'à présent par synthèse totale.

En condensant la triose, un mélange des deux stiriaisomères probablement, avec la dioxyacétone, on obtient une cétose de laquelle on passe, en employant les méthodes ordinaires, à l'aldose $CH^2OH (CHOH)^4 CHO$. Il y a formation de plusieurs stérioisomères qu'il faut séparer.

Pour l'acide mucique on est conduit à admettre une des deux formules :

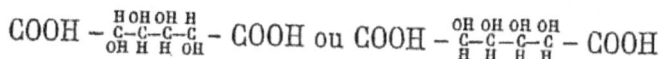

$$COOH - \overset{H}{\underset{OH}{C}} - \overset{OH}{\underset{H}{C}} - \overset{OH}{\underset{H}{C}} - \overset{H}{\underset{OH}{C}} - COOH \text{ ou } COOH - \overset{OH}{\underset{H}{C}} - \overset{OH}{\underset{H}{C}} - \overset{OH}{\underset{H}{C}} - \overset{OH}{\underset{H}{C}} - COOH$$

parce que ces formules seules s'accordent avec l'inactivité optique constatée expérimentalement. On a admis arbitrairement la première.

La formule de l'acide mucique étant symétrique, la réduction se portera indifféremment des deux côtés ; on obtiendra donc un mélange d'acides α et ϐ galactoniques en quantités égales.

Les deux acides sont séparés par leur sel de strychnine.

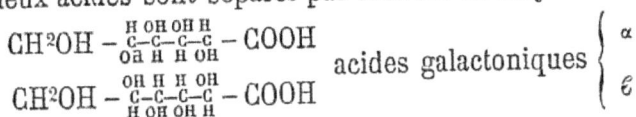

$$CH^2OH - \overset{H\ OH\ OH\ H}{\underset{OH\ H\ H\ OH}{C-C-C-C}} - COOH \qquad \text{acides galactoniques} \left\{ \begin{array}{l} \alpha \\ \\ \epsilon \end{array} \right.$$

$$CH^2OH - \overset{OH\ H\ H\ OH}{\underset{H\ OH\ OH\ H}{C-C-C-C}} - COOH$$

Les galactoses obtenues par réduction sont :

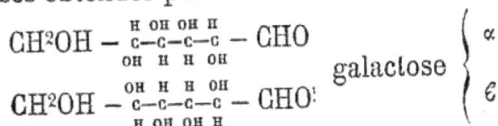

$$CH^2OH - \overset{H\ OH\ OH\ H}{\underset{OH\ H\ H\ OH}{C-C-C-C}} - CHO \qquad \text{galactose} \left\{ \begin{array}{l} \alpha \\ \\ \epsilon \end{array} \right.$$

$$CH^2OH - \overset{OH\ H\ H\ OH}{\underset{H\ OH\ OH\ H}{C-C-C-C}} - CHO$$

Par oxydation, les deux forment le même acide, l'acide mucique, et par réduction, le même alcool, la dulcite :

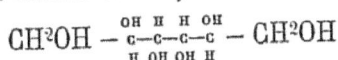

$$CH^2OH - \overset{OH\ H\ H\ OH}{\underset{H\ OH\ OH\ H}{C-C-C-C}} - CH^2OH$$

Nous ne parlerons pas des acides albuminique, talommique, de la talose, etc., que M. Fischer a découverts en employant les réactions génerales ; nous ajouterons seulement pour terminer, quelques mots des sucres à plus de 6 atomes de carbone.

On sait que HCAz se combine avec les aldéhydes en formant des

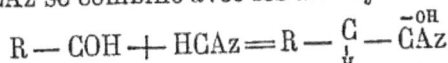

nitriles $\qquad R - COH + HCAz = R - \overset{-OH}{\underset{H}{C}} - \tilde{C}Az$

On obtiendra : $R - \overset{H}{\underset{OH}{C}} - CAz$ ou $R - \overset{HO}{\underset{H}{C}} - CAz$, ou bien un mélange des deux. En saponifiant, CAz se transforme en COOH. Nous obtenons donc un acide contenant un carbone de plus que l'aldéhyde primitive ne contenait. La réduction de cet acide nous fournit l'aldéhyde. C'est la méthode qui a servi à prépaper la gulose à partir de la xylose. Elle a permis de préparer des aldoses jusqu'à 9 atomes de carbone comme la mannononose.

$$CH^2 OH - \overset{H}{\underset{OH}{C}} - \overset{OH}{\underset{H}{C}} - \overset{OH}{\underset{H}{C}} - \overset{H}{\underset{OH}{C}} - (CHOH)^3 - CHO$$

On a constaté en même temps que les sucres à 3, 6 et 9 carbones, seuls, étaient fermentescibles.

Hexobioses. — M. Fischer a trouvé une méthode qui permet de préparer les hexobioses isomères et les saccharoses, consistant à traiter les hexoses par un excès de HCl et de précipiter le sucre ; après un certain temps on purifie en passsant par l'osazone. En soumettant la glucose à cette condensation, il a obtenu l'isomaltose probablement identique avec la gallisine, que Scheibler et Mittelmeier ont trouvée dans l'amidon commercial (1).

(1) *Monit. scientif.* 1893.

CHAPITRE II

LA BETTERAVE A SUCRE

HISTORIQUE

La betterave, *beta cicla* ou *beta vulgaris*, croit spontanément dans les pays méridionaux de l'Europe : on la rencontre principalement sur les côtes, insinuant dans les fentes des falaises ou développant dans les limons argileux ses longues racines, un peu charnues, très sensiblement sucrées et ressemblant beaucoup plus à un bâton de réglisse qu'à une betterave.

Comme plante potagère, la betterave a été connue des Grecs et des Romains; mais ce n'est qu'au xvɪᵉ siècle qu'elle a été importée d'Italie en France et cultivée d'abord dans la région méditerranéenne; elle valut même à la ville de Castelnaudary une certaine célébrité, car en 1605 Olivier de Serres cite les racines de cette plante pour leurs propriétés sucrées.

Dans le cours du xvɪɪɪᵉ siècle, on commence à cultiver les betteraves fourragères; on ne tarde pas de reconnaître les précieuses ressources qu'offrent ces plantes pour l'alimentation du bétail, et on s'efforce de produire de très gros sujets.

De la betterave fourragère à la betterrve industrielle il n'y avait qu'un pas. Il fut bientôt franchi. Dès 1747 Margraff arrive à extraire plus de 6 % de sucre d'une betterave ; quarante ans après cet essai F. Achard établit à Steinau (Allemagne) la première sucrerie de betteraves. Cet exemple devait être bientôt suivi en France. Le blocus continental en fournit l'occasion. A cette époque (1806), le sucre des colonies ne pouvant plus entrer dans nos ports, on se retourna vers la betterave : Delessert reprit et perfectionna les essais d'Achard, puis Mathieu de Dombasle installa la première sucrerie française. Napoléon, qui eut peut-être l'intuition de la puissance féconde dont la jeune industrie renfermait le germe, la favorisa par des subventions et l'exemption complète de tout impôt. Mais bientôt le blocus fut levé, et le sucre colonial inonda nos marchés, les prix s'avilirent et l'industrie betteravière en subit une crise profonde. Elle en triompha et fit ensuite de rapides progrès sous la Restauration et le second Empire. En 1837, on imposa la betterave; un grand nombre d'usines disparurent, celles bien situées purent seules résister. Plus tard, vers 1850, on établit un impôt sur la matière première, ce qui prouve qu'on s'était rendu compte dès cette époque, de l'avantage qu'il y avait à produire des betteraves riches en sucre, tant au point de vue des transports qui ne coûtent pas plus cher pour des betteraves à 15 % de sucre que pour des betteraves à 8 %, qu'au point de vue de la conservation des racines. C'est de cette époque que date l'histoire de la sélection des betteraves. M. de Vilmorin s'était consacré à ce travail dès 1850, et six ans plus tard il avait déjà obtenu des résultats intéressants.

Au point de vue botanique, la betterave appartient à la famille des Chenopodiacées. Elle comprend sept ou huit espèces sauvages qui, grâce aux patientes et laborieuses recherches de nos agronomes, ont donné naissance à un grand nombre de variétés.

Elle est bisannuelle, c'est-à-dire que sa tige pousse, fleurit et porte des semences dans la seconde année, tandis que pendant la première, la plante accumule les substances nécessaires à la fructification.

Les nombreuses variétés de betteraves se distinguent entre elles par la forme, la couleur et l'aspect général des feuilles, ainsi que par la forme et la couleur des racines. Les feuilles sont droites ou tombantes, lisses ou crispées, d'un vert foncé ou clair, et à pétioles à nervures blancs, jaunes, verts ou rouges. Les racines sont fusiformes ou plus ou moins lobées; elles sont entièrement rouges, jaunes, ou blanches, avec épiderme coloré; enfin les couches concentriques de certaines espèces présentent différentes couleurs. La racine, suivant la race, est ou entièrement souterraine, ou plus ou moins émergente.

La betterave a subi, sous l'influence de la culture, de la sélection, du climat, des transformations profondes, non seulement dans sa forme et dans les proportions de ses éléments constitutifs, mais aussi dans son mode de végétation. D'annuelle qu'elle est dans les pays de l'Europe méridionale (Knauer, Rimpau, etc.), elle est devenue bisannuelle dans les régions septentrionales, où elle est cultivée pour les besoins de la fabrication du sucre st de l'alcool.

Les producteurs de graines et les sélecteurs de profession sont parvenus, par une culture raisonnée et une sélection méthodique à créer et à fixer des variétés qui répondent pleinement aux exigences et aux nécessités de la culture et de la fabrication dans les divers pays.

CARACTÈRES DE LA BETTERAVE A SUCRE. — SACCHAROGÉNIE

Une betterave à sucre de bonne qualité doit présenter les caractères physiques suivants, d'après Vivien (1).

« Racine fusiforme, très pivotante, sortant peu de terre, blanche ou rosée; la peau, au lieu d'être lisse, comme dans la betterave fourragère, est rugueuse et souvent plissée circulairement dans toute sa hauteur, comme la peau du crapaud ou du radis gris; suivant les variétés, on remarque un ou le plus souvent pour ne pas dire toujours, deux sillons légèrement contournés en spirales, partant du collet, et mourant à la racine.

« Ces sillons, que nous pouvons appeler *sacchariferes*, sont un indice de qualité; ils sont très remarqués dans les espèces riches en sucre et portent plusieurs radicelles très minces et chevelues; leur profondeur et la multiplicité du chevelu sont des indices de richesse. La chair de la betterave à sucre est blanc mat, serrée et cassante; divisée par le rapage, elle ne donne pas de jus sans pression et les betteraves contiennent d'autant moins de jus qu'elles sont plus riches; les zones concentriques que l'on observe dans une coupe transversale sont toujours au nombre de sept et la betterave est d'autant meilleure que ces zones sont plus équidistantes les unes des autres, et le tissu utriculaire intermédiaire peu volumineux. L'axe ou pivot central est fibreux, dur comme du bois et très accentué, tandis que, dans les betteraves fourragères, il se confond avec la chair; ce pivot est une agglomération de

(1) Vivien, *Traité de fabrication* du sucre, 2ᵉ fascicule.

petits vaisseaux qui établissent la communication entre chaque feuille et les radicelles extrêmes et les plus éloignées composant le chevelu des betteraves; réunis en un faisceau, ils traversent la racine suivant son axe vertical, s'épanouissent dans le collet et apportent dans les feuilles, au contact de l'air, les sucs nutritifs puisés dans la terre. Plus le pivot est fort et ligneux, meilleure est la betterave pour la production du sucre. Les feuilles sont épaisses, vertes et moins abondantes que dans les variétés de la betterave fourragère. »

Une question intéressante au plus haut point est celle du mode de formation du sucre dans la betterave. Cette question a été étudiée par plusieurs chimistes dont il serait trop long de relater ici les travaux par le menu. Il résulte de ces recherches que le sucre est élaboré dans l'appareil foliacé des betteraves, sous l'influence de l'air et de la lumière. Seules les plantes à chlorophylle sont susceptibles d'absorber l'acide carbonique de l'air; cet acide carbonique y est décomposé en carbone qui est fixé, et en oxygène qui est mis en liberté. Ce phénomène ne peut se produire qu'en présence de l'eau contenue dans les feuilles, il ne se manifesterait pas avec des feuilles desséchées. En même temps que se produisent cette absorption d'acide carbonique et cette émission d'oxygène la plante respire, c'est-à-dire qu'il y a absorption d'oxygène de l'air et dégagement d'acide carbonique. Les différentes parties du spectre ont des actions différentes sur ces deux phénomènes : ce sont les radiations lumineuses qui favorisent la décomposition de l'acide carbonique.

Dans les feuilles de la betterave se trouve également de la saccharose.

On peut admettre que ce sucre est directement formé par la chlorophylle ou bien encore qu'il résulte de deux sucres réducteurs combinés ensemble sous l'action des rayons lumineux, ces deux sucres provenant de la condensation de l'aldéhyde méthylique.

La question de la saccharogénie a été étudiée par H. Leplay, nous allons donner quelques extraits d'un travail qu'il a publié sur ce sujet (1).

_____

(1) « Étude chimique sur la formation du sucre » (Bulletin assoc. chimistes).

« La réaction chimique qui produit la transformation organique de l'acide carbonique de l'air absorbé par les feuilles, dit l'auteur, n'est pas la même et ne se produit pas dans le même milieu que la réaction chimique qui donne naissance à la transformation organique de l'acide carbonique du sol.

« La transformation de l'acide carbonique de l'air a lieu dans les feuilles par la dissociation de l'acide carbonique sous l'influence de la lumière du soleil en donnant naissance à de l'oxygène qui se dégage à l'état libre, et par conséquent se produit dans un milieu essentiellement oxygénant, c'est-à-dire dans les feuilles, tandis que la transformation organique de l'acide carbonique du sol a lieu par réduction et se produit dans un milieu essentiellement réducteur, la racine.

« Le carbone provenant de la dissociation de l'acide carbonique de l'air donne naissance au sucre ; tandis que le carbone provenant de la réduction de l'acide carbonique du sol donne naissance aux tissus et aux acides végétaux combinés aux bases, potasse et chaux et aux matières azotées. »

« L'organisation complète de la betterave à sucre, c'est-à-dire de tous les principes qui constituent toutes ses parties, paraît se produire sous l'influence de deux courants ; l'un, *per ascensum*, qui procède des radicelles aux feuilles par l'intermédiaire de la betterave racine et des pétioles, dans lequel courant, l'acide carbonique et les bicarbonates du sol sont transformés en tissus, en acides végétaux, en combinaison avec la potasse et la chaux, en albumine, en azotates et azotites de potasse, répandus dans toutes les parties de la betterave ; l'autre courant, *per descensum*, qui procède des feuilles à la racine par l'intermédiaire des pétioles, dans lequel l'acide carbonique de l'air est transformé en sucre qui se fixe dans la racine.

« L'explication de la décomposition de l'acide carbonique par les feuilles, par la force de dissociation, trouve son analogie et se trouve ainsi justifiée par les phénomènes de dissociation de l'acide carbonique et autres composés et signalés pour la première fois dans la chimie minérale par M. H. Ste-Claire-Deville ; avec cette différence que dans la chimie minérale, la dissociation de l'acide carbonique se produit sous l'influence de la chaleur, tandis que dans les feuilles elle se produit sous l'influence de la lumière du soleil.

« L'explication de la formation du sucre dans le courant *per descensum*, trouve son analogie justifiée par la formation, non pas dans la sève ascendante, mais dans la sève descendante des sucs laiteux, sucrés, résineux, des végétaux qui donnent naissance à ces produits. »

« Les éléments non complètement utilisés dans les réactions chimiques qui ont donné naissance aux tissus, aux acides végétaux, à l'albumine, et aux azotates et azotites de potasse, par les principes du sol absorbés par les radicules ; éléments non utilisés qui consistent : 1° en eau à l'état naissant, ou en les éléments de l'eau, oxygène et hydrogène dans les mêmes proportions que dans l'eau ; 2° en acide carbonique ; 3° en azote ; ont pu contribuer partiellement à la formation du sucre, soit l'acide carbonique en venant s'ajouter à l'acide carbonique de l'air absorbé par les feuilles où il éprouve le même phénomène de dissociation ; soit surtout les éléments de l'eau ou l'eau à l'état naissant en se combinant au carbone résultant de cette dissociation, dans les proportions utiles à la production du sucre.

« Dans ce cas, les réactions chimiques qui donnent naissance à tous les principes organiques constituant les différentes parties de la betterave peuvent être représentées par les formules et l'équation suivante :

$$40\,(C^2O^4, AzH^3) + 28\,(C^2O^4KO) + 1\,(C^2O^4, CAO) + 8\,CO^2 = 3\,(C^{12}H^{11}O^{11})$$

bicarb. d'ammon. + bicarb. de pot. + bicarb. de chaux + ac. carb. de l'air = saccharose

$$+ (C^{12}H^{10}O^{10}\,CAO) + (C^{12}H^{10}O^{10}) + 2\,(C^{10}Az^3H^{31}O^{12}) + (C^4H^3O^3, KO)$$

+ tissus incrustants + cellulose + albumine + acétate de potasse

$$+ C^4H^2O^4, KO + 24\,(AzO^3, KO) + 2\,(Az + O^3KO) + 4\,Az + 83\,O$$

+ malate de potasse + azotate de potasse + azotite de pot. + Az + Oxygène libre de ces deux derniers gaz constituant le seul résidu non utilisé.

« Ces formules et cette équation renferment l'explication, c'est-à-dire la théorie chimique de la végétation de la betterave et de la formation de tous les principes organiques qui constituent toutes ses parties, et même le dégagement par les feuilles d'un résidu composé d'azote et d'oxygène libres, non utilisés dans les réactions produites.

« Ces formules et cette équation représentent bien les réactions chimiques qui donnent naissance aux différents principes organiques contenus dans les différentes parties de la betterave, mais ne peuvent établir les quantités relatives de chacun de ces principes, quantités qui peuvent être modifiées suivant diverses influences et particulièrement suivant les proportions des principes du sol et de l'acide carbonique de l'air mis en présence, et suivant l'intensité des forces qui en opèrent la transformation organique et qui peuvent même donner naissance à des produits secondaires que l'on rencontre souvent dans la betterave, comme la pectine.

« La pectine se forme exactement par une réaction chimique analogue à celle qui produit le sucre comme l'établit l'équation suivante :

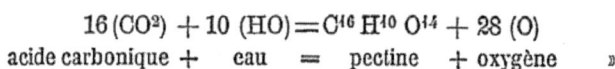

$$16 (CO^2) + 10 (HO) = C^{16} H^{10} O^{14} + 28 (O)$$

acide carbonique +   eau   =   pectine   + oxygène   »

« La pectine peut elle-même sous certaines influences et particulièrement sous l'influence de l'oxygène, se transformer en sucre cristallisable comme l'établissent les formules et l'équation suivantes :

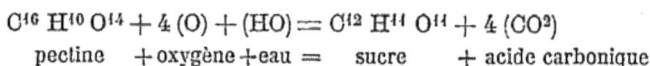

$$C^{16} O^{10} O^{14} + 4 (O) + (HO) = C^{12} H^{11} O^{11} + 4 (CO^2)$$

pectine + oxygène + eau =   sucre   + acide carbonique

« La betterave à sucre étant cultivée surtout en vue de la fabrication du sucre, il est utile de rechercher les influences qui peuvent faciliter le développement du sucre et son accumulation dans la racine et amoindrir le développement des matières autres que le sucre qui peuvent nuire à sa pureté.

« L'accumulation du sucre dans la betterave paraît se produire sous deux influences prépondérantes :

« 1° Une organisation normale parfaite des tissus de chacune des parties de la betterave, racine, pétiole et feuille, caractérisée par une quantité maximum de chaux en combinaison organique avec les tissus de ces différentes parties.

« 2° La prédominance du courant *per descensum* qui fournit le sucre à la betterave (racine) sur le courant *per ascensum* qui enlève toujours une certaine quantité de sucre à la betterave (racine), entraîné dans les feuilles.

« Toutes les influences qui peuvent faire prédominer le courant *per ascensum*, telles que le développement tardif des feuilles, les pluies après une sécheresse prolongée, les jours de chaleur après les jours de pluie, le développement de la betterave en volume, etc., seront nuisibles à l'accumulation du sucre dans la betterave. »

« Toutes les influences, au contraire, qui peuvent diminuer ou même arrêter le courant *per ascensum* comme l'oblitération des feuilles par les sels à acides organiques et inorganiques, l'altération des feuilles (jaunissement), l'abaissement de la température extérieure, les gelées blanches précoces, contribueront à l'accumulation du sucre dans la betterave (racine). »

C'est depuis cette discussion en 1883, 1884 et 1886, que M. Aimé Girard, dans diverses notes présentées à l'Académie des sciences, a démontré par des analyses très précises, la formation dans les feuilles de betteraves, de la saccharose pendant le jour et de la glucose pendant la nuit (1).

COMPOSITION DE LA BETTERAVE.

En dehors des produits carboniques non azotés et azotés, les betteraves contiennent des sels. Le petit tableau ci-dessous indique la quantité de ces différents sels contenus dans le jus de betteraves, d'après Corenwinder :

Matières minérales dans 1 litre de jus.	Sans engrais.	Engrais chimiques.	Tourteaux.
Chlorure de sodium.....	1,238	0,798	1,611
Potasse................	2,308	2,327	2,315
Soude	0,902	1,125	0,699
Chaux.................	0,216	0,160	0,371
Magnésie.	0,322	0,293	0,231
Acide sulfurique........	0,406	0,201	0,182
— phosphorique.....	0,581	0,657	0,444

La teneur de ces sels varie considérablement suivant les contrées, les engrais employés et la nature du sol.

Au point de vue physique, la betterave se compose de jus que l'on peut extraire par pression, et de marc ou pulpe. Si on coupe une betterave par un plan perpendiculaire à son axe, on remarque des couches concentriques, les unes épidermiques, composées en majeure partie de cellulose, de matières grasses, de sels calcaires et de silice ; les autres formées par un tissu vasculaire enveloppé des zones blanches qui contiennent le sucre.

Si on prélève sur une betterave des petits cylindres en diffé-

(1) *Comptes rendus*, 1883-84 et juin 1886.

rents endroits et que l'on dose le sucre de tous ces petits cylindres, on ne trouvera pas les mêmes résultats; le sucre n'est donc
pas également réparti dans toutes les parties de la même racine.

Voici, d'après M. Baudry, comment serait effectuée cette répartition :

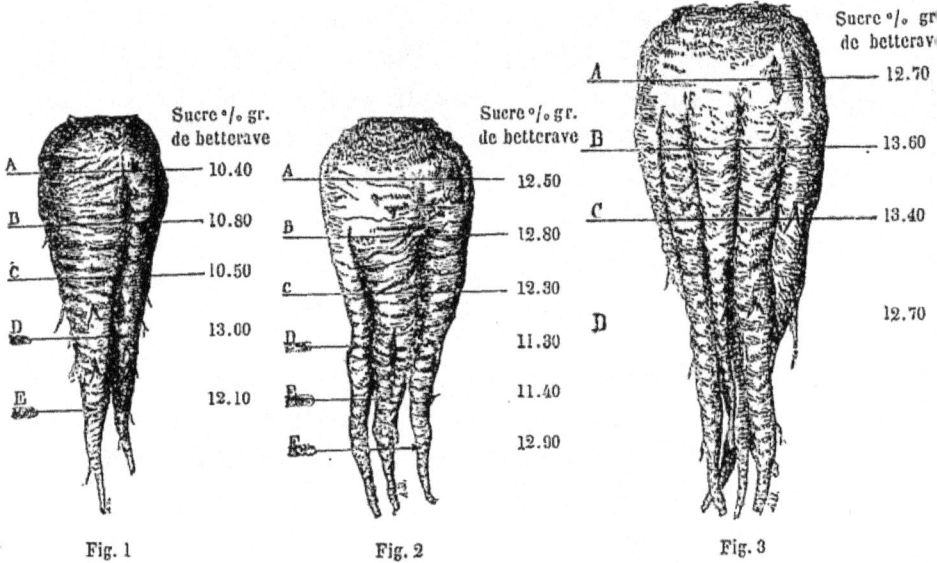

Répartition du sucre dans les betteraves

En découpant une betterave comme nous venons de le voir, une
personne exercée reconnaîtra très facilement si le sujet est riche
ou pauvre en sucre, à l'aspect plus ou moins ligneux de la chaire
et au rapprochement des zones.

En outre des sucres : saccharose, glucose, lévulose, raffinose,
cellulose que nous avons étudiés au chapitre premier et qui se
trouvent dans la betterave, celle-ci renferme encore d'autres corps
plus ou moins connus que nous allons énumérer rapidement.

Les gommes analogues à la gomme arabique, solubles dans
l'eau, insolubles dans l'alcool, précipitables par le sous-acétate de
plomb, décomposables par l'acide azotique en acide oxalique et
acide mucique. En traitant la gomme arabique par les acides faibles
on obtient l'arabinose.

Les matières albuminoïdes $C^{72}H^{112}SAz^{18}O^{22}$. — L'albumine se
coagule par la chaleur, elle est lévogyre, insoluble dans l'alcool et

l'éther. Les alcalis entravent la coagulation de l'albumine; cependant, si après avoir chauffé la solution on neutralise l'alcalinité le phénomène se produit. Dans la diffusion, une partie des matières albuminoïdes passe dans le jus et subit alors dans les différentes opérations subséquentes une série de décompositions qui se manifestent par l'odeur ammoniacale qu'on perçoit en entrant dans une sucrerie.

La *caseïne* végétale est à un peu près insoluble dans l'eau pure, soluble dans les alcalis, les phosphates et carbonates alcalins.

La présence des matières albuminoïdes peut être décelée par le réactif de Millon, préparé par dissolution de mercure dans l'acide nitrique, et décantation du liquide surnageant après cristallisation. En présence des matières albuminoïdes ce liquide se colore en rouge.

L'*acide aspartique* $C^4H^7AzO^4$ cristallise en prismes rhomboïdaux, assez solubles dans l'eau chaude; ils sont lévogyres en solution alcaline et dextrogyres en solution acide. L'aspartate de calcium est soluble dans l'eau et indécomposable par l'acide carbonique.

L'*asparagine* $C^4H^8Az^3O^3$ cristallise avec une partie H^2O en prismes rhomboïdaux blancs, les cristaux sont solubles dans l'eau, insolubles dans l'alcool et l'éther. L'asparagine est lévogyre, mais son pouvoir rotatoire varie avec le dissolvant; son pouvoir rotatoire en solution ammoniacale est.

$$[\alpha]D = -11°,18.$$

L'asparagine, chauffée en solution alcaline (carbonatation), se décompose en ammoniaque et en aspartates.

La *bétaïne* $C^5H^{11}AzO^2$ cristallise de sa solution alcoolique avec une partie H^2O en cristaux hygroscopiques, de réaction neutre; elle n'a pas d'action sur la lumière polarisée et perd son eau de cristallisation à 100°.

La *leucine* est une matière cristalline plus soluble à chaud qu'à froid, qui se rencontre concurremment avec l'asparagine.

L'*acide malique* $C^4H^6O^5$. L'acide malique que l'on rencontre dans la betterave et dans les autres végétaux tourne à gauche le plan de polarisation; celui que l'on prépare artificiellement est inactif. L'acide malique forme avec le plomb un malate de plomb soluble dans un excès d'acétate de plomb.

Le malate de chaux cristallise en lames brillantes, solubles dans l'eau froide; mais si l'on fait bouillir cette solution, le sel se précipite sous forme d'un précipité blanc, grenu.

L'*acide lactique* $C^3H^6O^3$ se produit de la manière que nous avons indiquée en traitant de la fermentation ; il a l'aspect d'un sirop de 1,215 de densité ; il est incristallisable, soluble dans l'eau, l'alcool et l'éther.

Le lactate de chaux $(C^3H^5O^3)^2Ca$ cristallise en masse formée d'aiguilles concentriques qui se dissolvent dans dix parties d'eau froide et qui sont aussi solubles dans l'alcool.

L'*acide citrique* $C^6H^8O^7+H^2O$ cristallise en prismes rhomboïdaux, fond à 100° dans son eau de cristallisation, perd celle-ci à 150° et fond à 153°, se dissout dans 4 parties d'eau à 15° ; il est très soluble dans l'alcool et dans l'éther. Le citrate de chaux tricalcique est soluble à froid et précipite à l'ébullition.

L'*acide oxalique* $C^2O^4H^2,2H^2O$ cristallise en prismes monocliniques transparents qui se dissolvent dans 9 parties d'eau à 15° ; ils sont solubles dans l'alcool, fondent à 212° en chauffant rapidement, et subliment à 150° en chauffant lentement. L'oxalate de calcium C^2O^4,Ca se rencontre dans les cellules de la betterave, il est précipitable par l'oxalate de potasse.

L'*acide acétique* $C^2H^4O^2$, quand il est anhydre, présente l'aspect d'une masse cristalline qui fond à 16° et est soluble dans l'eau en toutes proportions. L'acétate de calcium se rencontre dans beaucoup de végétaux.

L'*acide glucique* $C^{12}H^{18}O^9$ prend naissance à l'ébullition des glucates de potassium, de sodium et de calcium en présence d'un excès de base, mais il se trouve alors à l'état de glucate ; on peut encore l'obtenir en traitant un sucre par un acide concentré ; il est soluble dans l'eau et décomposable à 100°.

Parmi tous ces acides, les uns se combinent avec la chaux en sels insolubles ; d'autres restent dissous dans les jus, soit à l'état de combinaisons calcaires ou autres.

Les tissus de la betterave contiennent encore des *matières pectiques* parmi lesquelles il faut distinguer :

La pectose, principe insoluble dans les dissolvants neutres et qui se transforme en pectine sous l'action des acides dilués et par le fait de la maturation.

La pectine, comme nous venons de le voir, est un produit de transformation de la pectose; c'est un corps qu'on n'a jamais obtenu en cristaux ; il est blanc, soluble dans l'eau, insoluble dans l'alcool, et précipitable par le sous-acétate de plomb. Sous l'influence d'un ferment particulier la pectose, la pectine se transforme en acide pectosique ; les alcalis et les terres alcalines la font passer à l'état d'acide pectique et de pectates ; avec les acides elle donne de l'acide métapectique.

La parapectine est obtenue en traitant la pectine par l'eau bouillante; elle ne diffère de la pectine que par la propriété d'être précipitée par l'acétate neutre de plomb.

La métapectine s'obtient en faisant bouillir longtemps la parapectine en solution légèrement acide ; elle est incolore, soluble dans l'eau, insoluble de l'alcool et précipitée avec le chlorure de baryum, propriété que ne possèdent ni la pectine, ni la parapectine ; elle est de plus légèrement acide.

L'acide pectosique est produit, comme nous l'avons vu, par la pectose sous l'influence de la pectase ou des carbonates alcalins.

C'est un produit gélatineux très peu soluble dans l'eau froide, soluble dans l'eau bouillante et insoluble dans l'eau acidulée; il se transforme très facilement en acide pectique sous l'influence de la pectase, des alcalis et d'une ébullition prolongée lorsqu'il est en solution.

L'acide pectique, matière visqueuse et incolore, est insoluble dans l'eau à toutes températures, il est également insoluble dans l'alcool et dans l'éther. Il est légèrement acide, se transforme en solution aqueuse par une ébullition prolongée en acide métapectique ; on peut aussi obtenir cette transformation en présence des alcalis.

Les pectates de potasse et de soude sont solubles dans l'eau ; les pectates de chaux et de baryte y sont insolubles.

L'acide parapectique est une substance amorphe, précipitable par l'acétate de plomb ; les parapectates de potasse et de soude sont solubles ; ceux de chaux, de baryte et de strontiane sont insolubles.

L'acide métapectique est soluble, ainsi que tous ses sels ; il est précipitable par le sous-acétate de plomb et non par l'acétate neutre ; il est transformable en acides acétique et ulmique.

La teneur en sels des betteraves varie plus ou moins suivant la nature du sol et aussi suivant les engrais employés. C'est pourquoi, il faut éviter l'emploi des sels de potasse comme engrais immédiat de la betterave.

En ce qui concerne l'importance des sels et leur influence sur la cristallisation du sucre, les avis les plus contradictoires ont été émis. Les uns ont prétendu que ce sont les sels qui entravent avant tout la cristallisation du sucre; les autres ont attribué la difficulté de cristallisation à la présence des matières non cristallisables. Les uns et les autres peuvent avoir raison. Ce qui est certain, c'est que les matières non cristallisables du jus entravent la cristallisation du sucre, possèdent un certain pouvoir mélassigène; ce qui est certain aussi, c'est qu'en enlevant la majeure partie des sels à une mélasse, on arrive à la faire cristalliser. L'action des différents sels sur le sucre varie donc vraisemblablement suivant les propriétés de chacun d'eux. Il ressort de ce qui précède, que l'intérêt du fabricant de sucre est d'avoir des betteraves d'une teneur saline peu élevée.

VARIÉTÉS DE BETTERAVES

Les bonnes variétés de betteraves à sucre cultivées dans les différents pays de l'Europe présentent toutes, à un degré plus ou moins élevé, les caractères essentiels que nous avons signalés plus haut.

Le fabricant de sucre doit apporter une grande attention au choix de la variété à adopter; il se guidera, soit sur la connaissance de son terrain de culture, pour n'y introduire que des espèces appropriées à ce terrain, soit sur des essais préliminaires de variétés différentes cultivées sur des parcelles voisines, comme nous l'indiquerons pour l'emploi des engrais, de façon à obtenir, avec le moins de frais possible, l'espèce lui fournissant le maximum de l'élément en vue duquel il dirige sa culture, le sucre.

Une fois le fabricant fixé sur la variété qui lui convient, il s'adressera à une maison de confiance pour se procurer la graine. Celle-ci doit être soumise à un contrôle rigoureux; il faut bien se garder de confondre l'enveloppe corticale de la graine avec la graine elle-même; la grosseur de cette enveloppe n'est pas par elle-même une garantie de la grosseur et de la bonne qualité de la semence qu'elle renferme. La graine de betteraves s'achète au poids, mais sous certaines conditions d'humidité, d'impuretés, de puissance germinative, dont on se rend compte par l'analyse.

La graine qui donne 81 à 112 germes par gramme doit être considérée comme très bonne ; celle qui donne 55 à 80 germes est
bonne, et celle qui ne donne que 40 à 54 germes doit être regardée
comme mauvaise.

Fig. 5. — Betterave en graines.

La teneur en eau de l'enveloppe ne doit pas dépasser 15 0/0 et les impuretés-terre, pierres, etc.), 5 0/0 au maximum. Le nombre de graines par kilogramme qu'il importe aussi de connaître, varie entre 40 et 80.000, limites extrêmes ; une bonne moyenne est 60.000.

Nous citerons ici quelques variétés riches susceptibles d'être adoptées par les fabricants de sucres soucieux de leurs intérêts, les betteraves roses ou à collet rose devant être absolument écartées.

La betterave de race allemande la plus répandue est la *Klein Wanzleben*, elle est estimée des fabricants et des cultivateurs, car tout en étant riche en sucre, elle fournit un rendement cultural assez élevé. D'après M. de Vilmorin, elle donne aisément 34 à 36.000 kg. dans les terres moyennes et dépasse 40.000 kg. dans les circonstances très favorables ; de plus elle contient 12 à 13 0/0 de sucre du poids de la racine, avec une densité de 1066 à 1075. Il nous semble que 40.000 kg. est un bien gros chiffre qui nécessite, en effet, des circonstances très favorables et qu'on rencontre plus souvent des rendements inférieurs à 34.000 kg. Une sucrerie située

dans la Brie, il est vrai, où les rendements sont généralement faibles, mais les betteraves riches, n'obtient généralement que de 24 à 30000 kg. à l'hectare avec la Klein Wauzeben ; la densité y est rarement inférieure à 1072 et arrive souvent à 1085. En résumé, il est très difficile de donner des résultats bien certains, car ils varient suivant les terrains, le climat, l'année et le mode de culture. Nous croyons cependant que tout le monde

Fig. 6. — Betterave blanche à sucre Klein Wanzleben.

est d'accord pour admettre avec M. de Vilmorin que la Klein Wanzleben donne plus de rendement à l'hectare et un peu moins de richesse que la betterave blanche améliorée Vilmorin.

Blanche améliorée Vilmorin. — Laissons le savant agronome, dont cette race porte le nom, en entretenir lui-même le lecteur :

« Constituée dans le principe comme exemple et démonstration scientifique de l'accroissement et de la fixation par sélection d'une qualité spéciale, cette betterave a été faite riche avant d'être travaillée au point de vue de la forme et du volume. »

« Les imperfections qu'elle a présentées longtemps sous le rapport des qualités extérieures lui ont nui et lui nuisent encore dans l'esprit de bien des cultivateurs. A ceux là il convient de dire que depuis près de vingt ans tous les efforts d'amélioration ont tendu à donner à la B. Vilmorin, arrivée depuis longtemps au maximum de richesse qu'une betterave puisse présenter utilement, une forme et un volume qui la rendent vraiment avantageuse à cultiver.

Fig. 7. — Betterave blanche à sucre améliorée Vilmorin.

« ... Ce qui caractérise tout particulièrement la B. améliorée, c'est la prédominance dans sa racine du tissu fibreux ou saccharifère qui donne à sa chair une teinte grisâtre et un aspect qui rappelle celui du bois de chêne... Au point de vue de la conservation, il est reconnu qu'elle conserve sa richesse mieux qu'aucune autre race ; de telle sorte que, dans les fabriques où la B. améliorée Vilmorin ne concourt que pour une part à l'approvisionnement total, on a coutume de la réserver pour la fin de la fabrication comme étant celle qui perdra le moins à attendre (1) ».

« ... Des milliers d'analyses ont constaté chez elle une proportion de sucre pouvant atteindre 16 0/0 et plus du poids de la racine, 18 kg. par hectolitre de jus étant chez elle un produit très ordinaire. »

(1) Le fabricant ne peut guère appliquer ce principe que s'il est son propre cultivateur pour tout ou partie de son approvisionnement.

« La densité du jus est alors de 1082 à 1086...

« ... quant au produit cultural qu'elle peut donner, nous ne voulons pas, par prudence, l'évaluer au-dessus de 30 à 35000 kg. de racines livrables à la fabrique, bien que de nombreuses constatations de rendement agricole en grand et d'innombrables cultures d'essais nous aient démontré qu'on peut très couramment en obtenir à l'hectare plus de 40.000 kg. d'excellentes racines. »

Betterave Brabant. — Reste la betterave Brabant sélectionnée avec soin par différents producteurs de graines. Cette race a joui d'une grande faveur il y a quelques années, mais elle a été peu à peu abandonnée, sa richesse qui n'est que de 11 à 12 0/0 de sucre 0/0 kg. de betteraves ne pouvant plus permettre au fabricant de travailler avec bénéfice.

Fig. 8. — Betterave blanche à sucre française riche (race Fouquier d'Hérouel).

Plusieurs agronomes, entre autres M. Fouquier d'Hérouel et de Vilmorin, désirant chercher à concilier autant que possible les intérêts du fabricant et ceux du cultivateur, ont repris la betterave Brabant et l'ont sensiblement améliorée ; aussi un assez grand nombre de fabricants et de cultivateurs l'ont-ils adoptée depuis 4 à 5 ans. Ainsi modifiée, elle rappelle encore son origine par l'aspect du feuillage, mais elle se rapproche des races améliorées Vilmorin et Klein Wanzleben par ses qualités : elle sort peu ou point de terre, sa peau est rugueuse et son tissu assez serré, elle donne plus de rendement que la Klein Wanzleben, à plus forte raison que la blanche améliorée Vilmorin; mais en revanche elle est généralement un peu moins riche que ces deux dernières.

Les variétés de betteraves, quoique très nombreuses, sont presque toutes issues de celles dont nous venons de parler.

La culture de la betterave à sucre n'est possible que par la réunion de certaines conditions de climat et de terrain; le choix de la graine et les soins les plus minutieux dont on entourera la plante resteront sans effet si ces premières conditions ne sont pas remplies.

TERRAIN

Quels sont les caractères d'une bonne terre à betteraves, c'est-à-dire d'une terre pouvant fournir un rendement quantitatif et qualitatif satisfaisant? D'une manière générale on peut dire que les bonnes terres à blé et à seigle sont très propres à ce genre de culture. La betterave à sucre a une forme pivotante plus ou moins accusée, le pivot s'enfonce plus ou moins dans le sol, et les racines qui pivotent le mieux sont les plus riches en sucre et les plus avantageuses au point de vue cultural.

Plantée dans un terrain résistant, caillouteux, peu friable, n'ayant qu'une faible épaisseur de terre arable, la betterave ne peut se développer en profondeur; elle devient racineuse, fourchue, difficile à laver et à découper en cossettes régulières, et le rendement quantitatif et qualitatif se ressent du milieu défavorable où elle se trouve. La betterave exige donc un sol friable, profond, bien meuble, facile à travailler, qui se prête sans résistance à la levée de la graine et plus tard à la pénétration de la racine. De là ressort la nécessité pour le cultivateur de faire des labours profonds. A ce point de vue, les terres légères seront parfois préférables aux terres fortes pour la culture de la betterave.

D'autre part, il faut que la jeune plante puisse percer la couche de terre qui la recouvre; par conséquent il ne doit pas se former au-dessus d'elle une croûte dure et épaisse de nature à empêcher les jeunes pousses de se frayer un chemin en dehors. Quant à la pénétration de la racine, elle se fera d'autant plus aisément que le sol contiendra moins de pierres et de corps durs, végétaux ou minéraux. Telles sont en quelques mots les conditions physiques que doit réunir une bonne terre à betteraves (1).

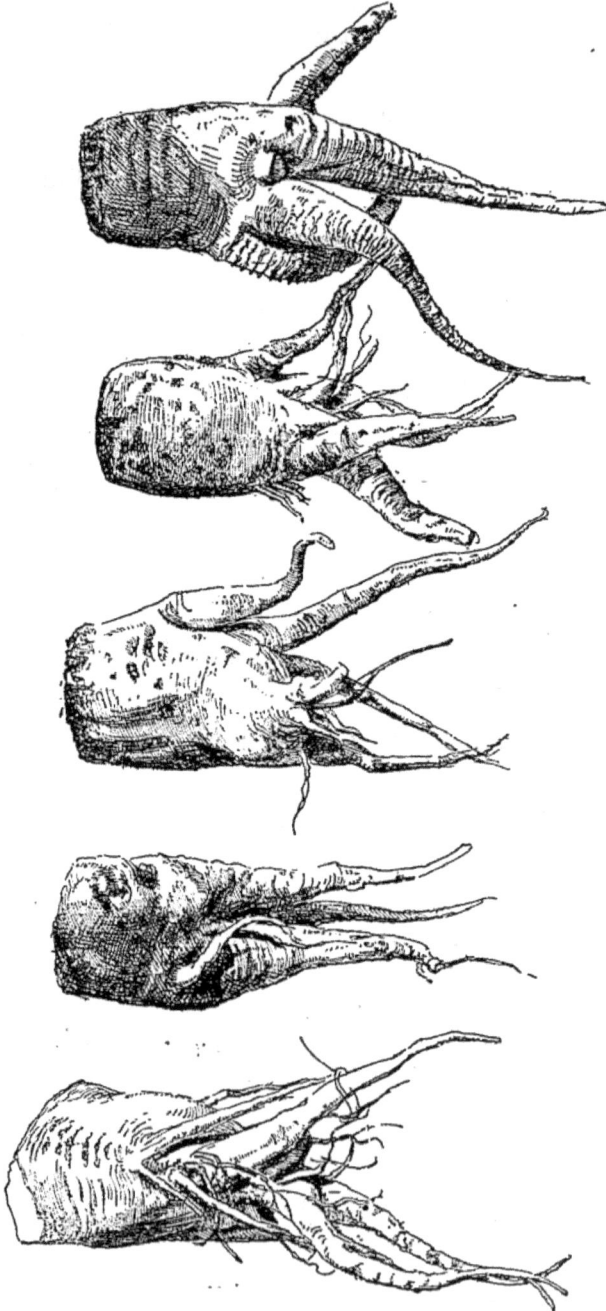

Fig. 9. — Betteraves fourchues récoltées dans des sols pierreux ou mal préparés.

(1) G. Dureau, *Culture de la betterave à sucre* 2ᵉ éd., p. 161-162.

« Pour être rémunératrice sous le double rapport de la quantité et de la qualité, dit Briem (1), la culture de la betterave exige des terres profondes et fertiles, bien fumées, non acides, plutôt calcaires ; les terrains argileux à sous-sol perméable sont ceux qui conviennent le mieux à cette culture. Le sous-sol joue, dans la culture betteravière, un rôle presque aussi important que la surface arable. Une terre sablonneuse avec sous-sol humide peut parfois donner de meilleures récoltes que d'autres terres à surface arable plus riche, mais à sous-sol imperméable où l'excès d'humidité nuit au développement de la racine.

En Allemagne, la plupart des sols consacrés à la culture des betteraves sont des terres légères, et c'est ce qui explique en partie cette uniformité de types qui frappe le visiteur d'une sucrerie allemande à l'examen des silos de betteraves, types bien pivotants et de très belle performance ; c'est peut-être aussi une des causes pour lesquelles certaines variétés françaises réussissent plus ou moins bien en France et réussissent très bien en Allemagne.

Une bonne terre à betteraves doit être dégagée de tous côtés, accessible à l'air et à la lumière. Sa coloration, lorsqu'elle est foncée, ne doit pas résulter de la présence de substances métalliques, mais de matières humiques entièrement décomposées. L'humus, régulateur de l'humidité y est indispensable. La couleur noire absorbe, comme on sait, beaucoup plus vite la chaleur que la couleur blanche. Les terres noires s'échauffent donc assez vite, ce qui est un avantage dans la première période de la végétation de la betterave.

CLIMAT

Le climat est un des facteurs les plus importants de la culture de la betterave. Celle-ci exige, pour la première période de sa végétation et de son développement, un climat tempéré avec averses fréquentes et modérées ; dans la deuxième période de la croissance, un peu de fraîcheur et d'humidité lui sont très favorables ; la troisième période enfin, celle de la maturation, demande un temps chaud et plutôt sec.

(1) Briem *Die Rübenbrenneri*, p. 32-33.

Pour réussir et donner de bons rendements, la betterave exige donc de la lumière, de la pluie et de la chaleur. La lumière agit d'une façon remarquable sur l'élaboration du sucre. Les intéressantes expériences poursuivies pendant plusieurs années dans le Pas-de-Calais par le savant directeur de la station agronomique de ce département, M. Pagnoul, ont fait ressortir l'influence de la lumière solaire sur le développement de la racine et sa richesse en sucre. Il en ressort que plus la betterave est privée de lumière, plus tôt s'arrête sa végétation, plus faible est sa richesse en sucre, et plus la proportion de nitrates y est considérable. Un ciel constamment couvert à la fin de la saison a pour effet d'appauvrir la racine et d'y favoriser l'absorption des nitrates qui pourront s'y trouver encore à la récolte dans de fortes proportions, alors même que le sol n'a reçu que des engrais organiques.

Le deuxième facteur, la pluie, doit, pour agir favorablement sur le rendement en quantité et en qualité, se répartir suivant certaines proportions pendant les trois périodes de la végétation.

Enfin, la chaleur est nécessaire à la levée de la plante, à son développement et à sa maturation. Briem a déterminé les quantités de chaleur afférentes à chacune des trois périodes. Il a trouvé que pour une végétation normale, il faut en moyenne :

1° Semailles et levée..	650°C
2° Développement....	1.150°C
3° Maturation	1.000°C
Total.......	2.800°C

Ainsi la réussite de la récolte dépend de la répartition de la chaleur, de la lumière et de la pluie sur les trois périodes de la végétation, chacun de ces éléments devant ou s'effacer partiellement, ou dominer les autres à un moment bien déterminé.

PRÉPARATION DU SOL

Nous avons vu que pour obtenir de bonnes récoltes en poids et en qualité, il faut un climat et un terrain réunissant certaines conditions que nous avons passées en revue. Il reste au cultivateur à préparer le terrain qu'il a choisi et à en modifier l'état physique et la composition chimique, à l'aide des instruments aratoires d'une part, d'autre part à l'aide des engrais appropriés, afin d'assurer la lévée régulière et vigoureuse de la semence qu'il confiera à la terre.

Les travaux préparatoires du sol ont pour but d'assurer à la plante un milieu dans lequel toutes les qualités que ses ascendants lui ont transmises puissent se développer librement. Si une betterave provenant de graine issue de sujets riches, bien conformés, à racine franchement pivotante, pousse dans une terre compacte, manquant de porosité, difficile à pénétrer, il est clair que la jeune plante subira une déviation dans sa forme physique, et sa richesse saccharine sera fortement atténuée.

L'un des points importants de la préparation du sol auquel le cultivateur doit apporter le plus de soin, c'est le labour d'hiver. « Les labours profonds, dit Briem (1), sont la première condition d'une culture rémunératrice de la betterave à sucre, dont les radicelles pénètrent jusqu'à 1 mètre et plus dans le sol. Les champs destinés à recevoir des betteraves doivent, autant que possible, subir leur préparation en automne, afin de permettre à l'oxygène de l'air et aux gelées de l'hiver de jouer leur rôle utile. Le labour doit se faire à une profondeur de 25 centimètres, et même de 30-35 centimètres, dans certains terrains. Plus le labour sera profond meilleur sera le résultat, en tant que la terre retournée contiendra de l'humus. Un bon labour profond peut déterminer une augmentation de 5.000 à 10.000 kilogr. de racines par hectare. Si la betterave succède au blé, on déchaumera légèrement avec un trisoc à travail rapide ; au commencement de l'hiver on donnera un labour profond, et l'on hersera au retour du printemps. Ces divers travaux garantissent la terre contre l'excès d'humidité et permettent d'ensemencer les betteraves au commencement ou vers le 15 avril dans les terres tempérées, au commencement ou vers le 15 mai dans les terres froides. »

ENGRAIS

Si la nature de la graine, la composition, la préparation du sol, le climat ont une influence considérable sur les récoltes de bette-

(1) Briem. *Die Rübenbrennerei.*

raves au double point de vue de la quantité et de la qualité, on peut dire que le succès de cette culture dépend aussi en grande partie de la quantité et de la composition des engrais qu'on y emploie, dans le but de maintenir la fertilité des terres et d'en porter le produit au maximum. La culture de la betterave à sucre repose sur un ensemble de principes dont aucun ne saurait être négligé sans préjudice pour le résultat final.

Le sol doit présenter à la betterave des aliments abondants et facilement assimilables, et il les contient rarement par lui-même. Il est donc nécessaire de bien fumer les terres; si le cultivateur se montre avare sous ce rapport, il sera payé de retour. Le fumier de ferme est et sera toujours le meilleur des engrais, surtout s'il est appliqué aux récoltes antécédentes. Les engrais artificiels, tels que les divers guanos, les superphosphates, etc., ne doivent être employés que comme auxiliaires; dans ce cas leur effet sera des plus favorables.

D'après M. Muntz, une récolte de betteraves à sucre composée de 30.000 kilogrammes de racines et de 12.000 kilogrammes de feuilles exigerait :

	Racines. kilog.	Feuilles. kilog.	Total. kilog.
Azote.................	48,0	36,0	84,0
Acide phosphorique.....	33,0	12,0	45,0
Potasse................	120,0	48,0	168,0
Chaux.................	15,0	43,2	58,2
Magnésie..............	21,0	39,6	60,6

D'autre part MM. Pellet et Pétermann, ont donné comme richesse moyenne de la betterave riche les chiffres suivants :

Azote......................	0,20 p. 100 de betteraves.
Acide phosphorique..........	0,10 —
Potasse....................	0,30 —
Chaux.....................	0,07 —
Magnésie...................	0,06 —
Soude.....................	0,03 —
Matières minérales diverses....	0,04 —

D'après ces deux tableaux, nous voyons quels sont approximativement les engrais nécessaires à la culture de la betterave. Il faut donc connaître la composition du sol afin de lui donner ce qui lui manque. Pour cela il faut l'analyser.

On peut hésiter devant la dépense d'une analyse de terre, dont l'échantillon moyen est toujours difficile à prélever, et dont les résultats peuvent ne pas satisfaire pleinement quant à la composition du sol et la nature des engrais à y répandre pour suppléer à ce qui lui manque; nous ne saurions trop recommander la méthode d'analyse appliquée par M. Pagnoul, dans le Pas-de-Calais, dans des terres à betteraves où il s'agissait de savoir, non ce que renfermait la terre, mais ce qui lui manquait. Cette méthode consiste simplement a créer un petit champ d'expériences, d'un demi-hectare par exemple, à le diviser par parcelles égales, labourées et travaillées de même, d'une exposition bien homogène, et à planter une betterave de même race dans ces différentes parcelles, fumées chacune d'une façon différente, depuis l'absence complète d'engrais, jusqu'à l'emploi d'engrais complet. La betterave, par la façon dont elle se comporte dans ces diverses conditions de fumure, par les dimensions qu'elle atteint, par la forme qu'elle adopte, par sa richesse saccharine et saline, donnera elle-même l'analyse de terre la plus précieuse pour sa propre culture.

Le même moyen qui a été employé pour les céréales, les légumineuses, etc., permet au cultivateur de classer ses terres et de leur demander ce qu'il croit pouvoir en obtenir en se mettant dans les meilleures conditions de réussite.

MM. de Vilmorin et Blin ont calculé d'après les données de MM. Pellet et Sachs, les doses d'engrais nécessaires pour une récolte de 40.000 kilogrammes de betteraves par hectare.

Voici les chiffres (1) :

1° Potasse............	120 kilog. = 190 kilog. chlorure de potassium.	
	ou	237 kilog. sulfate de potasse.
	ou	257 kilog. nitrate de potasse.
2° Azote..............	80 kilog. = 486 kilog. nitrate de soude.	
	ou	580 kilog. nitrate de potasse.
3° Acide phosphorique.	40 kilog. = 287 kilog. superphosphate à 14 %.	
4° Chaux.............	28 kilog. = 50 kilog. carbonate de chaux.	
5° Magnésie.........	24 kilog. = 50 kilog. carbonate de magnésie.	
	ou	72 kilog. sulfate de magnésie.
6° Soude.............	12 kilog. = 33 kilog. nitrate de soude.	

(1) *Bull. assoc. chim.*

D'après M. Joulie, un sol normal à betteraves a la composition suivante :

	Pour 1,000 kil. de terre sèche.			Pour 1 hectare.		
1° Potasse.	2,5 kilog.			10,000 kilog.		
2° Azote..................	1,0 —			4,000 —		
3° Acide phosphorique.....	1,0 —			4,000 —		
4° Chaux.................	10,0 —	à 50,0		40,000 —	à 200,000	
5° Magnésie............ ..	1,25 —			5,000 —		

Disons un mot sur chacun de ces corps en particulier.

L'*azote* peut être considéré sous quatre états : l'azote libre, l'azote organique, l'azote nitrique et l'azote ammoniacal.

L'azote *libre*. Après ce qui a été dit plus haut, nous n'avons que peu de choses à ajouter sur l'assimilabilité de l'azote libre par les plantes ; disons cependant qu'en dehors de la théorie qui admet l'absorption par les microorganismes du sol, il y en a une autre qui admet l'absorption par les feuilles : elle se base sur l'existence de bactéries à nodosités reconnues sur les racines des légumineuses, bactéries qui permettraient la fixation de l'azote par l'air.

L'azote *organique*. Il est généralement fourni sous forme de fumier ; presque tout le monde admet qu'un fumier bien décomposé est favorable à la récolte des betteraves, mais qu'il doit être enfoui avant l'hiver. M. de Vilmorin fume à Verrières, à raison de 25 à 30.000 kilogrammes au maximum à l'hectare.

M. G. Ville n'est pas partisan de l'azote organique ; il se base sur une expérience qu'il a faite en enfouissant des fumures vertes, du trèfle et du sarrazin, puis ayant ajouté ensuite la même quantité d'engrais sur une parcelle voisine qui n'avait pas reçu d'engrais vert. Les résultats au point de vue de la richesse saccharine ont été en faveur de la parcelle sans fumure verte. Peut-on bien se baser sur cette expérience pour proscrire l'emploi du fumier ? Nous ne le pensons pas ; l'action de ce dernier et des engrais verts pouvant fort bien ne pas être la même.

Le professeur Mærcker, de Halle-sur-Saale, à qui l'on doit de nombreuses études sur le rôle des engrais dans la culture de la betterave à sucre, a traité aussi la question du fumier. Nous croyons utile de rapporter ses observations (1).

_____

(1) *Magdeburgische Zeitung*. (1880, n° 410.) cité par G. Dureau *in op. cit.*

« La tendance à employer du fumier de ferme dans la culture de la betterave à sucre a été vivement combattue par beaucoup de directeurs de sucreries par actions, et ils ont interdit l'usage du fumier à leurs cultivateurs actionnaires. Mais c'est aller un peu loin.

« On serait fondé à interdire l'emploi du fumier répandu au printemps, car la transformation que cet engrais opère dans l'état physique du sol est alors préjudiciable au développement de la betterave riche et bien conformée ; de plus, par suite des grandes quantités d'azote que la fumure du printemps introduit dans le sol et concentre dans la couche supérieure, il devient difficile d'obtenir des betteraves mûres et par conséquent très sucrées. Les grandes quantités de sels du fumier concentrés à la partie supérieure du sol par la fumure du printemps, ont en outre pour effet de produire des racines très salines.

L'emploi du fumier de printemps doit donc être interdit avec juste raison.

« Mais ajoute M. Mærcker, il en est tout différemment de la fumure d'automne. Un grand nombre de nos cultivateurs de betteraves à sucre les plus renommés de la province de Saxe emploient des doses modérées de fumier à l'automne, et ils obtiennent des rendements quantitatifs élevés sans que la richesse saccharine et la pureté de leurs betteraves paraissent en souffrir. Quand le fumier a été répandu assez à temps avant l'arrivée des gelées, ses parties organiques se décomposent suffisamment pour ne pas agir au printemps d'une façon mécanique défavorable ; ses sels se répartissent dans le sol ; son azote se nitrifie en partie à l'automne et se répand aussi dans le sol. En un mot les inconvénients de la fumure de printemps sont évités. Dans ces conditions le fumier de ferme peut être employé dans la culture des betteraves. »

Les engrais défavorables à la betterave de sucrerie, sont les fumiers de moutons, purin, engrais humain, drèches, vinasses, eaux vannes, etc., dont l'effet sera d'augmenter les rendements dans des proportions considérables, au préjudice de la richesse en sucre et de la pureté du jus.

Ce qu'il faut éviter pour les betteraves de sucrerie, ce sont les fumures printannières avec fumier de ferme ; la betterave est peut-être la plante la moins apte à s'assimiler immédiatement les éléments de cet engrais; il faut excepter de cette règle les terres argileuses et froides où l'épandage du fumier de ferme au printemps achève souvent de bien préparer la terre.

Il y a deux théories pour expliquer le mode d'assimilation de la matière organique du fumier par les plantes :

M. Joulie, d'accord avec MM. Muntz et Girard de l'école de Liebig, pense que les matières organiques du fumier de ferme qui constituent l'humus, ont les propriétés suivantes :

1° Donner du corps aux sols légers et ameublir les terres fortes;

2° Modifier la coloration de la terre et la rendre plus apte à absorber les rayons solaires et à se maintenir ainsi plus chaude;

3° Se gonfler d'eau pendant les grandes pluies d'hiver et maintenir dans le sol des réserves d'humidité qui empêchent les plantes de pâtir des sécheresses de l'été;

4° Se transformer, en se brûlant dans le sol, en sels ammoniacaux et en nitrates qui donnent aux plantes l'azote de leurs matières albuminoïdes;

5° Produire après leur décomposition, l'acide carbonique qui dissout les phosphates et les carbonates du sol, insolubles dans l'eau pure, mais solubles dans l'eau chargée d'acide carbonique;

6° Empêcher, lorsqu'ils sont en excès, l'action des engrais tant qu'ils ne sont pas décomposés;

7° Enfin, apporter en sus des matières hydrocarbonées, par 1000 k. de fumier bien décomposé, l'équivalent de

25 kilog. de sulfate d'ammoniaque.
10 kilog. de phosphate précipité.
10 kilog. de chlorure de potassium.

Mais M. Dehérain, s'appuyant sur des essais faits à Grignon en 1889 et dont les résultats ont été communiqués à l'Académie des sciences, pense avec Th. Saussure, que les terres riches en humus ne sont guère plus chargées d'humidité que les terres pauvres, ne contiennent pas beaucoup moins de nitrate, renferment presque autant d'acide carbonique et que la fertilité des terres riches en humus s'explique par l'alimentation directe de la plante en matière organique dont la présence est aussi indispensable dans le sol que celle des autres éléments, phosphates, nitrates, etc. (1).

(1) *Bulletin de l'Association des chimistes.*

L'azote *nitrique*. — Il est fourni en partie, mais en très petite quantité, au sol par l'atmosphère. On sait, en effet, qu'il s'y rencontre puisqu'on a pu le doser dans les pluies d'orage et dans la neige. L'azote nitrique est fourni à l'état de nitrate de soude ou de nitrate de potasse ; on peut employer en général de 400 à 500 kg. de nitrate de soude, mais il faut le mettre en plusieurs fois sans jamais en semer après le commencement de juillet sous peine de développer d'une manière exagérée la partie foliacée, de retarder la maturation et de nuire à la richesse saccharine. Pour les quantités à employer, il est bon de se baser sur la levée et sur le plus ou moins de sécheresse.

L'azote *ammoniacal*. — On l'emploie généralement à l'état de sulfate d'ammoniaque ; mais d'après M. Joulie il ne serait pas utile, puisqu'il se transformera en nitrate par le phénomène de la nitrification qui est due à un micrococus punctiforme ; celui-ci décompose le carbonate de chaux en présence de l'ammoniaque pour former du nitrite, puis du nitrate.

La potasse. — Nous avons vu que la potasse est nécessaire à la betterave. M. Pellet a montré que les betteraves riches contiennent plus de potasse que les betteraves pauvres proportionnellement à la quantité de soude qu'elles renferment.

Cependant M. Joulie fait remarquer que si la potasse est indispensable pour les porte-graines, puisque les graines sont constituées en grande partie par les phosphates de potasse et de magnésie, il n'est pas prouvé que la soude ne se substitue pas à la potasse dans les feuilles de betteraves riches de sucrerie. Il faudrait démontrer que la plante entière, et non la racine seule, demande exclusivement de la potasse pour atteindre les richesses les plus élevées. (1)

La potasse est généralement ajoutée aux terres à l'état de sulfate ou de chlorure.

La chaux. — La chaux est enlevée en forte proportion par toutes les récoltes et, en se combinant à l'acide phosphorique et à l'acide carbonique, elle joue dans le sol un double rôle : elle apporte d'abord un élément fertilisant indispensable à la végéta-

(1) *Bulletin de l'Association des chimistes.*

tion ; de plus, elle a une action prépondérante sur les propriétés physiques et chimiques de la terre.

C'est la présence de la chaux qui permet aux matières azotées organiques de se nitrifier et de devenir ainsi assimilables. C'est elle aussi qui dans la terre végétale est combinée à l'humus (1).

Lorsque le sol manque de chaux, on la lui fournit généralement à l'état de carbonate ; on utilise alors la marne ou mieux les écumes de sucreries qui, se trouvant à l'état de précipité, s'assimilent très facilement ; en outre celles-ci contiennent d'autres matières fertilisantes en assez grande quantité.

Une analyse d'écumes de double carbonatation donnée par M. Muntz, peut nous en donner une idée :

Eau	34,00 p. 100.	
Azote	0,35	—
Acide phosphorique	0,05	—
Potasse	0,30	—
Chaux	36,00	—

Autre analyse par M. Pellet.

Écumes de carbonatation (en moyenne).

Carbonate de chaux	36 à 38
Chaux libre	1 à 2
Sulfate de chaux. (Suivant la composition du calcaire.)	
Phosphate de chaux	1 à 1,5
Chaux combinée aux acides organiques.	5 à 6
Magnésie	1 à 1,5 (var. suiv. la composition du calcaire).
Sable et argile. (Très variable suivant la composition du calcaire et le lavage des betteraves.)	
Substances organiques non azotées autres que le sucre	9 à 10
Substances azotées	2 à 2,2 (azote 0,30 à 0,40
Sucre	0,2 à 4

Traces de chlore, de potasse, de soude provenant du jus restant.

(1) Muntz et Girard. Les engrais.

Voici, en outre, une analyse faite par l'un de nous :

Écumes de 2e carbonatation lavées.

Silice..	0,50
Alumine et fer......................................	1,80
Chaux...	24,34
Acide carbonique	18,37
Acide sulfurique....................................	1,00
Potasse et soude....................................	1,00
Acide phosphorique..................................	0,70
Magnésie..	1,00
Matières organiques autres que sucre.	19,50
Sucre...	0,30
Eau...	28,00
Divers..	3,49

La magnésie. — Comme nous l'avons vu, la magnésie entre dans la composition de la betterave. La plupart des sols en contiennent en quantité suffisante; c'est ce qui fait qu'on a souvent négligé les engrais magnésiens. Dans certains sols la magnésie fait cependant défaut : M. de Vilmorin nous a dit qu'il avait pu se rendre parfaitement compte de l'utilité de la magnésie pour la culture de la betterave, le sol de Verrières manquant de cet élément.

M. de Gasparin a trouvé dans un grand nombre de terrains une quantité de magnésie approchant de 1 p. 1000; d'un autre côté MM. Risler et Colomb-Pradel ont trouvé de 0, 5 à 4 p. 1000. M. Pellet a trouvé que les betteraves contiennent

dans les graines.	10,10 de chaux	11,20 de magnésie
dans la racine...	6,00 —	7,80 —
dans les feuilles.	12,00 —	11,00 —

L'acide phosphorique. — Cet acide est absolument nécessaire à la culture de la betterave. D'après M. Muntz les terres d'origine granitique contiennent des quantités inférieures à 0, 5 p. 1000, les terres volcaniques jusqu'à 2 p. 1000, les terres calcaires des proportions moyennes; une teneur de 1 0/00 peut être considérée comme moyenne.

Pour l'acide phosphorique, l'emploi des superphosphates s'est généralisé à cause de leur prompte assimilabilité; les phosphates naturels, à condition de les employer à un état de division extrême, sembleraient devoir donner le même résultat. En présence de la difficulté de les réduire en poudre assez fine, on peut les employer simplement pulvérisés, en quantité plus grande, dont l'effet sera peut-être moins rapide, mais tout aussi sûr, si l'on les utilise quelques mois plus tôt; il y a de ce chef une notable économie à réaliser.

Un moyen de hâter l'assimilabilité dans les sols riches en phosphate consiste, comme le dit M. Joulie, à employer le sulfate ferreux ou sulfate de protoxyde de fer. Ce sel n'est pas décomposé par les carbonates alcalino-terreux du sol, mais il se transforme en sulfate ferrique qui est décomposé par les carbonates, en donnant de l'acide carbonique qui dissout le phosphate. C'est l'état de sulfate ferreux qui permet de donner ainsi le courant d'acide carbonique nécessaire pour dissoudre le phosphate (Bernard).

De même, le marnage et le chaulage ont pour résultat de favoriser l'assimilation des phosphates naturels du sol (Dehérain). Le mélange des matières organiques avec les phosphates a un résultat analogue par la production du carbonate d'ammoniaque (Muntz) (1).

Dans la plupart des cas, le fabricant de sucre fournit au cultivateur des engrais composés; il est donc obligé de confectionner un mélange approprié autant que possible à la nature des différents terrains. Voici une formule que nous croyons bonne : On compose l'engrais avec : 1° du superphosphate minéral, 2° du superphosphate d'os, 3° du nitrate de soude, 4° du nitrate de potasse, 5° du sang desséché, de manière à avoir :

Azote organique........	1	1,50
Azote ammoniacal..................	2	2,00
Azote nitrique.................. ..	2	2,50
	5 p. 100.	6 p. 100.
Acide phosphorique........	10	9
Potasse	1	2

Il nous reste à parler du mode d'emploi des engrais.

M. A. Deróme, de Bavay (Nord), a étudié particulièrement cette question dans une série d'essais et il a trouvé (2) :

---

(1) (Muntz) Bulletin de l'Ass. des Chimistes.
(2) Nouvelles observations sur l'enfouissement des engrais à la charrue. A. Deróme, à Lille. 1880.

« Que la méthode généralement employée et qui consiste à répandre l'engrais sur les raies de charrue préalablement fermées par un coup de herse ou de rouleau et à l'enfouir sous un ou plusieurs coups de herse ou d'extirpateur, est une méthode défectueuse. L'enfouissement à la charrue est le seul qui soit à recommander, quelle que soit la proportion d'engrais que l'on emploie. L'engrais enfoui à la charrue agit plus efficacement encore sur les betteraves riches, dont le collet ne sort pas de terre et qui s'enfoncent plus avant dans le sol, que sur les variétés moins riches, dont le collet sort de terre, et qui s'enfoncent moins profondément. L'engrais enfoui à la charrue donne la presque totalité de pivots réguliers, tandis que l'enfouissement à la *surface* donne au contraire la presque totalité de pivots fourchus, surtout si l'on cultive des variétés riches qui souffrent beaucoup plus que les variétés pauvres de l'éparpillement irrégulier, ou de l'enfouissement irrationnel des engrais et de l'ameublement imparfait de la couche labourée.

« L'engrais artificiel enfoui à la charrue, quelle que soit la quantité employée, est encore celui qui agit le plus sensiblement sur la récolte qui suit. »

ASSOLEMENT

Dans l'assolement suivi jusqu'ici en France, on tient compte de certains principes établis par les anciens agronomes et qui se résument en ceci : Les plantes peuvent être classées selon leur mode de végétation en *plantes nettoyantes* (betterave, carotte, navet, pomme de terre, etc.) ; en *plantes étouffantes* (chanvre, pois, vesces, etc.) et en *plantes salissantes* (avoine, froment, orge, seigle).

Les plantes nettoyantes exigent pendant leur végétation des binages et des sarclages qui ameublissent la surface du sol et détruisent les plantes parasites et les mauvaises herbes.

Le mode de végétation des plantes salissantes est tout différent; les céréales favorisent le développement et la multiplication des mauvaises herbes, par l'impossibilité où l'on se trouve de les éliminer par le sarclage.

Enfin les plantes étouffantes ont pour effet d'intercepter l'air et la lumière et étouffent ce qui tenterait de vivre au milieu d'elles.

Si l'on tient compte de la différence du mode de végétation de ces plantes, il est clair que la betterave, la carotte, la pomme de terre, etc., devront être placées en tête de l'assolement et sur les fumures.

Aussi, dans l'assolement des cultures de betteraves sucrières en France, la betterave presque toujours occupe la première sole, sur fumier, et le blé la sole suivante. Cette pratique a été toujours très avantageuse pour le producteur de betteraves à sucre.

Mais le fabricant de sucre ne doit pas oublier que son propre intérêt lui commande de ne pas cultiver betteraves sur betteraves; que la betterave est une mauvaise récolte antécédente pour le blé d'hiver, que le seigle semé à temps après la betterave réussit toujours mieux que le blé, que la betterave réussit bien après la pomme de terre, enfin qu'il vaut mieux n'ensemencer la betterave sur une même terre que tous les quatre ans, pour se mettre plus sûrement à l'abri des insectes parasites de cette racine.

SEMAILLES

Les semailles se font à la main ou au semoir mécanique. La première méthode présente peu d'intérêt; l'emploi des semoirs est maintenant presque général. Nous ne dirons donc que quelques mots du semoir mécanique. Les semailles faites par ce moyen s'effectuent de deux façons : ou l'instrument dépose la graine d'une manière continue sur toute la ligne, ou il la dépose par intermittences à des distances égales et réglées à volonté par le semeur.

On admet généralement que les semailles en lignes continues sont préférables dans les bonnes terres à betteraves, qui, après une bonne préparation, sont poreuses et pulvérulentes, et ne forment pas une croûte épaisse et dure après une pluie.

Sur les terrains enclins à se durcir fortement après la pluie, il est prudent de semer par touffes ou par intermittences. Les graines déposées par places les unes contre les autres s'échauffent plus rapidement, les germes poussent plus vite, et leurs forces réunies leur permettent de percer plus aisément la croûte du sol.

A côté de ces avantages, les semis en touffes ont des inconvénients; si le démariage n'a pas eu lieu à l'époque convenable, les plantes serrées les unes contre les autres languissent faute d'air et d'espace ; en outre leurs racines s'enchevêtrent et sont exposées à être brisées ou endommagées par le démariage (1).

Il y a deux règles importantes à observer dans les semailles de betteraves : la première c'est de placer toutes les graines à la même profondeur afin d'obtenir une levée régulière ; la seconde c'est de ne pas économiser la graine, car si la température reste basse et que la graine mette un temps assez long à germer, elle est plus exposée aux attaques des vers et des insectes. On doit employer de 26 à 32 kil. de semence par hectare.

La graine ne doit pas être enterrée à plus de 1 cm. 1/2-2 cm. en terre, c'est là une condition essentielle d'une levée rapide et régulière. L'écartement des lignes et des plants sur la même ligne n'est pas indifférent au point de vue de la production du sucre. Voici sur cet sujet quelques observations de M. Pagnoul à la suite d'une série d'expériences sur ce sujet.

« ... L'écartement plus ou moins grand des plantes, dit-il, avec les variétés essayées (variétés riches) n'a eu qu'une influence assez faible sur le rendement et même sur la richesse.

Le rendement à l'hectare s'est trouvé un peu plus élevé avec la grosse betterave très espacée, la richesse a été seulement un peu moindre et la production de sucre à l'hectare est restée à peu près la même, mais la pureté est devenue notablement plus faible. On a obtenu également, dans cette dernière parcelle, une proportion de sels alcalins plus forte, surtout en la ramenant à 100 de sucre. Cette distance exagérée donnerait donc lieu, pour une même proportion de sucre, à un épuisement plus grand du sol.

« D'un autre côté, la petite distance, tout en exigeant une plus grande dépense de main-d'œuvre, n'a été supérieure à la distance moyenne ni pour le rendement, ni pour la richesse, ni pour la pureté. Il résulte donc de cette expérience que les distances les plus convenables sont celles qui correspondent à 8 ou 10 plants au mètre carré. »

BINAGE

Immédiatement après l'ensemencement, on fait passer le rouleau uni de façon à mettre la graine en contact serré avec la terre

(1) G. Dureau, *op. cit.* p. 302.

humide et à faciliter la levée. Au bout de 8 à 10 jours, celle-ci
étant obtenue, il faut procéder au binage, opération qui a pour
but de briser la croûte du sol entre les lignes, d'enlever les mauvaises herbes et d'assurer l'accès de l'air entre les plants. Les
binages doivent être répétés autant de fois qu'il est nécessaire pour
ameublir le sol et lui rendre sa porosité. La bonne exécution de
ces travaux en temps opportun est de la plus haute importance
pour le développement ultérieur de la plante. L'agriculteur obser-
vateur de ces menus soins peut ainsi arriver à avoir des racines
déjà bien développées au début des fortes chaleurs, et il n'aura
dès lors pas à les redouter.

Le binage doit être exécuté aussitôt qu'on commence à distinguer les lignes. Pour ce travail et les suivants, il faut se conformer
aux règles très sages établies par 'la pratique, et que nous reproduisons brièvement.

Les champs de betteraves ne seront jamais binés trop tôt ni trop
souvent. Le premier coup de la rasette ne doit pas attendre l'apparition des mauvaises herbes. Le deuxième binage, plus profond
que le premier précède le démariage. Le troisième sarclage suit
le démariage ; il sera plus profond que le deuxième et on pourra
serrer de plus près la plante. L'intervalle d'un sarclage à l'autre
ne devra jamais dépasser 10 à 14 jours. Pour obtenir une récolte
abondante, il faut donner au moins 4 sarclages. On renoncera à
ceux-ci dès que ce travail semblera susceptible de blesser les
feuilles de la plante. Les façons doivent être données, autant que
possible, par un temps sec ; la grande sécheresse ne doit pas
détourner le cultivateur de ce travail, car c'est à ce moment que la
plante en a le plus grand besoin.

DÉMARIAGE

Le démariage se fait à la main ou avec des instruments attelés.
Cette opération devient nécessaire dès que les betteraves atteignent
à peine la longueur du petit doigt ; à ce moment, serrées les unes
contre les autres, elles sont exposées à s'entre-étouffer et réclam-
ment impérieusement de l'air, de la lumière et de l'espace pour
étendre leurs feuilles et développer leur racine. Si on opère à la
main, on laisse de préférence la plante la plus belle et la plus

vigoureuse, elle ne doit être ni remuée ni blessée. Il vaut mieux y procéder trop tôt que trop tard; vouloir économiser sur les salaires consacrés à ce travail serait agir d'une façon inintelligente; il est préférable de faire lentement et de faire bien, la récolte en profitera.

Le démariage doit être fait de préférence par un temps couvert ou par une pluie fine.

Après cette opération, on donne deux, trois ou quatre binages suivant les nécessités, et aussi suivant les ressources dont on dispose, en approchant chaque fois plus près de la plante et en attaquant le sol de plus en plus profondément.

BUTTAGE

Après le dernier sarclage, on procède au buttage de la betterave, soit à la main, soit à l'aide de machines. Les avis sont partagés sur l'utilité du buttage. En général, on fera bien de se conformer aux règles suivantes : Éviter de donner un buttage trop grand dans des terrains secs ou exposés à se dessécher facilement; dans ce cas il ne pourrait être que nuisible. Il est nuisible aussi pour les plants trop jeunes ou arriérés par suite d'un excès d'humidité ou d'un manque d'aération du sol. Le meilleur moyen d'éviter le travail du buttage, est de choisir une variété de betteraves bien conformées. Dans les terres compactes le buttage est plus nuisible qu'utile.

Lorsque le degré de développement des feuilles est arrivé au point qu'elles retombent jusqu'à terre, il faut cesser tout travail, de peur de blesser ces organes si importants pour l'élaboration du sucre. On n'aura plus alors qu'à attendre le moment de la récolte.

EFFEUILLAGE

L'effeuillage des betteraves, à quelque période de la végétation que ce soit, est un usage à abolir; pour obtenir plus de rendement en poids, et favoriser le développement de la racine, on compromet la richesse en sucre. Il est établi aujourd'hui que le sucre s'élabore dans les feuilles; en en retranchant une partie, on prive donc la plante de ses organes essentiels à l'élaboration du sucre qui a été défini à bon droit « le produit de l'air et du soleil. »

MATURITÉ

Un point important dans la culture de la betterave à sucre, c'est la détermination précise du moment où la plante est arrivée à maturité complète et renferme le maximum de sucre. D'après les auteurs qui ont écrit sur cette matière, la maturité des betteraves se reconnaît au léger jaunissement des feuilles. Mais les exigences de la pratique ne permettent pas toujours d'attendre ce moment; par suite des conditions économiques dans lesquelles se trouve le fabricant, il peut quelquefois avoir intérêt à récolter ses betteraves au commencement de septembre.

Il y a, en effet, plus d'avantage à travailler de bonne heure des betteraves imparfaitement mûries et à teneur en non-sucre plus considérable que d'attendre jusqu'à leur parfaite maturité et se voir ensuite dans l'obligation de prolonger le travail jusqu'au printemps; dans ce cas les betteraves, conservées en silos pendant l'hiver, auraient perdu beaucoup de leur richesse saccharine par suite du réveil de la végétation dans la plante, et le rendement en serait diminué d'autant. Souvent aussi les betteraves se conservent mal, pourrissent; dans ce cas elles donnent des fermentations, et les pertes du fabricant sont encore plus importantes que dans le premier cas. Le cultivateur, de son côté, a intérêt à ce que ses terres soient libres en septembre ou au commencement d'octobre.

C'est pourquoi les producteurs de graines ont cherché à créer des espèces hâtives. Ils n'ont encore réussi que partiellement, c'est-à-dire qu'ils ont bien obtenu des racines hâtives, mais toujours aux dépens de la richesse en sucre et du rendement.

MM. Violette et Desprez ont fait des expériences au point de vue de la hâtivité des betteraves, leurs conclusions sont les suivantes :

« Les expériences que nous avons faites démontrent la possibilité d'obtenir des races de betteraves hâtives, riches, propres à la fabrication actuelle du sucre. Si elles donnent moins de rendement en poids que les betteraves tardives, elles présentent sur celles-ci l'avantage de pouvoir être employées avec succès au début de la campagne sucrière. Elles démontrent en outre qu'il serait avantageux pour la culture et pour l'industrie d'ensemencer plusieurs variétés de betteraves en tenant compte de la nature du sol, de la qualité des engrais employés et des époques auxquelles on veut effectuer l'arrachage.

Il va de soi que la première condition pour avoir des betteraves mûres de bonne heure est de ne pas ensemencer trop tard.

ARRACHAGE

L'arrachage des betteraves se fait soit à la main avec des outils spéciaux, la bêche, la fourche, soit à la machine. Pour le travail à la main, les avis sont très différents. Les uns préfèrent la bêche, les autres la fourche. Quel que soit le mode d'arrachage qu'on adopte et qui doit varier avec la nature du sol, la betterave ne doit jamais être blessée par l'outil employé, quel qu'il soit. Toute betterave atteinte par le fer est condamnée à la pourriture dans un délai très court.

Les betteraves arrachées sont d'abord secouées pour faire tomber la terre, puis décolletées au moyen d'une serpe. Cela fait, on les met en gros tas qu'on recouvre de feuilles. Ainsi disposées, elles peuvent attendre l'arrivée des voitures pour leur transport à l'usine.

Une question très à l'ordre du jour en ce moment est celle de l'arrachage mécanique. Depuis plusieurs années, nos constructeurs d'instruments aratoires se sont efforcés de la résoudre, encouragés d'ailleurs par les concours annuels spéciaux organisés par les sociétés d'agriculture. Ces efforts réunis ont produit des résultats très satisfaisants : l'arracheuse mécanique est maintenant passée dans la pratique, ce qui ne veut pas dire qu'elle soit parfaite et qu'il n'y ait plus rien à faire. Il reste à créer des appareils dont le fonctionnement n'exige pas une force exagérée de traction, la petite culture ne disposant généralement que d'un petit nombre de bêtes de trait.

L'arracheuse mécanique présente des avantages incontestables: elle permet de réduire considérablement la perte qui résulte des

(1) *Bulletin assoc. chim.*

queues laissées en terre par l'arrachage à la main et de diminuer la proportion des racines blessées.

Un procédé qu'on applique depuis quelque temps consiste, soit à soulever les betteraves de terre au moyen de l'arracheuse et de ne les enlever qu'au bout de plusieurs jours, soit à les arracher complètement et à les laisser sur le champ. On obtiendrait de cette manière une augmentation de densité; mais il se produit en même temps une perte de poids par évaporation.

Certains auteurs cependant prétendent que, en dehors de l'augmentation de densité due à la perte d'une certaine quantité d'eau, il y a accroissement de richesse saccharine absolue qui proviendrait d'une maturation accélérée due à ce procédé. Il serait difficile de se prononcer sur ce point, les résultats fournis par les essais entrepris ayant été la plupart du temps contradictoires.

FEUILLES

Le rapport du poids des feuilles à celui de la betterave varie avec la richesse de cette dernière dans des proportions très différentes; dans la betterave riche, il peut aller jusqu'à 60 0/0 du poids de la racine, dans la betterave pauvre, il peut descendre jusqu'à 20 0/0 du même poids.

Les feuilles de betteraves servent ordinairement d'aliment pour le bétail; il y aurait un certain intérêt à les laisser sur le terrain même, qui par là conserverait une partie des substances enlevées par la récolte; mais la question sera décidée par la quantité de nourriture disponible pour le bétail à entretenir.

Les feuilles contiennent à l'état frais environ 90 0/0 d'eau et 10 0/0 de matière sèche.

Voici les proportions moyennes des éléments les plus importants qu'elles contiennent dans 100 parties :

Eau..	89.7
Azote..	0.3
Cendres...	1.8
Potasse...	0.7
Soude...	0.3
A reporter.....................	92.8

Report	92.8
Chaux	0.3
Magnésie	0.3
Acide phosphorique	0.1
Cellulose, matières extractives et non dosées	6.5
	100.0

On peut très bien conserver en silos les feuilles, comprimées par une couche de terre, quand on a soin de les laisser sécher pendant quelque temps à l'air avant de les ensiler; une addition de sel est plus nuisible qu'utile; quelques centièmes de paille hachée sont très favorables à leur conservation. Cette méthode de dessiccation partielle préalable est celle qui, par sa simplicité et par son résultat assuré, mérite d'être employée de préférence.

On n'est pas entièrement d'accord sur l'effet de l'étêtement des betteraves avant l'ensilage. Le plus naturel serait de ne couper les feuilles qu'avec leurs tiges encore rassemblées, de sorte qu'elles tombent d'un coup avec la partie supérieure du collet. Un étêtement plus étendu pourrait compromettre la bonne conservation des racines. Il est vrai que les betteraves fortement étêtées ne germent pas facilement dans le tas.

Si les circonstances demandaient l'enlèvement d'une plus grande partie de la tête, cette opération s'exécuterait, du reste, plus facilement en fabrique après le lavage.

MALADIES DE LA BETTERAVE. INSECTES NUISIBLES

Il nous reste à dire un mot des maladies de la betterave et des insectes nuisibles.

Parmi les maladies de la betterave, les unes sont causées par des parasites, d'autres proviennent de l'irrégularité des saisons ou de causes analogues. Dans cette catégorie on peut classer la montée en graines.

Betteraves montées. — On désigne communément sous le nom de betteraves montées, celles qui, la première année, poussent des tiges porte-graines qui, normalement, ne devraient apparaître qu'à la deuxième année. Les causes de ce phénomène paraissent être les suivantes : semailles trop hâtives, et surtout alternatives brusques de chaleur et de froid déterminant des soubresauts dans la végétation. Dans les années où la végétation suit un cours normal, on rencontre très peu de betteraves montées.

Les betteraves montées sont plus petites que les autres, leur jus est plus pur, il est vrai, mais leur richesse n'est qu'apparente si on se contente de doser le sucre contenu dans le jus et de passer par un coefficient probable au sucre 0/0 grammes de betteraves.

Le premier inconvénient que présente la mise en œuvre des betteraves montées en graines, est qu'elles sont très ligneuses ; par suite, elles bourrent en quelques minutes les couteaux du coupe-racines qui alors ne produit plus de la cossette, mais de la bouillie. Comme conséquence, le débit du coupe-racines devient presque nul.

Parfois les cultivateurs coupent les tiges porte-graines. Cette pratique ne nous paraît pas très heureuse, car aux tiges coupées succèdent de nouvelles tiges qui se développent en partie aux dépens du sucre emmagasiné dans la racine.

Le tableau suivant résume les essais comparatifs faits par M. Pagnoul sur des betteraves montées en graines et des betteraves normales [1] :

	1re Expérience.		2e Expérience	
	Ordinaires	Montées	Ordinaires	Montées
Poids de la racine......................	450	510	805	620
Poids de la partie aérienne............	375	595	570	735
Partie aérienne p. 100 de racines........	83	116	71	118
Densité du jus......................	7,2	6,5	6,5	6,3
Sucre au décilitre....................	15,52	16,36	14,06	14,17
Pureté.............................	83,0	94,0	83	87
Non sucre...........................	3,19	1,04	2,82	2,18
Insoluble p. 100 de racines............	4,75	6,50	5,30	5,00
D'où jus en poids.....................	92,25	93,50	94,70	95,00
Et sucre p. 100 de racines.............	13,79	14,36	12,50	12,66
Azote p. 100 de racines................	0,252	0,142	0,202	0,155
Carbonate de potasse p. 100 de racines...	0,465	0,403	0,344	0,295
Chlorure de potassium p. 100 de racines.	00,21	0,017	0,028	0,021
Cristallisable p. 100 de partie aérienne..	0,16	1,46	0,53	1,07
Azote — — ..	0,287	0,346	0,295	0,438
Carbonate de potasse — ..	1,159	1,161	0,349	0,649
Chlorure de potassium — ..	0,210	0,227	0,337	0,376
Azote total de la racine................	1,134	0,724	1,626	0,961
Azote total de la partie aérienne.......	1,076	2,059	1,681	3,219

[1] *Bull. assoc. chim.*

Jaunisse des feuilles. — Elle se manifeste d'abord par le jaunissement des feuilles que l'on dirait atteintes de chlorose ; puis leur parenchyme pourrit, et elles se dessèchent en se recouvrant de moisissures. La pétiole prend alors une teinte brune et se décompose à son tour.

Au moment de l'arrachage, en novembre, des betteraves atteintes de cette maladie et analysées par M. Gaillot (1) avaient une densité moindre que les betteraves saines et ont donné un rendement bien inférieur.

Voici la moyenne constatée :

	Betteraves malades.	Betteraves saines.
Densité du jus............	10,62	10,67
Sucre p. 100 de betterave..	10,8	13,1
Quotient de pureté.......	82,0	85
Rendement à l'hectare.....	18,000 kilog.	27,000 kilog.

Cette maladie est de nature essentiellement cryptogamique et présente un caractère envahissant.

Pourriture du cœur. — Dans cette maladie les petites feuilles voisines du cœur s'étiolent et deviennent noires ; d'après Fuckel, cette maladie serait due au *Sporidesmium putrefaciens*. Tel n'est pas l'avis de M. Prillieux, qui considère comme cause véritable de la pourriture du cœur le *Phyltosticta tabifica*. Mais il n'est pas prouvé que la maladie étudiée par les deux auteurs soit bien la même ; M. Prillieux a remarqué qu'avant que la mort et le noircissement des feuilles du cœur ne se produisent, les grandes feuilles bien développées, au lieu de demeurer un peu dressées, s'abaissent vers la terre, à peu près comme si elles avaient été fanées, mais ne se relèvent pas pendant la nuit ; elles deviennent jaunes, souvent sur une moitié seulement de leur étendue, et finissent par se dessécher plus ou moins complètement.

Le remède serait, dès que l'on voit les feuilles s'abaisser d'une façon insolite, de couper toutes celles qui présentent une grande tache blanchâtre sur la surface de leur pétiole.

Betteraves gelées. — Nous avons considéré les betteraves montées comme des betteraves malades ; nous pouvons en dire autant des betteraves gelées.

(1) *Bulletin de la Station agronom. de l'Aisne.*

Sous l'influence de la gelée, l'eau contenue dans les cellules des betteraves se congelant, augmente de volume et brise ces cellules ; d'où résulte, après le dégel, une décomposition active des principes de la racine, décomposition qui se traduit par la fermentation visqueuse.

Le travail des betteraves gelées présente bien des inconvénients : le lavage en est difficile, les couteaux du coupe-racines se détériorent rapidement, la carbonatation devient difficile ainsi que la filtration, les sels de chaux augmentent et on remarque l'apparition du frai de grenouille.

Voici des résultats d'analyses faites par M. Pagnoul sur des betteraves gelées :

	Betteraves gelées et non dégelées	Betteraves dégelées
Densité du jus..................	1,110	1,060
Sucre 0/0 cc............	22gr03	13,75
Pureté.......................	76 1	80
Sucre interverti 0/0 cc..........	1 81	0,59
Acidité en acide acétique........	0 21	0,15

La densité des betteraves gelées et non dégelées est factice, la densité réelle est faussée par ce fait que le jus extrait ne présente pas la composition du jus véritable, une certaine quantité d'eau congelée restant dans la pulpe. Nous avons remarqué qu'en râpant avec une râpe à disque Keil, on retrouvait la densité réelle ; ce qui prouverait que le disque Keil brise les morceaux de glace contenus dans les racines et produit une liquéfaction presque instantanée.

Parasites de la betterave. — Deux grands ennemis de la betterave sont le vers gris et le ver blanc. Le premier s'attaque au collet ; le deuxième, qui est la larve du hanneton, ronge la racine ; nous avons vu une année une pièce de terre ensemencée en betteraves attaquée par ces deux vers, les racines présentaient des aspects informes et le rendement fut de 4,000 kg pour un hectare.

D'autres ennemis non moins dangereux pour la betterave sont les nématodes, qui se propagent par les détritus des cours de sucreries, par les boues provenant du lavage des betteraves, par les instruments ayant servi à travailler des terres nématodées et enfin, d'après M. A. Girard, par les fumiers provenant d'animaux ayant consommé des pulpes de betteraves nématodées. Les nématodes peuvent en effet impunément traverser l'appareil digestif des animaux.

Pour combattre les nématodes on a vanté la méthode des plantes pièges, qui consiste à cultiver sur le terrain infesté une plante autre que la betterave, plante affectionnée des nématodes, qui viennent s'y fixer, et à arracher ensuite ces plantes.

M. A. Girard préconise l'emploi du sulfure de carbone à haute dose, soit 300 grammes par mètre. Citons encore le *peronospora Schachtii*, champignon qui s'attaque aux feuilles de betteraves. Il apparaît sous forme d'un duvet épais et velouté sur la face inférieure des feuilles. M. A. Girard a essayé avec succès, comme moyen de destruction de ce parasite, une solution de sulfate cuivre à 3 0/0 additionnée de 3 0/0 de chaux.

CHAPITRE III

RÉCEPTION. — CONSERVATION DES BETTERAVES EN SILOS

RÉCEPTION DES BETTERAVES

Marchés de betteraves

Les marchés de betteraves se font pour une seule année ou pour plusieurs années consécutives. Quand on installe une sucrerie, on s'assure généralement un approvisionnement suffisant en se plaçant dans le second cas ; mais une fois ce premier marché arrivé à terme, on ne traite plus que pour une année dans la plupart des cas.

On traite soit à forfait, soit à la densité, soit à la richesse saccharine. Dans le contrat *à forfait* le cultivateur est payé à raison de tant les 1000 kg. quelle que soit la densité et la richesse saccharine des racines livrées, mais le fabricant fournit généralement lui-même la graine qui est de cette manière imposée au cultivateur. Dans certains cas le fabricant qui a traité à forfait et qui a eu de bons rendements en sucre majore, à la fin de la campagne, les prix convenus avec le cultivateur. Nous ne sommes pas partisans de ce mode d'achat qui ne tient aucun compte au cultivateur de la qualité de sa marchandise. En outre, il ne nous paraît pas non plus prudent pour le fabricant de traiter de cette façon, car bien que la graine soit le facteur le plus influent sur la richesse de la betterave, il n'est pas le seul facteur ; les engrais et le mode de culture ont aussi leur importance. Avec les marchés à forfait le cultivateur perdra l'habitude de la betterave riche et dans les années mauvaises où la richesse en sucre des racines est peu élevée, le fabricant perdra de l'argent. Quant à la majoration du prix convenu, c'est une manière d'agir qui nous paraît par trop élastique. Quoi qu'il en soit, certains fabricants traitent encore à forfait avec ou sans majoration de prix ; il se peut qu'étant données les conditions où ils se trouvent et leurs relations avec la culture, ils agissent ainsi au mieux de leurs intérêts.

Dans les contrats basés sur la densité le cultivateur est payé tant des 1000 kg pour des racines à 7° de densité par exemple, avec augmentation de 0 fr. 70 (nous prenons 0 fr. 70 comme représentant à peu près la moyenne de ce qui est admis en France) par chaque dixième de degré au-dessus de 7° et diminution de 0 fr. 70 par chaque dixième de densité au-dessous de 7°. Le fabricant se réserve souvent de refuser les racines au-dessous d'une certaine densité, 6°, 5 par exemple, et de ne plus payer les dixièmes au-dessus de 8° ou 8°, 5.

Contrats basés sur la richesse saccharine. — Ce mode d'achat est encore peu répandu en France quoique, théoriquement, il soit le seul vraiment rationnel ; il est plus appliqué en Belgique où il a pris une grande extension depuis que M. Pellet a fait connaître les méthodes directes de dosage de sucre dans les betteraves par digestion aqueuse à chaud et par diffusion aqueuse instantanée à froid.

Ce qui empêche beaucoup de fabricants d'acheter à la richesse saccharine c'est : 1° la difficulté de faire économiquement par cette méthode un grand nombre d'analyses dans une journée ; 2° l'impossibilité pour la plupart des cultivateurs de vérifier les résultats ; 3° le peu de chance que l'on a, malgré tous les soins possibles, d'arriver à prendre un échantillon bien semblable à celui analysé à l'usine, lorsque l'on veut prendre un chimiste du commerce comme arbitre. On a bien proposé d'envoyer à celui-ci des moitiés ou des quarts de betteraves, mais ce procédé nous paraît très défectueux.

Nous avons dit que l'achat à la richesse saccharine était, théoriquement, le seul vraiment rationnel ; ce n'est pas absolument vrai, car le mode d'achat idéal, si on arrivait à le rendre pratique, serait celui qui tiendrait compte non seulement du sucre contenu dans la betterave, mais encore des impuretés qui rendent ce sucre plus ou moins facile à extraire et qui ont de l'influence sur les frais d'extraction. Hâtons-nous de dire que nous ne croyons pas que l'on arrive d'ici longtemps à réaliser ce désidérata.

Nous pensons être agréables au lecteur en donnant le modèle d'un marché de betteraves, bien que suivant les contrées et les relations entre fabricants et cultivateurs, le texte de ces marchés varie à l'infini.

Sucrerie de   *Département :*

Entre les soussignés :

M. X..., directeur (ou propriétaire) de la sucrerie de *** et M. Y..., cultivateur à V...

Il a été convenu ce qui suit :

M. Y... s'engage à livrer à la sucrerie de *** sa récolte de betteraves de l'année   , récolte faite sur environ   hectares.

Les betteraves gelées, avariées ou non mûres pourront être refusées.

M. Y... sera tenu de ne semer que la graine qui lui sera fournie par l'usine et qui sera facturée au prix de revient.

La betterave sera payée sur la base de 7° de densité à 27 fr. (par exemple), et le prix sera majoré de 0 fr. 70 par chaque dixième de densité au-dessus de 7° et diminué de 0 fr. 70 par chaque dixième de densité au-dessous de 7°.

La densité sera prise au moyen d'un densimètre contrôlé et sera ramenée à 15° de température s'il y a lieu.

Au-dessous de 6°5 de densité la betterave pourra être refusée.

Les racines qui auraient une tare supérieure à 40 % pourront être également refusées.

M. X... sera en droit d'exiger de M. Y... que les betteraves soient livrées du 20 septembre au 1er décembre et cela de manière à ce qu'un tiers environ de la récolte du sus-nommé Y... soit amenée à l'usine entre le 20 septembre et le 20 octobre ; le 2e tiers entre le 20 octobre et le 10 novembre, et enfin le dernier tiers entre le 10 novembre et le 1er décembre.

Dans aucun cas M. Y... ne mettra ses betteraves sur parcages de mouton ou sur défrichement de luzerne faits après le 1er janvier.

Les betteraves seront payées en trois fois, le 31 octobre, le 30 novembre et le 10 janvier, chaque paiement correspondant à environ 1/3 de la livraison.

Fait double,

A   le   18

Pesage

Les betteraves arrivent aux usines soit par chariots, soit par wagons, soit par bateaux.

Fig. 10. — Pont à bascule.

Lorsque les livraisons sont faites par voitures ou par wagons, le véhicule est pesé plein. Après le déchargement des racines on le pèse de nouveau ; la différence des deux pesées donne le poids des racines.

Il y a lieu ensuite de tenir compte de la terre adhérente aux racines ; pour en déterminer la quantité on prélève un échantillon d'une vingtaine de kilog. de betteraves que l'on place dans un panier taré, on pèse le panier plein de betteraves, le poids trouvé P moins la tare au panier donne le poids de betteraves sales, soit P' ce poids ; les racines sont alors nettoyées et décolletées, c'est-à-dire que l'on parfait le décolletage qui a du être effectué dans le champ à la naissance des feuilles et suivant un plan perpendiculaire à l'axe de la racine ; on replace les betteraves propres dans le panier et on pèse de nouveau. Soit trouvé un poids P'', le poids de terre et de collets est P — P'' et le poids de collets de 100 kilog. de betterave, ou mieux ce qu'on appelle la tare, est

$$\frac{P-P''}{P'} \times 100$$

Cette manière d'opérer suppose que les betteraves ont été déchargées à la main et que la terre provenant des racines tombée dans le fond du véhicule a été pesée lors du passage de ce véhicule vide sur la bascule, c'est le cas le plus ordinaire.

Dans le cas contraire, il faudrait estimer ce qu'on appelle le fond de terre, mais il est bon d'éviter cette opération et d'exiger que les tombereaux ne soient pas basculés.

Lorsque la réception est faite à la densité, on prélève un certain nombre de betteraves sur celles qui ont servi à faire la tare et on en fait la densité; de même pour la réception à la richesse saccharine.

Quand le fabricant consent à recevoir quelques betteraves un peu gelées, il augmente généralement la tare, c'est-à-dire que non seulement il fait couper les collets non enlevés, mais encore les parties gelées sur chaque betterave.

CONSERVATION DES BETTERAVES EN SILOS

La betterave, comme toutes les matières organiques, s'altère et se décompose sous l'influence de trois facteurs : l'eau, l'air et la chaleur. Les différentes méthodes de conservation qui ont été proposées reposent précisément sur l'atténuation de cette triple influence. En France on conserve les betteraves en gros tas ou en silos. La conservation des betteraves doit attirer sérieusement l'attention du fabricant, car le plus ou le moins de perte en silos a une influence énorme sur le résultat final d'une fabrication. Nous verrons plus loin quelle peut être l'importance de ces pertes.

Le meilleur système de conservation en gros tas, de 6 à 8 mètres de largeur à la base et sur une hauteur de 2 à 3 mètres, est celui préconisé par M. Champonnois. Ce système est applicable dans toutes les fabriques et répond parfaitement aux habitudes des cultivateurs. Voici en quoi il consiste (1) :

« Sur le terrain destiné à recevoir un tas, on creuse de petits fossés de 30 à 40 cent. de largeur et de profondeur. Ces fossés sont placés transversalement au tas, ils le dépassent aux deux

---

.(1) G. Dureau *op. cit.*, p. 370.

extrémités de quelques décimètres pour que leurs ouvertures restent libres. Ils doivent aussi être espacés entre eux d'environ 2 mètres. On recouvre ces conduits de fagots ou de rondins. Puis on forme les tas et on garnit les côtés avec de la terre et le dessus avec de la paille. Dans ces conditions l'air extérieur pénètre dans les conduits, traverse le tas dans toute sa masse et s'échappe par la partie supérieure en chassant l'air chaud confiné. Tant que la température reste au-dessus de zéro, on laisse tous les conduits ouverts; dès qu'elle menace de descendre au dessous, on tamponne toutes les ouvertures. »

Il faut se garder d'ensiler les betteraves gelées ; le mieux est de les travailler le plus vite possible.

Les betteraves destinées à être ensilées doivent être saines, sans blessures, et bien décolletées.

Parmi les fabricants de sucre, les uns sont partisans de gros silos, les autres de petits silos. Les uns et les autres ont raison, suivant les circonstances. Dans les hivers rigoureux les petits silos ont l'inconvénient d'offrir plus ou moins de prise à la gelée; dans les hivers doux, les petits silos s'échauffent un peu moins.

Une bonne pratique consiste à placer les silos sur un sol bien préparé, recouvert d'escarbilles et disposé de manière à ce que l'eau s'écoule facilement.

Après la conservation en tas, la conservation en silos est la plus répandue. On nomme silos des fossés ou grands canaux, d'une longueur variable suivant la place dont on dispose et à section verticale de la forme d'un parallélogramme ou d'un trapèze.

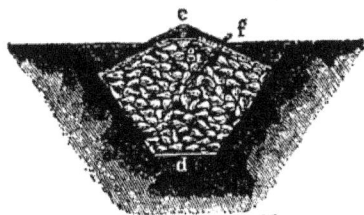

Fig. 11. — Vue d'un silo, coupe transversale.

On leur donne une profondeur de 1 m. 50 à 2 mètres et à peu près la même largeur à la base. Les betteraves mises en silos sont recouvertes des feuilles dont on les a débarrassées, si elles doivent être travaillées promptement; si elles doivent attendre, on les recouvre de terre battue, et on les abrite de la pluie et des écoulements d'eau de toutes provenances. Ces mêmes silos, libérés au fur et à mesure du travail, servent plus tard à emmagasiner la pulpe.

Ce système est fréquemment employé en Allemagne. Vivien paraît en être partisan ; il dit même que les betteraves doivent être couvertes aussitôt arrachées ; de cette manière les racines ne perdent pas leur eau de végétation qui serait nécessaire à leur conservation ; de plus comme elles ont poussé dans la terre à l'abri de la lumière, elles doivent donc être conservées dans les mêmes conditions.

Se basant sur ce principe, on a même été jusqu'à placer des couches de terre entre les différents lits de betteraves.

On voit que l'accord est loin d'être parfait sur la conservation des betteraves. Nous allons donner ci-dessous quelques expériences qui nous sont personnelles :

Les analyses ont été faites sur un même lot de betteraves, prélevé le 22 octobre, divisé en 4 parties dont 3 ont été ensilées à 1 mètre de profondeur et l'autre a été analysé à la date du prélèvement. Nous avons obtenu pour cette dernière partie :

Sucre pour 100 cc. de jus 16,20
Sucre pour 100 gr. de betteraves............ 14,20
Densité 7,3

Coefficient à prendre pour passer du sucre pour 100 gr. de jus au sucre pour 100 gr. de betteraves : 94.

Les autres lots ont été essayés successivement :

Le 11 novembre : sucre pour 100 gr. de betteraves.... 13,90
Le 2 décembre............................ 13,00
Et le 7 décembre.. 12,70

Le poids des pousses par 100 kilog. de betteraves était alors de 0,360 p. 100, et ces pousses contenaient 1,80 p. 100 de sucre.

La perte en sucre en 46 jours a donc été de 1,50 ; d'où perte de 0,032 par jour.

Un autre essai fait dans les mêmes conditions, mais du 14 octobre au 19 décembre, nous a donné 0,028 ; il faudrait donc admettre une perte moyenne de 0,03 par jour.

Voici maintenant les résultats d'une expérience que nous avons faite au point de vue du *décolletage et et de la terre adhérente*.

Le 14 octobre trois lots de betteraves donnant à cette date à l'analyse

D = 7° 7; sucre 0/0 gr. (méthode directe à froid)   15,00

ont été ensilés à un mètre de profondeur.

Le 1er lot, décolleté et non nettoyé, a donné le 18 décembre :

D = 6,85 ; sucre 0/0 gr. de betteraves......... 13,10
Sucre 0/0 cc de jus......................... 15,20

Le 2e lot nettoyé, non décolleté a donné le 18 décembre :

D = 7,05 ; sucre 0/0 gr. de betteraves......... 13,30
Sucre 0/0 cc de jus.......... 15,60

Le 3e lot non nettoyé, non décolleté, a donné le 18 décembre :

D = 7,00 ; sucre 0/0 gr. de betteraves... 13,20
Sucre 0/0 cc de jus............. 15,50

Le décolletage a été fait, ou plutôt complété, sur des racines déjà un peu décolletées à l'arrachage ; malgré cela on voit qu'il a une influence nuisible.

Etant donné le mode de décolletage avant la mise en silos, tel qu'il est pratiqué, les producteurs feront donc bien de s'appliquer à produire des espèces à collets très étroits.

D'après l'essai ci-dessus, le nettoyage aurait eu une influence favorable ; si elle n'a pas été plus marquée, c'est que les betteraves non nettoyées n'étaient pas très sales.

Ces expériences ont été faites sur de gros silos de 2 m. 50 de hauteur sur 4 mètres de largeur, avec des cheminées d'aération placées de dix mètres en dix mètres sur la largeur ; mais les échantillons ont toujours été placés dans l'espace compris entre deux cheminées.

Pour éviter l'échauffement des silos, on pratique souvent le retournement, c'est-à-dire que l'on déplace toutes les betteraves d'un silo pour en faire un nouveau silo. Ce procédé nous paraît recommandable, mais il ne faudrait pas en prendre prétexte pour conserver trop longtemps les racines, car il est bon de les travailler dans leur ordre d'arrivée dans la cour de l'usine.

Emploi des antiseptiques. — Pour éviter les pertes de sucre en silos, on a proposé d'employer certains antiseptiques ; l'acide phénique surtout a été préconisé.

M. Lachaud dit avoir obtenu de bons résultats de l'arrosage abondant pratiqué sur les tas de betteraves avec une pompe à incendie, au moyen d'eau additionnée de 20 à 30 grammes d'acide phénique par hectolitre.

Les racines aussitôt recouvertes après cette opération n'auraient pas perdu de sucre après trois mois d'ensilage.

M. Francez aurait obtenu des résultats a peu près analogues.

Malgré ces assertions la méthode des antiseptiques ne paraît pas devoir, du moins pour le moment, passer dans la pratique.

Couvertures. — Dès qu'il commence à geler, on recouvre les silos comme nous l'avons dit plus haut. A cet effet, on emploie généralement du foin, mais ce foin présente l'inconvénient, surtout avec le transporteur hydraulique, de ne pas rester complètement sur le sol et de suivre en partie les betteraves jusqu'au coupe-racines et là de bourrer les couteaux. Aussi préconise-t-on l'emploi de toiles ; les vieilles toiles de filtres-presses et les vieux sacs conviennent très bien pour cet usage.

L'emploi des toiles permet aussi de couvrir et de découvrir les silos plus rapidement que celui du foin.

On a aussi employé comme couvertures des paillassons ; ils présentent les mêmes avantages que les toiles, mais sont peut-être un peu plus coûteux.

De l'avis de beaucoup de fabricants, la meilleure couverture à employer est le hangar.

A la sucrerie du Pont d'Ardres, toutes les betteraves sont couvertes et M. Delori, directeur de cet établisssement, se déclare satisfait de ce procédé.

A la sucrerie d'Abbeville, on commence à entrer dans cette voie ; nous avons vu, il y a un an, l'installation de ces hangars, installation fort bien comprise. A la fin de décembre, les racines étaient exemptes de pousses, mais elles avaient l'aspect de fruits conservés et ridés. On n'a pas pu, dans cette usine, nous donner à cette époque des renseignements bien précis ; on estimait cependant qu'en deux mois et demi, la perte pour les betteraves placées sous les hangars avait été inférieure de 4 à 5 dixièmes de densité à la perte des betteraves non couvertes.

Ce mode de conservation des betteraves nous paraît donc appelé à réunir de nombreux partisans, et ils en recueilleraient un bénéfice très appréciable.

TRANSPORTEURS. — LAVAGE DES BETTERAVES. PESAGE A LA RÉGIE

TRANSPORTEURS

Si on met les betteraves en œuvre à mesure de leur arrivée à l'usine, on peut les jeter directement dans les appareils de lavage ; mais lorsqu'on travaille des betteraves ensilées, il faut les transporter des silos à ces appareils. Différents moyens sont employés ; le plus ancien consiste à se servir de brouettes, mais il est de plus en plus abandonné, car il nécessite une main d'œuvre assez couteuse.

Dans un assez grand nombre de fabriques on se sert de wagonnets fournis par la maison Decauville.

Dans quelques usines on rencontre des courroies sans fin qui se meuvent sur des galets. L'entraineur Joly présente cette construction particulière, que l'extrémité qui déverse les betteraves est fixe, tandis que l'autre est mobile et peut être dirigée vers le silo contenant les betteraves que l'on veut travailler.

Un autre moyen de transport qui rend de grands services aux nombreuses usines où il est déjà installé, est le transporteur hydraulique.

Tous les fabricants devraient, ce nous semble, installer cet appareil s'ils disposent d'un terrain convenable.

Le transporteur hydraulique se compose d'un caniveau incliné dans lequel un courant d'eau entraine les racines que l'on y jette ; il présente l'avantage de laver déjà en partie les betteraves, ou tout au moins de désagréger la terre qui se détachera ensuite facilement dans les laveurs. Les transporteurs hydrauliques sont le plus souvent construits en briques enduites de ciment ou en béton aggloméré.

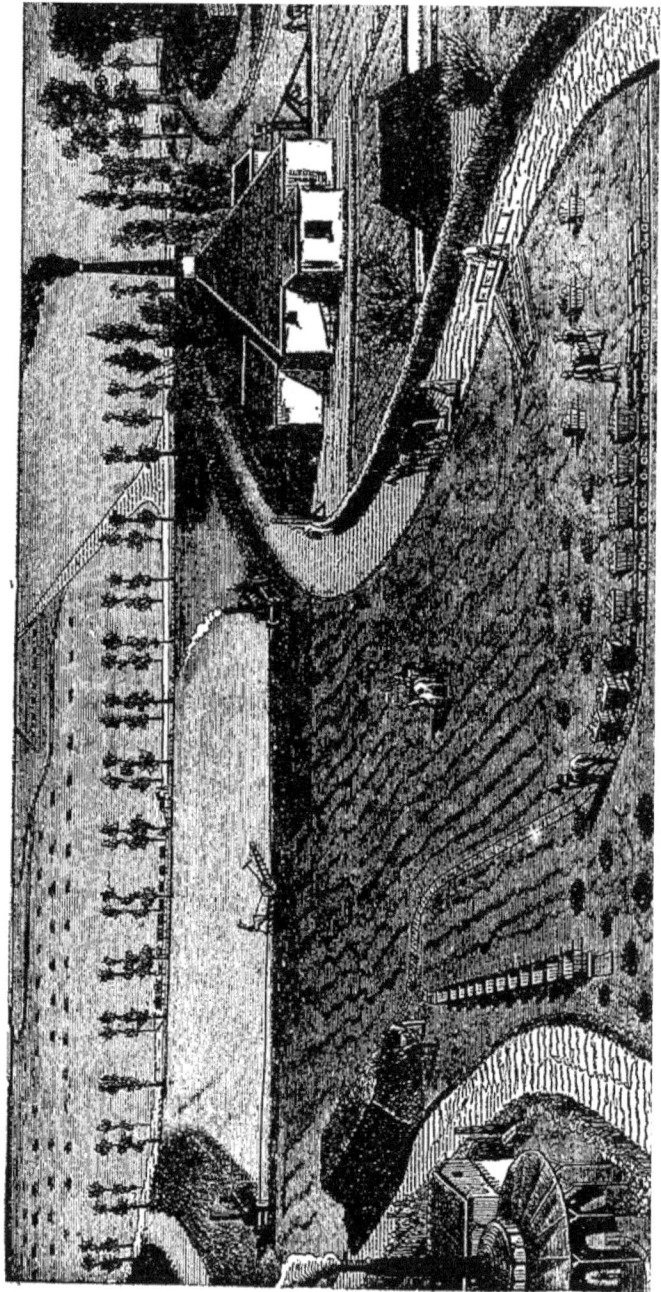

Nous ne saurions mieux faire ressortir les avantages de ce moyen de transport qu'en donnant la description de l'installation d'un transporteur hydraulique tel qu'il est établi dans une sucrerie où nous l'avons vu fonctionner pendant deux campagnes, à l'entière satisfaction de ceux qui s'occupaient de la râperie où il est installé.

Cet appareil permit d'abord de donner à l'entrepreneur de betteraves 0, 30 de moins par 1000 kg. de betteraves travaillées.

Durant toute la période des fortes gelées, le travail de la râperie montée avec cet appareil a été beaucoup plus régulier et plus uniforme que dans les autres râperies de la même usine, installées sans transporteur, évidemment parce que le lavage s'effectuait mieux, et que l'eau tiède (nous verrons plus loin d'où vient cette eau) restant pendant un certain temps en contact avec la betterave, arrivait presque toujours à décoller la terre gelée.

Ce transporteur hydraulique est composé de caniveaux en béton aggloméré, ayant chacun un mètre de longueur, emboîtés les uns dans les autres et soudés avec du ciment. Trois ou quatre hommes suffisent pour alimenter la râperie qui travaille jusqu'à 220.000 kgs de betteraves par 24 heures, les racines étant jetées directement des wagons ou voitures dans le transporteur, ou prises aux silos.

La betterave amenée par les wagons est déchargée à la main; quand on prend aux silos on se sert de fourches dont les extrémités sont garnies de boules.

La pente donnée aux transporteurs est de 9 $^{m/m}$ par mètre et la hauteur d'eau de 8 à 10 centimètres.

L'eau qui alimente le transporteur vient de la bâche de la pompe à air du triple effet et du condenseur barométrique; elle a une température de 35° environ et est refoulée par une pompe centrifuge à l'extrémité de chaque bras du transporteur; un robinet vanne placé à ces extrémités permet le refoulement de l'eau dans le bras en exploitation.

Les courbes ont un rayon de 2^m 50 ; dans ces parties la pente est un peu augmentée.

Des vannes en tôle isolent les différents bras.

Les transporteurs viennent déboucher dans un cylindre en tôle de 1^m 800 de diamètre ayant à sa partie inférieure, placée au niveau du fond du transporteur, une tôle perforée par laquelle on fait écouler l'eau. Dans un puits latéral une noria en prend une partie pour la déverser dans un canal de décharge. Un

Fig. 13. — Vue du transporteur hydraulique, coupe transversale.

Fig. 14. — Couvercle de transporteur.

distributeur à trois branches, faisant environ huit tours à la minute, ramasse les betteraves arrivant sur la tôle perforée pour les conduire dans la trémie de chargement de l'élévateur.

Lorsque le laveur est arrêté par une cause quelconque, on ferme la vanne d'arrivée au distributeur et on arrête le chargement du transporteur; l'eau coule toujours, mais s'écoule par des conduits réservés à cet usage.

Les pertes en sucre, quoique n'étant pas absolument nulles, sont cependant négligeables. Nous allons le montrer :

Une betterave placée à l'extrémité d'un bras du transporteur met, dans l'installation qui nous occupe, 2 minutes 30 secondes pour arriver au distributeur.

1re *expérience.* — Sept à huit betteraves ont été placées dans un seau d'eau à 35° de température et brassées pendant 2 minutes 30 secondes : on a obtenu dix litres d'eau qui ont été évaporés à un litre; après inversion avec acide sulfurique le liquide obtenu a donné une *très légère* décomposition de la liqueur cuivrique.

2e *expérience.* — Nous avons évaporé à 100 cc 1 litre d'eau prise à l'arrivée au distributeur, nous n'avons pu dans ce cas observer, après inversion, aucun effet sur la liqueur cuivrique.

Dans certaines installations les silos de betteraves sont placés au-dessus des transporteurs hydrauliques qui sont alors recouverts de plaques en tôles qu'il suffit d'enlever pour laisser glisser les racines dans le transporteur; de cette façon la main d'œuvre est encore diminuée.

A ce sujet M. Aulard fait l'observation suivante :

« Lorsqu'on fait un silo sur le transporteur hydraulique, nous avons remarqué que toutes les betteraves qui se trouvaient au-

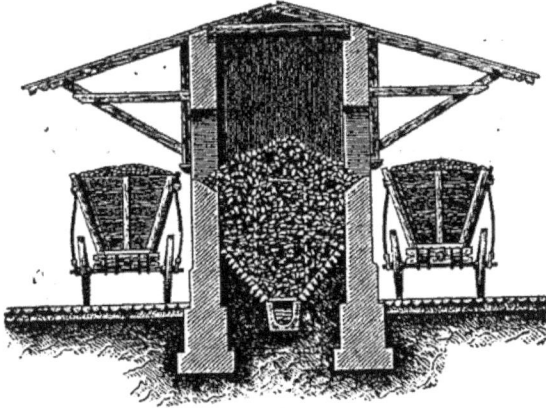

Fig. 15. — Magasin de betteraves et silo établis sur le transporteur hydraulique.

dessus du caniveau même étaient, au bout d'un certain temps, beaucoup plus poussées en végétation que les autres. Le trans-porteur arrête le courant d'air sous les tas des betteraves, ce qui fait que toute cette partie du silo pousse et végète d'une façon considérable(1). »

Fig. 16. — Magasin de betteraves et silos établis sur le transporteur hydraulique.

(1) *Bul. assoc. chim.*

M. Maguin fait remarquer que l'installation du transporteur hydraulique n'exige pas plus d'eau que l'usine n'en consommait auparavant.

« Voici, dit-il, quelles sont les dispositions qui nous ont permis d'atteindre ce but :

« Il s'agit en principe, de recueillir les eaux qui ont servi au transport des betteraves, au fur et à mesure de leur arrivée aux laveurs, pour les faire servir à nouveau après décantation.

« Pour cela, ces eaux salies pendant le transport sont remontées au moyen de la roue mixte ou de pompes spéciales, dans des bassins de décantation (trois généralement), disposés en chicane, et de telle façon que le niveau supérieur de ces bassins soit en charge sur le point de départ des caniveaux de transport.

« L'eau, trouble dans le premier bassin, se trouve clarifiée dans le second, et absolument claire dans le troisième. Dans certains cas, alors que les terres en suspension dans l'eau sont grasses et difficilement décantables, on ajoute entre le second et le troisième bassin du lait de chaux pour faciliter l'opération.

« L'eau propre arrivant en charge sur le point de départ des caniveaux, les parcourt rapidement entraînant avec elle terres et betteraves, arrive à la roue élévatrice, est ramenée aux décanteurs qu'elle parcourt en se clarifiant, puis revient propre dans les caniveaux.

« On conçoit aisément qu'ainsi la perte d'eau est insignifiante et que l'eau des laveurs étant amenée aux décanteurs, suffit à la compenser.....

« Pour une usine travaillant 200,000 kilogs l'expérience a démontré que les bassins de décantation doivent présenter une surface de 4,500 à 5,000 mètres carrés avec une profondeur de 1 mètre 500 environ.....

« Nous basant sur les expériences nombreuses que nous avons faites, nous estimons que le volume d'eau nécessaire doit équivaloir à 8 litres par kilog. de betteraves normales et à 10 litres pour des betteraves fort sales ou gelées » (1).

---

(1) *Bul. assoc. chim.*

ÉLÉVATEURS

Dans toutes les installations de lavage de betteraves avant
pesage à la régie on a besoin d'élever les racines, soit du sol aux
laveurs, soit des laveurs à la benne de pesage.

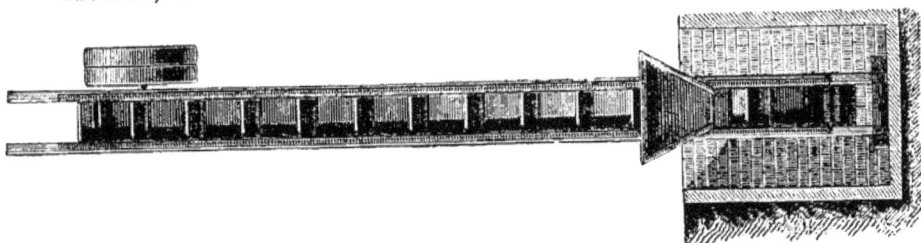

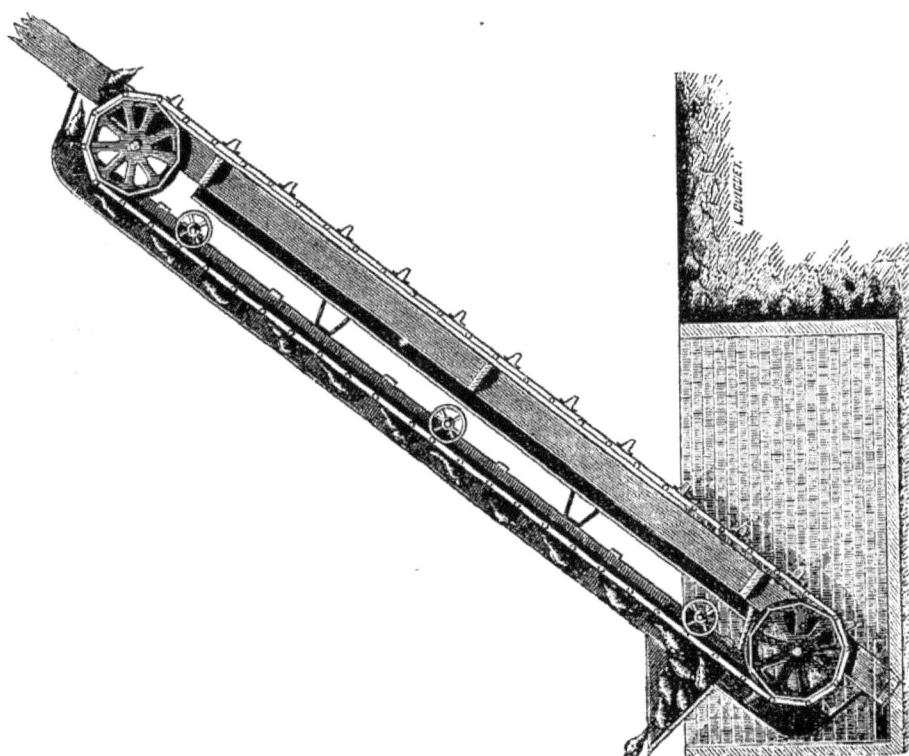

Fig. 17 et 18. — Élévateurs.

Dans beaucoup d'usines les laveurs sont placés plus haut que
le sol du magasin à betteraves ; il faut donc un élévateur pour

élever les racines du sol ou du distributeur (dans le cas d'un transporteur hydraulique) aux laveurs.

Un des appareils les plus anciennement employés consiste en une courroie sans fin en caoutchouc, courroie inclinée glissant sur des tambours moteurs, supportée par des galets et portant des palettes en bois plus ou moins espacées, suivant le travail de la batterie à alimenter. Pour une batterie travaillant 300,000 kilog par 24 heures, une courroie de 30 centimètres de largeur avec palettes espacées à 50 centimètres et une vitesse de 0m900 suffit avec une inclinaison de 1m200 par mètre.

On a l'habitude de fixer des cloisons en planches aux montants de l'élévateur, afin d'empêcher la terre et les queues de betteraves de tomber sur les tambours. Ceux-ci ont leur axe monté sur des glissières, afin de permettre de tendre la courroie quand cela devient nécessaire.

Le pied de l'élévateur est placé dans une cave dans laquelle tombe la terre ; un volet articulé en caoutchouc, contre lequel viennent buter les palettes en bois, empêche les betteraves de tomber dans cette cave, celles qui échappent à une palette sont de cette manière reprises par une autre palette.

Dans ces appareils on remplace quelquefois le caoutchouc par l'aloès ; mais dans le cas d'un transporteur hydraulique aucune de ces matières ne résiste à l'eau tiède et aux petits graviers entraînés. Aussi a-t-on recours dans ce cas à un élévateur métallique, qui est généralement la chaîne métallique Joly ou une de ses modifications.

Nous avons vu fonctionner un de ces élévateurs qui peut se décrire ainsi :

Sur les maillons d'une chaîne sont boulonnés de deux en deux des plaques en tôle, qui forment ainsi une courroie métallique continue.

A des distances de 30 ou 40 centimètres, suivant la vitesse de l'élévateur et la quantité de betteraves à fournir, sont fixées des palettes sur les plaques de tôle. Des galets placés de distance en distance maintiennent cette chaîne pendant son ascension.

Cet élévateur fonctionne assez bien, mais il s'use rapidement et nécessite fréquemment le remplacement de parties de chaîne ; aussi préférons nous les hélices ou les roues élévatrices.

Élévateur vertical de la Cie de Fives. — En ces derniers temps la Cie de Fives-Lille a construit des élévateurs verticaux qui nous paraissent préférables aux élévateurs avec godets montés sur chaîne et crochets ; ceux-ci offrent peu de surface à l'usure, se coupent assez rapidement, d'où résultent parfois des chutes de tous les godets de l'élévateur. Dans l'élévateur de la Cie de Fives-Lille, les godets sont pris sur chaque côté par une chaîne articulée dont le pas est égal à la distance entre deux godets ; l'une des mailles, celle fixée au godet, se compose de deux fers plats dont l'un est rivé aux godets ; la maille reliant deux godets a la forme d'un étrier ; la réunion des mailles est faite au moyen de boulons tournés, garnis de douilles en bronze, s'appuyant dans le fond de l'étrier. L'usure se produit sur ces douilles en bronze qu'il est facile de remplacer.

Les deux côtés de la chaîne sont guidés entre deux cornières verticales dans la hauteur de l'élévateur.

Depuis quelques années, on emploie beaucoup la disposition suivante, brevetée par Knauer. Elle consiste en un récipient cylindrique B dans lequel sont amenées les betteraves venant du transporteur A. Le fond du récipient est en tôle perforée par laquelle l'eau sale s'écoule dans le canal F, tandis que les betteraves, poussées par un entraîneur actionné par l'arbre G, tombent par l'ouverture D et

Fig. 19. — Élévateur des betteraves venant du transporteur.

sont entraînées par les godets de l'élévateur E qui les conduit au laveur.

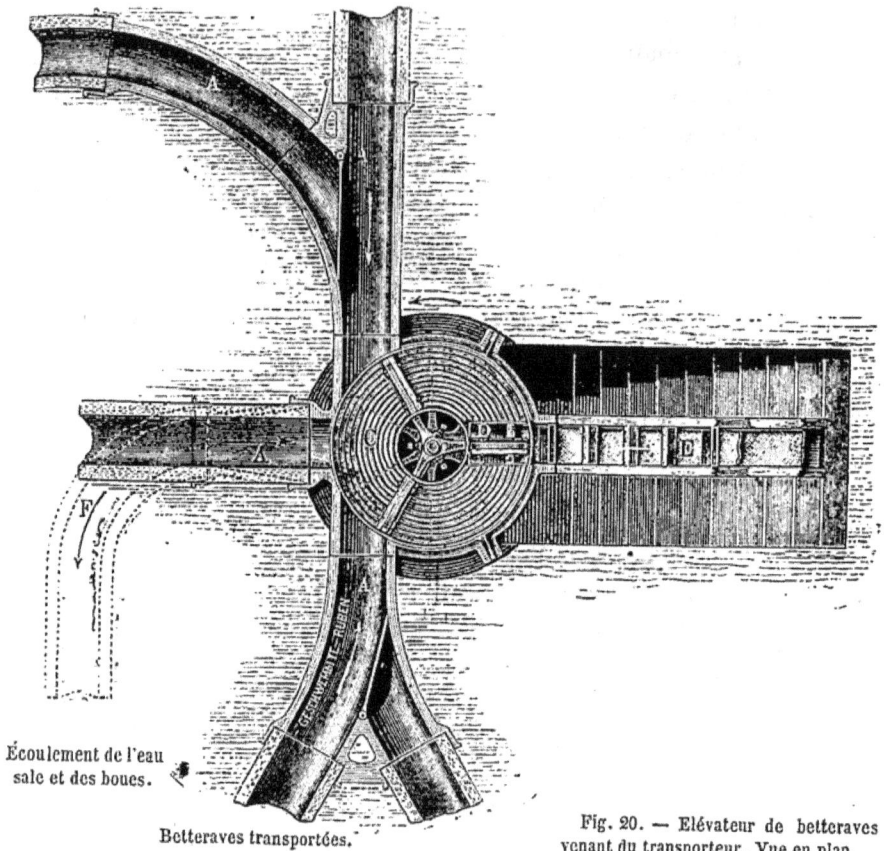

Écoulement de l'eau sale et des boues.

Betteraves transportées.

Fig. 20. — Elévateur de betteraves venant du transporteur. Vue en plan.

Lorsque les circonstances le permettent, on dirige l'eau sale directement dans un réservoir pour la laisser déposer et l'employer de nouveau. Lorsque la situation de l'usine ne le permet pas, on élève l'eau soit à l'aide de la pompe centrifuge décrite plus loin, soit au moyen d'un élévateur spécial.

Hélices élévatrices

Ces appareils commencent à être très en faveur en sucrerie, ils se composent :

1° D'une auge en tôle.

2° D'une hélice en tôle fixée sur un arbre, le tout placé dans l'auge ; l'hélice en tournant entraîne les betteraves jusqu'au haut de l'appareil et les déverse dans les laveurs.

Les spires inférieures de cette hélice sont pleines de manière à laisser les betteraves en contact avec l'eau dans la première partie de l'ascension ; les spires supérieures sont perforées afin de permettre l'égouttage.

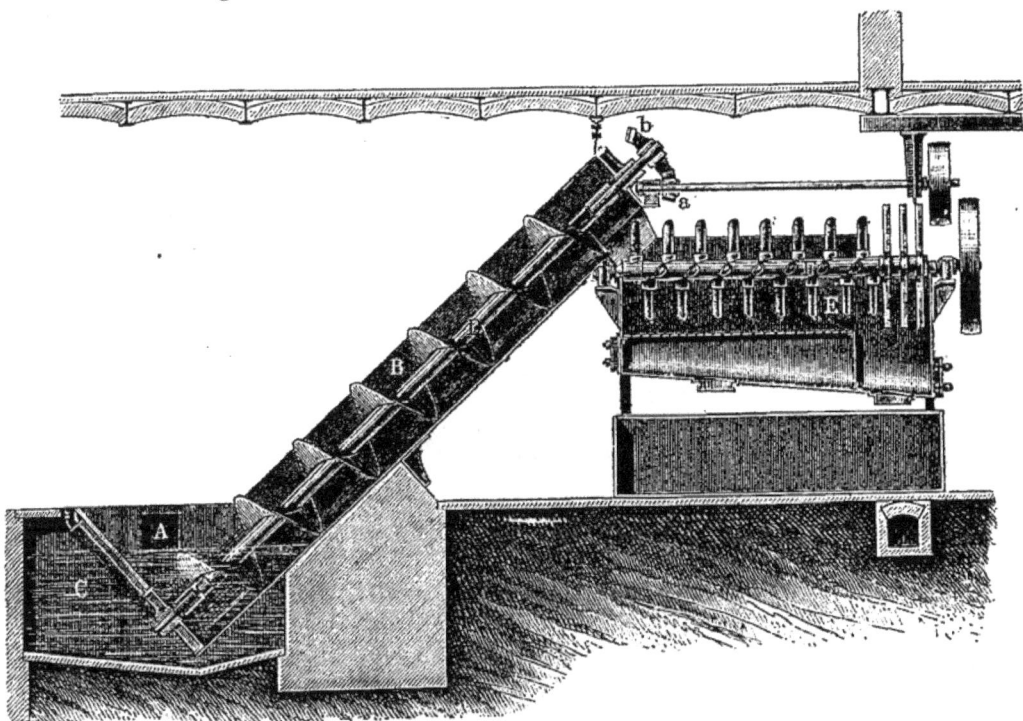

Fig. 21. — Hélice élévatrice.

3° D'un support en fonte sur lequel repose la partie inférieure de l'appareil, celui-ci étant fixé en haut soit sur le laveur soit sur une traverse ad hoc.

4° D'une crapaudine dite insubmersible destinée à recevoir la partie inférieure de l'arbre ; cette crapaudine permet le graissage tout en évitant l'entrée de l'eau et de la terre.

5° D'une porte de vidange placée à la partie basse de l'auge.

6° De deux montants en fer fixés à la partie supérieure de l'auge, d'une traverse également en fer placée sur ces montants, le tout destiné à supporter l'arbre, les poulies et le pignon qui donnent le mouvement.

Souvent on dispose l'appareil pour épierrer; dans ce cas on ne fait pas commencer l'hélice dans le bas de l'auge; en cet endroit on place sur l'arbre des petits bras qui font barboter les racines et en séparent les pierres qui tombent dans le fond de l'auge, tandis que les betteraves sont prises et entraînées par l'hélice.

L'eau est amenée dans l'auge par un tuyau perforé placé à la partie supérieure et arrosant continuellement les betteraves.

On voit que cet appareil constitue non seulement un élévateur, mais qu'il fait aussi fonction de laveur et même d'épierreur.

Roues élévatrices

On se sert aussi, comme élévateurs, de grandes roues à augets qui présentent l'avantage d'être d'un fonctionnement simple et régulier.

Fig. 22. — Roue élévatrice, construction Maguin.

LAVAGE DES BETTERAVES

Aux betteraves fraîchement récoltées ou extraites des silos adhère toujours, plus ou moins fortement suivant la nature du sol où elles ont été récoltées, une certaine quantité de terre, détritus, etc., dont il est important de les débarrasser soigneusement avant leur mise en œuvre, afin d'éviter que ces impuretés ne viennent souiller le jus dans la suite du travail et n'endommagent le coupe-racines. Ce lavage s'effectue dans un laveur, dont la forme et les conditions de fonctionnement varient. Nous décrirons les princi-paux types actuellement employés.

Laveurs

Laveurs à bras. — Le laveur à bras est, croyons-nous, le plus répandu, il se compose d'un arbre horizontal muni de bras en bois ; cet arbre est actionné par poulies et engrenage et est placé dans une auge en tôle dont le fond est incliné pour permettre la vidange de l'appareil et former réceptacle des boues. Le niveau de l'eau se trouve au-dessous du niveau de l'arbre, les extrémités des bras plongent donc seules dans l'eau, elles soulèvent conti-nuellement et font avancer les racines qui restent en suspension dans l'eau, tandis que la terre tombe dans le fond de l'appareil qui présente en cet endroit une porte de vidange.

L'eau et les graviers détériorent rapidement les paliers dans lesquels tourne l'arbre ; ce qui convient le mieux, c'est de faire ces paliers en bois, en pommier par exemple ; un palier ainsi construit marche très bien pendant toute une fabrication. L'arbre, dans les nouveaux laveurs, tourne dans des boîtes à étoupes garnies de bois.

Différentes modifications ont été apportées à ce laveur : on l'a divisé en compartiments dans le but de mettre en contact l'eau la plus sale avec les betteraves les plus sales, l'eau la plus propre avec les betteraves les plus propres. On a placé dans la cuve un faux fond perforé afin de réunir toute la terre entre ce faux fond et la cuve, et d'éviter que le remous produit par les bras ne maintienne cette terre en contact avec les betteraves.

Dans le laveur d'Hennzel, une série de manchons mobiles portant les bras s'emmanchent sur l'arbre, ce qui permet, dans le cas de rupture d'un des bras, de séparer rapidement l'appareil par le simple remplacement d'un manchon. Les bras sont cannelés ou porteurs de brosses.

M. Maguin applique aux laveurs de sa construction la vidange automatique.

On a appelé vidange automatique un obturateur mu par une câme fixée sur l'arbre du laveur même, se mouvant verticalement et laissant ouverte ou fermée une tubulure fixée au faux fond du laveur. Cet obturateur soulevé à chaque tour du laveur devait produire une chasse d'eau qui enlèverait les boues.

Lorsqu'on arrête le laveur, si la câme se trouve au plus haut point de sa course, il arrive que le laveur se vide entièrement d'eau ; en tous cas, le réglage de la course de l'obturateur est fort difficile à obtenir et les chasses sont toujours égales quelle que soit la quantité d'eau contenue dans le laveur.

Une bonne vidange automatique doit donc dépendre du niveau d'eau dans le laveur, c'est-à-dire quelle doit maintenir dans cet appareil un niveau constant et assez élevé pour que les betteraves soient toujours également lavées.

C'est ce principe que M. Maguin a appliqué.

Laveur à tambour. — Ce laveur se compose d'un cylindre en tôle perforée qui se meut autour d'un arbre horizontal, dans une auge contenant de l'eau, et de poulies et engrenage donnant le mouvement. Les paliers qui supportent l'arbre doivent être en bois et reposer sur le bord supérieur de l'auge. Les betteraves tombent dans une trémie adaptée à cet appareil et sont saisies par le tambour, celui-ci les entraîne dans son mouvement de rotation, puis elles retombent et sont reprises, et ainsi de suite ; mais des chicanes convenablement disposées dans l'intérieur du cylindre forcent les racines à avancer et à parcourir ainsi toute la longueur de l'appareil.

Une porte de vidange placée dans le fond de l'auge permet l'enlèvement de la terre qui s'y dépose.

On a essayé d'apporter différentes modifications à ces laveurs, par exemple d'adapter des brosses en fil d'acier à la partie intérieure du tambour, ou bien encore des disques en bois ou en métal devant remplir le même but.

On reproche aux laveurs à tambour de dépenser beaucoup de force.

Brosseur essuyeur Denis-Lefèvre. — Cet appareil qui dans ces derniers temps a reçu d'importants perfectionnements est destiné à sècher les racines, à les épierrer au besoin, et à les débarrasser des derniers détritus de terre que les laveurs auraient laissé échapper.

Le brosseur essuyeur se compose de brosses cylindriques avec garnitures en baleine; ces brosses sont montées parallèlement entre deux bâtis en fer ou en fonte. Leurs axes reposent sur des supports coussinets. Les brosses reçoivent leur mouvement rotatif au moyen d'une série d'engrenages et d'un arbre longitudinal. Les paliers graisseurs supportant les axes des brosses sont montés sur coulisseaux ; ils peuvent être éloignés ou rapprochés à volonté, de façon à permettre le rapprochement des brosses quand il y a usure, et cela sans rien démonter du coffre réhausse.

Les betteraves portées par la face supérieure des brosses circulaires, sont tournées et frottées sur toutes les faces et par toutes les brosses, tour à tour, depuis la brosse d'entrée jusqu'à la brosse extrême.

Les betteraves étant tournées et roulées sur les brosses, il devient facile de parfaire le décolletage imparfait de certaines racines.

Le calage des pignons qui actionnent les brosses se fait rapidement : une cale à deux talons est fixée dans le moyeu du pignon et suit celui-ci dans son déplacement ; le serrage d'une vis fixe le calage, le déserrage de cette vis rend le pignon libre.

M. Quennesson estime à 23 0/0 le taux de déchet supprimé par le brosseur essuyeur ; il fait observer en outre qu'un jeu de brosses peut faire 2 à 3 campagnes et que le renouvellement d'un jeu coûte 1000 francs. Le lavage des brosses s'effectue à l'eau, à l'aide d'une lance et est complété au moyen d'une raclette en fer. Pour éviter les fermentations provenant d'un nettoyage défectueux, on se sert maintenant de brosses en baleine trempées au tannate de fer.

Secoueurs

Les secoueurs sont des appareils destinés à débarrasser les racines de la terre encore adhérente après le passage dans les laveurs et à les égoutter, au moyen de trépidations imprimées aux betteraves sur un plateau en fer mobile, incliné et perforé de fentes longitudinales.

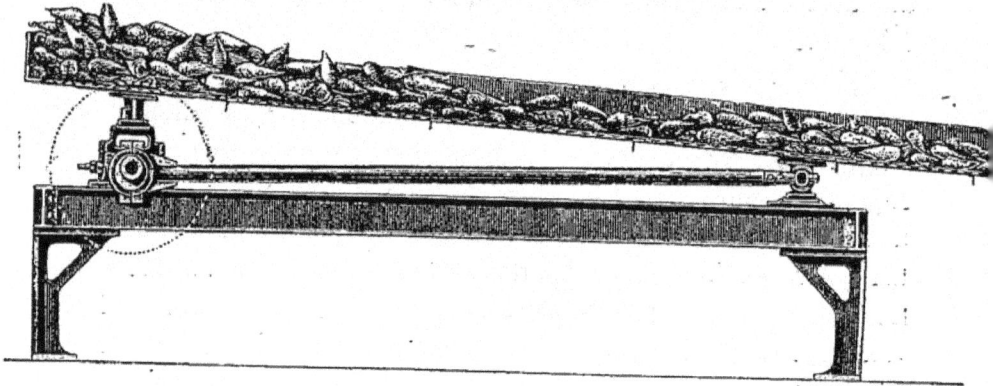

Fig. 23. — Secoueur de betteraves, coupe longitudinale.

Le mouvement est donné soit par des cames, soit simplement par une bielle articulée sur le tablier du secoueur et sur son bâti.

Fig. 24. — Secoueur de betteraves
vue de face.

Il ne faut pas, dans ces appareils, chercher à avoir des secousses trop fortes qui nuiraient à la conservation de l'appareil. La meilleure manière de donner le mouvement consiste à se servir d'une bielle assez longue, construite de manière à ce que le point d'attache de la bielle et celui de la manivelle se trouvent sur une ligne et ne forment pas un angle trop prononcé avec l'horizontale.

On a cherché à prolonger autant que possible le séjour des racines sur le secoueur au moyen de chaînes mobiles s'adaptant par des boulons dans les fentes longitudinales, mais cet artifice a donné, croyons-nous, de mauvais résultats.

Épierreurs.

Ces appareils dont il existe un assez grand nombre de types sont destinés à séparer des betteraves les pierres qui, arrivant dans le coupe-racines, détruiraient en peu de temps un jeu de couteaux.

Le système d'épierreur le plus répandu consiste en une bâche pleine d'eau ayant la forme d'un demi-cylindre; un arbre horizontal porte quatre à cinq bras en fonte, il est actionné par des poulies. Pendant leur rotation, les bras se trouvent toujours à égale distance de la surface intérieure de la bâche ; les betteraves surnagent et sont saisies par les bras en fonte qui les projettent dans l'élévateur, celui-ci les monte à la benne de pesage. Les pierres, au contraire, étant donnée leur densité, tombent au fond de la bâche et en sont expulsées de temps en temps par la porte de vidange placée à la partie inférieure de la bâche. Certains constructeurs donnent aux bras en fonte la forme de fourches.

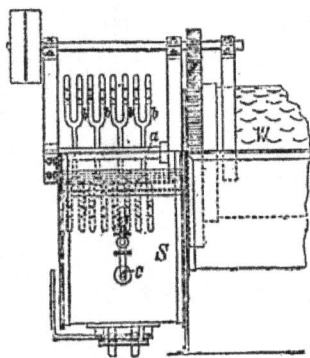

Fig. 25. — Épierreur

L'épierreur de Franz Nietschmann est d'une construction toute différente : il se compose d'un axe vertical armé de palettes diminuant de longueur de haut en bas ; cet ensemble se meut dans une bâche conique remplie d'eau. Les racines flottent à la surface de l'eau et sont déversées dans l'élévateur, tandis que les pierres tombent au fond du cône d'où elles s'échappent par une ouverture qui y est pratiquée.

L'épierreur Loze décrit par la *Sucrerie Belge* et par M. Sachs, se compose d'un réservoir ayant la forme d'un demi-cône tronqué, divisé en deux compartiments par une cloison verticale partant du fond, mais n'atteignant pas les bords supérieurs. Dans la partie inférieure de cette cloison, partie qui est à claire-voie, et dans le même plan, se met une hélice actionnée par un arbre horizontal. L'hélice en tournant, provoque un violent courant d'eau partant du compartiment n° 2 de gauche pour se rendre dans le compartiment n° 1 de droite. Les betteraves tombant dans ce dernier sont entraînées par la force de la chute à une certaine profondeur. Le courant d'eau les ramène alors à la surface et les fait passer par-dessus la cloison dans le compartiment n° 2, d'où elles sont enlevées par une poulie creuse à bras à claire-voie dirigée en hélice. »

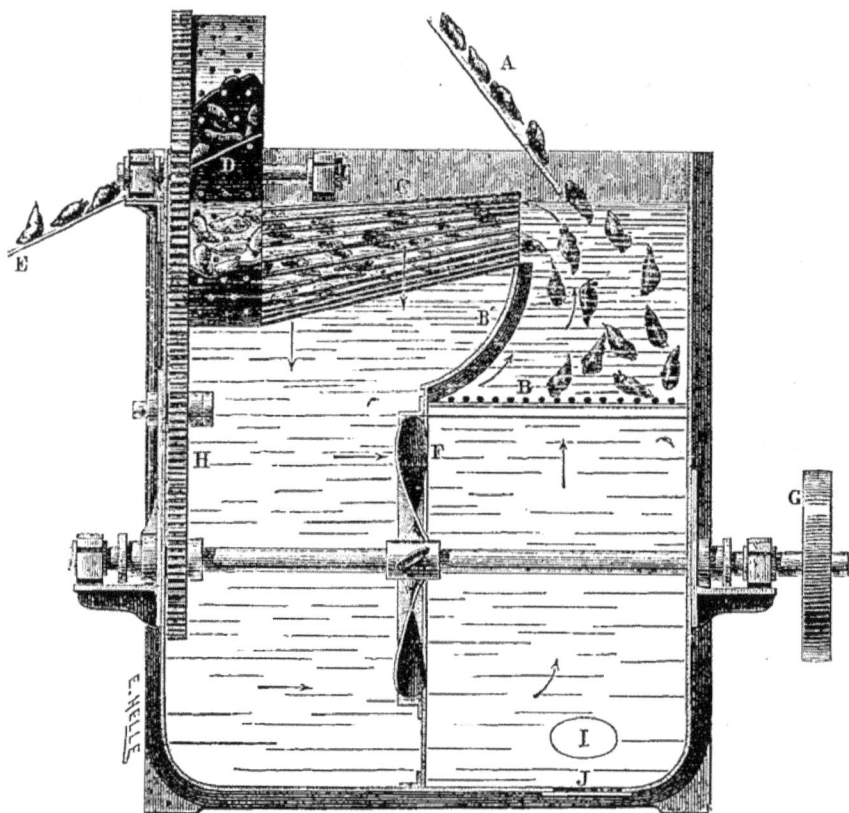

Fig. 26 — Epierreur Loze.

Séchage.

Les appareils destinés au séchage des betteraves ne sont pas utilisés en sucrerie pour cette raison que l'application de la plupart d'entre eux serait interdite par la régie ; citons néanmoins deux de ces appareils :

M. Maguin fait passer sur les élévateurs, qu'il surmonte alors d'une cheminée d'appel, un courant d'air produit par un ventilateur.

MM. Bedu frères se servent de vapeur détendue qu'ils font passer sur les racines entraînées par une courroie métallique sans fin.

En résumé, l'installation de l'atelier de lavage, tel que nous le comprenons, se compose de :

1° un transporteur hydraulique tel que nous l'avons décrit ; celui-ci déversant les racines au moyen d'un distributeur dans :

2° un laveur à bras d'une longueur de 7 à 8 mètres et placé au niveau du sol ;

3° une hélice élévatrice avec épierreur, hélice à auge pleine ;

4° 2 épierreurs ;

5° un secoueur ou un brosseur-essuyeur, ou, suivant la disposition des lieux, une hélice élévatrice à auge perforée permettant l'égouttage des betteraves.

Ces appareils doivent être disposés de telle sorte que par simple écoulement, l'eau propre arrivant dans le second épierreur suive une marche inverse à celle des racines, de manière à mettre en contact l'eau la plus propre avec les racines les plus propres et l'eau ayant déjà passé dans tous les appareils de lavage moins un sur les racines les plus sales. Des conduites et des robinets permettront cependant d'amener de l'eau propre, si besoin est, dans n'importe lequel de ces appareils. Le lavage et l'égouttage des betteraves sont d'une importance capitale, car les impuretés aussi bien que les racines qui sont pesées à la benne de la régie comptent pour la prise en charge. Les pertes résultant d'un mauvais lavage peuvent être considérables. Ainsi, avec le taux actuel de la prise en charge, 7,75 p. 100 kilog. de betteraves et avec le droit de 30 fr. sur les 100 kilog. d'excédents, le fabricant éprouve une perte qui, pour une fabrication de 10 millions de kilogr. de betteraves, atteint :

Pour 1 0/0 de déchet, une somme de..			2.325 fr.
— 2	—	— ..	4.650
— 3	—	— ..	6.975
— 4	—	— ..	9.300
— 5	—	— ..	11.625
— 6	—	— ..	13.950
— 7	—	— ..	16.275
— 8	—	— ..	18.600
— 9	—	— ..	20.925
— 10	—	— ..	23.250

Ecoulement des eaux de lavage. — Les eaux de lavage arrivent généralement dans une cave dans laquelle est placé le pied de l'élévateur à betteraves sales, quand celui-ci existe, ou dans une fosse qui réunit les eaux provenant de la vidange de tous les laveurs, épierreurs etc.

Il arrive parfois qu'on ne peut se débarrasser de toutes ces eaux par simple pente ; il faut alors employer une chaîne à godets ou dragueuse. Or, l'inconvénient de cet appareil est le suivant : les organes inférieurs, paliers, coussinets sont sans cesse dans l'eau sale, ce qui produit une usure considérable. M. Thomas conseille de prendre tout simplement un volant auquel on adapte des godets qui se déversent sur le côté à leur arrivée au sommet de la roue. Il est nécessaire, dit-il, d'employer des godets ayant un gros volume, 50 litres par exemple.

Pompes à eaux boueuses. — Les pompes centrifuges donnent d'excellents résultats, mais à moins d'être construites spécialement comme celle ci-dessous, elles présentent l'inconvénient de

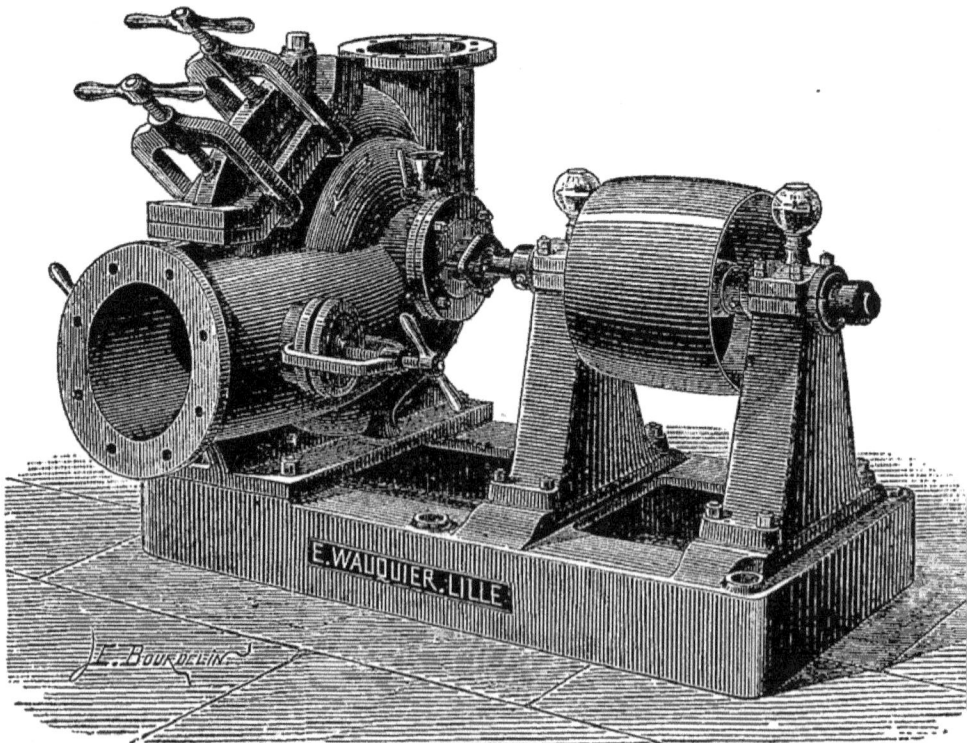

Fig. 27. — Pompe centrifuge pour l'élévation des eaux boueuses, construction Wauquier à Lille

s'user rapidement à cause des petits graviers contenus dans les eaux sales.

Ces pompes, construites par MM. E. Wauquier et fils, à Lille, sont fort employées en sucreries pour l'élévation des eaux boueuses provenant du nettoyage des laveurs ou pour envoyer aux bassins de décantation l'eau ayant servi à l'entraînement des betteraves aux laveurs par le transporteur-hydraulique.

Pour diminuer autant que possible l'usure due à la présence des corps étrangers dans l'eau, la roue à palettes (ou turbine) de ces pompes, est faite en acier coulé et est dépourvue de joues; elle tourne entre deux plaques d'acier, fixées par des vis sur les deux parties de l'enveloppe en fonte (ou coquilles). On peut ainsi remplacer facilement ces plaques, sans avoir à changer complètement les coquilles.

Le corps de la pompe est en outre garni de un ou trois regards permettant de retirer rapidement les feuilles où les radicelles de betteraves qui auraient pu s'accrocher dans l'intérieur.

On emploie aussi la pompe à pistons plongeurs et à boulet, construite par M. Gandillon. Cette pompe se compose d'un ou deux corps verticaux, dans chacun desquels se meut un plongeur qui est situé directement au-dessus d'un boulet sphérique formant clapet d'aspiration un autre boulet forme clapet de refoulement, et il résulte des dispositions intérieures de la pompe, que les matières ne subissent pendant l'aspiration de chacun des plongeurs aucune contraction ni aucune déviation dans leur parcours.

Une seule garniture d'étoupes pour chacun des plongeurs, compose toute l'obturation des pièces en mouvement, à l'exclusion de tous cuirs ou autres garnitures.

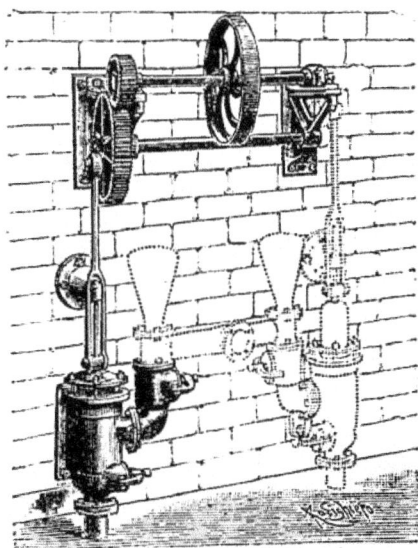

Fig. 28. — Pompe Gandillon pour l'élévation des eaux de lavage.

M. Thomas qui construit aussi des pompes de ce genre fait remarquer (1) que les pompes à boulets de caoutchouc avec noyaux en fonte sont les plus robustes, parce qu'elles peuvent puiser sans lanterne au fond du réservoir et refouler même les queues de

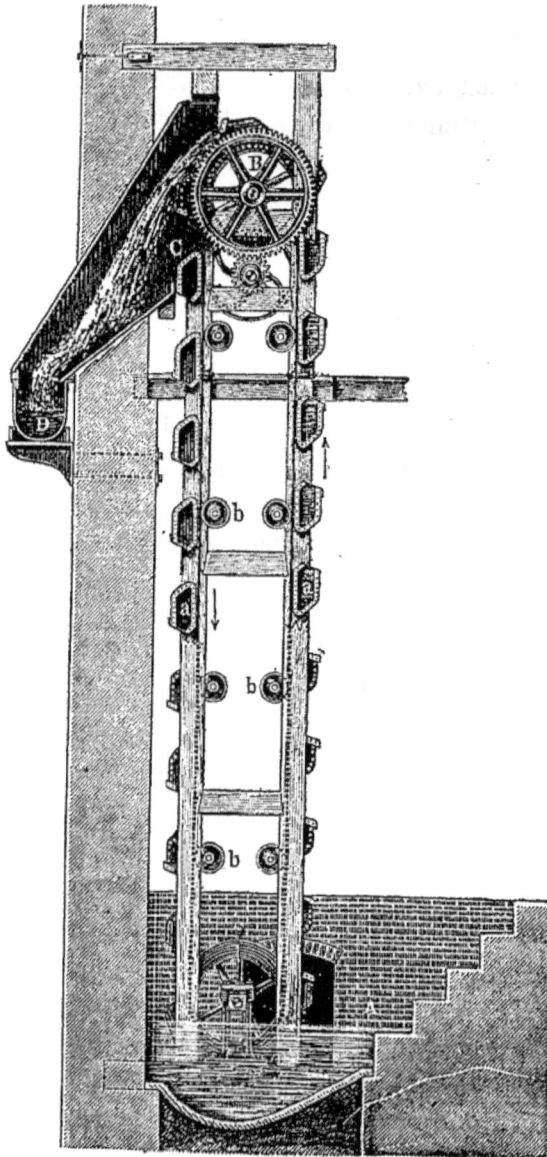

Fig. 29. — Élévateur vertical pour les eaux de lavage.

(1) *Bull. Ass. chimistes.*

betteraves, à la condition que les boulets aient un diamètre suffisant, c'est-à dire 0^m 10 à 0^m 15.

Nous ferons remarquer cependant qu'avec ce travail des eaux sales le caoutchouc s'use rapidement.

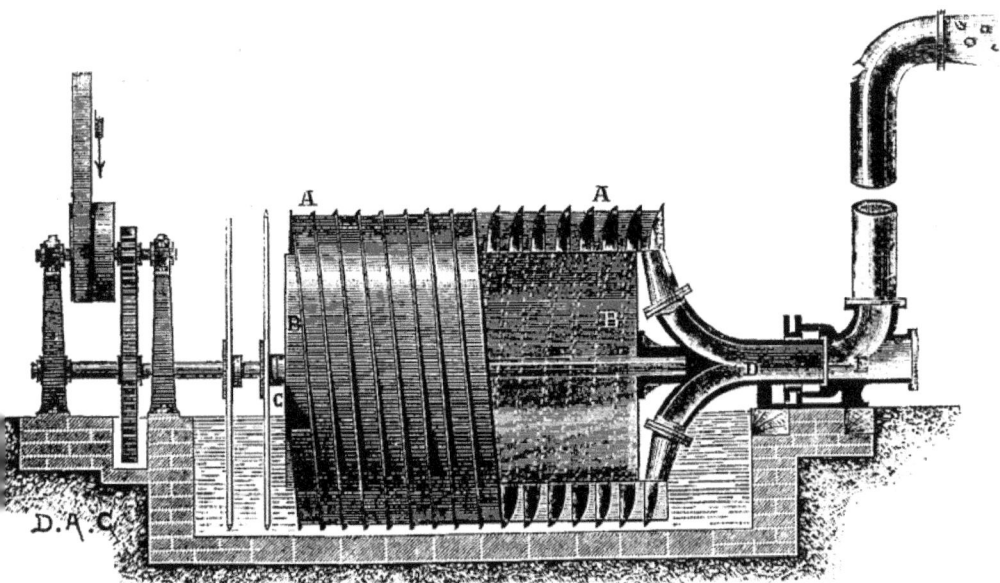

Fig. 30. — Élévateur Thierry pour les eaux sales.

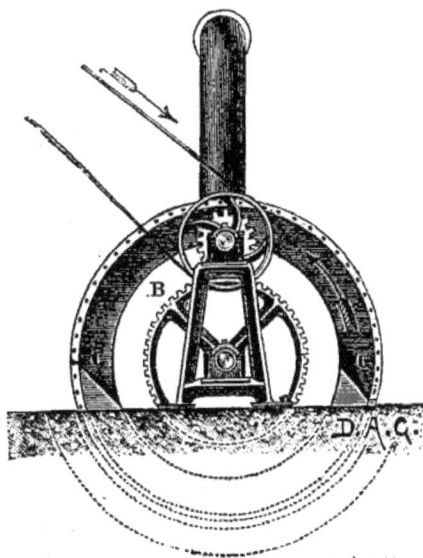

Fig. 31. — Élévateur Thierry. Vue de face.

Elévateur Thierry. — Cet appareil se compose d'un tambour B, autour duquel sont enroulés en hélice des conduits AA. Les eaux sales ou autres matières à élever sont introduites par les ouvertures CC et sortent par D pour être refoulées en E. La vitesse varie de 10 à 20 tours, et l'appareil prend 1/3 moins de force que les pompes centrifuges à débit égal.

Elévateurs verticaux. — Les élévateurs verticaux servent généralement à conduire les racines venant des laveurs et épierreurs à la trémie d'attente qui précède la benne de pesage. Nous donnons ci-dessous la figure d'un appareil de ce genre construit par la maison Cail.

Il se compose de 4 montants en fer et de deux poulies à gorge sur lesquelles passe la chaîne qui porte les godets ; le mouvement est donné par poulies et engrenages ; un tendeur permet d'abaisser le palier inférieur à mesure que la chaîne s'allonge.

Suivant les constructeurs, ces appareils diffèrent par certains détails ; nous allons donner quelques indications générales.

La trémie d'arrivée des betteraves doit venir rencontrer les montants de l'élévateur, de façon à laisser en dessous deux godets déjà rétablis dans la position verticale ; ceci correspond à une distance minima de 600 $^m/^m$ depuis le point le plus bas de la trémie jusqu'à l'axe du tambour, le tendeur étant en haut de course.

En outre, à leur passage sur le tambour inférieur, les godets doivent laisser au moins cinquante centimètres de libre au-dessus du sol pour que l'on puisse enlever les betteraves et les racines qui s'amoncellent en cet endroit.

Les godets sont souvent munis à leur partie inférieure d'une tôle qui a pour but de ramener à l'intérieur de l'élévateur l'eau provenant de l'égouttage des betteraves.

Nous engageons les fabricants à ne pas placer l'élévateur vertical dans la salle de la diffusion, mais de le monter dans la salle des laveurs, qui devra être séparée par un mur de celle dont nous venons de parler ; il déversera ses racines dans la trémie d'attente par une baie pratiquée dans le mur. Cette condition est indispensable au maintien de la propreté dans la salle de la batterie.

PESAGE A LA RÉGIE

Depuis la loi de 1884 qui établit la base de l'impôt non plus sur le produit fabriqué, le sucre, mais sur la matière première, la betterave, l'administration des contributions indirectes exige des fabricants que les betteraves, avant de passer au coupe-racines, soient pesées sur des appareils remplissant certaines conditions

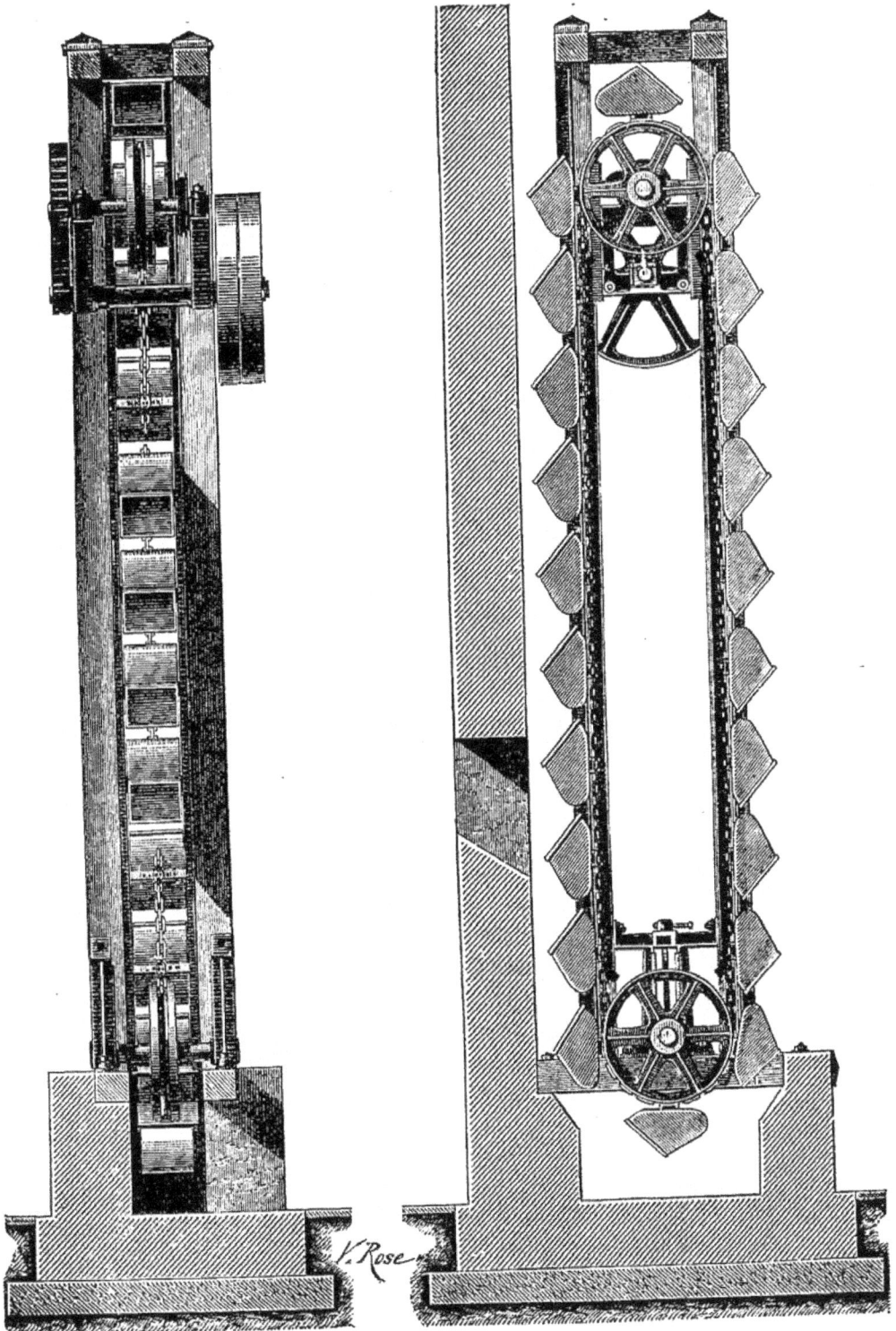

Fig 32. — Élévateur de betteraves à godets, construction Cail.

énumérées dans la circulaire n° 482 du 15 Juillet 1887 ; nous allons énumérer quelques-unes de ces conditions :

« *Système à wagonnets mobiles sur voie droite.* — Ce système présente l'avantage de se prêter à une double pesée.....On doit donc exiger que toutes les installations de ce système comportent deux bascules : la première supporte le wagonnet pendant qu'il reçoit son chargement, et la pesée peut être réglée en ajoutant ou en retirant quelques betteraves. Cette première pesée est celle du fabricant. Le wagonnet avec sa charge ainsi réglée, passe ensuite sur la seconde bascule, celle du contrôle, dont le fléau est sous les yeux de l'employé de la régie. Le système comporte, d'ailleurs, comme les autres, des appareils de contrôle, verrou de sûreté et compteur... Si la pesée est bien réglée, l'employé agit sur le verrou et dégage le wagonnet, qui peut alors continuer sa route jusqu'au coupe-racines, où il est renversé, vidé, puis ramené dans sa position primitive.

« *Wagonnets mobiles sur voie droite.* — On peut avec ce système obtenir des garanties plus complètes, en exigeant que la deuxième pesée se fasse à l'intérieur d'une chambre close (tunnel), dans laquelle le wagon se meut au moyen d'un treuil... Des précautions doivent être prises pour que le wagonnet ne puisse pas franchir le plateau de la deuxième bascule si la pesée n'a pas été exactement réglée sur la première. »

Suivent des considérations sur les bennes oscillantes et enfin sur les « *bennes fixes* ». Il doit exister entre la porte de décharge et le couvercle de la benne une liaison telle que la porte ne puisse pas commencer à s'ouvrir avant que le couvercle ait été complétement fermé et réciproquement. Le mécanisme par lequel est obtenue la solidarité de ces deux organes doit être aussi simple que possible, indémontable et d'une solidité parfaitement éprouvée. On doit exclure tout système comportant de longues tiges de fer susceptibles de se fausser, et dont les articulations se fatiguent. Le couvercle doit être en tôle pleine ou formé de bandes de tôle entrecroisées.

Balances et bascules.— L'instrument de pesage doit être soit une balance à bras égaux ou dans le rapport de 1 à 2, soit une bascule au 1/10.

« Dès le commencement de la fabrication, on déterminera par des expériences, la quantité maxima de betteraves que la benne peut contenir, et du poids constaté on déduira 5 % ; la différence donnera le poids de la charge normale. Ainsi pour une benne pouvant contenir au maximum 600 kilogr., les pesées effectives devront être uniformément de 570 kilogrammes, c'est-à-dire que si la bascule est à 1/10, le plateau supportant les poids devra être chargé de 57 kilogrammes, plus la tare. On pourra forcer de 2 ou 3 kilogrammes le chiffre de la réfaction, afin d'obtenir comme poids de la charge normale un nombre multiple de 10. »

Les constructeurs ont établi différents appareils remplissant les conditions voulues.

Nous décrirons quelques-uns de ces derniers :

Celui de M. Gallois se compose d'un wagon aboutissant d'un côté d'une galerie fermée à la trémie d'attente des betteraves et de l'autre à la trémie du coupe-racines ; ce wagon est pesé sur une première bascule au 1/10 sur le tablier de laquelle sont fixés des rails, c'est sur cette bascule que l'on affleure exactement au poids de 500 kilogrammes par exemple, cette opération est le contrôle du fabricant ; le wagon pesé une première fois est envoyé sur une deuxième bascule dont le tablier porte également des rails. Si le wagon contient exactement 500 kilogr. de betteraves, les rails dont nous venons de parler et ceux qui aboutissent à la trémie du coupe-racines sont au même niveau, le wagon passe ; si le wagon contient plus de 500 kilog les rails de la bascule sont en contre-bas, on ne peut le faire avancer.

Le mouvement est donné au wagon au moyen d'une chaîne sans fin actionnée par un engrenage mu lui-même par une manivelle placée à l'extérieur du couloir fermé ; cette chaîne fait mouvoir un cadre qui supporte le wagon ; l'agencement de ce cadre permet, sans qu'il soit nécessaire d'interrompre la manœuvre de la manivelle, de laisser un instant le wagon sur la deuxième bascule pour vérifier la pesée.

Il est important que le wagon, en arrivant sur la deuxième bascule ou en la quittant, ne produise pas sur elle des chocs trop violents. Cette condition est réalisée par un système de verrou, qui empêche la bascule de fonctionner tant que le wagon n'est pas bien en place sur son tablier.

Deux compteurs sont adaptés à l'appareil, l'un visible, l'autre caché, l'un d'eux enregistre non seulement la pesée mais encore l'heure à laquelle elle a été effectuée.

Si l'ouvrier qui affleure la pesée négligeait de le faire convenablement et s'il la chargeait d'un poids trop faible, le wagon ne pourrait pas quitter la première bascule, car il ne s'enfoncerait pas suffisamment et viendrait butter contre un arrêt fixé au plafond du couloir.

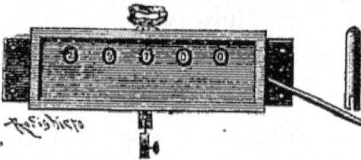

Fig. 33. — Compteur de pesage, syst. Hœfert et Paasch, Paris.

De plus, une sonnerie indique chaque pesée de 500 kilog.; si par suite de dérangement de l'appareil on venait à effectuer une pesée inférieure à 500 kilog., cette sonnerie ne fonctionnerait pas.

La figure 33 montre un compteur construit par la maison Hœfert et Paasch (ancienne maison O. Georges et Cie, à Paris.) C'est un appareil de construction solide et d'une grande précision.

Benne de pesage Montauban et Marchandier. — Les appareils de MM. Montauban et Marchandier se composent d'une benne fixe placée sur une bascule.

M. Vivien en a donné la description suivante (1) :

« La partie supérieure est fermée par un couvercle à claire-voie permettant de voir le chargement, et de déranger une betterave qui, par hasard, s'opposerait à la fermeture du couvercle ; la porte de déchargement est placée à la partie inférieure de l'une des parois verticales.

« Le mouvement de chaque porte est solidaire de celui de l'autre ; il leur est communiqué par une came de la forme géométrique d'un quart de cercle montée à l'extrémité d'un arbre horizontal passant sous la benne, cette came est assez large pour recevoir deux étriers, dont l'un est relié au couvercle et l'autre à la porte du déchargement.

« Cet arbre de commande des portes est actionné de la façon suivante par un mécanisme qui constitue l'un des points principaux du système actuel.

(1) *Bull. assoc. des chim.*

« L'ouvrier chargé de la manœuvre agit sur une manivelle dont la poignée dépasse la benne d'environ 25 centimètres, cette manivelle porte une coulisse entraînant avec beaucoup de jeu une barre prismatique venue de fonte avec un pignon, qui se trouve placé dans le support double fixé sur la benne, ce pignon engrène

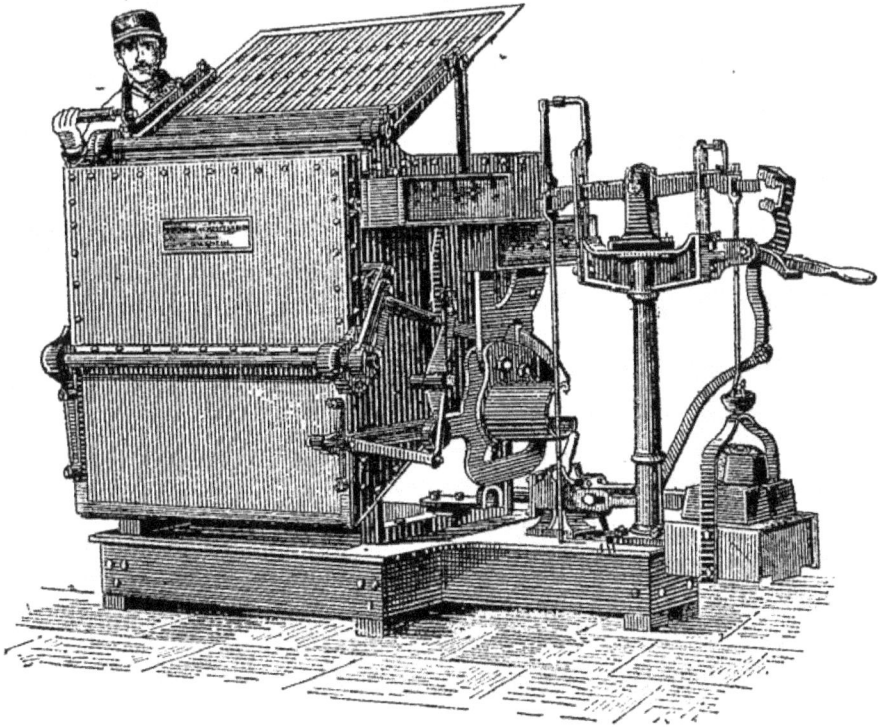

Fig. 34. — Benne de pesage Montauban et Marchandier.

avec un demi cercle denté calé sur l'arbre de commande des portes.

« La porte du bas étant fermée, on peut ouvrir et fermer autant de fois que l'on veut celle du haut sans que ses mouvements soient enregistrés par les compteurs mécaniques, ni entravés par l'employé de l'administration ; le fabricant propriétaire de l'appareil peut donc à loisir ôter et remettre, en un mot régler sa pesée sans aucun inconvénient.

« Il n'en est plus de même pour la porte du bas ou de dégagement ; pour ouvrir cette porte, il faut réunir les conditions suivantes :

1° Que la benne soit exactement chargée suivant les poids placés dans le plateau sur la bascule;

2° Que la porte du haut soit fermée complètement;

3° Que l'employé de l'administration chargé du contrôle consente à faire le verrou.

« La première condition est rendue obligatoire par le mécanisme du verrou de sûreté.

Cet appareil est muni de deux compteurs de grande dimension constitué d'organes robustes et commandés par un système de leviers très rigides qui ne sont sujets à occasionner aucun dérangement aux compteurs.

M. D'Hennezel a construit une benne qui est mobile; elle repose sur le tablier d'une bascule, elle peut osciller de manière à venir présenter son ouverture à la trémie d'emplissage, elle ne peut ensuite venir dans la position de décharge que si l'employé de la régie a manœuvré le verrou, manœuvre qu'il ne peut effectuer que si la benne contient bien le poids voulu.

La benne de MM. Conreur et Crombez est fixe; c'est le couvercle qui, lorsqu'il est ouvert, rend impossible l'ouverture de la porte de vidange; une tige disposée d'une manière spéciale empêche en outre le registre d'arrivée des betteraves de s'ouvrir que lorsque la porte de vidange est fermée; enfin, l'ouverture de la porte de vidange n'est possible que si la pesée est exacte.

M. Devilder construit une benne fixe dont le fond est en pente, cette benne est placée sur le tablier d'une bascule. Une tige à crochet adaptée à la porte d'entrée des betteraves empêche la porte de vidange de s'ouvrir en même temps qu'elle; un autre crochet lié au contre-poids qui actionne la porte de vidange empêche, quand celle-ci est ouverte, l'ouverture de la porte d'alimentation; en outre les manœuvres ne peuvent être exécutées que si l'employé de la régie a pu actionner un verrou dont le fonctionnement dépend de l'introduction du poids exact de betteraves dans la benne.

M. Dufay a également construit une benne fixe, les deux portes sont rendues solidaires par un système de leviers et de chaînes.

Une aiguille indique au peseur que le poids voulu se trouve dans la benne, la manœuvre d'un simple verrou produit alors la fermeture de la porte d'alimentation et, quelques instants après, l'ouverture de la porte de décharge.

Mentionnons encore, pour terminer ce chapitre, le système de MM. Gallois et Leurson qui présente un certain cachet d'originalité : Ce système se compose d'un aréomètre en tôle plongeant dans un bassin plein d'eau ; des glissières empêchent cet aréomètre de s'écarter de la verticale voulue.

Sur la tige courte de cet appareil est placée une benne qui peut être abaissée au moment de l'emplissage ; celui-ci étant effectué, le système devient libre et l'aréomètre se place en équilibre. Cet équilibre empêche d'ouvrir la porte de vidange si la benne ne contient pas le poids voulu de betteraves. Cette condition est réalisée au moyen de deux butoirs destinés, l'un à empêcher l'ouverture avec un poids trop faible, l'autre avec un poids trop fort.

CHAPITRE V

EXTRACTION DU JUS

Le jus emprisonné dans les cellules des betteraves peut en être extrait par différents procédés qui peuvent se résumer en deux principaux : le procédé par expression et le procédé par l'action de l'eau ou par diffusion. L'un et l'autre exigent que la betterave soit au préalable finement divisée à l'aide d'appareils spéciaux, râpes dans le premier cas, coupe-racines dans le deuxième. Pour céder sous la pression le jus qu'elles contiennent, les cellules doivent être ouvertes, déchirées. De même, les procédés d'extraction du jus par l'action de l'eau exigent un contact intime de l'eau avec les cellules de la betterave, et ce contact ne peut s'exercer que lorsque la betterave est découpée en fines lamelles. Dans le travail par le premier procédé, la betterave est divisée par râpage, dans le second par découpage.

Ce dernier procédé est aujourd'hui le seul employé.

C'est pourquoi nous serons très brefs sur les anciens procédés qui n'offrent plus qu'un intérêt retrospectif.

ANCIENS PROCÉDÉS

Avant l'application de la diffusion, l'extraction du jus se faisait par râpage de la betterave et pression de la pulpe obtenue.

Râpage et pressage

Le râpage se faisait au moyen de la râpe à poussoirs composée d'un tambour sur lequel étaient adaptées des lames en forme de scies qui pendant le mouvement de rotation du tambour réduisaient en pulpe plus ou moins fine, suivant la denture, les racines qui étaient appliquées contre le tambour par des poussoirs mus au moyen d'excentriques.

Fig 35. — Râpe à poussoirs.

Dans la râpe Champonnois, la denture au lieu d'être externe comme dans la précédente, est interne ; entre les lames sont pratiquées des lumières au travers desquelles passe la pulpe ; une palette en forme de fourche et tournant à une vitesse de 800 tours est munie d'une partie tranchante qui divise les racines en petits fragments, ceux-ci sont appliqués par la palette contre la denture fixe des lames et réduits en pulpe ; c'est la force centrifuge créée par la palette qui, non seulement applique les morceaux de betteraves contre la denture, mais fait encore passer la pulpe au travers des lumières.

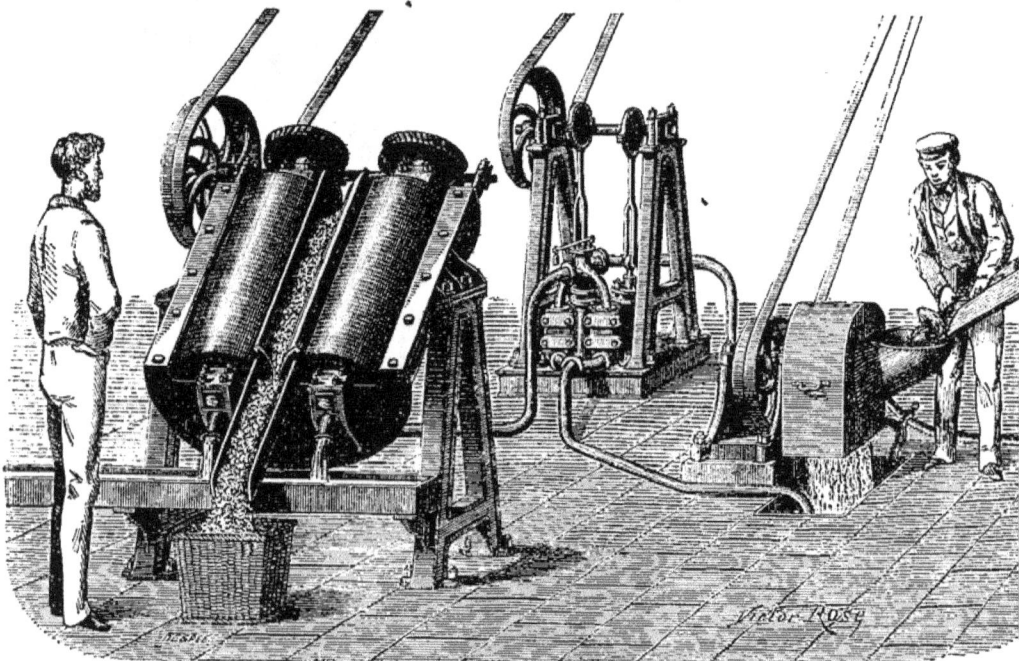

Fig. 36. — Presse et râpe Champonnois.

La pulpe obtenue est ensachée ; cette opération peut s'effectuer au moyen du pelleteur indiqué figure 35 représentant la râpe à poussoirs ; cet appareil se compose d'une pelle montée sur deux tourillons, la suspension de cette pelle porte une bielle articulée qui lui imprime un mouvement vertical ; lorsque la pelle est au bas de sa course, elle plonge dans la pulpe et s'emplit ; arrivée en haut un buttoir la fait pivoter et verser cette pulpe dans un sac que présente un ouvrier préposé à cette besogne.

Les sacs sont alors empilés et soumis à l'action des presses pré-

paratoires qui sont soit des presses à vis, soit des presses hydrauliques.

Par cette opération on enlève à la pulpe environ 50 % de son
jus; on la soumet ensuite à l'action des presses hydrauliques.

Parmi ces dernières nous citerons celle de M. Lallouette qui est
arrivé à simplifier considérablement la main-d'œuvre des presses
employées en dernier lieu : une pompe distribue la pulpe en
couches séparées par des serviettes, une simple manœuvre de
robinets produit la descente ou l'ascension du plateau.

Ces presses furent remplacées ensuite par les presses continues
qui supprimèrent l'emploi onéreux et pénible des sacs et toiles.

La presse Champonnois se compose d'une bâche dans laquelle
la pulpe venant de la presse est envoyée par une pompe aspirante
et foulante. Dans cette bâche plongent à moitié deux cylindres
creux tournant en sens contraire; l'intérieur de ces cylindres est
recouvert de toile métallique à travers laquelle passe le jus, tandis
que la pulpe pressée sort entre les deux cylindres.

Dans la presse Poizot deux toiles sans fin continuellement en
mouvement reçoivent la pulpe qui est pressée entre des rouleaux;
un système spécial secoue la toile afin d'empêcher la plupe de s'y
attacher.

La presse Manuel et Socin opère la pression en plusieurs fois au
moyen de cinq cylindres pleins et de cinq cylindres perforés.

Les deux premiers cylindres sont moins rapprochées l'un de
l'autre que les suivants; c'est une toile sans fin qui conduit la
pulpe.

La presse Lebée est à double pression; la première est produite
par deux cylindres filtrants, la deuxième par un cylindre filtrant
et deux cylindres pleins; on fait une injection d'eau entre les
deux pressions.

La presse Dumoulin est très différente de la précédente; elle
se compose d'un vase conique à paroi filtrante dans lequel on
introduit la pulpe; un piston également conique vient faire pression; on introduit constamment de nouvelles quantités de pulpe
qui rendent plus complet l'épuisement de portions déjà pressées et
les chassent par la partie étroite du cône.

Une autre presse qui a été beaucoup employée est la presse
Dujardin.

Elle se compose de deux cylindres dont les surfaces filtrantes sont formées de toiles perforées en laiton ; ces deux cylindres tournent dans une bâche dans laquelle est refoulée la pulpe. Pour empêcher cette pulpe après son passage entre les cylindres de réabsorber du jus et l'entraîner, un volet est placé au-dessus de ces cylindres, la pulpe est ainsi comprimée une dernière fois et ne peut quitter l'appareil qu'après avoir rendu le liquide qu'elle avait réabsorbé.

On voit par ce qui précède combien sont nombreux les systèmes de presses autrefois employées ; nous n'en avons pas épuisé la nomenclature, mais nous ne jugeons pas utile de nous étendre plus longuement sur ce mode de travail maintenant abandonné.

Extraction du jus par turbinage.

Dans quelques usines on a procédé à l'extraction du jus par turbinage. C'est en 1856 que ce procédé fut appliqué pour la première fois en Allemagne.

Les turbines employées étaient du même genre que celles qui serventau turbinage des masses cuites, avec cette différence que les tambours étaient généralement plus grands. On pratiquait une manière de clairçage par injectiou d'eau sur la pulpe dans la turbine.

De la macération.

En 1831, Mathieu de Dombasle prit un brevet basé sur les principes suivants :

Si on chauffe des morceaux de betteraves et si ensuite on les met en présence d'eau, celle-ci se charge de sucre aux dépens de la betterave ; si, enlevant cette eau devenue sucrée, on la remplace par de l'eau pure, la betterave coupée cède encore du sucre à cette nouvelle eau ; en répétant plusieurs fois cette opération on arrive à avoir en solution presque tout le sucre contenu dans les morceaux de betteraves traitées.

C'est sur ces principes qu'est basé le *Procédé Champonnois.* — Il consiste à placer la betterave coupée en cossettes dans des récipients perforés qui sont introduits dans des cuves contenant de l'eau,

Supposons 12 récipients et 12 cuves; après un certain temps de séjour du premier récipient dans une cuve, on le fait passer dans la suivante et ainsi de suite jusqu'à la douzième; la cossette désucrée est alors remplacée par de la cossette fraîche et ainsi de suite.

Procédé Schützenbach. — Ce procédé consiste à épuiser la pulpe obtenue au moyen d'une râpe dans des récipients munis d'agitateurs qui changent constamment le contact des surfaces de la pulpe et de l'eau. Le fond des cuves est incliné de manière à favoriser l'écoulement de l'eau sucrée, la pulpe est retenue par une toile métallique. Des tiges fixes sont placées dans l'appareil afin de contrarier le mouvement de la pulpe et de l'empêcher de suivre entièrement le mouvement de rotation du liquide. Les cuves sont installées en batterie et en gradins afin de faire passer la liquide d'un vase dans le suivant.

Walkhoff a imaginé un procédé mixte qui consiste à presser d'abord la pulpe au moyen des presses hydrauliques et à traiter ensuite cette pulpe par l'eau; après la pression, elle est divisée par une machine spéciale avant de subir la macération. Ces deux opérations, pressage et division du tourteau, la rendent très apte à céder son sucre.

L'opération s'effectue dans ce que Walkoff appelle une presse filtrante; elle est montée sur tourillons afin de pouvoir être basculée pour vidanger la pulpe épuisée.

DE LA DIFFUSION

Aperçu théorique de la diffusion

La diffusion est un processus migratoire de molécules dans lequel celles-ci se déplacent sans recevoir aucune impulsion mécanique et sans intervention de forces chimiques. Elle a toujours lieu lorsqu'on met en contact les unes avec les autres des masses liquides de nature différente sans les mélanger et qui n'exercent pas d'action chimique les unes sur les autres.

Lorsque deux liquides diffusent l'un dans l'autre, soit immédiatement, ou séparées d'une membrane, on distingue la *diffusion libre* et la *diffusion membraneuse*; dans l'un et l'autre cas, le phénomène s'accomplit en vertu du même principe, mais dans le second il est influencé par la nature de la membrane.

Dans les betteraves, le jus est emprisonné dans des cellules dont chacune est entourée d'une membrane. La diffusion de ce jus est donc une diffusion membraneuse.

Pour mieux faire saisir la nature du phénomène de la diffusion, nous nous servirons d'une série de comparaisons faciles à comprendre :

Mettons dans un verre d'eau quelques gouttes de phtaléïne de phénol, corps qui est incolore en présence des acides et rouge en présence des alcalis, mélangeons, introduisons à la partie inférieure du liquide, au moyen d'un entonnoir, quelques centimètres cubes d'une lessive de soude, nous verrons apparaître dans le fond du verre une belle coloration rouge. Si nous retirons doucement l'entonnoir, petit à petit la teinte rouge gagnera les parties supérieures; la lessive de soude, bien que plus lourde que l'eau se mélangera avec elle : il y aura diffusion.

La diffusion est donc le phénomène par lequel deux liquides de densités différentes et dépourvus d'action chimique l'un sur l'autre se mélangent.

Maintenant faisons l'expérience qu'a faite Dutrochet : Remplissons une vessie d'eau sucrée et plongeons la dans un vase plein d'eau ; au bout de quelque temps nous trouverons du sucre dans l'eau du vase et l'eau de la vessie sera moins sucrée : il s'est établi deux courants, l'un de l'eau sucrée à l'eau pure, l'autre de l'eau pure à l'eau sucrée ; au bout d'un certain temps il y aura autant de sucre dans l'eau du vase que dans l'eau de la vessie, il y a eu osmose. Ce phénomène que nous venons de décrire est celui qui se passe dans la diffusion de la betterave. Dans ce végétal, le sucre se trouve dans des cellules qui, baignées dans l'eau, remplacent la vessie. Il y a osmose entre le jus sucré contenu dans les cellules et l'eau environnante.

Nous pouvons considérer les choses de plus près et, au lieu de n'envisager que deux liquides, l'un du jus sucré, l'autre de l'eau, nous pouvons nous occuper des molécules de jus et des molécules d'eau. Ceci étant posé, puisqu'il y a mélange des deux liquides, il faut que les molécules placées dans la cellule remplacent des molécules d'eau qui elles-mêmes vont dans la cellule remplacer des molécules constituant le jus sucré.

Dans les cellules le sucre est à l'état de solution. On peut considérer cette solution comme un mélange de molécules de sucre et de molécules d'eau exerçant les unes sur les autres des forces attractives telles qu'elles se font équilibre; d'un autre côté, on peut envisager l'eau comme un aggrégat de molécules exerçant de même les unes sur les autres des forces attractives suffisantes pour se faire équilibre.

Mais si l'on vient à rapprocher la solution sucrée de l'eau, les molécules de l'une feront agir sur celles de l'autre leur force attractive, l'équilibre sera rompu et les molécules de sucre migreront vers les molécules d'eau et cela jusqu'à ce que l'équilibre soit rétabli, c'est-à-dire jusqu'à ce qu'il y ait autant de molécules de sucre et d'eau d'un côté que de l'autre. Si au liquide qui baigne les cellules, on vient à ajouter de l'eau, l'équilibre sera de nouveau rompu, le mouvement recommencera.

Lorsqu'on plonge dans l'eau la membrane qui entoure la cellule de la betterave, des molécules d'eau viennent s'interposer entre les cellules membraneuses et forment des petits canaux invisibles même au microscope, et qui permettront au phénomène de la diffusion de s'effectuer au travers de la membrane.

Si l'on place d'un côté de cette membrane un liquide sucré, de l'autre de l'eau, les forces attractives des molécules de sucre et d'eau agiront l'une sur l'autre et détruiront l'équilibre qui existait entre les molécules membraneuses et les molécules d'eau qui les baignaient; il y aura migration des molécules d'eau vers les molécules de sucre et réciproquement.

Mais, pourquoi dans ces expériences ou d'autres analogues le courant sera t-il plus rapide dans un sens que dans l'autre? On peut l'expliquer par l'inégalité de grosseur des molécules, les plus petites passant au travers des membranes plus facilement que les grandes.

Mais ce que l'on ne peut expliquer, c'est le principe en vertu duquel les corps cristallisables sont diffusibles à l'exclusion des autres.

La chaleur a aussi de l'influence sur la diffusion. Si l'on prend une tranche de betterave et qu'on la place dans l'eau froide, on verra qu'il n'y a pas diffusion; si l'on chauffe, le phénomène se produit. Stohmann (1) dont nous regrettons, vu leur nombre, de

(1) Handb. der Zuckerfabrikation, Berlin 1884.

ne pouvoir citer les belles pages sur la théorie de la diffusion, mais dont nous suivons en partie les idées, explique ce fait de la manière suivante :

Les cellules contiennent une matière appelée protoplasma qui forme la paroi intérieure; or, on peut dire que vis-à-vis de l'enveloppe extérieure de la cellule le protoplasma peut être considéré comme un tamis fin, tandis que l'enveloppe extérieure sera un tamis plus gros. La diffusion se ferait bien à froid à travers l'enveloppe extérieure, mais elle ne peut pas se faire à travers le protoplasma; ce n'est que l'intervention de la chaleur qui fera subir à ce protoplasma une modification qui permettra aux molécules de le traverser.

Les corps autres que le sucre qui se trouvent dans les cellules des betteraves agissent comme lui, s'ils sont diffusibles; s'ils ne le sont pas, ils restent dans la cellule, mais exercent une force attractive sur les molécules d'eau extérieures. Pendant le phénomène de la diffusion, celui-ci se produit d'abord entre les cellules qui sont au point de contact des deux liquides différents, puis celles-ci s'étant modifiées, il y aura diffusion entre elles et leurs voisines qui n'avaient pas encore été modifiées, et ainsi de suite; les cellules éloignées mettront donc plus de temps à diffuser que les autres. C'est ce qui explique la nécessité, pour faire diffuser rapidement le sucre des betteraves, de couper celles-ci en lamelles aussi minces que possible.

Disons en terminant que le phénomène de la diffusion sera d'autant plus actif que les liquides à diffuser seront de densités plus différentes, d'où ressort la nécessité en pratique de renouveler souvent les liquides baignant la cossette.

Ce fait se comprend facilement, car plus la densité des deux liquides sera différente, plus il y aura, de chaque côté de la membrane, de molécules différentes exerçant leur pouvoir attractif l'une sur l'autre.

Avantages de la diffusion. — Ces avantages sont multiples : en premier lieu la diffusion permet de mieux épuiser les cossettes que par les anciens procédés, elle fournit des jus beaucoup plus purs, et elle nécessite une main d'œuvre bien moindre; enfin, on peut ajouter que le travail se fait beaucoup plus proprement.

JUS DE PRESSES

COMPOSITION	Sur 100 gr. de betteraves	Dans 26 gr,5 de pulpe	Dans 111 cc. de jus à 1040	Dans les écumes lavées à 7 % sèches 11,1 humides	Dans le jus carbonaté 107 cc.de jus à 1032,5	Perte totale p. 100 dans la pulpe non repressée	Perte totale p. 100 dans les écumes	Reste dans le jus carbonaté	TOTAL
Sucre	10.410	2.407	8.003	0.203	7.800	23.10	1.9	75.0	»
Glucose	0.250	0.056	0.494	nul	nul	22.40	nul	détruit	»
Matières organiques diverses non azotées	5.392	3.668	1.704	1.277	0.424	68.00	23.6	7.8	99.4
Matières organ.azotées solubles,alcaloïdes	0.223	0.098	0.258	0.072	0.186	43.90	32.3	83.4	159.6
Matières organiques azotées coagulables	0.543	0.240	0.194	0.194	0.000	44.20	35.6	0.0	64.7
Ammoniaque	0.017	0.004	0.013	traces	0.007	23.60	traces	41.1	»
Acide nitrique	0.020	0.003	0.017	traces	0.015	15.00	traces	75.0	100.0
Acide sulfurique	0.046	0.019	0.027	0.003	0.024	41.40	6.5	52.1	»
Acide phosphorique	0.113	0.020	0.093	0.092	0.0016	17.70	81.4	1.4	»
Chlore	0.053	0.013	0.040	0.004	0.035	24.60	7.5	66.6	»
Potasse	0.353	0.075	0.278	0.084	0.192	21.30	23.7	54.3	»
Soude	0.067	0.016	0.051	traces	0.051	23.90	traces	76.1	100.0
Chaux	0.054	0.038	0.016	0.002	0.014	70.40	3.7	25.9	100.0
Magnésie	0.063	0.017	0.046	0.040	0.006	27.00	63.4	9.5	»
Matières insolubles	0.076	0.074	0.002	nul	0.005	97.40	a augmenté par la chaux	a augmenté	»
Azote alcaloïdal	0.048	0.0216	0.0555	0.015	0.0400	45.00	31.2	83.30	»
Azote coagulable	0.087	0.0384	0.0310	0.031	0.000	43.60	35.6	0.00	»
Azote ammoniacal	0.014	0.0027	0.0411	traces	0.0061	19.30	nul	42.1	»
Azote nitrique	0.005	0.0010	0.0044	traces	0.0037	20.00	nul	70.0	»

JUS DE DIFFUSION

COMPOSITION	Sur 100 gr. de betteraves	Dans 42 gr. de pulpes	Dans 45 gr. de jus de pulpes	Dans 229cc de jus	Dans les écumes 6.25 % solubles, 10 % humides	Dans le jus carbonaté 12.4° cc à 1032,5	Perte dans la pulpe pressée	Perte dans le petit jus	Perte dans les écumes	Reste dans le jus carbonaté
Sucre	10.410	0.660	0.7030	9.160	traces	9.10	6.3	6.7	traces	88 »
Glucose	0.250	3.6459	0.3291	0.140	0.597	nul	67.6	6.1	11 »	56 »
Mat. organiq. diverses non azotées	5.592	0.0745	0.0255	0.895	traces	0.300	33.4	11.3	traces	16.6
— azotées alcaloïdales	0.223	0.2250	0.0450	0.300	0.013	0.316	41.5	2.5	9.8	134.5
— — coagulables	0.543	0.0010	0.0020	0.013	traces	6.000	5.88	11.7	traces	nul
Ammoniaque	0.017	0.0015	0.0005	0.016	traces	0.015	7.5	2.5	traces	94.1
Acide nitrique	0.020			0.017	traces	0.019				85 »
— sulfurique	0.046			0.048	0.014	0.031				
— phosphorique	0.113			0.093	0.053	nul				
Chlore	0.053			0.036	nul	0.037				
Potasse	0.353			0.282	0.046	0.236	20.1	10.9	23.2	46.30
Soude	0.067	0.1660		0.055	nul	0.064				
Chaux	0.054			0.006	nul	0.006				
Magnésie	0.063			0.050	0.044	0.006				
Matières insolubles	0.076			0.003		0.002				
Azote alcaloïdal	0.048	0.0160		0.0650		0.0688	33.4	11.3	traces	134.5
— coagulable	0.087	0.0360		0.0623		0.0000	41.5	2.7	9.8	nul
— ammoniacal	0.014	0.0008		0.0131		0.0124	5.88	11.7	traces	94.1
— nitrique	0.005	0.0003		0.0046		0.0049	7.5	2.5	traces	85 »

On perdait par l'extraction du jus avec les presses en travaillant bien, 1,50 à 2,0 % de sucre; avec la diffusion on ne perd plus dans une bonne marche que de 0,20 à 0,25.

Les jus obtenus par diffusion n'ont pas tout à fait la même composition que les jus obtenus par presses; mais la différence est à l'avantage de la diffusion. Les deux tableaux précédents de M. Pellet nous fournissent des renseignements très complets sur ce sujet (p. 121 et 122.)

D'après ces tableaux où sont relatées toutes les phases de la fabrication du jus de presses et du jus de diffusion, on voit que dans le second cas les pertes sont moindres et que le jus est plus pur, il contient moins de matières organiques.

Un autre avantage de la diffusion consiste dans la différence du prix de revient du sucre fabriqué d'après ce procédé.

M. Durin a publié sur ce sujet un tableau qui fait nettement ressortir les avantages de la diffusion.

Ce calcul est basé sur des betteraves à 10 0/0 payées 22 francs les 100 kilog. et sur un travail de 2.000 hectolitres de jus par 24 heures.

Avec les presses à toiles : Coût d'installation 100.000 fr.

Sucre obtenu dans le jus par 1,000 kilog. de betteraves à 10 0/0 de sucre = 83 kilog. 900.

Prix de revient de ce sucre par 100 kilog. après extraction du jus = 25 fr. 85.

Avec la diffusion : coût d'installation 100.000 fr.

Sucre obtenu dans le jus par 1,000 kilog. de betteraves à 10 0/0 de sucre = 95 kilog.

Prix de revient de ce sucre par 100 kilog. après extraction du jus = 23 fr. 70.

Bénéfice de la diffusion sur les presses : 2 fr. 15.

D'autres chiffres qui ne sont relatifs qu'à la main-d'œuvre ne sont pas moins significatifs. Dans une usine travaillant avec râperies, les frais de la main d'œuvre relative à l'extraction du jus par les presses s'élevaient à 1 fr. 70 par 1.000 kilogrammes de betteraves.

Avec la diffusion ces frais se réduisent, dans la même usine, à 0 fr. 50, ce qui fait une dépense de 0 fr. 45 environ par 100 kilog. de sucre obtenu dans le jus de diffusion.

Au point de vue historique, on peut faire remonter l'idée de la diffusion à Mathieu de Dombasle. Ce savant en avait bien saisi le principe dans sa méthode de macération dont nous avons parlé ; il n'a été en défaut que sous le rapport des moyens d'application. On passa ensuite aux procédés Champonnois, Schützenbach et Walkhoff. Enfin, en 1864, Robert prit un brevet pour un procédé qu'il appela procédé de diffusion et dans lequel le jus était chauffé, non plus en présence de cossettes, mais dans des vases spéciaux avant son passage dans un nouveau récipient contenant la cossette à épuiser.

C'est en Autriche et en Russie que la diffusion s'implanta d'abord, elle fut ensuite introduite en Allemagne, puis plus tard en France ; la première sucrerie française qui a installé ce procédé est celle de Villeneuve, en 1876. C'est en grande partie la loi de 1884 qui incita les fabricants français à monter la diffusion; actuellement il ne reste plus que deux ou trois fabricants qui travaillent encore avec les presses, ce qui paraît même maintenant extraordinaire !

Une objection qui a été faite longtemps à la diffusion provenait des pulpes : on prétendait que la pulpe de diffusion, plus humide que celle de presses, serait refusée par le cultivateur. C'était intervertir les rôles et transformer les fabricants de sucre avant tout en fabricants de pulpe; ces objections qui maintenant font sourire, sont tombées d'elles-mêmes, et il serait oiseux de nous y étendre plus longuement.

Coupe-racines

Pour que la diffusion s'accomplisse rapidement, les betteraves doivent être découpées en fines lamelles que l'on appelle cossettes ; ce découpage s'effectue au moyen d'appareils spéciaux dont la partie essentielle se compose d'un disque en fonte de 1 m. 50 à 2 mètres de diamètre, fixé par son centre sur un arbre vertical mobile. Dans ce disque sont pratiquées des ouvertures dans lesquelles les porte-couteaux, au nombre de 6, 8, 10 ou 12, suivant les dimensions du disque, sont fixés de telle sorte que leur surface se confonde avec celle du disque. La disposition de ces porte-couteaux ressemble très exactement à celle d'un rabot de menuisier, dont la sur-

face inférieure avec le couteau légèrement émergeant serait tourné vers le haut. Si les betteraves sont poussées, sous une pression

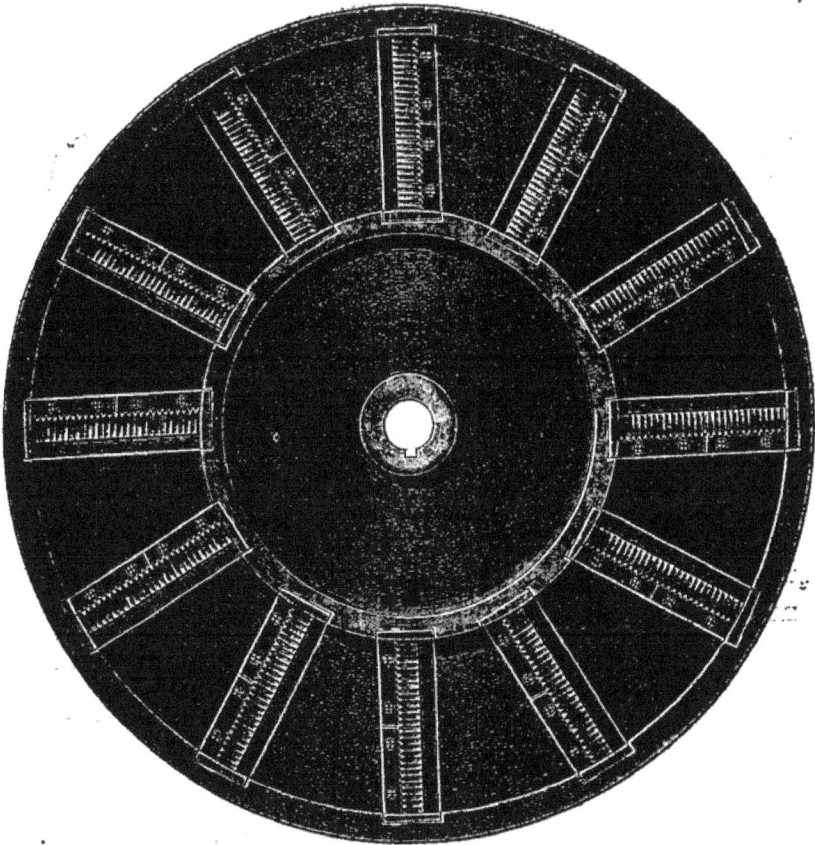

Fig. 37. — Plateau du coupe-racines.

modérée, contre le disque en mouvement, les couteaux qui y
sont fixés détacheront de petits morceaux dont la forme dépendra
de celle du couteau et dont l'épaisseur variera suivant l'écartement qu'on aura ménagé entre le couteau et le disque.

Pour diriger les betteraves sur le disque et pour recueillir les
cossettes, on entoure le disque d'un tambour fermé par un couvercle. Dans celui-ci on a ménagé une ouverture sur laquelle se
trouve une trémie haute d'environ 1 m. 50, dans laquelle un élévateur amène les betteraves venant du pesage.

Pendant la marche du coupe-racines, cette trémie doit toujours
être pleine de betteraves, celles-ci devant exercer sur les racines

posées immédiatement sur le disque, une certaine pression qui facilite le découpage.

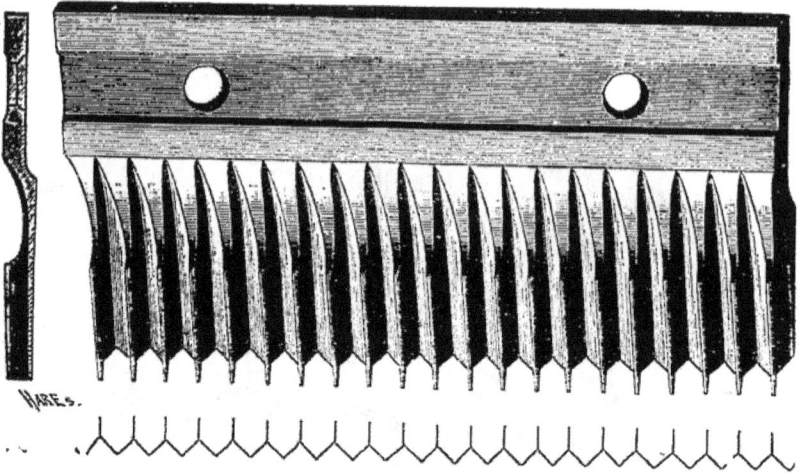

Fig. 38. — Couteau du coupe-racines.

Autrefois, on donnait au disque une rotation très rapide, jusqu'à 150 tours à la minute ; mais on a bientôt remarqué qu'avec une allure aussi accélérée les cossettes produites étaient peu uni-

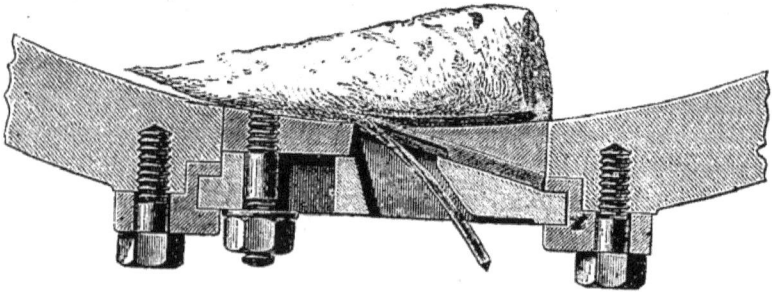

Fig. 39. — Position de la betterave sur le couteau pendant le découpage

formes, ce qui nuisait à leur bon épuisement. C'est pourquoi on se contente d'une rotation de 120 tours pour les disques de faible dimension ; avec des disques de 2 mètres de diamètre, on obtient un rendement satisfaisant avec une vitesse de 60 tours à la minute (Stohmann).

L'appareil que représente la figure 40 est construit par la maison Cail ; il se compose d'un plateau horizontal en fonte ou en acier dans lequel sont pratiquées des lumières destinées à recevoir les

porte-couteaux ; ce plateau reçoit son mouvement d'un arbre
vertical actionné par deux roues d'angle dont l'une est mue par

Fig. 40. — Coupe-racines à disque horizontal, des anciens Etablissements Cail.

une poulie fixe à côté de laquelle est placée une poulie folle
pour le débrayage de l'appareil. L'arbre du plateau est pendu à
un arcade qui repose sur la cuve. Cette disposition permet de
n'avoir que quelques bras pour centrer la douille au bas de l'arbre.
Elle permet aussi de laisser de grandes ouvertures pour le passage
des betteraves. Si, au contraire, l'arbre est porté par les traverses
du bas, il faut multiplier ces traverses ; et alors les betteraves se
voûtent en venant s'appuyer sur ces traverses et le coupe-racines
ne débite plus. Des ouvertures pratiquées dans la trémie permettent de contrôler la marche du travail et d'enlever au besoin
les pierres qui pourraient être entraînées par les betteraves. Une
autre porte que l'on distingue sur le côté droit de la figure, et
placée également sur le bâti de fonte, permet d'opérer le changement des couteaux.

Dans ces derniers temps, la maison Cail a apporté à son ancien
type de coupe-racines d'importants perfectionnements : elle a re-
haussé la trémie afin d'avoir une charge de betteraves plus importante sur le plateau, condition nécessaire à la production d'une
bonne cossette. Trois contre-plaques fixes dirigées dans le sens
des rayons du plateau, inclinées à 45°, ont pour but de donner de
la fixité aux betteraves et de les empêcher de tourner avec le
plateau.

La trémie du coupe-racines peut contenir de 1.200 à 1.400 kilog.
de betteraves.

Un coupe-racines de 1m560 peut débiter au moins 300.000 kg.
par 24 heures.

Pendant la rotation du plateau, les betteraves immédiatement
au contact des couteaux y sont appliquées fortement, pressées par
toutes celles qui se trouvent au-dessus d'elles dans la trémie ; de
plus, elles sont empêchées de tourner par les contre-plaques dont
nous avons parlé. Elles sont alors saisies par les couteaux et découpées en lamelles.

Dans la plupart des coupe-racines les contre-plaques sont inclinées de manière à faire avec le plateau un angle aigu par rapport
à la partie du plateau qui dans la rotation s'avance vers la contre-
plaque.

Etudions maintenant rapidement les modèles de coupe-racines
construits par différentes maisons.

Coupe-racines de la Compagnie de Fives-Lille. — Dans cet appareil, le sommet de l'arbre du plateau est relié par une paire de roues coniques, à un arbre horizontal prolongé au delà de la trémie à racines, où il reçoit le mouvement de transmission de la fabrique au moyen d'une courroie.

L'engrenage conique est disposé au sein même de la masse des racines en travail; il est protégé par une enveloppe cylindro-conique en fonte qui occupe le centre de l'appareil. Cette disposition assure le contact des racines avec le plateau, non pas sur toute sa surface, mais sur une couronne circulaire dont la largeur est les 42 centièmes du rayon du plateau porte-couteaux.

Il convient de remarquer que cet arrangement est très favorable au découpage régulier des racines. Il importe, en effet, que la vitesse des couteaux soit aussi constante que possible, et il est clair qu'on s'écarterait beaucoup de cette condition si on élargissait sensiblement la zone de coupe en prolongeant les couteaux vers le centre du plateau.

Un coupe-racines de ce type à plateau de 2 mètres, comportant 10 boîtes à couteaux et faisant 75 tours par minute, peut débiter 400.000 kilog. de betteraves par 24 heures.

Coupe-racines Maguin. — Le coupe-racines de la maison Maguin est représenté par la figure 40; comme on le voit, il coupe sur toute la surface et la fixité d'emplacement des porte-couteaux est assurée.

Coupe-racines Moreau frères, à plateau vertical. — Cet appareil se compose d'une roue verticale calée sur un arbre horizontal; sur les jantes de cette roue sont assujettis les porte-couteaux, ils sont placés de manière que la partie tranchante des couteaux soit à l'extérieur. Une trémie amène les racines contre les couteaux, elles sont arrêtées par des plaques verticales ou inclinées dont la position est réglable. Au-dessous du disque sont placés un récipient qui reçoit les cossettes et une nochère qui les distribue dans les diffuseurs. Après le découpage, les cossettes tombent sur un tambour à deux joues qui les entraîne et les empêche de toucher l'arbre moteur.

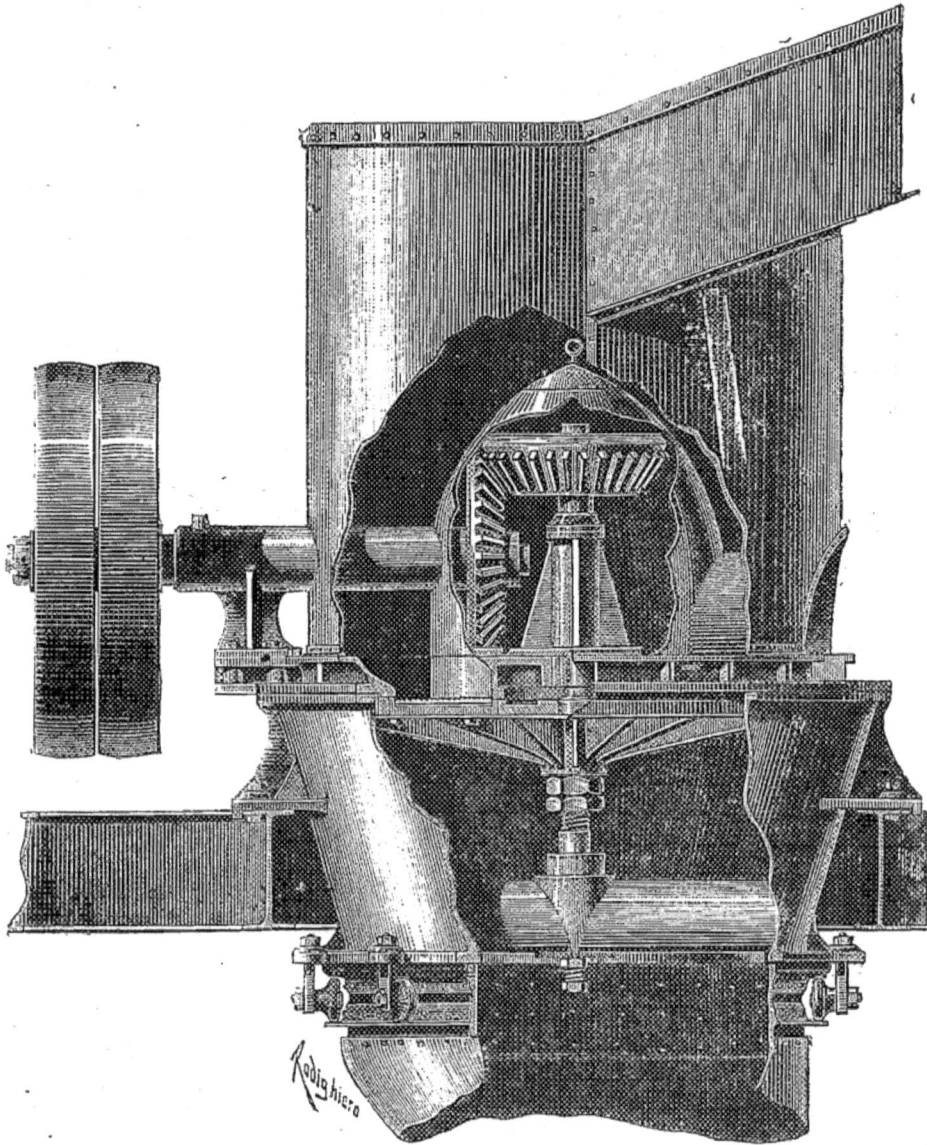

Fig. 40. — Coupe-racines, système Mœguin (p. 129).

Coupe-racines Fontaine. — Ce coupe-racines a été appliqué à la
sucrerie de Sainte-Mariekerque ; son fonctionnement était satisfaisant et présentait surtout l'avantage de ne pas détériorer les porte-
couteaux ; mais tout en donnant de belles cossettes, il produisait
en même temps un peu de bouillie, parce que les queues étaient
généralement brisées ; de plus l'arbre s'usait rapidement et on

éprouvait des difficultés pour enlever les pierres entraînées parfois avec les betteraves dans l'appareil.

Enfin, aux moments d'arrêt, lorsque le coupe-racines était plein de betteraves, la remise en route était laborieuse.

Voici en quelques mots la description de cet appareil : un tambour analogue à un tambour de turbine porte des lumières rainées dans lesquelles se placent extérieurement les porte-couteaux ; les betteraves tombent à l'intérieur du tambour et sont projetées contre les couteaux par des palettes qui tournent dans des plans horizontaux. Le tambour est fixe, mais les betteraves tournant et étant appliquées contre les couteaux, sont débitées en cossettes dans un espace annulaire formé par le tambour et une enveloppe ; au bas de cette dernière se trouve une trémie qui distribue les betteraves coupées dans la batterie de diffusion.

Citons encore un *coupe-racines de Kessler*. Avec cet appareil la betterave, au lieu d'arriver intérieurement, est appliquée par une hélice contre un cylindre porteur de boîtes à couteaux ; les cossettes passent dans l'intérieur du cylindre d'où elles sont enlevées par un agitateur.

On a encore employé des coupe-racines analogues à des rabots : une bielle mue par manivelle ou excentrique fait avancer et reculer des boîtes à couteaux qui se meuvent ainsi au-dessous d'une trémie remplie de betteraves.

COUTEAUX ET PORTE-COUTEAUX

Les porte-couteaux les plus généralement employés se composent d'un cadre en fonte. Sur un des côtés de ce cadre s'appliquent les deux couteaux fixés au moyen de vis : ils sont placés en prolongement et doivent être de même dimension. Sur le côté opposé du cadre s'applique une contre-plaque assujettie par deux boulons ; cette contre-plaque peut être plus ou moins inclinée au moyen de deux vis ; elle peut être, en outre, plus ou moins rapprochée des couteaux. L'emploi de cette plaque permet d'obtenir des cossettes plus ou moins fines par la variation de son écartement avec les couteaux et par la variation de la différence de hauteur entre elle et les couteaux.

L'écartement ainsi que la hauteur sont mesurés au moyen de

réglettes de $1^{m/m}$ 1/2, $2^{m/m}$, $2^{m/m}$ 1/2, $3^{m/m}$, $3^{m/m}$ 1/2, $4^{m/m}$ d'épaisseur.

A l'origine de la diffusion, on a beaucoup employé les couteaux Naprawil qui donnaient des cossettes à section rectangulaire de 6 millimètres de largeur.

Aux couteaux Naprawil on a ensuite substitué les couteaux Goller qui produisaient des cossettes dont la section, au lieu d'être rectangulaire, avait la forme d'un losange. Ces couteaux étaient découpés à la fraise dans des tôles d'acier ; leur denture était formée de surfaces égales, parallèles deux à deux et se coupant sous des angles égaux.

On ne se sert plus maintenant en sucrerie, que de couteaux appelés couteaux *faitières*, dont la denture présente la forme que ce nom indique ; ils sont bien supérieurs aux couteaux Naprawil et Goller en ce sens qu'ils fournissent une cossette ayant non seulement la forme d'un prisme triangulaire, mais encore évidée ; cette cossette présente donc l'avantage d'offrir au liquide qui la baigne dans la diffusion une grande surface de contact.

M. Maguin, qui a beaucoup contribué a l'amélioration du travail de la diffusion par les perfectionnements qu'il a apportés aux couteaux et porte-couteaux, livre depuis plusieurs années une énorme quantité de ces couteaux faitières ; il a en outre amélioré les porte-couteaux en les rendant épierreurs ; de telle sorte qu'une pierre arrivant sur le porte-couteaux pourra facilement, si elle n'est pas trop grosse, passer par les ouvertures pratiquées dans ce but.

Au point de vue de la finesse des cossettes, on distingue les couteaux de grosse division, de moyenne division et de fine division ; ils diffèrent les uns des autres par la largeur de la denture.

La saillie des couteaux varie de 7 millimètres à 9 millimètres.

La moyenne division est la plus employée ; elle donne de bons résultats dans un travail courant. La fine division a cependant aussi sa raison d'être ; elle doit notamment être employée au commencement de la fabrication, lorsqu'on a à travailler des betteraves non arrivées à complète maturité et qui ne sont que difficilement épuisées par le liquide diffuseur. La grosse division peut parfois aussi rendre des services, surtout lorsqu'on met en œuvre des racines gelées et non dégelées, ou bien encore des betteraves montées, ligneuses par conséquent, qui bourrent rapidement les couteaux. Mais dans ces deux derniers cas, il est difficile d'obtenir un bon épuisement, même en montant les couteaux avec peu d'écartement et peu de hauteur.

L'épaisseur des cossettes est de 1 $^{m/m}$ à 1 $^{m/m}$ 1/2 avec la fine division, et avec la moyenne division de 1 $^{m/m}$ 1/2 à 2 $^{m/m}$.

On a des tendances à monter un nombre assez grand de couteaux sur les plateaux du coupe-racines : le nombre dépend du diamètre du plateau. Pour un plateau de 1 m. 50, on en met 8 à 10 au plus, et de 12 ou 14 au plus pour un plateau de 2 mètres. Un nouveau couteau à citer a été imaginé par M. Bergreen ; M. Vivien en donne la description suivante (1).

« Le porte-couteaux reçoit deux couteaux fixés à peu de distance l'un de l'autre sur le même cadre. L'un, le supérieur, placé suivant une très faible inclinaison, est un couteau plat ; le taillant, fait en biseau, a une inclinaison complémentaire de celle de la position du couteau, de façon qu'il se présente horizontalement et donne une coupe plate ; le second placé immédiatement sous le premier, est un couteau Goller, incliné à 45°, dont le taillant est fait de telle façon qu'il se présente verticalement.

« La betterave est saisie par les deux couteaux, d'abord par le couteau Goller qui l'entaille en faisant des lamelles triangulaires, puis, pour ainsi dire immédiatement, par le couteau plat qui est réglé de façon à couper à plat les arêtes formées par le passage du Goller et donne une nouvelle série de lamelles triangulaires. De cette façon la betterave, en quittant le porte-couteau, présente une coupe plate, tandis qu'avec le couteau Goller ordinaire ou le couteau faitière, la betterave présente une surface rainée à prismes triangulaires. La coupe est entière et faite par deux couteaux ; la betterave présentant une surface plane est toujours attaquée symétriquement à chaque coupe et on obtient des lamelles triangulaires uniformes....

« Le disque du coupe-racines n'est pas horizontal, il présente une légère forme conique, c'est-à-dire qu'il s'élève du centre à la périphérie à la façon d'une assiette à bords légèrement inclinés.

(1) *Bull. assoc. chim.*

L'inclinaison, à l'endroit des porte-couteaux, est de 3 à 4 centimètres sur une longueur d'environ 30 centimètres pour un coupe-
racines de 1 m. 20, afin de permettre aux betteraves d'être bien
appliquées sur les couteaux par l'action de la force centrifuge.
Grâce à cette disposition, la force centrifuge ne tend plus à déplacer les betteraves en les poussant vers la périphérie ; elle a
pour effet immédiat de les appliquer sur les couteaux et de les
maintenir en place. »

Ces quelques lignes font ressortir les avantages qu'offrent
ces couteaux ; mais nous nous demandons si la cossette, qui n'est
pas évidée comme avec les couteaux faitières, s'épuise aussi
bien. Depuis que M. Vivien a fait cette communication nous n'a-
vons pas entendu dire que ces couteaux soient employés en
France ; nous le regrettons, car nous aurions probablement eu
des renseignements intéressants sur leur fonctionnement.

Ces couteaux sont en tous cas difficiles à régler et peu employés,
même en Allemagne.

M. Maguin dans le but d'éviter l'affûtage des couteaux a créé,
en 1889, la lame Bienvenue.

C'est un couteau faitière de même longueur que les anciens
couteaux, mais n'ayant que deux centimètres de largeur dont un
centimètre de partie dentée. Le prix de ce couteau est de 0 fr. 65,
tandis que les couteaux habituellement employés coûtent 3 fr.
M. Maguin admet qu'un couteau ordinaire peut être affûté cinq
fois et que chaque affûtage revient à 0 fr. 30, ce qui amènerait le
prix du couteau y compris son affûtage à 4 fr. 50, tandis que
6 lames Bienvenues devant produire le même travail n'occasion-
neraient qu'une dépense de 3 fr. 90. D'autre part, M. Maguin
admet que l'économie est plus élevée que celle qui ressort des
chiffres ci-dessus, vu que la lame Bienvenue ne devant pas
être affûtée et étant pour ce motif fabriquée en acier de première
qualité, fait plus de service qu'un couteau ordinaire.

La lame Bienvenue peut s'appliquer sur les anciens porte-couteaux moyennant une légère modification à apporter à la plaque
de serrage.

Cette lame a été appliquée dans un assez grand nombre de
sucreries ; elle a des partisans et des détracteurs. On lui reproche
généralement de donner une cossette courte et de produire de la

bouillie tout en augmentant la proportion des talons. Nous avons
essayé nous même cette lame ; elle nous a fourni effectivement
de la cossette courte, mais non de la bouillie. Hâtons-nous d'a-
jouter que M. Maguin a perfectionné la lame Bienvenne dans le
but de faire disparaître les inconvénients que nous venons de
signaler.

En ce qui concerne l'économie réalisée par l'emploi des lames
Bienvenue, nous pensons que c'est une grave erreur d'estimer
à cinq le nombre d'affûtages que l'on peut faire subir à un couteau ; nous reviendrons plus loin sur ce point. Cependant, il est
juste de dire que dans la plupart des usines on affûte deux et
trois fois la lame Bienvenue, ce qui diminue sensiblement la dépense.

Nouveaux couteaux et porte-couteaux Maguin. — M. Maguin vient
d'apporter deux perfectionnements importants aux couteaux et
porte-couteaux.

S'inspirant de ce principe qu'il faut produire une cossette longue, il a évidé ses porte-couteaux afin d'éviter le bris de la cossette à la sortie après son passage sous le couteau. Cette modification l'a obligé à construire le porte-couteaux en acier.

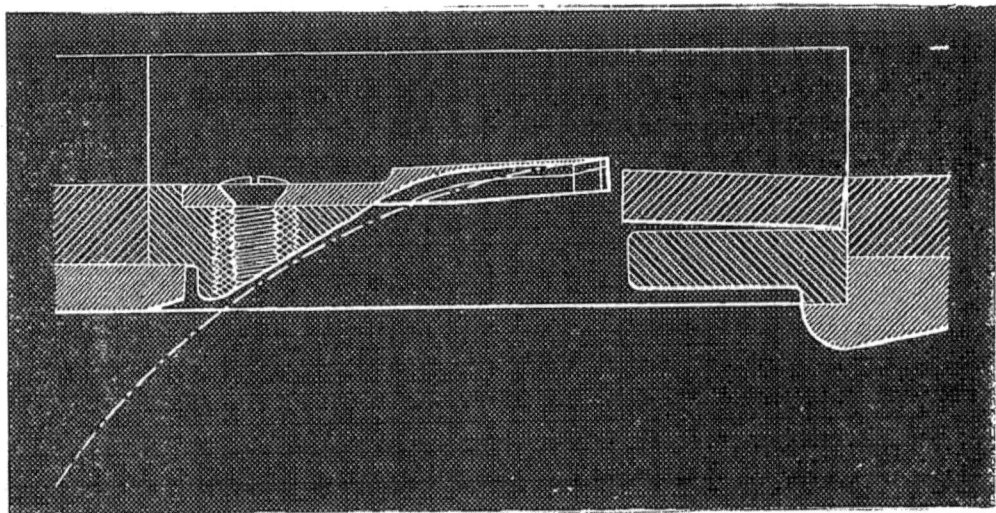

Fig. 41. — Nouveau porte-couteaux Maguin destiné à produire des cossettes longues.

Une autre modification permet d'employer deux couteaux inégalement usés, grâce à des rainures qui, horizontales dans les

porte-couteaux, sont obliques dans les couteaux, ce qui assure leur fixité mieux que par la pression d'une vis.

Nous croyons savoir que la maison Putsch étudie en ce moment un porte-couteaux qui offrirait de grands avantages : il permettrait de monter à côté l'un de l'autre, sur le même porte-couteaux, deux couteaux inégalement usés et de faire varier l'angle formé par la partie tranchante du couteau et la contre-plaque. On atteindrait ce but en rendant la contre-plaque fixe et le couteau mobile ; celui-ci, appliqué sur une lame montée sur charnière, pourrait être rapproché plus ou moins de la contre-plaque au moyen de fenêtres longitudinales dans lesquelles passeraient les écrous destinés à le fixer.

Montage des couteaux. — L'écartement des couteaux varie beaucoup suivant les usines, l'époque de la fabrication, la nature des racines et leur plus ou moins grande propreté. Dans les circonstances normales, un montage avec 2 $^{m/m}$ d'écartement et 1 $^{m/m}$ 1/2 de saillie donne de bons résultats. Pour le travail de betteraves gelées nous avons dû aller jusqu'à 3 $^{m/m}$ 1/2 et 4 $^{m/m}$ 1/2 de saillie et d'écartement ; en opérant autrement, nous n'avons pu arriver parfois à couper 1000 kilog. de betteraves avec un seul jeu de couteaux.

Ce fait, il est vrai, s'est passé par un hiver très rigoureux avec des betteraves qui, malgré l'emploi du transporteur hydraulique et de l'eau chaude, arrivaient complètement gelées au coupe-racines.

Il est donc nécessaire de déterminer expérimentalement quel doit être le montage le plus favorable à la marche du travail; pour cela, l'analyse des cossettes épuisées fournira d'utiles indications. On a encore conseillé pour vérifier l'uniformité de montage des couteaux, de prélever une demi-heure après leur entrée en service, différents lots de cossettes fraiches, et d'aligner celles-ci sur une longueur de 1 mètre. Si tous les couteaux sont montés uniformément, condition indispensable à un épuisement régulier, le poids de ces différents mètres de cossettes devra être à peu près le même.

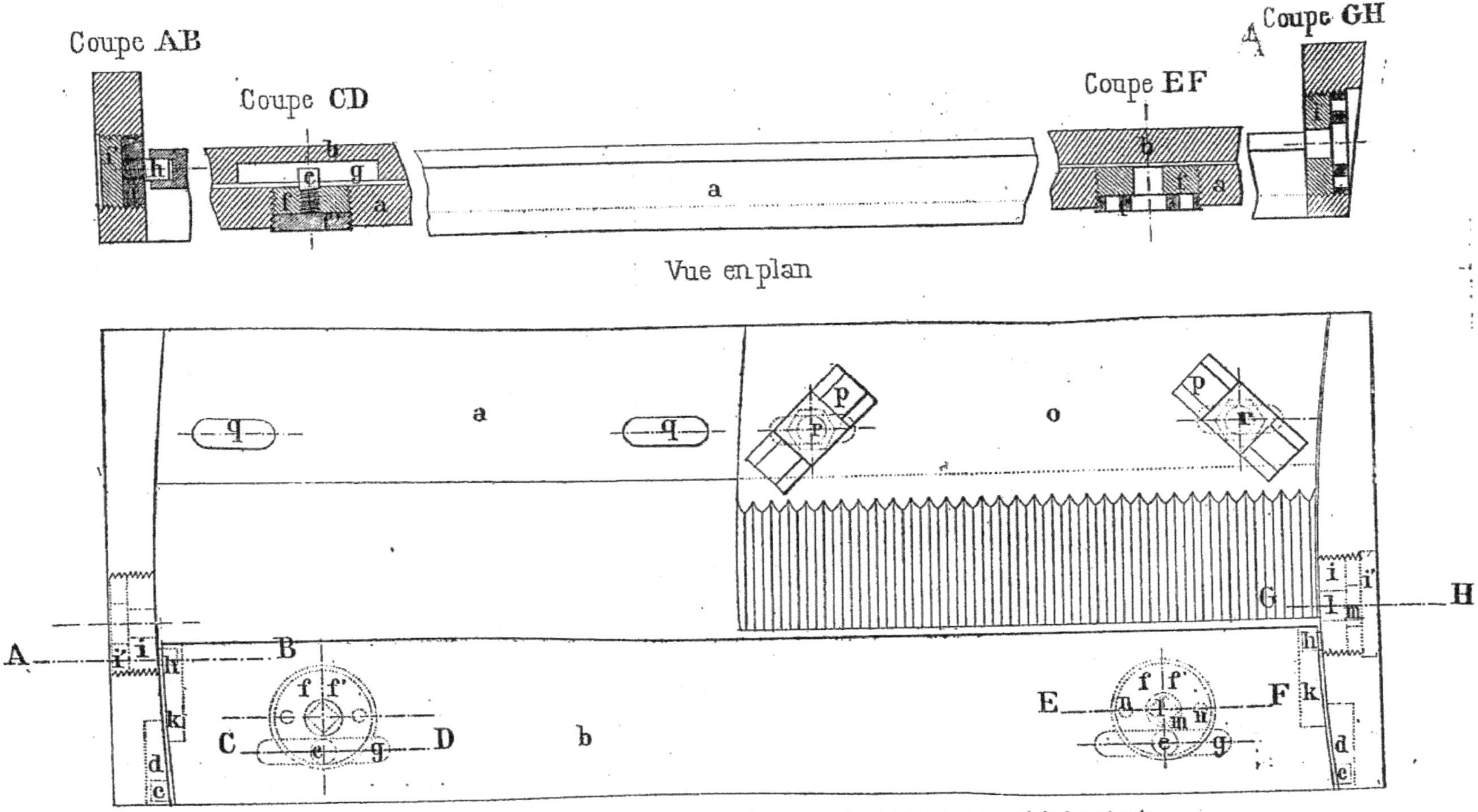
Coupe AB
Coupe CD
Coupe EF
Coupe GH
Vue en plan
A
B
C
D
E
F
G
H

Fig. 42. — Nouveau porte-couteaux Maguin permettant l'emploi simultané de deux couteaux inégalement usés.

Voici quelques chiffres (1) :

Couteaux montés à 2 millimètres 1/2 d'écartement et 3 millimètres 1/2 de hauteur.

Poids des cossettes :	Les plus courtes.	Les plus longues.	Tout venant
Poids de 1 m.	7 gr. 800	9 gr. 900	8 gr. 900
	7 gr. 900	10 gr. 100	9 gr. 300
			9 gr. 300
			9 gr. »

Tableau donnant le poids de 1 mètre de cossettes à des hauteurs et écartements différents.

En m/m	Ecartement.	Hauteur.	Poids de 1 m.
	2	2 1/2	6 gr. 820
	2	3	7 gr. 100
	2	3 1/2	8 gr. 940
	2 1/2	2 1/2	7 gr. 010
	2 1/2	3	7 gr. 970
	2 1/2	3 1/2	9 gr. 150
	3	3	10 gr. 500
	3	3 1/2	11 gr. 300

Il serait intéressant de savoir avec quel genre de couteaux et quelle division ces résultats ont été obtenus.

Ici se pose une question importante :

A quel moment doit-on changer les couteaux? nous répondrons sans hésitation : lorsque la cossette est mal coupée et lorsque les épuisements deviennent mauvais. Nous avons toujours été opposé à la méthode qui consiste à changer les couteaux à des heures déterminées d'avance. Malgré tous les perfectionnements apportés au lavage des betteraves, elles n'arrivent pas toujours également propres au coupe-racines, la nature de la terre adhérente variant suivant la nature du sol. En outre, ou a quelquefois à travailler des lots de betteraves gelées ou montées, ou accompagnées de petites pierres qui ont échappé aux épierreurs; toutes ces circonstances font qu'un jeu de couteaux peut fonctionner convenablement pendant six heures, comme il peut être hors de service au bout d'une demi-heure. Le changement des couteaux à des heures indéterminées ne présente, du reste, aucune difficulté; car, même sans se baser sur l'épuisement, les surveillants de râperies

(1) Sucrerie belge.

savent très bien reconnaître à la vue si une cossette fraîche est bonne ou mauvaise au point de vue du découpage.

Voici quelques chiffres relatifs aux changements de couteaux :

Dans une râperie travaillant avec un coupe-racines de 1^m500 de diamètre on a changé de couteaux.

3, 6 fois par 100,000 kilog. de betteraves pendant le mois d'octobre

4, 1   —   —   de novembre

4, 5   —   —   de décembre

Nous ferons remarquer que dans cette râperie on a travaillé beaucoup de betteraves gelées durant la campagne, pendant les mois de novembre et décembre.

Dans une autre râperie où l'on a changé le plus souvent de couteaux pendant une fabrication, on a employé 61 couteaux réaffûtés par 100,000 kilog. de betteraves.

Dans une troisième râperie où l'on a changé le moins souvent, on a employé 42 couteaux par 100,000 kilog. de betteraves.

L'usure des couteaux a été en moyenne de 25 millimètres par 100,000 kilog. de betteraves sans compter la réforme; et de 30 millimètres en tenant compte de la réforme.

Le coût de l'affûtage a été en moyenne de 6 fr. par 100,000 kil. de betteraves.

Dans cette dernière usine l'affûtage se fait d'après les procédés les plus perfectionnés; les couteaux de toutes les râperies sont affûtés dans un même atelier surveillé avec beaucoup de soin.

Pour ne pas arrêter la diffusion pendant les changements de couteaux et pendant l'enlèvement des pierres qui arrivent quelquefois au coupe-racines, certaines usines installent deux coupe-racines: l'un fonctionne pendant que l'autre est arrêté et tous deux peuvent marcher en même temps si le débit d'un seul n'est pas suffisant.

L'enlèvement des pierres du coupe-racines est très pénible, car lorsque la trémie est pleine, on est obligé d'enlever un grand nombre de betteraves pour chercher les pierres; il en résulte une grande perte de temps qu'on peut facilement éviter en disposant sur le pourtour de la trémie en tôle du coupe-racines des herses munies de dents assez longues pour pouvoir traverser presque complètement l'espace occupé par les betteraves entre les deux cylindres de la trémie.

Ces herses sont manœuvrées par des volants faisant tourner une vis ; la herse se déplace sur la vis suivant le sens de la manœuvre, et les dents, qui sont effilées, sont guidées à leur extrémité par un tasseau de bois fixé sur la trémie ; cette trémie extérieure est percée de trous pour laisser passer les dents. Les herses sont placées immédiatement au-dessus des portes de vidange du coupe-racines. Lorsqu'on doit enlever une pierre, il suffit de pousser les herses à fond de course et de déblayer les betteraves qui se trouvent en dessous, les dents empêchent la masse supérieure de descendre, c'est autant qu'on a en moins à sortir de la trémie. Quand les herses sont ouvertes elles ne gênent nullement la descente des betteraves.

Brosseur des couteaux pendant la marche du coupe-racines. — En 1892, M. Maguin exposait à Paris à l'assemblée générale de l'association des chimistes un appareil permettant d'éviter le bourrage des couteaux par la paille, le foin, les parties ligneuses ; la paille et le foin pouvant provenir des couvertures de silos, les parties ligneuses de betteraves montées.

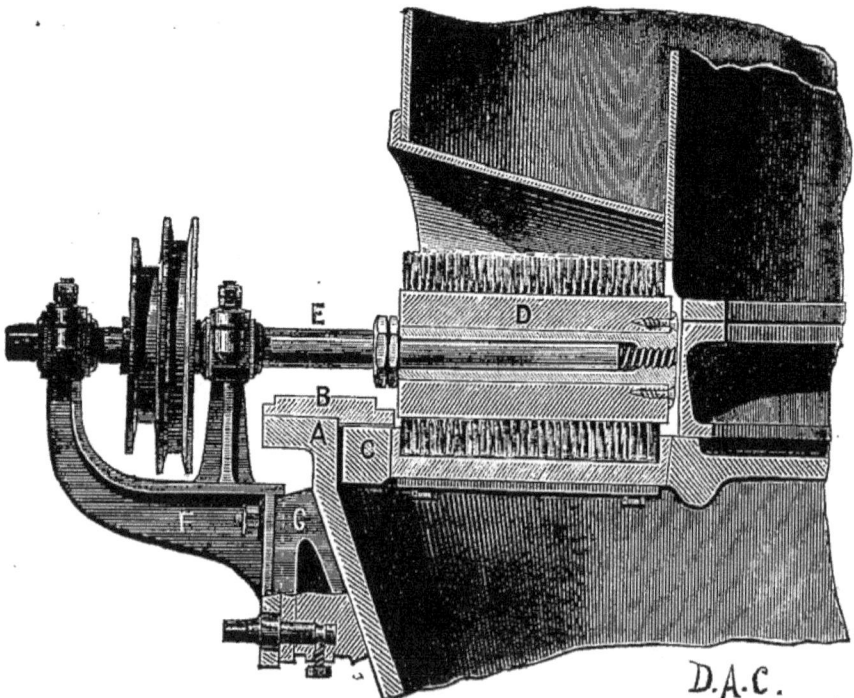

Fig. 43. — Brosseur des couteaux en marche, système Maguin.

Durant la campagne 1892-93 le brosseur a été essayé dans les sucreries de Froyères et de Bertaucourt, et a donné d'excellents résultats; une botte de paille découpée dans le coupe-racines n'a pas réussi à entraver sa marche.

L'appareil se compose d'une brosse mue par un arbre horizontal, actionnée par poulies.

Placée au-dessus du plateau du coupe-racines à une distance de 2 à 3 millimètres, cette brosse tourne avec une vitesse d'environ 1/3 plus grande que celle du coupe-racines et dans le même sens; de cette façon les matières ligneuses et filamenteuses sont obligées de traverser les couteaux avec la cossette. La brosse s'use peu, car elle agit par interposition des corps étrangers et non par friction directe; il faut compter sur une dépense de 2 à 3 brosses par campagne.

Affûtage. — La partie tranchante des couteaux s'émousse au bout de quelques heures de service, elle a donc besoin d'être refaite.

Quelques usines se servent encore de limes pour cette opération; mais depuis plusieurs années on cherche à remplacer la lime par des machines qui ont diminué de beaucoup le prix de main-d'œuvre de l'affûtage.

Suivant les fabriques, la nature de l'acier et la trempe des couteaux, on affûte après avoir détrempé les couteaux, ou sans les détremper. Le second procédé a l'inconvénient d'user un plus grand nombre de limes et de fraises, mais il supprime la main-d'œuvre de la trempe qui demande beaucoup de soin pour être bien faite. La détrempe s'effectue bien dans un four à coke et la trempe au bain de sable et dans un bain d'huile de colza.

On s'est servi pour l'affûtage de disques en émeri, en fer, en terre cuite et en ardoise, puis enfin de fraises en acier.

Mais avant de refaire les parties tranchantes des couteaux, on les présente généralement devant une meule mue par courroie pour enlever l'extrémité des anciennes parties taillantes, afin d'égaliser les arêtes.

Il faut quelquefois meuler assez profondément pour ramener toutes les dents au même niveau que celles qui ont pu être ébréchées.

Cette opération terminée, on procède à l'affûtage, souvent au moyen d'une machine imaginée et construite par M. Maguin.

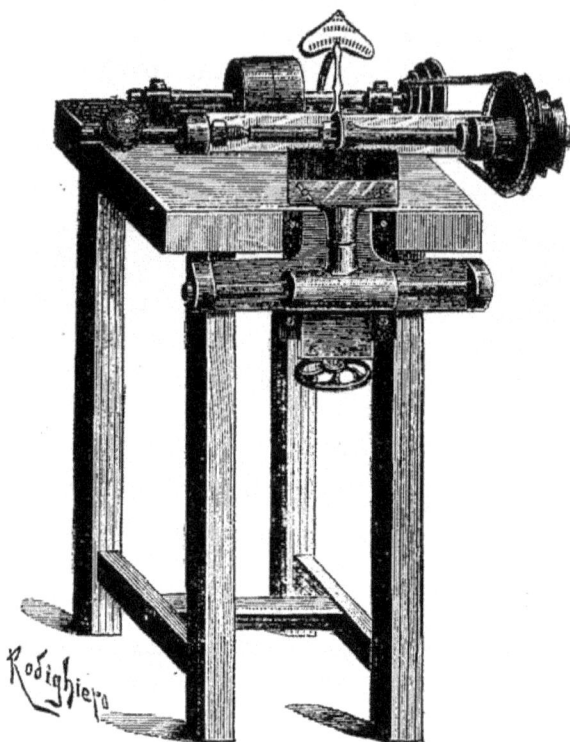

Fig. 44 — Machine à affûter les couteaux, système Maguin

Elle se compose d'une fraise en acier qui peut être facilement adaptée sur un arbre tournant et mu par deux tambours coniques à gorges sur lesquelles est placée une courroie; l'un des tambours est fixé sur un arbre, par une poulie reliée par une courroie à une transmission de la râperie ; cet ensemble permet de faire varier la vitesse de rotation. L'arbre sur lequel est montée la fraise peut être incliné dans un sens ou dans l'autre, ce qui permet d'affûter convenablement les ailes et le fond des dents du couteau, celui-ci étant assujetti avec charnière sur une tige fixe. L'ouvrier présente donc le couteau à la fraise comme il le juge nécessaire.

Une autre machine à affûter construite par MM. Conreur et Crombez permet d'affûter deux couteaux à la fois. A cet effet, elle porte aux extrémités d'un arbre mu par poulies, deux fraises qui tournent chacune devant un porte-outil dans lequel on fixe le couteau.

La machine Lenhartz est composée d'une lime fixée dans une glissière; cette lime se meut verticalement et travaille sur le couteau fixé également dans un porte-outils.

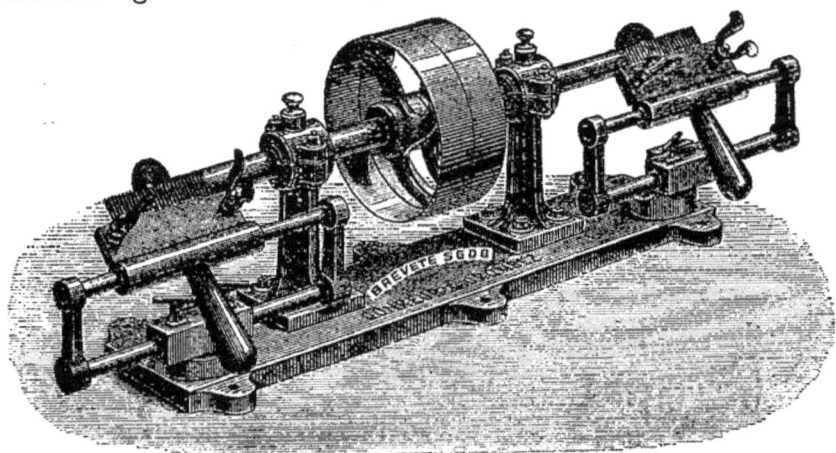

Fig. 45. — Machine à affûter Conreur et Crombez.

La machine à affûter de Rassmus porte un disque d'émeri qui fait 600 tours à la minute, mais elle n'aiguise pas les côtés des dents, ce qui nécessite l'achèvement de l'affûtage à la lime.

Enfin Putsch et Cie ont construit une machine automatique :

Le couteau fixé dans un porte-couteaux est pressé par un levier contre la fraise. Au moyen d'un excentrique et d'une fourche qui porte un crochet d'échappement, et qui tourne sur une cheville conique, le couteau est automatiquement appuyé contre la fraise, puis abandonné, et déplacé d'une quantité égale à la largeur de la dent.

Affûtage des couteaux par l'électricité. — Une découverte qui a fait beaucoup de bruit il y a deux ans est celle de l'affûtage électrique. Nous avons à cette époque expérimenté ce procédé; il nous a donné d'excellents résultats pour l'affûtage des fraises et des limes à tailles fines; il peut également être appliqué pour les couteaux de diffusion, mais dans ce cas il demande beaucoup de soin et l'intervention d'un ouvrier intelligent.

L'affûtage des couteaux par l'électricité est très délicat; beaucoup de fabricants n'ont pas obtenu de bons résultats; d'autres, comme M. Tétard, sont enchantés du procédé.

Nous sommes arrivés à un affûtage convenable en faisant opérer sous nos yeux, mais l'ouvrier livré à lui-même arrivait rarement à un résultat suffisant; il eût peut-être fallu pour lui une plus longue pratique. En tout cas, il ne faut pas essayer d'affûter complètement un couteau à l'électricité, mais parfaire l'opération à la lime ou à la fraise, sinon on risquerait de trop attaquer les ailes du couteau par l'acide. On obtient de meilleurs résultats avec des couteaux neufs qu'avec des vieux.

Le lavage à l'acide oxalique suffit pour les couteaux; le difficile est de bien placer le couteau dans le bain pour obtenir le biseau voulu; on se sert pour cela d'une pince support et d'une forme en bois. On place le couteau dans l'échancrure de la forme et on le saisit avec la pince, bien appliquée sur la forme, on serre et on place le couteau ainsi fixé dans le bain. De cette manière les couteaux plongent de la même quantité à chaque opération. Le couteau est incliné dans le bain aussi près que possible du charbon, l'intérieur de la faîtière étant tourné vers ce charbon. La partie immergée ne doit guère dépasser 5 à 6 millimètres.

M. Lalo estime à 0 fr. 02 ou 0 fr. 05 l'affûtage d'un couteau et M. Tétard à 1 centime 1/4 à 1 centime 1/2, plus 120 fr. de frais de premier établissement. Ce dernier chiffre varie avec l'importance de l'installation.

Retaillage des limes. — Il est avant tout important de bien nettoyer l'outil que l'on veut retailler afin de permettre à l'acide d'exercer son action. A cet effet, on trempe d'abord la lime pendant quelque temps dans une solution d'acide oxalique à 100 grammes par litre pour enlever la rouille; on la place ensuite pendant douze heures environ dans une lessive de soude à 250 grammes par litre; cette opération a pour but de débarrasser la lime des corps gras dont elle peut être enduite; on brosse enfin la lime avec une brosse dure dans un bain chaud de carbonate de soude à 40 grammes par litre; on lave ensuite la lime et on la fait sécher dans la sciure de bois; elle est alors prête a être retaillée. On opère comme suit :

Dans un grand récipient en verre on introduit un bain d'eau et d'acides à

3 0/0 d'acide sulfurique à 66° B° et
6 0/0 d'acide nitrique à 40°.

Sur le récipient vient s'appliquer une plaque en cuivre dans laquelle sont pratiquées des fenêtres qui servent à introduire de deux en deux des charbons de pile dont on rend le contact parfait avec la plaque au moyen de coins en bois; les limes sont fixées dans des supports et suspendues dans le bain par les fenêtres restées libres; on a soin de mouiller les supports pour assurer les contacts avec la plaque de cuivre. On a de cette façon une vraie pile dont la lime forme le pôle négatif et le charbon le pôle positif ; il s'établit un courant qui décompose l'eau du bain et donne naissance à de l'oxygène et de l'hydrogène ; celui-ci se porte sur les parties vives des dents et empêche en ces endroits l'attaque par l'acide, les autres parties étant rongées. La fraise étant placée horizontalement dans le bain, on la retourne après la première moitié de l'opération, parce que la face inférieure se retaille plus rapidement; le composé ferrique ne restant pas attaché à cette face comme à la face supérieure, on s'explique le phénomène du retaillage électrique.

Si l'on veut obtenir des résultats satisfaisants, il est bon de ne pas trop user les limes, car s'il n'existe plus du tout d'arêtes l'opération ne pourra évidemment pas se faire. Car si au lieu d'une lime on place dans le bain un morceau de fer on n'en retirera pas au bout d'un certain temps une lime. Pendant l'opération on retire la lime de temps en temps pour la débarrasser du composé ferrique qui reste attaché à ses parois; l'opération terminée, on lave la lime à l'eau, puis on la passe dans un lait de chaux, afin de neutraliser l'acide qui pourrait encore y rester adhérent.

On n'a plus ensuite qu'à la sécher dans de la sciure de bois.

Au lieu d'un récipient en verre on peut se servir d'un récipient en terre vernissée.

Les frais nécessités par le retaillage d'une lime seraient les suivants :

1o Lavage à l'acide oxalique...................	0,0050
2o Lavage à la soude caustique................	0,0170
3o Lavage au carbonate de soude..............	0,0014
4o Bain électrique............................	0,0208
5o Main d'œuvre.............................	0,0375
TOTAL......	0fr.0817

Retaillage des fraises. — Les fraises qui servent à l'affûtage des couteaux se retaillent très bien; nous sommes arrivés à en retailler certaines jusqu'à 6 et 7 fois, d'autres ne se retaillaient que 2 ou 3 fois; cela dépend du métal qui a servi à les fabriquer. L'opération se fait à peu près comme pour les limes; mais les fraises n'étant jamais grasses, on peut supprimer les lavages à la soude et au carbonate de soude.

D'après ce que nous avons dit plus haut, les fabricants de sucre ont intérêt à adopter le retaillage électrique des fraises, qui donne d'excellents résultats; il en est de même pour les petites limes à couteaux.

En ce qui concerne le retaillage des couteaux et des limes à grosse denture, nous préférons ne pas nous prononcer.

La batterie de diffusion

Dans l'application du procédé de la diffusion, les cossettes de betteraves sont d'abord additionnées d'eau chaude ou de jus chaud et portées à une température qui désagrège partiellement les parois des cellules : elles sont traitées ensuite par des quantités successives d'eau aussi longtemps qu'elles lui abandonnent du sucre. Une fois les appareils en marche normale, on ne fait plus agir l'eau que sur les cossettes presque épuisées afin de ne pas trop diluer le jus; on leur enlève ainsi les derniers restes de sucre. Ce jus, appelé jus faible, est ensuite mis en contact avec des cossettes plus riches en sucre que lui, elles lui abandonnent à leur tour du sucre et s'appauvrissent. Enfin, ce jus déjà plus concentré est mis sur des cossettes encore plus riches en sucre, il s'enrichit davantage, et ainsi de suite jusqu'à ce que finalement il arrive sur des cossettes fraîches d'où on le dirige à la carbonatation.

Telle est, en peu de mots, la marche de la diffusion. La description des appareils employés va nous fournir l'occasion d'y revenir avec plus de détails.

Une batterie de diffusion se compose d'une série de vases reliés ensemble par des tuyaux de communication, de calorisateurs pour réchauffer les jus, de soupapes et de conduites. Nous allons décrire ces différents appareils ou organes.

Diffuseurs. — Les diffuseurs sont des récipients en fonte et tôle qui affectent des formes diverses, généralement celle de cylindres légèrement rétrécis vers le bas; ils sont munis d'une porte supérieure qui sert pour le chargement et d'une porte inférieure, appelée porte de vidange, qui sert pour l'évacuation des cossettes épuisées.

La figure 46 représente un diffuseur construit par les anciens établissements Cail. Il se compose d'une calandre cylindrique en tôle et de deux parties coniques en fonte.

Le prolongement inférieur de la calandre cylindrique est une tôle perforée qui affecte la forme de la partie conique qui la revêt. Le fond de la porte de vidange porte également une tôle perforée qui vient s'appliquer sur le bord de la partie filtrante conique. Un système à bayonnette permet l'ouverture et la fermeture de cette porte de vidange; il se compose d'un levier mu par une tige en partie filetée, dont l'extrémité supérieure a son point d'attache sur la paroi extérieure du diffuseur, à peu près à mi-hauteur; cette tige filetée traverse un manchon taraudé placé à l'extrémité du levier dont l'autre extrémité s'applique au centre de la porte de vidange.

La manœuvre de la porte est très simple : l'extérieur de celle-ci est découpé comme le bord intérieur du diffuseur pour que les oreilles de la porte puissent entrer dans les entailles du diffuseur ; le mouvement de fermeture est donné par la vis inclinée dont nous avons parlé plus haut. D'un autre côté, le mouvement de rotation pour faire reposer les oreilles de la porte sur les supports du diffuseur est donné par la vis horizontale.

L'étanchéité de la fermeture est assuré par un *joint hydraulique*. Celui-ci se compose d'un tube de caoutchouc creux muni d'un ajûtage qui permet d'y faire arriver de l'eau ; ce tube est engagé dans une rainure circulaire pratiquée latéralement à la partie inférieure du diffuseur. La porte en se fermant vient appliquer son pourtour sur le tube dans lequel on fera arriver de l'eau au moyen d'un robinet. La pression est faite par un bac en charge, mais placé plus haut que le bac de la diffusion ; ou mieux, on fait une prise sur une conduite de vapeur directe et on condense cette vapeur dans un serpentin qui se trouve sur le parcours du tuyau. L'eau condensée reste sous pression pour gonfler le caoutchouc.

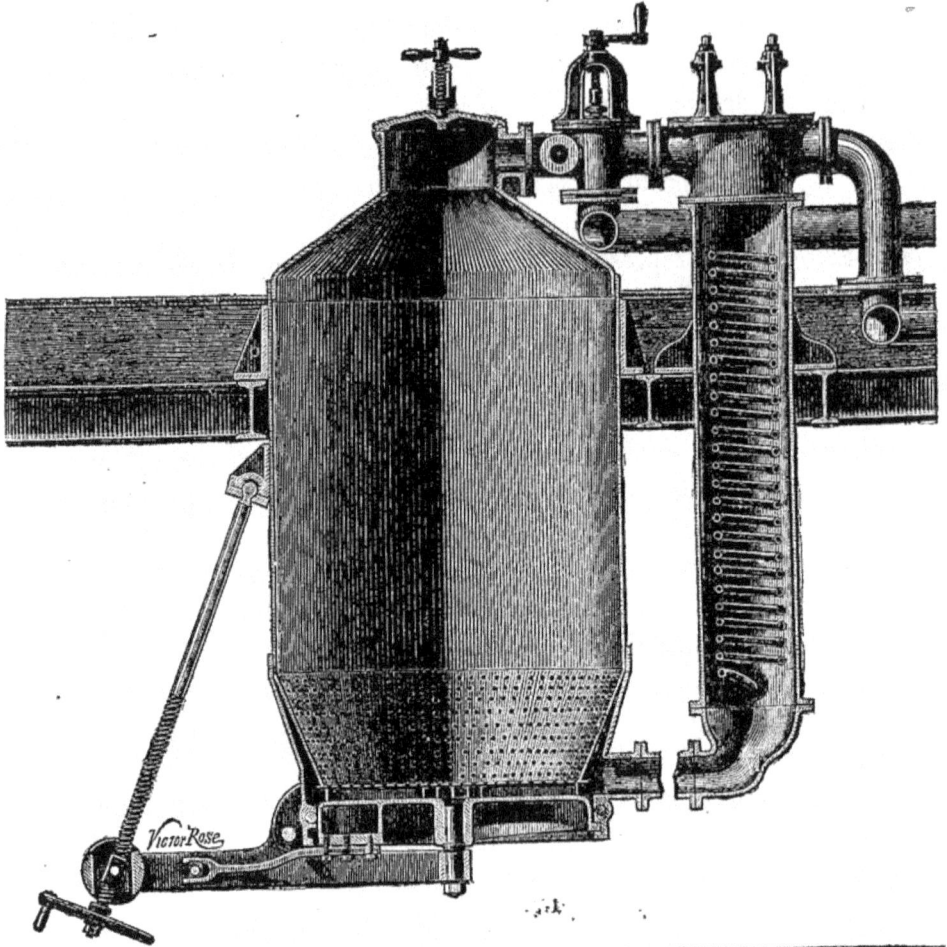

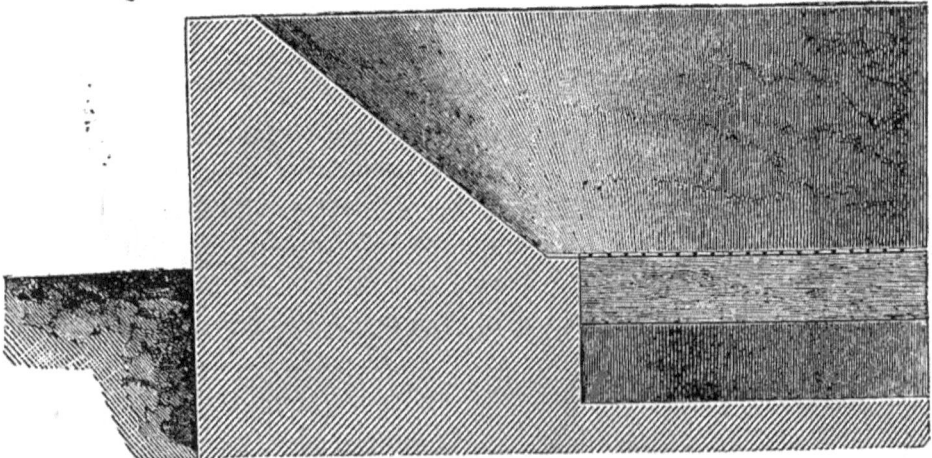

Fig. 46. — Diffuseur fixe avec porte de vidange à bayonnette, système breveté s. g. d. g. des Anciens Etablissements Cail (page 147).

Il résulte de toutes ces dispositions que la porte est portée sur tout son pourtour.

La pression dans le caoutchouc pour faire le joint étant latérale, ne vient pas s'ajouter à la pression qui existe dans le diffuseur, et qui cherche à faire ouvrir la porte.

A la partie inférieure du diffuseur se trouve encore un robinet qui permet, avant la vidange de la cossette, de faire couler une certaine quantité de l'eau contenue dans le diffuseur.

La porte supérieure du diffuseur se meut dans un plan horizontal, elle est également munie d'un caoutchouc, et sa fermeture est assurée par une vis qu'on distingue sur la figure.

Calorisateurs. — A côté du diffuseur se trouve le calorisateur qui communique avec lui par sa partie inférieure. Ce calorisateur est un vase muni d'un serpentin destiné à chauffer le liquide à son passage. Par ce qui précède on voit la marche suivie par le liquide dans sa circulation ; le mouvement et l'arrêt de ce dernier sont provoqués par l'ouverture et la fermeture de la soupape que nous voyons sur la figure à côté de la soupape d'arrivée du jus au bac jaugeur.

La conduite de jus court au-dessous du plancher, la conduite d'eau au-dessus.

On distingue aussi la soupape d'arrivée de l'eau par le haut du diffuseur.

Le diffuseur et son calorisateur sont supportés par des fer à I sur lesquels repose en outre le plancher de la batterie.

Au-dessous des diffuseurs se trouve la fosse dans laquelle tombent les cossettes épuisées.

La maison Cail a construit également des diffuseurs avec porte de vidange sur le côté.

A côté de chaque diffuseur se trouve un calorisateur qui communique avec les diffuseurs voisins par ses parties inférieure et supérieure.

Dans ce cas la porte qui est à charnières bat sur un tuyau hydraulique pour en assurer le joint, et la fermeture est faite par une chape à vis de serrage.

Ce genre de construction a l'avantage de donner, par la forme sphérique du fond, une surface de perforation beaucoup plus grande que dans la disposition citée plus haut. Des praticiens éclairés estiment qu'une batterie de 12 diffuseurs ainsi construits fait le même travail qu'une batterie de 14 diffuseurs du premier système.

Diffuseurs de la Cie de Fives-Lille. — La Cie de Fives-Lille construit des batteries de diffusion un peu différentes des précédentes : La porte de vidange est manœuvrée du plancher de la batterie ; elle bascule autour d'un pivot et est équilibrée par un contre-poids ; le basculage est obtenu au moyen d'une tige filetée à sa partie inférieure et engagée dans une pièce taraudée, fixée à la porte.

La fermeture de la porte est assurée par un accrochage obtenu au moyen du mécanisme représenté en détail dans la figure 48 ci-contre :

La porte de vidange est munie d'un joint hydraulique dont le robinet à trois eaux se trouve sur le plancher de la batterie en D.

La porte supérieure est mobile autour du point C dans un plan horizontal, elle peut en outre être soulevée et renversée en cas de besoin pour le changement du caoutchouc ; sa fermeture est assurée au moyen de la tige filetée E et de la manivelle F.

Cette porte est en outre munie d'un robinet permettant de contrôler le meichage du diffuseur, comme nous le verrons plus loin, et à en chasser l'air avant l'ouverture des portes supérieure et inférieure qui précède la vidange et l'emplissage. Dans les nouveaux appareils, la porte des diffuseurs est modifiée : le centre de gravité de la porte et celui du contre-poids se trouvent sur une ligne droite passant par l'axe de rotation.

Les *calorisateurs* construits par la Cie de Fives-Lille ne comportent pas de serpentins, mais des tubes un peu cintrés dans leur longueur pour faciliter la dilatation. La soupape H sert pour l'introduction de la vapeur ; la conduite I pour les retours.

Dans les nouvelles constructions, la soupape H, au lieu de se trouver à l'extérieur de la batterie, est placée à l'intérieur sous la main du chef de batterie qui peut ainsi surveiller lui-même le chauffage en même temps qu'il manœuvre les soupapes.

La soupape représentée en A n'existe que lorsqu'on marche à l'air comprimé.

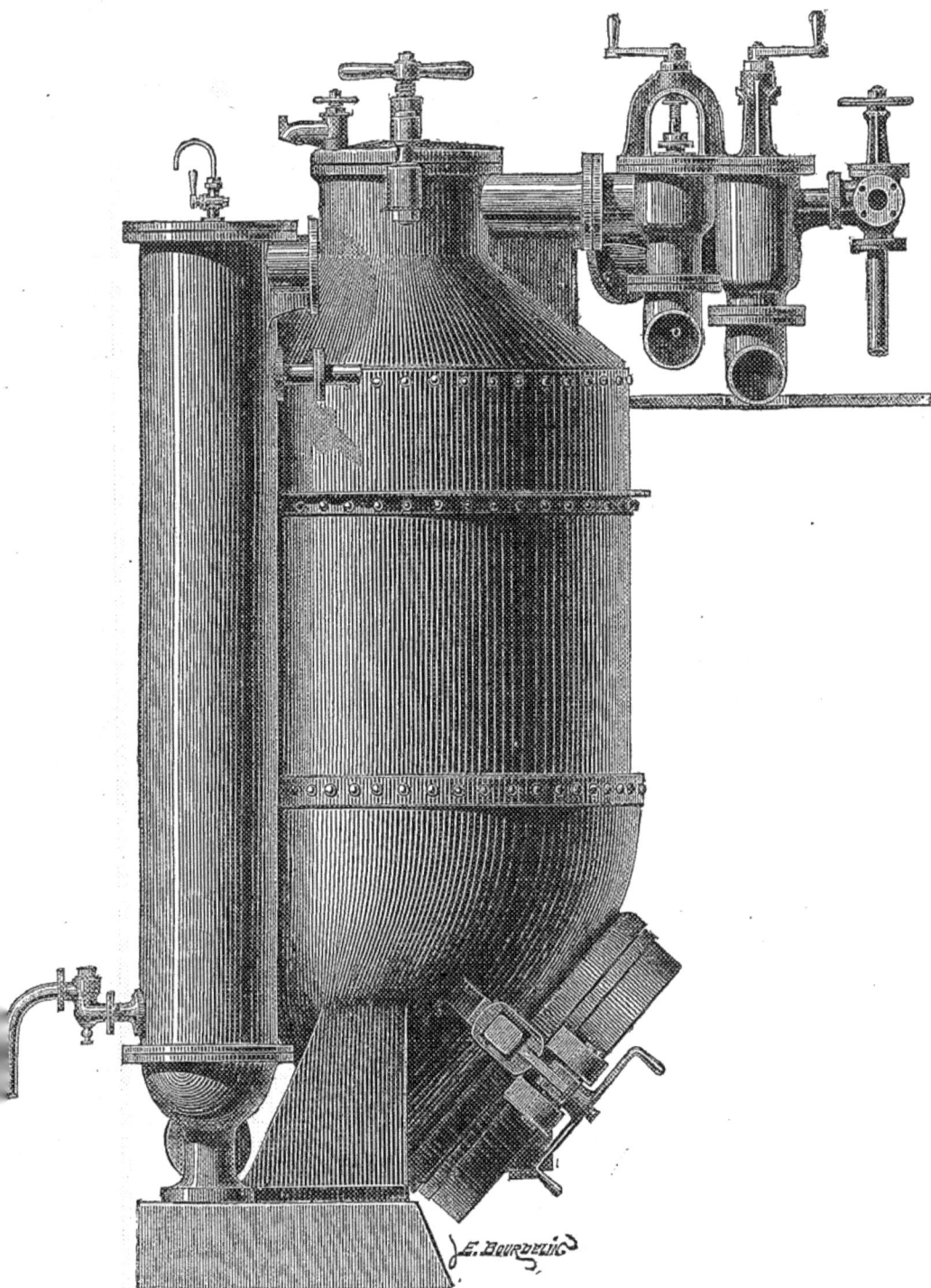

Fig. 47 . — Diffuseur fixe avec porte de vidange par le côté, système Cail.

Double accrochage des diffuseurs de grande capacité de la Cⁱᵉ de Fives-Lille. — Au lieu d'un accrochage comme dans les petits diffuseurs, la Cⁱᵉ de Fives en applique deux, dont l'un est commandé comme dans le cas d'un seul, mais sur la tige qui tourne se trouvent deux roues d'angle qui au moyen d'un arbre horizontal et de nouvelles roues d'angle communiquent le mouvement à la tige du 2ᵉ accrochage.

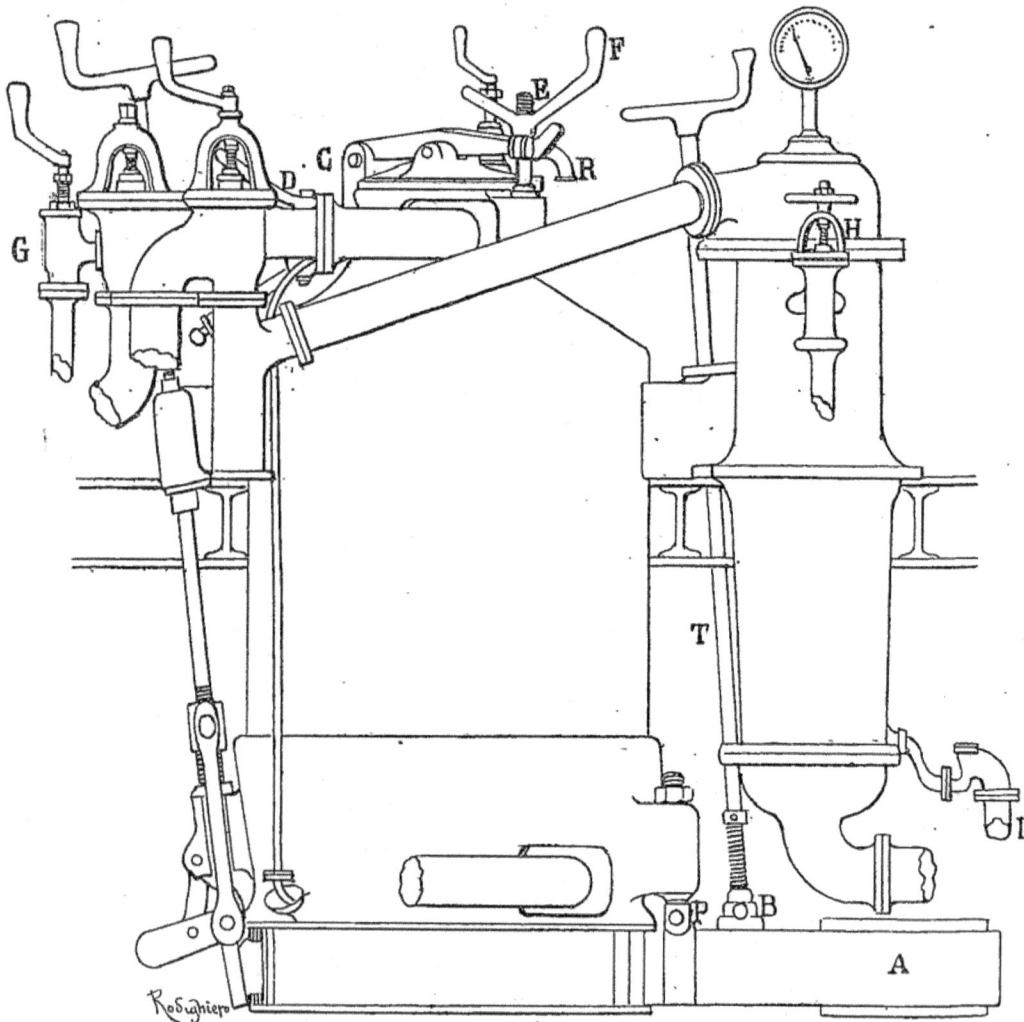

Fig. 48 — Double accrochage des diffuseurs.

Diffuseurs de la Société anonyme de construction de St Quentin. — La fermeture de la porte se fait à peu près comme dans les diffuseurs Cail, mais l'accrochage ressemble un peu à l'accrochage de Fives ; en outre, les deux manœuvres se font par le bas.

Diffusion autrichienne de Maerky et Bromowsky. — Les diffuseurs Maerky et Bromowsky présentent sur ceux décrits jusqu'ici l'avantage d'être complètement cylindriques, l'arrivée et la sortie de jus se font par le centre des diffuseurs Il est facile de comprendre que ces deux conditions réunies sont très favorables à un épuisement uniforme des cossettes contenues dans le diffuseur. Mais une condition indispensable pour atteindre ces résultats est une construction très soignée des appareils. Pour s'en convaincre, il suffit de remarquer que dans les diffuseurs il y a solution de continuité dans la conduite de circulation des jus, que les tronçons de cette conduite font en partie corps avec les portes, et ne se rejoignent que orsque les portes sont fermées. L'étanchéité des joints est assurée par des caoutchoucs, mais ce moyen n'empêche pas les fuites aux portes de vidange.

Les portes de ce diffuseur sont munies pour la fermeture, de deux fers entrecroisés dont les extrèmités sont saisies par des crochets mus par un levier dont la fixité, après l'accrochage, est assurée par un étrier et une goupille. La manœuvre de l'accrochage et du décrochage sont très pénibles et nécessitent souvent l'emploi d'un marteau ; et ce qui est plus grave, dès que le décrochage est fait, la porte s'ouvre brutalement et menace d'assommer l'ouvrier par son contre-poids. Dans certaines installations, la porte de vidange seule est montée comme il vient d'être dit ; mais dans ce cas, il est impossible de faire arriver le jus par le centre du diffuseur.

Couvercles de diffuseur, syst. Selwig et Lange. — Quelle que soit la construction de la batterie de diffusion, tout le succès de l'opération dépend de la manœuvre des soupapes ; sous ce rapport, le fabricant de sucre est absolument à la merci de l'ouvrier chargé des soupapes.

Une soupape ouverte au lieu d'être fermée, ou réciproquement, peut envoyer dans un diffuseur de l'eau au lieu de jus, du jus faible à la carbonatation au lieu de jus riche. Le danger de ces sortes de méprises est d'autant plus grand que le mécanisme est plus compliqué.

La maison Selwig et Lange dispose sur le couvercle du diffuseur une armature spéciale dans laquelle viennent aboutir toutes
les soupapes qui se trouvent à l'extrémité supérieure du diffuseur.

Les figures 49 et 50 représentent une vue de côté de cette disposition, la figure 51 une vue du dessus. La soupape V est un robinet
à angle droit, qui par suite, relie toujours ensemble deux voies à
angle droit qui se font face.

Les quatre voies de la soupape communiquent : 1° avec le tuyau

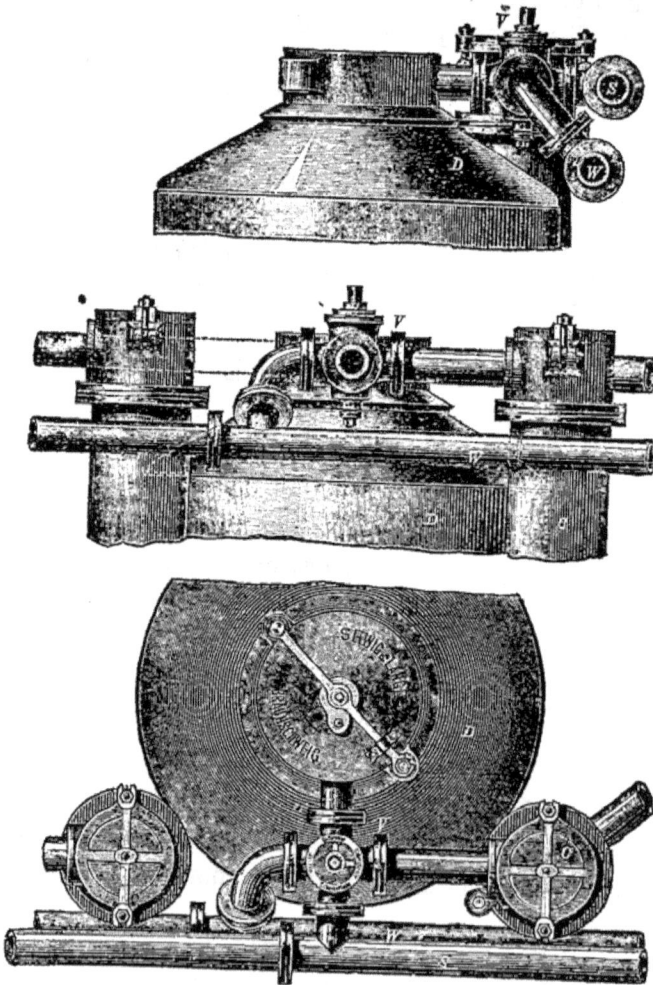

Fig. 49 50 et 51. — Couvercle de diffuseur, système Selwig et Lange.

de communication du diffuseur D, 2° avec le sommet du calorisateur C, 3° avec la conduite de jus S, 4° avec la conduite d'eau W.

Au-dessus de la soupape, se trouve une double aiguille qui indique la direction prise chaque fois par les liquides.

Dans trois positions différentes, la soupape relie :

1° La conduite d'eau avec le diffuseur ;

2° Le calorisateur avec le diffuseur ;

3° Le calorisateur avec le tuyau qui conduit le jus à la carbonatation.

Diffuseur Pokorny. — M. Pokorny a eu pour but d'éviter le stationnement du jus dans les calorisateurs, car pendant ce stationnement le jus est pour ainsi dire inactif au point de vue de l'épuisement des cossettes et ne s'enrichit pas.

Le diffuseur Pokorny est divisé par une double cloison verticale, en deux chambres dont l'une ne reçoit pas de cossettes. La porte d'emplissage fait joint, au moyen de caoutchouc, avec le bord du diffuseur et avec la double cloison ; les deux parties du diffuseur sont réliées entre elles par une communication établie sous la tôle perforée de la porte de vidange. L'entrée et la sortie du jus se font par le couvercle supérieur au centre des deux compartiments; le jus après avoir passé sur la cossette d'une chambre remonte dans l'autre chambre et sort par le haut.

Le chauffage s'effectue par introduction de vapeur détendue dans la cloison centrale, et dans le cas où il est insuffisant, on le complète au moyen d'injecteurs établis sur le parcours du jus.

Cette disposition a l'avantage de supprimer l'inaction du jus contenu dans les calorisateurs, et de lui donner une circulation double de celle obtenue avec les diffuseurs ordinaires.

Surface de chauffe des calorisateurs. — Dans les batteries de la maison Cail la surface de chauffe est de 3 m. 50 par calorisateur pour une batterie de 14 diffuseurs de 20 hectolitres.

Dans les batteries de la Cie de Fives-Lille la surface de chauffe totale pour une batterie de 12 diffuseurs de 22 hectolitres est de 4 m.² par calorisateur.

Dans les batteries Maerky elle est 3 m. 80 par calorisateur pour une batterie de 19 hect.

Isolants. — La perte de chaleur par rayonnement est considérable.

Dans certaines installations, on a cherché à éviter cette perte qui se fait par la surface externe des calorisateurs en les revêtant de bois ou de matières isolantes diverses. Quant aux tuyauteries de vapeur directe et de vapeur de retour, elles doivent toujours être garnies d'isolants comme du reste les autres tuyauteries de l'usine ; nous reviendrons plus loin sur ce sujet.

Chauffage par injecteurs. — Depuis quelques années, on cherche à supprimer les calorisateurs et à chauffer les jus par injecteurs.

La Cie de Fives-Lille a appliqué ce procédé à diverses batteries, entre autres à une batterie de 16 diffuseurs de 75 hectolitres qu'elle a montée en Égypte.

La maison Julius Blanke et Cie a construit un injecteur qui s'adapte à un renflement de la conduite de circulation ; la vapeur pénètre dans une série d'anneaux superposés et évidées, le jus aspiré circule entre les anneaux et se mélange ainsi à la vapeur.

L'injecteur Kœrting est composé d'un tuyau en fonte terminé par une douille de cuivre et amenant la vapeur au centre de la conduite de circulation.

Un inconvénient difficile à éviter dans le chauffage par injecteurs est le bruit et les trépidations produites par l'arrivée de la vapeur dans le jus. D'un autre côté, on pourrait être tenté de reprocher à ce mode de chauffage de diluer le jus ; mais il n'en est rien, car le chauffage s'opère dans les diffuseurs qui contiennent la cossette déjà épuisée et par conséquent sur le jus encore faible ; la dilution résultant de ce mode de chauffage n'a donc aucun inconvénient, puisque l'on peut y remédier en réglant en conséquence l'arrivée d'eau par les soupapes.

Diaphragmes. — Il est très important si l'on veut avoir un épuisement régulier d'avoir une marche régulière. Pour arriver à ce résultat, on adapte parfois à chaque soupape de circulation des diaphragmes de section calculée pour la rapidité de marche que l'on veut avoir ; de cette manière la circulation se fait toujours avec la vitesse désirée, quel que soit le degré d'ouverture des soupapes.

Surfaces filtrantes. — Les surfaces filtrantes sont établies par des moyens différents, suivant la manière de voir de chaque constructeur ; on se sert le plus souvent de tôles perforées. Cette question est intéressante à étudier, car d'une bonne surface filtrante permettant bien le passage du jus sur toutes les cossettes, dépend en partie un bon épuisement.

On a utilisé des tamis en tôle présentant la forme de faîtières, afin de multiplier la surface filtrante et d'éviter l'engorgement des trous des plaques. Cizek a remplacé les angles des faîtières par des parties paraboloïdes et les trous ronds par des trous carrés ; d'autres ont fixé sur la tôle plate du tamis des tiges en fer rond, parallèles entre elles, destinées à éviter l'obstruction des trous ; on s'est enfin servi de tamis en fils de fer entrelacés.

Indicateurs de température. — On place sur chaque calorisateur et sur le passage du jus des indicateurs de température. Dans le principe ces instruments étaient toujours de simples thermomètres entourés d'une gaine métallique ; mais la lecture en était difficile et ne renseignait pas assez rapidement le chef de la batterie sur son chauffage ; aussi les a-t-on remplacés par des instruments à cadran appelés *thalpotassimètres*. Le thalpotassimètre est composé d'un réservoir surmonté d'une tige à petite section qui le relie à un soufflet en laiton.

Le réservoir, contenant de l'éther, émet des vapeurs d'éther qui pénètrent dans le soufflet et le gonflent, le soufflet agit à son tour par un mécanisme sur une aiguille qui se meut sur un cadran gradué.

Ces instruments se dérèglent facilement et demandent à être vérifiés souvent. On a cherché à remédier à la défectuosité de ces appareils à éther en remplaçant ce corps par du mercure. Nous reviendrons sur ce sujet dans un chapitre spécial sur les appareils de contrôle.

Batteries en ligne

Les diffuseurs peuvent être disposés sur une seule ligne ou sur deux lignes ; la batterie sur une seule ligne, oblige les ouvriers chargés de conduire la batterie à se déplacer sur un grand espace ; d'un autre côté, le chef de batterie ne peut que difficilement se rendre compte du chauffage.

Fig. 52. — Vue du dispositif employé pour le chargement des batteries en ligne.

On est quelquefois amené à disposer les diffuseurs sur une seule ligne par suite de la disposition de certains bâtiments existants qu'on veut utiliser ou de la forme du terrain dont on dispose.

Les batteries sur deux lignes, quoique présentant encore en partie les mêmes inconvénients que les batteries sur une ligne, sont préférables. Elles portent leur robinetterie à l'extérieur, celle-ci est généralement manœuvrée par le chef de batterie, tandis que son aide se trouve entre les deux lignes chargé de répartir les cossettes dans les diffuseurs.

Les diffuseurs sont alimentés par une courroie sans fin, généralement en caoutchouc, et passant sur deux tambours dont l'un est mu par une poulie fixe accompagnée d'une poulie folle destinée au débrayage ; des galets placés de distance en distance soutiennent la courroie. La nochère du coupe-racines aboutit à l'extrémité de la courroie qui se charge de cossettes ; elle se meut entre deux cloisons en planches munies de portes verticales en face de chaque diffuseur, ces portes livrent passage à la cossette qui se rend dans la nochère du diffuseur en chargement et lui ferme le passage pour aller plus loin sur la courroie sans fin. La nochère qui aboutit aux diffuseurs est mobile, elle se meut sur des rails, de façon à se présenter en face de l'un ou de l'autre diffuseur. Dans les batteries sur une seule ligne il y a une nochère mobile et deux sur les batteries sur deux lignes (Voir fig. 52).

Batteries circulaires fixes

Les fabricants qui disposent de l'emplacement nécessaire ont intérêt à monter une batterie circulaire fixe ; le seul inconvénient, négligeable d'ailleurs, que cette disposition puisse présenter, est la nécessité d'édifier des bâtiments un peu élevés ; la nochère rotative généralement adaptée au coupe-racines obligeant à placer ce dernier à une assez grande hauteur au-dessus de la batterie.

Ce petit inconvénient est compensé par d'énormes avantages : toutes les soupapes à manœuvrer sont placées dans un petit espace sous la main du chef de batterie, qui peut ainsi surveiller son chauffage sans se déranger.

En outre, le chargement des diffuseurs se fait avec facilité et

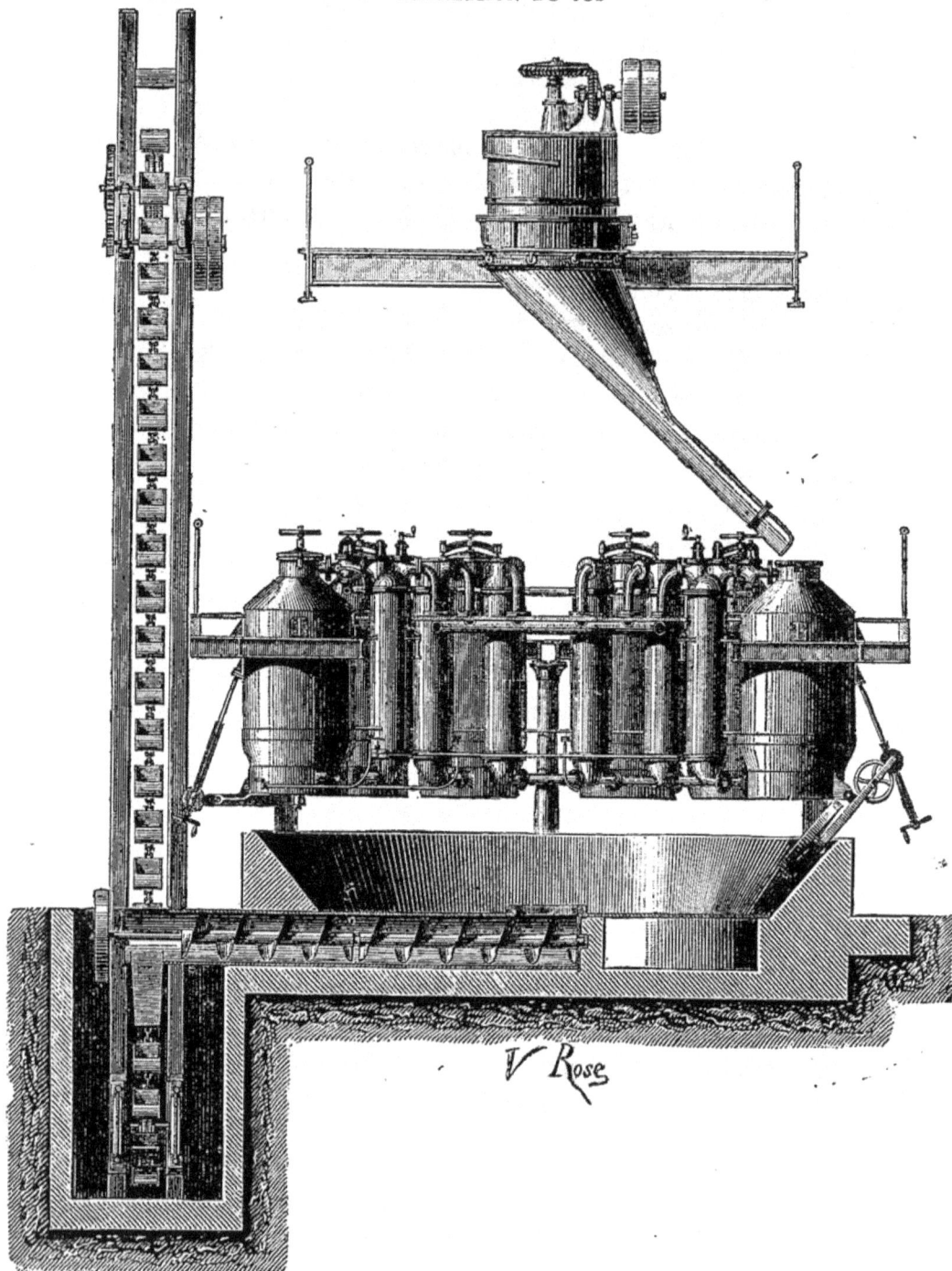

Fig. 53. — Batterie de diffusion avec porte de vidange à bayonnette, construction Cail.

peu de main-d'œuvre : il suffit de tourner la nochère adaptée au coupe-racines et de l'amener successivement au-dessus des diffuseurs à remplir.

La soupape de refoulement du jus au bac mesureur est généralement placée au centre de la batterie ; à cet endroit doit se trouver également sous la main du chef de batterie la commande de la soupape de vidange du bac mesureur, ainsi qu'une sonnette destinée à avertir le chauleur chaque fois que l'on expédie le jus d'un diffuseur aux bacs d'attente où se fait le chaulage du jus (c'est le cas des râperies extérieures).

Avec ces dispositions deux hommes suffisent sur le plancher de la batterie : 1° le chef de batterie manœuvre les soupapes de jus, d'eau, de circulation, d'air comprimé (si celle-ci existe), de vapeur, le robinet du joint hydraulique, la soupape envoyant le jus au bac mesureur, la soupape de vidange de ce bac ; 2° l'aide de batterie manœuvre la nochère tournante, le robinet placé sur la porte supérieure, cette porte elle-même, il égalise avec un bâton la cossette fraîche qui entre dans les diffuseurs.

A première vue la besogne du chef semble excessive ; il n'en est rien, car tout étant disposé d'une manière convenable les manœuvres sont très faciles, cet ouvrier trouve même le temps de tenir la comptabilité de la batterie sur une feuille spéciale placée sur une tablette au centre de la batterie.

Batteries rotatives

On rencontre encore dans certaines usines des batteries de diffusion mobiles avec nochère fixe, ce qui nous paraît un non-sens. Faire tourner toute la batterie quand on peut atteindre le même but en ne faisant tourner qu'une nochère paraît au moins bizarre. Cependant les fabricants qui ont monté des batteries rotatives avaient en général une raison : ils devaient monter la diffusion dans d'anciens bâtiments qui avaient abrité les râpes et les presses ; l'installation d'une batterie circulaire fixe, étant donnée la distance en hauteur qui doit exister entre le coupe-racines et les diffuseurs, aurait nécessité la construction d'un nouveau comble ; mais on a eu tort de reculer devant cette petite dépense et de ne pas monter une batterie circulaire fixe.

Dans les batteries rotatives les diffuseurs tournent sur des galets autour d'une colonne centrale à laquelle aboutissent les conduites d'eau, de jus et de vapeur. Le mouvement est donné par une cour-

Fig. 54 — Batterie de 12 diffusions avec porte de vidange à bayonnette, système Dujardin. Construction Wauquier à Lille.

roie qui passe sur deux cônes à étages à axes parallèles, mais dont les sommets sont à l'opposé ; cette disposition a pour but de faire varier la vitesse de rotation qui est en moyenne de 20 à 25 tours par 24 heures. La batterie tourne d'une manière continue, mais assez lentement pour permettre d'opérer l'emplissage des diffuseurs au moyen d'une trémie articulée.

Vidange de la cossette épuisée. — Avec les batteries disposées sur une ou deux lignes la cossette épuisée tombe dans une ou deux fosses à fond très incliné, aboutissant à l'extrémité de la batterie au pied d'un élévateur destiné à monter les cossettes aux presses.

Quelquefois la cossette est entraînée à l'élévateur par une hélice.

Avec les batteries circulaires fixes il n'existe qu'une seule fosse qui a la forme d'un tronc de cône renversé; le fond est constitué par une tôle perforée qui laisse égoutter la cossette épuisée avant son enlèvement par l'élévateur. On est généralement obligé de mettre un homme dans la fosse à cossettes pour pousser celles-ci dans l'élévateur au moyen d'une fourche.

L'élévateur à cossettes épuisées est incliné et à godets perforés réunis par une chaîne à maillons passant sur deux tambours que l'on peut éloigner l'un de l'autre au moyen de tendeurs ; lorsque par suite de l'usure des maillons de la chaîne, il se produit un relâchement nuisible au bon fonctionnement de l'appareil quand les tendeurs sont à fond de course et que la chaîne vient encore à s'allonger, on la raccourcit de la manière suivante : on élève le plus possible le tendeur inférieur; on accroche un palan en deux points de la chaîne écartés de 3 ou 4 godets, en tirant au palan, on rapproche ces deux points le plus possible. On démonte deux godets, et on remplace la chaîne qui les réunit par une autre chaîne ayant en moins un nombre pair de maillons. On remonte ces godets, on laisse le palan, et on tend la chaîne au moyen du tendeur.

Pour éviter les arrêts prolongés, il faut donc avoir d'avance des bouts de chaîne de rechange composés d'un nombre impair de maillons. Pour ne pas avoir deux godets à démonter à chaque allongement de la chaîne, il est bon d'intercaler un maillon démontable dans l'intervalle de deux godets.

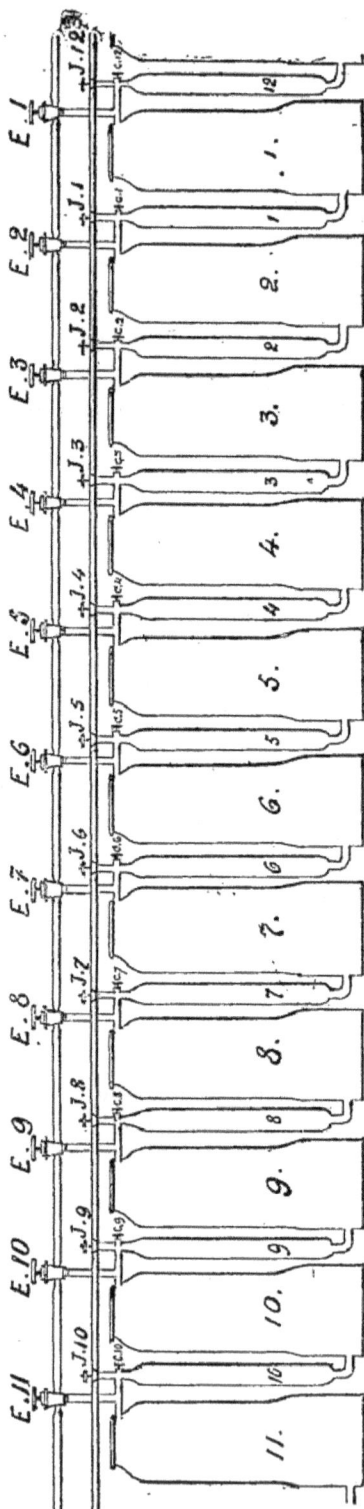

Fig. 55 — Schéma de la diffusion.

Mise en route de la Batterie

Pour mettre la batterie en route, on commence par remplir d'eau un certain nombre de diffuseurs; cette eau circule à la manière du jus dans sa marche normale et se chauffe progressivement à son passage dans les calorisateurs, de telle sorte que, au moment où l'on chargera de cossettes le premier diffuseur, les trois précédents au moins soient remplis d'eau à 75°.

Voici la marche à suivre pour arriver à ce résultat : Environ 1 h. 1/2 avant l'heure fixée pour le commencement du râpage, on commence à chauffer la batterie. Soit une batterie de 12 diffuseurs : supposons que le premier diffuseur à remplir de cossettes soit le n° 1, on remplira d'eau le n° 6. A cet effet, la porte du haut étant maintenue ouverte, on ouvre la soupape à eau; quand le diffuseur est rempli aux 3/4, on referme la porte du haut et achève de remplir le diffuseur; pendant ce temps l'air sort par le robinet à air que l'on a, à cet effet, laissé ouvert. Lorsque l'eau sort par le robinet à air, le diffuseur est plein; on ferme alors ce robinet et l'on procède à l'emplissage du n° 7.

A cet effet, on laisse ouverte la soupape à eau du n° 6, on ouvre les soupapes J. 6 et J. 7 ; l'eau remonte dans le calorisateur n° 7 après avoir traversé le diffuseur 6 de haut en bas, de là elle se dirige dans la conduite de jus par la soupape J. 6, passe dans la soupape J. 7 pour gagner le calorisateur nº 7 qu'elle traverse également de haut en bas, et elle entre ensuite par le bas dans le diffuseur nº 7.

L'opération que nous venons de décrire, et qui consiste à remplir un diffuseur en faisant arriver le liquide par le bas après lui avoir fait traverser le calorisateur du diffuseur suivant, constitue le *meichage*. Comme nous le verrons plus loin, ce mode d'emplissage s'emploie dans la marche normale chaque fois que l'on fait arriver du jus dans un diffuseur nouvellement chargé de cossettes; le but de cette opération est de faciliter l'échappement de l'air qui resterait forcément emprisonné dans la masse des cossettes, si on faisait arriver le liquide de haut en bas.

Nous venons donc de voir comment on remplit d'eau le diffuseur nº 7 ; comme pour le diffuseur nº 6, on sera averti du moment où le diffuseur est plein par la sortie d'eau qui s'effectue par le robinet à air.

Pendant l'emplissage du nº 7, on commence le chauffage avec la vapeur directe, seule employée pour la mise en route. On opère de la manière suivante : Après avoir ouvert les purgeurs de la conduite de vapeur et de celle des retours des calorisateurs, on ouvre très doucement la prise de vapeur directe et les soupapes de vapeur des calorisateurs nº 6 et 7; on ne referme les purgeurs que lorsque la tuyauterie est bien échauffée et la purge complète. Le diffuseur nº 7 étant rempli d'eau, on commence à remplir le nº 8 en pratiquant sur lui le meichage tel que nous l'avons indiqué pour le nº 7. Mais avant de commencer ce meichage on renversera le sens du courant dans le nº 7. Nous avons vu que le meichage produisait dans le diffuseur en emplissage un courant de bas en haut; quand le diffuseur est plein et que l'on veut établir le courant de haut en bas qui est le courant normal de tout diffuseur en circulation, on procède de la manière suivante : On ferme la soupape J. 6 et on ouvre en même temps la soupape C. 6 ; l'eau qui remonte du calorisateur 6, au lieu de se rendre par J. 6 dans la conduite du jus, entrera par C. 6 dans le diffuseur 7 par le haut, et comme il établit la pression dans ce diffuseur, il fait circuler l'eau de haut en bas pour la faire remonter dans le calorisateur nº 7 et de là par J. 7 dans la conduite de jus;

elle viendra ensuite meicher le n° 8 après avoir traversé le calorisateur n° 8. Lorsque le n° 8 est rempli on procède de la même
façon pour l'emplissage des n°s 9, 10, 11 et 12 en ayant soin de
rétablir le courant dans sa marche normale dès que le meichage
est terminé et d'ouvrir légèrement la soupape de vapeur du calorisateur suivant dès qu'on commence le meichage d'un diffuseur,
tout en maintenant ouvertes toutes celles qui le sont.

Si l'ouverture de la soupape E. 6 de prise d'eau est suffisamment
faible, la température s'élèvera assez rapidement à partir du n° 7 ;
on devra même arriver aux températures suivantes lorsque les 6
diffuseurs seront remplis d'eau :

N° 7 : 30° C

N° 8 : 50° C

N° 9 : 65° C

N°s 10, 11, et 12 : 85° C

On peut à ce moment embrayer le coupe-racines et faire tomber
les cossettes dans le n° 1. Lorsqu'il est rempli et que la porte du
haut est refermée, on le meiche en suivant le procédé indiqué plus
haut et en ayant soin d'ouvrir très peu la soupape J 1 afin d'obtenir
une circulation très lente.

Pendant ce temps on remplit de cossettes le diffuseur n° 2. Le
remplissage de liquide des n°s 1, 2, 3, 4 et 5 se fait absolument
de la même façon que le remplissage d'eau des n°s 7, 8, 9, 10, 11
et 12, avec cette différence que ces diffuseurs renferment de la
cossette qu'il faut chauffer ; la vitesse de la circulation doit donc
encore être ralentie. On réglera en conséquence les soupapes de
vapeur des calorisateurs 9, 10 et 11 et l'on fera en sorte que la
température ne dépasse pas 75° ; dans les calorisateurs 12, 2, 3 et
4 elle ira en décroissant du n° 12 où elle sera par exemple à 75°,
au n° 4 où elle sera de 35°. Lorsqu'on a meiché le n° 3 on ferme
E. 6 et l'on met la pression d'eau sur le diffuseur 7 en ouvrant
E. 7 ; on ferme de même la soupape de vapeur du calorisateur
n° 6, puis on vidange le diffuseur ; on continue ainsi à avancer
la pression d'eau à mesure que l'on emplit un diffuseur.

On fait le premier soutirage sur le n° 5. A cet effet, le meichage
étant terminé, on renverse le courant sur le n° 5 comme il a été
indiqué, et au lieu d'ouvrir J 6 qui produirait le meichage du n° 6,

on ouvre la soupape du bac jaugeur; le jus sortant du calorisateur 5 se rend dans la conduite de jus et de là dans le bac. On soutire très peu pour la première fois, par exemple la moitié de la quantité qu'on soutire en marche normale.

Lorsque le soutirage est terminé, on ferme la soupape du bac jaugeur et on ouvre J 6, le jus peut alors meicher le n° 6.

On suit ainsi la même marche de meichage et de soutirage pour les diffuseurs suivants, en ayant soin d'augmenter le soutirage progressivement de manière à arriver au soutirage normal vers le n° 10.

Pendant ce temps, si la circulation a été suffisamment lente, la température maximum que nous avons supposé être 75° a dû se rapprocher d'une manière continue de la tête de la batterie. On aura eu soin de régler les soupapes de vapeur de façon à maintenir les diffuseurs à 75° quand ils y sont arrivés. Dans ces conditions, dès le n° 6 on devra être arrivé à 75° pour le jus du meichage de 7 et, par suite, être en marche normale pour le chauffage.

Le n° 10 étant rempli de cossettes et prêt à être soutiré, nous nous trouvons complètement en marche normale; le n° 11 est en emplissage et le n° 12 en vidange.

Marche normale. — En marche normale on arrive le plus tôt possible à la température maximum déterminée (généralement de 72 à 80°), et on la maintient le plus longtemps possible.

Soit le chauffage maximum à 75°. Le n° 1 est en meichage, on ne le chauffe pas; les calorisateurs n°s 11 et 10 sont chauffés; quand 11 est arrivé à 77°, ce qui doit avoir lieu vers la fin du meichage de 1, on ferme la soupape de vapeur du n° 11 qui était restée légèrement ouverte (un filet), afin de le maintenir à 75° jusqu'au moment où le n° 11 atteint cette température. Nous avons donc deux soupapes ouvertes en tête de la batterie et deux en queue; celle qui suit la pression d'eau est ouverte en plein, et la précédente suivant les besoins.

Nous avons dit qu'on ne chauffait pas au meichage, c'est surtout vrai pour les usines sans râperies, car si l'on envoyait dans les conduites du jus chaud on risquerait d'avoir des fuites; dans ce cas, le jus doit arriver au bac mesureur à une température maximum de 28°.

Le chauffage n'est pas toujours effectué comme nous venons de le dire ; pour avoir un épuisement convenable, on est obligé dans certains cas, de chauffer à 80° jusque sur six ou sept diffuseurs, le plus généralement sur trois ou quatre.

La limite supérieure de chauffage varie avec les années, la nature des betteraves, leur maturité, etc.

Liquidation de la batterie. — Quand on termine la fabrication, ou quand pour une cause quelconque on est obligé d'arrêter la fabrication pendant assez longtemps, il faut vider la batterie, c'est-à-dire faire une liquidation ; on opère alors de la manière suivante :

Lorsque le dernier diffuseur est rempli de cossettes, on ferme toutes les soupapes de vapeur, puis lorsqu'on a meiché ce diffuseur, on commence sur lui une série de soutirages très lents. On n'avance la pression d'eau qu'après deux soutirages, et lorsque la pression d'eau est restée sur un diffuseur pendant la durée de deux soutirages, on la met sur le diffuseur suivant et on vide le diffuseur que l'on vient d'isoler, on le remplit à moitié d'eau par la soupape d'eau et l'on y verse un seau de lait de chaux.

A mesure que le nombre des diffuseurs qui restent en fonctionnement diminue, la température du jus soutiré, qui dès le début de la liquidation atteint 60°-65°, se maintient à ce degré. Mais c'est là un inconvénient pour le cas d'une râperie ; aussi est-il recommandable en pareil cas de ne pas commencer la liquidation aussitôt que le dernier diffuseur a été meiché, mais d'attendre quelque temps afin de laisser un peu refroidir la batterie.

La densité du jus soutiré doit être tombée à 0,5 lorsqu'il reste encore au moins quatre diffuseurs en circulation ; dès qu'on est arrivé à ce point on peut arrêter le soutirage et vider successivement les quatre diffuseurs restants. A ce moment donc tous les diffuseurs sont à moitié remplis d'eau et chaulés ; on ferme les portes du haut et on achève de les remplir pour les meicher tous successivement en laissant la pression d'eau sur le même diffuseur. On fait ainsi circuler l'eau chaulée dans toute la tuyauterie, ainsi que dans les calorisateurs. Toute la batterie étant remplie, on la vide au fur et à mesure que la pompe enlève l'eau de la fosse à cossettes.

Marche à l'air comprimé. — Lorsque dans une râperie ou dans une usine on ne dispose pas d'une quantité d'eau suffisante pour l'importance du travail que l'on veut faire, on fait le soutirage par pression d'air de la manière suivante :

On fait agir l'air comprimé sur les diffuseurs pendant un temps variable suivant la quantité d'eau dont on dispose.

Supposons que l'on veuille soutirer le diffuseur n° 3 : on fermera la soupape d'eau E 4 et on ouvrira la soupape d'air correspondante ; on fera ainsi le soutirage complet moins 2, 3, 4, 5 ou 6 hectolitres ; puis on ferme la soupape d'air, on isole le diffuseur 4 en fermant C 4, et on met la pression d'eau sur le diffuseur 5 en ouvrant E 5, pour achever le soutirage.

Un autre procédé consiste à meicher avec la pression d'air. Supposons la batterie en régime et procédons au meichage du diffuseur 3, par exemple.

On ouvre les soupapes J 2 et J 3, C 2 étant fermé. On ouvre le robinet d'air du diffuseur qui est sous charge d'eau, après avoir eu soin de fermer le robinet d'eau. Le meichage une fois effectué, on renverse le courant, c'est-à-dire qu'on établit la circulation dans le diffuseur qui vient d'être meiché.

Entre le compresseur qui produit l'air comprimé et la conduite qui alimente la batterie, se trouve un ballon destiné à éviter de trop grandes différences de pression.

Marche à l'eau sale. — Pour remédier au manque d'eau, on peut employer aussi, au lieu d'air comprimé, l'eau provenant des cossettes épuisées, et que l'on conduit aux diffuseurs par une tuyauterie spéciale. La pompe qui puise l'eau dans le bas de l'élévateur à cossettes épuisées refoule cette eau chargée de débris de cossettes dans des bacs décanteurs où le dépôt s'effectue. Après décantation l'eau est envoyée dans d'autres bacs où on la chaule. Une pompe spéciale la refoule, chaulée, dans un bac en charge, d'où elle est reprise pour le service de la batterie. On a généralement assez d'eau propre pour meicher, on ne se sert alors de l'eau sale que pour le soutirage, ou même pour la fin du soutirage, suivant la quantité d'eau propre dont on dispose ; on évite ainsi de faire passer cette eau sale dans les jus, elle ne sert que pour chasser l'eau propre introduite dans le dernier diffuseur. Comme on le voit, elle joue le rôle de l'air dans les batteries à air comprimé.

Procédés spéciaux.

Les procédés que nous venons de décrire sont ceux générale-ment en usage. Il existe encore quelques procédés spéciaux encore peu employés.

Procédé Rousseau-Decker. — M. Decker a rendu compte de ce procédé dans une communication faite à l'association des chimistes, le 7 février 1891 ; nous en extrayons les lignes suivantes :

Le procédé a été appliqué appliqué chez M. Rousseau à la sucrerie de Froyères. Dans cette usine la batterie de diffusion se composait de 12 diffuseurs de 28 hectolitres et devait travailler 300,000 kg. par jour en 1890-91. On a atteint ce résultat par l'application du procédé en question.

Il est basé sur les faits suivants : 1° Dans la marche ordinaire de la diffusion, deux diffuseurs sont toujours inactifs, l'un en vidange, l'autre en emplissage, ce qui équivaut à une perte de temps d'environ 4 heures sur 24 ; 2° Étant donnée l'importance du travail à produire, il fallait soutirer 18 hectolitres toutes les 5, 8 minutes. Or, la communication des diffuseurs étant de 110 $^{m/m}$, la vitesse de circulation dans les tuyaux doit être de :

$$x \times \frac{\pi \times 110^2}{4 \times 5} = 1^{m3}, 8 \text{ ou } x = 120 \text{ centimètres par seconde,}$$

en admettant que le meichage prenne autant de temps que le soutirage, et que la manœuvre de la robinetterie exige 8/10 de minute, vitesse que M. Decker considère comme nuisible à un bon épuisement en marche normale et qu'il n'est, du reste, pas arrivé à atteindre. Cela se conçoit facilement lorsque l'on songe, comme il le dit lui-même, à la résistance qu'oppose à la pression du liquide une colonne de 30 mètres de lamelles et aux pertes qu'elle subit par le frottement des tuyaux de si faible section. MM. Rousseau et Decker ont été ainsi amenés à couper la batterie en deux ; ils prétendent qu'un temps d'arrêt dans la circulation entre chaque meichage et chaque soutirage facilite la diffusion en mettant tout le liquide en contact intime avec les lamelles découpées, de façon à offrir la plus grande surface au liquide ; d'un autre côté, ces arrêts assurent une répartition plus uniforme de la température dans le diffuseur.

Pendant qu'un diffuseur est en emplissage, les autres diffuseurs du même groupe sont au repos ; ils le sont aussi pendant qu'on meiche et qu'on envoie le jus au bac dans l'autre groupe ; toute la batterie d'ailleurs reste en repos pendant un certain temps qui représente la différence entre le temps nécessaire à l'emplissage d'un diffuseur et celui nécessaire au meichage et au soutirage. Ces moyens permettraient d'obtenir des jus aussi denses et plus purs que par le procédé ordinaire ; car il ne faut pas oublier que c'est surtout dans le diffuseur meiché en dernier lieu que le jus s'enrichit.

Le procédé permettrait, de plus, d'employer des couteaux à fine division. On est arrivé ainsi à Froyères à épuiser un des deux groupes de la batterie en 80 minutes avec 0,25 de pertes totales et un travail de 340,000 kg par 24 heures. Nous ne pensons pas qu'en France ce procédé soit employé ailleurs qu'à Froyères ; un fabricant de sucre, dont la batterie est un peu faible comparativement au reste du matériel de l'usine, a bien cette année essayé pendant quelques jours le procédé Tourkiewitch duquel se rapproche le procédé Rousseau-Decker, mais il ne parait pas avoir obtenu des résultats bien satisfaisants, puisqu'il s'est décidé à monter une nouvelle batterie.

Dans le procédé Tourkiéwitch l'eau qui alimente la batterie est à 50°C.

Nous ne voulons pas discuter ces procédés, puisque nous ne les avons pas expérimentés ; mais ils nous paraissent aller à l'encontre du principe de la diffusion, qui veut qu'elle soit d'autant plus active que la différence entre la densité du liquide qui baigne les cellules et celle du liquide qu'elles renferment est plus grande ; ce qui amène à penser qu'il faut changer souvent de vases.

Procédé Weyr. — Ce procédé a été décrit par plusieurs journaux sucriers (1) ; voici en quoi il consiste : On fait parvenir à la râperie du jus chaud, carbonaté et filtré de première carbonatation ; puis on procède à l'emplissage du diffuseur avec les cossettes venant du coupe-racines et mélangées avec le jus de carbonata-

---

(1) *Zeitschrift für Zuckerindustrie in Bohmen* et *Sucrerie indigène.*

tion ; l'emplissage une fois terminé on soutire comme à l'ordinaire. Dans ce procédé l'emplissage et la trempe du diffuseur s'opèrent simultanément, et comme la cossette se tasse mieux, on arrive à avoir une charge élevée par capacité utile de diffuseur. Le jus de carbonatation se trouvant à une température de 75°-80°, les matières albuminoïdes sont coagulées et la diffusion est plus rapide qu'avec du jus moins chaud.

La quantité de jus par 100 kg. de cossettes est beaucoup plus faible qu'à l'ordinaire, mais ce jus est plus pur et sa richesse augmente graduellement. Aussi est-on obligé, après 3, 4 ou 5 tours de batteries, de reprendre le travail habituel pendant une ou deux tournées.

A la fabrique de Prœdmeric on a dû, en meichant avec ce procédé, employer 1,5 0/0 de chaux à la première carbonatation et 0,25 0/0 à la deuxième. Le travail aux filtres-presses était aisé et l'épuisement des écumes très satisfaisant. Les pulpes étaient grises et se conservaient bien ; le jus étant plus pur, ces cossettes contenaient plus de matières nutritives.

Un soutirage de 90 0/0 a donné de bons résultats.

L'installation est très simple : il suffit d'adjoindre à chaque diffuseur une soupape et un tuyau amenant le jus carbonaté du bac en charge spécialement monté pour ce procédé.

Diffuseurs continus. — Certains inventeurs ont cherché à produire la diffusion dans un seul récipient, tout en se basant toujours sur le principe qui veut que le jus le plus riche soit en contact avec la cossette la plus pauvre.

Diffuseur Perret. — Ce diffuseur se compose d'un cylindre horizontal en tôle perforée fixé à un arbre qui le fait tourner à raison de 50 tours par minute ; l'arbre porte à l'intérieur du cylindre une hélice en tôle. Le cylindre perforé est placé dans un récipient qui est divisé en 16 chambres par des caoutchoucs fixés au cylindre. Les cossettes venant du coupe-racines entrent par une extrémité dans le cylindre et sont entraînées par l'hélice ; à l'extrémité opposée on fait entrer de l'eau à 50° jusqu'à un certain niveau dans le récipient ; l'eau traverse la tôle perforée et vient en contact avec la cossette. Comme on le voit, l'eau suit un courant inverse de celui des cossettes et le jus le plus riche s'écoule de l'appareil après avoir été en contact avec la cossette la plus riche qui vient d'entrer dans l'appareil.

Le récipient est entouré d'une double enveloppe dans laquelle se trouvent des serpentins destinés à chauffer le jus,

Un appareil de ce genre a été essayé, il y a déjà longtemps, à la sucrerie d'Abbeville ; mais il faut croire qu'il n'a pas donné des résultats bien satisfaisants, puisqu'il n'a pas été conservé.

A l'exposition universelle de 1889, M. Guillaume a exposé un diffuseur continu composé de deux troncs de cône renversés, emboîtés l'un dans l'autre ; le tronc du cône intérieur porte à sa partie inférieure une hélice.

Les cossettes sont introduites dans ce tronc de cône intérieur, entraînées par un courant de jus et remontent dans la partie située entre les deux troncs de cône. L'eau est introduite à la partie supérieure de l'espace en question et suit une marche inverse à celle de la cossette ; par conséquent le jus le plus dense est encore en contact avec la cossette la plus riche. La cossette est entraînée par des bras et évacuée par le haut de l'appareil.

Observations pratiques

Alimentation de la conduite d'eau des diffuseurs. — L'eau qui alimente les diffuseurs vient généralement d'un bac placé quelquefois sur les montants de l'élévateur vertical de betteraves lavées. La hauteur de ce bac au-dessus du plancher de la batterie varie entre 7 mètres et 10 mètres. Dans certaines installations l'eau est directement refoulée dans un bac par une pompe dont le tuyau de refoulement porte une soupape de sûreté ; le bac a un trop plein qui permet à l'eau en excès d'aller aux laveurs à betteraves. Sur le tuyau est branchée la conduite d'eau de la batterie, qui est munie d'un réservoir d'air. Pendant le fonctionnement, quand une soupape d'eau est ouverte, la pompe refoule dans la conduite d'eau ; lorsque par contre aucune soupape d'eau n'est ouverte, la soupape de sûreté se lève et l'eau arrive dans le bac précité.

Nombre et capacité des diffuseurs. — Le nombre des diffuseurs d'une batterie doit être de 12 au moins, et même de 14.

Le seul inconvénient que présente un trop grand nombre de vases, est d'augmenter la résistance que les cossettes opposent à la circulation ; cependant, en donnant aux diffuseurs une capacité de 15 à 25 hectolitres on peut sans inconvénient établir 14 diffuseurs au moins, on obtiendra de cette façon des jus plus purs et un épuisement parfait puisqu'on ne sera pas obligé de pousser aussi loin le chauffage.

Quant à la capacité des diffuseurs, il est peut-être dangereux de dépasser 30 hectolitres. Pour le travail de la canne on peut employer impunément des diffuseurs de 50, 60 et même 70 hectolitres ; mais il n'en est pas de même pour la betterave qui, taillée en cossettes fines et évidées, se tasse beaucoup plus que des cannes coupées en rondelles. A part cet inconvénient, il est évident que la main-d'œuvre serait plus faible avec une batterie de grands diffuseurs qu'avec deux batteries de petits. La sucrerie de Pont d'Ardres monte en ce moment une batterie de 14 diffuseurs de 84 hect.; les événements lui donneront tort ou raison.

Charge par hectolitre de capacité utile de diffuseur. — La capacité utile d'un diffuseur est le volume du diffuseur moins la capacité du faux fond formé par la porte de vidange et la tôle perforée.

Les cossettes doivent être tassées convenablement dans les diffuseurs, mais ce tassement doit être uniforme ; si l'on ne veut pas faire entrer un homme dans les appareils, on peut arriver, avec un aide de batterie courageux et habile qui répartit la cossette avec un baton, à charger 56 à 57 kg. par hectolitre de capacité utile.

Ce chiffre suppose une cossette bien coupée avec des couteaux faitières, moyenne division, montés à 2 $^m/_m$ 1/2 — 3 $^m/_m$ de hauteur et d'écartement.

Voici des chiffres relatifs à l'emplissage moyen des diffuseurs dans quatre râperies pendant une campagne :

Râperie n° 1	55 kilog. 8 à l'hect.	(Diffuseurs de 15 hect.)
— 2	53 — 2 —	(— 22 —
— 3	56 — 8 —	(— 15 —
— 4	56 — 1 —	(— 12 —

Dans les diffuseurs où les cossettes sont tassées le meichage est un peu plus lent ; mais le contact du liquide avec les cossettes dure plus longtemps, et si le nombre de diffuseurs par jour en est diminué, la quantité de betteraves rapées est la même, et le jus obtenu est plus dense pour un même soutirage.

Un petit tour de main consiste à meicher le diffuseur en laissant ouverte la porte supérieure de l'appareil ; ce moyen assure la sortie uniforme de l'air et permet d'éviter la formation des conduits dans la cossette.

En meichant deux diffuseurs voisins, l'un avec porte du haut ouverte, l'autre avec porte fermée, nous avons obtenu des épuisements de 0,21 et 0,32.

Jus soutiré par 100 kg. de betteraves. — On a longtemps produit avec la diffusion des jus à basse densité de 3,5 à 4,0 ; ce mode de travail était absolument défectueux, car ces jus se carbonataient mal et passaient difficilement aux filtres-presses ; de plus ils nécessitaient une très grande dépense de charbon pour l'évaporation. Si l'on a travaillé si longtemps dans des conditions aussi déplorables, c'est parce qu'on avait la conviction qu'avec des jus denses, on ne pouvait pas obtenir de bons épuisements.

Les fabricants de sucre ont abandonné ces errements : ils ont reconnu que pour carbonater et filtrer convenablement des jus à haute densité, il suffisait d'augmenter la quantité de chaux.

On peut fort bien et sans inconvénient extraire des jus à 5,0 et 5,4 de densité, en soutirant 105 à 110 litres par 100 kg. de betteraves travaillées.

*Tableau indiquant les quantités de jus à différentes densités, fournis par la diffusion de 100 kilog.
de betteraves de richesses diverses (Dupont).*

Soit D la densité initiale du jus de la betterave et d la densité du jus extrait par la diffusion ; en appelant V le volume du jus à la densité d extrait de 100 kilog. de betteraves de densité D, et réprésentant la densité de l'eau par 100 nous avons :

$$V = \frac{95}{D} + \frac{D-1}{d-100} \times \frac{95}{D}$$

ou après réduction : $V = \frac{95}{D} \left(\frac{D-100}{d-100} \right)$

Densité initiale du jus de la betterave

	5°.0	5°.5	6°.0	6°.5	7°.0	7°.5	8°.0	8°.5	9°.0
3.6	125	137	148	161	173	184	193	206	218
3.8	118	134	143	152	163	174	185	195	206
4.0	113	124	134	144	155	165	176	186	196
4.2		117	127	138	147	157	167	177	187
4.4		112	122	132	141	150	160	170	178
4.6			116	126	135	145	153	162	170
4.8			111	121	130	138	147	156	163
5.0				116	124	132	141	149	157
5.2				111	120	127	135	143	151
5.4					115	122	130	138	145
5.6					111	118	126	132	140
5.8						114	121	127	135
6.0						110	117	124	131
6.2							114	120	127
6.4							110	117	123
6.6								114	119
6.8								110	115
7.0									112
7.2									109

(Colonne de gauche : DENSITÉ DU JUS EXTRAIT PAR LA DIFFUSION)

Les derniers nombres de chaque colonne réprésentent la quantité de jus de diffusion, ayant une densité égale aux 8/10 de la densité initiale du jus de betterave.

Travail d'une batterie. — Avec une batterie de 12 diffuseurs de 15 hectolitres, nous sommes arrivés à faire un travail maximum de 220.000 kg. en 24 heures ; la moyenne a été pour une campagne de 180.000 kg. On peut donc compter en moyenne la mise en œuvre de 1000 kg. de betteraves par 24 heures et par hectolitre de capacité utile de diffuseur.

Quelques observations sur le chauffage de la batterie. — La batterie doit être chauffée avec de la vapeur de retour, mélangée s'il y a lieu avec de la vapeur directe dans un ballon, de manière à avoir toujours dans ce dernier une pression de 0 kg 900 environ.

Dans la plupart des sucreries cependant, le chauffage se fait avec la vapeur directe.

Il est bien difficile de fixer une température maximum de chauffage, celle-ci varie avec les années, la nature des betteraves, leur maturité, la rapidité de la marche du travail, etc.

Il n'y a généralement pas d'inconvénient, pensons-nous, à chauffer le premier diffuseur à 80°.

Un moyen très simple pour reconnaître si la cossette a été trop chauffée consiste à l'examiner au toucher; si elle est trop cuite, elle manque de fermeté, elle est presque pâteuse. Les cossettes trop chauffées passent difficilement aux presses et conservent toujours une grande quantité d'eau. Une cossette trop chauffée ou chauffée irrégulièrement augmentera la quantité de matières organiques contenues dans les différents produits de la sucreriè.

Un chauffage mal suivi se reconnaîtra à la variation de sucre laissé dans les cossettes.

En résumé un chauffage exagéré présente les inconvénients suivants :

1° Production d'une pulpe de mauvaise qualité ;

2° Difficulté de circulation du jus dans les diffuseurs ;

3° Entrainement par les jus d'une grande quantité de matières organiques qui entravent les phases ultérieures du travail ;

4° Carbonatation et filtration difficiles.

Pour conclure, les facteurs à considérer dans le travail de la diffusion sont les suivants :

1° S'appliquer à maintenir l'épuisement entre 0,15 et 0,20.

2° Produire un jus d'une densité aussi élevée que possible afin d'économiser le charbon et les pertes à l'évaporation.

3° Ne pas pousser la température à un degré trop élevé.

Pour arriver à ces résultats, il faut avant tout éviter les arrèts dans la marche de la batterie.

Composition du jus de diffusion. — Nous avons déjà en partie traité ce sujet au commencement de ce chapitre ; ajoutons cependant qu'avec un bon travail, le coefficient de pureté du jus de diffusion doit être supérieur à celui du jus de betteraves.

Ici se pose une question intéressante : y a-t-il destruction de sucre pendant la diffusion ? une partie de la saccharose est-elle transformée en sucre interverti ?

Avec des betteraves saines, normales et un bon travail, nous répondrons : non.

Pendant la dernière campagne cependant la plupart des usines ont remarqué le contraire ; cette campagne, il est vrai, a .été exceptionnelle : le jus de betterave était plus acide qu'à l'ordinaire et, de plus, les betteraves contenaient déjà une quantité de sucre réducteur supérieure à la quantité normale.

Il peut y avoir aussi destruction de sucre et formation de glucose pendant les arrêts prolongés ; en tous cas, lorsque ces arrêts peuvent être prévus d'avance, on fera bien de modérer le chauffage de la batterie.

Nous donnons ci-dessous les résultats de quelques essais relatifs à la proportion de sucre réducteur contenu dans les betteraves et le jus de diffusion pendant une campagne normale :

Octobre : jus de diffusion, sucre réducteur...........	0,011 0/0 cc
jus de betteraves, polarisation directe.......	17,30
— inversion Clerget.........	17,21
Novembre : jus de betteraves sucre réducteur...........	0,25
jus de diffusion —	0,17
Décembre : — polarisation directe.........	8,90
— inversion Clerget..........	8,83
jus de betteraves polarisation directe.......	14,40
— inversion Clerget..........	14,20
Janvier : jus de diffusion à 3°6 de densité, sucre	
réducteur...............................	0,30
jus de betteraves, sucre réducteur..........	0,76
jus de diffusion, polarisation directe........	8,95
— inversion Clerget..........	8,83
jus de betteraves, polarisation directe......	15,20
— inversion Clerget..........	14,60

Ces résultats montrent que le sucre réducteur augmente à mesure qu'on approche de la fin de la fabrication.

Gaz dans les diffuseurs. — Les gaz que l'on peut rencontrer dans les diffuseurs sont : l'oxygène, l'hydrogène, l'azote et l'acide carbonique.

L'oxygène et l'acide carbonique peuvent provenir de fermentations acétique ou butyrique occasionnées par le travail de betteraves altérées.

D'après M. Dehérain, l'hydrogène serait dû à la fermentation butyrique provoquée par la terre qui salit les betteraves, et d'après M. Chevron, à l'attaque des parois des diffuseurs par les acides de la betterave.

M. Lippmann a constaté jusqu'à 13 et 15 litres d'air emprisonné dans les cellules de 100 kilog. de betteraves.

En général, les gaz autres que l'air ne sont guère à redouter ; pour éviter les inconvénients dus à la présence de l'air, nous engagerons à meicher les diffuseurs en laissant la porte supérieure ouverte, suivant ce qui a été dit plus haut.

Influence de la composition de l'eau sur la diffusion. — Les eaux dont le degré hydrotimétrique ne dépasse pas 30° sont généralement propres à la diffusion. Il faudrait que leur teneur en bicarbonate fût très élevée pour que la chaleur arrivât à précipiter sur les cossettes une quantité d'incrustation suffisante pour nuire à la diffusion.

Le sulfate de chaux n'est pas non plus généralement à redouter ; car comme le calcule M. Dupont, il faudrait que les eaux employées continssent plus de 1,60 de sulfate de chaux par litre pour que ce corps déterminât des incrustations sur·les tubes du triple effet ; pour avoir à redouter des incrustations sur les serpentins des appareils à cuire, il faudrait que l'eau employée contînt plus de 0 gr. 10 de sulfate de chaux.

M. Pellet propose (1) le procédé suivant pour se rendre compte de la valeur d'une eau au point de vue du travail des jus.

« Prendre 2 ou 3 litres d'eau à analyser, y ajouter 5 à 6cc de lait de chaux (fait avec de la chaux pure et de l'eau pure, ou de la chaux ordinaire et de l'eau ordinaire, mais après avoir eu soin de décanter l'eau surnageant pour enlever tous les sels solubles), carbonater à fond en échauffant à 75-90°, faire bouillir longtemps, filtrer et compléter les deux ou trois litres ; prendre 1 ou 2 litres de l'eau ainsi traitée et l'évaporer. Le résidu après calcination représentera nettement ce que l'eau apporte dans le travail.

« On comprend que le seul titre hydrotimétrique d'une eau ne

(1) *Bulletin de l'Association des Chimistes.*

suffise pas pour la faire rejeter pour l'usage de la diffusion. Une eau marquant 43° hydrotimétriques peut être meilleure qu'une eau ne marquant que 3°.

« La raison en est bien simple. Citons des exemples :

Eaux diverses essayées au point de vue de la diffusion :

	1	2	3
Carbonate de chaux........	0,0309	0,0360	0,0103
Carbonate de magnésie....	0,0352	»	»
Sulfate de chaux..........	0,1540	0,1575	0,0280
Sulfate de magnésie.......	0,1375	»	»
Chlorure de calcium.......	0,0342	»	5
Chlorure de magnésium...	0,3240	0,0875	0,0360
Total des sels solubles...	0,7158	0,2810	0,0743
Degré hydrotimétrique....	76	25	8

« Là, le titre hydrotimétrique est en relation pour ainsi dire avec la pureté. Mais supposons que par un procédé on vienne à purifier l'eau n° 1 ; on pourra lui enlever toute la chaux et avoir une eau titrant 3° à 4° hydrotimétriques. Mais, pour précipiter cette chaux totale et la magnésie, il faudra employer de la soude caustique qui se substituera à la magnésie et à la chaux, et l'acide sulfurique passera à l'état de sulfate de soude et le chlore à l'état de chlorure de sodium, et le résidu salin par litre sera peu diminué.

« Il est bien entendu que dans l'eau ayant subi le traitement calcocarbonique, on pourra rechercher et doser les principes organiques....

« Cependant à première vue, sur une analyse, on peut se rendre compte approximativement de l'effet de la carbonatation. Il suffit de transformer l'acide sulfurique dosé en sulfate de chaux, et le chlore en chlorure de calcium ou de magnésium. On est à peu près certain qu'on aura au minimum, comme résidu total, le chiffre ainsi calculé, plus les matières organiques. »

Pompes à eau

A leur sortie de la batterie, les jus de diffusion se rendent dans un bac mesureur muni d'une tubulure d'arrivée de jus et d'une soupape de vidange ; dans la plupart des sucreries l'appareil indi-

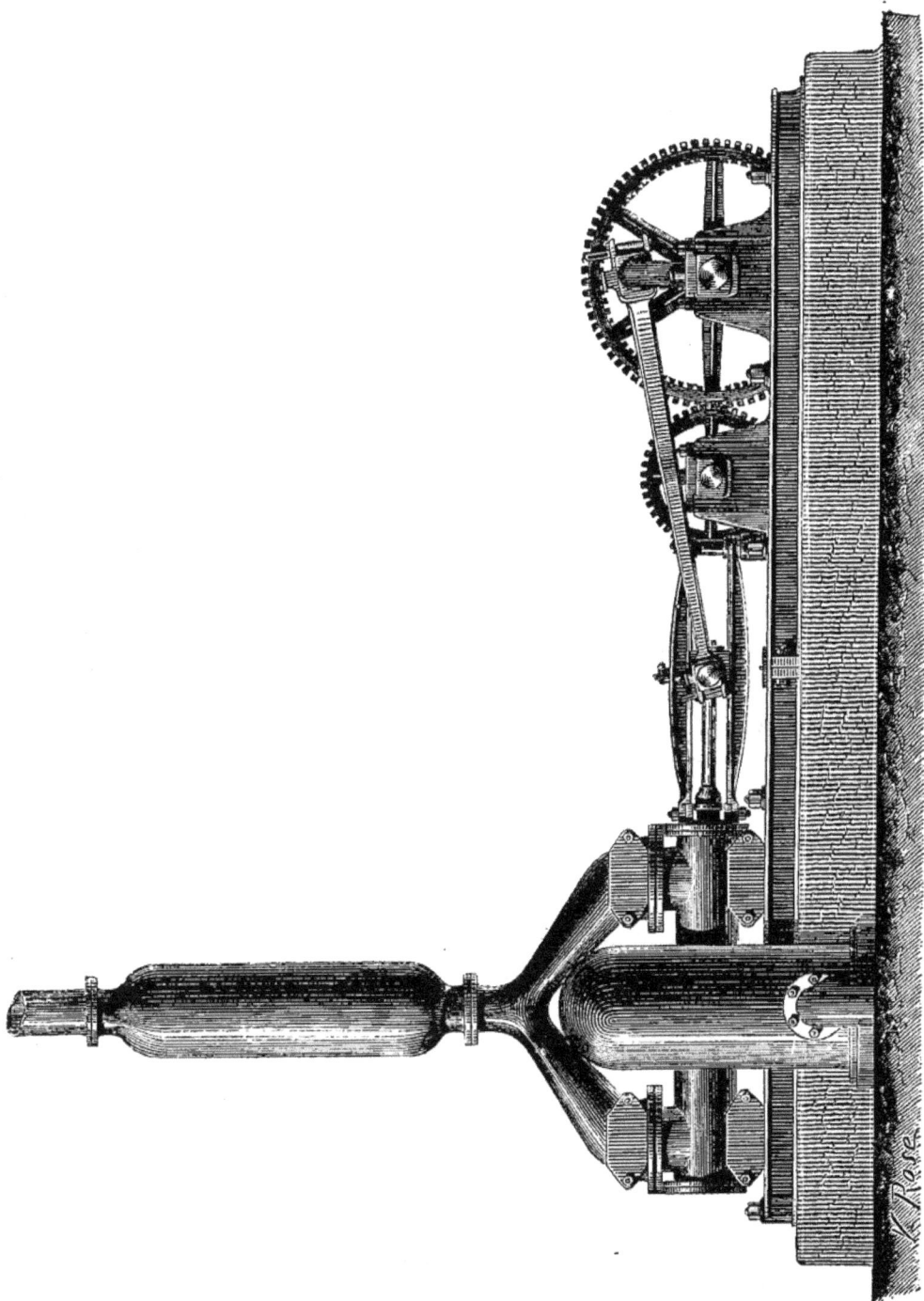

Fig. 56. — Pompe à eau horizontale à double effet, construction des anciens Établissements Cail (p. 182).

cateur du volume est encore primitif ; c'est généralement un cadran en bois à gorge sur laquelle s'enroule une ficelle qui porte à une extrémité le flotteur baignant en partie dans le jus et à l'autre un contre-poids. Ce cadran est gradué et, au moyen de flotteur, il tourne suivant l'ascension ou la descente du jus, dans un sens ou dans l'autre, devant une aiguille fixe.

On se sert souvent d'une simple ficelle encore munie à ses extrémités du flotteur et d'un contre-poids ; cette pièce passe sur une petite poulie et c'est le contre-poids qui se déplace devant une règle graduée.

Dans un cas comme dans l'autre, règle et cadran sont généralement divisés en hectolitres et demi-hectolitres.

Ces appareils sont très défectueux ; la ficelle qui porte le flotteur ne reste pas toujours verticale et, en outre, les mousses qui entourent le flotteur faussent facilement le résultat.

On a depuis quelques années inventé un certain nombre d'appareils mesureurs plus compliqués que les précédents, nous les décrirons dans un chapitre spécial (Appareils de contrôle).

Quelque procédé qu'on adopte parmi ceux que nous venons d'examiner, il exige l'emploi d'une pompe.

Quand il s'agit d'une râperie annexe, on installe quelquefois cette pompe sur le même bâti que la pompe qui refoule le jus à l'usine centrale.

Parmi les pompes qui peuvent être employées nous citerons les pompes horizontales de la maison Cail et de la Cie de Fives-Lille, les pompes Worthington, Hoefert, les pompes Greindl, les pompes centrifuges Dumont et enfin les pulsomètres dont nous parlerons aussi afin de n'avoir plus à revenir sur les pompes à eau.

Pompe horizontale de la maison Cail. — La fig. 56 représente une pompe horizontale à eau construite par les établissements Cail.

Cette pompe est munie de sa machine motrice qui, au moyen d'un engrenage et d'une bielle fait mouvoir le piston de pompe. Inutile, pensons-nous, de donner de plus amples indications, car on peut voir sur la planche le tuyau d'aspiration, les boîtes à clapets facilement accessibles et le tuyau de refoulement muni de son réservoir d'air.

La pompe à eau horizontale de la Cie de Fives, de construction

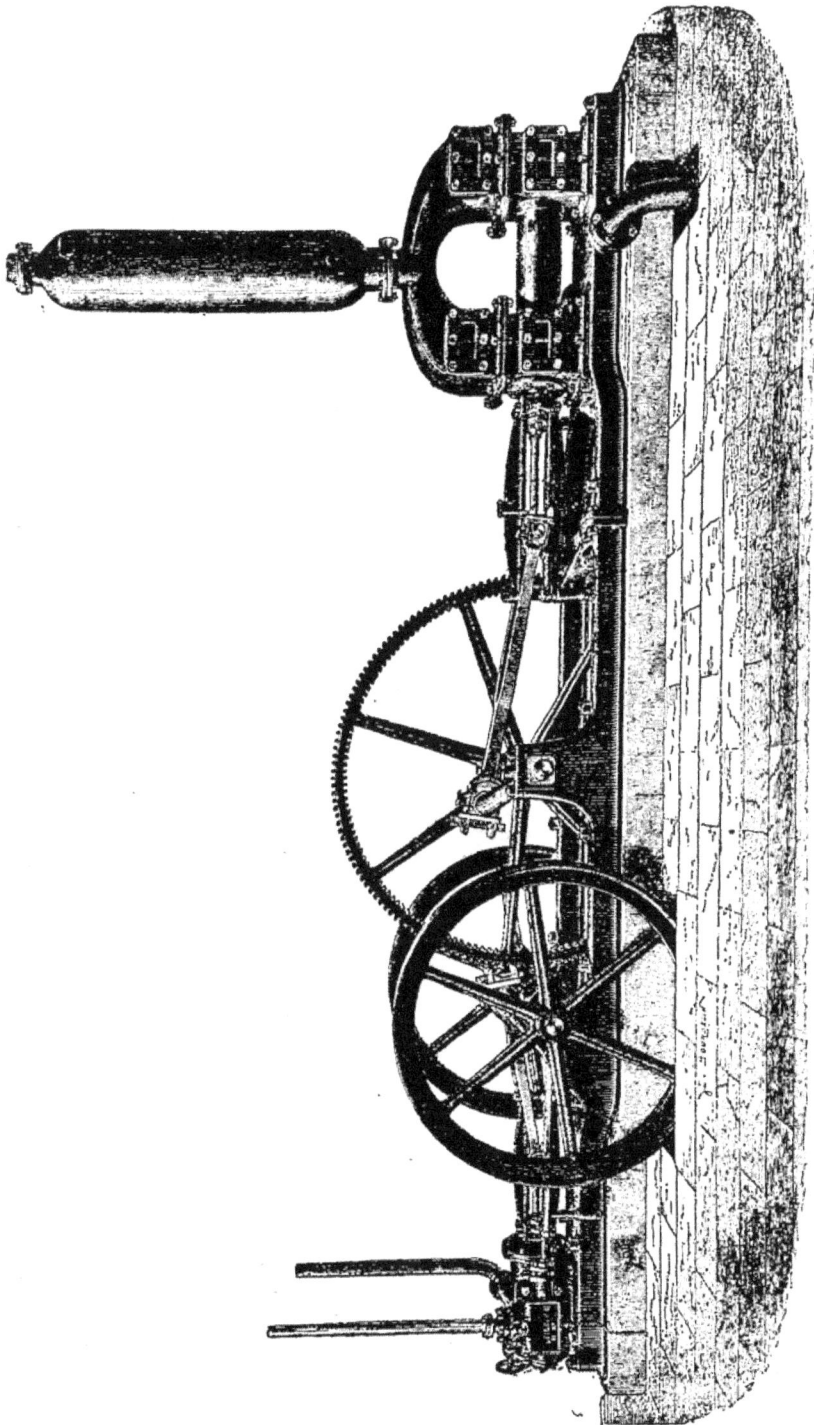

Fig. 57. — Pompe à eau horizontale, construction de la Cⁱᵉ de Fives. — Lille.

analogue à celle de la précédente est aspirante et foulante à double effet ; elle est mue par poulie et engrenage.

Pompes Worthington. — Ces pompes d'importation anglo-américaine se répandent beaucoup en sucrerie depuis quelques années comme pompes à eau et même comme pompes à jus trouble. Nous verrons plus loin jusqu'à quel point leur succès est justifié. Voici d'abord de quoi elles se composent :

Deux pompes à vapeur sont placées côte à côte et agencées de telle manière que chacune actionne le tiroir à vapeur de l'autre. Chaque piston en marche, avant de finir sa course ouvre l'arrivée de vapeur de l'autre pompe, puis s'arrête et attend pour recommencer sa course inverse, que son tiroir ait été ouvert par l'autre machine.

La gravure ci-contre représente en coupe longitudinale la vue d'un côté ou d'une moitié d'une pompe à vapeur Worthington du modèle courant.

Le tiroir E est du système ordinaire bien connu. Il se meut sur une surface plane où viennent déboucher les orifices d'admission et d'échappement de la vapeur.

Le tiroir est mu par le levier F qui parcourt toute la course. Le plongeur B à double effet se meut à travers un anneau profond

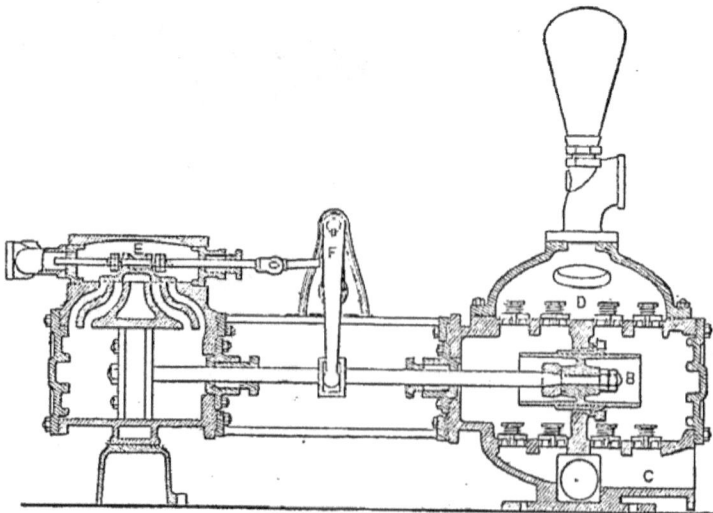

Fig. 58. — Pompe Worthington coupe longitudinale,

non élastique et alésé. Si à un moment quelconque on croit devoir modifier les proportions entre les cylindres à vapeur et les pistons plongeurs, il est facile d'employer un plongeur plus grand ou plus petit. Les plongeurs sont placés un peu au-dessus des clapets d'aspiration, de manière à former au-dessous des parties flottantes une chambre dans laquelle les matières étrangères peuvent se déposer.

L'eau arrive dans la chambre inférieure C, traverse le clapets d'aspiration, passe autour et à l'extrémité du plongeur et se rend dans la chambre de refoulement D par les clapets de refoulement ; ceux-ci se composent de petits disques de caoutchouc ou de bronze.

Comme la précédente, la pompe à vapeur dite double Burton est à action directe ; sa construction est analogue à celle de la pompe Worthington.

Les pompes à action directe que nous venons de mentionner présentent certains inconvénients qui découlent du système lui-même et se résument dans une grande consommation de vapeur du fait du moteur qui ne comporte ni détente, ni volant, ni régulateurs amortissant les chocs. En outre, certains organes, au lieu d'être en acier, sont construits en fonte, et ne résistent pas au fonctionnement.

La Cie Worthington, dans le but d'utiliser la détente de la vapeur, a créé un type à doubles cylindres Compound, mais cette modification augmente considérablement le prix de l'appareil.

Pompe Duplex, *système Hoefert et Paasch* (Ancienne maison O. Georges et Cie à Paris). — Cette pompe, très répandue dans les sucreries allemandes, est basée sur le même principe que la pompe Worthington ; elle se distingue cependant de celle-ci par certains détails de construction. Elle se compose de deux cylindres à vapeur et deux cylindres à plongeurs, qui sont reliés ensemble par de fortes colonnes en fer forgé et placées sur un socle commun. La distribution de la vapeur se fait par des leviers aménagés à l'extérieur, et mus par les tiges des pistons ; de sorte que la tige du piston d'un des cylindres à vapeur actionne le tiroir de distribution de l'autre cylindre. Il est ainsi possible de donner à la pompe, suivant les besoins, une allure plus ou moins rapide. Les clapets sont en bronze ou fonte avec garniture en cuir ou caoutchouc, et les pistons sont ou des pistons segments ou des pistons plongeurs.

Par suite de la distribution alternative et automatique, la pompe se met en marche en n'importe quelle position, ce qui évite les points morts. Elle peut être réglée d'un point éloigné et se recommande par conséquent comme pompe à eau. Le mécanisme de distribution est simple et facile à contrôler. La pompe exige peu d'emplacement.

Cette pompe est également employée pour transporter le jus aux différentes stations en remplacement des monte-jus.

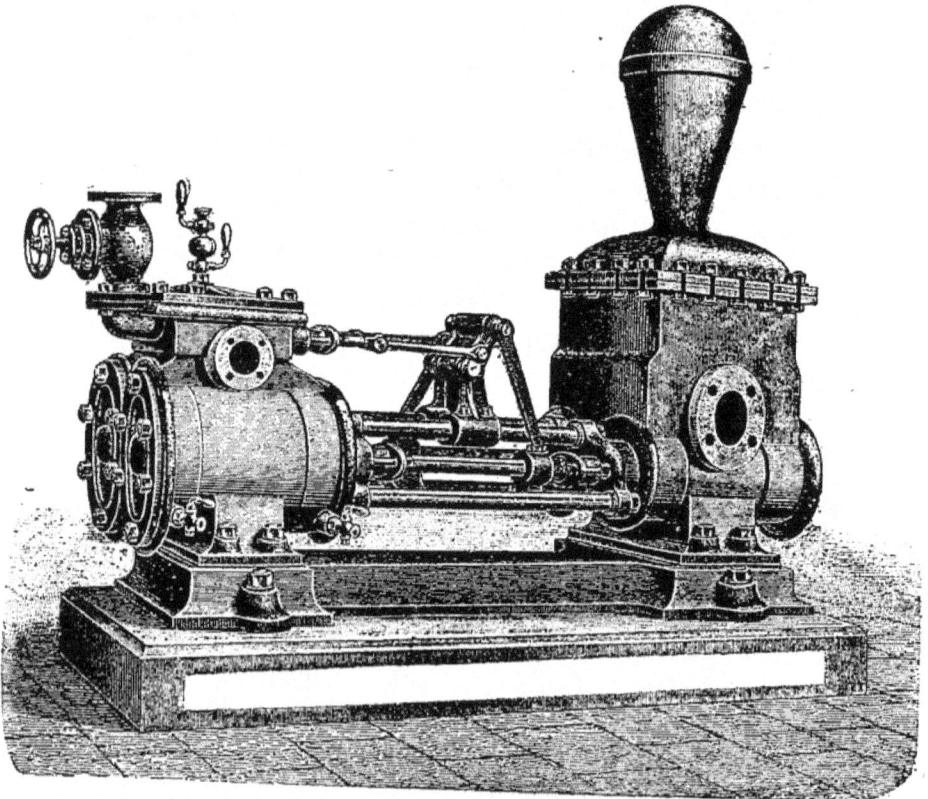

Fig. 59. — Pompe Duplex, système Hœfert etPaasch, (ancienne maison O. Georges et Cie), à Paris.

Pompe rotative continue à mouvement et circulation uniformes, système Greindl, breveté S. G. D. G. — Cette pompe se compose d'une double boîte cylindrique, formant comme les deux cylindres de la pompe. Ces deux cylindres sont alésés et fermés par deux fonds dressés. Dans ces cylindres se meuvent deux rouleaux cylindriques faits de deux palettes et de deux échancrures. Les unes passent dans les autres sans cesser contact. La pompe ne travaille que dans un sens ordinairement. Les deux rouleaux tournent ensemble, mais en sens contraire, étant maintenus en exacte correspondance par une paire d'engrenages égaux à chevrons simples ou multiples calés sur leurs axes.

Le type le plus répandu aujourd'hui est celui des figures 60 et 61. Chacune des palettes des rouleaux fait office de pistons et elles entrent alternativement dans les échancrures de forme interne épicycloïdale, ménagé sur toute la longueur des rouleaux suivant une forme traverse convexe présentant aux pistons une épaisseur centrale plus grande qu'aux extrémités qu'il *importe de dégager*. Les engrenages rigoureusement calés et rodés donnent aux rouleaux des positions invariables et leur impriment une vitesse égale. Ce conditionnement assure le fonctionnement réciproque des rouleaux sans danger de rencontre ni de frottements autres que ceux voulus.

Dans les moments où le passage de l'échancrure interrompt le contact avec la travaillante fixe, la palette opposée l'a reconstituée et quand l'extrémité d'une palette échappe au contact de la périphérie de l'arbre du premier rouleau. Il y a donc contact constant et séparation absolue entre les chambres d'aspiration et de refoulement. Les contacts ne sont pas rigoureux et ne donnent lieu qu'à des frottements insignifiants. Il y a même un certain jeu entre tous les contacts et l'eau qui s'y glisse sans passer au delà calfate en quelque sorte ces lignes de fuite. Les calages des engrenages sont faits de telle sorte que même l'usure de leurs dents ne peut devenir, à moins de besoin de remplacement signalé, une cause de rencontre des deux rouleaux-pistons.

Les sections offertes au passage de l'eau, tant du côté de l'aspiration que du côté du refoulement sont telles, que les évacuations des quantités refoulées et les introductions des quantités aspirées font qu'une molécule d'eau traversant l'appareil y conserve une vitesse sensiblement constante et uniforme, ce qui exclut toutes pertes de travail dues à l'inertie. A cet effet, dans les moments où les sections d'afflux ou d'échappement offerts à l'eau entre les organes en mouvement décroissent et tendent à nécessiter une accélération des filets liquides, ceux-ci trouvent par des poches latérales ménagées aux couvercles, des issues supplémen-

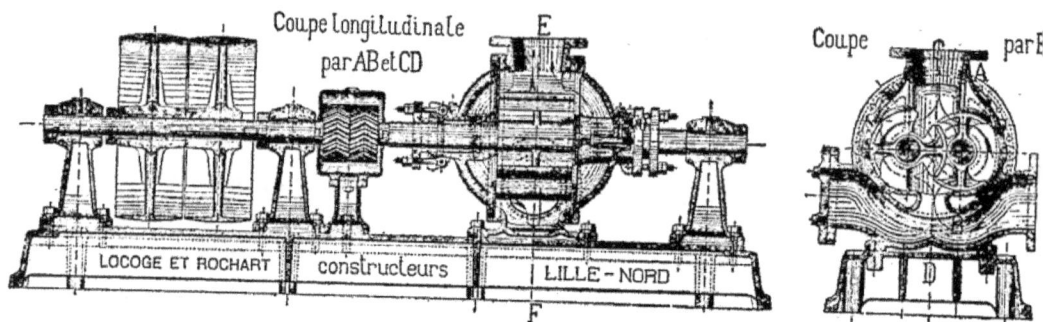

Fig. 60 et 61. — Pompe Greindl perfectionnée, construction Locoge et Rochart, à Lille.

taires. C'est cette disposition qui caractérise les *pompes Greindl* et assure l'uniformité de l'eau dans la machine. Les intermittences et les effets d'inertie étant ainsi évités, il s'ensuit que pour un même appareil, on peut faire varier dans de sensibles limites la vitesse de rotation, le débit réalisé et le travail dépensé, sans que l'effet utile subisse de trop grandes variations.

Pompes Greindl perfectionnées (Locoge et Rochart à Lille)

Hauteur normale d'élévation totale	Classification	Débit pratique en litres par minute	Engendrement théorique par			Poulies			Tuyaux		Force en chevaux par mètre d'élévation	Classification
			minute	seconde	tour	Diamètres	Largeur	Nombre de tours par minute	Diamètre intérieur (orifices)	Diamètre extérieur de la bride		
	A	50	71	1.19	0.92	175	60	320	40	160	0.031	
	B	100	140	2.34	0.44	200	60	320	60	170	0.040	
	C	200	265	4.41	0.88	250	70	300	70	180	0.076	
	D	400	526	8.77	1.878	300	85	280	90	205	0.140	
	E	600	798	13.31	3.07	400	110	260	110	215	0.220	
	F	900	1.153	19.21	4.61	450	150	250	140	265	0.310	Les derniers numéros à partir de 8000 l. sont étudiés spécialement pour chaque installation particulière.
25 mètres	G	1.200	1.519	25.30	7.06	500	170	215	160	315	0.400	
	H	1.500	1.900	31.66	10.32	600	220	185	175	370	0.500	
	I	2.500	3.066	51.44	18.00	650	280	170	225	400	0.833	
	J	3.500	4.268	71.13	28.45	750	350	150	250	430	1.08	
	K	4.500	5.421	90.35	41.70	850	400	130	280	504	1.50	
	L	6.000	7.142	119.04	59.50	1.000	450	120	325	528	2.00	
	M	8.000	9.411	156.85	85.55	1.150	500	110	360	532	2.66	
12m,50	N	10.000	11.630	193.7	116.3	1.300	550	100	400	»	2.02	
	O	15.000	17.470	291.2	191.1	1.500	600	90	500	»	4.40	
	P	20.000	22.720	378.6	284.	1.800	700	80	560	»	5.73	

Les figures 60 et 61 représentent le dernier type de ces pompes. Tout a été déterminé pour l'obtention d'un résultat théorique qu'on peut dire absolu et un résultat pratique s'élevant à des coefficients considérables.

Ces figures, avec leur flèches montrent bien les sens de marche des filets liquides et la commodité de leur circulation.

La pompe Greindl aspire et refoule les gaz aussi bien que les liquides, elle est insensible aux rentrées d'air et s'amorce d'elle-même. Elle peut même aspirer et refouler simultanément de l'air et de l'eau, ce qui la rend propre au service de pompes de condensation des machines à vapeur où elle se combine facilement à un condenseur à injection ou à surface, et dans cette application elle peut rendre de grands services aux moteurs à grande vitesse. Elle peut aussi facilement, ses pistons noyés dans l'eau ou dans l'huile, servir à la production de vides de $70.^{m/m}$ et plus de mercure et à la compression de l'air et du gaz dans une mesure assez grande et jusqu'à 5 et 6 kilog. par exemple.

Ses facilités d'aspirer et de refouler silmutanément de l'air et des liquides la recommandent pour certains cas industriels en la faisant alternative. Elle s'applique encore très heureusement à l'incendie et d'autant plus qu'elle utilise à l'intégralité la pression des eaux en charge des villes. Pour cette application, elle se combine à toute espèce de moteur à vapeur, à air comprimé, à gaz, à eau, etc., etc.

Son rendement en volume et en force est très élevé, pour hauteurs moyennes de 20 à 30 mètres et plus, il varie entre 0,80 et 0,95.

Pour des hauteurs plus considérables, on peut la disposer en corps combinés injectant les uns dans les autres. Le rendement théorique est encore dans ce cas de plus de 0,70.

Sous cette forme et même dans la forme simple ordinaire elle peut servir comme pompe à eau forcée pour refoulements à grandes distances.

Etudiée spécialement, elle peut s'appliquer comme machine motrice à eau notamment, mais aussi à vapeur ou à air comprimé.

Son uniformité est telle qu'on pourrait s'en servir comme dynamomètre pour l'examen pratique, de forces assez considérables et en tout cas plus importantes que celles qu'on peut contrôler avec les dynamomètres à rotation connus.

Pompe centrifuge Dumont. — Cette pompe qui a reçu de nombreuses applications dans l'industrie et en particulier en sucrerie est composée d'un arbre horizontal qui porte une poulie motrice placée entre deux supports surmontés de paliers grais-

Fig. 62. — Pompe Dumont, construction Wauquier, Lille.

seurs. Sur l'arbre est calée une turbine à ailettes placée dans une enveloppe ; des bagues fixées sur l'arbre près des paliers rendent sa position fixe dans le sens horizontal ; deux conduits communiquant avec l'aspiration amènent l'eau au centre de la turbine, deux presse-étoupes empêchent l'eau de sortir de l'enveloppe ; mais il s'agissait d'éviter les rentrées d'air : à cet effet on a ménagé deux espaces dans lesquels pénètre de l'eau amenée par la pompe qui est ainsi sous la pression du refoulement.

Dans cet appareil l'eau monte dans la pompe sous l'action du vide produit par la turbine, et la force centrifuge l'éloigne vers la périphérie et donne dans la conduite de refoulement.

Pulsomètre. — Cet appareil est composé d'une pièce en fonte formée de 2 chambres affectant la forme de poires, et séparées par une cloison à la partie supérieure de laquelle les deux chambres communiquent par le jeu d'une pièce spéciale qui en bouche alternativement l'orifice. A la partie inférieure se trouve un espace muni des clapets d'aspiration et de refoulement ; chaque chambre communique avec cet espace par un plan incliné.

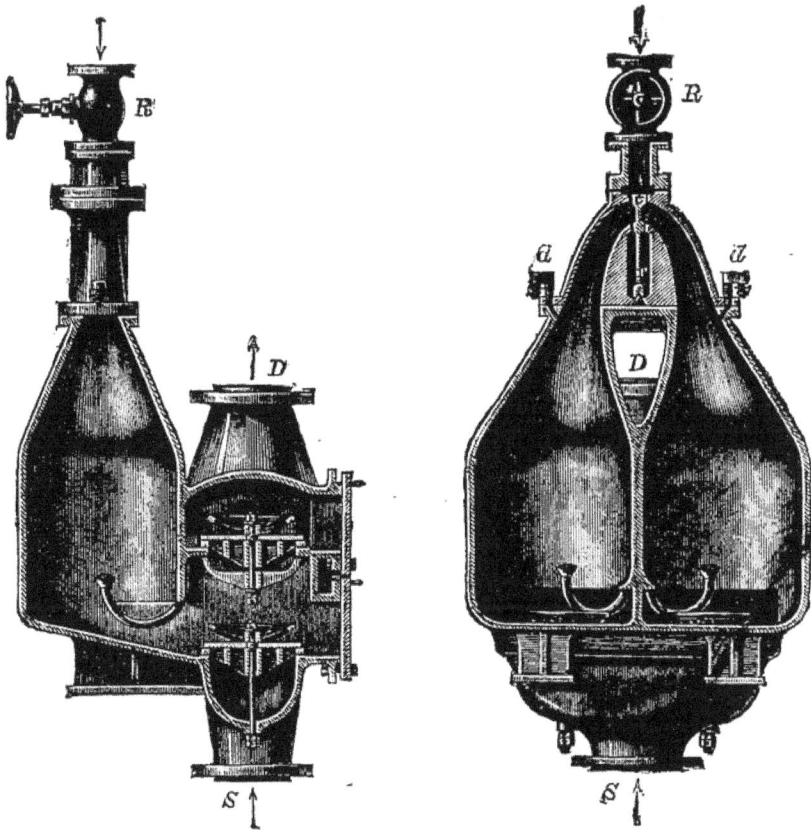

Fig. 63 et 64. — Pulsomètre, vue en coupe.

La tubulure d'aspiration est, ainsi que son clapet, placée au-dessous de la tubulure de refoulement munie elle-même de son clapet.

Des tuyaux d'injection aboutissant dans les chambres produi-sent l'enlèvement de l'eau condensée qui se rend dans le refoule-ment.

Supposons que la chambre de gauche contienne de l'eau ; la petite pièce dont il a été question est renversée à droite ; on laisse ariver la vapeur qui refoule l'eau de la chambre de gauche ; arrivée dans le canal inférieur, l'eau et la vapeur se mélangent, la vapeur se condense en partie et produit un vide qui déplace la petite pièce susnommée, celle-ci empêche alors la vapeur d'entrer à gauche et permet son introduction à droite ; en même temps le vide soulève le clapet d'aspiration de la chambre gauche, qui se remplit d'eau, tandis que celle de droite se vide comme vient de le faire celle de gauche.

Pulsomètre dit de précision. — La partie la plus importante d'un pulsomètre est, comme nous venons de le voir, la distribution automatique de vapeur. Cette distribution influe considérablement sur la consommation de la vapeur, le rendement de l'appareil, la hauteur de refoulement et la régularité du fonctionnement. Or, dans les pulsomètres ordinaires l'entrée de la vapeur dans l'une des deux chambres ne peut s'effectuer qu'autant que le vide se sera établi dans la capacité entière, c'est-à-dire jusqu'au col de la chambre à l'extrémité de laquelle se trouve le siège de la distribution. Mais, la force devenue alors disponible pour le changement de distribution est rendue très faible par suite de la différence de pression atmosphérique et un vide imparfait sur une surface relativement petite.

Dans le pulsomètre dit de précision, construit par la maison Hoefert et Paasch (ancienne maison O. Georges et Cie) à Paris, les distributeurs sont remplacés par un tiroir cylindrique dont les faces extérieures sont protégées par des rondelles en caoutchouc pour empêcher l'eau d'y pénétrer. Ces dernières communiquent alternativement avec les chambres par deux canaux dont les extrémités débouchent le plus près possible de la zone de condensation.

Le fonctionnement est analogue à celui du pulsomètre ordinaire :

Supposons que la chambre de droite soit remplie d'eau, le tiroir vient d'être renversé à gauche et la vapeur entre dans la chambre à droite. A ce moment, cette vapeur fraîche presse le liquide de cette chambre qui trouve son écoulement dans le tuyau de refoulement. Avant que la chambre ne soit vidée entièrement, un petit injecteur dans la partie inférieure de la chambre est mis à découvert, par lequel jaillit en ce moment de l'eau en forme de pluie dans la chambre qui est remplie maintenant de vapeur. Il se produit une condensation immédiate de la vapeur et un vide élevé, ce qui a pour conséquence de faire lever le clapet d'aspiration à droite pour livrer passage à l'eau qui remplit la chambre. Au moment de la condensation, le tiroir distributeur est renversé de gauche à droite à l'aide des canaux qui communiquent avec les faces extérieures et les chambres ; il coupe l'admission de la vapeur pendant qu'il la laisse entrer à gauche, pour refouler de la chambre de gauche l'eau qui, pendant ce temps, a été aspirée après condensation préalable. — Ce jeu se renouvelle à intervalles réguliers de façon que, pendant que l'une des chambres se remplit de liquide sous l'action du vide, l'autre se vide par la pression de vapeur,

L'avantage principal du pulsomètre dit « de précision » consiste en ceci : qu'à l'aide des canaux les différences de pression dans les deux chambres sont transférées, au moment de la condensation, directement sur les faces extérieures du tiroir distributeur et que le renversement se fait par conséquent immédiatement. On évite ainsi que le distributeur ne laisse passer inutilement de la vapeur, comme cela se produit dans les pulsomètres ordinaires.

Fig. 65. — Pulsomètre dit de précision, breveté S. G. D. G.

Le fonctionnement de cet appareil est absolument sûr ; il n'exige ni surveillance, ni graissage et résiste à l'usure pendant des années entières.

Emploi des épurants à la diffusion

Chaux. — Dans quelques usines on a versé sur la cossette une quantité variable de lait de chaux, espérant obtenir de ce fait une certaine épuration et surtout éviter la formation (souvent contestée) de sucres réducteurs; mais nous ne pensons pas que ce procédé ait donné des résultats concluants.

Un autre mode d'emploi de la chaux à la diffusion est le suivant. Le jus au sortir de la batterie est additionné d'une quantité de chaux correspondant à 1/3, 1/4, ou 1/5 de la quantité totale à ajouter avant la première carbonatation, puis il est porté à une température voisine de 70°. Mais nous ne sachions pas qu'on ait jamais observé une augmentation de pureté du jus en appliquant ce procédé ; par contre, le travail de la carbonatation et de la filtration seraient rendus plus faciles.

Bisulfite de chaux. — L'emploi du bisulfite de chaux à la diffusion a été préconisé par M. Vivien, mais ce procédé est très discuté comme du reste l'emploi de l'acide sulfureux sur un produit quelconque de la fabrication.

D'après M. Lachaud ce procédé n'a pas donné de bons résultats parce qu'il a été mal appliqué : son action ne serait vraiment efficace que dans un milieu presque neutre. C'est pourquoi, on ne devrait pas se contenter d'introduire le bisulfite dans le fond du diffuseur et de meicher, car le jus rencontrant à la partie inférieure de ce dernier un milieu très acide, ne profiterait pas du pouvoir décolorant du bisulfite, et dans le haut du diffuseur aussi l'action deviendrait presque nulle.

M. Lachaud engage à introduire le bisulfite dilué dans le diffuseur sous un faible courant pendant tout l'emplissage.

En opérant ainsi, cet auteur a obtenu les résultats suivants :

	Jus de diffusion provenant du travail ordinaire Période de 15 jours	Jus de diffusion provenant du travail au bisulfite Période de 15 jours
Densité à 150................	4, 95	4, 70
Sucre par décilitre..........	11, 49	11, 05
Extrait sec..................	12, 96	12, 24
Matières organiques..........	0, 977	0, 73
Cendres	0, 493	0, 46
Sucre interverti.............	0, 168	0, 154
Réaction au tournesol........	Leg^t acide	Leg^t acide
Coefficient salin............	23, 29	24, 02
Coefficient organique........	11, 76	15, 13
Coefficient de pureté........	88, 68	90, 27
Sucre interverti °/₀ de sucre...	1, 45	1, 39

Masses cuites correspondantes

	Avec emploi	Sans emploi
Sucre....................................	86,60	86,75
Eau......................................	6,57	5,52
Cendres..............·...................	2,63	2,69
Extrait sec..............................	93,43	94,48
Mat. organiques........................	4,20	5,04
Alcalinité exprimée en chaux.............	0,11	0,14
Pureté..................,...............	92,58	91,81
Coefficient organique...................	20,61	17,21
Coefficient salin..	32,92	32,24
Chaux totale............................	0,042	0,041
Acide sulfurique........................	0,048	0,049
Chaux °/₀ de sucre......................	0,0484	0,0472
Acide sulfurique °/₀ de sucre............	0,0554	0,0564

M. Lachaud conclut que le bisulfite de chaux produit une épuration organique sensible.

Nous croyons encore devoir extraire quelques lignes du remarquable travail de M. Battut sur l'emploi de l'acide sulfureux en sucrerie :

« L'acide sulfureux employé sur des jus bruts ne saurait d'ailleurs empêcher, même à froid, toute altération du sucre ; mais il paraît jouir, nonobstant, de propriétés conservatrices assez accentuées.

« L'addition d'acide sulfureux sous forme de solution de gaz ou de sulfites acides de chaux dans la batterie de diffusion aurait pour conséquence immédiate la destruction d'une certaine quantité de sucre cristallisable ».

M. Lachaud admet cette destruction, il l'attribue à la formation d'acide sulfurique ; mais il affirme qu'avec le bisulfite de chaux cet acide qui se forme est neutralisé par la chaux.

Nous reviendrons plus loin sur ce sujet lorsque nous traiterons de la carbonatation.

Carbonate de soude. — Cette matière a déjà été essayée à la diffusion, et en particulier pendant la dernière campagne où beaucoup de fabricants avaient à travailler des betteraves de composition anormale et contenant moins d'alcalis, potasse et soude, que dans les années ordinaires. Le but était de rendre le jus alcalin pour éviter l'altération de sucre dans les diffuseurs. M. Dupont cite, en effet, une usine qui a trouvé 0.31 de sucre réducteur dans le jus de betteraves et 0.49 dans le jus de diffusion. En ce qui nous concerne, nous n'avons jamais rencontré pareille altération, qui semble énorme, car la différence de 0,49 à 0.31 est loin de fournir le sucre réducteur formé, celui-ci diffusant moins vite que la saccharose.

Nous ne pensons pas que dans un travail normal il y ait formation de sucre réducteur dans les diffuseurs ; dans un cas particulier comme celui cité par M. Dupont l'emploi du carbonate aurait, croyons-nous, donné de bons résultats ; cependant nous ne voulons rien affirmer, car l'addition du carbonate de soude à la diffusion est évidemment un moyen d'entraver la formation des sels de chaux dans le courant du travail. Reste à savoir s'il est plus avantageux de l'employer à la diffusion qu'à la deuxième carbonatation.

Nous avons bien essayé le carbonate de soude à la diffusion, mais dans une seule râperie ; aussi n'avons-nous pas pu nous rendre compte de l'effet produit sur les autres phases du travail ; l'action à la diffusion même a paru à peu près nulle.

Procédé sodo-barytique. — Ce procédé, qui depuis quelques années a alimenté les colonnes d'un assez grand nombre de journaux techniques, a été appliqué pendant la campagne dernière dans 25 fabriques, suivant M. du Beaufret, l'inventeur du procédé. Depuis quelques mois, ce procédé d'épuration est très critiqué, et ce qui nous étonne, c'est qu'aucun directeur ou chimiste des usines où il est appliqué ne vienne opposer à ces critiques des résultats concluants, obtenus pratiquement.

Nous serions donc tentés de conclure de ce silence que les résultats obtenus prouveraient au contraire, l'inutilité de l'emploi de la baryte comme agent épurant en sucrerie.

Mais décrivons sommairement le procédé, nous le discuterons ensuite :

Ne chauffer la batterie qu'à une température de 75° et saupoudrer la cossette de carbonate de soude, de manière à avoir un jus faiblement alcalin.

Dans ces conditions, on obtiendrait facilement, d'après M. du Beaufret, un épuisement de 0. 15.

Le jus soutiré arrive dans un bac, on y ajoute de la baryte (1 kilog. 900 pour des betteraves à 7° de densité et 1 kilog. 200 pour des betteraves à 6°), puis on chauffe à 85° ; il se formerait alors un abondant précipité de combinaisons barytiques.

On ajoute ensuite 50 litres de lait de chaux à 22° pour 10 hectolitres de jus en première carbonatation et 15 hectolitres en deuxième. Inutile de chauffer à la carbonatation; en tous cas ne pas porter le jus à une température supérieure à 85°. — On doit laisser à la première carbonatation 1 gr. 200 d'alcalinité et 0 gr. 150 à la deuxième.

Entre autres avantages de son procédé, M. du Beaufret cite les suivants: épuisement facile des cossettes, jus et masses cuites plus purs, emploi de moins de chaux, par conséquent possibilité d'augmenter la quantité de betteraves travaillées, malgré un four insuffisant, carbonatations et filtrations faciles, possibilité de cuire les masses cuites de deuxième jet en grains (on peut le faire sans la baryte), et enfin précipitation des sucres réducteurs dans le jus de diffusion (?)

M. Weisberg, qui a étudié avec une compétence et un soin remarquables, entre autres questions, celle des sels de chaux, dit (et nous sommes de son avis) que c'est le carbonate de soude et non la baryte qui diminue la proportion des sels de chaux. Les matières organiques qui pourraient être précipitées par la baryte le sont également par la chaux, la plupart des organates de chaux sont au contraire moins solubles que les organates de baryte correspondants.

Quant à la précipitation des sucres réducteurs par la baryte, nous pensons avec plusieurs de nos collègues qu'elle n'a pas lieu; nous avons publié là-dessus les expériences suivantes (1).

Action de la baryte.

Expérience. — Des solutions titrées de glucose pure ont été mises à froid en présence de quantités de baryte calculées pour former : 1° un biglucosate ; 2° un glucosate ; 3° un glucosate bibasique ; 4° un glucosate tribasique ; la baryte non utilisée a été précipitée après filtration par un excès de carbonate de soude et la solution résistante a été titrée par la liqueur cuivrique. Dans tous les cas la totalité de glucose a été retrouvée. Dans

(1) *Bull. assoc. des chim.*

tous ces essais les solutions contenant de la baryte étaient préservées du contact de l'acide carbonique de l'air par une couche d'éther.

Même essai a été fait avec de la lévulose pure et a donné les mêmes résultats.

La glucose et la lévulose ne sont donc pas précipitées à froid par la baryte.

L'expérience ci-dessus a bien donné les résultats auxquels nous nous attendions, car on peut bien précipiter deux glucosates de baryte $C^6 H^{10} BaO^6$ et $4 (C^6 H^{11} O^6) Ba,^2 BaO + 6 H^2O$; mais le premier en versant une solution alcoolique de baryte dans un excès d'une solution alcoolique de glucose et le deuxième en versant une solution de glucose dans l'esprit de bois dilué dans une solution méthylique de baryte.

Nous avons ensuite essayé la précipitation de la glucose et de la lévulose à chaud en présence de la baryte.

Expérience. — Une solution de glucose pure et de baryte en quantité plus que suffisante pour former un glucosate tribasique a été chauffée dans un bain-marie à 85-90° et y a été maintenue pendant 5 minutes; après filtration l'excès de baryte a été précipité par le carbonate de soude, puis après une nouvelle filtration nous avons dosé la glucose : nous avons trouvé une quantité de 0 gr. 361 au lieu de 1 gramme.

Un essai analogue sur de la lévulose a donné 0 gr. 400 au lieu de 1 gr. Restait à savoir s'il y avait eu destruction ou précipitation de glucose et lévulose. Reprenant les précipités, ou soi disant tels, par l'acide acétique, filtrant et neutralisant, nous n'avons plus trouvé de sucre réducteur. Donc :

La glucose et la lévulose ne sont pas précipitées à chaud par la baryte.

Mais :

En présence de baryte et sous l'action de la chaleur la glucose et la lévulose sont détruites.

D'après Schutzenberger, il se formerait de l'acide glucique et de l'acide mélassique brun ; d'après Berthelot de la pyrocatéchine.

Pour bien constater que la présence de l'alcali est nécessaire, nous avons chauffé, comme dans l'essai précédent, des solutions titrées de glucose et de lévulose pures sans baryte; nous avons retrouvé après chauffage les quantités mises.

Action du carbonate de soude.

Expérience. — Nous avons préparé une solution de glucose et de carbonate de soude à 0 gr. 925 de glucose p. 100 cc. Une partie de cette solution chauffée à 85° et refroidie lentement ne contenait plus que 0 gr. 833 de glucose ; une autre partie portée à l'ébullition pendant 2 minutes ne contenait plus que 0 gr. 320.

La lévulose a aussi été détruite à chaud en présence du carbonate de soude. Donc :

A chaud, en présence du carbonate de soude la glucose et la lévulose sont détruites et cela d'autant plus complètement que l'action de la chaleur est plus prolongée.

Action de la chaux et de la carbonatation.

Expérience. — Nous avons carbonaté une solution contenant 10 gr. de sucre par litre + 2 gr. 09 de glucose pure ; la carbonatation a été commencée après avoir chauffé à 38° puis poussée jusqu'à 0 gr. 140 d'alcalinité en chaux p. 100 cc. Un échantillon a alors été prélevé, puis le restant chauffé à 85°, filtré et refroidi lentement. Nous avons retrouvé dans le jus carbonaté, non chauffé, 2 gr. 02 de glucose par litre, et dans le jus chauffé à 85° 0 gr. 0975 par litre ; d'où, glucose détruite p. 100 de glucose existante = 95,3.

Un essai analogue avec de la lévulose a donné : jus initial : 1 gr. 982 de lévulose par litre ; après carbonatation : 1 gr. 958.

Un deuxième essai sur de la lévulose a donné :

Solution avant carbonatation : 1 gr. 820 par litre.

Solution après carbonatation et chauffage à 85° : 0 gr. 096 par litre.

Donc : lévulose détruite pour 100 de lévulose contenue dans la solution : 94,5.

Nous pouvons donc conclure que, à la première carbonatation la glucose et la lévulose ne sont pas précipitées, mais en partie détruites en présence de la chaux et sous l'influence de la chaleur.

Ci-dessous un autre essai du même genre, intéressant au point de vue de l'influence de la température.

Cette fois nous avons employé de la glucose impure du commerce.

Expérience. — La solution initiale de sucre et de glucose contenait :

Sucre réducteur p. 100 = 0 gr. 33.

Après carbonatation jusqu'à 0 gr. 030 d'alcalinité p. 100 et addition de chaux de manière à donner 0 gr. 120, puis chauffage :

Sucre réducteur = 0 gr. 09 p. 100 cc.

Même essai, mais carbonatation jusqu'à 0 gr. 120 d'alcalinité et chauffage :

Sucre réducteur p. 100 cc. = 0 gr. 10.

Dans le premier essai, le chauffage après carbonatation a été poussé jusqu'à 88°, dans le 2e jusqu'à 82°. Dans le premier essai le jus était très coloré, beaucoup moins dans le deuxième.

Nous allons maintenant citer deux essais relatifs à l'influence de la plus ou moins grande quantité de chaux en présence de la glucose.

Première expérience. — Solution initiale de saccharose et de glucose en présence de 5 cc. de lait de chaux pour 500 cc. de solution :

Avant chauffage, glucose p. 100 cc. : 0 gr. 232.

Après chauffage pendant 5 minutes à l'ébullition, glucose p. 100 cc. : 0 gr. 113.

Glucose détruite p. 100 de glucose existante dans la solution initiale = 51,2 p. 100.

Deuxième expérience. — Solution initiale de saccharose et glucose en présence de 1 cc. de lait de chaux à 25° Baumé pour 500 cc. de solution.

Avant chauffage glucose p. 100 cc. = 0 gr. 344.

Après chauffage pendant 5 minutes à l'ébullition, glucose p. 100 cc. = 0 gr. 277.

Glucose détruite p. 100 de glucose existante dans la solution initiale = 19,4 p. 100.

Nous pouvons donc conclure que :

Sous l'influence de la chaleur, étant donné que la glucose est détruite en présence de la chaux, la quantité employée de cette dernière est un facteur qui influe sur la rapidité de destruction.

D'après ce qui précède, un jus de première carbonatation filtré, dans lequel on ajoute la chaux nécessaire à la 2e carbonatation et que l'on chauffe avant d'effectuer cette carbonatation, devra contenir moins de sucre réducteur qu'à sa sortie des filtres de première carbonatation ; voici cependant un essai dans lequel les quantités trouvées ont été sensiblement les mêmes.

Expérience. — Jus de 1re carbonatation carbonaté et filtré :

Sucre réducteur p. 100 cc. = 0 gr. 066.

Sucre p. 100 cc. = 0 gr. 960

Même jus dans lequel il a été ajouté 3 hect. de lait de chaux à 25° Baumé pour 500 hect. de jus, puis porté pendant 5 minutes à l'ébullition et ramené au volume primitif.

Glucose p. 100 cc. = 0 gr. 098.

Sucre p. 100 cc... = 0 gr. 960.

On peut faire deux hypothèses : 1° Il se formerait aux dépens de la saccharose un peu de sucre réducteur, mais en quantité assez faible pour ne pas influencer la lecture saccharimétrique ; en même temps un peu de sucre réducteur préexistant serait détruit ; 2° les quantités de sucre réducteur trouvées au moyen de la liqueur cuivrique ne seraient ni de la glucose, ni de la lévulose, mais des matières réduisant la liqueur cuivrique et stables en présence de la chaux sous l'action de la chaleur.

Ces expériences ont été faites avec des quantités de glucose et de lévulose à peu près égales aux quantités de sucre réducteur qui peuvent se rencontrer dans les betteraves. M. Courtonne a publié un article qui tend à prouver qu'avec de grandes quantités de ces corps la précipitation a lieu ; mais, comme nous, il pense que la baryte n'a aucune action sur des quantités inférieures à

1 0/0, telles qu'elles peuvent exister dans le jus de betteraves et le jus de diffusion.

Epuration du jus de diffusion par les écumes de filtres-presses. — Ce procédé a été essayé au laboratoire par M. Jsoposky. En employant des écumes fraîches en quantité variant de 1 à 2 0/0 du poids du jus et filtrant ensuite, il a obtenu une augmentation de pureté de 2.4

Avec des quantités d'environ 10 0/0, la quantité de jus après filtration était inférieure à celle du jus brut. En outre, la filtration serait rendue plus rapide par ce procédé. Malgré ces beaux résultats, ce procédé nous paraît peu rationnel.

Epuration par l'ozone. — M. Villon, dans une brochure sur les emplois de l'oxygène, de l'ozone et de l'acide carbonique, dit que pour conserver le jus sortant des presses ou des diffuseurs, il suffit d'y faire passer lentement un courant d'air ozonisé. D'après ce chimiste, l'ozone, comme agent épurant donne d'assez bons résultats, les matières albuminoïdes sont précipitées et décomposées et il suffit d'une simple filtration pour obtenir des jus limpides et peu colorés.

On doit opérer avec de l'air fortement ozonisé et à une température de 25 à 30°.

A vrai dire, nous sommes loin d'avoir obtenu dans nos essais sur ce mode d'épuration les résultats annoncés par M. Villon. Le jus s'est légèrement troublé, mais la filtration a été très lente et le liquide filtré n'a pas pu être obtenu clair.

Réchauffage du jus de diffusion et séparation de l'écume. — M. Slassky chauffe les jus de diffusion à 75 ou 80° C, puis il enlève, au moyen d'une louche, l'écume qui se rassemble à la surface du liquide; il introduit ces mousses dans un petit bac spécial afin de séparer le jus qui a pu être enlevé, les mousses sont enfin éliminées du travail; elles présentent la composition suivante :

Matières sèches.	16,5 p. 100
Polarisation	7,4
Non-sucre organique	8,0
Non-sucre inorganique	1,1
Pureté	44,8

Ou pour 100 parties de matière sèche :

Polarisation......................	44,8 p. 100
Non-sucre organique..............	48,5
Non-sucre inorganique............	6,7

On obtiendrait une quantité d'écume égale à 0.35 0/0 du poids de la betterave, et le non-sucre éliminé 0/0 kilog. de betteraves serait de 0.032.

Filtration des jus de diffusion

La filtration des jus de diffusion est encore peu appliquée en sucrerie, elle constitue cependant un procédé simple et destiné à faciliter considérablement la suite du travail.

C'est un fait bien connu que les jus bruts de diffusion contiennent toujours une quantité plus ou moins importante de pulpe folle, de fibres etc., qui exercent ensuite une influence défavorable sur la carbonatation, et plus tard, sur la cristallisation du sucre. En outre, ces impuretés se déposent sur les tubes du réchauffeur qui exigent dès lors un nettoyage presque quotidien pour conserver le pouvoir de transmission de la chaleur.

Pour remédier à ces inconvénients, on a installé entre la batterie de diffusion et le réchauffeur un appareil dépulpeur (fig. 66) dont on a pu apprécier immédiatement l'efficacité; le travail des jus en a été beaucoup amélioré.

Cet appareil consiste, comme le montre la figure, d'un récipient cylindrique muni à sa base d'une entrée et d'une sortie de jus. Le tronçon d'entrée du jus se prolonge en un tuyau muni de rebords sur lesquels reposent quatre tamis. Le jus entre par le tuyau, déborde par le haut dans l'appareil, passe par le tamis supérieur dont les ouvertures ont une section de 5 $^{m/m}$. Le jus se rend ensuite sur le second tamis dont les ouvertures ont 4 $^{m/m}$, ensuite sur le troisième où elles n'ont que 3 $^{m/m}$, et enfin sur le quatrième. Le tamis vertical extérieur et celui du fond de l'appareil ont des ouvertures de 1 $^{m/m}$. Ces tamis retiennent toutes les matières solides.

Le nettoyage de l'appareil est très simple : il suffit de dévisser le couvercle et de retirer les tamis qu'on remet en place avec la même facilité après nettoyage. L'appareil est muni d'un robinet pour la sortie de l'air et d'un robinet communiquant avec la conduite de vapeur ou la pompe à air pour la vidange complète en vue du nettoyage. Ce dépulpeur est construit en France par M. Lacouture; en Allemagne par la maison Fr. Rassmus de Magdebourg.

Fig. 66. — Dépulpeur Wagner.

MM. Braunbeck et Wannieck emploient également le dépulpeur. Leur procédé consiste à faire passer le jus dans ce dépulpeur puis à le chauffer à 75° pour précipiter les matières albuminoïdes ; à le filtrer à l'aide d'un filtre mécanique muni de tissus pelucheux, afin d'éviter l'obstruction rapide des pores du tissu filtrant ; la pression à la filtration doit être de 600 $^{m}/^{m}$.

Les jus carbonatés seront plus purs par ce procédé, car dans le travail ordinaire les matières albuminoïdes précipitent bien pendant le chauffage à la carbonatation, mais elles subissent une décomposition en présence de la chaux.

MM. Strohmer et Stift ont fait des essais concernant ce procédé. Voici les résultats :

	Jus vert avant le désalbuminage	Jus vert après le désalbuminage
Sucre	10,55	10,60
Eau.............................	87,02	87,44
Cendres	0,55	0,49
Substances organiques non sucrées	1,88	1,47
Pureté réelle....................	81,52	84,35
Azote à l'état de :		
Albumine........................	0,096	0,066
Amide et ammoniacal.............	0,076	0,044
Acido-amide	0,030	0,008
Azote total.....................	0,262	0,155

Effet épuratoire ramené à 100 de sucre :

Jus vert :	Cendres	Substances organiques	Azote albumineux	Azote-amide et ammoniacal	Azote acido-amide	Azote total
Jus (non filtré)......	5,23	17.82	0,91	0,72	0,29	2,49
Filtré (désalbuminé).	4,65	13,86	0,63	0,42	0,08	1,47
Différences..........	0,58	3,96	0,28	0,30	0,21	1,02
Elimination 0/0.....	11,1	22,2	30,8	41,7	72,4	40,9

Fig. 67. — Filtre décanteur, système Bouvier.

M. Bouvier, directeur de la sucrerie de Montereau, dispose les appareils de la manière suivante :

Un bac mesureur et réchauffeur permet, après avoir réchauffé le jus, de le faire arriver par une conduite dans un filtre divisé en trois chambres par deux tôles perforées; dans la chambre intermédiaire on place une matière filtrante, telle que gravier, fibres de bois, éponges. La pulpe folle est retenue par la tôle perforée supérieure et les matières précipitées par la chaleur sont retenues par la matière filtrante; le jus filtré est distribué au moyen d'un robinet à col tournant dans un bac à chauler.

La tôle perforée supérieure a besoin d'être fréquemment enlevée et nettoyée; lorsque, malgré cette opération la filtration est trop lente, on procède au nettoyage de la matière filtrante; à cet effet on vide le jus par le robinet que l'on ferme ensuite, on fait arriver de l'eau chaude et l'on met en mouvement un arbre muni de palettes qui agitent la matière filtrante au sein de l'eau chaude; l'eau de lavage s'écoule par une porte de vidange.

Ce procédé ne peut pas être employé dans les usines à râperies, qui se trouvent dans l'impossibilité d'envoyer de jus chaud dans les conduites.

PRESSAGE DES COSSETTES ÉPUISÉES

Les cossettes épuisées sont beaucoup trop humides pour être livrées au cultivateur et pour être données comme nourriture aux bestiaux. Il faut donc leur enlever une certaine quantité d'eau, opération généralement effectuée au moyen des presses Klusemann, Bergreen, Selwig et Lange.

Presse Klusemann. — La presse Klusemann est composée d'un arbre creux en fonte avec une partie conique dont le plus grand diamètre est à la partie inférieure. Cet arbre porte à sa circonférence et sur toute la longueur de la partie conique des palettes inclinées, destinées à faire cheminer la pulpe de haut en bas dans une enveloppe cylindrique en tôle perforée, au centre de laquelle tourne l'arbre. Entre les palettes et sur la plus grande longueur de la partie conique de l'arbre central sont des parties ajourées, recouvertes de tôle perforée donnant écoulement à l'eau par le centre de l'arbre (perfectionnement Kuntz).

L'eau extraite de la cossette sort aussi, et en plus grande quantité, par l'enveloppe en tôle perforée dans laquelle chemine la pulpe. Toutes les eaux extraites sont recueillies à la partie inférieure de la presse par une culotte à trois branches avec tuyau d'écoulement au dehors.

La sortie de la cossette pressée est réglée à la partie inférieure par un cône mobile permettant de diminuer ou d'augmenter la section de sortie et d'obtenir ainsi des cossettes plus ou moins essorées.

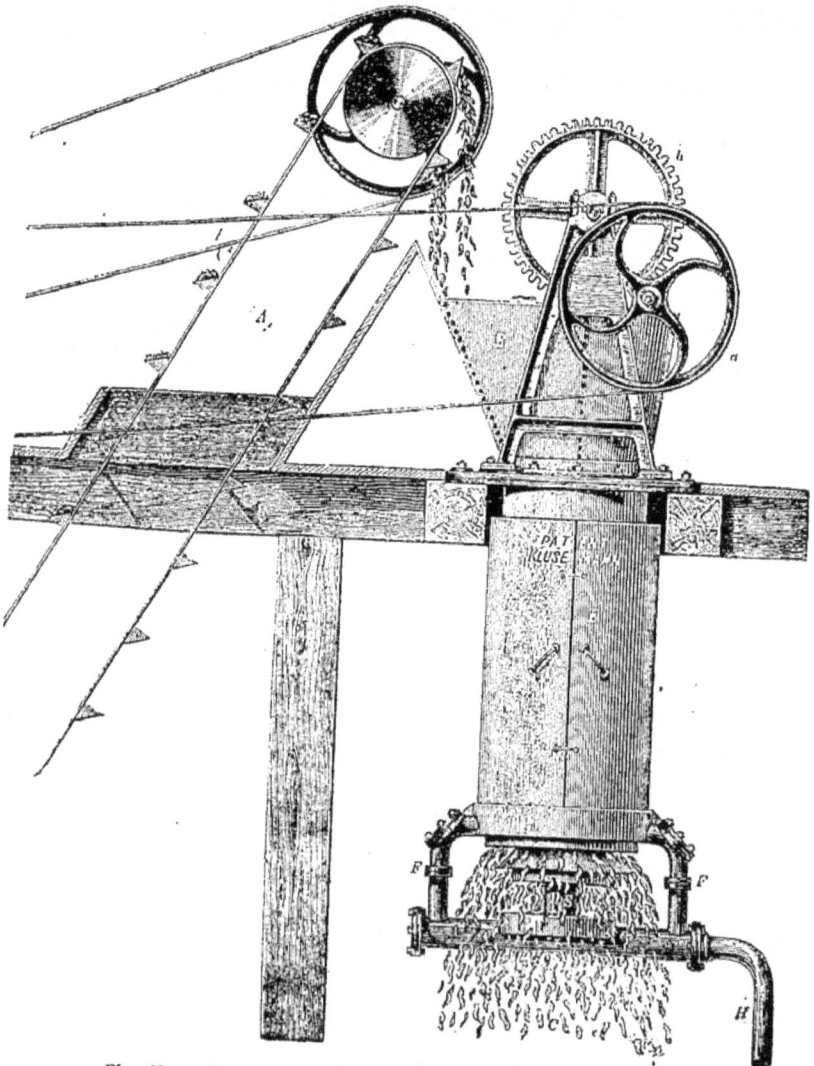

Fig. 68. — Vue de la presse Klusemann en fonctionnement (p. 207).

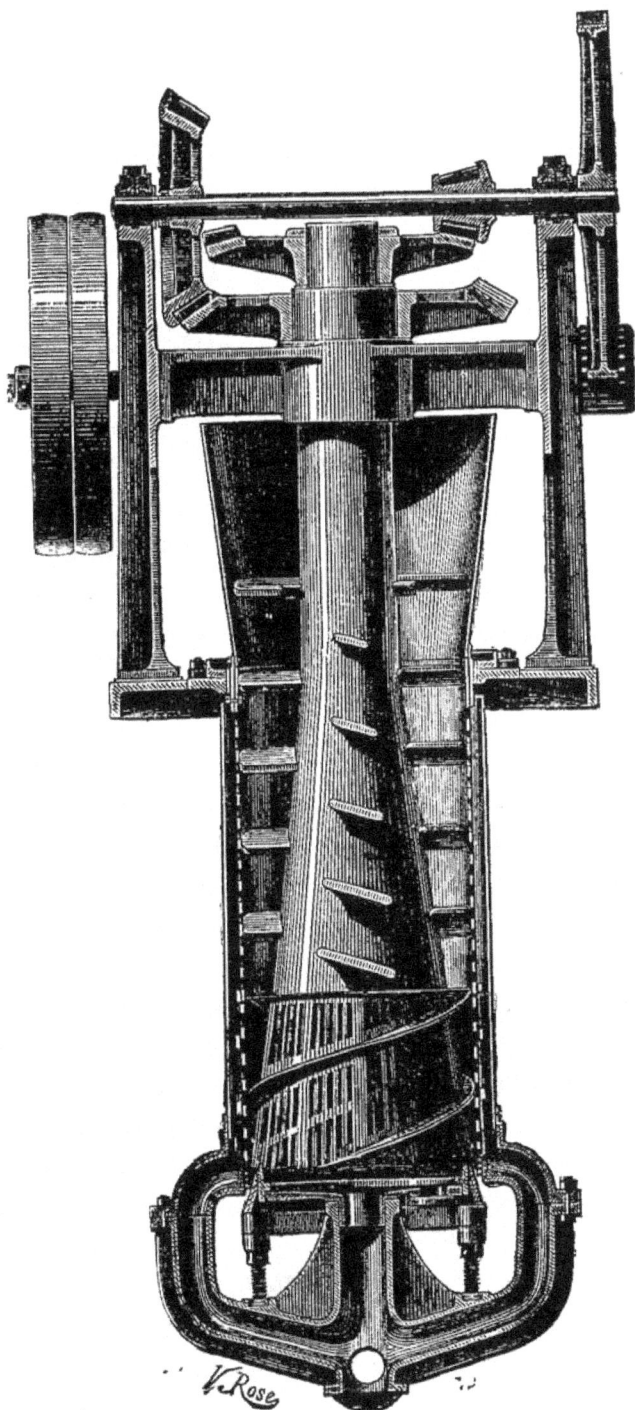

Fig. 69. — Presse à cossettes système Klusemann, construction Cail.

Une partie cylindrique en tôle pleine surmonte l'enveloppe en tôle perforée et reçoit les pulpes à presser.

Le mouvement est donné à l'arbre à palettes par poulies et engrenages intermédiaires.

Pour presser les cossettes d'une manière convenable il faut une presse par 60,000 à 70,000 kilogs de betteraves travaillées en 24 heures. La fig. 68 montre une presse de ce genre en foncnement (1).

Modification. — MM. Buttner et Meyer, les inventeurs d'un procédé de dessiccation dont nous parlerons plus loin, ont, dans le but d'obtenir de la pulpe aussi sèche que possible avant dessiccation, modifié la presse Klusemann :

Le tronc de cône ainsi que le cylindre filtrants ont été allongés ; la largeur de l'anneau de sortie a été réduite à 20 millimètres environ et la partie inférieure de l'arbre central est garnie de segments rapportés formant denture légèrement inclinée qui aide à la sortie des cossettes pressées. De plus, le tronc de cône, qui n'est pas toujours perforé jusqu'en haut, l'est dans la presse modifiée.

Presse Bergreen. Cette presse est basée sur le même principe que la presse Klusemann ; elle en diffère cependant un peu par sa construction, et donne un débit plus grand.

Elle est formée de deux troncs de cône emmanchés l'un dans l'autre, le supérieur recouvrant l'inférieur. Le tronc de cône supérieur porte des ailettes en hélice d'inclinaisons différentes ; les unes répartissent la cossette, les autres la forcent à descendre ; le tronc de cône inférieur est muni d'une spirale continue. L'hélice formée par les ailettes du tronc de cône supérieur tourne de gauche à droite, tandis que la spirale inférieure tourne de droite à gauche. Les deux troncs de cône portent des fentes longitudinales recouvertes de tôle perforée.

Une poulie et un engrenage font tourner un arbre horizontal sur lequel sont calés deux pignons d'angle qui engrènent avec deux roues d'engrenages, dont l'une communique au tronc de cône

(1) D'après Stohmann. *Op. cit.*

supérieur le mouvement de gauche à droite et l'autre au tronc de cône inférieur le mouvement de droite à gauche.

Comme dans la presse Klusemann, l'eau passe en partie à l'intérieur des troncs de cône, en partie au travers de la gaine en tôle perforée qui les entoure. Un cône mobile permet de régler la sortie de la pulpe.

Presse Selwig et Lange. — Cette presse a été aussi appliquée, mais son emploi s'est peu généralisé en France. Elle se compose de deux disques en fonte A,A, qui tournent autour d'un arbre C,C,

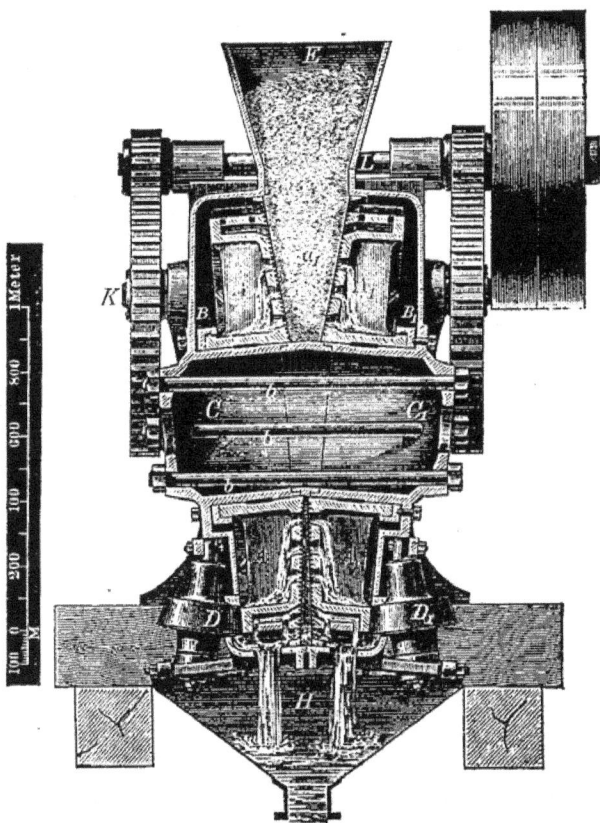

Fig. 70. — Presse Selwig et Lange.

formé de deux parties réunies par les boulons b. Les disques sont percés d'ouvertures à surfaces cannelées et coniques, et recouverts de tôle perforée. L'arbre L fait tourner l'arbre K qui donne le mouvement aux disques au moyen d'une couronne dentée qui engrène avec deux pignons.

Etant donnée la forme des disques et celle de l'arbre CC, on voit
que l'espace occupé par la pulpe qui tombe dans la trémie E va

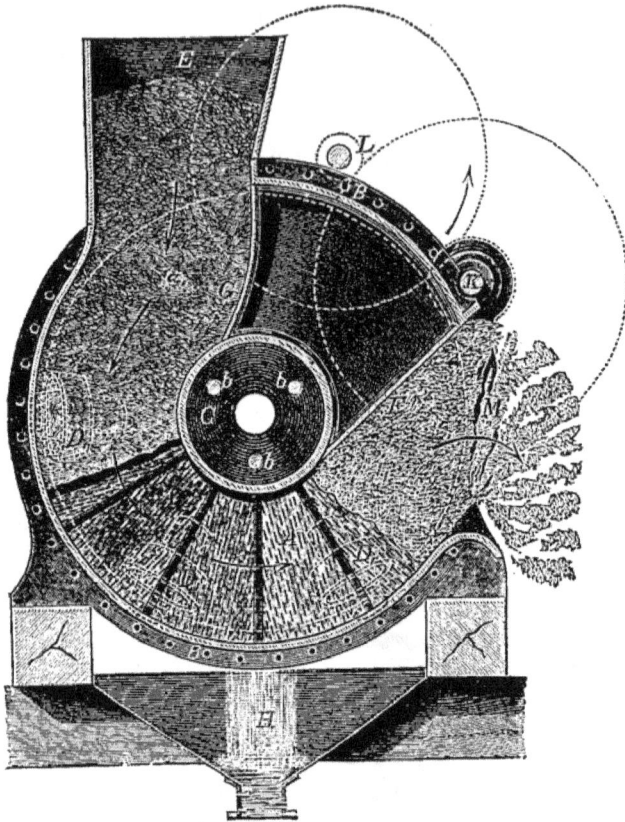

Fig. 71. — Presse Selwig et Lange, vue en coupe.

en diminuant pendant la demi-rotation descendante, l'eau contenue dans la pulpe sera donc en partie contrainte de passer par les
ouvertures des disques et s'écoulera en H; dans le mouvement
ascendant, la pulpe pressée est détachée des disques et rejetée
hors de la presse au moyen d'un racloir.

Les galets D,D, qui sont au nombre de six et sur lesquels roulent les bords de la couronne dentée, servent à réagir contre le
mouvement qui tend à écarter de l'arbre la partie inférieure des
disques.

Citons quelques lignes de M. Vivien sur une presse qu'il a vu
installer en Allemagne par M. Bergreen :

« Cette presse ressemble à une presse Klusemann dont l'axe est excentrique par rapport à la gaîne filtrante.

« Le principe qui a guidé l'inventeur est basé sur ce fait que la pulpe est le plus souvent entraînée dans le mouvement de rotation, et faisant corps avec l'axe, tourne comme lui sans descendre.

« Par suite de la position excentrique, la cossette entraînée dans le mouvement de rotation est pressée parce qu'elle se trouve refoulée dans un espace annulaire de plus en plus petit, puis, après avoir passé le point où les ailettes de la presse touchent presque à la gaîne formant l'enveloppe filtrante, la cossette trouvant un espace de plus en plus grand tombe dans le vide qui se présente en dessous d'elle et se trouve reprise par la nouvelle portion d'hélice formée par les bras situés immédiatement en dessous

« Toute la pulpe est donc obligée de parcourir la totalité de l'hélice, éprouvant une forte pression horizontale à chaque rotation en sus de la pression verticale produite par le rétrécissement qu'il y a de haut en bas par suite du renflement de l'axe, comme cela a lieu dans les presses ordinaires.

« M. Bergreen espérait arriver à des pulpes ayant 82 0/0 d'eau ; ce résultat devait être obtenu tant par le fait de la presse que par l'action de la chaux qui rend les pulpes plus résistantes et moins grasses et permet un écoulement plus rapide de l'eau.

Procédés divers. — Greiner a aussi imaginé une presse ; elle est composée de trois cylindres en tôle perforée dans lesquels se meuvent des arbres tournants, munis de couteaux qui forcent les cossettes à circuler, tandis que les cylindres portent des chicanes qui les empêchent d'avancer trop rapidement. Les cylindres sont précédés d'une caisse dans laquelle passent les arbres qui, en cet endroit, portent chacun une hélice distribuant la cossette dans les cylindres. L'eau passe dans un casier qui enveloppe les cylindres et le débit de la cossette est réglé par des roues qui ferment plus ou moins son orifice de sortie.

Dans la presse de G. Rémy, la cossette est pressée dans une rigole sans fin, mobile, par une chaîne munie de nervures qui tourne dans le même sens que la rigole.

La presse de Patrzeck et Rehfeld se compose d'un tambour denté qui entraine la cossette et l'applique contre une tôle perforée, le complément de pression est produit par une petite caisse en tôle perforée appliquée entre les dents par un ressort et par un rouleau également relié à un autre ressort.

A sa sortie des presses, la cossette tombe dans un magasin où elle est chargée, soit dans des chariots, soit dans des wagons, soit même quelquefois sur des bateaux.

Ce chargement s'effectue dans certains cas de la manière suivante :

Un élévateur incliné, à courroie de caoutchouc, porte des petits godets en zinc ou en tôle qui s'emplissent de pulpe dans le magasin et la déversent dans un véhicule placé à l'extérieur de ce magasin.

Composition et conservation des cossettes pressées.

Maercker donne de la pulpe la composition suivante :
100 parties de pulpe contiennent :

	maximum	minimum	moyenne
Matières albuminoïdes.....	1,26	0,63	0,89
Fibre brute..............	3,25	1,73	2,39
Matières grasses..........	0,07	0,03	0,05
Autres matières non azotées	8,94	4,27	6,32
Cendres.............	0,70	0,31	0,58
Eau.....................	93,01	85,59	89,77

La composition des pulpes est évidemment très variable suivant la nature des betteraves, le chauffage à la diffusion et le pressage.

Avec les moyens ordinairement employés, la pulpe pressée contient généralement 88 à 90 0/0 d'eau à sa sortie des presses.

Le 6 novembre 1889, la Société des Agriculteurs du Nord a établi les conditions que doivent réunir des pulpes pour être loyales et marchandes.

1° Les pulpes de presses continues doivent renfermer au moins 16 0/0 de matières sèches ;

2° Les pulpes de diffusion doivent en contenir 11 0/0 quand elles sont prises en sortant de la presse, et 10 0/0 lorsqu'elles sont prises au tas ou sur l'équipage de départ.

D'après les analyses de Maerker citées plus haut, on voit que la pulpe est riche en matières non azotées ; il est donc à recommander, pour la donner au bétail, de la mélanger avec des produits azotés, tels que des tourteaux.

On conserve généralement la pulpe dans des fosses en maçonnerie ou dans des fosses en terre, souvent encore on la place en tas qu'on recouvre de terre. Une bonne précaution pour la mettre en silos, est de la mélanger avec de la menue paille ; voici pourquoi :

La pulpe en silos fermente et il s'en sépare un liquide qui avait été naguère considéré comme étant de l'eau ; on cherchait même à séparer cette eau afin de rendre la pulpe plus sèche pour la donner au bétail, mais on a fini par se convaincre que ce liquide contenait une grande quantité de matières nutritives qu'il y avait intérêt à retenir. On atteint en partie ce but en mélangeant la pulpe comme nous l'avons dit, avec de la menue paille.

La fermentation donne à la pulpe une saveur qui ne déplaît pas au bétail ; mais, malgré cet avantage et les précautions prises pour éviter autant que possible les pertes, le procédé de la dessiccation des cossettes est avantageux dans la plupart des cas comme nous le verrons tout à l'heure.

En 6 mois, la freinte des pulpes est environ de 25 0/0 de la substance sèche, après 14 mois elle est de 50 0/0.

DESSICCATION DES COSSETTES

Il y a déjà plusieurs années, Maercker s'était rendu compte de la réussite possible d'un procédé pratique permettant de dessécher les cossettes ; il avait calculé que pour ramener à 10 0/0 d'eau des pulpes qui en contiennent 90 0/0, il fallait dépenser 14 kg. 8 de houille ; d'un autre côté, en supposant pour ces cossettes un ensilage de 5 mois, on évitait une perte de 30 0/0 qui compensait le prix de la houille brûlée.

Restait l'amortissement du matériel. La valeur du procédé au point de vue financier dépendait donc du prix de vente de la pulpe sèche.

Maercker sécha 100,000 kg. de pulpes dans un séchoir à chicorée, puis il abandonna ses essais.

Mais il tenta d'appliquer la chaux à la déshydratation ; à cet effet il ajoutait 1/2 0/0 de chaux à la pulpe sortant des presses, puis, les ayant ainsi traitées, il leur faisait subir une nouvelle pression. Les pulpes non chaulées peuvent, d'après lui, être amenées à 17 0/0 de matière sèche ; par le chaulage, on peut les amener à 35 0/0.

D'après Maerker, les pulpes chaulées seraient une très bonne nourriture pour le bétail ; Liebscher est d'un avis contraire.

Rassmus a pris un brevet pour un procédé de dessiccation des cossettes dans les diffuseurs. Lorsqu'un diffuseur est épuisé, on fait agir sur lui une pompe à air comprimé qui produit l'égouttage ; on fait parvenir un jet d'air chaud par la partie inférieure du diffuseur, et cet air est aspiré par une pompe à la partie supérieure.

Ce procédé n'a guère été appliqué, il nous paraît du reste devoir entraver d'une manière considérable la marche de la batterie.

Un autre procédé de dessiccation est celui de M. Schultz. L'appareil de son invention se compose de trois cylindres en tôle, dans lesquels on fait arriver la cossette à la sortie des presses.

Ces cylindres sont entourés d'une enveloppe dans laquelle on injecte la vapeur ; de cette enveloppe elle se rend dans le premier cylindre, en sortant du premier cylindre elle va chauffer le deuxième et du deuxième elle se rend dans le troisième.

Les cylindres sont animés d'un mouvement de rotation et portent extérieurement une hélice qui applique la pulpe contre des bras qui la remuent pour renouveler les surfaces. Un injecteur aspire les gaz et la vapeur d'eau.

Otto Tölke a imaginé un appareil formé d'un cylindre divisé en plusieurs chambres par des plateaux tournants ; la pulpe arrive par une trémie dans la chambre supérieure, puis elle est forcée par la rotation du plateau et des chicanes fixes, de passer dans la deuxième chambre et de là dans la troisième.

Le mouvement ainsi imprimé aux cossettes en présence d'air chaud rend la dessiccation assez rapide.

On a encore imaginé plusieurs autres appareils pour la dessiccation des cossettes, mais nous les passerons sous silence pour arriver immédiatement au procédé Buttner et Meyer qui a fait ses preuves, car il est appliqué dans un assez grand nombre d'usines allemandes, entre autres dans celles de Hamersleben, Hadmersleben, Atzendorf et Hoym, et en France aux sucreries de Fismes et de Liez.

L'appareil de dessiccation de MM. Buttner et Meyer se compose essentiellement de 3 chambres, dans lesquelles circulent, en même temps que la pulpe à dessécher, des gaz chauds provenant d'un foyer à coke placé en avant et à la partie inférieure de l'appareil.

Chaque chambre a 5 mètres de longueur, 2^m. 20 de largeur et 1^m. 50 de hauteur.

La pulpe sortant des presses est entraînée par une hélice dans la chambre supérieure où elle est constamment soulevée par des agitateurs.

Dans cette même chambre entrent en même temps les gaz provenant du foyer à coke qui sont aspirés par un ventilateur agissant sur la 3e chambre. La pulpe qui se trouve dans la première chambre est entraînée par les gaz lorsqu'elle est arrivée à un état de siccité suffisante pour être enlevée ; elle passe alors dans la deuxième chambre où elle est encore brassée par des agitateurs au sein des gaz chauds ; enfin la dessiccation s'achève dans la troisième.

Les agitateurs tournent à une vitesse d'environ 20 tours par minute.

Des registres permettent de régler la température qu'on contrôle au moyen de pyromètres.

D'après Butter et Meyer, il faut extraire 830 kg. d'eau de 1000 kg. de cossettes sortant des presses. On évapore, avec cet appareil, 10 à 11 kg. d'eau par kg. de charbon brûlé.

Quatre hommes, dont deux de jour et deux de nuit, suffisent pour la conduite de l'atelier de dessiccation.

Enfin, d'après les inventeurs, le prix d'une installation pouvant traiter 100,000 kilog. de cossette humide peut se décomposer comme suit :

Appareil mécanique, compris prime de brevet....	35.000 fr.
Maçonneries et transmissions..................	25.000
Ensemble..	60.000 fr.

Si l'on évalue le prix du combustible à 20 fr. la tonne dans une

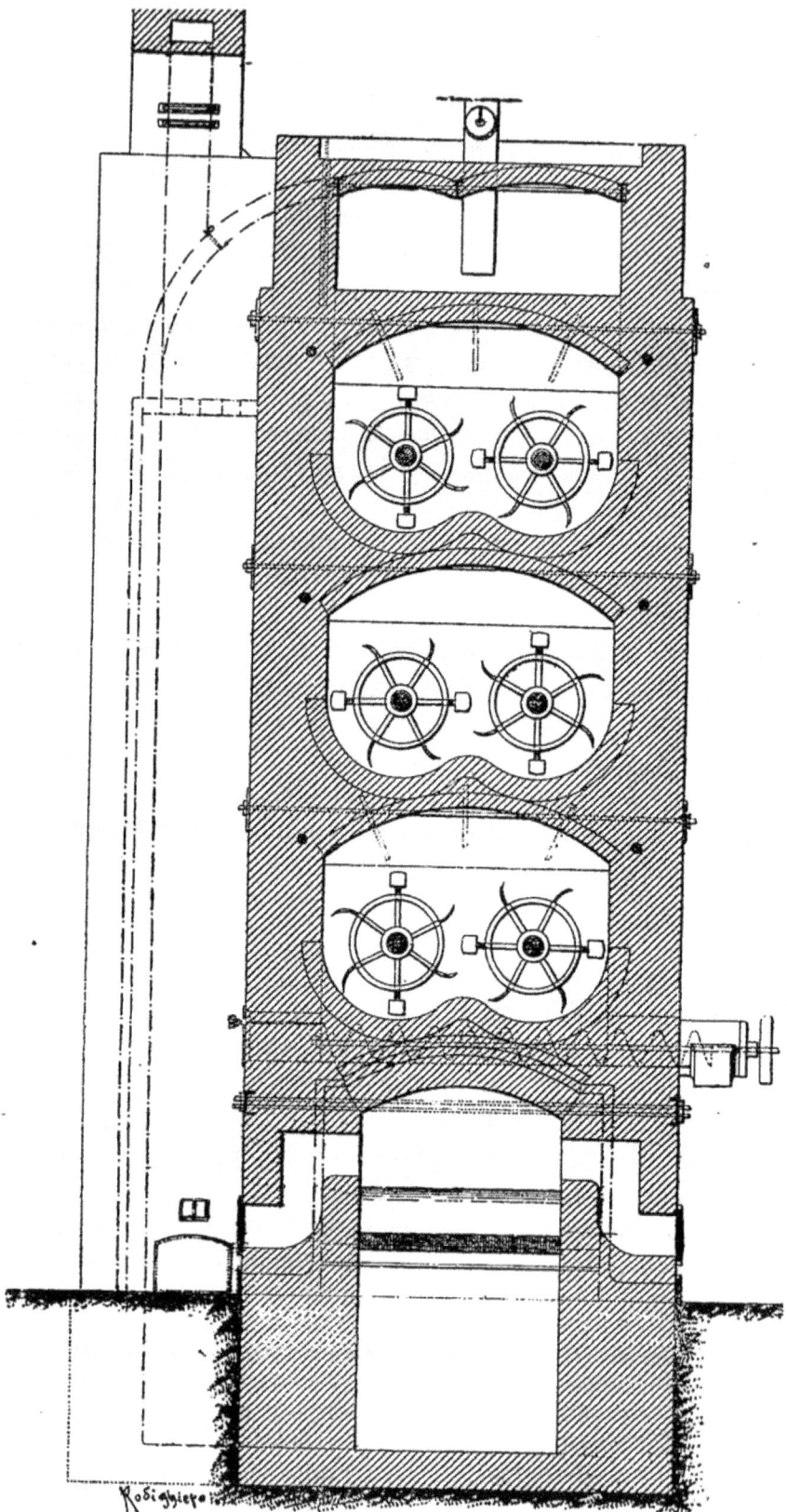

Fig. 72. — Four Buttner et Meyer pour la dessiccation des cossettes, coupe verticale.

sucrerie française, supposant un amortissement de 15 0/0 par an et comptant pour zéro la valeur de la cossette humide, le prix de revient de 100 kilog. de cossette sèche s'établirait comme suit :

1,000 kg. de cossette pressée donnent 830 kg. d'eau à évaporer en 170 kg. de produit desséché.

Pour évaporer 830 kg. à raison de 10 kg. par kg. de charbon, il faudra brûler 83 kg. de combustible à 20 fr......................	1 fr. 66
4 hommes soit 16 fr. à répartir sur 100,000, kg. de cossette humide, par tonne..	0 fr. 16
7,800 fr. à amortir sur une quantité de 100,000 kg. de cossette en 100 jours, soit par tonne de cossette humide........	0 fr. 78
Force motrice, graissage, etc................................	0 fr. 15
Ensemble..........	2 fr. 75
pour 170 kilog. de matière desséchée, ce qui donne par tonne un prix de revient d'environ...............................	16 fr. »

Si on attribue à la cossette humide une valeur de 5 fr., et si l'on suppose qu'il en faudrait $\frac{1000}{170}$ = 5,88 pour produire une tonne de cossette desséchée, le prix d'une tonne de produit serait 16 fr. + (5,88 × 5) = 45 fr. 40.

Ce chiffre est peut-être un peu faible; nous pensons en effet que la somme de 60.000 pour les frais d'installation est insuffisante.

M. Vivien établit de son côté comme suit, les frais de dessiccation par 1.000 kilog. de pulpes fraîches :

95 kilog. de coke à 20 fr....................................	1 fr.	90
Manutention, mise en sac, usure des sacs, etc.............	0	25
Force motrice..	0	15
Entretien, intérêt et amortissement du four................	1	85
Valeur de la pulpe..	4	»
	8 fr.	15

D'après M. Sachs, les frais de dessiccation dans 6 fabriques varient entre 3 fr. 17 et 4 fr. 54 pour 100 kilog. de pulpe desséchée; mais les frais de premier établissement dans la plupart de ces sucreries nous font supposer que les installations sont très luxueuses.

A la sucrerie de Hamersleben, la pulpe humide est vendue 5 fr. la tonne et la cossette desséchée 100 fr., l'installation complète a coûté 87.500 fr., on dessèche 120.000 kilog. de pulpe par 24 heures ; la température à l'intérieur du four est de 600° et les gaz sortent à 90 ou 100°.

A Atzendorf on dessèche également 120.000 kilog. de pulpe qui fournissent 14.000 kilog. de pulpe sèche; l'installation, très soignée, a coûté 100.000 fr. ; la marche est à peu près la même qu'à Hamersleben.

A la sucrerie de Hoym la pulpe sèche est vendue 75 fr.

Au point de vue financier la dessiccation est surtout avantageuse pour les usines qui ne trouvent pas facilement l'écoulement de la pulpe humide à un prix raisonnable, soit au moins 5 francs la tonne ; mais le bénéfice dépend aussi du prix de vente de la pulpe sèche, lequel varie suivant les régions.

Voyons quel pourrait être le résultat d'une application de la dessiccation de la cossette dans une usine travaillant 250 tonnes de betteraves par 24 heures.

Cette quantité de betteraves correspond à une production de 125.000 kilog. environ de cossette humide qui fourniraient approximativement 14.000 kg. de cossette sèche.

Si cette usine écoule difficilement sa pulpe, à 2 fr. par exemple, le prix de revient de la cossette sèche s'établirait ainsi :

125 tonnes de cossette humide à 2 fr...............	250 fr. »
125 kilog. de combustible à 20 fr....................	250 fr. »
3 hommes de jour et 3 de nuit à 4 fr................	24 fr. »
Amortissement du matériel en 100 jours, par jour.....	120 fr. »
Force motrice, graissage et entretien...............	15 fr. »

                                              659 fr.

Une tonne de pulpe sèche reviendrait ainsi à $\frac{659}{14}$ =   47 fr. »

En ne donnant aucune valeur à la cossette humide, le prix de revient d'une tonne de cossette sèche ne serait plus que $\frac{409}{14}$ =   29 fr. 20

Si cette cossette sèche était vendue 70 fr. la tonne, par exemple, le bénéfice par tonne serait 70 — 29,20.....   40 fr. 80

soit par 14 tonnes produites par jour: 571 fr. 20. On arriverait ainsi au même résultat que si l'on vendait la tonne de cossette humide $\frac{571,20}{1,25}$ =   4 fr. 57

M. Vivien a fait sur la dessiccation des cossettes une étude dont nous allons extraire quelques passages (1).

Pour 1 kilog. d'aliment sec il faut:

2 kilog. 5 à 3 kilog. d'eau pour la nourriture du mouton, contre 4 à 5 kilog. d'eau pour la nourriture du bœuf; la pulpe de diffusion en contient de 6 kilog. 7 à 7 kilog. 3.

L'excès d'eau dans la ration, dit Wolff, détermine la décomposition d'une notable partie des matières azotées qui, au lieu de se fixer dans le corps en sortent sans profit; aussi ajoute-t-on à la pulpe des produits secs, tels que tourteaux, féverolles, maïs, paille ou fourrage hachés·

M. Vivien estime à 1 fr. 21 par 1.000 kilog. de pulpes, la dépense de transport par voiture, à 0 fr. 35 les frais de manutention à la ferme, à 1 fr. 15 ceux d'ensilage; il établit ainsi le prix de revient de 1.000 kilog. de pulpes en tenant compte du déchet :

Déchet de 7 % pour l'altération du dessus du silo.....				6 fr. 84
—	de 15 % après un mois d'ensilage..............			7 fr. 48
—	23	2	—	8 fr. 26
—	31	3	—	9 fr. 22
—	38	4	—	10 fr. 25
—	45	5	—	11 fr. 56
—	52	6	—	13 fr. 25
D'où : prix moyen..				9 fr. 55

En comptant qu'un tiers de la pulpe est consommé directement sans passer par les silos, on a le prix moyen suivant :

     1/3 pulpe fraîche............   5 fr. 56 les 1.000 kg·
     2/3 pulpe ensilée............   9 fr. 55   —

ce qui donne une moyenne générale de 8 fr. 22.

Les analyses suivantes montrent que la pulpe sèche est pour le bétail une nourriture saine à laquelle il suffit d'ajouter l'eau nécessaire avant de la faire consommer; du reste, ce produit sec additionné d'eau s'en imprègne très rapidement, bien qu'à l'air il ne reprenne pas d'humidité et ne s'altère pas, ce qui évite la perte aux silos.

(1) *Bulletin de l'assoc. des chimistes.*

| | Pulpes fraîches | Pulpes desséchées au four Büttner et Meyer | |
	Moyenne de composition	Minimum de dessiccation	Maximum de dessiccation
Eau...............................	87,000	15,00	9,00
Matières azotées protéiques..........	0,800	5,23	5,60
Matières azotées alcaloïdes...........	0,027	0,18	0,19
Aliments hydrocarbonés assimilables :			
Sucre...............................	0,120	0,70	0,75
Matières grasses.....................	0,080	0,52	0,56
Matières hydrocarbonées diverses.....	8,600	56,32	60,30
Cellulose............................	2,768	18,10	19,37
Matières minérales...................	0,605	3,95	4,23
	100,000	100,00	100,00

En résumé, la dessiccation permet d'éviter la perte aux silos, de diminuer considérablement les frais de transport et de manutention, de donner au bétail une excellente nourriture ; au fabricant placé dans les régions où la pulpe humide se vend difficilement, elle donne la possibilité d'expédier au loin cette pulpe transformée.

Dans ce dernier cas, on pourrait reprocher au procédé d'enlever à une contrée des engrais, car la pulpe de betteraves devrait être donnée aux animaux qui fourniront l'engrais au terrain où a végété la betterave.

L'appareil à dessiccation Mackensen. — L'invention de cet appareil est postérieure à celle du procédé Büttner et Meyer ; cet appareil consiste [1] en un cylindre de tôle de 12 mètres de longueur, 1 mètre 20 de diamètre, garni de masse isolante et contenant une spirale de 80 cm. à pas faible qui régularise l'arrivée des cossettes. Un distributeur étoilé régularise l'entrée des gaz de la combustion par une ouverture du tambour par laquelle ils pénètrent à environ 1000°, réglés par une valve. A l'autre extrémité du cylindre se trouve un ventilateur avec un pyromètre et une chambre à poussière, tandis que les cossettes sont évacuées par un transporteur. Cet appareil dessèche en vingt-quatre heures, 375 quintaux métriques de cossettes pressées.

[1] Nevole's Bœmische Zeitschrift.

RAPERIES EXTÉRIEURES
ET CONDUITES DE RAPERIES

M. Linard qui a contribué à l'établissement d'un grand nombre de sucreries en France, se trouva d'abord en présence de la difficulté d'approvisionnement pour les usines très importantes. Pour travailler de grandes quantités de betteraves dans une même usine, il fallait étendre très loin de la sucrerie son rayon de culture et payer fort cher les transports ; c'est alors qu'il eut l'idée de transporter le jus de la betterave au lieu de transporter la betterave elle-même.

La première râperie fut établie à Saint-Aquaire dans le département de l'Aisne ; elle envoyait le jus à l'usine de Montcornet. Cette création date de 1867. Dans les années qui suivirent on construisit un grand nombre de sucreries à râperies, entre autres Cambrai, Meaux, Abbeville, Coulommiers, etc. ; actuellement 56 fabriques environ travaillent avec des râperies, et le nombre de ces dernières s'élève approximativement à 140. La sucrerie de Cambrai – Escaudœuvres possède 16 râperies et peut travailler 2.500.000 kilog. de betteraves par 24 heures.

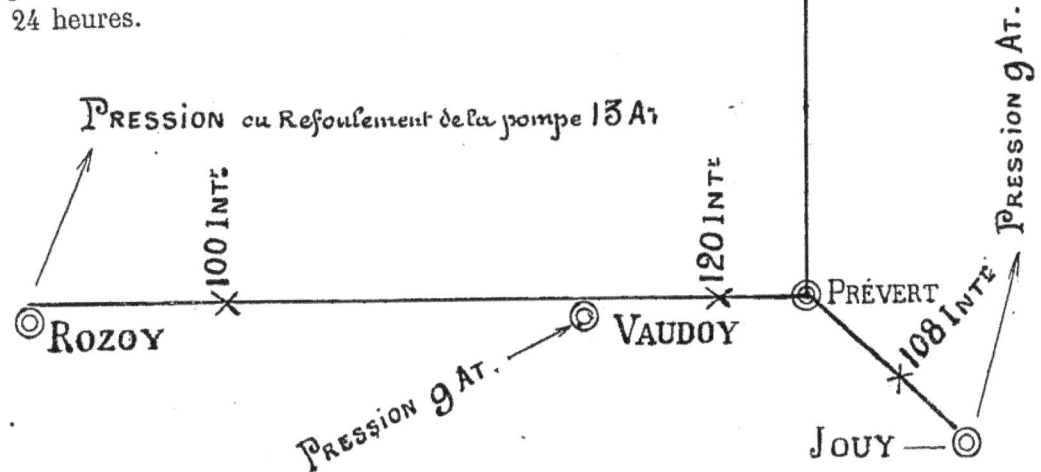

Comme deuxième exemple d'usine avec râperie, mais moins importante que la précédente, nous citerons la sucrerie de Coulommiers. La fig. 73 donne le tracé des râperies qui y sont annexées.

Longueurs et capacités des conduites de jus des râperies de Coulommiers

Noms des localités	Longueur	Quantité de jus par m.		Quantité d'hectolitres de la conduite		Diam. int⁵
Jouy à Prévert.........	2209	9 lit. 16		202 hl. 34		108
Vaudoy à Prévert.....	2044	11	30	230	97	120
Rozoy à Vaudoy.......	8495	7	85	666	85	100
Prévert à Coulommiers.	17286	17	67	3054	36	150

Quantité totale de jus dans les conduites........   4154 h. 52

Outre l'économie de transport des betteraves, l'installation des râperies présente d'autres avantages : au cultivateur elle donne plus de facilité pour ramener de la pulpe, et au fabricant elle permet de travailler de grandes quantités de betteraves ; la main-d'œuvre et les frais généraux par 100 kg. de betteraves sont toujours inférieurs pour de grandes usines à râperies que pour les petites sucreries.

Chaulage des jus de râperie. — Au sortir du bac mesureur le jus arrive dans un bac dans lequel il est chaulé ; on emploie généralement deux bacs semblables : pendant que l'un se remplit et est chaulé, l'autre est en communication avec la pompe qui aspire le jus et le refoule dans la conduite qui l'amène à l'usine centrale.

La chaux est ajoutée à l'état de lait à 20° ou 25° B. ; elle est transportée de l'usine centrale à la râperie, soit chargée directement dans une voiture, soit introduite dans des sacs devant, une fois pleins, peser un poids déterminé. Dans le dernier cas, on ne pèse généralement pas le lait, on se contente d'employer un nombre déterminé de sacs de chaux ; dans le cas contraire, on ajoute un volume fixé d'avance de lait à 20° ou 25° Baumé par hectolitre de jus de diffusion.

Quel que soit le procédé employé, on éteint la chaux, puis on introduit la pâte dans des malaxeurs cylindriques dans lesquels des palettes horizontales mues par un arbre et portant des chaînes, mélangent la chaux éteinte avec l'eau ; on a soin d'ajouter une quantité suffisante de cette dernière pour obtenir le lait au degré voulu. Dans la plupart des râperies on dilue la chaux éteinte, non avec de l'eau, mais avec du jus afin d'envoyer à l'usine du jus aussi dense que possible en vue de réduire la consommation de charbon. Mais il faudrait bien se garder d'éteindre la chaux avec du jus, car on risquerait de détruire du sucre sous l'influence de la haute température produite par l'extinction.

Du bac malaxeur le lait de chaux est envoyé dans les bacs à chauler. Dans certaines usines on le fait préalablement passer au travers d'un tamis cylindrique légèrement incliné et mu par un arbre presque horizontal ; les morceaux d'incuits cheminent intérieurement d'un bout à l'autre du tamis et sont ensuite rejetés.

On s'arrange de manière à ajouter environ 1 0/0 de chaux au jus avant de l'envoyer dans les conduites.

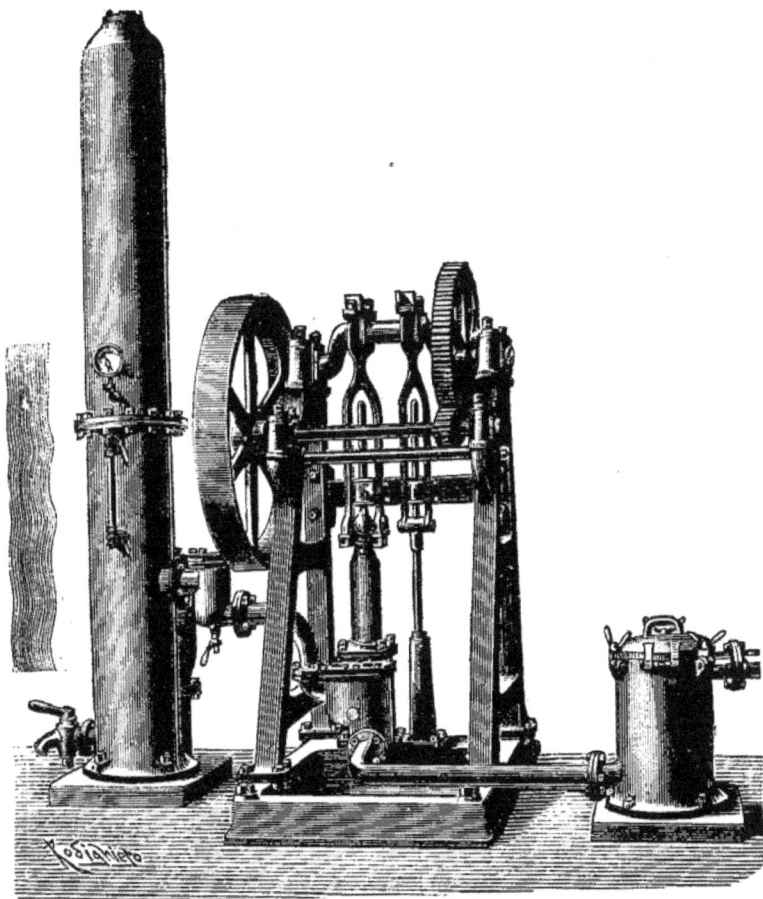

Fig. 74. — Système de pompe à eau et de pompe à jus pour râperies indépendantes.

Le jus est, comme nous avons dit, aspiré dans le bac par une pompe qui le refoule également dans les conduites.

La figure 74 représente une pompe destinée à cet usage : Le jus passe à travers un tamis placé dans la boite cylindrique que l'on voit à droite de la figure ; ce tamis peut être facilement enlevé et nettoyé, on en possède genéralement un de rechange pour éviter de retarder le travail ; le gros piston de gauche aspire et refoule le jus ; la boite à clapets est apparente sur la figure ainsi que le réservoir d'air qui porte un manomètre indiquant la pression au refoulement ; au moyen de ce manomètre on se rend facilement compte de l'existence d'une fuite ou d'un engorgement qui pourrait se produire dans la conduite de refoulement à l'usine centrale.

Le mouvement est donné par une poulie à un arbre qui commande au moyen d'un engrenage un villebrequin faisant mouvoir les bielles.

Nous disons les bielles, car, comme l'indique la figure le système actionne aussi une pompe placée dans un puits et qui sert à élever . l'eau nécessaire dans le bac en charge sur la batterie de diffusion. Dans certaines installations on ne se sert pas de cette pompe, mais on en installe une d'un système quelconque spécialement destinée à cet usage.

Une soupape de sûreté empêche de dépasser une certaine pression au refoulement.

L'appareil que nous venons de décrire présente un inconvénient : la pompe à jus ne refoule que pendant la moitié du temps, d'où il résulte que, durant une course complète du piston la résistance est beaucoup plus forte pendant le refoulement que pendant l'aspiration, ce qui explique les chocs et le bruit produits par cet appareil ; pour remédier à ce défaut on a fait refouler la pompe à eau pendant l'aspiration de la pompe à jus, mais ce correctif n'est généralement pas suffisant, le travail de cette dernière pompe étant bien inférieur à celui de l'autre. On pourrait encore obvier en partie à cet inconvénient en plaçant sur la grande roue d'engrenage un secteur en fonte destiné à entraîner celui-ci pendant le refoulement de la pompe à jus ; mais le mieux serait de refouler avec deux pompes à jus placées de chaque côté du bâti et dont les pistons seraient actionnés par le même arbre ; pendant qu'une pompe serait en aspiration, l'autre serait en refoulement, et le jus serait constamment refoulé dans la conduite.

Les conduites sont composées de tuyaux en fonte de diamètre variant de 70 à 180 millimètres ; il faut avoir soin d'employer des conduites d'un diamètre suffisant si l'on veut éviter de trop fortes pressions.

Les tuyaux ont généralement trois mètres de longueur ; ils s'emboitent les uns dans les autres et les joints sont faits avec de la corde goudronnée ; on y coule ensuite du plomb que l'on matte aussi soigneusement que possible.

Les conduites suivent généralement les accotements des routes et sont enterrées à 80 centimètres environ afin d'éviter la gelée.

Dans les parties hautes des conduites se trouvent des robinets d'air qu'on ouvre à la mise en route pour laisser échapper l'air contenu dans ces conduites.

Celles-ci doivent être quelquefois nettoyées ; cette opération se pratique de la manière suivante : on démonte deux tuyaux à l'extrémité de la partie de conduite que l'on désire nettoyer, on introduit à l'autre extrémité une boule en bois ayant 12 à 15 millimètres de diamètre de moins que l'intérieur de la conduite, puis on fait agir la pression d'eau ; la boule avance jusqu'au bout de la conduite et détache les incrustations. L'opération doit être répétée plusieurs fois. On peut avantageusement remplacer la boule par un morceau de bois ayant la forme d'un obus.

Conservation des jus pendant le trajet. — On a discuté beaucoup cette question. Certains chimistes prétendent qu'il y a perte de sucre et d'alcalinité dans les conduites, d'autres avancent le contraire. Nous avons effectué quelques analyses afin de nous renseigner sur ce sujet ; nous en donnons les résultats au tableau de la page suivante.

D'après ce tableau, la perte en sucre serait négligeable pendant 90 heures, car les écarts qui concernent le sucre et que l'on peut constater dans les trois premiers essais, peuvent être imputés à des erreurs analyses. Au bout de 120 heures la perte de 0,40 n'est plus négligeable, à plus forte raison celle de 1,60 au bout de 144 heures.

Nous ne pensons pas qu'il existe des râperies assez éloignées de l'usine centrale pour que le jus mette plus de 30 à 40 heures pour parcourir la conduite ; il n'y aurait donc pas à craindre des pertes de sucre dans le trajet.

Essais sur la conservation des jus de Râperies

Durée du séjour	JUS INITIAL CHAULÉ à 5 0/0 de lait à 25° B°			JUS CONTENU DANS UN TUBE EN FER PLACÉ SUR sur une poulie en mouvement			JUS PLACÉ DANS UN flacon bouché		
	Sucre	Chaux totale	Chaux dissoute	Sucre	Chaux totale	Chaux dissoute	Sucre	Chaux totale	Chaux dissoute
24 hres	6.32	1.09	0.78	6.32	1.02	0.84	6.24	1.08	0.84
72	13.40	0.91	» »	13.40	0.76	0.73	13.30	0.85	0.84
90	14.35	0.80	0.78	14.50	0.79	0.70	14.25	0.69	0.64
120	14 »	0.88	0.83	13.50	0.73	0.66	13.60	0.71	0.66
144	16.55	0.82	0.76	15 »	0.72	0.60	14.95	0.71	0.64

Les chiffres ci-dessus dénotent une légère perte d'alcalinité totale après 24 heures et au delà, une légère augmentation d'alcalinité soluble après 24 heures, et une diminution après 90 heures et au delà.

Nous n'avons jamais remarqué de difficultés dans le travail des jus de raperies, surtout quand on observe cette condition de ne pas laisser séjourner les jus venant des râperies dans le grand bac placé dans la cour de l'usine centrale en charge sur les chaudières à carbonater. Ce bac ne doit être là que par mesure de sûreté ; mais on doit autant que possible régler le travail des râperies de manière à recevoir directement le jus dans les chaudières à carbonater à mesure qu'il arrive.

EAUX RÉSIDUAIRES. — LEUR ÉPURATION

Les eaux résiduaires proviennent en grande partie de la diffusion ; ce sont les eaux de lavage des betteraves, celles provenant de la diffusion proprement dite, et enfin les eaux extraites des cossettes épuisées. Ces dernières sont de beaucoup les plus nuisibles, car elles contiennent une grande quantité de matières organiques solubles.

Les eaux provenant du lavage des betteraves en contiennent une quantité bien moindre qu'il est du reste facile de séparer par une épuration physique ; mais elles renferment aussi des queues de betteraves qui, si elles ne sont pas éliminées rapidement de ces eaux, produiront une fermentation très active.

Les eaux provenant de la diffusion sont assez claires, elles contiennent un peu de sucre et des matières minérales et organiques en dissolution.

La cause d'infection des rivières par les eaux résiduaires est due à la présence des matières organiques : une eau pour être saine et pour permettre aux poissons de vivre doit contenir une certaine quantité d'oxygène, si cet oxygène est détruit par suite de l'oxydation de matières organiques, les poissóns meurent. La décomposition des matières organiques s'effectue sous l'influence de microorganismes qui agissent les uns au contact de l'air, les autres à l'abri de l'air ; il y a apparition de nouveaux organismes et production de gaz acide carbonique, carbures d'hydrogène, hydrogène sulfuré, acide acétique et produits humifères.

Si la rivière a un courant rapide, les inconvénients sont moins graves, parce que la diminution d'oxygène est moins marquée, l'eau ayant le temps de s'aérer.

Voici d'après M. P. Gaillet la composition d'eaux résiduaires provenant de la diffusion :

Eau de lavage des betteraves :	par litre
Matières organiques totales.....	1,792 à 2,652
Matières minérales totales..............	1,680 à 1,685
TOTAL........	3,472 à 4,267

Eau d'égouttage des cossettes :	
Matières organiques en suspension......	0,200
— — en dissolution..	2,050
TOTAL........	2,250

Matières minérales en suspension........	0,005
— — en dissolution........	0,670
TOTAL........	0,675

Total des matières organiques et des mat. minérales : 2,925.

Eau des presses à cossettes :	
Matières organiques en suspension.......	4,225
— — en dissolution......	2,550
TOTAL........	6,775

Matières minérales en suspension........	2,375
— — en dissolution........	0,750
TOTAL........	3,125

Total des matières organiques et des mat. minérales : 9,900.

Eau d'ensemble non décantée de sucrerie :

Matières organiques en suspension.......	1,620
— — en dissolution.......	1,480
TOTAL........	3,100
Matières minérales en suspension........	24,730
— — en dissolution........	1,540
TOTAL........	26,270

Total des matières organiques et des mat. minérales : 29,370.

M. Pagnoul évalue comme suit les quantités d'eaux à rejeter par tonne de betteraves :

Petites eaux de vidange des diffuseurs....	1,000 litres
Eau sortant des presses.................	400 —
Eau de lavage des betteraves...........	500 —
Diverses.............................	100 —
TOTAL........	2,000 litres

Épuration des eaux.

L'épuration des eaux résiduaires peut s'effectuer par décantation, par filtration sur le sol et par épuration chimique. En ce qui concerne la décantation, M. Vivien propose, comme moyen d'épuration chimique, le chaulage pratiqué immédiatement après la sortie des eaux de la râperie afin d'éviter l'accumulation des eaux résiduaires de toute une campagne dans une même fosse à décanter, où les matières organiques qu'elles renferment ne tarderaient pas à entrer en putréfaction et à devenir une source d'infection ; il conseille la disposition suivante :

On construit une série de bassins, en plus ou moins grand nombre, ayant des dimensions variables et en rapport avec l'importance des matières à retenir ; ces dimensions sont calculées de façon que chaque bassin puisse être rempli dans un délai aussi court que possible, soit dix ou quinze jours au maximum, suivant les conditions d'altérabilité des dépôts.

Les eaux déposent dans le premier bassin, puis se rendent dans le deuxième, le troisième, etc., et ne tombent dans le canal de fuite que lorsqu'elles sont parfaitement limpides, soit à la sortie du 3e bassin, par exemple. Si on peut les répandre en couches minces sur le sol, et irriguer en nappe, par exemple une prairie, avant de les faire filtrer au travers d'un terrain convenablement perméable, cela ne vaudra que mieux.

Lorsque le premier bassin est plein, on l'isole complètement et on fait arriver les eaux sales dans le deuxième ; en même temps on dispose les vannes pour faire entrer l'eau dans le quatrième bassin et ainsi de suite.

L'épuration par irrigation est excellente en principe, mais elle présente des difficultés d'application.

« L'épuration par le sol, dit M. Trélat (1), nécessite un aménagement spécial de la surface du terrain, qui doit présenter des rigoles de dimensions appropriées avec des espaces intermédiaires permettant un accès permanent et suffisant de l'air.

« L'épuration ne s'accomplit parfaitement que si l'occupation des rigoles est méthodiquement interrompue par des repos, pendant lesquels l'air descend pour comburer les matières organiques non oxydées sous les rigoles, pendant leur fonctionnement. Ainsi, intermédiaires non mouillés entre les rigoles, intermittence dans l'occupation des rigoles sont des facteurs indispensables au bon fonctionnement d'un champ d'épuration. Un sol perméable profond permet d'établir de fortes rigoles et de larges plates-bandes : un sol perméable peu profond nécessite des rigoles plus étroites et plus rapprochées. »

En passant dans les rigoles, le liquide pénètre le sol, s'y disperse en tous sens sous la double action de la pesanteur et de la capillarité, et gagne ainsi plus ou moins profondément les dessous des plates-bandes. L'air, disséminé de son côté en petits cheminements très fins, rencontre les multiples et minimes voies liquides, et c'est dans ces voyages croisés que s'effectuent les précieuses réactions qui constituent l'épuration.

L'épuration chimique des eaux a été beaucoup étudiée dans ces dernières années. Les réactifs chimiques employés à l'épuration

_____

(1) *Bull. Assoc. Chim.*, 1892.

des eaux résiduaires ont presque tous pour but de précipiter les matières organiques.

Épuration par la chaux. — La chaux est fréquemment employée. M. Vivien la conseille pour le traitement des eaux résiduaires de sucrerie ; il admet cependant qu'elle ne suffit pas comme agent épurant des eaux de presses à cossettes qui, comme nous l'avons vu, contiennent une importante proportion de matières organiques solubles.

La chaux, dit M. Way, précipite simplement les matières organiques insolubles qu'une simple filtration aurait séparées ; elle ne fixe aucune partie de l'ammoniaque soluble. L'ammoniaque qu'on retrouve dans le précipité provient uniquement des matières organiques insolubles. La potasse soluble n'est pas fixée ; les cinq sixièmes de l'acide phosphorique sont précipités.

D'autre part, on sait que les eaux alcalines sont nuisibles à la vie des poissons ; l'épuration à la chaux produirait donc un effet contraire au but à atteindre.

Épuration par le fer. — Le fer a été quelquefois employé pour la précipitation des matières organiques ; il suffit d'agiter le fer finement divisé au sein de l'eau ; l'acide carbonique et l'oxygène en dissolution dans l'eau forment avec ce métal du carbonate ferreux et de l'hydrate de fer qui détruisent et précipitent les matières organiques.

Épuration par le perchlorure de fer. — On a aussi employé le perchlorure de fer qui, se transformant en oxyde de fer, précipite les matières albuminoïdes.

Épuration par les sels de fer et d'alumine. — En 1865, M. Le Châtelier employa pour l'épuration des eaux du sulfate d'alumine provenant de pépites traitées par l'acide sulfurique, on avait ainsi un composé qui contenait 10 0/0 d'alumine et 3 0/0 d'oxyde de fer. Il se forme dans ces conditions de l'hydrate d'alumine et des composés d'alumine qui précipitent en partie les impuretés de l'eau ; le sulfate de fer est d'ailleurs un désinfectant.

Le procédé de Liesenberg (1), est basé sur l'emploi de la combinaison double d'un ferrite de soude et d'un aluminate ; on

---

(1) Brevet allemand 37882 du 11 févr. 1886.

prépare cette combinaison en fondant un minerai alumino-ferrugineux avec de la soude. Voici le mode d'application du procédé :

On commence par traiter l'eau par un lait de chaux jusqu'à réaction faiblement alcaline, on neutralise ainsi les acides et on précipite les impuretés mécaniques. On ajoute ensuite le ferro-aluminate de soude, il se décompose et donne de l'hydrate d'oxyde de fer qui, à l'état naissant, précipite les combinaisons organiques et inorganiques de l'eau ; il empêche en outre la formation d'acide sulfhydrique.

Épuration par le perchlorure de fer et la chaux. — Ce procédé, étudié par M. Vivien, a été appliqué à la sucrerie de Flavy-le-Martel. Il est basé sur la précipitation par la chaux du fer à l'état de peroxyde ; le précipité volumineux d'oxyde ferrique qui se forme entraîne les impuretés en suspension ; après décantation on a des eaux claires et limpides.

Ces eaux, avant d'arriver dans les marais où elles se perdent, sont exposées pendant assez longtemps à l'action de l'air qui, cédant un peu d'oxygène aux matières organiques, achève l'épuration. Toutes les eaux à épurer sont réunies dans un même canal collecteur ; sur leur trajet on place un tonneau de perchlorure de fer muni d'un robinet réglé pour le vider en 24 heures ; puis elles continuent leur parcours et sont chaulées avec un lait de chaux qu'on y fait couler par un robinet adapté au bas d'un bac malaxeur en charge sur le canal collecteur.

Après chaulage, les eaux arrivent dans une première fosse, de celle-ci elles sont décantées dans une deuxième et passent ensuite dans un fossé qui les déverse dans les marais environnants après un parcours de 5 kilomètres environ, pendant lequel l'action oxydante de l'air achève l'épuration.

Le prix de revient par 24 heures s'établit comme suit :

Un fût perchlorure de fer 240 kilog. à 6 fr. 75 les 100 kilog...	16f.200
Transport par fût...	1 775
Chaux 3m3 500 à 14 fr. les 1,000 kilog.........................	
700 kilog. = 3m3 500 = 2,400 fr..............................	
$\frac{14\times25}{1000} =$	34 300
Main-d'œuvre, 2 hommes, 1 de jour, 1 de nuit, 2 fr. 25........	4 500
	56f.775

correspondant à 14,000 hect. d'eaux vannes, ce qui fait par hectolitre d'eaux vannes une dépense de.................. 0 004

Après la fabrication on livre les boues chaulées comme engrais ; les eaux épurées peuvent, en cas de besoin, être reprises pour la vidange à la diffusion pour le 1er lavage des betteraves ou pour alimenter le transporteur hydraulique.

Des eaux épurées par ce procédé avaient la composition suivante, par hectolitre :

Matières organiques..........................	4 gr.	650
Carbonate de chaux..........................	17	077
— de magnésie........................	0	962
Silice..	0	233
Acide sulfurique...............................	1	647
Chaux combinée à divers acides...............	3	374
Magnésie...	1	620
Chlore..	2	130
Fer et alumine.................................	traces.	

La proportion d'O nécessaire pour brûler les matières organiques déterminées d'après la méthode de Montsouris s'élève à 1 gr. 655 par hectolitre.

Ces eaux sont limpides, neutres aux réactifs colorés, et contiennent des proportions très minimes de matières en suspension comme le montrent les chiffres suivants :

Matières minérales après calcination...........	27 gr.	043
— organiques —	4	650
Résidu après évaporation.....................	31 gr.	693

L'eau d'Arcueil accuse à l'évaporation 46 gr. 6; celle de l'Ourcq 59 gr. et les eaux de certains puits ont jusqu'à 5 grammes de matières organiques.

M. Le Châtelier qui avait expérimenté ce procédé, était arrivé à enlever 35 p. 100 de l'azote total et à désinfecter et clarifier des eaux d'égout ; il avait aussi remplacé la chaux par la dolomie.

Procédé Oppermann au protochlorure de fer, au sulfure de sodium et à la dolomie calcinée. — M. Manoury a donné de ce procédé la description suivante (1) :

« Les agents chimiques sont le protochlorure de fer, le sulfure de sodium et la dolomie calcinée, On fait des dissolutions de

(1) *Journal des fabricants du sucre,*

protochlorure de fer et de sulfure de sodium que l'on mélange en proportions telles que 1/6 du fer environ soit transformé en sulfure de fer. Ce mélange est mis dans un tonneau dont on règle l'écoulement dans l'eau à épurer comme dans l'emploi du perchlorure de fer ; à une dizaine de mètres plus loin, sur le canal d'évacuation des eaux sales, on installe deux bacs superposés, le bac supérieur sert à préparer le lait de la dolomie calcinée, tandis que le bac inférieur sert de réservoir au lait de dolomie dont on règle l'écoulement dans l'eau sale additionnée du mélange de protochlorure de fer et de sulfure de sodium au moyen d'un robinet convenablement ouvert.

« Le mélange de protochlorure de fer et de sulfure, venant en contact avec le lait de dolomie calcinée, donne du chlorure de calcium, de la magnésie hydratée, de l'hydrate de protoxyde de fer et du sulfure de fer.

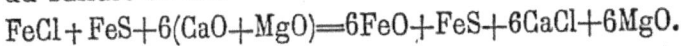

$$FeCl + FeS + 6(CaO + MgO) = 6FeO + FeS + 6CaCl + 6MgO.$$

« La quantité de chaux employée étant très faible, la plus grande partie se combine au sel de fer soluble, ainsi que le montre l'équation des réactions indiquées plus haut. Le reste de la chaux non combinée se carbonate rapidement à l'air, ce qui fait que là nous n'avons pas une eau alcaline par la chaux seule, mais en grande partie par la magnésie.

« Or la magnésie est extrêmement peu soluble dans l'eau, sa causticité est faible, aussi n'insolubilise-t-elle pas les matières fermentescibles en suspension et n'attaque-t-elle pas celles en dissolution comme le fait la chaux ; elle se carbonate lentement à l'air et n'a pas d'influence mauvaise sur la vie des poissons (?)

« Par suite de ces propriétés de la magnésie, les inconvénients dus à l'emploi de la chaux seule disparaissent, l'eau se conserve sans se corrrompre. Outre l'hydrate de magnésie, le précipité renferme du protoxyde de fer hydraté et du sulfure de fer. Le protoxyde de fer absorbe rapidement l'oxygène de l'air pour se transformer en peroxyde de fer, lequel cède son oxygène au sulfure de fer et le transforme en sulfate qui se dissout.

« La dissolution du sulfate de fer, rencontrant des matières organiques, les brûle en leur abandonnant son oxygène. Le sulfure de fer qui prend naissance par suite de la réduction du sulfate, se précipite ; il se trouve au contact du peroxyde de fer qui lui abandonne à nouveau de l'oxygène et le fait rentrer en dissolution à l'état de sulfate de fer, celui-ci brûle une nouvelle portion de matières organiques en leur cédant son oxygène, et ainsi de suite. »

Épuration par le protochlorure de fer et la chaux. — Ces réactifs sont conseillés par M. Manoury. Il traite ainsi les petites eaux de la diffusion ; le précipité se forme rapidement, on décante et on fait rentrer l'eau claire à la diffusion ; on presse ensuite le dépôt avec les cossettes épuisées.

Le procédé Boblique est basé sur l'emploi du phosphate de soude ferrugineux et d'un sel de magnésie. On a encore employé les sels d'alumine et de chaux.

M. Schlœsnig a conseillé le traitement par l'acide phosphorique et la magnésie ; d'après cet auteur on devrait employer l'acide phosphorique obtenu par l'action de l'acide sulfurique sur les phosphates minéraux et la magnésie provenant des eaux de marais salants traitées par la chaux. On pourrait encore traiter de l'eau de mer par la chaux afin de précipiter la magnésie, puis faire agir sur la boue obtenue de l'acide phosphorique, afin d'obtenir un magma de phosphate tribasique de magnésie recueilli dans un filtre presse qui sert à l'épuration : l'ammoniaque des eaux serait précipitée en quelques minutes.

Epuration par le procédé Lagrange. — Ce procédé est basé sur l'emploi du phosphate acide de chaux qui sert de coagulant, et de l'hydrate de chaux qui le précipite et forme une laque absorbante de phosphate de chaux gélatineux.

M. Lagrange décrit ainsi ce procédé :

« Pour une fabrication de 250,000 kilog. de betteraves par 24 heures, il suffit de deux bacs jumeaux de 100 hectolitres chacun, travaillant alternativement, et que nous appellerons bacs de coagulation.

« Un système de décantation y est adapté ainsi qu'une bonde de fond; on pourrait y installer des agitateurs mécaniques. Au-dessous, deux autres bacs identiques aux premiers, et que nous appelerons : bacs de précipitation.

« Cette double batterie est en pression sur deux filtres-presses

ordinaires. Des toiles de jute sont suffisantes pour la filtration.
C'est dans les deux premières cuves que se fait la coagulation des
matières organiques azotées, entraînant avec elles d'autres substances dissoutes ou en suspension, par l'addition de phosphate
acide de chaux. Les proportions de ce réactif sont évidemment en
rapport avec la pureté des eaux de cossettes. Quelle que soit la proportion employée, dès que le mélange est effectué et en laissant
reposer les liqueurs, il se forme immédiatement un précipité flo-
conneux qui tombe au fond des cuves.

« On décante les liqueurs troubles et encore laiteuses, tandis que
le précipité est passé sur des toiles en jute dans le premier filtre-
presse. Les liqueurs filtrées sont envoyées avec celles qui sortent
de la décantation, et réunies dans la seconde batterie de bacs,
c'est-à-dire dans les bacs de précipitation. On fait arriver dans ces
bacs un lait de chaux de 18° à 20° Bᵉ dont la proportion est équivalente à l'acide phosphorique existant dans les liqueurs décantées, jusqu'à neutralisation complète. Il se forme un précipité de
phosphate de chaux gélatineux qui entraîne, sous forme de laque,
la presque totalité des matières organiques qui restent.

« La laque phosphatée recueillie dans le second filtre-presse
par la bonde du fond constitue un engrais de valeur. »

On a encore épuré les eaux avec l'argile ; M. de Mollens l'a
employée à la dose de 7 à 10 grammes par litre d'eau.

Epuration par le procédé électrolytique. — On ajoute à l'eau un
chlorure, par exemple du chlorure de sodium impur ; il se forme
au pôle positif un composé oxygéné de chlore doué d'un grand
pouvoir d'oxydation, et au pôle négatif un oxyde métallique qui
précipite une partie des matières organiques.

On se sert pour cette épuration de l'électrolyseur Hermite.

CHAPITRE VI

FOUR À CHAUX ET PRÉPARATION DU LAIT DE CHAUX

Le jus de la betterave une fois obtenu doit être épuré; cette épuration s'effectue au moyen de la chaux. Nous allons donc nous occuper pour ne plus avoir à y revenir de la préparation de la chaux.

FOUR A CHAUX

La chaux est fabriquée à l'usine même par la calcination des pierres calcaires dans des fours de différents systèmes; nous allons passer en revue les principaux.

Fig. 75. — Four à chaux avec monte-charge hydraulique.

Le four représenté par la figure ci-jointe a une capacité de 250 mètres carrés

Sa hauteur est de 15 mètres, son diamètre intérieur à la base de 5 mètres 50, et de 4 mètres au sommet de la partie conique; trois foyers extérieurs dans lesquels on peut brûler du coke et qui aboutissent à l'intérieur du four permettront, par la combustion du coke, d'effectuer la cuisson du calcaire introduit par le haut du four.

Ces foyers sont peu employés en France; certains industriels qui possèdent des fours semblables à celui que nous décrivons, les font fonctionner sans le secours de ces foyers, d'autres ont installé des fours sans foyer, dans ce cas le calcaire et le coke sont introduits en même temps par la partie supérieure du four; mais ces modifications sont secondaires et ne changeront rien à la suite de notre description. Le four est construit intérieurement en briques réfractaires, il est souvent revêtu d'une enveloppe métallique destinée à empêcher les rentrées d'air qui pourraient se produire par les fissures de la maçonnerie; entre cette enveloppe métallique et les briques on ménage quelquefois une chambre que l'on remplit de matières isolantes incombustibles.

Huit portes placées au bas du four sur sa circonférence permettent la vidange de la chaux; la base du four a la forme d'un cône dont le sommet est en haut, et qui distribue la chaux aux différentes portes que nous venons de mentionner.

L'angle de ce cône n'est pas à notre avis assez aigu dans le four que nous représentons; il est en effet très important qu'il ne se forme pas au centre du four un amas de chaux qui n'étant jamais expulsé diminuerait sa capacité utile.

Sur la périphérie, à différentes hauteurs, sont ménagés des regards. A la partie supérieure se trouve un carneau communiquant avec la pompe qui aspire le gaz et le refoule dans les chaudières à carbonater, pompe dont nous parlerons plus loin. La figure montre bien ce carneau et ses communications avec l'intérieur du four.

Le four est fermé à sa partie supérieure par un cône qui vient s'appliquer contre une armature métallique, tronconique, dans laquelle on verse le calcaire et le coke; quand celle-ci est pleine on abaisse le cône au moyen d'un levier et toute la charge tombe dans le four et s'y répartit.

La quantité d'air nécessaire à la combustion entre par les portes de vidange et les bouches ; ces orifices sont munis de portes dont on règle l'ouverture de façon à ne laisser entrer que la quantité d'air voulue.

Dans la construction des fours de grandes dimensions, on ne se contente généralement pas des vidanges latérales, mais on y pratique en outre une vidange centrale par laquelle on tire une certaine quantité de la chaux produite.

Une autre installation est celle qui permet d'extraire la chaux par des orifices situés sur une circonférence dont le centre est celui de la base du four, et dont le diamètre est environ la moitié du grand diamètre du four.

Quel que soit le genre de vidange adopté, il faut faire en sorte qu'un même lit de calcaire descende suivant des plans horizontaux ; on s'assure ainsi que la chaux extraite a toujours un degré de cuisson uniforme dans toute sa masse. Pour élever le calcaire et le coke au sommet du four à chaux, on se sert généralement de paniers et d'un treuil ; mais ce mode d'opérer devient insuffisant pour alimenter des fours de grande dimension. Dans ce cas on se sert de monte-charges hydrauliques. La fig. 75, représente un appareil de ce genre construit par la Cie de Fives-Lille.

La carcasse est en fer ; deux caisses à eau sont fixées aux deux extrémités d'une chaîne qui passe sur une poulie placée au sommet du four.

Pour régler la descente et l'ascension des caisses, on applique sur la poulie un frein qui permet d'arrêter ou de ralentir sa course. Supposons la caisse de droite en haut du four, celle de gauche en bas : on charge dans celle-ci un wagonnet plein de pierres et de coke ; ce chargement s'opère avec une grande facilité, la caisse portant deux rails qui viennent se placer dans le prolongement des rails du chemin de fer Decauville qui dessert les chantiers de calcaire et de coke.

Pour faire contre-poids à la caisse de droite, celle de gauche a été remplie d'eau pour la descente, on la vide et pendant ce temps l'homme placé en haut emplit la caisse de droite, sur laquelle on a replacé le wagonnet qu'elle a monté et qui a été vidé dans la trémie du four à chaux. Des rails installés sur le plancher supérieur du four et auxquels viennent se juxtaposer des rails fixés

sur la caisse facilitent la tâche de l'ouvrier. Pour faire descendre
la caisse du haut et monter celle du bas, l'ouvrier desserre le frein
tout en tenant en main sa commande, la caisse supérieure pleine
d'eau plus le wagonnet vide est plus lourde que la caisse inférieure vide plus le wagonnet plein, la première descend donc et
fait monter la seconde caisse qui enlève le wagonnet de calcaire
et de coke.

L'eau utilisée pour ce service est refoulée dans un bac en charge
sur le monte-charge ; on se sert quelquefois de l'eau du laveur à
gaz.

Nous avons dit précédemment qu'avec de grands fours on se
servait souvent d'une vidange centrale ; revenons sur ce point :
on aboutit à cette vidange par deux couloirs perpendiculaires entre eux, situés suivant des diamètres de la base du four. Pour pouvoir enlever facilement le calcaire, il est bon de placer à l'orifice
quatre grilles horizontales mobiles qui en se rapprochant empêchent la descente de la chaux. Lorsqu'on veut tirer au centre, on
agit sur des volants et des manivelles qui tirent les grilles et laissent tomber une certaine quantité de chaux ; quand on juge cette
quantité suffisante on tourne en sens contraire, les grilles se rapprochent les unes des autres, cisaillent dans la masse de la chaux
et ferment l'orifice. Les barreaux doivent être assez robustes et le
mécanisme bien compris, de manière à ne pas offrir trop de résistance et à ne pas nécessiter un grand nombre de tours de manivelle ou de volant pour faire parcourir à la grille toute sa
course.

Pour mettre un four à chaux en route, on place à la partie inférieure une certaine quantité de paille et de bois, puis on commence
l'emplissage par le haut en ayant soin de mettre une proportion
convenable de coke et de calcaire ; nous reviendrons plus loin sur
ce sujet. Quand le four est à peu près au tiers plein on allume ;
petit à petit le feu gagne, on fait marcher lentement la soufflerie,
puis on continue l'emplissage et on tire ensuite un peu de chaux,
mais il faut se garder d'en trop tirer au début. Une fois que le
four a pris sa marche normale, il doit être rempli aux deux tiers
de calcaire et de coke ; à ce moment on donne à la machine à gaz la
vitesse qu'elle doit avoir et que l'on peut facilement calculer,
comme nous le verrons plus loin. A partir de ce moment, on tire

de la chaux d'une manière régulière, mais uniforme, afin de ne pas faire descendre certaines parties du four plus vite les unes que les autres.

A cet effet, il faut tirer simultanément la même quantité à toutes les bouches latérales et au centre (quand on a une vidange centrale), d'une manière bien méthodique.

Four à chaux Cail. — Le four à chaux construit par les établissements Cail est du système employé couramment en Allemagne et notamment à la sucrerie de Camburg près Halle, où il a été étudié par MM. Pellet, Choquet, ingénieur des établissement Cail, et plusieurs fabricants de sucre (1). Ce four à chaux est remarquable par sa faible consommation de coke et par la bonne qualité de la chaux qu'il produit. Pour un travail normal de 300,000 kilog. de betteraves, ce four n'a en effet qu'une capacité utile de 16^{m3} et une capacité totale de 20^{m3}, il produit 27 kilog. de chaux et consomme 5 kilog. de coke par 100 kilog. de betteraves travaillées. La pierre calcaire est introduite seule dans le fond, et le coke est brûlé dans 4 foyers extérieurs disposés de façon à ce que les cendres du coke se recueillent à part et sans se mélanger avec la chaux. Ce mode de cuisson de la chaux a une action considérable sur les propriétés épurantes du lait de chaux. Le calcaire employé en sucrerie ne contient, en effet, que 2 à 3 0/0 au maximum de matières fixes autres que le carbonate de chaux et on s'expose à introduire dans la chaux une quantité de matières étrangères presque aussi considérable en mélangeant le coke avec la pierre calcaire au chargement. Quand on opère de cette façon, on compte en effet 10 à 15 kilog. de coke par 100 kilog. de pierre calcaire. Or, comme le coke contient souvent jusqu'à 12 0/0 de cendres lorsqu'il provient de charbon insuffisamment lavé, on voit qu'on est exposé à introduire dans la masse 1 kilog. à 1 kilog. 800 de cendres par 100 kilog. de calcaire, c'est-à-dire souvent plus de matières étrangères que la pierre n'en contient initialement.

De plus, comme les cendres du coke sont généralement siliceuses, elles forment autour des morceaux de calcaire une couche de silicate, sorte de vernis qui empêche la chaux de fuser. On

---

(1) La description qui suit est empruntée aux notes inédites recueillies par ces messieurs dans leur voyage en Allemagne en 1884.

obtient alors un lait de chaux formé de grains qui présentent dans le travail les inconvénients suivants :

1° La chaux se dissolvant moins facilement dans cet état, la carbonatation dure plus longtemps qu'avec du lait bien délayé, et exige plus d'acide carbonique ;

2° En projetant de la chaux mal hydratée dans le jus, on forme des sucrates de chaux insolubles, non attaquables par l'acide carbonique, ce qui augmente la perte en sucre par les tourteaux des filtres-presse ;

3° La silice entraînée avec la pierre ne s'élimine pas complètement dans la saturation, et on la retrouve en partie sous forme de dépôts dans les tubes du triple effet, surtout dans la troisième caisse. Ces dépôts sont difficiles à enlever et ont pour effet de ralentir l'évaporation ;

4° Des dépôts analogues se forment aussi sur les serpentins de la chaudière à cuire et y produisent un effet semblable ; ·

5° La filtration des sirops dans les filtres à poches est rendue difficile et souvent impossible par la présence de la silice.

On charge le four de calcaire trois fois par jour et on défourne en même temps par 4 portes de déchargement qui se trouvent entre les foyers.

La pierre calcaire dont on se servait à Camburg avait la composition suivante :

Carbonate de chaux...........	90.91
Silice........................	2,00
Alumine......................	1,00
Divers.......................	6,09
Total.................	100,00

Le mètre cube de cette pierre pèse 1,700 à 2,000 kilog. et on en cuit par 24 heures 7^{m3} ou 11,900 à 14,000 kilog., soit environ 4,7 0/0 du poids de la betterave. On recueille environ 8,000 kilog. de chaux, à raison de 60 0/0 de chaux du poids de la pierre. Cela correspond à 2 kilog. 7 0/0 du poids de la betterave. On emploie 15,000 kilog. de coke, soit 5 0/0 du poids de la betterave.

Le four porte à sa partie supérieure un petit dôme en fonte muni d'une porte de chargement sur le côté, et d'une cheminée dont · on ouvre le registre quand on introduit la pierre dans le fond.

La pompe à gaz a les dimensions suivantes :

Diamètre 0ᵐ600

— du cylindre à vapeur............... 0ᵐ400

Course 0ᵐ550

En résumé, la méthode allemande de cuisson de la chaux présente les avantages suivants :

1° Diminution de la quantité de coke nécessaire ;
2° Production d'une chaux plus pure, plus facilement transformable en lait de chaux ;
3° Diminution de la durée de la carbonatation ;
4° Épuration plus profonde du jus brut ;
5° Diminution de la quantité d'acide carbonique nécessaire ;
6° Diminution du poids des écumes ;
7° Diminution de la quantité de sucre perdu dans les écumes et non recouvrables par lavage ;
8° Facilité de lavage des écumes ;
9° Économie générale résultant d'un travail plus rapide ;
10° Diminution des dépôts dans les appareils à évaporer et à cuire.

Four à foyers gazogènes de la maison Toisoul et Fradet.

La figure 77 représente un four à foyers gazogènes. Suivant le

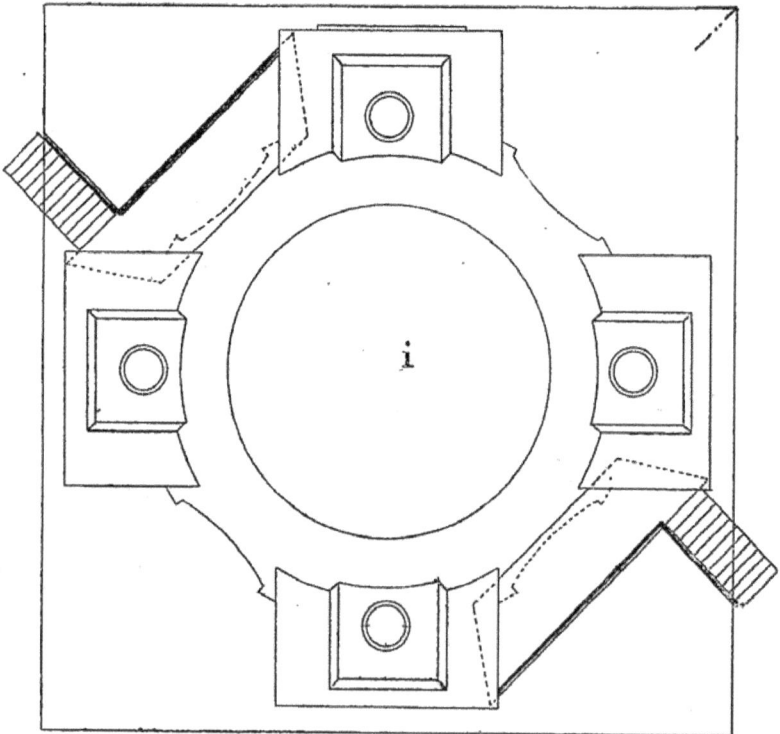

Fig. 76. — Four à chaux, système Toisoul et Fradet. Vue en plan.

diamètre à la base, on dispose trois ou quatre foyers composés d'une grille en fers carrés, et d'une grande chambre C; à la partie supérieure de cette chambre se trouve une ouverture en forme d'entonnoir par laquelle on charge le combustible ; cette ouverture est fermée par un couvercle en fonte à joint de sable. Le gaz

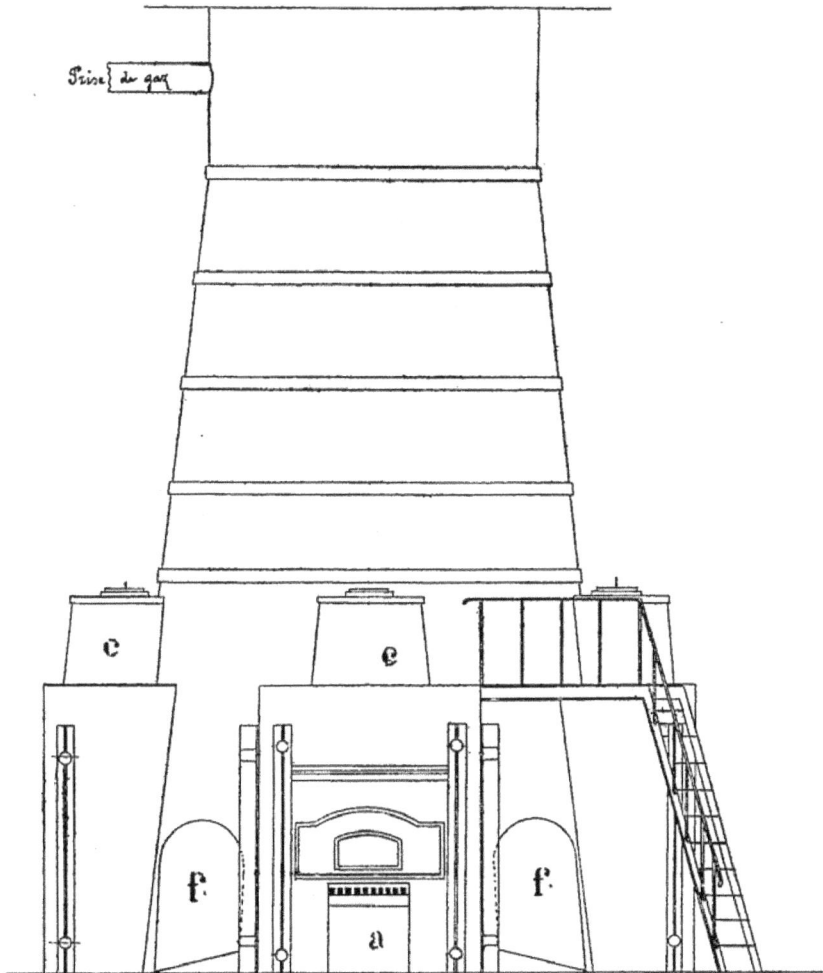

Fig. 77. — Four à chaux, système Toisoul et Fradet.

provenant de la distillation du combustible est distribué dans la four par une série d'ouvertures convenablement disposées sur la circonférence, en face de ces ouvertures on a placé des regards en fonte pour se rendre compte de la marche du feu.

Le four proprement dit est semblable à celui que nous avons

décrit précédemment, mais avec cette différence que la capacité est moindre pour la production d'une même quantité de chaux. Ainsi, par exemple, dans un four variant de 20 à 30 mètres cubes on peut compter sur une production de 10 à 15.000 kilog. de chaux par 24 heures.

Ces fours coûtent moins cher d'installation et demandent moins de temps pour l'exécution; on peut cuire la pierre à chaux sans aucun mélange de combustible, et cela en raison des faibles diamètres intérieurs que l'on donne à ce genre de four; en principe on ne doit pas dépasser 2 mètres 50.

Dans le four représenté fig. 77, l'entrée des gaz dans sa partie intérieure nous paraît placée un peu trop bas; MM. Toisoul et Fradet sont du reste de cet avis, car ils ont apporté une modification qui remédie à cet inconvénient.

Four à chaux, et épuration du gaz carbonique système Vivien. — Le 10 octobre 1873, M. Vivien a fait breveter un système de four à chaux et d'épuration du gaz carbonique. Le four à chaux est de forme ovoïde et à vidange continue par le moyen d'une hélice en fonte mue par une vis sans fin. Des regards G présentent des inclinaisons variables permettent de dégager l'entrée de l'hélice pour le cas où des obstructions ou collages viendraient à se produire. D'autres regards H permettent d'agir du haut.

Les ouvriers sont à leur aise pour travailler dans ces conditions puisqu'ils sont ou sur le sol ou sur la plate-forme du four, tandis que dans les installations généralement adoptées, les regards sont sur la paroi verticale et nécessitent l'installation d'un échafaudage.

Les regards H du haut répartis autour de la trémie A permettent d'examiner la marche du four et de voir si le feu est uniformément réparti dans tout le four.

La trémie de chargement du système Lachaume a été modifiée par M. Vivien; elle comporte l'adjonction d'une arcade et d'un cône mobile fixé à une tringle de fer et maintenu par une chaîne s'enroulant sur deux poulies ayant pour but de donner une répartition uniforme des charges.

Avec la trémie Lachaume, les pierres et le coke tombent toujours au centre et le coke roule sur les côtés, les pierres restant au milieu. La combustion devient trop forte sur le tour et la chemise en briques réfractaires est souvent détériorée.

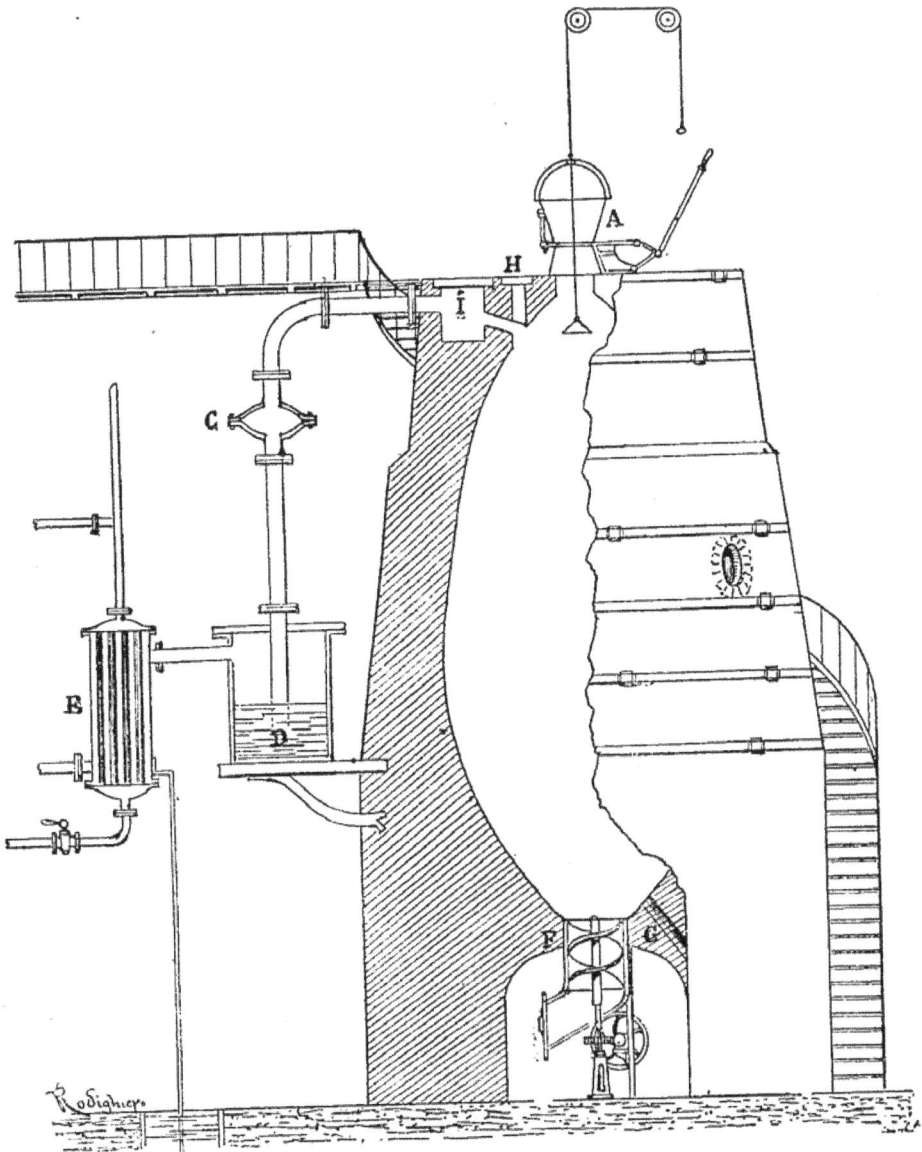

Fig. 78. — Four à chaux Vivien.

Le cône Vivien pare à cet inconvénient. Quand on veut faire tomber la charge au centre du four, on relève le cône ; quand au contraire on veut répartir la charge sur le pourtour on laisse descendre le cône dans l'intérieur du four et on verse la charge. Elle rencontre le cône et se répartit uniformément en nappe oblique autour de lui. On peut ainsi forcer la proportion de coke au centre, le cône étant relevé quand on verse le coke, et amener une forte proportion de pierres sur les bords, le cône étant abaissé quand on vide les mannes de calcaire.

La chemise en briques réfractaires est séparée de la maçonnerie en briques ordinaires par une couche de sable permettant aux mouvements de dilatation de se produire.

Le gaz produit se réunit dans une galerie circulaire I avant de se rendre à l'épurateur D. Les poussières se déposent dans cette galerie et il n'y en a qu'une très faible quantité pour arriver en D.

Autres systèmes de Fours. — M. Neuman a construit également un four à foyer ; il a publié sur ce sujet une brochure analysée par la *Sucrerie belge*.

Le combustible est placé sur les grilles des foyers en couches épaisses, variant de 0 mètre 40 à 1 mètre 50, suivant la nature du combustible, de façon que l'acide carbonique dégagé par la combustion des couches inférieures se transforme, dans les couches supérieures, en oxyde de carbone. Celui-ci se transforme de nouveau en acide carbonique dans la cuve du four à chaux sous l'action d'une quantité d'air limitée, aspirée, soit par des ouvertures spéciales, soit par les portes de vidange de la chaux.

La hauteur du chargement sur la grille doit varier suivant la nature du combustible. Un combustible formé de fragments et en même temps ferme, tels que les briquettes de lignite, permettra une hauteur de plus de 1 mètre 50 et produira une distillation aisée, alors qu'un combustible terreux ne se laissera entasser qu'à 0 mètre 40 de hauteur tout au plus.

Il y a cependant des briquettes qui se désagrègent facilement et qui, par suite, ne doivent être chargées qu'à une hauteur de un mètre maximum.

On peut brûler ainsi un mélange de coke et de lignite, le dernier jusqu'à 25 0/0 et même parfois jusqu'à 50 0/0.

Lorsque l'on brûle du coke seul, il est nécessaire, pour que la production du gaz soit rationelle, que le foyer soit maintenu constamment chargé jusqu'au couvercle dès les premiers jours. Dans ce cas il ne peut être question de distillation, mais seulement d'une transformation de gaz, comme nous l'avons expliqué ci-dessus.

M. Billet a eu l'idée de modifier le mode d'aspiration des gaz du four à chaux ; dans son appareil celle-ci se produit au sein de la masse de calcaire et de coke au moyen d'une ceinture de carneaux qui aboutissent dans une gargouille circulaire située à une hauteur calculée sur la quantité de gaz à produire. Il en résulterait que comme l'air ne dépasse pas la hauteur des carneaux, le combustible placé au-dessus de ces carneaux ne serait qu'une réserve et que la zone de combustion serait toujours au même point, à la condition que la vidange soit bien méthodique.

Le four de MM. Ruggieri et Riccardo de Barbieri est à foyer et comporte l'adjonction de bouilleurs qui produisent de la vapeur destinée à activer la combustion et le dégagement de gaz carbonique.

Le four à chaux Perret est un four cylindrique sans foyer ; la vidange s'effectue par une grille tournante mue par un volant.

Passons maintenant en revue quelques appareils peu employés : Grouven obtient l'acide carbonique par l'action de la vapeur surchauffée sur le calcaire chauffé au rouge sombre. Le four est composé de sept cornues qui peuvent décomposer 7,500 kilog. de calcaire par 24 heures. Un générateur dans lequel on brûle du coke produit les gaz qui entrent dans le four. Une soufflerie injecte l'air et le gaz nécessaires. Les cornues ne sont qu'à moitié pleines de calcaire et la vapeur entre par la partie inférieure qui est vide, elle se réchauffe et décompose le calcaire incandescent. L'opération dure quatre heures.

Le four de Siegert permet de produire de l'acide carbonique en ne se servant que de coke, il se compose de deux cornues placées dans un four en maçonnerie. Quand le coke est en ignition, on fait arriver un courant d'air réglé. Le gaz est aspiré par une pompe et passe dans une chambre de refroidissement.

Dans une sucrerie russe, qui éprouvait des difficultés pour se procurer de la chaux à un prix raisonnable, on a eu l'idée d'extraire la chaux des écumes ; à cet effet ces dernières étaient moulées en briquettes et calcinées dans un four.

ÉPURATION DU GAZ CARBONIQUE

Le gaz carbonique aspiré par la pompe à gaz dont nous parlerons plus loin passe par une boîte à poussières, puis par un laveur à gaz.

Laveur à gaz

Ce laveur sert à refroidir le gaz, à retenir les matières solides qui ne seraient pas restées dans la boîte à poussières, et enfin à éliminer les matières solides.

Il se compose généralement de plusieurs segments cylindriques superposés, boulonnés et mastiqués. Entre chacun de ces segments est placé un diaphragme qui divise l'appareil en plusieurs chambres, leur nombre est ordinairement de 3, 4 ou 5. Le gaz arrive par une tubulure pratiquée sur le côté et à la base du laveur, la conduite d'arrivée se termine soit par un tuyau perforé qui pénètre dans l'appareil, soit par un tuyau plein qui aboutit au centre du cylindre et laisse échapper le gaz sous une sorte de chapeau qui le divise. L'eau arrive par la partie supérieure dans la première chambre d'où elle passe dans la seconde soit par les trous des diaphragmes qui sont alors perforés, soit par des trop pleins qui règlent le niveau d'eau dans la première chambre ; elle chemine ainsi de chambre en chambre jusqu'à la dernière d'où elle est expulsée par un siphon. Le gaz suit le chemin inverse et traverse des ouvertures pratiquées dans les diaphragmes, il barbote ainsi dans l'eau, jusqu'à son arrivée dans la chambre supérieure d'où il est aspiré par la machine à gaz.

Une disposition qui a encore donné de bons résultats est la suivante :

L'eau est distribuée en pluie à la partie supérieure du laveur par une couronne perforée et tombe sur une tôle circulaire pleine qui a un diamètre moindre que le diamètre du laveur ; de là elle se rend sur une couronne fixée autour du laveur, et dont les bords affleurent légèrement la tôle circulaire, etc., de cette manière l'eau tombe en cascades et est traversée par le gaz qui remonte. Avec cette disposition on ne risque pas comme avec les diaphragmes perforés, dans le cas où la soufflerie tourne vite, de voir l'eau aspirée par celle-ci au lieu de gagner le siphon.

Avec le four à chaux, système Vivien décrit ci-dessus, le gaz carbonique sortant du four à une haute température est épuré par son passage dans un épurateur en fonte D (fig. 78), contenant du carbonate de soude ou un lait de craie, ou bien encore un carbonate quelconque en solution ou en morceaux

Fig. 79. — Laveur à gaz.

Toutes les impuretés qui accompagnent le gaz, l'acide sulfurique notamment, attaquent le carbonate, le décomposent, on a formation d'un nouveau sel, et remplacement de l'acide impur par une quantité équivalente d'acide carbonique. Les poussières de coke, de craie, etc., sont retenues dans cet épurateur.

Le gaz sortant épuré et enrichi traverse un réfrigérant tubulaire où il est amené à une température convenable pour la carbonatation, soit de 60 à 70°. La vapeur d'eau entraînée par le gaz et provenant de l'humidité de la pierre ou du coke est condensée et évacuée par un siphon qui doit avoir une hauteur suffisante pour équilibrer l'aspiration de la pompe et éviter les rentrées d'air.

Le tuyau amenant le gaz du four à l'épurateur est muni d'un soufflet ou de tout autre appareil destiné à neutraliser les mouvements de dilatation et de contraction qu'éprouvent les métaux sous l'action des variations de température pour éviter la destruction des joints ou toute autre rupture.

Le laveur à eau employé ordinairement en sucrerie est supprimé et on évite l'appauvrissement du gaz par son lavage à l'eau ainsi que les entraînements d'eau qui est souvent aspirée par la machine et refoulée dans les chaudières à carbonater au détriment du travail. M. Vivien a pu souvent remarquer que l'augmentation de volume constaté à la fin d'une carbonatation était principalement attribuable à cette cause.

Pompe à gaz ou soufflerie

Pour aspirer le gaz du four à chaux et le refouler dans les chaudières à carbonater on se sert de pompes aspirantes et foulantes qui généralement comportent leur moteur.

Celle représentée par la figure 80 est construite par la maison Cail ; c'est une pompe à tiroir, qui, mue par un excentrique, découvre et couvre alternativement les lumières qui permettent l'aspiration et le refoulement.

Le piston porte des logements dans lesquels on place des segments.

Ces pompes possèdent de réels avantages sur les pompes à clapets au point de vue du fonctionnement, mais elles demandent à être parfaitement réglées. Le tiroir à gaz, qui a été fait avec un fort recouvrement, doit être réglé sans recouvrement pour obtenir un effet utile plus considérable. On a évité le plus possible les

Fig. 80. — Machine à vapeur horizontale avec soufflerie, système des anciens établissements Cail.

espaces nuisibles qu'il est impossible de supprimer d'une manière absolue. La plupart des souffleries construites se rapprochent de celle de la maison Cail.

Pour un four de 250^{m3} et un travail de 600,000 à 650,000 kilog. de betteraves par jour, les dimensions d'une soufflerie Fives-Lille sont les suivantes :

Diamètre du piston à vapeur................ 0,400
—   —   à gaz.................... 1,200

Course à 0^{m}800, vitesse à laquelle on fait fonctionner la pompe : 28 à 30 tours ; elle peut faire 40.

MM. Burckhardt et Weiss ont fait figurer à l'exposition universelle de 1889 une pompe à gaz qui a été décrite par M. Vivien (1).

L'appareil est à action directe. Le cylindre à air et le cylindre à vapeur sont juxtaposés sur le même bâti et leurs deux pistons sont accouplés sur le même arbre calé à 50 degrés.

Ce calage des deux manivelles permet de réduire considérablement les dimensions du volant parce que, aux variations par tour de l'effort résistant, il fait correspondre des variations parallèles à l'effort moteur. Le cylindre à vapeur est muni d'une distribution par détente « Rider » actionnée par un régulateur « Porter ».

Les dimensions du moteur sont :

Diamètre du piston............   340
Course........................   400

Les dimensions du compresseur sont :

Diamètre du piston............   340
Course........................   400

Cette machine à la vitesse de 100 tours par minute peut fournir par heure 90^{m3} d'air aspiré.

La distribution au cylindre à air est du système Burkhardt et Weiss dont les dispositions suppriment les imperfections inhérentes aux distributions par les tiroirs ordinaires.

(1) *Bulletin de l'Association des Chimistes.*

Les tiroirs, quels qu'ils soient, ne peuvent pratiquement être établis sans recouvrements.

Or, le recouvrement extérieur ferme l'aspiration avant le bout de la course, de telle sorte qu'il s'établit à la fin de l'aspiration un vide relatif dans la cylindrée aspirée.

De même le recouvrement intérieur ferme le refoulement avant la fin de la course et produit un excès de compression perdu, de l'air emprisonné dans l'espace nuisible par la fermeture prématurée de la lumière d'émission.

Pour obvier à ces deux inconvénients, au moyen d'un petit canal pratiqué dans l'épaisseur de la coquille du tiroir, M. Burkhardt et Weiss établissent, vers la fin de la course du piston à air, une communication instantanée entre les deux faces du piston, de façon à combler le vide relatif existant d'un côté, au moyen de l'air comprimé qui se trouve de l'autre côté.

De cette façon, dès le début de la course suivante, les deux faces du piston à air exécuteront un travail utile, l'une en comprimant une cylindrée bien remplie de gaz à une pression normale qui croit avec la pression normale de marche ; l'autre en aspirant immédiatement, puisque l'espace nuisible a été purgé du gaz comprimé, autrement il s'échapperait par la lumière d'admission et contrarierait ainsi la première période de l'aspiration. On emploie aussi ces pompes comme pompes à air sèche avec une colonne barométrique.

C'est la maison Cail qui a le monopole de construction de cet appareil pour la France.

La maison Denis-Lefèvre et Cie construit aussi une pompe à gaz à tiroir ; le piston est garni de segments en bronze, la glace du tiroir est également revêtue de bronze, un support glissière supporte la tige du piston et le piston lui-même.

En Allemagne, on construit aussi des pompes à gaz à clapets.

Observations sur le calcaire, la conduite et la marche du four à chaux.

Un four à chaux sans foyer doit avoir une capacité d'environ 0m³, 400 par 1000 kg. de betteraves à travailler par 24 heures. On mélange généralement avec le calcaire environ 10 % de coke; voici des chiffres calculés sur la moyenne d'une campagne dans une sucrerie qui marchait convenablement.

	n° 1
Coke pour 100 kilog. de pierre....................	10,6
Calcaire pour 100 kilog. de betteraves............	93,6
Coke pour —	9,95

En volume le nombre 10,6 correspond à peu près à 1 volume de coke pour 4 volumes de calcaire.

La composition du calcaire est variable; voici les résultats d'une analyse :

Perte au feu....................................	1,50
Carbonate de chaux............................	93,80
— de magnésie........................	0,42
Silice et silicates alumineux....................	1,80
Alumine et fer..................................	2,40
Divers...	0,08

D'après ces chiffres, la quantité théorique de chaux obtenue par 100 kg. de betteraves est de 52,5, il faut retrancher de ce nombre les déchets, consistant en incuits et chaux non éteinte enlevée des malaxeurs. Lorsqu'on utilise de la pierre dure, semblable à celle dont nous venons de donner l'analyse, la chaux est plus longue à s'éteindre qui si elle a été obtenue par la calcination de la craie.

Le four dans la sucrerie en question était de 250 m³, la pierre y séjournait trois jours; le volume utilisé devait être de 196 m³ d'après les chiffres donnés, il restait donc comme vide 250-196 = 54 m³, ce qui nous paraît dénoter un bon fonctionnement au point de vue du volume occupé par les gaz.

La quantité théorique de coke à employer p. 100 de calcaire est inférieure à 10, comme le fait remarquer M. Gallois, car le coke fournit environ 6600 calories. La décomposition du calcaire exige 400 calories; 100 kilogrammes de calcaire exigent donc 6 kilogrammes de coke. En admettant 40 kilogrammes pour un hectolitre de coke, on trouve que pour un volume de coke, il faut 6,35 volumes de calcaire. En pratique, la quantité de coke à employer est plus grande à cause de l'humidité de la pierre, de l'absorption de la chaleur par les parois du four et de la partie qui échappe à la combustion.

Pierre à chaux. — Nous donnons ci-dessous quelques autres analyses de calcaires.

	Nᵒˢ 2.	Analyses par MM. Gallois Dupont.		
		3.	4.	5.
Carbonate de chaux.........	88,42	96,58	81,67	87,93
Cabonate de magnésie.......	0,75	0,50	0,59	0,50
Sulfate de chaux...........	0,00			
Sulfate de magnésie........	0,00			
Silice et silicates alumineux.	1,65			
Alumine et fer.............	0,65	0,23	0,27	0,15
Eau......................	7,50	1,21	7,25	6,25
Divers....................	1,03	0,32	0,65	0,24
Sable, argile et insoluble...		0,55	4,90	3,17
Matières organiques........		0,41	1,37	1,12
Silice soluble.............		0,20	3,30	0,64

Un calcaire ne doit pas être trop humide; il contient de l'eau d'imbibition et de l'eau de combinaison provenant des silicates. Les calcaires durs comme le nᵒ 1 contiennent peu d'eau, tandis que les pierres tendres comme le nᵒ 2 peuvent en contenir des quantités considérables.

Certaines pierres extraites de la même carrière que le nᵒ 2 contenaient jusqu'à 19 % d'eau; l'excès d'humidité nécessite une plus grande quantité de coke, ces pierres se brisent facilement pendant la cuisson et donnent des poussières qui peuvent occasionner des collages.

Les calcaires hygroscopiques comme le nᵒ 2 doivent être abrités sous des hangars et empilés en tas de forme conique afin d'éviter que l'eau des couches supérieures ne vienne hydrater les couches inférieures. A l'appui de cette assertion citons les chiffres suivants d'analyses faites sur des calcaires conservés en tas non coniques :

A 0ᵐ30 de la surface supérieure et plus haut, eau.......	9,85
Couche médiane....................................	18,27
A 0ᵐ30 du sol et plus bas...........................	19,23

On peut atténuer cet inconvénient jusqu'à un certain point en ménageant des bouches d'aération. Ainsi, on a trouvé dans le même tas dans un rayon de 0 m. 50 autour d'une bouche d'aérationr : Eau = 17,92.

Malheureusement on ne peut pas toujours donner aux tas la forme conique lorsqu'on ne dispose pas d'un emplacement suffisant.

La silice et l'alumine dans la pierre à chaux présentent de grands inconvénients ; pendant la calcination ces deux corps forment des silicates et des aluminates de chaux et de magnésie fusibles qui produisent des collages et fournissent des morceaux de chaux difficiles à éteindre ; en outre la silice qui passe dans le jus s'y dissout en présence des alcalis et se précipite sur les tubes du triple-effet et des appareils à cuire, les jus carbonatés décantent difficilement, filtrent mal et les tourteaux ne peuvent être lavés convenablement qu'avec une très grande quantité d'eau. Le calcaire n° 4 a occasionné tous ces ennuis, l'usine qui l'employait n'a pu reprendre sa marche normale qu'après l'avoir remplacé par un autre.

La magnésie en dose inférieure à 1 °/₀ ne présente pas de grands inconvénients, mais si elle est plus abondante elle passe en solution dans les jus, se dépose pendant l'évaporation et la cuite sur les tubes du triple-effet et les serpentins des appareils à cuire. Elle forme en outre avec la silice des silicates de magnésie fusibles pendant la cuisson du calcaire.

Le sulfate de chaux présente les mêmes inconvénients que la silice et la magnésie au point de vue des incrustations des tubes du triple-effet ; de plus il abaisse le coefficient salin des produits, ainsi que les alcalis.

On ne saurait trop recommander aux fabricants de sucre d'analyser le coke ; nous avons rencontré en effet des cokes garantis maximum de 7 0/0 de cendres qui en contenaient plus de 15 0/0.

Il est difficile d'indiquer une fois pour toutes la grosseur la plus convenable des pierres introduites dans le four à chaux, car cette grosseur dépend de la grandeur du four et surtout de la nature de la pierre. Un calcaire dur qui ne se brise pas en tombant dans le four doit être divisé en plus petits fragments qu'un calcaire tendre. Dans une usine où nous avons employé du calcaire dur, nous avons adopté une grosseur de 0^{decm3} 400 au minimum et de 0^{decm3} 700 au maximum.

Coke. — Le coke employé doit provenir de charbon lavé et ne pas contenir plus de 7 0/0 de cendres autant que possible, 10 0/0 au plus ; les cendres du coke, en grande partie composées de silice, d'alumine, présentent les mêmes inconvénients que la silice et l'alumine du calcaire. Le coke ne doit pas non plus contenir une grande quantité de soufre, car celui-ci donne naissance à de l'acide sulfhydrique ; ce dernier colore les jus.

Casse-coke. — Généralement on casse le coke à la main au moyen de massettes ; on a cependant inventé quelques appareils qui permettent d'effectuer l'opération mécaniquement ; nous décrirons rapidement ceux de Loiseau et de Weidknecht.

Casse-coke Loiseau. — Il repose sur le principe de briser le coke à la volée au moyen de massettes mues mécaniquement ; le mouvement est donné à ces massettes par un arbre horizontal qui porte un manchon formé d'une série de rondelles sur lesquelles sont fixés les axes retenus par des écrous. Ce sont ces axes qui portent les massettes pouvant osciller entre les rondelles.

Le coke est introduit par une trémie, les massettes le lancent contre des barreaux fixés au pourtour de l'enveloppe. La poussière est séparée des morceaux de coke par un tamis.

On peut faire varier la grosseur des morceaux en faisant varier l'écart des barreaux ; on peut même, de cette façon, obtenir des morceaux de dimensions différentes, ce qui est avantageux pour la bonne répartition du coke dans le four.

Casse-coke Weidknecht. — Ce casse-coke est basé sur le même principe que le précédent ; mais les morceaux sont lancés à la partie supérieure de l'appareil où ils rencontrent une traverse qui force les trop gros à retomber pour subir de nouveau l'action des massettes ; le coke cassé traverse des grilles qui déterminent la grosseur maxima des morceaux ; ce sont les massettes qui font l'office de rateaux et projettent le coke cassé le long des grilles.

Ces casse-coke sont encore peu répandus, on leur reproche de produire beaucoup de poussières, certains fabricants de sucre s'en déclarent cependant satisfaits.

On a essayé dans différentes usines de remplacer le coke par de l'anthracite, ce mode d'opérer évitant l'opération du cassage du coke ; mais ce combustible paraît présenter l'inconvénient de diminuer la richesse du gaz en acide carbonique. Dans une sucrerie on avait employé du coke depuis le commencement de la fabrication, et le gaz avait titré de 27 à 31 0/0 ; le 20 novembre on a commencé à alimenter le four avec de l'anthracite, le 22 le gaz était à 26 0/0, le 24 à 24 0/0, le 26 à 22 0/0, il est descendu ensuite jusqu'à 19 ; le 3 décembre, on a recommencé à employer le coke, le titrage est remonté petit à petit pour atteindre 32 0/0 le 8.

A sa sortie du laveur, le gaz doit avoir une température telle, que l'eau sortant du syphon atteigne au plus 30° à 40° ; sa richesse en acide carbonique doit être aussi élevée que possible, 28 0/0 à 32 0/0 ; il ne doit guère contenir plus de 2 à 3 0/0 d'oxygène et 0,5 à 1 0/0 d'oxyde de carbone.

En résumé les conditions de bonne marche d'un four à chaux sont les suivantes, d'après notre expérience et celle de plusieurs de nos collègues :

1° Employer un calcaire pur contenant peu de silice et d'alumine ;
2° Du coke lavé, renfermant au plus environ 7 0/0 de cendres ;
3° Une proportion de calcaire et de coke bien calculée ;
4° Des charges fréquentes, plutôt régulières que trop espacées ;
5° Des défournements successifs par toutes les bouches ;
6° Les 2/3 du volume du four occupés par le calcaire et le coke ;
7° Une marche régulière et lente de la soufflerie ;
8° Eviter les rentrées d'air par la tuyauterie ;
9° La pureté du lait de chaux ne doit pas être inférieure à 0,90 — 0,95 (nous appelons pureté la quantité de chaux à l'hectolitre divisée par le degré Baumé).

Difficultés que l'on rencontre dans la marche du four à chaux ; moyens d'y remédier

Les principales difficultés qui se présentent dans la marche du four à chaux sont :

1° Le collage ;
2° Une grande production d'incuits ;
3° Le défournement de pierres rouges ;
4° La présence d'une grande quantité d'oxyde de carbone dans le gaz ;
5° La présence d'acide sulfureux ou d'hydrogène sulfuré dans le gaz ;
6° La présence d'air dans le gaz.

Collage. — Les collages peuvent provenir de cinq causes différentes qui sont :

1° La présence d'une trop grande quantité de silice et d'alumine dans le calcaire ; 2° la trop grande division du calcaire et la poussière ; 3° la formation de parties composées de calcaire et de coke ne descendant plus et séjournant à la même place ; 4° un excès de coke ; 5° la mauvaise répartition du coke et de la pierre à chaux.

Pour éviter la première cause, il suffit d'employer un calcaire convenable ; il en est de même pour la deuxième ; on remédiera à la troisième par une distribution rationnelle du calcaire et du coke dans le four, ainsi que par des défournements bien effectués.

Si le collage se produit, tirer le plus possible de chaux afin de faire descendre le bloc fondu.

Grande production d'incuits. — Cet accident se produit lorsque la quantité de coke employée n'est pas suffisante ou lorsque la combustion est trop rapide ; le fait peut encore se produire par suite d'une mauvaise répartition de la pierre et du coke.

Défournement de pierres rouges. — Quand ce cas se présente, il faut faire remonter le feu, c'est-à-dire défourner moins souvent et, au besoin, diminuer un peu la proportion du coke.

Grande quantité d'oxyde de carbone dans le gaz. — Si la quantité d'oxyde de carbone dans le gaz est considérable, c'est que la proportion d'air introduit dans le four a été insuffisante ou que la température du gaz au moment où l'oxygène s'est trouvé en présence de celui-ci a été trop faible pour décomposer l'oxyde de carbone.

Présence d'acide sulfureux ou d'hydrogène sulfuré dans le gaz. — Pour éviter cet accident, il faut faire en sorte d'employer du coke ne contenant que très peu de soufre.

Présence d'air dans le gaz. — Si le gaz contient une grande quantité d'oxygène, c'est qu'il y a des fuites dans les conduites, que la machine tourne trop vite, qu'on laisse rentrer trop d'air par les portes de défournement et les grilles.

Pour éviter autant que possible les dégradations du four, il est bon de ne pas toujours laisser le feu à la même place, mais de le faire osciller entre deux points extrêmes. Il faut aussi employer de bonnes briques, non siliceuses.

Dimensions à donner à la soufflerie et au four. — Nous avons donné plus haut la quantité de coke et de calcaire introduite dans le four du 250^{m3} dont il a été question. La soufflerie qui aspire le gaz de ce four a un cylindre de 1 ^{m}, 200 de diamètre et de 800 de course, elle fait environ 30 tours par minute et nous estimons que son effet utile peut être représenté par un nombre voisin de 75 %; dans ces conditions elle aspire en nombre rond 80.000^{m3} de gaz en 24 heures, ce qui correspond à très peu près à la quantité qu'elle doit aspirer, d'après les quantités de pierre et de coke employées. Dans une note très intéressante publiée dans le *Bulletin* de l'association des chimistes, M. Gallois calcule ainsi les dimensions d'une soufflerie devant travailler avec un four qui absorbera 13.160 kilogr. de calcaire :

« Les gaz produits par la calcination sont l'acide carbonique et l'azote, oxygène et oxyde de carbone quelquefois. 100 kilogr. du calcaire envisagé dégagent 41^{kg}, 800 de CO^2 à 50° cent. et 700 millimètres de pression. Dans ces dernières conditions, un litre de gaz pèse 1^{kg} 539. 41^{kg} 800 de gaz occupent donc 27.152 litres. Les 13.160 kg. de calcaire produiront ainsi 3.573 mètres cubes.

« La quantité de coke nécessaire pèse 1.253 kg. qui, en admettant 10 0/0 d'eau et d'impuretés dans le coke, représenteront 1.128 kg. de carbone pur, lequel pour se transformer en CO^2 exige 3.008 kilogrammes d'oxygène, soit un poids de CO^2 formé de 4.136 kg. L'oxygène étant fourni par l'air aspiré par la machine à gaz, les 3.008 kg. de ce gaz seront accompagnés de 10.070 kg. azote, ce qui représente en volume : acide carbonique 2.687 mètres cubes ; azote 10.300 mètres, soit en totalité 12.987 mètres cubes.

« Or, le calcaire produit déjà 3.573^{m3} de CO^2. Le volume final des gaz à extraire journellement du four sera donc de 16.500^{m3}.

« Ces 16.500^{m3} renferment 6.260^{m3} d'acide carbonique dont 3.573 proviennent du calcaire et 2.687 du coke. La richesse théorique du gaz extrait dans les conditions précédentes sera donc de 37, 80 %. Cette richesse diminue évidemment si l'on augmente la proportion de coke, puisque celui-ci amène forcément de l'azote en plus dans le mélange des gaz. Il faut par conséquent employer le moins de coke possible.

« En pratique, on n'obtient pas cette richesse de 37, 80 par suite de la présence d'oxygène, oxyde de carbone, etc. Pour une bonne marche du four, on atteint de 24 à 28, quelquefois 30 0/0 de CO_2 ; admettons 25 0/0.

« Pratiquement le volume des gaz à extraire du four est donc augmenté dans le rapport de 25 à 37, 80; au lieu de 16.560^{m3}; il sera en réalité de 25.038^{m3}.

« L'effet utile des machines à gaz est ordinairement de 70 0/0. Pour aspirer 25.038^{m3} de gaz, le piston devra engendrer 25.038 × 3/2 = 37.557^{m3} par 24 heures, soit 435 litres par seconde. La vitesse de course admise ordinairement varie de 0^m 75 à 1^m 10 par seconde. La faible vitesse est préférable, soit par exemple 0^m 83 avec une longueur de course égale aux 2/3 du diamètre du cylindre à gaz. On aura d'après ces données : surface du piston à gaz 0^{m2} 524, diamètre du cylindre 0^m 82; course du piston 0^m 54; nombre de tours du volant par minute 46. Telles sont les dimensions d'une soufflerie pour un travail de 200.000 kg. de betteraves. »

Nous ne pensons pas qu'il soit utile d'indiquer la manière de calculer les dimensions du four, car nous en avons parlé implicitement en calculant le vide du four de 250^{m3} .

CONFECTION DU LAIT DE CHAUX

La chaux est généralement introduite dans les jus à l'état de lait de chaux ; la confection de ce lait se subdivise en deux opérations : l'extinction de la chaux et la dilution qui a pour but d'amener le lait à 20°, 22°, 25° Bé, car on utilise le lait à des états de concentration différents, suivant les usines.

On trouvera dans la dernière partie du volume (Contrôle et analyses) les indications concernant la teneur en chaux du lait de chaux aux différents degrés Baumé.

Appareils employés pour la préparation de la chaux

Dans bien des sucreries on prépare encore le lait de chaux sans appareils mécaniques : la chaux est introduite dans un bac et à peine recouverte d'eau, on attend alors qu'elle s'éteigne, puis on procède à la dilution au degré voulu. On fait ensuite passer ce lait dans un autre bac où il traverse un tamis qui retient toutes les parties non éteintes. Dans ce bac on mouvronne constamment et on prélève successivement les quantités nécessaires, au moyen d'un monte jus ou d'une pompe ; généralement on installe deux bacs à lait de chaux : pendant que l'un se vide on prépare le lait que recevra l'autre et on le coule. Au lieu de mettre la chaux dans le bac, on la place parfois dans un panier en tôle perforée dont le bord supérieur vient émerger un peu au-dessus du niveau de l'eau dans le bac ; ce panier en tôle est suspendu par une chaine qui passe sur une poulie et permet de l'élever ou de le descendre à volonté. Ce procédé devient peu pratique dans les installations importantes, on se sert alors d'appareils mécaniques que nous allons décrire.

Préparateur-hydrateur-tamiseur de lait de chaux, système Lacouture. — L'appareil représenté par la figure 82 se compose d'un récipient cylindrique au centre duquel se trouve un arbre vertical

Fig. 81. — Malaxeur de chaux.

mu par un engrenage ; le petit pignon de cet engrenage est fixé à l'extrémité d'un arbre horizontal que fait tourner une poulie. L'arbre vertical porte deux axes également horizontaux à chacun desquels sont adaptés trois bras articulés au moyen du volant et du levier représentés à gauche de la figure, ces axes peuvent être déplacés dans le sens vertical. A la partie supérieure de la cuve règne une couronne en fer creux, percée de trous ; elle est en communication avec un ou plusieurs robinets d'arrivée d'eau, de petit jus, et elle distribue ce liquide au moment voulu pour former le lait de chaux. On se sert de cet appareil de la manière suivante :

On introduit dans le récipient la quantité de chaux voulue et on met les bras en mouvement pendant le chargement, afin de répartir les pierres. On fait arriver de l'eau de manière à en couvrir à peine la chaux, quand celle-ci est éteinte, on dilue au degré voulu avec de l'eau ou du petit jus et on continue à faire tourner les bras en les rapprochant de plus en plus du fond de l'appareil. On laisse ensuite couler le lait au travers d'un tamis dans un bac malaxeur qui affecte des formes différentes : c'est tantôt un bac cylindrique qui porte un arbre vertical muni de bras, tantôt une nochère à l'intérieur de laquelle se meut un arbre horizontal armé de palettes.

Le lait est aspiré et refoulé aux chaudières à carbonater ou au bac de chaulage par un monte-jus ou une pompe.

Fig. 82. — Malaxeur de chaux, système Lacouture.

Comme on vient de le voir, il y a non seulement arrivée d'eau, mais de petit jus. En effet, les petits jus provenant du lavage des filtres-presses sont généralement utilisés à la dilution du lait ; de cette manière on n'introduit pas par le lait de chaux une nouvelle quantité d'eau dans le travail.

Mais il faudrait bien se garder d'éteindre la chaux avec du petit jus, car la haute température qui se produit au moment de l'extinction détruirait le sucre que l'on a enlevé aux écumes et qu'il faut faire rentrer dans le travail.

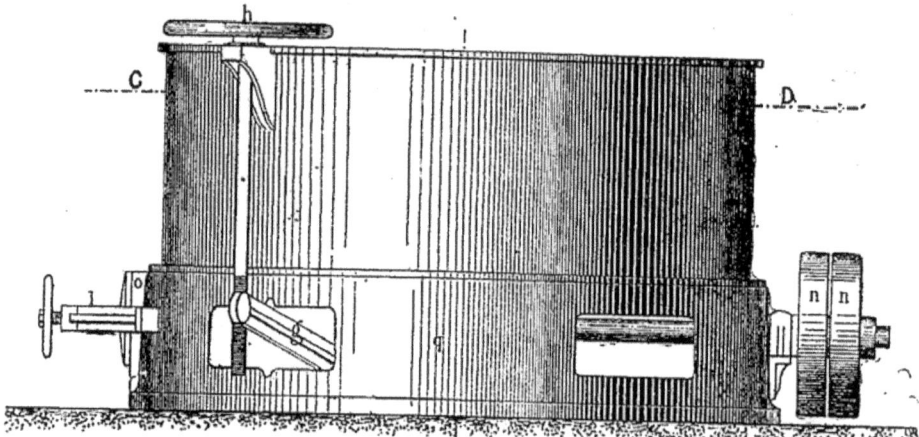

Fig. 83. — Appareil pour la préparation du lait et de la pâte de chaux, système Lacouture. Vue en élévation.

M. Lacouture a modifié récemment l'appareil à lait de chaux décrit ci-dessus, de manière à ce que l'on puisse y préparer soit du

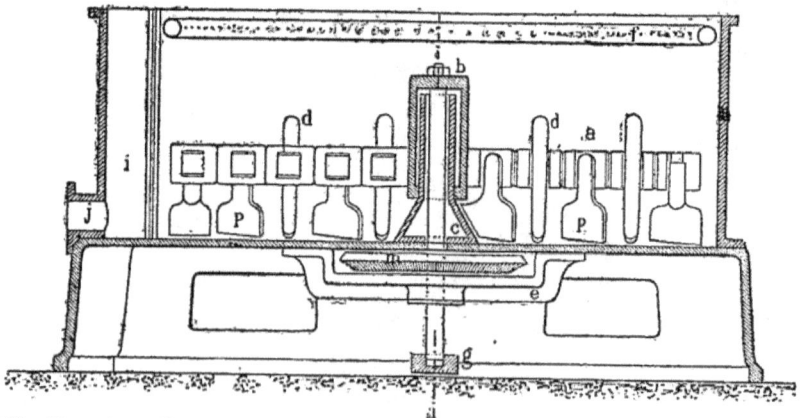

Fig. 84. — Appareil pour la préparation du lait et de la pâte de chaux, système Lacouture.
Vue en coupe suivant A B.

a Cuve de l'appareil. — *b* Fourreau de manœuvre. — *c* Cône. — *d* Mélangeurs. — *e* Support du mouvement. — *f* Tuyau d'arrosage. — *g* Levier de manœuvre. — *h* Volant de manœuvre. — *i* Boîte tamiseuse. — *j* Tubulure de vidange. — *k* Grille tamiseuse. — *l* Volant obturateur. — *m* Engrenages. — *n* Poulies. — *o* Déversoir. — *p* Mélangeurs-propulseurs.

lait de chaux, soit de la chaux en pâte. La légende qui accompagne la fig. 83 fait suffisamment connaître les différents organes de l'appareil et nous n'y insisterons pas.

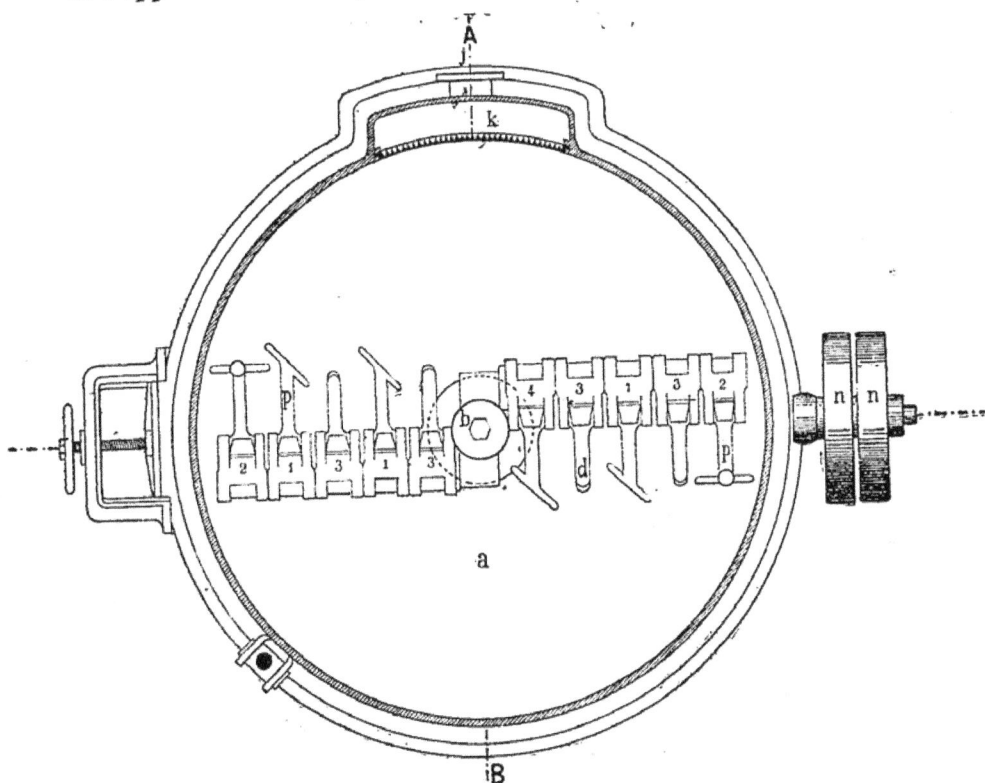

Fig. 85. — Appareil pour la préparation du lait et de la pâte de chaux, système Lacouture. Vue en coupe suivant C D.

M. Lacouture construit également un appareil spécial pour la production de poudre de chaux hydratée et tamisée.

L'appareil est composé (fig. 86 87 et 88) d'un hydrateur *A* dans lequel la pierre de chaux est introduite directement par la trémie *a*, et d'un tamiseur *B* dans lequel elle est automatiquement projetée.

L'hydrateur *A* est formé d'un tambour en tôle peforée, tournant sur son axe, avec ouvertures permettant l'entrée de la chaux vive et la sortie de la chaux éteinte ; sur son pourtour et à l'intérieur, sont fixés 4 propulseurs *b* combinés avec un cône *e* placé sur l'arbre *C* ; le tout est maintenu par un croisillon *q* à cercle à moyeu claveté sur l'arbre de commande *C* pour pouvoir tourner avec ce dernier.

Directement au-dessous, se trouve une auge *i* remplie d'eau, dans laquelle l'hydrateur *A* entre environ d'un tiers, ce qui permet à la chaux introduite de s'éteindre; elle est ensuite élevée naturellement par le mouvement de l'appareil et vient tomber dans le tamiseur *B*.

Ce tamiseur est en communication directe avec l'hydrateur *A* et tourne comme lui avec le même arbre *C*; d'une construction rustique, d'une grande simplicité, il est composé de 2 croisillons à cercles concentriques *h* qui permettent l'adjonction d'un tube conique *t* et le montage de toute une série de petits fers ronds *o* destinés à former un cylindre grillagé *B*; ils sont espacés entre

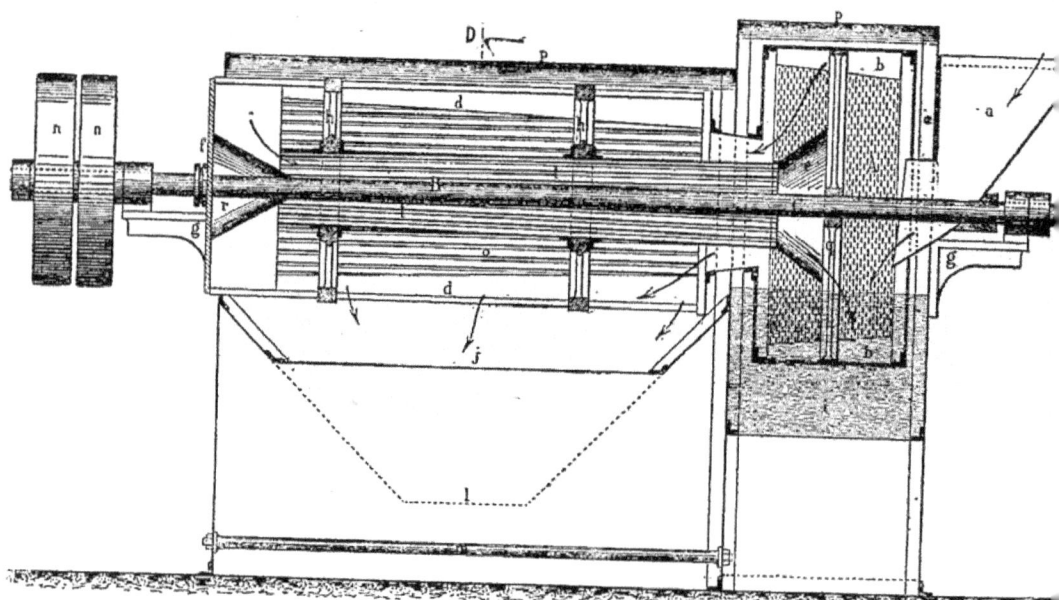

Fig. 86. — Nouvel appareil continu spécial pour la production de la poudre de chaux hydratée et tamisée, système Lacouture.
Coupe longitudinale.

eux de 2 $^{m/m}$ afin de ne laisser passer que de la poudre de chaux épurée, puisqu'ils retiennent non seulement les parties non éteintes, mais aussi les impuretés.

A Hydrateur rotatif. — *B* Tamiseur rotatif. — *C* Arbre de commande. — *a* Trémie de chargement. — *b* Palettes de propulsion. — *d* Palettes d'entraînement. — *c* Cône propulseur. — *f* Obturateur mobile. — *g* Chaises paliers. — *h* Croisillon du tamiseur. — *i* Auge réservoir d'eau. — *j* Plan incliné du tamiseur. — *k* Robinet de vidange d'eau. — *l* Porte de vidange de poudre de chaux. — *m* Entretoise. — *n* Poulies fixe et folle. — *o* Barreaux formant le tamiseur. — *p* Manteau recouvrant l'appareil. — *q* Croisillon de l'hydrateur. — *r* Cône propulseur. — *t* Tube conique grillagé et entraîneur.

Par suite d'une disposition de palettes *d* appliquées à l'intérieur du cylindre grillagé, la chaux non éteinte ainsi que les impuretés sont entraînées à l'extrémité pour être élevées et introduites dans

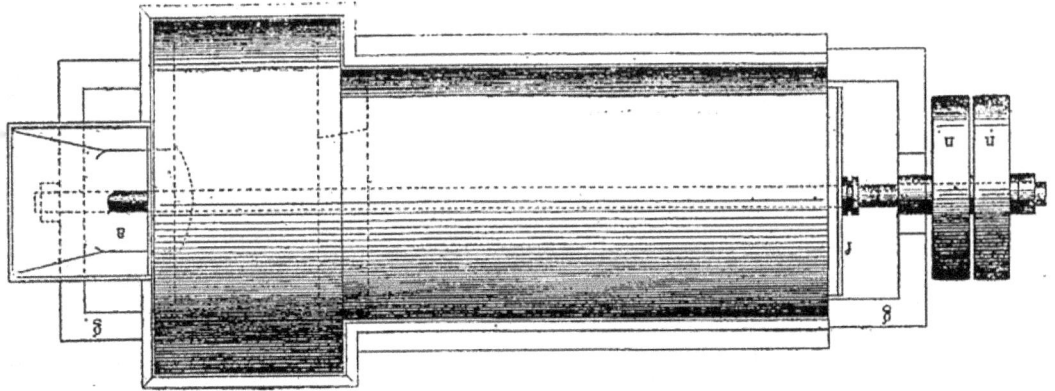

Fig. 87. — Même appareil, vue en plan.

le tube conique, lequel, par sa forme spéciale, les oblige à retourner dans l'hydrateur *A* et ainsi de suite jusqu'à ce que l'hydratation soit complète.

L'ouverture d'un obturateur *f* permet l'évacuation automatique des impuretés.

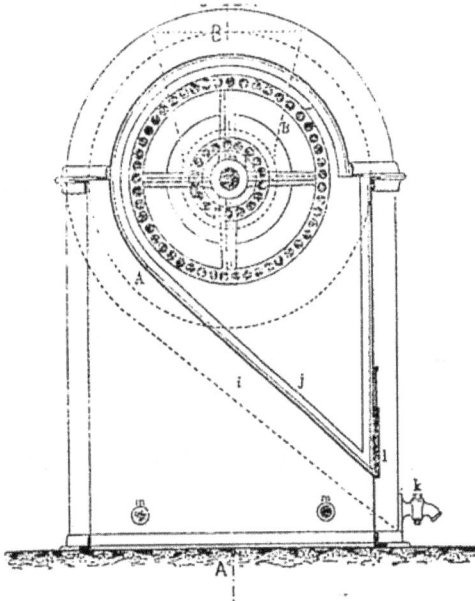

Fig. 88 — Coupe transversale

Tout cet ensemble est monté sur une sorte de caisse *C* avec entretoises *m*.

L'arbre *C* tourne sur 2 paliers *g* fixés sur 2 chaises.

La poudre tamisée tombe sur un plan incliné *j* où on la recueille par une petite trappe *l*.

Deux poulies sont placées à l'une des extrémités de l'arbre *C* pour mettre l'appareil en mouvement.

Pour éviter les buées et poussières, le tout est recouvert de manteaux en tôle *p*.

Enfin, à l'appareil ordinaire pour la confection du lait, l'inventeur adopte un appareillage (suivant fig. 89 et 90) pour en faire un système permettant de préparer indistinctement du lait, de la pâte et de la poudre de chaux.

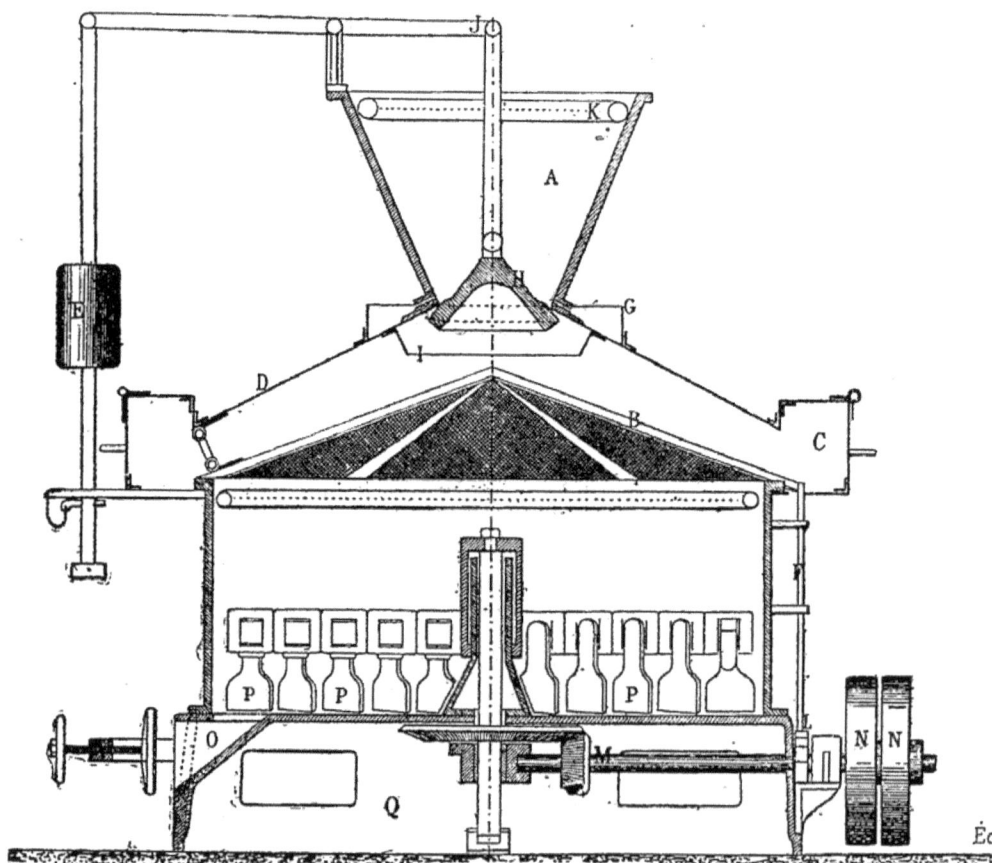

Fig. 89. — Appareil mixte pouvant produire indistinctement du lait, de la pâte et de la poudre de chaux hydratée, sèche ou humide, système Lacouture. Coupe suivant A B.

Pour produire de la poudre, il suffira d'introduire une quantité de pierre de chaux vive dans la trémie *A*, puis de l'arroser pour l'éteindre au moyen d'une couronne fer creux *K*, perforée, disposée à cet effet et correspondant à une conduite d'arrivée d'eau.

Des ouvertures ayant été pratiquées à la partie inférieure de la

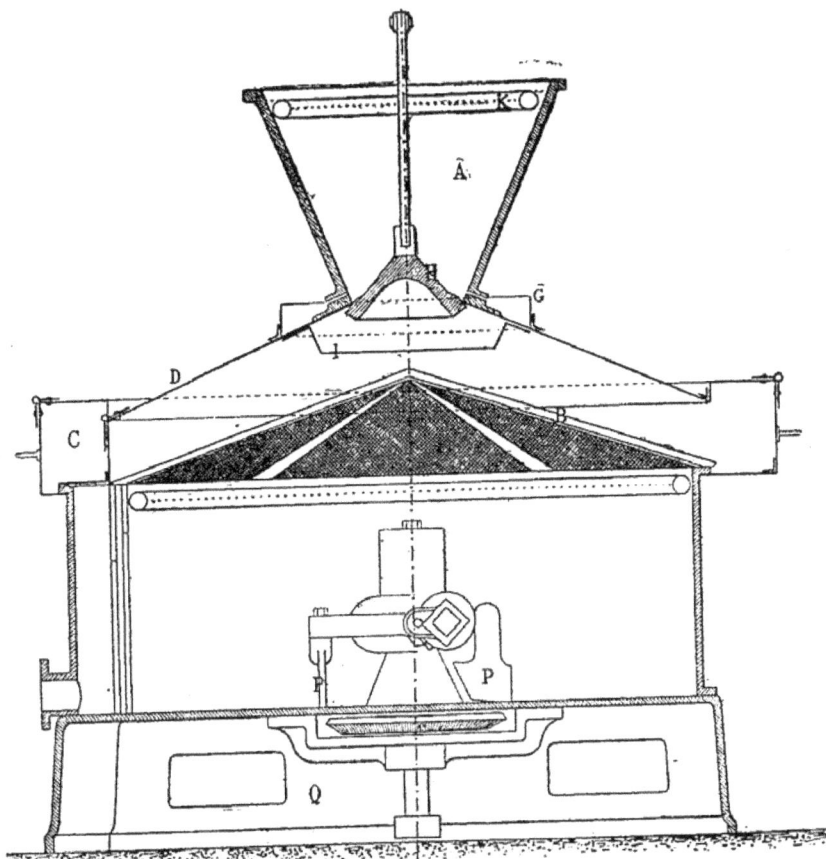

Fig. 90. — Appareil mixte pouvant produire indistinctement du lait, de la pâte et de la poudre de chaux hydratée, sèche ou humide, système Lacouture, coupe suivant C D.

trémie, l'eau en excès coulera dans la gouttière *G* correspondant à un tuyau.

La chaux étant suffisamment éteinte viendra tomber naturel-

A Trémie de chargement. — *B* Tamiseur tapoteur. — *C* Gouttière recevant les rigots. — *D* Couvercle pour éviter les buées. — *E* Contrepoids du cône. — *F* Tige du tapoteur. *G* Gouttière d'eau. — *H* Cône obturateur de la trémie. — *I* Projecteur. — *J* Levier du cône. — *K* Tuyau d'arrosage. — *L* Rochet du tapoteur. — *M* Commande de l'appareil. — *N* Poulies de commande. — *O* Déversoir. — *P* Mélangeurs propulseurs. — *Q* Socle de l'appareil.

rellement et progressivement sur le tamiseur *B* par le simple jeu de l'obturateur *H* en combinaison avec un levier à contrepoids.

La poudre traversant la toile métallique du tamiseur *B* tombera au fond de l'appareil; par contre, les rigots, pierrailles et autres impuretés descendront dans la gouttière circulaire *G* pour être ensuite retirés à la pelle.

Le mécanisme approprié à ce tamiseur *B* en fait un tapoteur, ce qui procure un tamisage complet.

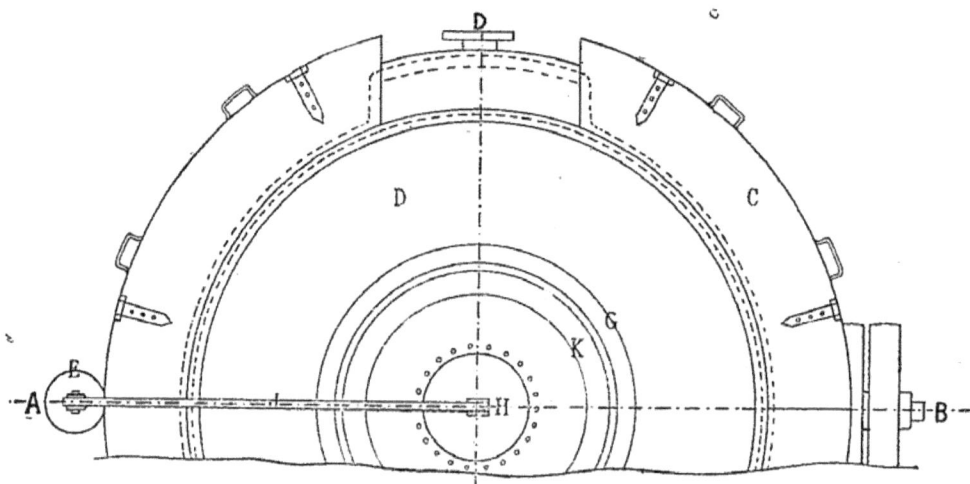

Fig. 91. — Appareil mixte pouvant produire indistinctivement du lait, de la pâte et de la poudre de chaux hydratée, sèche ou humide, système Lacouture, vue en plan.

La poudre épurée pourra donc être employée soit à la confection du lait ou de la pâte, ou bien être recueillie telle quelle pour les besoins de l'usine ; elle pourra aussi être à l'état humide, si on a le soin de l'arroser et de la malaxer.

Préparateur de chaux Warkernie. — Cet appareil se compose de deux auges superposées, l'auge supérieure est munie d'une hélice qui tourne autour d'un arbre horizontal, l'auge inférieure est munie d'un cylindre horizontal en tôle perforée situé en contrebas, et d'un arbre à palettes qui fait fonction d'agitateur.

La chaux est placée dans l'auge supérieure et arrosée au moyen d'un tuyau perforé qui traverse l'auge suivant sa longueur. Quand l'extinction est terminée, on met l'hélice en mouvement et la chaux en pâte tombe dans le cylindre perforé, cylindre dans lequel le lait est amené au degré voulu ; les incuits entraînés par une hélice placée à l'intérieur du dit cylindre sont rejetés et le lait qui traverse les trous du tambour se rend dans la partie inférieure de l'appareil où il est sans cesse mélangé par l'agitateur.

Préparateur Lehnartz. — Il diffère un peu du précédent. Un tambour en tôle perforée, légèrement incliné, porte sur sa périphérie des tiges disposées en hélice et destinées à remplacer l'agitateur de l'appareil Wackernie; ce tambour tourne dans une auge. La chaux est introduite par une trémie dans le tambour, le lait passe au travers des trous de ce tambour, il est agité par les tiges dont nous venons de parler et les incuits sont expulsés par l'extrémité du tambour opposée à la trémie.

On fera bien, à notre avis, de faire passer le lait de chaux au travers d'un tamis cylindrique comme nous l'avons conseillé en parlant du chaulage des jus à la râperie, car si l'on a des grumeaux dans le jus, ces grumeaux peuvent s'éteindre après la carbonatation, ce qui explique l'augmentation d'alcalinité du jus aux filtres-presses qui se produit quelquefois.

Nous avons dit que le lait était envoyé soit aux chaudières à carbonater, soit au bac à chauler par des monte-jus ou des pompes; nous allons voir en quoi consistent ces appareils et comment ils fonctionnent.

Monte-jus. — Un monte-jus est un appareil cylindrique en tôle capable de supporter la pression des générateurs. Un tube vertical plonge dans cet appareil jusqu'à la partie inférieure; un robinet placé sur une conduite, en communication avec le bac qui contient le liquide à refouler, permet de faire arriver ce liquide dans le monte-jus; un autre robinet permet d'introduire dans l'appareil de la vapeur venant des générateurs, enfin un dernier robinet donne issue à cette vapeur. Pour faire fonctionner le monte-jus, on opère de la manière suivante : on ouvre le robinet de jauge, puis on introduit dans l'appareil la quantité de lait voulu et on ferme le robinet de purge; ensuite on ouvre le robinet d'arrivée de vapeur; celle-ci fait pression et force le liquide à monter dans le tube vertical et de là à se rendre aux chaudières à carbonater ou au bac chauleur. Le fond du monte-jus a la forme d'une cuvette au milieu de laquelle aboutit le tube, de cette façon l'appareil se vide d'une manière presque complète. Quand le monte-jus est vide, on ferme l'arrivée de vapeur et on ouvre le robinet qui met l'intérieur du récipient en communication avec l'atmosphère, la vapeur s'échappe et on peut recommencer à emplir le monte-jus.

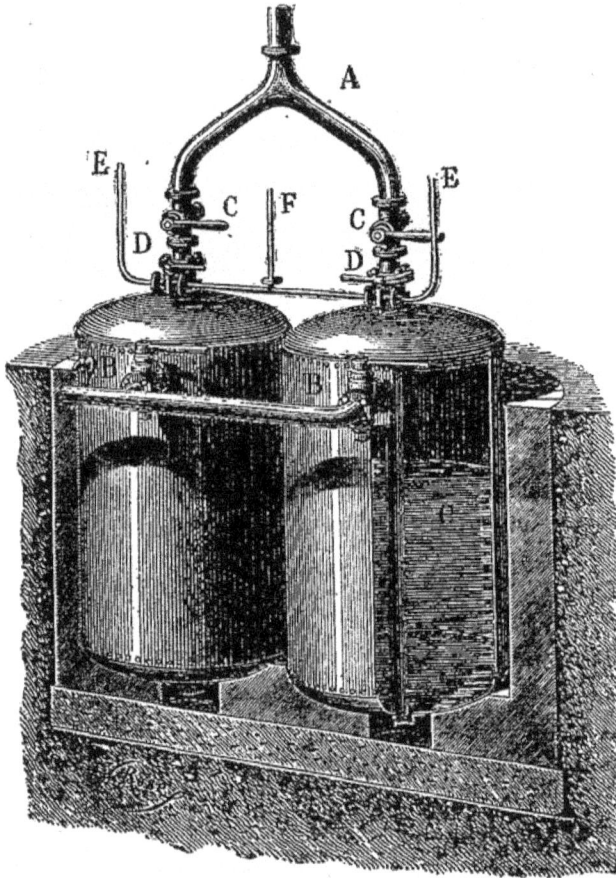

Fig. 92. — Disposition de 2 monte-jus, construction Cail.

Une disposition commode est celle des deux monte-jus accouplés représentés sur la figure 92.

Le liquide est introduit dans l'un des deux appareils par le robinet B ; quand le premier corps est plein, on ferme son robinet B pour remplir le deuxième monte-jus, on ouvre alors le robinet C du premier, puis le robinet D à trois eaux qui communique d'un côté avec la vapeur et de l'autre avec l'atmosphère. En faisant arriver par E un courant de vapeur, la pression de celle-ci fera monter le liquide par le tuyau plongeur G pour l'envoyer dans la conduite de refoulement.

A côté d'avantages réels, les monte-jus présentent certains inconvénients : ils consomment une grande quantité de vapeur qui est absolument perdue au sortir de l'appareil, parce qu'on ne peut le mettre en communication avec la conduite des retours ; de plus, la vapeur se condense en partie et dilue le jus, ce qui nécessite une dépense supplémentaire de charbon pour l'évaporation de cette eau condensée ; enfin la vapeur à la pression du monte-jus est assez chaude pour que l'on puisse craindre une destruction du sucre du liquide contenu dans cet appareil. On peut arriver à diminuer la consommation de vapeur des monte-jus en mettant sur la prise de vapeur un détendeur qui permet de régler la pression de la vapeur suivant la colonne de liquide.

Pompe à lait de chaux. — La pompe à lait de chaux se compose d'un piston fixe, creux, qui communique avec la conduite de refoulement et d'un cylindre qui est mu verticalement par une bielle ayant ses points d'attache sur ce cylindre. Le piston et le cylindre sont tous deux munis d'un clapet placé à la partie inférieure ; ces clapets s'ouvrent de bas en haut. Supposons le cylindre dans sa course ascendante : le clapet du cylindre se ferme, celui du piston s'ouvre et le lait de chaux monte dans la conduite de refoulement ; quand le cylindre vient à descendre, le clapet du piston se ferme, celui du cylindre plongeant dans le liquide s'ouvre et permet au lait de chaux de venir remplir le cylindre, etc.

Certaines usines n'ont pas à s'occuper de la préparation du lait de chaux, car elles ajoutent directement la chaux aux jus, soit sous forme de chaux hydratée en poudre, soit sous forme de chaux caustique ; nous reviendrons plus loin sur ce sujet.

CHAPITRE VII

EPURATION DES JUS

OBSERVATIONS PRÉLIMINAIRES

Le jus étant extrait de la betterave, il s'agit de lui enlever par un procédé quelconque, les impuretés, ou tout au moins la plus grande partie possible des impuretés qu'il contient, et qui dans la suite du travail entraveraient la cristallisation du sucre.

L'épuration des jus s'effectue par la chaux qui combine les impuretés et les transforme en corps insolubles qu'on élimine, ou les modifie de telle sorte qu'il est ensuite facile de les éliminer par la filtration.

Dans les premiers débuts de l'industrie du sucre de betteraves en France, on croyait devoir appliquer au jus de betteraves le procédé d'épuration employé pour le jus de canne, c'est-à-dire la défécation ; mais cette méthode d'épuration dut être en partie modifiée, le jus de canne et le jus de betterave ayant des compositions différentes et le deuxième ayant à cette époque une densité beaucoup plus faible que le premier.

On fut amené à opérer de la manière suivante :

Ajouter 0 kg. 500 de chaux à l'état de lait au jus provenant de 100 kilog. de betteraves et chauffé à 80° ; mouvronner énergiquement et, après quelque temps de contact, prélever un échantillon dans une cuiller ; si l'écume tombe au fond et s'il surnage un jus clair, il n'y a plus qu'à laisser décanter le jus déféqué ; dans le cas contraire, on ajoute 0 kg. 2 de chaux et on fait le même essai en continuant ainsi jusqu'à séparation de l'écume et du jus clair. Les quantités de chaux nécessaires suivant la nature des betteraves varient de 0 kg. 500 à 1 kg.

Vint ensuite le procédé Achard qui fut peu appliqué. Il consistait à employer l'acide sulfurique qui précipitait une certaine quantité de matières organiques, l'excès d'acide était ensuite neutralisé par le carbonate de chaux ou la chaux.

Un autre procédé qui fut encore appliqué consistait à porter la température à 75° après défécation, puis à neutraliser presque complètement l'excès de chaux avec de l'acide sulfurique de dix fois son poids d'eau.

En 1848, Rousseau reprit les études de Kuhlmann qui avait tenté de remplacer l'acide sulfurique par l'acide carbonique et il arriva à faire passer dans la pratique le procédé qui porte son nom et qui consiste à opérer de la manière suivante :

Chauffer le jus déféqué à 70° et ajouter 5 hectolitres de lait de chaux à 22° Bé par 100 hectolitres de jus, chauffer ensuite en brassant jusqu'à une température voisine de l'ébullition sans jamais l'atteindre. Saturer le jus qui a été envoyé dans des chaudières spéciales jusqu'à précipitation complète de la chaux ; l'arrêt de la carbonatation est indiqué par la décantation et un essai alcalimétrique. Passer les écumes à la presse à vis dans des sacs en coton. Porter ensuite à l'ébullition pour chasser l'excès d'acide carbonique.

La carbonatation a été appliquée pour la première fois en 1859 à Flavy-le-Martel, dans l'usine de M. Périer. Les deux carbonatations se faisaient dans des carbonateurs continus construits alors comme les laveurs de gaz actuels qui sont les seuls appareils du début qu'on ait conservés.

Ceci nous amène au procédé employé de nos jours, la double carbonatation.

THÉORIE DE LA DOUBLE CARBONATATION

La double carbonatation, telle qu'elle est employée dans toutes les sucreries de betteraves, diffère peu des procédés imaginés en France par Périer et Possoz, et ensuite en Allemagne par Frey et Jellinek ; ces inventeurs ajoutaient aux jus une quantité suffisante de chaux pour faire passer tout le sucre du jus à l'état de sucrate, puis décomposaient ce sucrate par l'acide carbonique.

Périer et Possoz avaient en effet remarqué que le carbonate de chaux, en se précipitant, entraînait avec lui une grande partie des impuretés du jus de betteraves.

Frey et Jellinek opéraient en une seule fois, tandis que Périer et Possoz commençaient la carbonatation en laissant une certaine alcalinité, puis ajoutaient de nouveau dans le jus clair et décanté une légère quantité de chaux et achevaient la carbonatation.

On opère actuellement de la manière suivante :

On ajoute au jus 10 à 15 0/0 de lait de chaux à 20°-22° B, on chauffe le jus s'il ne l'a pas été préalablement par un réchauffeur en sortant de la diffusion, puis on commence à carbonater et on continue jusqu'à ce qu'il ne reste plus que 0^{gr} 120 à 0^{gr} 150 0/0 cc d'alcalinité exprimée en chaux. Porter alors le jus à 85°-90°, puis décanter ou filtrer ; ajouter au jus clair 2 à 3 0/0 de lait à 20-22 B^{é} et carbonater jusqu'à alcalinité de 0,10 à 0,30 (suivant les usines), puis porter à l'ébullition pendant quelques minutes ; décanter ensuite et filtrer.

Nous avons simplement donné les grandes lignes du procédé afin de pouvoir en faire la théorie ; nous reviendrons ultérieurement sur la pratique.

Voyons d'abord ce que deviennent les matières albuminoïdes.

Celles qui sont coagulables ont été précipitées à la diffusion et, si on a eu soin de filtrer les jus de diffusion, elles n'arrivent pas à la carbonatation ; mais les autres restent en solution, même après les deux carbonatations ; sous l'action de la chaux et par une ébullition prolongée, les matières albuminoïdes se décomposent ; c'est ce qui explique le dégagement d'ammoniaque à la deuxième carbonatation et pendant l'évaporation.

Quant aux acides organiques, ils sont combinés à des bases parmi lesquelles la potasse et la soude ; ces sels sont précipités à l'état d'organates de chaux et les bases, potasse et soude, sont mises en liberté. Les sels de chaux formés sont à peu près totalement insolubles dans une solution sucrée en présence d'une quantité de chaux suffisante. C'est ce fait qui explique l'avantage de la double carbonatation. C'est pourquoi après la première carbonatation les jus doivent avoir une alcalinité suffisante pour que ces sels restent dans les écumes ; aussi ne saurions nous trop recommander de ne pas pousser trop loin la première carbonatation, 0^{gr} 120 au moins d'alcalinité en chaux par 100^{cc} et, si c'est possible, 0^{gr} 150 (1).

Parmi les acides organiques contenus dans le jus, on peut citer les acides oxalique, malique, tartrique. Les acides lactique et

_____

(1) Voir au chapitre : *Analyses* l'explication de ce terme alcalinité exprimée en chaux.

acétique forment des composés solubles dans les conditions où
l'on se trouve ; ce sont ces acides qui fournissent les sels de chaux
dans les masses cuites et les mélasses ; ils ne se rencontrent heureusement qu'en très petites quantités dans les betteraves mûres
et non altérées ; aussi, dans ce cas et avec un bon travail, ne
doit-on avoir que très peu de sels de chaux dans les masses cuites.
Avec des betteraves altérées l'absence d'oxalates, de malates et
de tartrates de chaux a encore l'avantage de supprimer la présence
de potasse et de soude libres dans les jus de deuxième carbonatation ; si ces jus sont alors alcalins, cette alcalinité est due à de la
chaux et à de l'ammoniaque, condition très défavorable à un bon
rendement en sucre et à la conservation des arrière-produits.
Nous reviendrons du reste sur ce sujet.

Les betteraves contiennent toujours aussi de petites quantités
de sucre interverti ; ce sucre n'est pas précipité à la carbonatation,
mais il est en partie détruit en présence de la chaux à une haute
température. Si vers la fin de la fabrication on travaille des betteraves altérées, celles-ci contiennent beaucoup de sucre réducteur
dont on ne peut se débarrasser en partie qu'en augmentant la dose
de chaux et en faisant bouillir ; mais alors les jus se colorent par
suite de la formation de pyrocatéchine d'après Berthelot, et d'acides
glucique et mélassique brun d'après Schutzenberger. Le glucose
qui passe dans le travail après carbonatation est transformé en
glucate de chaux soluble ; ce corps est donc encore une cause de
l'augmentation des sels de chaux.

La matière colorante du jus est aussi entraînée par le précipité
de carbonate de chaux et séparée ainsi du jus par filtration ou
décantation.

Les jus de betteraves contiennent aussi de l'asparagine qui donne
naissance à de l'ammoniaque et forme des sels des aspartates
solubles dans le jus sucré et alcalin.

Avant d'être chaulé, le jus doit être autant que possible exempt
de pulpe folle si l'on veut éviter la formation de pectates et de
métapectates de chaux qui sont solubles ; le parapectate par contre
est insoluble.

A la carbonatation sont encore précipités la magnésie, l'oxyde
de fer et l'acide phosphorique.

Enfin l'excès de chaux se combine au sucre pour former du

sucrate de chaux qui, décomposé par l'acide carbonique, donne naissance à du carbonate de chaux insoluble et à du sucre qui se trouve en solution.

PREMIÈRE CARBONATATION

Chaulage

Le chaulage se fait soit dans un bac spécial, soit directement dans la chaudière à carbonater. Nous préférons la première manière d'opérer qui assure un mélange plus intime de la chaux et du jus. Dans le deuxième cas, surtout avec les grandes chaudières rectangulaires qu'on emploie presque partout, le mélange est souvent peu homogène, et on est obligé de commencer à faire passer le gaz en même temps qu'on introduit le lait de chaux, afin de ne pas laisser ce dernier s'accumuler dans le fond et dans les coins. Pour faire les choses correctement, on ne devrait introduire le gaz qu'après chaulage, ce qu'on comprendra aisément en se reportant à la théorie de la carbonatation.

Dans bien des usines où les chaudières à carbonater n'ont pas les dimensions voulues, l'adjonction d'un bac de chaulage peut être nécessaire pour augmenter le travail.

Les figures 93 et 94 montrent une installation qu'on trouve encore fréquemment en France.

A. wagonnet à chaux.

B. Récipient où se fait l'extinction de la chaux, muni d'un

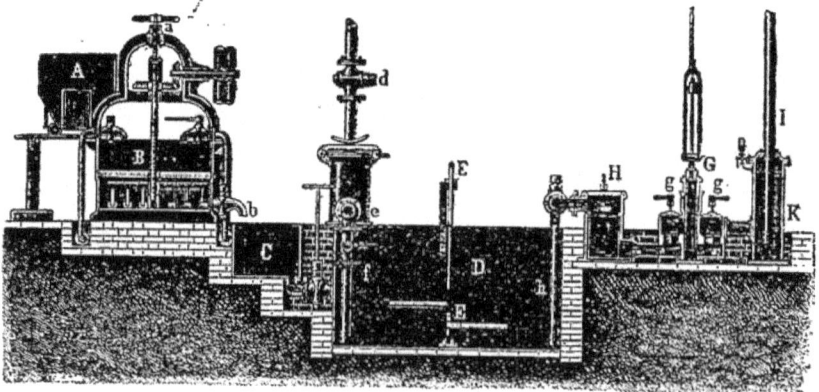

Fig. 93. — Installation pour le chaulage du jus. — Vue en élévation.

agitatenr, de deux tuyaux d'eau et du robinet d'écoulement *b*. Le volant *a* sert à mettre l'agitateur en mouvement.

C. Récipient à lait de chaux où se déposent les corps durs, les incuits, etc.

D. Malaxeur se rvnt pour le mélange du jus et de la chaux ; il se compose de deux compartiments D' et D'' dans lesquels viennent aboutir les orifices d'arivée du lait de chaux.

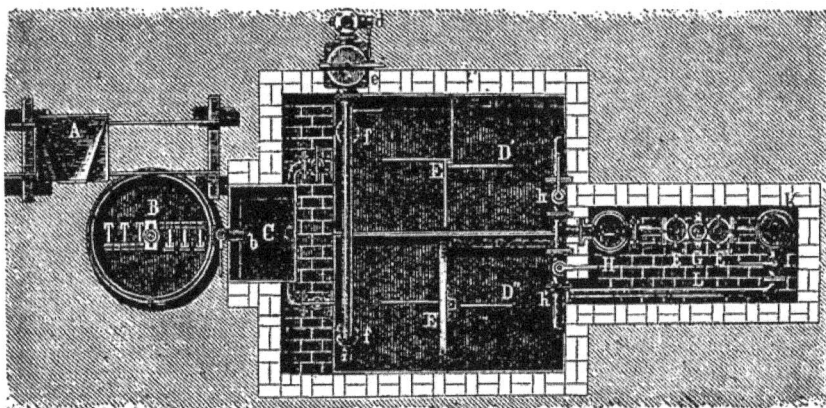

Fig. 94. — Installation pour le chaulage du jus. — Vue en plan.

Le jus s'écoule du tuyau *d* par le vase *e* qui retient les impuretés et les robinets *ff'* dans un des deux compartiments de D où fonctionne un agitateur et qui peuvent être remplis alternativement.

La vidange du jus chaulé s'effectue à l'aide de la pompe G par les soupapes *gg* (désignées par EE dans la vue en plan), par le vase H qui retient les parties solides et les tuyaux aspirants *hh*. Le jus est envoyé par K en I, L est un tuyau de retour qui va du tuyau I au récipient.

Quantité de chaux à employer. — Les auteurs sont loin d'être d'accord sur la quantité de chaux à employer. En France, on chaule à la première carbonatation en moyenne avec 2^{kg} de chaux par hectolitre de jus de première carbonatation; on augmente généralement cette dose vers la fin de la fabrication quand on travaille des betteraves de silos.

Certains chimistes prétendent que l'on peut obtenir de bons résultats avec peu de chaux. M. Decker trouve qu'il suffit d'ajouter

8 p. 100 de lait à 22° B°; M. Lachaud est d'avis qu'il ne faut jamais dépasser 2^k500 de chaux réelle par hectolitre de jus ; enfin M. le Dr Kuthe dit que l'on peut obtenir de bons résultats avec 1 à 1,5 0/0 de chaux du poids de la betterave.

Il se forme en ce moment un courant d'opinion contre l'emploi de la chaux en quantité exagérée; nous verrons plus loin, dans les procédés spéciaux, que certains inventeurs préconisent l'emploi d'une très faible proportion de chaux. En ce qui nous concerne, nous pensons qu'on peut aller sans inconvénient à 2^k500 comme il a été dit plus haut; l'emploi de 5^k comme le font certains fabricants nous paraît exagéré; cette quantité a le désavantage de donner une très grande quantité d'écumes et, par suite, des pertes en sucre d'autant plus considérables que ces écumes seront moins bien lavées.

Les expériences faites par M. Weisberg et d'autres chimistes tendraient à prouver que l'on peut réduire sensiblement les quantités de chaux employées; mais dans toutes ces expériences on s'est basé à tort sur le coefficient de pureté des jus, car on ne doit pas seulement tenir compte de la quantité d'impuretés restant dans les jus, mais de leur composition. En outre, le jus contient certaines matières organiques (par exemple des matières colorantes, des matières pectiques, etc.), en très petites quantités, il est vrai, mais dont il faut se débarrasser à tout prix, même en exagérant la dose de chaux.

Nous engagerons chaque usine à essayer le travail avec des quantités de chaux différentes et à admettre celle qui paraîtra donner les meilleurs résultats; mais une fois cette quantité déterminée, il faudra s'assurer que le lait est bien au degré voulu et contrôler souvent sa pureté (voir *Analyses*).

Comme on l'a vu plus haut par la description des appareils préparateurs de la chaux, celle-ci n'est pas toujours employée à l'état de lait, on l'ajoute aussi à l'état de chaux anhydre ou de poudre hydratée.

Le procédé qui consiste à ajouter la chaux en poudre hydratée ou en pâte a été préconisé l'année dernière par MM. Mittelmann et Bouvier.

M. Mittelmann met la chaux vive avec une quantité d'eau juste suffisante pour produire l'extinction dite sèche, il produit ainsi une poudre qui contient 12 à 15 0/0 d'eau; il ajoute au jus 2 à 3 kg. en plus du poids calculé pour tenir compte de l'humidité et des incuits.

La poudre se trouve dans un bac enterré ; on pèse 70 kg. de cette poudre dans des paniers rectangulaires en fer et tôle perforés ; ces paniers sont placés dans des bacs mesureurs et le jus arrivant dans ces bacs recouvre petit à petit la chaux ; un malaxeur mu par transmission, et dont les palettes touchent presque le fond des bacs mesureurs, sert à remuer constamment les jus chaulés.

M. Mittelmann trouve que la chaux à l'état de poudre hydratée possède un pouvoir épurant supérieur à celui de la chaux à l'état de lait.

Chauleur Kœnig. — Pour opérer le chaulage des jus directement au moyen de la chaux sèche, telle qu'elle sort du four, on se sert d'un appareil qui se compose d'un récipient cylindrique à fond conique, ce récipient porte en son axe un arbre vertical sur lequel sont calées inférieurement des palettes horizontales et au-dessus de celles-ci un panier circulaire perforé.

Le tout est entraîné par l'arbre dans un mouvement de rotation. L'appareil est rempli de jus par la partie inférieure et le panier reçoit la quantité de chaux pesée nécessaire au chaulage du jus entré dans l'appareil. Au bout de quelques minutes il ne reste plus dans le panier que les pierres et incuits, et tout le jus est uniformément chaulé.

La vidange du jus s'effectue par la partie inférieure.

La pierre étant plongée instantanément dans le jus, il n'y a pas de caramélisation à craindre ; la température la plus élevée que l'on constate dans le panier pendant l'extinction est de 85°.

D'après M. Aulard, la chaux employée à l'état sec aurait un pouvoir épurant supérieur à la chaux employée à l'état de lait de chaux.

Le jus en sortant de la diffusion, ou en sortant du bac d'attente des jus de râperies, si l'on se trouve dans le cas d'une usine à râperies, passe par le réchauffeur du triple effet dont nous parlerons à l'évaporation et arrive soit dans le bac à chauler, soit dans la chaudière directement. Supposons qu'il y arrive non chaulé : on le portera alors à 38°-40° centigrades si le réchauffeur n'a pas réussi à l'amener à cette température, puis on ouvrira en même temps la soupape qui commande l'arrivée du gaz et le robinet d'arrivée du lait de chaux ; quand la quantité de lait de chaux jugée

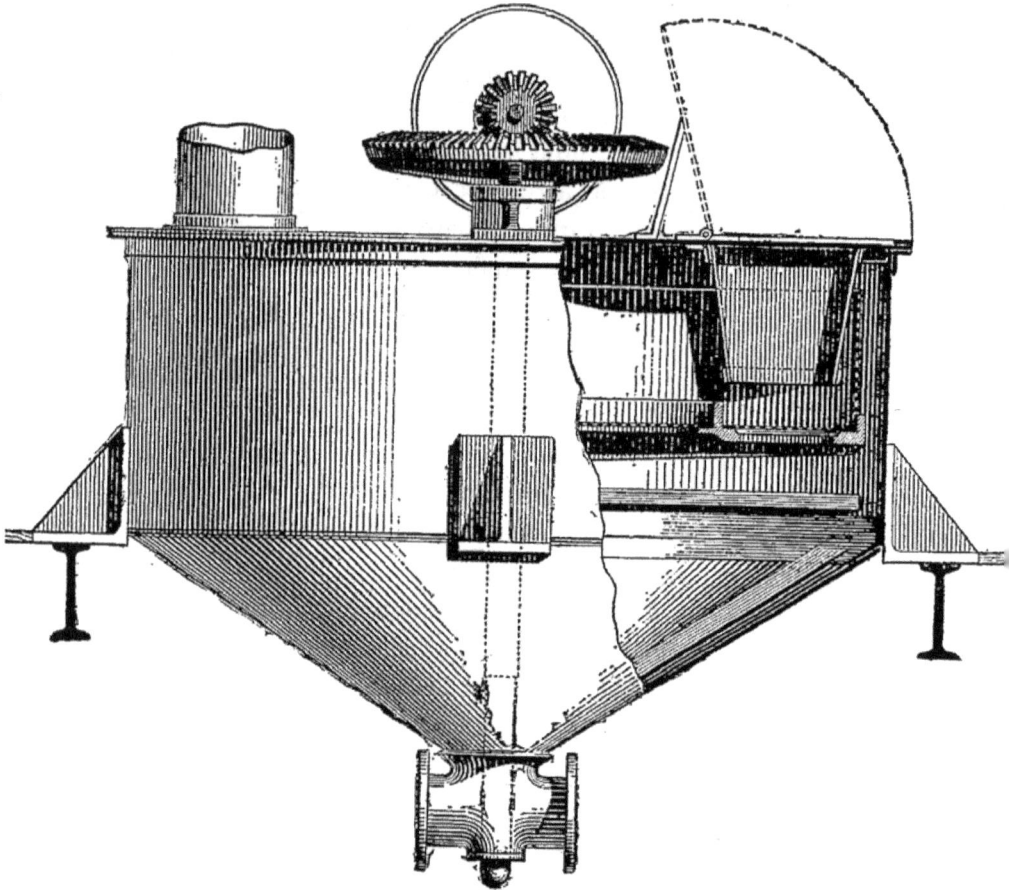

Fig. 95. — Chauleur Kœnig, construction Maguin.

nécessaire est introduite, on ferme le robinet de lait et on continue la carbonatation. Le jus se recouvre d'une abondante mousse blanche qui devient grise à mesure que [l'opération s'avance. Le changement d'aspect de la mousse est une indication précieuse pour le praticien sur le point de la carbonatation ; lorsque l'on croit approcher du point d'arrêt, on prélève une certaine quantité de jus dans une cuiller et on regarde si le précipité se rassemble. Avec un peu d'habitude on peut de cette manière presque arrêter au point voulu.

Cependant, il vaut mieux déterminer le point d'arrêt au moyen d'une liqueur indiquant exactement l'alcalinité du jus clair (voir *Analyses*).

Vers la fin de l'opération, on commencera à chauffer le jus de manière à l'amener à 65° environ au moment de la fermeture de la soupape du gaz, on continuera ensuite le chauffage jusqu'à 85° C.

La carbonatation doit être effectuée à froid comme nous l'indiquons, et non à des températures de 80°-90 comme cela est pratiqué dans certaines usines.

En opérant à une température trop élevée, on risquerait d'avoir de grandes quantités de sels de chaux et des jus moins purs; c'est du reste l'avis du Dr Kuthe qui a publié sur ce sujet le tableau suivant (1) :

Dates des mois	N^{os} d'ordres	Temp^r du rechauffage.	Temp^{re} de la défécation.	Durée de la défécation	Matières dissoutes réelles	Sucre °/. cc	Pureté réelle
28 Nov. 1891	1	50	50	10	65.41	59.9	91.57
	2	90	50	10	71.01	64.9	91.39
	3	85	85	10	61.75	56.1	90.85
3 Déc. 1891	4	90	50	10	68.06	62.2	91.39
	5	85	85	10	69.53	63.2	90.89
	6	50	50	10	67.29	61.6	91.53
16 Déc. 1891	7	96	96	10	52.99	47.7	90.02
	8	50	50	10	73.79	66.8	90.53
17 Déc. 1891	9	75	75	10	70.60	63.7	90.22
	10	75	75	40	65.32	59.0	90.32
	11	50	50	10	61.63	55.9	90.70
18 Déc. 1891	12	96	96	10	53.22	48.1	90.38
	13	96	96	40	62.33	56.3	90.32
	14	50	50	40	53.17	48.0	90.20
	15	50	50	10	49.96	45.4	90.87

M. Kuthe tire de ses expériences les conclusions suivantes :

1° On obtient la plus grande pureté par la carbonatation à basse température avec une courte durée de l'opération ;

2° A une température élevée, même avec une courte durée de la carbonatation, on obtient des sirops moins purs.

Durée de la carbonatation. — *Carbonatations lentes.* — Du jus venant des raperies avec une alcalinité de 1 0/0 et chaulé à 10 0/0

(1) Deutsche Zuckerindustrie.

de lait à 20° B, demandait 40 minutes pour la carbonatation de 250 hectolitres avec du gaz à 29-30 0/0 d'acide carbonique.

Les causes produisant les carbonatations lentes sont :

1° Un excès de lait de chaux dans les jus ;

2° Le mauvais fonctionnement du four à chaux, d'où résulte du gaz pauvre ;

3° Vitesse trop grande ou trop faible de la machine à gaz ;

4° Un chauffage défectueux du jus avant carbonatation ;

5° Les irrégularités dans la marche de la diffusion ;

6° L'altération du jus ;

7° La température du gaz. Si le gaz est trop chaud, de même que s'il est trop froid la carbonatation est lente ; on devra faire en sorte que l'eau au pied du laveur ait une température de 30° à 40° environ comme nous l'avons dit précédemment ; nous avons remarqué souvent qu'à une température plus élevée la carbonatation d'une chaudière, au lieu de s'effectuer en 40 minutes, exigeait jusqu'à une heure.

Dans les conditions énoncées plus haut nous avons indiqué 40 minutes avec du gaz à 29-30 0/0 ; nous ajouterons qu'il faut environ une heure avec du gaz à 25 0/0 de CO^2 et une heure 15 minutes avec du gaz à 20 0/0.

Aux causes que nous avons données il faudrait ajouter, d'après M. Pellet, une trop grande dilution du jus par rapport à la chaux ajoutée ; il est vrai que cela équivaut à un excès de lait de chaux dans le jus.

M. Pellet s'exprime ainsi :

« Plus il y aura de chaux en excès sur celle que peut dissoudre rapidement le sucre contenu dans le jus, plus la carbonatation sera lente, toutes choses égales d'ailleurs, parce que la chaux non dissoute doit préalablement passer à l'état soluble ; or son mélange avec le carbonate de chaux formé nuit à sa rapide dissolution. Quand ce phénomène se présente, on trouve généralement beaucoup de chaux libre dans les écumes même lavées, tandis que si la carbonatation a été bien conduite, le titre alcalin des eaux de lavage doit être faible. » (*Bull. assoc. chim.*). D'après M. Martin, on remédierait à une carbonatation lente en ajoutant au jus en carbonatation 2 0/0 de jus vert et en échauffant vers 95° ; M. Lachaud conseille. d'ajouter un peu de chaux pendant l'opération ; M. Brunehaut ajoute le lait de chaux en plusieurs fois.

Influence de la composition du gaz. — La composition du gaz carbonique influe considérablement sur la marche de la carbonatation.

Plus le gaz sera riche en CO_2, plus on aura de chance d'avoir une carbonatation rapide qui, comme nous l'avons vu plus haut, d'après le Dr Kuthe, est une condition indispensable pour l'obtention de sirops d'une grande pureté. D'autre part, nous avons déjà fait remarquer plus haut que si la carbonatation est lente, le jus décante mal ou passe difficilement aux filtres-presses.

La présence de l'acide sulfureux dans le gaz ne présente pas de grands inconvénients, mais il n'en est pas de même de celle de l'hydrogène sulfuré.

Certains fabricants allemands ayant voulu chauffer leur four à chaux avec des briquettes et des lignites ont vu leur jus et leurs masses cuites se colorer, les sucres produits étaient gris.

Ils ont fini par se rendre compte que ce phénomène était dû à la présence de l'hydrogène sulfuré : un litre de gaz contenait 6 milligr. de H_2S. On a attribué la teinte grise des sucres à la précipitation du fer qui se trouve en petite quantité dans les jus. De plus, l'hydrogène sulfuré faisait rétrograder l'alcalinité, ce que le Dr Herzfeld explique par la formation de sulfure de calcium se transformant petit à petit pendant l'évaporation en acide hyposulfureux qui saturerait les bases et diminuerait ainsi l'alcalinité.

On a remédié à l'inconvénient précité en augmentant l'excès d'air dans le four ; par suite la richesse en CO_2 est tombée de 35 à 28 0/0, mais l'hydrogène sulfuré avait disparu et la carbonatation est devenue normale et plus rapide.

M. Gravier dit qu'on peut éviter la présence d'hydrogène sulfuré résultant de l'emploi des cokes contenant d'assez grandes quantités de soufre, en faisant remonter le feu dans le four à chaux afin d'éviter une combustion incomplète ; il ne se formera plus alors que de l'acide sulfureux. Il ajoute n'avoir jamais pu constater la présence de sulfures dans les sirops et il attribue ce fait à une oxydation qui se serait produite pendant l'évaporation et aurait transformé les sulfures en sulfates.

Carbonatation des jus denses. — Un grand nombre de fabricants avaient d'abord craint que la production de jus denses à la diffusion ne fût une cause de mauvaise carbonatation ; ils sont revenus de cette erreur qui leur faisait dépenser une quantité de charbon bien supérieure à celle dépensée maintenant par les usines qui font des jus à 5° de densité à la diffusion.

Pour avoir une bonne carbonatation de ces jus, il suffit d'y introduire la quantité de chaux voulue ; il est évident *a priori* qu'il faut plus de chaux pour un jus à 5° de densité que pour un jus à 3° 5.

Nous sommes arrivés facilement à carbonater dans de bonnes conditions et à une température modérée des jus soutirés à 5° et 5° 2 de densité,

Evacuation de l'excès de gaz. — Pendant le travail, il arrive que l'on carbonate quelquefois une seule chaudière, ou deux, ou trois ; à certains moments, par contre, la carbonatation est complètement arrêtée, et comme la soufflerie continue néanmoins de fonctionner, il faut se débarrasser du CO^2 inutilisé.

A cet effet, la conduite de refoulement du gaz est prolongée jusque sur le toit de l'usine et surmontée d'une soupape qui se soulève quand la pression dans la conduite devient trop forte.

Les soupapes ordinaires présentent l'inconvénient de se refermer en partie avant l'élimination d'une quantité suffisante de gaz. Pour obvier à cet inconvénient, on peut adopter la disposition suivante :

La soupape porte un renflement sur le pourtour, elle est munie en son centre d'un tuyau. Le siège est composé d'une pièce en fonte à l'intérieur de laquelle est fixée une deuxième pièce ayant la forme d'une cuve ; autour de cette cuve se trouve donc un espace annulaire par lequel arrive le gaz ; lorsque la soupape repose sur son siège, le renflement bouche l'orifice de l'espace annulaire et ne permet aucune communication avec l'atmosphère, la pression ne s'exerce que sur la partie renflée ; mais dès que la soupape commence à se soulever, il y a communication avec l'intérieur de la cuve et la pression s'exerce sur toute la surface de la soupape, celle-ci se soulève alors brusquement.

Le tuyau ménagé au centre de la soupape a pour but de permettre à celle-ci de se fermer complètement, car sans son adjonction au moment de la fermeture qui supprime la communication entre la partie annulaire et la cuve, il reste dans cette dernière une certaine quantité de gaz qui serait comprimé et empêcherait la soupape de venir s'appliquer sur son siège.

Corps gras.— On ajoute généralement au jus en carbonatation un peu d'un corps gras afin d'empêcher le trop grand développement des mousses; il faut en employer le moins possible, et le meilleur moyen d'arriver à ce but est à faire toucher à l'ouvrier une prime sur l'économie de ce produit. On emploie généralement le beurre de coco, quelquefois le suif ou la graisse de cheval.

Il nous reste à donner la description des appareils qui servent à la carbonatation.

Bac chauleur. — Le bac chauleur doit être autant que possible en charge sur les chaudières à carbonater; il doit pouvoir contenir le jus chaulé nécessaire à la capacité de deux chaudières et communiquer avec celles-ci par un tuyau de fort diamètre pour faciliter l'emplissage.

Des arbres verticaux munis de palettes constituent les mélangeurs; ceux-ci doivent être en nombre pair et tourner deux à deux en sens contraire, car s'ils tournaient dans le même sens la chaux et le jus seraient entraînés dans un même mouvement sans se mélanger. En opérant comme nous l'indiquons, on forme dans le liquide des tourbillons qui facilitent le mélange.

Chaudières à carbonater

Une chaudière à carbonater se compose essentiellement d'un bac fermé et généralement de forme rectangulaire, surmonté d'une cheminée d'évacuation de l'acide carbonique en excès et des vapeurs; un fond incliné facilite la vidange de l'appareil. Outre les barbotteurs de gaz faciles à enlever pour leur nettoyage, cette chaudière contient encore le tuyau et la soupape d'arrivée du jus, puis les émousseurs qui ont pour but d'abattre les mousses abondantes produites par la carbonatation.

Forme des chaudières. — Les chaudières, avons-nous dit, ont généralement la forme rectangulaire, ce qui est un défaut au point de vue du chaulage et de la carbonatation ; avec des récipients de grande dimension la composition du jus qui se trouve dans les angles n'est pas la même que celle du reste de la chaudière.

Il s'ensuit qu'en faisant l'essai à la liqueur sulfurique sur des échantillons prélevés dans la partie supérieure du liquide, on est induit en erreur et que souvent on croit l'opération achevée alors qu'elle ne l'est pas.

Il serait donc beaucoup plus rationnel de donner aux chaudières la forme cylindrique.

Le fond des chaudières doit être très suffisamment incliné vers l'orifice de vidange.

Nombre et capacité des chaudières. — Il ne serait pas utile d'avoir un grand nombre de chaudières, car dans une usine il faut chercher à réduire le personnel autant que possible. Or un seul ouvrier desservira facilement la carbonatation de 10,000 hectolitres de jus dans trois ou quatre grandes chaudières, tandis qu'il faudra deux ouvriers pour carbonater la même quantité de jus dans 5, 6 ou 7 chaudières plus petites. En outre, le nettoyage des 5, 6 ou 7 petites chaudières sera toujours plus long que celui des trois ou quatre grandes chaudières.

Nous estimons l'installation de trois chaudières comme suffisante : l'une sera en carbonatation, tandis que la deuxième sera en vidange et la troisième en emplissage ; le maximum que nous admettons est quatre chaudières de première carbonatation, afin d'avoir une chaudière de rechange en cas d'avarie à une des trois autres.

La seule objection qu'on puisse faire aux grandes chaudières est le manque d'uniformité de la carbonatation dans toutes les parties de l'appareil, comme nous l'avons expliqué plus haut; mais cet inconvénient disparaîtra avec des chaudières bien comprises, même si elles ont une capacité très grande.

Hauteur de jus. — En France on admet généralement 1 mètre à 1 mètre 50 comme hauteur du jus dans les chaudières à carbonater, tandis qu'en Allemagne, en Autriche et en Belgique on admet 2 et 3 mètres; dans ce dernier cas le gaz est beaucoup mieux utilisé. Aussi commence-t-on en France à augmenter la hauteur du jus ; mais cette modification entraîne une augmentation de la puissance de la machine à gaz qui aura à vaincre une résistance beaucoup plus grande.

Dans une usine qui carbonatait avec une hauteur de jus de 1 mètre 50 nous avons constaté 6 0/0 d'acide carbonique dans le mélange des gaz et de l'air prélevé à la base de la cheminée d'apel ; ce chiffre peut donner une idée de la quantité de gaz non utilisé. Cependant, ce n'est pas tant la perte de gaz qui est à considérer, mais la rapidité de la carbonatation qui sera beaucoup plus grande avec des hauteurs de jus relativement considérables.

Jaugeur. — Sur le devant des chaudières on ménage un robinet placé à la hauteur que doit atteindre le niveau du jus pour avoir le volume déterminé à carbonater en une opération.

Ce robinet est ouvert quand on procède à l'emplissage de la chaudière et fermé dès qu'il commence à couler ; on ferme en même temps la soupape d'arrivée de jus. Ce robinet sert encore pour prélever le jus sur lequel on fera l'essai de l'alcalinité vers la fin de l'opération.

Arrivée de jus. — L'arrivée du jus s'effectue par un tuyau qui plonge presque jusqu'au fond de la chaudière ; elle est réglée par une soupape qui se trouve au point où le tuyau d'arrivée se branche sur la conduite de jus.

Distributeurs de gaz carbonique. — Les distributeurs de gaz affectent des formes très différentes, souvent défectueuses. Celui représenté sur la fig. 96 est de ce nombre, car il ne permet pas une carbonatation aussi complète dans les coins de la chaudière que vers le centre ; il consiste en une couronne perforée à sa partie inférieure et composée de quatre parties ; elle est en communication avec

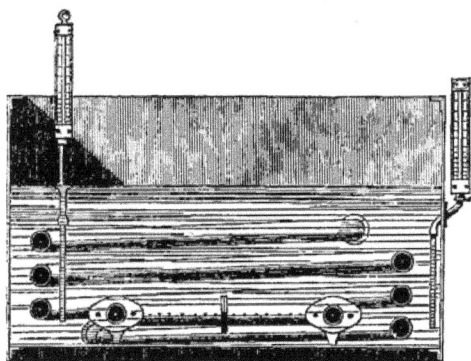

Fig. 96. — Chaudière à carbonater.

19

la conduite de gaz qui à chaque chaudière porte une soupape réglant l'introduction de l'acide carbonique. Une autre disposition préférable consiste en une série de tuyaux également perforés à leur partie inférieure, qui rayonnent dans la chaudière et viennent s'emboiter sur une pièce centrale à tubulures, qui termine la conduite secondaire branchée sur la conduite générale de gaz.

La surface totale des trous des distributeurs doit être égale à la plus petite section de la conduite d'acide carbonique.

Nous allons passer rapidement en revue les principaux types d'autres distributeurs qui ont été proposés :

Celui de Knauer se compose d'un genou conique qui termine le tuyau de gaz ; ce genou est surmonté d'une série d'entonnoirs à l'extrémité desquels se trouve un cône dont le sommet est dirigé du côté de la partie étroite des entonnoirs ; le jus est aspiré au travers de ceux-ci et mélangé ainsi au gaz.

Loze a imaginé un distributeur qui a la forme d'un cylindre dont les deux bases sont pleines et le pourtour perforé ; le tuyau d'arrivée de gaz est fixé à la base supérieure, il pénètre donc dans le cylindre et en sort par la tôle perforée sous une certaine pression qui l'oblige à voyager assez loin avant d'atteindre la surface du jus.

Un autre dispositif consiste à faire arriver le gaz dans le jus par un appareil semblable au tourniquet hydraulique, appareil qui est mu par le gaz comme celui-ci est mu par l'eau.

Otto Licht dispose dans la chaudière des plaques perforées reliées entre elles deux à deux ; on peut faire varier l'angle d'inclinaison des différents groupes de plaques ; elles forcent le gaz à rester plus longtemps en contact avec le jus.

Tous les trois ou quatre jours, les tuyaux perforés des distributeurs de gaz doivent être démontés et remplacés par d'autres, et nettoyés avant d'être remis en usage.

Chauffage des jus dans les chaudières. — Le chauffage s'effectue au moyen de serpentins ; on en installe généralement un par chaudière, deux pour des appareils de très grande dimension.

Avec des chaudières dans lesquelles nous carbonations 250 hectolitres de jus sous une hauteur de 1 mètre 50, nous avons obtenu d'excellents résultats avec une surface de chauffe de 21 m² 600.

Le retour des serpentins des chaudières à carbonater se fait par bouteilles allemandes ou par pompes; nous aurons à revenir sur ce sujet quand nous nous occuperons des retours des serpentins des appareils à cuire.

Emousseurs. — Différents systèmes d'émousseurs sont appliqués aux chaudières à carbonater; ils ont pour but d'abattre en partie les mousses abondantes qui se forment pendant la carbonatation et qui, sans le secours de ces émousseurs, feraient constamment déborder le jus.

Nous nous trouvons d'abord en présence des émousseurs à vapeur ordinaires qui sont constitués par un tuyau fixé au pourtour de la chaudière, et relié par un autre tuyau muni d'un robinet à la conduite de vapeur qui alimente les serpentins; ce tuyau est perforé et permet de lancer de la vapeur à la surface du jus vers le centre de la chaudière.

Les émousseurs à vapeur Midol sont composés d'un petit tuyau perforé mis en mouvement dans un plan horizontal par la réaction de la vapeur. Cet émousseur peut être considéré comme une combinaison des émousseurs à vapeur et des émousseurs à palettes, car il agit par l'action de là vapeur elle-même et par l'action du tube qui coupe les mousses.

Les émousseurs à palettes sont constitués par un arbre horizontal qui porte un certain nombre de palettes tournant dans les mousses; le mouvement est donné par poulies ou par engrenages; nous préférons les poulies.

Les poulies ou les engrenages sont généralement placés derrière la chaudière; la tige de commande d'embrayage ou de débrayage aboutit en avant de la chaudière à portée de la main de l'ouvrier carbonateur.

Tirage. — *Cheminées*. — Dans l'installation des chaudières à carbonater, il a fallu songer à l'évacuation de l'excès d'acide carbonique, des gaz et des vapeurs qui se dégagent des jus en carbonatation et en chauffage; on arrive à ce résultat soit par des cheminées adaptées aux chaudières fermées, soit par une hotte terminée par une cheminée qui aboutit sur le toit.

Suivant les chaudières, le trou de vidange est fermé soit par un long tampon que l'on place à la main, soit par une soupape commandée par une tige et un volant placé à portée du carbonateur.

Les chaudières à carbonater construites par la Compagnie de Fives-Lille sont disposées de la manière suivante : Entre les chaudières 1 et 2, 3 et 4 se trouvent, supportés par des colonnes, des bacs qui reçoivent le lait de chaux d'un monte jus ou d'une pompe placés dans l'atelier de préparation du lait. Une conduite et un robinet permettent d'y faire arriver ledit lait de chaux; au moyen d'une sonnerie le carbonateur avertit l'ouvrier préposé à ce travail du moment où il doit mettre en route le monte-jus ou la pompe. Ces bacs comportent un agitateur horizontal qui, tournant sans cesse, empêche la chaux de se déposer. Un bac sert à l'alimentation de deux chaudières. Un indicateur à flotteur renseigne l'ouvrier sur la quantité de lait introduite dans la chaudière.

Au-dessous de ces bacs se trouvent les soupapes de jus des chaudières 1 et 2 d'une part et des chaudières 3 et 4, d'autre part. La soupape d'acide carbonique de la chaudière est à sa gauche, celles des chaudières 2 et 3 se trouvent placées entre elles. Les soupapes de vapeur se trouvent au niveau du plancher et à droite de leurs chaudières.

Chaudière à carbonater, système Listre et Vivien. — Pour terminer la description des chaudières à carbonater, nous parlerons de celle de MM. Listre et Vivien pour laquelle ils ont pris un brevet ; elle supprime tous les inconvénients inhérents aux anciens types de chaudières.

Ajoutons à ce que nous avons dit à propos du manque d'uniformité de carbonatation dans une même chaudière que, d'après M. Vivien, et nous partageons son avis, les boues qui se déposent entre les bras des barbotteurs et aux angles des chaudières contiennent des proportions très variables de chaux non saturée pouvant aller de 12 à 37 0/0 du poids des matières sèches dans les chaudières de première carbonatation.

Les chaudières munies d'agitateurs, comme celles que MM. Listre et Vivien ont installé l'année dernière dans diverses usines, et notamment à la sucrerie de Meaux, suppriment tous ces inconvénients.

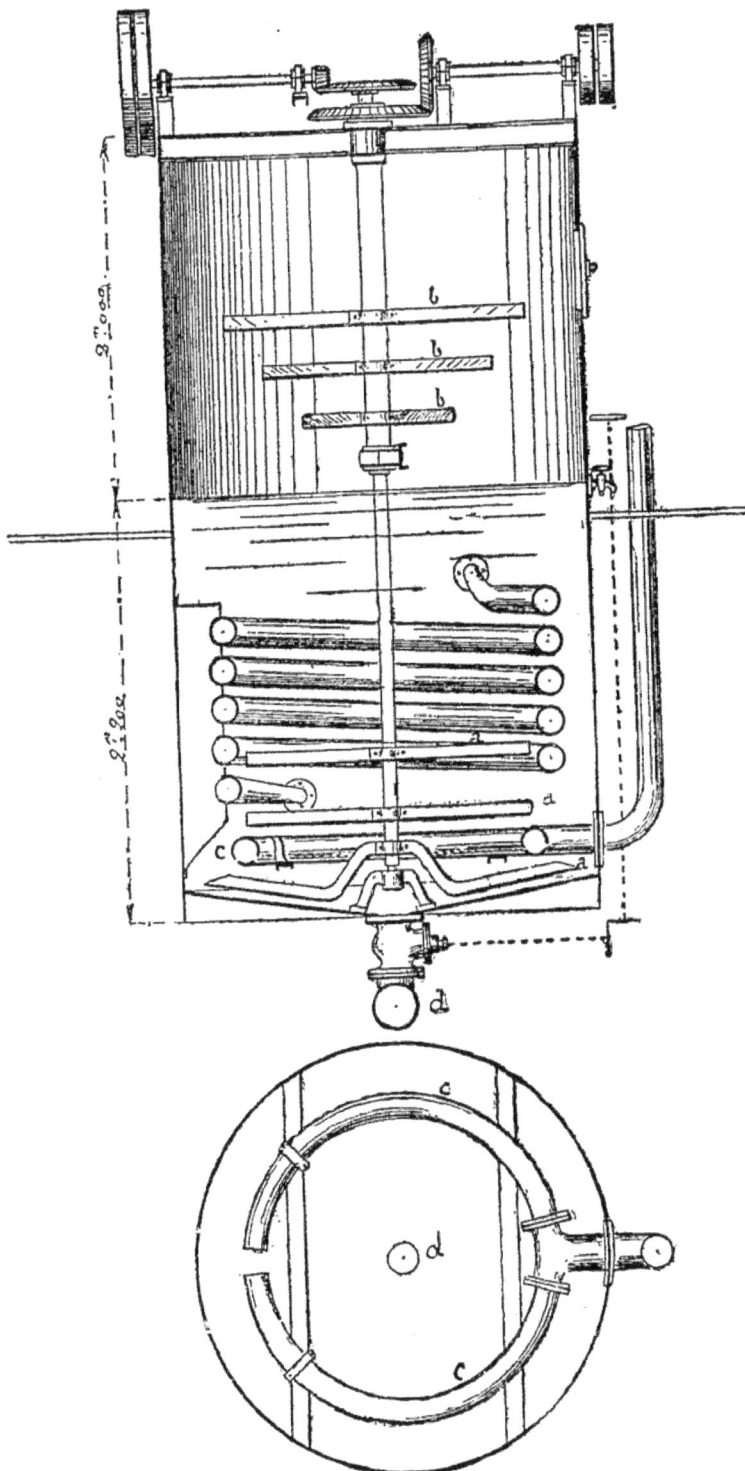

Fig. 97. — Chaudière à carbonater système Listre et Vivien, construction Cail.

La fig. 97 représente le type de ces chaudières d'une contenance utile de 75 hectolitres à la jauge, construction Cail. Les agitateurs *a a a* tournent à une vitesse de 10 à 15 tours environ par minute, tandis que les émousseurs *b b b* font de 90 à 100 tours.

L'installation de Meaux comprend quatre chaudières de 350 hectolitres pour la première carbonatation, formant ensemble 1.400 hectolitres, tandis que primitivement on avait cinq chaudières de 300 hectolitres, soit 1.500 hectolitres. On a supprimé le mélange intermédiaire et on a fait beaucoup plus de travail qu'avec l'ancien montage.

L'agitation entraîne le gaz carbonique dans un mouvement giratoire, il ne peut plus traverser directement le liquide verticalement sous forme de grosses bulles, comme cela a lieu avec les anciens types de chaudières ; il est entraîné par le liquide, les bulles sont divisées et la durée de contact est notablement augmentée.

Par l'agitation, on a une carbonatation plus rapide, plus uniforme, et une formation de mousses moins abondante. Néanmoins, celles-ci ne sont pas entièrement supprimées; aussi MM. Listre et Vivien ont-ils disposé des émousseurs mécaniques fonctionnant à grande vitesse. En ajoutant très peu de graisse ou un jet insignifiant de vapeur on émousse rapidement une chaudière.

Le grand vide qui existe au-dessus du jus, facilite l'opération et on peut ouvrir le robinet de gaz en grand dès le début de l'opération.

Il ne peut plus se déposer de chaux sur le fond de la chaudière, l'agitateur inférieur épousant la forme du fond, relève constamment toutes les particules de chaux tendant à se déposer et assure une homogénéité complète.

La vidange s'effectue par le tuyau *d* pendant que l'agitateur fonctionne, ce qui permet de supprimer les bacs mélangeurs intermédiaires et de faire aspirer les pompes directement dans les chaudières. Il n'est plus nécessaire de descendre dans les chaudières après chaque carbonatation, la forme du fond et l'agitation continue du liquide assurent une vidange complète.

C'est là un grand avantage, car des carbonatations successives, faites dans des chaudières retenant une partie des dépôts précédents, donnent des jus impurs.

Les agitateurs appliqués sur des chaudières ordinaires ont permis à MM. Listre et Vivien de constater que cette disposition faisait gagner un quart du temps nécessaire à la carbonatation avec des chaudières entièrement semblables, mais non munies d'agitateurs, et que les écumes se filtraient beaucoup mieux, formant des tourteaux très serrés, se désucrant très facilement tout en terminant la carbonatation avec une alcalinité plus forte qu'avec les chaudières ordinaires, ce qui est un énorme avantage pour la suite du travail.

L'utilisation du gaz carbonique étant presque complète, on a constaté que sans rien changer au four à chaux et à la machine à gaz, on avait un grand excès de gaz.

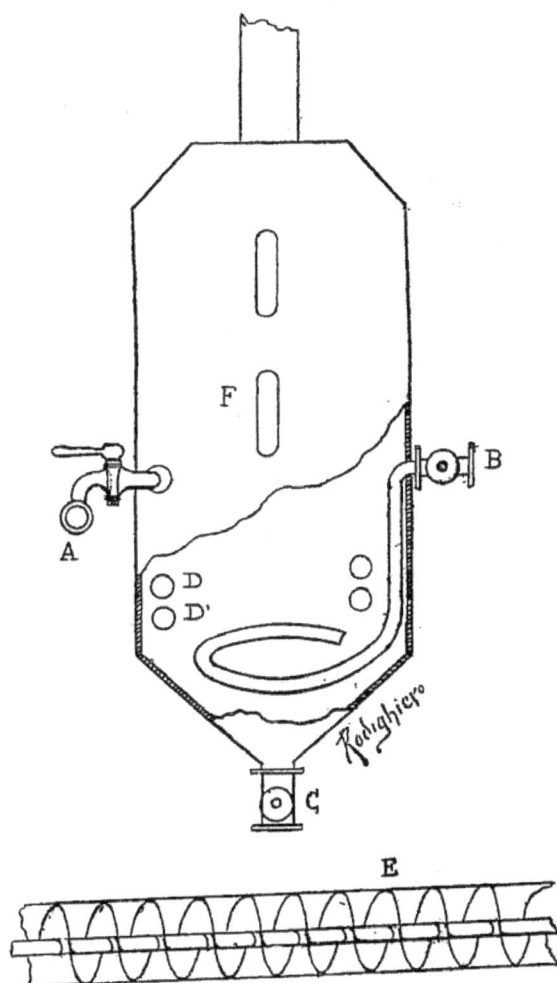

Fig. 98. — Chaudière à carbonater installée chez MM. Van Volsem frères.

Terminons par quelques mots de M. Aulard, publiés dans le *Bulletin de l'Association des chimistes*.

« A la sucrerie de Genappe, MM. Van Volsem, frères, ont installé des carbonateurs de 4 mètres 50 d'élévation pour 1 mètre 50 de hauteur de jus. Le fond de ces appareils affecte la forme d'un prisme et ils sont inclinés ; cette disposition procure plus d'effets, de meilleurs résultats de l'acide carbonique. On a supprimé les émousseurs à vapeur et la graisse. La forme cylindrique de ces chaudières dispense de l'emploi du malaxeur, car le mouvement giratoire du liquide se produit parfaitement par le simple passage du gaz. Quand la carbonatation est achevée, les jus tombent librement, en ouvrant la soupape de vidange dans une vis qui les distribue par différence de niveau ; il ne reste ni liquide ni boues dans le fond de la chaudière et on n'a pas à s'occuper de la nettoyer.

Carbonatation à multiple effet. — Pour éviter la perte de gaz Kettler et Zender ont imaginé la carbonatation à double effet :

Supposons que l'on veuille carbonater la chaudière A de droite, (fig. 99). On y introduit le gaz et, la soupape S étant ouverte, donne issue au gaz par la cheminée H. Lorsque la carbonatation est à peu près à moitié faite on ferme la soupape S de la cheminée H et on ouvre la soupape S du tuyau T ; l'excès de gaz se rend alors dans la deuxième chaudière A et commence sa carbonatation ; on opère de même pour faire passer l'excès de gaz de la deuxième chaudière dans la troisième.

Carbonateurs continus

Comme nous l'avons fait observer plus haut, on a cherché à carbonater les jus d'une manière continue dès les premiers débuts de la carbonatation. Dès 1859, Cail père a pris un brevet pour un appareil continu, réinventé quelque temps après par MM. Mollet-Fontaine.

Il est constitué par un cylindre vertical à l'intérieur duquel sont placés des plateaux horizontaux, qui forment chicanes; ils sont perforés sauf dans les endroits ou le jus, qui arrive par le haut de l'appareil, tombe d'un plateau sur l'autre. Le gaz arrive par le bas et monte en traversant les plateaux perforés; les parties

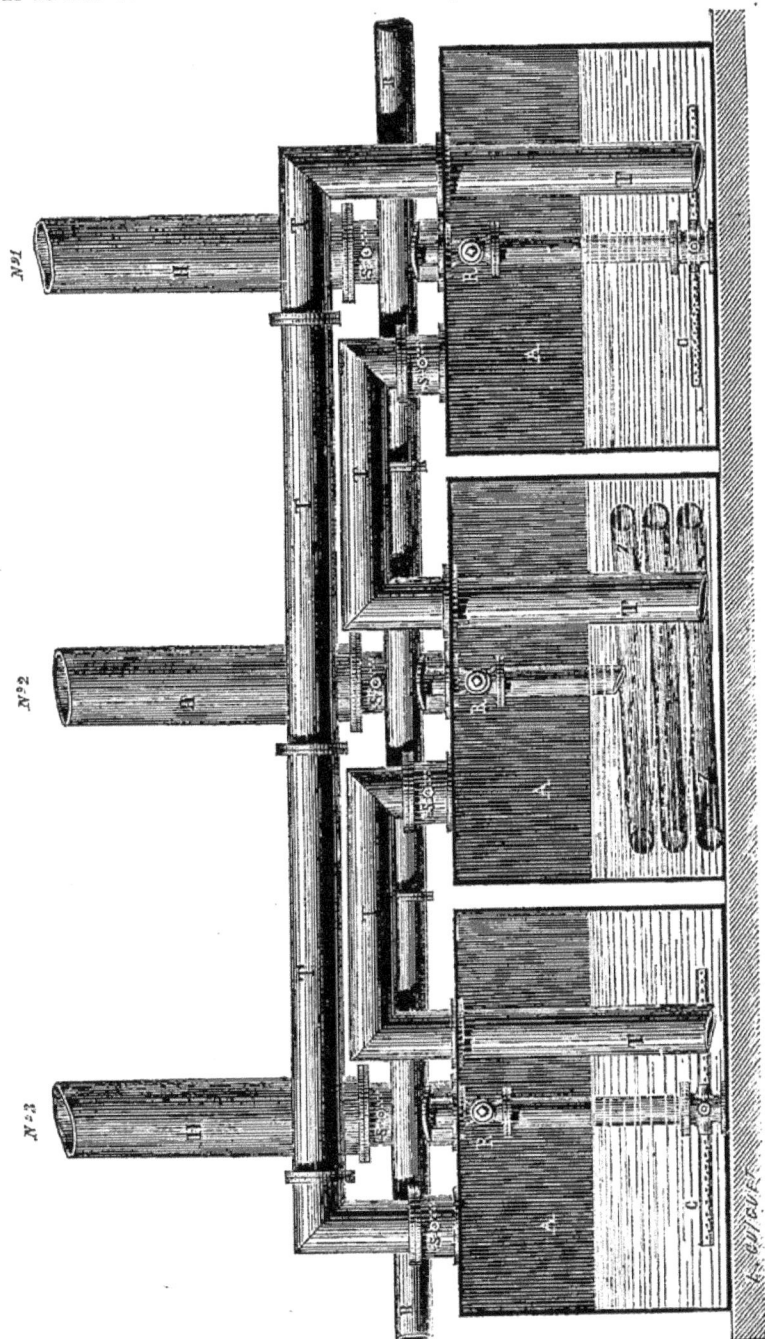

Fig. 93. — Carbonatation à multiple effet. Voir page 296)

non perforées sont légèrement inclinées afin d'empêcher les dépots

de carbonate de chaux de se former en ces endroits ; la conduite
d'arrivée de jus s'élargit pour former vase un peu avant son arrivée
dans le carbonateur, afin de rendre insensibles les coups de
pompe. Un serpentin de vapeur placé au fond de l'appareil sert à
chauffer le jus. Une bague conique ainsi qu'un émousseur à vapeur
sont destinés à briser les mousses.

L'appareil de *Lücke* se compose d'un long cylindre terminé
à la partie supérieure et à la partie inférieure par des cônes ; à
l'intérieur du cylindre sont disposés trois tamis et trois fonds à
calotte ; le jus arrive à la partie supérieure par un tuyau disposé à
cet effet et le gaz à la partie inférieure par un serpentin perforé à
sa partie inférieure. Le gaz, tout en traversant le liquide, est obligé
de passer par des tamis et sous les calottes, ce qui explique sa
presque complète utilisation. Un dispositif spécial permet de faire
varier la hauteur du liquide. L'appareil comporte en outre des
émousseurs et un serpentin destiné au chauffage des jus.

L'appareil imaginé par *Görz* est constitué par une série de tuyaux
verticaux : le n° 1 et le n° 2 communiquent par le haut, le n° 2 et
le n° 3 par le bas, le n° 3 et le n° 4 par le haut, etc. Le jus arrive
à la partie inférieure du n° 1 ainsi que le lait de chaux et la vapeur
qui sont aspirés par un aspirateur. Le jus en remontant dans le
tube n° 3 rencontre un courant d'acide carbonique qui entre par
la calotte de communication de 2 et 3, ils sont également aspirés
par un aspirateur à entonnoir ; le jus descend ensuite en 4, puis
remonte en 5 où il subit le contact d'un nouveau courant de gaz
carbonique, il sort enfin par la partie inférieure de 6 pour se rendre
aux filtres-presses.

Le premier appareil de ce système a été installé par la maison
Cail à la raffinerie Say. Le même appareil a été installé il y a
dix ans dans une sucrerie des environs de Lille, qui ne l'a pas
conservé.

L'appareil des frères *Forstreuter* est composé d'une caisse cylindrique horizontale divisée en cinq compartiments séparés par des
cloisons en deux parties ; le jus circule de l'un dans l'autre de
telle sorte que son niveau va en s'abaissant du compartiment
5 au compartiment 1. Le jus arrive par le bas du compartiment 5
et s'écoule par le bas du compartiment 1. Dans chaque caisse, à
la partie supérieure, se trouve un tuyau d'introduction de lait de

chaux et, à la partie inférieure des caisses 1 et 2, des tuyaux d'introduction de gaz carbonique; celui-ci passe du compartiment 1 dans 2, puis dans 3 etc., il sort enfin de la caisse 5 par un tuyau placé à sa partie supérieure. Un arbre horizontal muni de bras terminés en forme de cuillers mélange constamment le jus et le gaz.

Carbonateur Barbet. — Cet appareil qui figurait à l'exposition unierselle de 1889 a été ainsi décrit par M. Vivien dans le bulletin de l'association des chimistes.

« Le carbonateur continu de M. Barbet est constitué par une cuve en tôle de 2 mètres de hauteur sur $0^m 70 \times 0^m 70$ de section, et terminé par un fond conique. A 50 centimètres du fond se trouve un serpentin pour le chauffage à la vapeur, puis au-dessus un barboteur qui amène le gaz carbonique dans un grand état de division; mais pour compléter celle-ci, le gaz rencontre en s'élevant dans le jus une série de chicanes angulaires à limbe dentelé et qui sont d'un démontage très facile. Le jus arrive à la partie supérieure et circule en sens inverse du gaz; le gaz appauvri par son parcours dans le carbonateur rencontre, avant de sortir, le jus le plus riche en chaux, ce qui assure l'absorption des dernières molécules d'acide carbonique, c'est-à-dire les plus difficiles à saisir. On règle le courant de gaz et de jus de façon à avoir tel point de carbonatation qu'on désire au bas de l'appareil et avant son passage dans le décanteur continu (1). Cet appareil, qui est contigu au carbonateur, se compose d'une cuve semblable extérieurement aux carbonateurs continus, mais dont l'intérieur est garni de tôles verticales pour retenir par frottement les particules d'écumes les plus légères.

« Le jus, chargé de tout son dépôt, arrive par le bas, puis s'élève très lentement pour regagner la sortie à la partie supérieure; il se produit pendant cette ascension un courant insensible et une décantation telle que le jus sort clair. »

Carbonateur Horsin-Déon. — Le carbonateur continu de

_____

(1) Le réglage d'entrée du gaz constitue la difficulté capitale dans ce genre d'appareils; c'est cette difficulté qui a fait échouer les essais de carbonatation continue faits depuis 1859 jusqu'à ce jour. Ce n'est donc pas une question d'appareils, mais plutôt une question de tour de main qui paraît devoir décider du sort des carbonateurs continus. (Les auteurs.)

M. Horsin-Déon a la forme d'un filtre-presse ; le sommier fixe porte les arrivées de gaz, de jus chaulé, de vapeur de chauffage. Les plateaux portent des plaques de tôle qui forment un certain nombre de chambres traversées par le courant de jus chaulé et de gaz qui cheminent simultanément ; les tôles sont disposées de telle manière que jus et gaz traversent une chambre de haut en bas, l'autre de bas en haut et ainsi de suite ; de plus, l'espace libre des chambres est tantôt grand, tantôt petit de manière à opérer un barbottage analogue à celui qui a lieu dans un tube à boules de Liebig. Le jus carbonaté s'écoule par le bas du dernier plateau.

Carbonateur Reboux. — La carbonatation continue de E. Reboux, améliorée par Th. Cambier, fut employée en 1892 à la sucrerie d'Iwuy avec le plus grand succès. Le carbonateur se compose de 4 tubes en fonte assemblés deux à deux en forme de V, formant ainsi quatre plans inclinés superposés et se faisant suite sur une

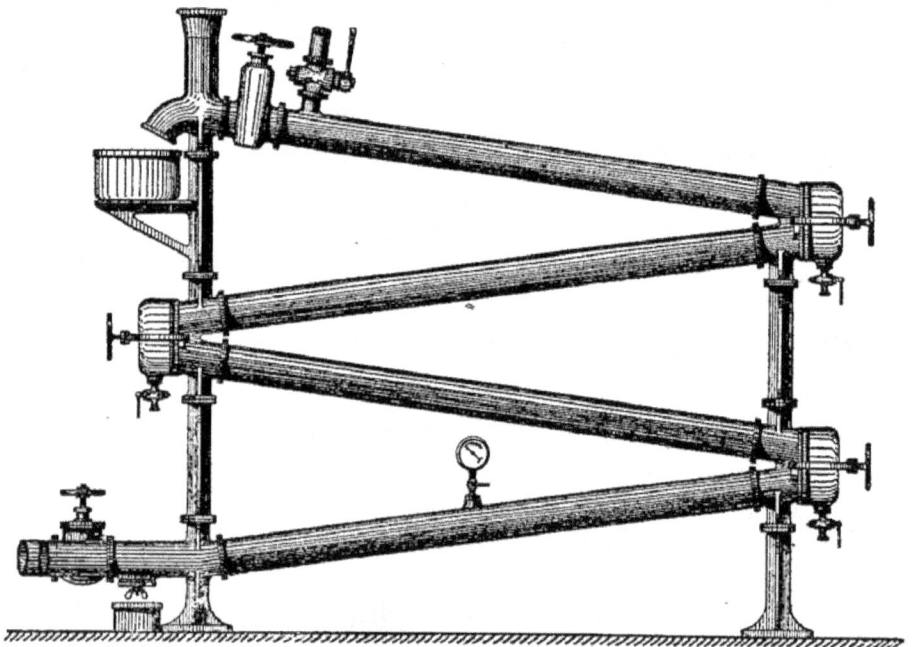

Fig. 100. — Carbonateur continu, système Reboux.

pente régulière. Les extrémités de chaque tuyau sont munies de regards facilement démontables permettant l'examen et le nettoyage rapide de l'intérieur.

L'appareil (fig. 100) porte sur ses regards de nettoyage des manchettes sur lesquelles sont raccordées les prises de gaz. Sur le prolongement intérieur des manchettes et concentriquement aux tubes en fonte, se trouvent fixés des barboteurs en fer, perforés de trous ; c'est par ces barboteurs que se fait l'injection du gaz. Un seul de ces injecteurs suffit généralement à obtenir le point de saturation.

Le tube supérieur de l'appareil est en outre muni d'une vanne de grande section, placée immédiatement avant la sortie, et d'une tubulure sur laquelle se branche un tuyau raccordé à la cheminée.

La vanne a pour but de régler la sortie du jus de façon à obliger les gaz inertes à se dégager par la tubulure ; de cette manière le jus seul s'écoule par le bac de sortie dans une nochère construite de manière à éviter les projections.

Ceci étant donné, voici quelle est la marche du carbonateur : le jus, préalablement chaulé d'une manière régulière dans un bac malaxeur, est introduit soit à l'aide d'une pompe, soit par différence de niveau dans la partie basse de l'appareil ; en même temps, la soupape de gaz est ouverte de façon à ce que le jus se carbonate au fur et à mesure de son arrivée.

Lorsque l'écoulement se fait à la partie supérieure on met au point en ouvrant ou en fermant plus ou moins la prise de gaz, et dès que ce point est obtenu, il reste invariable tant que les deux facteurs, alcalinité du jus et richesse du gaz, sont eux-mêmes constants.

Le mode de circulation du jus et aussi la forme spéciale de l'appareil carbonateur Reboux produisent une carbonatation presque instantanée. Le jus arrivant dans le tube en fonte inférieur est fortement divisé par le courant gazeux, cela à cause de l'exiguité du passage ; cette division correspond pour ainsi dire à une sorte de pulvérisation du liquide dans une atmosphère de gaz et elle facilite énormément la réaction et l'absorption complète de l'acide carbonique.

La marche parallèle du jus et du gaz possède encore l'avantage de faciliter la mise au point de carbonatation et de supprimer les mousses.

L'analyse du gaz a démontré que dans l'emploi de la carbonatation continue, le gaz acide carbonique est complètement utilisé, ou tout au moins la perte est négligeable.

Les avantages de la carbonatation continue sont assez nombreux. Ces avantages consistent principalement en la suppression des mousses et des pertes de chaleur par suite de la diminution de surface des appareils. De plus, la carbonatation étant instantanée, le jus ne traîne pas dans les appareils, son mouvement rapide et le peu de temps pendant lequel il reste dans le carbonateur s'opposent à toute altération, et cet avantage n'est pas un des moindres de la carbonatation continue.

Ajoutons que l'appareil est peu encombrant, que le travail s'y effectue avec la plus grande propreté ; que de plus il ne comporte aucun mécanisme et que ses frais d'entretien sont nuls.

A tout cela, nous ne devons pas oublier d'ajouter qu'il se salit très peu en marche, probablement à cause de la grande rapidité de la marche du jus et du gaz qui empêche l'adhérence des dépôts.

Travail avec ou sans décantation

Le jus une fois carbonaté et chauffé est coulé soit dans des bacs décanteurs, soit dans des bacs malaxeurs.

1er cas. *Décantation.* — Les décanteurs sont des bacs généralement rectangulaires, munis d'un tuyau mobile qui permet, en enfonçant plus ou moins son orifice supérieur dans le jus, de séparer le jus clair du jus trouble ; le premier est envoyé aux filtres, tandis que la partie trouble restante est vidangée par le fond du décanteur dans un bac ; c'est dans ce bac qu'aspire la pompe qui refoule les jus troubles aux filtres-presses.

2e cas. *Sans décantation.* — La totalité des jus passe aux filtres-presses. — Dans ce cas, les jus tombent directement de la chaudière à carbonater dans un bac analogue à celui représenté par la figure 101.

Ce bac doit être complètement clos afin d'éviter autant que possible le refroidissement du jus et le contact de l'air.

Un arbre vertical mu par poulie et engrenages entraîne dans son mouvement une série de barreaux horizontaux qui agitent le jus, et une traverse également horizontale munie de balais qui empêchent les dépôts de se former dans le fond du bac et les entraîne dans le tuyau qui aboutit à la pompe à jus troubles.

Fig. 101. — Bac mélangeur de jus troubles.

Comparaison du travail avec décantation et du travail sans décantation. — En principe, le mieux serait de supprimer la décantation qui contribue à refroidir les jus, occasionnant une dépense inutile de combustible; de plus ce refroidissement des jus produit la dissolution de certaines impuretés qui étaient insolubles à la température à laquelle elles se sont précipitées et qui se redissolvent à une température moins élevée. En dernier lieu la décantation augmente le temps qui s'écoule entre l'extraction du jus de la betterave et le turbinage de la masse cuite correspondante, temps qui doit être rendu aussi court que possible afin de diminuer les pertes par altération. Pour la même raison le jus ne doit pas se trouver en contact avec l'air, et cette condition est loin d'être réalisée avec la décantation. Dans une usine bien installée on ne doit voir ni le jus, ni le sirop, tous les appareils doivent être fermés.

Un immense avantage de la suppression de la décantation serait celui de pouvoir passer tous les jus au filtre-presse et de les filtrer ensuite avec une alcalinité supérieure à celle qu'il aurait fallu laisser pour filtrer facilement les jus troubles débarassés de la partie claire.

Nous reviendrons du reste sur ce sujet au commencement du chapitre relatif à la filtration.

Le jus trouble est refoulé aux filtres-presses soit par des monte-jus, soit par des pompes.

Nous avons déjà décrit les monte-jus; il nous reste à dire quelques mots des pompes à jus troubles.

Pompes à jus troubles

Dans les sucreries qui font passer aux filtres-presses seulement les écumes provenant de la décantation des jus carbonatés, on se sert habituellement de monte-jus pour refouler les dites écumes ; mais, lorsqu'on supprime la décantation, on emploie des pompes pour élever les jus troubles et les distribuer aux appareils de filtration sous pression. Ces pompes sont horizontales ou verticales·

Pompe à vapeur verticale, à jus trouble, système Cail. — Voici en quelques mots, la description de la pompe du système Cail.

Autour d'une colonne formant tout à la fois bâti de la machine et réservoir d'air pour l'aspiration et le refoulement (fig. 102) on a groupé les cylindres à vapeur et les pompes. Cette disposition a permis de réduire notablement l'encombrement, en donnant aux réservoirs d'air un volume considérable.

Les deux cylindres à vapeur sont inclinés sur le bâti et actionnent directement le système, ce qui réduit au strict nécessaire les organes de transmission.

Le système est automatique, il se met en route de lui même lorsque le refoulement des pompes est libre ; le mouvement se ralentit à mesure que la pression au refoulement augmente, et il s'arrête complètement quand le filtre-presse en travail est rempli.

Fig. 102 et 103. — Pompe à jus trouble, système Cail.

Ces résultats sont obtenus par l'emploi d'un régulateur de pression agissant sur la valve d'admission de vapeur, et d'un régulateur à force centrifuge qui limite la vitesse de la machine.

Comme pompe horizontale, citons les pompes jumelles construites par la Cie de Fives-Lille :

L'ensemble de ces pompes se compose (fig. 104) d'une machine motrice horizontale dont le bâti prolongé porte la transmission de mouvement aux pompes et les pompes elles-mêmes. La machine est du type ordinaire de la Cie de Fives-Lille ; son arbre manivelle porte un pignon qui engrène avec une grande roue calée sur l'arbre portant à ses extrémités les manivelles de commande des pompes.

Chaque jeu de pompes est formé de deux corps opposés l'un à l'autre, avec piston plongeur commun, ce qui constitue une pompe à double effet. Chaque corps porte une soupape d'aspiration et une soupape de refoulement; les deux boîtes à soupapes d'aspiration sont reliées entre elles et à un réservoir d'air commun d'aspiration. Les boîtes à soupapes de refoulement sont également reliées entre elles par une culotte qui porte un réservoir d'air de refoulement. Les soupapes d'aspiration et de refoulement sont d'un accès et d'une visite très faciles.

Fig. 104. — Pompe à jus trouble de la Cie de Fives. Lille.

L'un des deux jeux de pompes sert à élever les jus de 1re carbonatation aux filtres-presses, tandis que l'autre élève les jus de 2e carbonatation aux filtres-presses qui leur sont destinés.

Sur le parcours de chaque tuyau de refoulemeut est un compensateur formé d'un cylindre vertical dans lequel se trouve un piston surmonté d'un poids équilibrant la pression sous laquelle les jus doivent être envoyés aux filtres-presses ; ce piston se lève ou s'abaisse suivant le débit des filtres, et lorsqu'il tend à dépasser sa limite supérieure, des orifices triangulaires pratiqués à sa partie inférieure débouchent dans une chambre existant dans la partie supérieure du cylindre, l'excès de jus passe à travers les orifices du piston, et, par la chambre du cylindre, retournent à l'aspiration. Ces compensateurs ont l'avantage de maintenir les jus sous une pression constante en même temps qu'ils forment soupape de sûreté.

Par mesure de précaution, la levée des pistons des compensateurs est limitée par des tiges verticales formant guides et qui portent en haut et en bas des rondelles Belleville destinées à amortir les chocs qui pourraient se produire en haut et en bas de la course des pistons.

La Cie de Fives construit aussi des machines à trois jeux de pompes, la troisième étant alors placée entre les deux dont nous venons de parler. Dans ce cas, l'arbre droit portant les manivelles des pompes est remplacé par un arbre coudé, et c'est par le coude de cet arbre qu'est commandé le jeu de pompes du milieu. Ce troisième jeu est généralement employé pour les eaux de lavage des filtres.

Des pompes qui maintenant sont aussi souvent employées comme pompes à écumes, sont les pompes genre Worthington.

Pompe à écumes automatique, système Wauquier, Lille. — La pompe à écumes de ce genre, représentée par la figure 105 est construite par MM. E. Wauquier et fils, de Lille, qui se sont attachés à en rendre les clapets durables et facilement visitables.

La marche de cette pompe double à vapeur et à action directe est rendue automatique au moyen d'un régulateur de pression breveté et construit également par MM. Wauquier.

Ce régulateur placé à la gauche de la pompe, sur la gravure, est composé d'un détendeur de vapeur A, dont le mouvement est rendu solidaire de la pression au refoulement de la pompe par

Fig. 105. — Pompe à écumes, système Wauquier.

l'intermédiaire du piston inférieur B sur lequel s'exerce cette pression.

Le fonctionnement est facile à comprendre :

Si la pression augmente au refoulement de la pompe, cette pression transmise par le tuyau C au piston B, le soulève, et en même temps le piston détendeur A, qui diminue l'entrée de la vapeur aux cylindres ; par suite, la pompe fonctionne plus lentement et s'arrête même complètement si toute issue est fermée au refoulement.

Au contraire, si la pression diminue au refoulement, et conséquemment sur le piston B, les poids P agissent pour augmenter le passage de la vapeur dans le détendeur et la pompe se met en route ou marche à une allure plus rapide.

Pompe à écumes Duplex, automatique et à quadruple effet, système Hœfert et Paasch (ancienne maison O. Georges et Cie, Paris). Cette pompe, construite sur le même principe que la pompe à eau de la même maison et décrite plus haut, convient tout spécialement pour le service des filtres-presses ; son fonctionnement est parfaitement automatique, grâce à ses soupapes régulatrices : elle s'arrête dès que la pression voulue est atteinte et se remet en marche dès l'addition d'une nouvelle presse. D'un autre côté, elle cesse de fonctionner lorsque le jus manque à la saturation et ne se remet en mouvement qu'à l'arrivée de nouveau jus.

Fig. 106. — Pompe à écume Duplex, automatique et à quadruple effet, système Hœfert et Paasch, Paris.

Comme la pompe est munie d'un réservoir d'air, l'arrivée des jus dans les filtres-presses est régulière et continue.

Cet appareil présente les avantages suivants :

1° La vapeur d'échappement des cylindres à vapeur retourne dans la conduite pour chauffer les appareils à cuire :

2° Le jus ne peut pas être dilué, puisqu'il ne vient point en contact avec la vapeur ;

3° Les pompes refoulent le jus à travers les presses et s'arrêtent dès que la pression est atteinte.

Pompe Wegelin et Hubner. — La pompe verticale de Wegelin et Hübner comporte deux cylindres à vapeur et deux corps de pompe ayant toutes leurs manivelles disposées de manière à produire une marche parfaitement uniforme. En outre, le système est muni d'un régulateur et d'une soupape régulatrice qui fonctionnent de la manière suivante :

Le régulateur a pour fonction, comme dans toute machine, de fermer en partie l'entrée de vapeur par un papillon, quand la pompe tourne trop vite par suite d'une augmentation de pression au générateur.

Fig. 107. — Pompe à écumes automatique Wegelin et Hübner.

Quant à la soupape régulatrice, elle est compòsée d'une soupape équilibrée qui se ferme lorsque la pression dans le réservoir d'air atteint la limite qui a été déterminée par le réglage ; pour cela un tuyau venant du réservoir d'air agit sur une membrane qui fait lever la soupape quand elle doit être fermée ; ce fait se produit quand les filtres-presses, dans lesquels la pompe refoule, sont pleins ; dès qu'un filtre vide est mis alors en communication avec elle, la pression diminue dans le réservoir d'air, elle diminue également sur la membrane : la soupape s'ouvre et la pompe recommence à fonctionner. Un levier porte un contre-poids mobile et agit sur une pièce qui elle-même agit sur la membrane. Selon la place que le contre-poids occupe sur le levier, la pression de filtration est plus ou moins forte.

Les pompes à jus troubles doivent être absolument automatiques, condition nécessaire si l'on veut avoir des tourteaux uniformes, condition elle-même nécessaire comme nous le verrons plus loin à un épuisement parfait et régulier du sucre des écumes.

DEUXIÈME CARBONATATION

Le jus de deuxième carbonatation filtré est introduit dans des chaudières analogues à celles qui servent à la première carbonatation (1), mais elles ne comportent généralement pas d'émousseurs, les mousses étant très peu abondantes dans cette opération.

On ajoute alors au jus de 0 kg 25 à 0 kg 70 de chaux par hectolitre, suivant les usines ; si l'on est assez bien pourvu en chaudières de deuxième carbonatation, il vaut mieux employer 0 kg 50 à 0 kg 60. Si l'on ajoute la chaux dans la chaudière il faut, comme pour la première carbonatation, ouvrir en même temps les robinets de gaz et de lait de chaux afin d'empêcher ce dernier de se déposer dans le fond de la chaudière.

Les fabricants de sucre sont loin d'être d'accord sur le point d'arrêt de la 2e carbonatation ; ce point d'arrêt ne doit, du reste, pas être constant, car avec des betteraves saines on ne doit laisser que l'alcalinité produite par la potasse et la soude et on doit saturer complètement la chaux. Il est évident dès lors qu'on ne saurait fixer une fois pour toutes une alcalinité de 0 gr. 030 ou 0 gr. 025 exprimée en chaux, puisque cette alcalinité, qui ne doit provenir que de la potasse et de la soude, varie avec les betteraves travaillées ; c'est au chimiste de l'usine à régler le travail sur ce point. D'une manière générale cependant, une alcalinité de

---

(1) Autant que possible les filtres-presses doivent être en charge sur les chaudières de deuxième carbonatation afin que le jus arrive dans celles-ci par simple différence de niveau. On évite ainsi l'emploi d'une pompe et on peut généralement faire parcourir au jus un plus court trajet.

0 gr. 025 à 0 gr. 030 avec des betteraves normales (analyse faite avec le tournesol ou l'acide rosolique comme indicateur), peut être considérée comme bonne, étant dans ce cas due en majeure partie à de la potasse ou à de la soude.

Vers la fin de la fabrication, lorsqu'on travaille des betteraves ensilées plus ou moins poussées, l'alcalinité en potasse et en soude n'est plus suffisante, pour les raisons que nous avons données à la théorie de la carbonatation ; certaines usines laissent alors de l'alcalinité en chaux, elles obtiennent des masses cuites d'un beau blond, mais ces belles apparences ne s'affirment qu'au détriment du rendement en sucre. Pour suivre ce mode de travail ces usines se basent aussi sur l'absence de fermentation de leurs masses cuites de 2°, 3° jets, etc. C'est encore vrai, mais toujours au détriment du rendement. Au lieu de laisser une alcalinité en chaux, on pourrait pousser la carbonatation jusqu'à saturation complète de la chaux et ajouter de l'alcalinité avec du carbonate de soude et, au besoin, un peu de soude caustique. Nous reviendrons sur ce mode d'opérer lorsque nous aurons à étudier les sels de chaux.

La deuxième carbonatation une fois terminée, on fait bouillir le jus pendant deux ou trois minutes afin de décomposer les bicarbonates et de chasser l'acide carbonique en excès. On coule ensuite le jus soit dans un décanteur pour opérer comme à la première carbonatation avec décantation, soit dans un bac malaxeur dans lequel aspire la pompe qui refoule aux filtres-presses.

On peut, pour cet usage, employer des pompes analogues à celles qui servent au jus de première carbonatation. Quand on mélange les écumes de deuxième carbonatation avec celles de première carbonatation, on ne lave pas dans leurs filtres, comme nous le verrons plus loin, les tourteaux provenant des jus décantés clairs ; on se sert alors souvent pour le refoulement de ces jus d'une pompe Girard laquelle fonctionne d'une manière très satisfaisante.

Inconvénients de la décantation à la deuxième carbonatation. — Les inconvénients de la décantation que nous avons signalés à propos de la première carbonatation, existent pour la deuxième ; en outre, ces jus décantés s'altèrent plus rapidement à l'air que les jus de première carbonatation ; nous avons constaté dans des jus de deuxième carbonatation qui avaient séjourné cinq à six heures dans des décanteurs une rétrogradation d'alcalinité de 0 gr. 020 0/0 cc. Il est vrai qu'en pratique les jus ne séjournent jamais aussi longtemps dans les décanteurs.

Inconvénients d'une carbonatation défectueuse. — Ces inconvénients sont multiples et découlent en grande partie de ce que nous avons déjà dit dans la première partie de ce chapitre.

Un travail défectueux à la première carbonatation entraîne : Une filtration difficile (carbonatation poussée trop loin, carbonatation lente) ;

Un mauvais lavage des écumes (carbonatation lente, mauvais chauffage ;

Une diminution de pureté et une augmentation de matières organiques dans les masses cuites (chaulage insuffisant, carbonatation lente, poussée trop loin, mauvais chauffage);

Enfin un mauvais travail à la 1re et la 2e carbonatation entraîne :

La formation des sels de chaux (première carbonatation poussée trop loin, trop lente, chauffage défectueux ; deuxième carbonatation pas poussée assez loin, le jus restant longtemps en route, décantation) ;

Tendance à la fermentation (manque d'alcalinité dans les jus de deuxième carbonatation).

Nous allons nous étendre un peu plus longuement sur les sels de chaux et les tendances à la fermentation.

Sels de chaux

Nous avons vu, en expliquant la théorie de la carbonatation, que les sels de chaux se forment par la combinaison de la chaux avec certains acides organiques, tels que les acides lactique et acétique, qui ne se rencontrent qu'en fin de fabrication avec des betteraves germées.

La présence des sels de chaux peut être attribuée à plusieurs autres causes, telles que :

1° L'action de la chaux caustique sur l'asparagine et la glutamine. Ce phénomène se produira d'autant moins facilement que la première carbonatation sera effectuée à une température plus basse ;

2° La présence du sucre interverti dans les betteraves altérées. Le sucre interverti forme des acides qui se combinent avec la chaux pour former des sels. D'après M. Herzfeld, pour une partie de sucre interverti, après ébullition avec de la chaux, il se forme 0,25 partie d'oxyde de calcium combiné à des acides provenant de la décomposition du sucre interverti et soluble dans le jus ; parmi ces acides, M. Weisberg cite entre autres, les acides glucique, apoglucique, mélassique, lactique et saccharique.

3° La présence dans les jus d'acides métapectique et ulmique. On peut éviter en grande partie la formation de ces acides en filtrant les jus de diffusion de manière à ne pas avoir de pulpes folles dans le jus pendant la carbonatation. Quoi qu'il en soit, nous estimons que si la présence des matières pectiques n'est pas la cause dominante des sels de chaux, c'est cependant une cause que l'on ne doit pas négliger.

La betterave contient de la pectose et cette pectose ne se change en pectine qu'avec la maturité de la plante ; donc, plus la maturité de la betterave est avancée, plus le jus qui en provient contient de pectates, de parapectates et de métapectates de chaux.

Voici un tableau des produits pectiques qui peuvent se former dans les racines et les jus :

Pectose
{
  Pectine
  {
    Acide pectique
    {
      Pectates — Parapectates.
      Acide parapectique — Parapectates.
      Acide métapectique — Métapectates.
    }
    Parapectine — Pectates — Parapectates.
    Acide pectosique — Acide pectique — Pectates.
    Pectosates.

    Métapectine — Acide métapectique.
    {
      Métapectates.
      Acide acétique.
      Acide ulmique.
    }
  }
}

La formation de ces corps a lieu : 1° dans les betteraves ; 2° à la diffusion ; 3° pendant la carbonatation et surtout dans les décanteurs où l'oxydation à l'air est très rapide ; un fait qui le prouve, c'est qu'en laissant séjourner longtemps un jus carbonaté dans un décanteur on verra l'alcalinité diminuer rapidement et les sels de chaux augmenter.

Reprenons le tableau ci-dessus et raisonnons-le :

La pectose, avons-nous dit, se transforme en pectine avec la maturation de la plante.

La pectine forme :

1° De l'acide pectique sous l'influence des terres alcalines ; cette transformation se fait aussi dans le jus dans le cours du travail en présence de la chaux et des autres alcalis. L'acide pectique forme des pectates ainsi que de l'acide parapectique sous l'influence de l'ébullition et en présence des bases ; ces deux acides donnent naissance à des parapectates de potasse et de soude solubles, et de chaux insolubles ;

2° De la parapectine par l'ébullition ; celle-ci donne naissance à des pectates ;

3° De l'acide pectosique sous l'influence des alcalis et des carbonates alcalins ; cet acide pectosique donne naissance à de l'acide pectique ; il en forme d'autant moins que l'alcalinité en chaux est plus faible à la deuxième carbonatation. Cet acide pectique donne encore des pectates ;

4° Des pectosates, toujours sous l'influence des alcalis et des carbonates alcalins ;

5° De la métapectine surtout à la fin de la fabrication quand les betteraves sont altérées. Cette métapectine donne de l'acide métapectique ; ce dernier provenant aussi bien de l'acide pectique que de la métapectine, se transforme en métapectate soluble, acide acétique, d'où des acétates ; en acide ulmique, d'où des ulmates.

Les pectates de chaux sont insolubles, ils doivent donc dans le cours du travail rester en partie sur les filtres ; ils donnent facilement naissance à des parapectates de chaux. Ces parapectates de chaux sont aussi insolubles.

Mais les métapectates de chaux sont solubles, ils ne pourront donc en aucune façon être éliminés par filtration.

Le tableau ci-dessous donnera une idée des quantités de sels de chaux contenus dans la masse cuite de deuxième jet de différentes usines pendant la campagne 1888-89. Pour l'usine n° 1, c'est à partir de la deuxième semaine qu'on a commencé à employer la soude et le carbonate de soude.

USINES	SEMAINES										
	1re	2e	3e	4e	5e	6e	7e	8e	9e	10e	11e
N° 1	0,01	0,03	0,05	0,04	0,04	0,10	0,07	0,07	0,06	0,07	0,04
N° 2	traces	traces	0,01	0,02	0,02	0,08	0,08	0,08	»	»	»
N° 3	0,06	0,07	0,11	0,30	0,42	0,38	0,34	0,41	»	»	»
N° 4	»	0,11	0,15	0,19	0,18	0,33	0,41	»	»	»	»
N° 5	0,06	0,06	0,12	0,14	0,14	0,19	0,19	0,17	»	»	»

D'après certains auteurs, la formation des sels de chaux a surtout lieu pendant que le jus est en contact avec l'écume ; c'est donc encore une raison qui milite pour la suppression des décanteurs.

D'après M. Weisberg tous les sels de chaux qui se trouvent dans les jus sont plus ou moins solubles, on peut les classer ainsi en commençant par le moins soluble :

Oxalate de chaux.   Citrate de chaux.
Carbonate de chaux.   Malate de chaux.
Phosphate de chaux.   Malonate de chaux.
Tartrate de chaux.   Aspartate de chaux.
Sulfate de chaux.

Le moyen le plus employé pour éliminer les sels de chaux est la précipitation de la chaux de ces sels par le carbonate de soude ; il se forme du carbonate de chaux que l'on retient par filtration et l'alcalinité du jus est augmentée par la soude.

Mais ici se pose une question : peut-on arriver à éliminer complètement les sels de chaux par le carbonate de soude et avec quelle quantité ?

Nous avons fait des expériences sur la première partie de cette question, et nous en avons conclu que l'on peut arriver à précipiter complètement les sels de chaux avec le carbonate de soude en employant un excès de réactif.

Mais il s'agit de savoir si l'on peut précipiter complètement les sels avec la quantité théorique de carbonate de soude. Les auteurs ne sont pas d'accord sur ce point.

M. de Siquiera a étudié l'action du carbonate sur le sulfate de chaux, l'aspartate de chaux et le gluconate de chaux; il arrive aux conclusions suivantes :

« La présence du sucre ou de sels organiques, notamment des citrates, ralentit l'action de la soude sur $CaSO^4$. De plus, les précipités obtenus dans ce cas étaient moins grenus et se filtraient mal.

« Tandis qu'une molécule de Na^2CO^3 ajoutée à 80° C ne précipitait pas son équivalent de $CaSO^4$, on arrivait à une demi-molécule de Na^2CO^3, à précipiter à 80° exactement un demi-équivalent de $CaSO^4$.

Des essais ont été aussi faits, avons-nous dit, sur l'aspartate ; à froid l'action de la soude a été très lente et incomplète.

MM. Herzfeld et de Siquiera concluent qu'il n'est pas possible d'éliminer les sels de chaux avec une quantité équivalente de carbonate de soude, mais qu'il faut employer deux, trois et même plus d'équivalents de carbonate de soude pour l'élimination complète de la chaux.

M. Pellet conteste les expériences de M. de Siquiera et, de la note qu'il a publiée à ce sujet (1), nous extrayons quelques idées saillantes :

« Plus une solution sucrée est étendue, plus la précipitation de la chaux par la soude est complète ; c'est pourquoi le carbonate de soude doit être ajouté dans le jus de deuxième carbonatation.

« Au point de vue de la filtration, il est avantageux d'ajouter le carbonate de soude avant la filtration, celle-ci s'effectuant mieux quand le précipité formé s'ajoute au précipité ordinaire de la deuxième carbonatation ; en outre les précipités lents à se déposer se forment beaucoup plus rapidement lorsqu'on ajoute une substance inerte; enfin l'agitation ainsi que l'ébullition facilite aussi la précipitation.

« Avec toutes ces conditions, conclut M. Pellet, on parvient, avec des quantités de carbonate de soude sensiblement équivalentes, à précipiter toute la chaux du jus sucré. Nous disons sensiblement, parce que nous admettons que s'il y a 0,0723 de carbonate de chaux précipité sur 0,0736, cette différence de 0,0013 au point de vue pratique est nulle. »

_____

(1) *Bulletin de l'Association des chimistes.*

En résumé nous estimons avec M. Pellet qu'on peut arriver à précipiter presque totalement les sels de chaux par le carbonate, équivalent pour équivalent, en s'entourant de beaucoup de précautions; mais pratiquement, à l'usine, la précipitation n'est jamais complète, et nous engagerons à employer jusqu'à une fois et demie et même deux fois la quantité théorique.

M. Lachaud prétend qu'il vaut mieux conserver les sels de chaux que de les éliminer par la soude, parce que l'équivalent de la soude est 31 et celui de la chaux 28; partant, pour retirer 100 kilog. de chaux, il faut ajouter 111 kilog. de soude; que de ce fait le coefficient salin est diminué.

Nous sommes parfaitement d'accord sur ce point avec M. Lachaud; mais nous lui ferons remarquer que les sels de soude sont loin d'être aussi nuisibles que les sels de chaux et qu'au point de vue pratique nous sommes complètement en désaccord avec lui : la présence des sels de chaux a toujours eu pour effet de diminuer beaucoup plus les rendements des masses cuites que la présence des sels de soude. En outre, avec les sels de soude on n'obtient pas ces cuites grasses qui entravent tout le travail d'une usine. Nous ferons encore observer en terminant, qu'un fabricant qui a l'intention d'osmoser ses mélasses doit éliminer ses sels de soude, car les premiers restent dans la mélasse, tandis que les seconds pourront être éliminés par ce procédé.

M. Nathan Lévy emploie, pour éliminer les sels de chaux, le procédé suivant qui, dit-il, lui a donné d'excellents résultats. Il ajoute dans les chaudières à réchauffer les sirops 20 litres de lait de chaux pour 40 hectolitres de sirop, puis il carbonate dans la chaudière même à l'aide d'un barbotteur d'acide carbonique jusqu'à alcalinité convenable (0 gr. 40 de CaO par litre). Il chauffe ensuite à l'ébullition et filtre; après ce traitement il ne resterait plus de traces de chaux dans les sirops.

Tendances à la fermentation. — Parmi les inconvénients d'un mauvais travail à la carbonatation on peut encore placer les tendances des masses cuites de 2e, 3e jet, etc., à fermenter. Cet inconvénient se produit lorsque l'alcalinité en potasse et en soude est insuffisante, et qu'on a complètement saturé la chaux à la deuxième carbonatation sans ajouter de carbonate de soude et sans suppléer au manque d'alcalinité naturelle par l'addition d'un peu de soude caustique au jus de 2me carbonatation ou aux sirops. On se trouve alors en présence des fermentations dont nous avons parlé dans le premier chapitre de cet ouvrage, et de la formation du frai de grenouille.

Quand certains bacs de masse cuite fermentent dans l'empli, il faut avoir soin de ne pas les mélanger avec les autres produits dans la suite du travail ; pour y remédier on peut ajouter un peu de soude caustique et mouvronner la masse cuite ; ou bien encore, si l'on aperçoit des tendances à la fermentation pendant le turbinage des masses cuites de 2me jet par exemple, on peut ajouter la soude dans les égouts.

Quoi qu'il en soit, il faudra toujours soigner le travail afin d'éviter ces inconvénients, l'addition de soude et du carbonate de soude diminuant le coefficient salin et entravant la cristallisation d'une certaine quantité de sucre.

Epuration produite par la Carbonatation

Cette épuration dépend du travail des usines et de la nature des impuretés.

Nous ne saurions mieux faire, pour traiter cette question, que de donner les réponses que quelques-uns de nos collègues et nous avons formulées à ce sujet dans des rapports remis à l'association des chimistes.

M. Quennesson a obtenu :

Jus de betteraves	coeff. salin...........	15,12
Jus de diffusion	—	21,06
Jus filtré de 2e carbonatation	—	22,85

Ces résultats nous surprennent beaucoup, une épuration semblable à la diffusion nous parait presque impossible, de même qu'une épuration de 1,79 à la carbonatation.

M. Collignon donne les chiffres suivants :

	Coefficients salins.			
Jus de diffusion................	19,23	17,82	20,10	16,95
Jus de 2e carbonatation filtré.....	22,(5	21,60	23,20	21,07

M. Mittelmann a fait des essais plus complets :

Jus de diffusion

Densité.............................	4,7	à	5,5
Sucre °/₀ cc.........................	10,499	à	11,83
Cendres............................	0,44	à	0,50
Coefficient salin....................	23,80	à	25,40
Coefficient organique...............	5,03	à	8,25
Matières organiques................	1,44	à	2,22

Jus de Première carbonatation

Densité.	Sucre.	Cendres.	C. salin.	C. org.	Mat. org.	Pureté.
4,3	9,65	0,33	29,24	7,78	1,24	86,20
4,4	9,88	0,37	26,70	8,03	1,23	86,68
4,0	9,99	0,36	27,77	8,25	1,09	86,11
4,1	8,74	0,40	21,85	5,60	1,56	81,75
3,6	7,93	0,44	18,02	7,77	1,02	84,53

Jus de 2ᵉ carbonatation

Densité.	Sucre.	Cendres.	Coef. salin.	Coef. org.	Mat. org.	Pureté.
4,0	9,15	0,30	30,50	9,22	0,99	88,01
3,9	8,94	0,32	27,93	9,82	0,91	88,53
3,4	7,77	0,24	32,37	9,04	0,86	87,66
3,5	7,45	0,36	20,70	5,64	1,32	81,59
3,5	7,53	0,40	19,00	6,27	1,20	82,50

La chaux du jus de première carbonatation a naturellement été précipitée par de l'acide carbonique.

On a ajouté 5 0/0 de lait de chaux pour la deuxième carbonation.

Les deux dernières colonnes se rapportent à des essais effectués fin janvier, l'épuration est très irrégulière.

M. Mittelmann en déduit que l'épuration saline de la deuxième carbonatation est de 3,36 et celle de la première de 2,60 ; l'épuration organique pour la deuxième est de 1,34, de 1,78 pour la première ; les matières organiques diminuent de 0ᵍ,27 à la deuxième carbonatation et de 0ᵍ,61 à la première ; la pureté augmente de 1,75 à 2 degrés pour la deuxième et de 3 à 3,5 pour la première, tout cela pendant le travail normal.

M. Lachaud a trouvé que l'épuration totale des matières

étrangères produite par la première et deuxième carbonatation était

Epuration saline............. 11,50 %
—   organique .... 35,10 %
Epuration totale..... 46,60 % des impuretés.

Enfin, nous avons constaté pendant deux fabrications que la différence entre les coefficients salins du jus de betteraves et du jus de deuxième carbonatation filtré était de 4,57 et de 5,23.

Procédés divers d'épuration

Nous allons maintenant décrire les autres principaux procédés d'épuration qui ont été parfois appliqués, pour en venir ensuite à l'emploi de l'acide sulfureux.

Procédé Heffter. — Ce procédé consiste à chauffer le jus à 80° cent. dans la chaudière à carbonater, et à ajouter 1,80 0/0 de lait de chaux à 22° Bé; on chauffe à 100°, puis on ajoute de nouveau 1,80 0/0 de lait à 22° et enfin on carbonate jusqu'à 0g,100 d'alcalinité exprimée en chaux 0/0 cc.; la 2e carbonatation est effectuée avec 1 0/0 de lait et poussée presqu'à fond.

Procédé Puvrez de Groulart. — Comme dans le procédé précédent, on chauffe le jus non chaulé, mais on ne porte la température qu'à 65-70° et on ajoute 1,5 à 2 millièmes de chaux; on chauffe à 90°, on filtre ensuite dans un appareil appelé « épulpeur-filtre. »

Procédé Kuthe et Anders. — Le jus de diffusion est filtré, puis chauffé à 80° ; on ajoute 2 0/0 de lait à 20° Bé, puis on mélange pendant 5 minutes ; pour des betteraves altérées on peut augmenter un peu la quantité de chaux; on ajoute les écumes de saturation de première et de deuxième carbonatation, puis on mélange de nouveau pendant cinq minutes, on passe aux filtres-presses ; le jus filtré est porté presque jusqu'à l'ébullition et additionné de 3,5 0/0 de lait de chaux, on carbonate presque jusqu'à fond ; on passe de nouveau aux filtres-presses, puis on chauffe à 90° ; on ajoute un peu de chaux, on carbonate jusqu'à 0,15 et on passe une dernière fois aux filtres-presses.

Procédés à la magnésie. — Plusieurs procédés à la magnésie ont été proposés ; nous ne citerons que celui à la dolomie calcinée et deux autres procédés, l'un à l'acide phosphorique, l'autre au phosphate acide de baryte, préconisés par M. Manoury.

Epuration des jus sucrés par la Dolomie calcinée par précipitation de la potasse libre et des matières azotées organiques (1). — On commence par préparer le lait de dolomie en opérant de la façon suivante : Dans un récipient portant un agitateur on met 5 parties d'eau sur 1 partie de dolomie calcinée qui y est ajoutée ensuite, on met l'agitateur en mouvement et on y fait arriver de la vapeur par un barboteur. Après une heure d'ébullition on est certain que toute la magnésie est à l'état d'hydrate, on ouvre alors le robinet de vidange qui amène le lait de dolomie sur un tamis à mailles au-dessous de 1 $^{m/m}$ carré, de façon à retenir les débris de coke, de pierres incuites, etc. Le lait de dolomie calcinée ainsi filtré coule à environ 20 à 25° Beaumé dans un bac, d'où il est pris pour l'emploi industriel qu'on lui destine. On a soin d'avoir dans le bac un mouvron, de façon à remuer la masse, qui se dépose facilement, avant de l'employer. Le lait de dolomie se met à la fin de la première carbonatation, on a soin préalablement de s'assurer que le jus ne renferme pas de carbonates alcalins qui rendraient la magnésie soluble. Pour cette constatation, aussitôt que la première carbonatation est finie, on filtre une certaine quantité de jus que l'on additionne d'eau de chaux ; s'il y a trouble, c'est que le jus renferme des carbonates alcalins ; si tel n'est pas le cas, on porte la chaudière à l'ébullition et on la laisse couler dans le décanteur ou le vase destiné à la recevoir et où on a ajouté préalablement une quantité de lait de dolomie telle qu'il représente un poids de dolomie de $\frac{1}{1000}$ de la quantité de jus existant dans la chaudière. Le mieux est de pouvoir envoyer immédiatement le tout aux filtres-presses ; s'il n'y a pas possibilité de le faire, on décante aussi rapidement que possible pour éviter le refroidissement au-dessous de 90°, ce qui serait mauvais et empêcherait la précipitation de la potasse. Le lavage des écumes qui retiennent ainsi la potasse libre et les matières azotées organiques doit être fait au moyen d'eau chaude à 90°, alcalinisée par 3 litres

(1) Description donnée par M. Manoury.

de lait de dolomie par 10 hectolitres d'eau de lavage, on obtient de cette façon des petits jus d'une grande pureté.

Dans une sucrerie allemande ayant travaillé avec la dolomie calcinée, on a obtenu des masses cuites ayant la composition ci-après, avec et sans emploi de la dolomie :

	Masse cuite avec emploi de dolomie.	*Masse cuite sans dolomie.*
Sucre	87,05	85,03
Cendres	2,78	3,60
Eau	7,00	9,92
Matières organiques	3,17	4,35
Pureté	93,6	91,4
Quotient salin	31,	24,

Les écumes provenant du traitement de la dolomie renfermaient 3,5 0/0 de potasse quand les écumes ordinaires n'en renfermaient que des traces ; de même, la quantité d'azote organique était plus considérable dans les premières écumes que dans les deuxièmes.

Élimination de la chaux et de la magnésie dissoutes dans les jus et suppression des incrustations dues à ces bases dans le tripleeffet. — *Procédé Manoury.* — La précipitation de la chaux et de la magnésie se fait au moyen du phosphate acide de baryte dans lequel la baryte se porte sur l'acide sulfurique des sulfates de potasse et de soude, précipite cet acide sulfurique à l'état de sulfate de baryte, met la potasse et la soude en liberté, et l'acide phosphorique se porte sur la chaux et la magnésie pour donner des phosphates absolument insolubles dans le milieu alcalin créé par la mise en liberté des bases ci-dessus. Cette opération se pratique sur les jus de la façon suivante :

1° *Emploi à la fin de la deuxième carbonatation.* Lorsque la saturation des jus à la deuxième carbonatation atteint 4 à 5 dix millièmes, on ajoute l'acide phosphorique tenant en dissolution de la baryte en quantité telle que l'alcalinité tombe à environ 2 dix millièmes. Ce point atteint, on porte à l'ébullition de façon à bien rassembler le précipité et on passe aux filtres-presses.

2° *Emploi sur les jus filtrés de deuxième carbonatation.* Les jus filtrés de deuxième carbonatation sont amenés dans deux bacs d'une capacité variable suivant l'importance des usines, ils sont munis de serpentins de vapeur de façon à pouvoir porter à l'ébullition après le traitement des jus. Lorsque l'un des bacs est à moitié plein de jus, on y ajoute une quantité de chaux à l'état de lait qui représente 2 dix millièmes du jus total que contiendra la chaudière ; lorsqu'on est arrivé aux 3/4 du remplissage, on ajoute le phosphate acide de baryte en proportion telle qu'il reste 2 dix millièmes environ d'alcalinité lorsque le bac sera plein. On porte alors à l'ébullition de façon à bien rassembler le précipité formé, puis on filtre pour le séparer du jus clair qui va à l'évaporation, débarrassé de toute trace de chaux et de magnésie.

Emploi du phosphate acide de baryte à la clarification des sirops. — A défaut du traitement des jus, on peut opérer sur les sirops sortant du triple-effet ; pour cela on leur ajoute 1/4 de litre de lait de chaux à 25° Beaumé par hectolitre, on remue pour bien répartir la chaux, on y verse 1/2 litre de phosphate acide de baryte par hectolitre ; si le papier de tournesol sensible n'indiquait pas d'alcalinité, on ajouterait goutte à goutte du lait de chaux très dilué dans du jus ou du sirop jusqu'à réaction alcaline. Ce point atteint, on porte à l'ébullition et on filtre, ce qui donne des sirops bien limpides, très décolorés et exempts de sels de chaux, active beaucoup la cuisson et augmente le rendement de la masse cuite qui en résulte.

D'après M. Pellet, il faudrait se garder des procédés d'épuration à la magnésie pour les raisons suivantes : La magnésie est peu soluble à froid, même dans les solutions sucrées concentrées, mais cette solubilité augmente avec la durée du contact, avec l'élévation de température, ou par la présence d'une certaine quantité de chaux ; la magnésie formée au sein d'un liquide sucré est plus soluble que la magnésie déjà précipitée et calcinée ; les solutions sucrées contenant de la chaux et de la magnésie ne renferment plus trace de chaux après la carbonatation, mais le liquide filtré contient de la magnésie et de l'acide carbonique en notable proportion.

Fluation. — Ce procédé a été imaginé par MM. Lefranc et Vivien ; il est basé sur la formation de composés insolubles avec les matières organiques et les bases alcalines du jus au moyen d'un fluosilicate métallique, l'acide du fluosilicate se combinant à l'acide et les matières organiques avec le métal.

On opère de la manière suivante : Le jus de diffusion arrivant dans les chaudières à carbonater est additionné d'une quantité de réactif variant avec les coefficients salins ; les inventeurs du procédé conseillent de considérer les cendres comme du carbonate de potasse et d'ajouter par kg. de cendres :

2 kg. 600 de fluosilicate plombique anhydre.
1 kg. 500 de fluosilicate ferreux.
1 kg. 350 de fluosilicate ferrique.

On mélange bien et on passe aux filtres-presses ; le jus clair est envoyé dans les chaudières de 2e carbonatation et faiblement alcalinisé par du lait de chaux ; on malaxe et on passe de nouveau aux filtres-presses, puis on élimine dans des bacs spéciaux les dernières traces de réactif au moyen d'acide phosphorique à 40 %, ou de biphosphate de chaux de manière à avoir une alcalinité de 1/10,000 ; on filtre une dernière fois ; les jus passent ensuite dans un réchauffeur d'où ils se rendent au triple effet.

Le dépôt obtenu à la première filtration a la composition suivante :

Plomb	36,956
Fluor	18,210
Acide phosphorique	2,700
Magnésie	1,139
Chaux	1,182
Potasse	8,334
Soude	2,083
Azote	1,181

Le dépôt obtenu à la 2e filtration :

Plomb	12 à 15
Fluor	5 à 6
Potasse	0,5 à 1
Chaux combinée	15 à 25

Celui obtenu à la 3e contient du phosphate de chaux et des traces de phosphate de plomb.

L'épuration donne des dépôts à 40 à 50 % d'eau, 3 à 4 % à la première opération, 1 à 2 à la deuxième.

La régénération des réactifs s'opère dans un four spécial.

L'oxyde de plomb combiné aux matières organiques passe à l'état métallique ; les fluosilicates alcalins se dédoublent pour donner des fluorures alcalins et du fluorure de silicium gazeux que l'on condense par l'eau pulvérisée ; il se décompose en acide hydrofluosilicique et en silice. On dissout les fluorures et on les traite par du lait de chaux ; on obtient une lessive de potasse et de soude et du fluorure de calcium qui est de nouveau utilisé à la fabrication de l'acide hydrofluosilicique. Le plomb est fondu et transformé en massicot.

L'acide hydrofluosilicique est obtenu au moyen du spath fluor qui contient 85 à 90 % de fluorure de calcium ; la méthode de préparation par l'acide sulfurique a été laissée de côté comme trop coûteuse MM. Vivien et Lefranc conseillent le procédé Tessié du Motay et Karcher qui consiste à mélanger 27 kg. de sable, 57 kg. de spath fluor broyé et 18 kg. de poussière de coke ; on en fait des briquettes avec 5 à 10 % d'argile et on les fond en éliminant les laitiers ; on recueille le gaz qui se dégage, et qui contient le fluorure de silicium.

On prépare le fluosilicate de plomb en traitant du massicot ou de la litharge par de l'acide hydrofluosilicique à 20° Bé ; on prépare de la même manière le fluosilicate ferreux avec de la limaille de fer ; pour le fluosilicate ferrique on emploie de l'oxyde ou de l'hydrate ferrique, ou encore un minerai de fer oligiste ou des déchets de pyrites.

Ce procédé ne paraît cependant guère avoir été employé en sucrerie. Il a été étudié par M. Aulard qui, sans trouver des coefficients salins aussi élevés que les inventeurs, accuse des chiffres de 50.

Emploi de l'Alumine. — Fritsche et Pechnik ajoutent au jus de diffusion 3 à 4 % d'une préparation obtenue en traitant une argile riche en alumine par l'acide sulfurique ; ils continuent ensuite le travail comme d'habitude.

Emploi du Phosphate de chaux. — Le procédé imaginé par Schott consiste à porter le jus à l'ébullition soit avec du phosphate neutre de chaux, soit avec des os calcinés. Il se formerait en présence des matières colorantes du jus du phosphate acide de chaux ; on laisse alors refroidir le liquide, on le neutralise avec de la chaux, et l'on peut former une deuxième fois du phosphate acide et continuer l'épuration en portant de nouveau le liquide à l'ébullition.

Emploi du Chlorure de zinc. — Ce corps a été employé en addition à la deuxième carbonatation à la dose de 3 litres pour 100 hectolitres de jus, il y a formation de chlorure de calcium et d'hydrate de zinc ; celui-ci précipiterait une grande quantité d'impuretés et le chlorure de calcium se transformerait sous l'action de la carbonatation en carbonate de chaux et en chlorures alcalins dont le jus fournirait la base.

Ce procédé nous paraît dangereux, en ce sens qu'il est difficile de se procurer du chlorure de zinc qui ne soit pas acide.

Épuration des jus par l'électrolyse. — Un brevet a été pris à ce sujet par MM. Mairot et Sabatès et le procédé a été décrit dans « Sugar Cane » et traduit par M. Silz. « L'appareil consiste essentiellement en une pile électrique à deux liquides ; ces deux liquides étant de l'eau et du jus sucré, qui coulent de part et d'autre d'une cloison poreuse comme le papier parchemin. De chaque côté, de larges plaques de charbon servant d'électrodes communiquent avec les pôles d'une dynamo. Ces piles sont disposées en deux séries distinctes, séparées longitudinalement et reliées de façon à pouvoir opérer l'inversion du sens du courant.

L'électrode positive étant d'abord plongée dans le jus et l'électrode négative étant dans l'eau, la réaction chimique est la suivante :

L'oxygène est mis en liberté à l'électrode positive dans le compartiment du jus par la décomposition de l'eau que contient ce jus, et l'hydrogène est dégagé à l'électrode négative. Les sels minéraux du jus, tels que les sels de potasse, de soude, de magnésie, de chaux sont décomposés par l'action électrolytique : les acides se rendent au pôle positif, les bases se rendent au pôle négatif à travers la cloison, tandis que les substances protéiques et pectiques restent en solution dans le jus en attendant que l'oxygène ozonisé produit par la décomposition de l'eau les transforme en fibrines insolubles que l'on écarte par une filtration après le passage à travers la première série de cuves. Après cette première phase de l'opération, le traitement électrochimique du jus est terminé.

Dans la deuxième phase, le jus passe dans la deuxième série de cuves où le courant est interverti, et où il subit le traitement électrodynamique destiné à séparer les acides organiques ; ces derniers passent du compartiment du jus dans le compartiment de l'eau.

Le jus sort à l'état neutre de l'appareil dans de bonnes conditions pour l'évaporation. Les frais de ce traitement électrolytique dépendent principalement du prix de revient de la force motrice.

Épuration par l'ozone. — Nous avons essayé l'épuration des jus carbonatés par l'ozone, mais nous ne sommes arrivés à aucun résultat satisfaisant.

Nous avons aussi ajouté au jus du bioxyde de baryum afin de former pendant la carbonatation de l'oxygène à l'état naissant ; on verra d'après les expériences ci-dessous, que ce procédé n'a pas réussi, les coefficients salins et de pureté baissant à mesure que l'on augmente la quantité de bioxyde de baryum.

Le même jus de première carbonatation a donné :

	Sirop provenant de 2ᵉ Carbonatation sans BaO2	Avec 0.05 % BaO2	Avec 0.1 % BaO2
Densité.................	1223.5	1114	1105
Degré Bé...............	16.1	14.9	14.0
Sucre % gr.............	25.65	23.60	21.70
Cendres	0.77	0.82	0.82
Coefficient salin.........	33.31	28.78	26.46
Eau	70.60	71.90	74.67
Mat. sèches.............	29.40	28.10	25.33
Pureté appᵗᵉ............	89.7	88.8	86.1
Chaux % gr............	0.034	0.050	0.050

Emploi de l'acide sulfureux

Nous avons déjà parlé de l'acide sulfureux au chapitre de la diffusion ; nous allons reprendre cette question pour nous occuper plus spécialement du traitement des jus de deuxième carbonatation et des sirops par cet agent.

Bien que cette question ait été longuement étudiée et discutée, les chimistes et les praticiens sont encore loin d'être d'accord à son sujet ; elle a encore des détracteurs acharnés.

En 1810, Proust tenta d'employer l'acide sulfureux en sucrerie ; Melsens, Périer et Possoz, Seyde, Çalver et Monier suivirent son exemple. Seyfferth le premier l'appliqua à l'évaporation dans le vide.

On admet presque unanimement que l'acide sulfureux a un pouvoir décolorant et facilite le travail, mais son pouvoir épurant est encore très discuté ; aussi allons nous, sans trancher la question, exposer les idées des principaux auteurs qui se sont occupés de la question.

Nous allons d'abord résumer les conclusions d'un travail très complet de M. Battut, sur ce sujet (1), en partant de l'action de l'acide sulfureux sur les jus carbonatés :

Les acides sulfureux, chlorhydrique, sulfurique et même la potasse caustique jouissent, à froid, de propriétés antiseptiques nettement déterminées.

Dans ses recherches sur ce sujet, M. Battut a remarqué que le jus traité par un excès d'acide sulfureux à 40° cent. n'a pour ainsi dire pas subi d'altération ; traité par ce même acide, mais laissé légèrement alcalin, il s'est altéré davantage, mais dix fois moins encore que celui ayant subi l'épuration par l'acide carbonique et laissé légèrement alcalin. L'acide sulfureux est antifermentescible ; le sulfate de potasse, formé en dehors du liquide et dans un milieu légèrement alcalin, n'est par contre aucunement antiseptique. L'alcalinité due à la potasse caustique à 40 C° favorise l'altération ; cette dernière s'établit moins rapidement dans un jus acidifié, même par l'acide sulfurique.

Les jus légèrement alcalins provenant de la saturation par l'acide sulfureux sont d'une conservation meilleure que ceux provenant de la double carbonatation. M. Battut a ensuite constaté qu'il ne paraissait pas y avoir d'inversion de sucre par l'action de l'anhydride sulfureux sur les jus chaulés de betteraves et sur les jus de deuxième saturation ; il en serait de même avec le gaz sulfureux mélangé d'air, obtenu dans des conditions analogues à celle de sa production industrielle. Faisant ensuite agir l'anhydride sulfureux à 80° C sur une mélasse normale, l'auteur

---

(1) Ce travail a été récompensé d'une médaille d'or par l'association des chimistes de sucrerie et de distillerie de France et des colonies.

affirme qu'il ne se produit pas de traces d'inversion au cours de la saturation par l'acide sulfureux, quelles que soient la température, la nature et la densité des jus sucrés, même lorsqu'on dépasse la neutralité; mais il résulterait d'autres expériences de M. Battut que l'inversion qui, dans ces conditions ne s'est pas produite, s'effectuerait à l'évaporation ainsi qu'à la cuite et qu'il ne faudrait donc employer l'acide sulfureux qu'avec beaucoup de circonspection.

M. Battut examine ensuite les propriétés épurantes de l'acide sulfureux :

L'épuration par l'acide sulfureux serait sensiblement inférieure dans un jus dépourvu de sels organiques à celle produite par l'acide carbonique. Avec des jus bruts fortement altérés et renfermant, après chaulage, beaucoup de chaux organique, il y aurait, au contraire, épuration légèrement supérieure par l'acide sulfureux.

Le trisulfite de chaux employé, même à une dose six fois plus élevée que la dose recommandée par ceux qui prônent ce procédé, ne produit aucune épuration dans les sirops normaux. Avec des sirops chargés de chaux organique, le trisulfite de chaux et l'acide sulfureux produiraient cependant une légère épuration, due en majeure partie à une précipitation de chaux organique; mais l'épuration serait meilleure par l'acide sulfureux. M. Battut n'est cependant pas d'avis d'employer l'acide sulfureux car, pour obtenir une légère épuration, il faudrait aller jusqu'à la neutralisation, manière d'opérer dangereuse.

En ce qui concerne les propriétés décolorantes de l'acide sulfureux, l'auteur tire de ses expériences les conclusions suivantes :

Le pouvoir décolorant propre de l'acide sulfureux serait en raison directe de son acidité; la décoloration serait donc proportionnelle à la dose d'acide employée, et pour tirer le meilleur parti des propriétés décolorantes de l'acide sulfureux, il faudra chercher à approcher le plus possible de la neutralité, sans jamais la dépasser.

Les jus de double saturation par SO^2 sont presque incolores ; leur coloration est environ deux fois moindre que celle du jus de deuxième saturation par l'acide sulfureux et trois fois plus petite que celle du jus de la double carbonatation.

Le fait de la décoloration due à l'acide sulfureux demeure tout entier après l'évaporation.

M. Battut n'a jamais remarqué aucune différence sensible entre la viscosité des produits alcalins normaux et celle des produits neutralisés par l'anhydride sulfureux, aussi bien pour les sirops de premier jet que pour la mélasse ; il n'a pas non plus trouvé d'augmentation de rendement de la masse cuite 1er jet, pas plus que de la masse cuite 2e jet.

L'auteur termine en disant que si l'on veut employer l'acide sulfureux, il faut l'employer à l'état gazeux en troisième saturation sur les jus de deuxième carbonatation filtrés.

M. Aulard, au contraire, conseille de l'employer sur les sirops à 22° B^e, il donne à l'appui de cette assertion les raisons suivantes : 1° il est très dangereux d'employer ce corps sur les jus avant évaporation, à cause des ravages que ces jus souvent acides, quoi qu'on fasse pour les conserver alcalins, opèrent sur les tubes du triple-effet. A l'argument de M. Aulard, nous répondrons que les usines qui travaillent assez mal pour avoir des jus acides feront mieux d'abandonner l'emploi de l'acide sulfureux. 2° C'est dans les jus passés à l'état de sirop que l'acide sulfureux rencontre les pigments colorés, concentrés et entièrement développés. Mais si l'on sulfitait des sirops à un degré supérieur à 22°, la filtration deviendrait difficile ; et d'autre part, n'évaporer qu'à ce degré serait peu économique au point de vue du combustible. Aussi M. Aulard opère-t-il de la manière suivante :

Les sirops sortant de la 3e caisse à 18° B^e sont sulfités, passés d'abord dans un filtre-presse, puis dans un filtre genre Danek et de là rentrent dans une 4e caisse où ils sont portés à 30-35° B^e.

M. Aulard ajoute que l'emploi de l'acide sulfureux lui a permis de réduire de 9 heures à 7 heures 1/2 le temps nécessaire pour opérer une cuite ; que si un grand nombre de fabricants ont obtenu des déboires avec l'acide sulfureux, cela tient à ce qu'ils n'ont pas fait leurs installations d'une manière convenable. Si l'on représente la coloration du sirop par 100, elle ne serait plus que de 33 après traitement par SO^2 et l'alcalinité passerait de 1 gr. par litre à 0 gr. 20.

M. Pellet, contrairement à M. Aulard, est partisan de la sulfitation des jus de deuxième carbonatation.

M. Vivien conseille l'emploi de l'acide sulfureux à la cuite; il engage à mettre beaucoup d'acide sulfureux au pied de cuite afin de grainer dans un milieu neutre et de diminuer ensuite l'admission du gaz afin de terminer la cuite avec une alcalinité suffisante.

M. Bouchon, le distingué fabricant de sucre de Nassandres, se sert avec succès de l'acide sulfureux : il obtient des produits remarquables qui font prime sur les marchés. Nous estimons comme lui que la beauté de ses sucres est due en partie à l'action de l'anhydide sulfureux ; mais sa sucrerie serait peut-être mal choisie comme référence pour se rendre exactement compte du pouvoir décolorant de cet acide, car chez lui d'autres facteurs entrent en jeu : son travail est bien conduit, ses jus et sirops sont filtrés à plusieurs reprises et avec soin. Nous allons cependant décrire sa manière d'opérer :

Les jus sont saturés en deuxième carbonatation jusqu'à alcalinité de 0,05 à 0,06 p. 100, puis filtrés et envoyés dans des chaudières spéciales dans lesquelles l'alcalinité est amenée par l'acide sulfureux à 0,010 ou 0,015 ; on se sert comme indicateur de la phtaléine du phénol en solution alcoolique très concentrée ; l'opération a lieu à 90° ; puis on procède à l'ébullition qui précipite les sulfites de chaux.

La sulfitation augmente la pureté de 1 degré.

M. Bouchon ne sulfite pas en deuxième saturation afin de profiter d'un surplus d'épuration et pour éviter l'emploi d'une grande quantité d'acide sulfureux ; il évite la sulfitation aux sirops ou à la cuite, convaincu que cette manière d'opérer ne présente pas un bon moyen de contrôle.

A Nassandres on a remarqué que l'emploi de l'acide sulfureux facilitait l'évaporation et la cuite, et permettait par suite d'augmenter la quantité de betteraves travaillées par 24 heures et d'obtenir une augmentation de rendement en sucre premier jet, grâce à un turbinage plus facile et une fonte de sucre moindre par le clairçage.

L'augmentation de rendement serait surtout marquée pour les 2e, 3e et 4e jets, les masses cuites étant limpides, translucides et grainant très facilement.

En résumé, l'acide sulfureux permet d'obtenir des produits d'une grande finesse et facilite le travail quand il est employé judicieusement. Personne, pensons-nous, ne contestera ces faits.

Mais il ne faut pas perdre de vue que son emploi nécessite une surveillance sérieuse, une filtration soignée et judicieuse des jus et sirops, si l'on veut faire des sucres susceptibles d'être primés.

On a reproché aux sucres provenant du travail à l'acide sulfureux de contracter une odeur désagréable au bout de quelque temps. Ce fait se produit-il habituellement ou ne se produit-il qu'avec une sulfitation mal conduite? Nous ne voulons pas nous prononcer sur ce sujet.

M. Nugues explique ce fait de la manière suivante :

Les carbonates alcalins (de potasse, soude et ammoniaque), contenus dans les jus de betteraves après carbonatation seraient décomposés par l'acide sulfureux en sulfites solubles que l'on retrouverait plus tard à l'état de sulfates et d'hyposulfites. Ces derniers se modifieraient ensuite en sulfates et en sulfures pouvant dégager finalement de l'hydrogène sulfuré.

M. Huck répond à cela que les alcalis en question ne sont pas attaqués par l'acide sulfureux tant qu'il y a de la chaux à précipiter à l'état de sulfite de chaux presque insoluble, et que dans la pratique on laisse toujours quelques dix millièmes d'alcalinité en chaux réelle ; il faudrait pousser le sulfitage bien loin pour que le fait énoncé se produise.

Nous allons maintenant décrire quelques appareils destinés à la production de l'acide sulfureux.

Appareil Vivien et Messian

M. Vivien a beaucoup préconisé l'emploi de l'acide sulfureux en sucrerie, et, le premier, il a signalé ce moyen pour la production du sucre extra blanc qui jouit d'une prime de 2 à 5 fr. sur le cours du sucre n° 3.

Le 10 novembre 1880 il a fait breveter, de concert avec M. Messian, de Cambrai, un appareil permettant l'obtention économique du gaz sulfureux.

Cet appareil a été successivement perfectionné et le modèle que nous représentons ci-dessous donne une idée de la dernière disposition combinée par ces messieurs.

Cet appareil peut fonctionner de deux manières différentes :

1. *Par l'air comprimé.* — Dans ce cas, l'air comprimé par une pompe d'un modèle quelconque arrive par *a* dans un deshydrateur *b*, contenant de la chaux vive, qu'on renouvelle tous les jours et qui a pour but de dessécher l'air pour éviter la production d'acide sulfurique pendant la combustion du soufre.

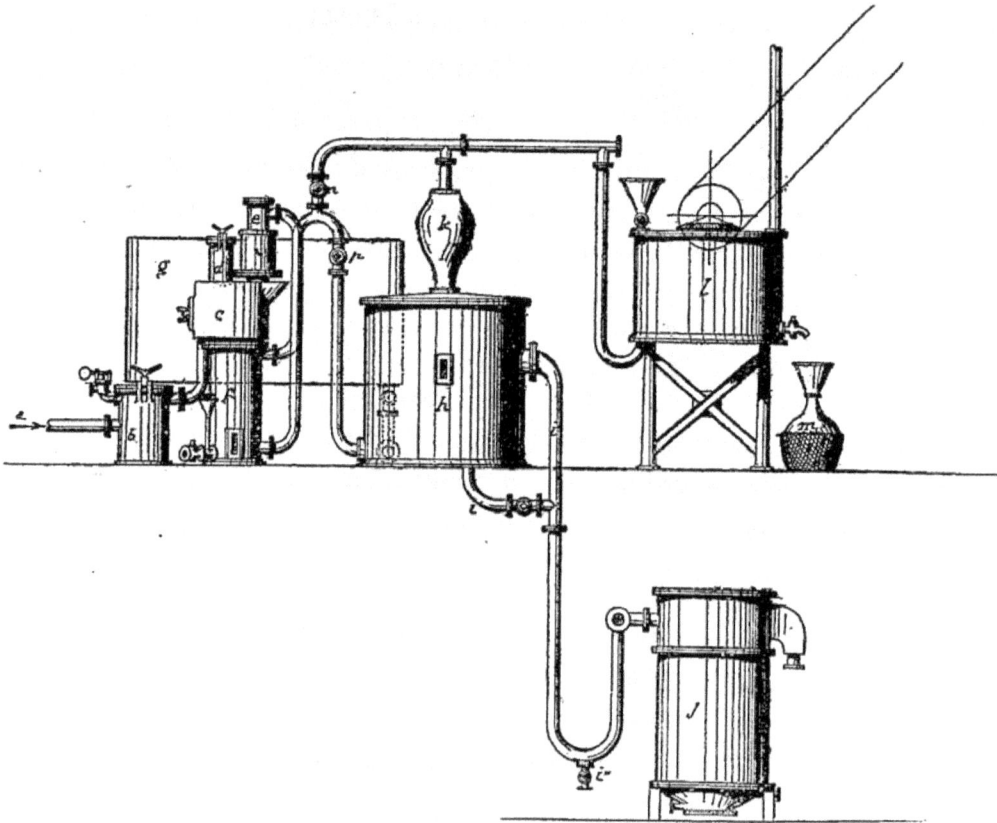

Fig. 108. — Appareil de sulfitation continue, système Vivien et Messian, fonctionnant par compression ou par le vide.

L'air sec pénètre dans le four G contenant une cuvette en fonte où l'on place le soufre. Pour combattre la grande somme de chaleur que la combustion du soufre dégage et éviter d'atteindre la

a. Arrivée d'air comprimé. — b. Deshydrateur avec soupape de sûreté. — c. Four à acide sulfureux. — d. Trémie de chargement. — e. Sublimeur réfrigérant. — f. Épurateur du gaz sulfureux. — g. Bac à jus ou à sirops. — h. Cuve de sulfitation continue des jus ou sirops. — i. Sortie des jus ou sirops — j. Filtres à jus ou sirops. — k. Vase de sûreté. — l. Malaxeur à bisulfite de chaux. — m. Tourie recueillant le bisulfite. — n, p. Robinets. — i'i" Vidange.

température de volatilisation du soufre, ces messieurs ont imaginé d'établir une cuvette d'eau enveloppant le fond.

Le chargement du four se fait facilement et on opère comme suit : D'abord on soulève la soupape du deshydrateur ou mieux, on en ouvre la porte pour empêcher l'air d'arriver dans le four, puis on introduit le soufre en canons par la tubulure *d* et rétablit la circulation de l'air.

Le gaz sulfureux produit par la combustion du soufre s'échappe du four par le sublimeur-refroidisseur *e*, où le soufre non brûlé est retenu, et pénètre dans le laveur *f* contenant de l'eau légèrement chaulée qui retient les traces d'acide sulfurique pouvant exister. On a ainsi, avec ces précautions, du gaz sulfureux pur qu'on fait arriver dans la cuve à sulfitation en fonte *h*.

Si l'on veut sulfiter le jus avant évaporation on fait circuler dans la cuve *h* le jus clair carbonaté contenu dans la cuve *g* ; il arrive par le bas et sort par *l* en parcourant une série de chicanes disposées pour assurer un contact intime du gaz sulfureux avec le jus et passe par les filtres mécaniques J. L'ouvrier s'assure par des essais réitérés du degré d'alcalinité du jus à la sortie du filtre, et règle en conséquence l'introduction du gaz et du jus pour avoir toujours une alcalinité très faible, mais nécessaire, pour éviter toute altération ultérieure. Il suffit de manœuvrer convenablement les robinets *n* et *p*.

Le gaz sulfureux non utilisé pendant la sulfitation du jus, de même que celui produit en excès qui s'échappe constamment par *n*, se réunissent dans un conduit collecteur et arrivent dans une ou plusieurs cuves *l* contenant de l'eau froide si on veut faire de l'eau sulfureuse, ou un lait de chaux très faible si on veut faire du bisulfite de chaux.

L'un et l'autre de ces produits sont employés à la diffusion ainsi que l'a indiqué M. Vivien dès 1880.

Le bisulfite de chaux ou l'eau sulfureuse sont ajoutés dans les petits jus qui rentrent à la diffusion sur le 4e ou 5e diffuseur, ou mis dans l'eau servant à la diffusion, ou bien encore sur les lamelles dans la nochère du coupe-racines. Lorsqu'on est installé pour la rentrée des petites eaux à la diffusion, le procédé est facilement applicable et une seule rentrée suffit dans ce cas. Quand on ne pratique pas ce procédé il convient de mettre l'eau sulfureuse ou le bisulfite, suivant qu'on a l'un ou l'autre, sur le diffuseur de queue et sur celui de tête, c'est-à-dire de l'ajouter à l'eau servant à la diffusion et d'en faire tomber goutte à goutte sur les lamelles de betteraves sortant du coupe-racines.

2° *La seconde disposition de l'appareil permet de marcher en utilisant le vide.* — Quand on ne dispose pas d'un compresseur d'air, on réunit la cuve *l* par son tuyau de dégagement avec le condenseur de la pompe à air du triple effet par exemple. Le vide s'établit ainsi dans tout l'appareil et l'air est aspiré dans le déshydrateur au lieu d'y être refoulé. Un robinet permet de régler l'introduction d'air en raison de la quantité de soufre qu'on veut brûler par heure.

Le fonctionnement de l'ensemble reste ce que nous venons de décrire.

Quand on préfère appliquer la sulfitation aux sirops et non sur les jus, on met la cuve *h* en communication avec le bac à sirops. Les robinets *k* et *i''* servent à la vidange.

La tourie *m* reçoit l'eau sulfureuse ou le bisulfite qu'on transporte à la diffusion.

Quand on emploie l'air comprimé, le tuyau de dégagement S plonge dans le bac à eau de la diffusion et descend jusque dans le tuyau partant du bac à eau et allant à la diffusion. On a ainsi de l'eau sulfitée préparée constamment et sans grands frais d'installation.

MM. Vivien et Messian ont réalisé, par ces dispositions, un appareil bien compris, facile à conduire et très simple, malgré ses multiples effets.

Prix de revient du bisulfite du commerce comparé à celui de l'acide sulfureux produit avec l'appareil Vivien et Messian. — Le bisulfite à 11°B° du commerce pèse 108 kilog. l'hectolitre, on le vend de 8 à 15 fr. les 100 kilog. suivant l'origine et la qualité, soit généralement 10 fr. des 100 kilog. par wagon de 10000 kilog.

Il a une composition variable et les analyses ci-dessous donnent les moyennes extrêmes qu'on rencontre le plus souvent.

Le *bisulfite à* 11° *du commerce contient par litre :*

Sulfate de chaux..........................	10 gr. à 3 gr.
Sulfite neutre de chaux....................	70 à 58

Acide sulfureux du bisulfite et en excès, ou acide } 40 à 50
sulfureux libre..............................

soit en moyenne 4 kilog. 1/2 d'acide sulfureux *actif* pour un hectolitre pesant 108 kilog. ou 4 kilog. 17 par 100 kilog. de bisulfite, ce qui remet le kilog. d'acide sulfureux libre, c'est-à-dire l'acide sulfureux actif, à 2 fr. 40.

Avec l'appareil Vivien et Messian, en ne comptant même que sur un rendement de 50 0/0, on obtient un kilog. d'acide sulfureux en solution par kilog. de soufre brûlé, ce qui remet à 0 fr. 22 le kilog. d'acide sulfureux en comptant le prix du soufre à 22 fr. les 100 kilog., soit une économie de 91 0/0.

L'avantage est considérable et justifie l'emploi de ces appareils.

M. Lacouture, de Saint-Quentin, a aussi construit un nouvel appareil continu destiné à la production de l'acide sulfureux dont suit la description :

Appareil perfectionné continu, système E. Lacouture, pour la production d'acide sulfureux. — Cet appareil se compose :

1° D'un compresseur destiné à fournir la quantité d'air nécessaire pour la combustion du soufre et pour l'entraînement du gaz

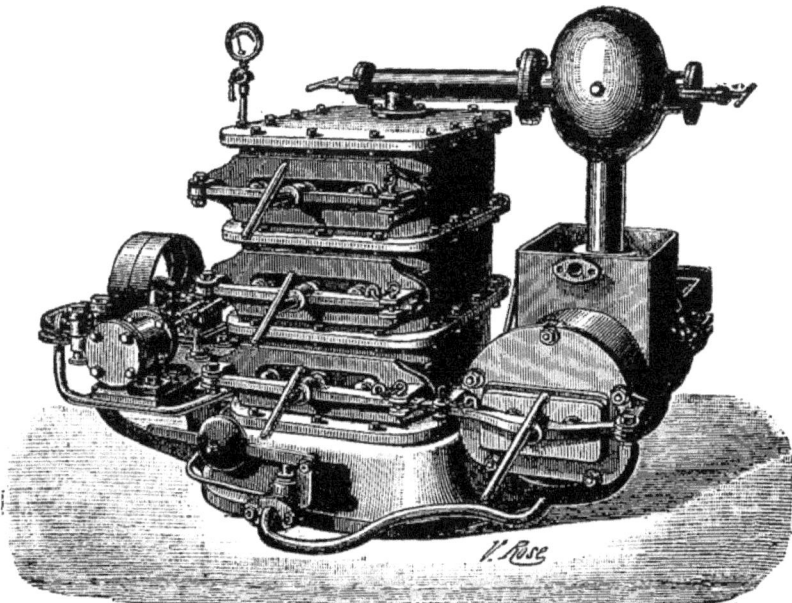

Fig. 109. — Appareil perfectionné continu, syst. Lacouture, pour la production de l'acide sulfureux.

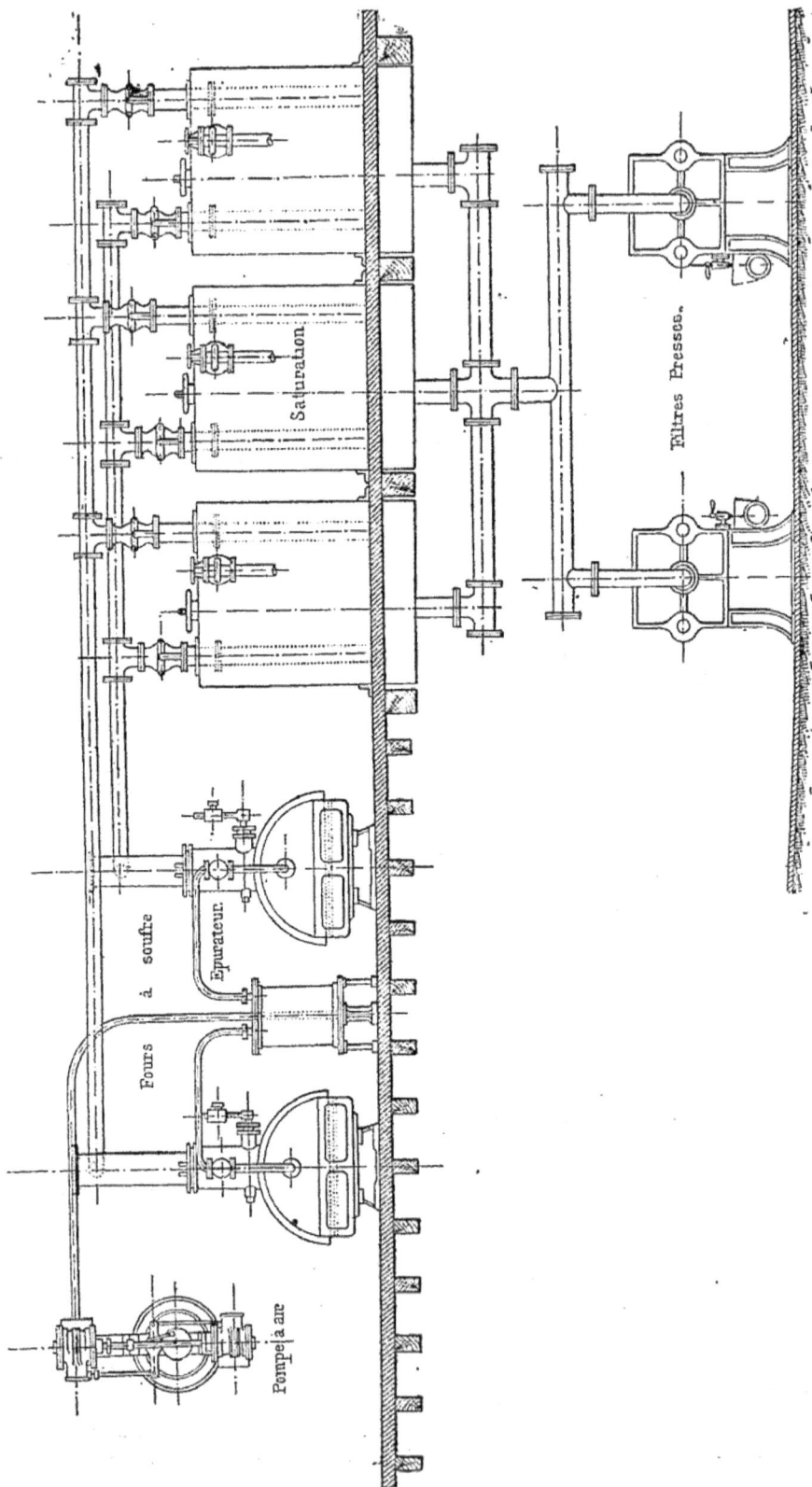

Fig. 110. — Vue générale de l'installation de la sulfitation Construction Maguin,

produit; il peut être commandé par poulies ou actionné par un petit moteur à vapeur;

2° D'un socle récipient d'air, muni d'un manomètre et d'une soupape de sûreté permettant de varier à volonté la pression avec laquelle on doit marcher selon la disposition de l'usine; cette soupape est réglée pour que, dans aucun cas, la pression ne dépasse 3 kilog.;

3° D'un four avec moufle à chargement continu et réfrigérant à courant d'eau pour refroidir le gaz produit;

4° D'un sublimeur à grandes surfaces et à larges sections pour retenir le soufre entraîné;

5° D'un épurateur avec tiroirs et compartiments diviseurs contenant de la craie pour retenir à leur passage les impuretés entraînées par le gaz et pour absorber l'acide sulfurique provenant de l'oxydation de l'acide sulfureux.

Cet appareil assure une production rationnelle et méthodique d'un gaz sulfureux bien épuré et exempt d'acide sulfurique; la suppression complète de robinets empêche les émanations d'acide sulfureux dans l'usine; enfin la marche de l'appareil est sûre et la main-d'œuvre insignifiante.

La fig. 110 donne une vue générale de l'installation faite par M. Maguin pour l'emploi de SO^2 sur les jus carbonatés, après la 2ᵉ carbonatation. L'examen de ce dessin suffira pour en faire comprendre le fonctionnement.

Appareil à sulfiter, système Cambray. — L'appareil construit par M. Cambray, à Aniche, se compose :

1° d'une pompe aspirante et foulante, construite de façon à fournir la quantité d'air nécessaire à la combustion du soufre et au refoulement de l'anhydride sulfureux dans le jus;

2° D'un ou deux fours à soufre accouplés, surmontés d'un réfrigérant à circulation continue d'eau, pour éviter la distillation du soufre;

3° D'un sublimeur destiné à recueillir le soufre et autres résidus qui pourraient être entraînés par l'anhydride sulfureux;

4° De la robinetterie et des tuyaux, qui sont reliés de façon à ce qu'on puisse les nettoyer facilement.

Le four contient un moufle destiné à recevoir le soufre, la

tuyauterie pour l'introduction de l'air est placée de façon à le reporter sur toute la surface du moufle et il est fourni en quantité suffisante pour produire l'acide sulfureux.

Fig. 111. — Appareil à sulfiter, système Cambray.

CHAPITRE VIII

DE LA FILTRATION

FILTRATION DES JUS TROUBLES

Tandis que l'épuration des jus par la chaux, par l'emploi de l'acide carbonique et de l'acide sulfureux, est basée sur un ensemble de réactions chimiques très diverses qui ont pour effet de tranformer certaines impuretés en corps insolubles, d'autres en corps gazeux, la filtration est une opération purement mécanique qui élimine du jus les matières rendues insolubles par le traitement des jus.

Nous ne reviendrons pas sur la filtration des jus de diffusion que nous avons traitée au chapitre v ; nous allons examiner de quelle manière et avec quels appareils on filtre les jus carbonatés, de 1re, de 2e et même de 3e carbonatation s'il y a lieu, et les sirops.

Différents modes de filtration des jus troubles

I. *Sans décantation.* — C'est le travail que nous avons recommandé au chapitre vii ; la filtration peut dans ce cas s'effectuer de deux façons.

1° La totalité des jus de première carbonatation est passée aux filtres-presses, les écumes y sont lavées directement et les jus sont ou filtrés sur des filtres dont nous parlerons plus loin et se rendent aux chaudières de deuxième carbonatation, ou le plus généralement encore ils se rendent directement des filtres-presses aux chaudières de deuxième carbonatation.

La totalité des jus de deuxième carbonatation est passée aux filtres-presses, les écumes sont comme pour les jus de première carbonatation lavées dans les filtres, et les jus clairs subissent la filtration mécanique.

2 Certains fabricants pensent qu'il y a avantage, au point de
vue de la filtration et du lavage des écumes, à mélanger les
écumes de deuxième carbonatation aux jus troubles de première
carbonatation ; dans ce cas les jus de deuxième carbonatation sont
filtrés dans des filtres sans lavage, les écumes tombent dans un
malaxeur qui les entraîne dans le bac d'attente des jus troubles
de première carbonatation et le tout mélangé est passé dans des
filtres-presses à lavage.

Discussion de deux procédés. — Nous allons essayer de discuter
les avantages et les inconvénients qui peuvent résulter du mélange des écumes.

Avantages : D'après certains fabricants, le mélange de l'écume
de deuxième carbonatation aux jus non filtrés de première facilite-
rait le passage aux filtres-presses ; mais nous pensons qu'avec
un bon travail à la première carbonatation, cet avantage est bien
minime, le jus devant alors seul filtrer très facilement ; nous en
dirons autant pour le lavage qui s'effectue généralement dans de
bonnes conditions dans une usine travaillant bien.

Inconvénients : Le mélange des écumes de deuxième carbonatation aux jus troubles de première carbonatation a l'inconvénient
d'augmenter la main d'œuvre, car l'écume de deuxième carbonatation est pressée deux fois ; il faudra donc une surface filtrante
plus grande, en admettant qu'on ne gagne rien en temps soit sur
la filtration, soit sur le lavage.

Les inconvénients que présente le mélange des écumes et des
jus au point de vue des impuretés ne sont pas moins évidents. Il
n'est jamais bon de mélanger deux précipités complexes qui se
sont formés dans des conditions différentes de milieu, d'alcalinité
et de température. En opérant ainsi, on court le risque de redissoudre quelques impuretés qui seraient restées dans les écumes.
D'un autre côté, si l'écume de deuxième carbonatation doit parcourir un long trajet pour arriver dans le jus de première carbonatation, elle se refroidira et viendra également faire baisser la température de ce jus ; il peut en résulter une solubilisation d'une certaine quantité de matières nuisibles à la cristallisation du sucre,
car on sait qu'il faut autant que possible maintenir le jus et les
écumes pendant la filtration et le lavage à la température élevée
qu'avait le jus dans la chaudière.

2° *Avec décantation.* — La décantation est parfois appliquée aux deux carbonatations, parfois à une seule. Admettons le premier cas, l'opération s'effectue alors de la manière suivante :

Le jus décanté de première carbonatation est passé dans des filtres spéciaux et se rend à la deuxième carbonatation avec le jus clair obtenu par la filtration des écumes aux filtres-presses ; le jus décanté de deuxième carbonatation est de même filtré à part et mélangé au jus provenant du passage des écumes de deuxième carbonatation aux filtres-presses.

Types de filtres-presses et marche de la filtration et du lavage.

Autrefois on mettait les écumes dans des sacs en coton qu'on faisait égoutter dans des bacs et qu'on pressait ensuite au moyen de presses à vis. Ce travail était forcément défectueux et exigeait une main-d'œuvre considérable.

L'emploi des filtres-presses constitue donc une grande amélioration du travail. Le premier appareil de ce genre fut inventé par Howard, puis parurent ceux de Trinks, Danek, Farinaux. Nous nous bornerons à la description de celui de Trinks, pour nous étendre ensuite plus longuement sur les filtres à lavage dont l'emploi s'est peu à peu généralisé dans toutes les fabriques.

La fig. 112 représente le filtre-presse Trinks. Cet appareil se compose d'un certain nombre de plateaux creux portant des cannelures et munis de petits robinets K. Sur ces plateaux à cannelures sont placées des toiles filtrantes servant en même temps à faire les joints entre les plateaux, le tout est serré entre les deux sommiers R et S par un volant O.

Le robinet J correspond à un conduit central qui communique avec les intervalles du plateau.

On voit que si on ouvre le robinet J, les liquides troubles qui arrivent dans le tuyau I par la pression d'un monte-jus ou d'une pompe remplissent les intervalles des plateaux ; ils passent à travers les toiles et sortent sous forme de liquide clair qui arrive par les robinets K dans la gouttière L. Les parties solides sont retenues entre les toiles. On s'aperçoit que le filtre-presse est plein de dépôts ou matières solides, lorsque le liquide ne coule plus par

les robinets K ; on ferme alors le robinet J et on ouvre le robinet
de vapeur placé à côté de lui et qui donne de la vapeur dans
le filtre-presse pour chasser le liquide trouble qui pourrait
encore se trouver dans le conduit central; ce liquide est recueilli
pour être mélangé aux écumes à presser.

On ouvre le filtre-presse avec le volant O, on fait tomber les
tourteaux et on recommence l'opération.

Fig. 112. — Filtre-presse, système Trinks, avec volant, construction Cail.

Avec des filtres de ce genre, l'écume contient 4 à 5 0/0 de son
poids en sucre. Aussi a-t-on cherché à récupérer une partie de ce
sucre pour le faire rentrer dans le travail. A cet effet, on recueille
l'écume dans un lévigateur de construction variable, on la malaxe

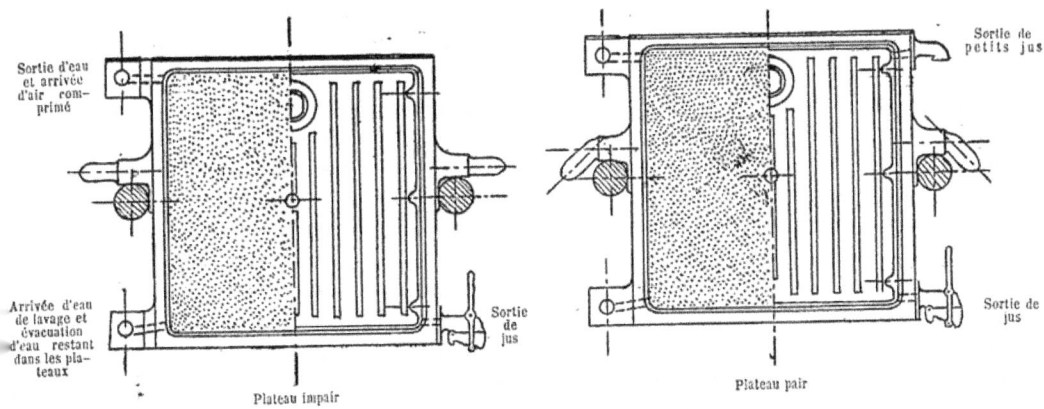

Sortie d'eau
et arrivée
d'air com-
primé

Sortie de
petits jus

Arrivée d'eau
de lavage et
évacuation
d'eau restant
dans les pla-
teaux

Sortie
de
jus

Sortie de
jus

Plateau impair

Plateau pair

Fig. 112 *bis* et 112 *ter*. — Cadres du filtre-presse Cail (p. 345).

avec une quantité d'eau déterminée et on fait passer le tout dans les filtres-presses destinés à cet usage.

On fait rentrer dans le travail le liquide clair obtenu et livre l'écume aux cultivateurs comme engrais.

Ce mode de désucrage des tourteaux a été ensuite remplacé par le lavage direct dans les filtres-presses; ce procédé est plus économique et surtout préférable au point de vue de la rapidité et de la marche du travail. Les petits jus provenant du malaxage sont beaucoup plus exposés à fermenter que les autres; ils entraînent donc dans le jus des matières nuisibles en quantité beaucoup plus grande.

Nous allons décrire quelques-uns des filtres-presses à lavage les plus employés. Dès 1878, Dehne construisait des filtres à lavage dont l'emploi a fourni de bons résultats. Ce type de filtre a été établi avec certaines modifications par plusieurs maisons françaises de construction.

Filtre-presse Cail à lavage. — Le type le plus couramment construit actuellement par cette maison porte des plateaux d'un mètre de côté; les plateaux pairs et les plateaux impairs diffèrent les uns des autres. (Fig. 112 *bis* et 112 *ter*.)

Ces plateaux sont serrés entre un sommier fixe et un sommier mobile; du côté de ce dernier deux écrous, placés sur chacun des tirants qui portent les plateaux, sont serrés en même temps au moyen de clefs spéciales; le serrage est complété par un volant et une vis qui se trouvent du côté du sommier fixe. Il faut bien avoir soin, si l'on ne veut pas risquer de briser l'appareil, de serrer les deux écrous en même temps comme nous venons de le dire, et de n'opérer qu'ensuite sur le volant; pour procéder au desserrage, on agira d'abord sur ce volant.

Le mode de construction des plateaux a permis de réduire leur épaisseur à 50 $^{m/m}$, ce qui a pour avantage de réduire la longueur de l'appareil pour un même nombre de chambres.

Les plateaux portent deux plaques en tôle perforée séparées par des barres en fer verticales rivées à une tôle.

Pour assurer les joints du canal d'arrivée de jus, on a placé d'un côté du plateau une rondelle en caoutchouc et de l'autre une rondelle métallique sous la partie tournante de l'écrou de serrage, ce qui évite le déplacement des toiles par le mouvement de cet écrou. Les joints des canaux d'arrivée et de sortie d'eau sont obtenus au moyen de rondelles en caoutchouc.

Sur le côté du filtre se trouve une gouttière graduée dans laquelle s'écoule le jus et l'eau de lavage; cette gouttière porte deux ouvertures qui peuvent être bouchées par des tampons, elles permettent d'envoyer les liquides qu'elle contient soit à la deuxième carbonatation, soit au lait de chaux; souvent une troisième ouverture est destinée à l'évacuation de l'eau à la cour.

L'arrivée de jus trouble se fait par un tuyau muni d'une soupape qui aboutit au sommier fixe.

La sortie de jus s'effectue par les robinets de jus placés à la partie inférieure et à droite de tous les cadres (nous nous supposons toujours placés en face du sommier fixe); la sortie des petits jus ou eau de lavage ayant traversé les tourteaux se fait par des robinets ou de simples goulottes placées en haut et à droite des plateaux pairs. L'arrivée d'eau de lavage s'effectue à gauche et en bas des plateaux impairs ainsi que l'évacuation de l'eau restant dans les plateaux après le lavage; une autre évacuation de cette eau est ménagée en haut et à gauche des plateaux ainsi qu'une prise d'air comprimé destiné à sécher les tourteaux; l'eau s'écoule par deux issues, l'une placée du côté du sommier fixe, l'autre du côté du sommier mobile.

Fonctionnement de l'appareil. — Voyons maintenant la manière de se servir du filtre-presse à lavage, genre Cail.

Les robinets d'évacuation d'eau placés aux deux extrémités de la conduite d'eau de lavage étant fermés, et le tampon placé sur le trou de la gouttière par laquelle le jus se dirige vers la deuxième carbonatation étant seul enlevé, on ouvre tous les robinets de sortie de jus ainsi que la soupape d'arrivée de jus; celui-ci se répand entre les toiles placées à cheval sur les cadres, il les traverse pour aller aboutir aux sorties de jus et il dépose entre les deux toiles le précipité qu'il contient et qui, au bout de 30 à 40 minutes, a formé entre elles un tourteau compact. On est averti que l'on doit fermer l'arrivée de jus lorsque les robinets de sortie de jus ne coulent presque plus; on ouvre alors la soupape d'air comprimé afin de chasser du filtre-presse la plus grande quantité de jus possible et on procède au lavage. A cet effet, on met le tampon sur la conduite de jus qui va à la deuxième carbonatation et on retire celui qui conduit les petits jus à l'atelier de lait de chaux (dans le cas de l'emploi de chaux anhydre cette conduite n'existe pas, les petits jus suivent le même chemin que les jus), on ferme les robinets de sortie de jus, les robinets de sortie de petits jus étant ouverts. Ces robinets peuvent toujours rester ouverts en plein, la quantité d'eau à faire passer dans un temps donné étant réglée par la soupape d'arrivée d'eau, ou ils peuvent être seulement toujours à moitié ouverts afin de rendre la vitesse de passage de l'eau indépendante de l'ouvrier qui fait fonctionner la soupape.

La maison Cail ne met plus de robinets à la partie supérieure du filtre-presse, elle les remplace par de simples tubulures qui sont constamment ouvertes pour laisser sortir l'air.

La méthode que nous préférons consiste à ouvrir toujours les robinets en grand ou à les supprimer par des goulottes et à placer un diaphragme dans la soupape d'arrivée d'eau; ce diaphragme devra être calculé pour employer au lavage d'un filtre-presse tout le temps dont on dispose, et cela en faisant passer la quantité d'eau déterminée à l'avance. Dès que l'eau passe par les robinets du conduit d'air du haut du plateau, ce filtre est meiché; on ferme alors les robinets, bientôt l'eau qui a traversé les tourteaux sort bien également de toutes les tubulures sous les robinets de sortie de petits jus, tombe dans une gouttière qui la fait parvenir dans la gouttière graduée dont nous avons parlé. Si les petits jus ne sortaient pas par l'une quelconque des tubulures, c'est que la toile correspondante ne serait plus filtrante et il faudrait la remplacer. Nous avons dit que tout le petit jus était envoyé au lait de chaux; il est bien entendu que cela dépend de la quantité de petit jus produite dans l'usine et de la quantité d'eau nécessaire à la confection du lait de chaux. On n'en emploie pour ce dernier que la quantité nécessaire, l'excédent rentre dans le travail.

Quand on a fait passer la quantité d'eau voulue et jaugée par la gouttière graduée, on ferme la soupape d'arrivée d'eau, puis lorsque les robinets de sortie de petits jus ne coulent plus, on procède à la vidange des petits jus qui sont restés dans les plateaux pairs (nous disons petits jus, car c'est bien de l'eau qui a traversé les tourteaux); à cet effet on ouvre les robinets de vidange de jus de ces plateaux et l'on ouvre un instant la soupape d'air comprimé;

on procède ensuite à la vidange de l'eau restée dans les plateaux impairs et dans la conduite d'eau en ouvrant les robinets de vidange de jus de ces plateaux, ainsi que les robinets de vidange d'eau, puis on fait agir de'nouveau l'air comprimé. Il va sans dire que les petits jus des cadres pairs sont envoyés au lait de chaux ou à la deuxième carbonatation, tandis que l'eau des plateaux impairs et de la conduite d'eau est rejetée ou employée à l'extinction de la chaux.

On compte pour les eaux de lavage des filtres-presses de 1re carbonatation 1/8e de la quantité de jus traités.

On déserre le filtre-presse, d'abord par le volant du sommier fixe et ensuite par les écrous de l'autre extrémité, puis tirant les uns après les autres tous les plateaux du côté du sommier mobile, on fait tomber les tourteaux dans une trémie placée sous le filtre, on replace tous les cadres et on procède au serrage.

Enlèvement des écumes. — Dans certaines usines on laisse encore tomber les écumes sur le sol et on les enlève avec des pelles; mais dans les fabriques où cela est possible, on les reçoit comme nous l'avons dit, dans une trémie placée sous le filtre; cette trémie est fermée à la partie inférieure par des portes qui permettent la vidange dans un wagonnet placé sur rails à un étage inférieur, et qui sert pour conduire la décharge des tourteaux au tas des écumes.

Les robinets de vidange de jus des filtres en question sont des robinets Cizek. L'embouchure est munie d'un clapet à charnière en forme de coin ; un levier attaché au robinet presse le clapet contre l'embouchure ; la fermeture est rendue étanche au moyen de caoutchoucs.

Nous nous sommes servis de ces robinets et en avons été très satisfaits, ils sont d'une construction robuste et d'une obturation suffisante.

Filtres-presses à lavage rationnel, système Wauquier. — Les filtres-presses à lavage peuvent se diviser en deux catégories. Les uns sont à lavage ascendant, c'est-à-dire que les eaux de lavage sont introduites par le bas et que la sortie des petits jus se fait par le haut.

Dans les filtres-presses à lavage descendant, au contraire, l'eau de lavage entre par le haut et les petits jus sucrés sortent en bas.

Les deux méthodes de lavage ont leurs partisans.

Ceux du lavage ascendant disent que le passage de l'eau à travers les tourteaux ne peut s'effectuer que si tout l'air a été enlevé des cadres, et comme l'air plus léger se cantonne à la partie supé-

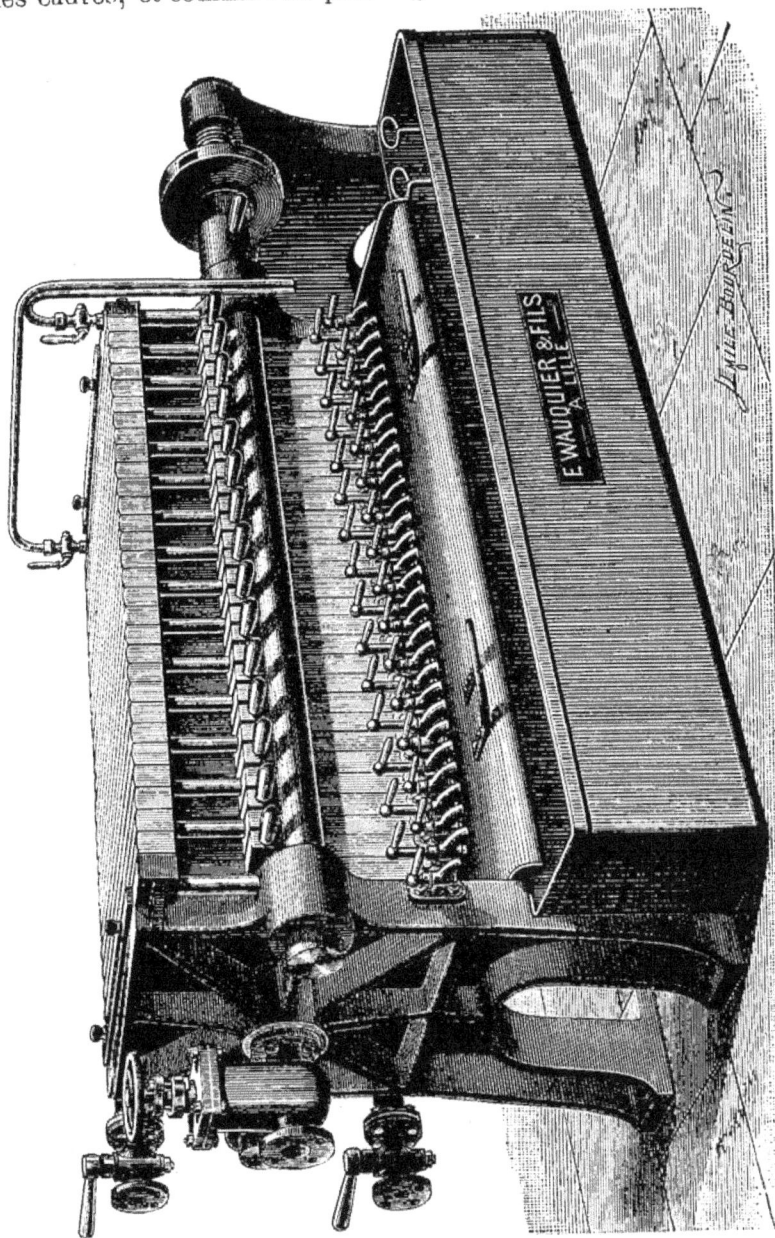

Fig. 113. — Filtro-presse à lavage rationnel, système Wauquier.

rieure, il est absolument nécessaire de chasser cet air par la circulation de l'eau de lavage de bas en haut.

Les partisans du lavage descendant, tout en reconnaissant l'utilité d'évacuer l'air, prétendent qu'il est cependant préférable d'établir la circulation de l'eau de lavage suivant l'ordre des densités, et c'est pourquoi ils introduisent l'eau de lavage en haut, et font sortir le petit jus sucré plus dense que l'eau à la partie inférieure du filtre-presse, comme nous l'avons expliqué plus haut.

Le filtre-presse à lavage rationnel de MM. E. Wauquier et fils, de Lille, concilie ces deux méthodes.

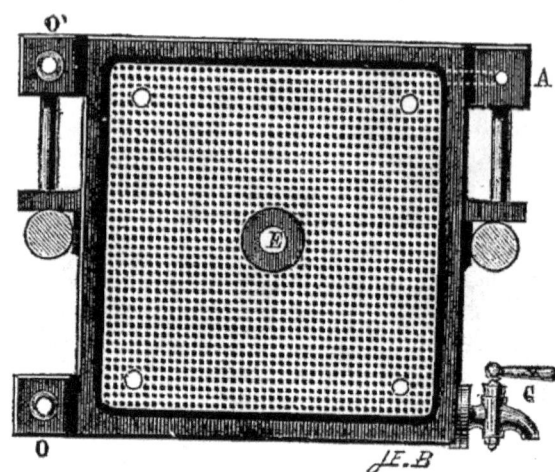

La 1re partie du lavage, ou plutôt le remplissage du filtre-presse par l'eau de lavage se fait de bas en haut, de façon à chasser

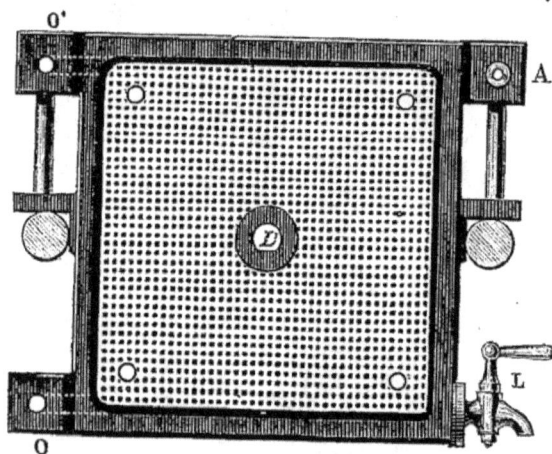

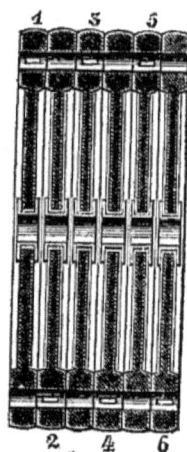

Figures 114, 115 et 116.
Filtre-presse Wauquier, disposition des canaux dans les plateaux pairs et impairs.

complètement l'air. Puis la 2e partie de l'opération, ou lavage proprement dit, s'effectue de haut en bas.

La figure 113 représente l'ensemble de ce filtre-presse, et les figures 114, 115 et 116 montrent la disposition des canaux, venus de fonte, dans les cadres impairs et pairs.

L'opération de pression étant terminée, c'est-à-dire le filtre-presse étant plein d'écumes, et les robinets G et L, ne coulant presque plus, on ferme la soupape d'entrée des écumes E, et les robinets d'écoulement C et L.

Pour chasser l'air, on ouvre le robinet d'entrée d'eau inférieur O, ainsi que les robinets d'air A et A, et lorsque ces derniers laissent couler du jus, on ferme les trois robinets O, A et A.

Le lavage descendant se fait alors en ouvrant le robinet d'entrée d'eau supérieur O', et les robinets d'écoulement C des cadres pairs, ceux L des cadres impairs restent fermés.

L'eau qui entre en O, aux cadres impairs, traverse les tourteaux formés entre les plateaux pairs et impairs, et sort après avoir lavé ces tourteaux, par les robinets C des cadres pairs.

Filtres-presses de la Cie de Fives-Lille. — Les filtres-presses construits par la Cie de Fives-Lille diffèrent un peu des précédents : entre les plateaux pairs et les plateaux impairs sont placés des cadres creux à l'intérieur desquels se forment les tourteaux qui, de cette manière, sont toujours de la même épaisseur; le jus trouble entre par le côté gauche et en bas du filtre et se répand dans un conduit qui le distribue dans les cadres.

Les joints des conduits de jus sont assurés par des rondelles de caoutchouc placées dans des rainures pratiquées dans les cadres.

Filtre-presse Mariolle-Pinguet. — L'entrée des jus troubles se fait latéralement : du canal formé par les trous des cadres ils se rendent entre ces cadres par une tubulure mobile en bronze. Les cadres sont garnis de tôle perforée, de telle sorte que tous les plateaux travaillent.

L'âme des plateaux, ordinairement en fonte, est remplacée par des barres de fer carrées placées parallèlement l'une à côté de l'autre, à un intervalle de quelques centimètres, et montées de manière à rendre leur dilatation libre.

On obtient le serrage des plateaux d'une manière particulière : on le commence par une vis comme cela se fait généralement, puis on l'achève au moyen d'une presse hydraulique montée en bout de la vis de serrage; on agit d'abord sur le volant de la vis de serrage, puis on fait agir le piston de la presse hydraulique.

Filtre-presse Villette. — Cet appareil comporte non seulement des plateaux de 1 mètre, mais encore des cadres dans lesquels se

forment les tourteaux ; les arrivées de jus et d'eau se font extérieurement aux plateaux et cadres. Les plateaux portent des caoutchoucs encastrés dans des rainures qui forment joints, les cadres
creux ne portent pas de rainures. Ces plateaux sont cannelés,
ce qui permet de marcher avec ou sans tôles perforées. Il y a
deux arrivées d'eau : l'une à droite, l'autre à gauche, de sorte
qu'on peut faire parvenir l'eau par le haut du filtre-presse et toujours sur le même côté du tourteau.

Le serrage s'effectue au centre du sommier mobile au moyen
d'une vis en acier mue par engrenage, le tout formant cric ou vé-
rin. Un plateau manivelle calé sur l'axe du pignon porte des
ouvertures dans lesquelles s'emmanche un levier en fer permettant de faire le serrage. Pour procéder au déserrage, on déplace une
pièce intermédiaire qui débouche une ouverture centrale du plateau de serrage, il ne reste plus alors qu'à amener ce plateau jusqu'au bâti du devant de l'appareil.

En dessous du filtre se trouvent deux tôles mobiles qui, lorsque
l'appareil est en fonctionnement, servent à renvoyer dans la gouttière le jus provenant des fuites ; et lorsqu'on procède à la vidange des écumes l'une de ces tôles est enlevée, tandis que l'autre
sert à recouvrir la gouttière à jus pour éviter qu'il n'y tombe des
morceaux de tourteaux.

Dans l'intérieur de la grande gouttière s'en trouve une plus

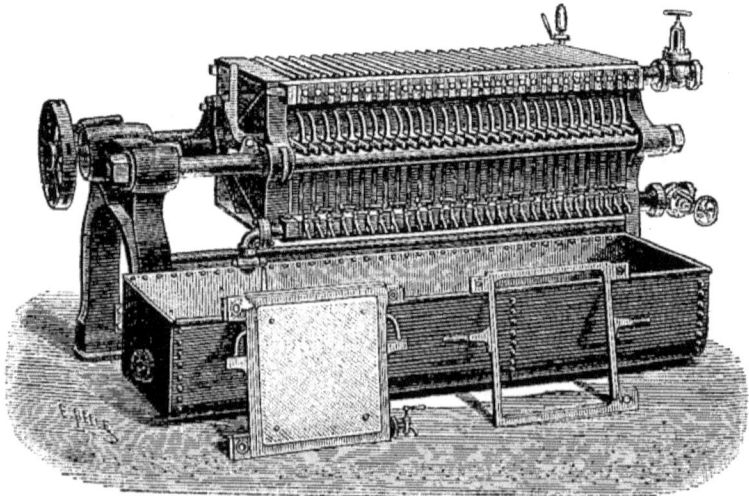

Fig. 117. — Filtre-presse Vilette, construction Montauban et Marchandier.

petite qui reçoit les eaux et jus provenant des robinets d'air et les eaux de vidange des plateaux de lavage au moyen de la tôle mobile. Ces eaux et petits jus peuvent être conduits à l'atelier de fabrication du lait de chaux. La forme des bâtis permet d'enlever les écumes par wagonnets sur le plancher même des filtres.

Filtre-presse Jean et Peyrusson. — Cette maison construit généralement des appareils à 49 plateaux de 1 mètre ; le serrage des plateaux se fait comme dans les filtres Dehne, mais ces plateaux sont constitués par des barres en fer à dilatation libre à leur partie inférieure et à tôles perforées.

Filtre-presse Cizek. — Ce filtre, dont un spécimen se trouvait à l'Exposition Universelle de Paris en 1889, a 16 mètres de longueur, il est double : il se compose en effet de 156 plateaux et 156 cadres placés par parties égales à droite et à gauche d'un sommier fixe, lié au châssis de l'appareil qui est constitué par des poutrelles. Les dimensions des plateaux sont les suivantes : extérieurement $0^m80 \times 0,90$ et surface filtrante $0,73 \times 0,80$; les plateaux sont munis de galets qui roulent sur les poutrelles.

Le serrage des plateaux s'effectue par pression hydraulique ; un piston monté sur tourillons à chaque extrémité de l'appareil donne une pression de 200 à 300 atmosphères. Mais il fallait que ce piston n'empêchât pas l'ouverture du filtre ; à cet effet il est oscillant et peut être relevé. Quand on veut procéder au serrage on le rabat horizontalement, sa tête vient buter sur le sommier mobile du filtre auquel il correspond ; la pression est fournie au piston au moyen d'une pompe à main. Une fois le serrage effectué, le piston est

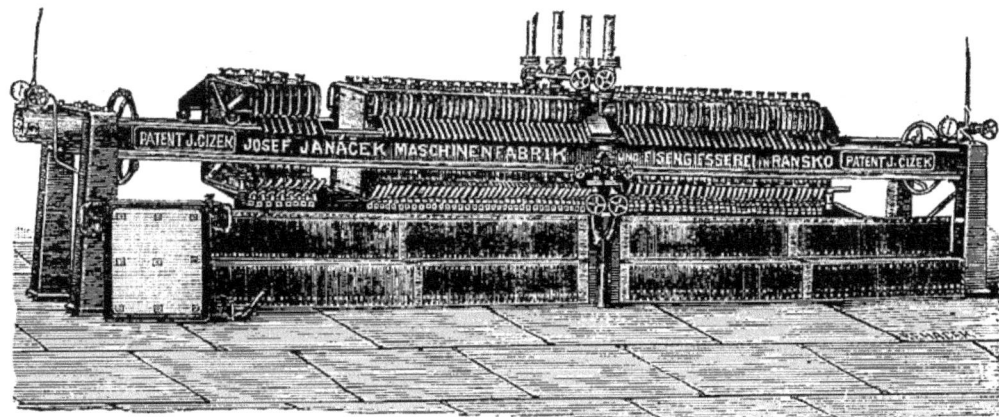

Fig. 118. — Filtres-presses Cizek.

rendu fixe au moyen d'un contre-écrou qui se visse sur la partie
extérieure filetée.

Le sommier fixe central porte les arrivées de jus trouble et d'eau
de lavage destinées aux deux parties de l'appareil; une disposition
spéciale permet d'introduire l'eau alternativement des deux côtés
des toiles, ce qui constitue un vrai nettoyage.

Fig. 119. — Filtre-presse Cizek

Les plateaux pleins débitent le jus filtré par le bas; les cadres
à écumes ont une forte dépouille qui oblige le tourteau à tomber
dès qu'on écarte ces cadres.

Les plateaux sont surmontés de reniflards automatiques à flot-
teurs qui assurent le remplissage des cadres.

Un filtre semblable permet de filtrer en 24 heures le jus de
400,000 kg. de betteraves en effectuant une opération toutes les
deux heures.

Filtre-presse Kroog. — Ce filtre est construit, soit avec grands
plateaux de 1 mètre, soit avec plateaux plus petits. Le serrage s'effectue au moyen d'un volant placé en avant du filtre et est complété
par un engrenage à vis sans fin que l'on rend solidaire de la vis
centrale au moyen d'un encliquetage; l'arrivée des écumes est
centrale et celle de l'eau latérale par un conduit à joints en
caoutchouc; les petits jus coulent par le haut dans une petite
gouttière qui déverse son contenu dans une autre gouttière plus
grande munie d'une échelle graduée.

Filtre-presse Garin et Saint-Aubert. — Ces messieurs ont pris un
brevet pour un filtre-presse dans lequel les robinets d'issue de
jus et d'eau sont remplacés par un tuyau collecteur; les gouttières
sont supprimées, ainsi que la robinetterie sur le sommier mobile;

une disposition spéciale permet d'opérer facilement un travail analogue au lavage méthodique Brunet dont nous parlerons plus loin.

Filtre-presse Quarez. — Dans ce filtre le sommier mobile roule sur des galets reposant sur des barres qui supportent les plateaux et porte les axes de deux leviers coudés ; les petits bras de ces leviers touchent les barres, et les grands bras sont reliés entre eux à leur extrémité par une tige filetée d'un coté à droite et de l'autre à gauche.

Pour fermer le filtre-presse on commence par rapprocher le sommier mobile des plateaux, puis, après avoir rabattu deux manchettes articulées, on serre avec les écrous, on complète le serrage en agissant sur le volant qui fait écarter les grands bras et agir les petits contre le sommier mobile qui est ainsi obligé d'effectuer le serrage des plateaux.

Le filtre Quarez est monté avec ou sans cadres à écumes : l'arrivée d'eau se fait à la partie supérieure de l'appareil et l'arrivée de jus trouble au centre.

Filtre-presse Fourcy. — Les tourteaux se forment dans des cadres creux ; mais ce qui caractérise cet appareil, c'est qu'il permet d'ef-

Fig. 120. — Filtre-presse système Fourcy, à Corbehem.

fectuer deux lavages, l'un traversant le tourteau de gauche à droite, l'autre de droite à gauche.

Filtre Wegelin et Hubner. — Dans le filtre de Wegelin et Hubner le

pressage est parfait au moyen d'une manivelle dont le mouvement
est communiqué à la vis de serrage par une hélice sans fin et une
roue dentée ; un châssis spécial empêche l'arbre de la vis de tourner.

Fig. 121. — Filtre-presse Wegelin et Hübner

Une disposition particulière de soupapes automatiques laisse
échapper l'air.

Quelques observations sur les filtres-presses.

Dans la construction des filtres-presses, il faut s'attacher à ce que les tirants qui supportent les plateaux soient suffisamment solides pour ne pas fléchir sous le poids des cadres. Si l'on augmente la force des tirants qui soutiennent les plateaux par un support, celui-ci devra avoir une forme rationnelle; le mieux encore est de supprimer les supports en donnant aux tirants la forme convenable, telle par exemple qu'elle existe dans le filtre-presse Cail. Il nous paraît recommandable de faire entrer l'air par la conduite d'eau, afin de lui faire suivre le même chemin qu'à celle-ci, ce qui le forcera de traverser les tourteaux et de chasser toute l'eau contenue dans les plateaux et qui, de cette manière, parachèvera le lavage.

Si l'on fait entrer l'air par le même chemin que le jus, celui-ci glisse entre le tourteau et le cadre, de là il passe dans le plateau voisin et s'écoule directement par la sortie d'eau.

Il serait cependant bon de laisser l'air sur la conduite de jus pour aider au nettoyage de cette conduite de la manière suivante : le robinet de vidange (nous nous plaçons dans le cas de l'arrivée de jus latérale) du conduit de jus serait ouvert un peu avant la fermeture de l'arrivée de jus et l'air envoyé ensuite dans cette conduite. On éviterait peut-être ainsi l'obstruction des trous de la conduite, qui se produit surtout à l'extrémité du filtre et s'oppose en cet endroit à la formation et au lavage des tourteaux, puis, quand on remonte le filtre, à l'adhérence des joints. On pourrait envoyer cette vidange de la conduite de jus dans le bac des jus non filtrés de première carbonatation.

Quand on dispose une tôle receptrice de fuite, elle ne doit pas se déverser dans la gouttière jaugée, mais dans un entonnoir mobile qui permette d'envoyer les égouts soit dans le travail, soit au lait de chaux, suivant que ces égouts sont constitués par de l'eau ou du jus. Lorsque les fuites sont envoyées dans la gouttière graduée, si on dit à un ouvrier de laver à quatre bacs, il arrive que le lavage effectif peut n'être fait qu'avec trois par exemple, car l'eau qui provient des fuites et qui n'a pas servi au lavage est comptée comme eau de lavage; elle a, de plus, l'inconvénient de devoir être évaporée. Cette observation n'aura pas de portée si l'on possède des filtres qui ne présentent jamais de fuites.

Nous nous sommes souvent demandés comment il se faisait qu'on ne montait pas sur les robinets des plateaux pairs et sur ceux des plateaux impairs des tiges permettant de commander d'un seul coup l'ouverture et la fermeture de ces robinets.

Une disposition spéciale permettrait, en cas de filtration trouble d'un plateau, de rendre le robinet correspondant indépendant de la tige et de le fermer.

Pour la commodité du travail, les soupapes devraient être placées du même côté que les sorties de jus, d'eau et d'air.

La gouttière graduée doit pouvoir se vider rapidement et complètement, sinon le mesurage sera très incertain, car avant de laver avec un nouveau bac d'eau de lavage, on ne peut alors attendre la vidange du premier au risque de perdre trop de temps.

Surfaces filtrantes. — Les surfaces filtrantes par 100 hectolitres de jus ou par 100,000 kg. de betteraves varient beaucoup suivant les usines.

Nous donnons ci-dessous les surfaces filtrantes de quelques usines.

Ces chiffres nous donneront une idée des écarts qui existent entre les fabriques.

Usines.

N° 1. 4^{m2} 4 pour 100 hect. de jus par 24 heures, écumes mélangées.
— 2. 4^{m2} 0   —   —
— 3. 2^{m2} 0   —   —
— 4. 4^{m2} pour 100 hect. par 24 h. pour jus de 1re carb. $1^{m2}55$ pour jus de 2^e
— 5. $6^{m2}94$ —   — $3^{m2}20$ —

Il est évident que plus la surface filtrante dont on dispose sera considérable, plus on aura de temps à consacrer au lavage et, par conséquent, plus on pourra mettre de lenteur pour faire passer l'eau sur les tourteaux, ce qui permettra d'arriver à un bon épuisement sans employer de grandes quantités d'eau. La surface filtrante nécessaire pour filtrer 100 hectolitres de jus en 24 heures doit être d'environ $4,50^{m2}$ pour les jus de première carbonatation et de 1^{m2} 50 pour les jus de deuxième carbonatation.

Nature des toiles. — On se sert ordinairement de toiles en chanvre et coton, lin et coton.

On superpose généralement deux tissus, aussi bien pour les jus de première carbonatation que pour les jus de deuxième; à la deuxième carbonatation nous avons essayé de remplacer une des deux toiles ordinaires par une en coton très fine, semblable aux poches des filtres mécaniques; la différence de filtration n'a pas été appréciable.

Lorsqu'on se sert d'eaux de retour pour le lavage, on ne change les toiles à la première carbonatation que lorsqu'elles sont percées; à la deuxième carbonatation le changement s'impose au bout de 20 à 25 jours. Si on attendait plus longtemps on risquerait d'avoir un lavage imparfait. Exemple :

Tourteau formé et lavé avec des toiles neuves; sucre total % kilog.
d'écumes... 0,16
Tourteau formé et lavé avec des toiles ayant servi 40 jours; sucre
total % d'écumes... 3,50

Les conditions varient évidemment avec le mode de travail des différentes usines, les soins apportés à la carbonatation, la composition des jus, et aussi suivant qu'on emploie pour le lavage de l'eau chaude ou de l'eau froide.

Filtrations difficiles. Epuisement des écumes.

Il est bon de se prémunir contre le cas où les jus passeraient difficilement aux filtres-presses. A cet effet, on établira une tuyauterie permettant de renvoyer le jus dans une chaudière à carbonater où l'on pourrait y ajouter une nouvelle quantité de chaux et lui faire subir de nouveau l'action du gaz carbonique.

Des jus louches et passant difficilement aux filtres-presses n'ont généralement pas été suffisamment carbonatés. Cet inconvénient peut provenir du manque d'uniformité dans la carbonatation, cas que nous avons prévu plus haut. L'insuccès dans la filtration vient souvent encore de ce que les eaux employées ne sont pas des eaux de retour, alors que le fabricant cherche le remède à la carbonatation. Quand on se trouve en présence d'une mauvaise filtration, on fera bien de faire marcher simultanément avec les mêmes jus deux filtres, on lavera les écumes de l'un et on ne lavera pas celles de l'autre; on saura de cette façon si on doit porter ses recherches sur la carbonatation ou sur le lavage des écumes. La qualité de la chaux est aussi un facteur qu'il faudra étudier.

La pression à laquelle les jus troubles sont refoulés aux filtres-presses varie, suivant les usines, de 2 kg. 500 à 4 kg.; l'eau doit être refoulée environ à une pression légèrement supérieure à la pression de formation du tourteau. Certains fabricants lavent leurs écumes à l'eau froide, d'autres à l'eau chaude, d'autres à l'eau tiède. Les premiers agissent dans le but de dissoudre les sucrates qui, on le sait, sont plus solubles dans l'eau froide que dans l'eau chaude; les seconds pensent déplacer plus facilement le jus restant dans les tourteaux avec de l'eau chaude qu'avec de l'eau froide. Avec un bon travail, les écumes ne doivent plus renfermer que très peu de sucrates. Aussi sommes-nous partisans d'employer de l'eau chaude, telle que l'eau de retour de la deuxième caisse du triple effet, par exemple.

M. Quennesson a trouvé que l'épuisement est le même à volumes égaux d'eaux de lavage, soit avec de l'eau à 75°, soit avec de l'eau à 45°, soit avec de l'eau à 15°. Fort bien; mais ce qui peut être vrai avec le travail de M. Quennesson peut ne l'être plus avec celui d'un autre. Il y a encore une autre raison: en lavant avec de l'eau de retour du triple-effet on n'abîme pas les toiles, tandis qu'en lavant avec de l'eau ordinaire, surtout dans certaines fabriques, les toiles s'imprègnent de calcaire et deviennent comme du carton.

L'épuisement des écumes varie avec le mode de travail, la nature des betteraves et du calcaire, le genre de filtres-presses, la quantité d'eau employée. Nous connaissons deux usines ayant un travail régulier et qui n'arrivent pas à épuiser les écumes de la même manière pendant deux campagnes consécutives. Cependant, avec un travail sans lavage méthodique et en employant 1 litre à 1 litre 20 d'eau par kilog. d'écumes, on peut arriver à ne laisser que 0 gr. 30 à 0 gr. 60 de sucre p. 100 d'écumes de première carbonatation et 0,10 à 0,30 p. 100 d'écumes de deuxième carbonatation.

Nous estimons que, le travail à la carbonatation ne variant pas, le lavage étant fait identiquement de la même façon, on ne doit pas trouver d'un jour à l'autre une variation d'épuisement supérieure à 0,10 ou 0,20.

Nous avons fait différents essais pour savoir si l'épuisement sur les bords d'un tourteau ne diffère pas de celui du centre. Nous concluons pour la négative, mais nous ferons remarquer qu'il n'en est peut-être pas de même avec tous les systèmes de filtres-presses. Reste à savoir si tous les tourteaux d'un même filtre sont également lavés, si les cadres voisins des entrées de jus et d'eau, les cadres placés au centre et les cadres extrêmes donnent les mêmes résultats. Nous répondrons par l'affirmative, à condition toutefois que les canaux d'arrivée de jus et d'eau, et les trous des cadres soient bien propres, que les tourteaux soient de même épaisseur; si cette condition n'était pas remplie, le tourteau d'un cadre isolé pourrait être mal formé et ne recevrait dès lors pas la même quantité d'eau que les autres, et le résultat serait mauvais.

Composition des eaux de lavage. — Nous allons donner quelques exemples d'analyses de petits jus. Ces jus provenaient d'un lavage fait avec 1 litre 10 environ d'eau par kilogramme d'écumes; l'analyse était effectuée après précipitation de la chaux par l'acide carbonique et la filtration avait lieu avec mélange des écumes de première et de deuxième carbonatation.

| | Densité | Sucre o/o cc | Alcalinité o/o cc | Pureté ap^te | Cendres | Coef. salin | Sucre dans les écumes | |
							total	soluble
1er Bac..	2.30	5.42	0.016	86.8	0.21	25.8	0.84	0.32
2e Bac...	1.70	3.86	0.015	84.8	0.18	22.0		
Vidange.	1.65	3.80	0.014	84.4	0.20	19.0		
1er Bac..	2.40	5.75	0.011	88.4	0.20	28.7	0.40	0.28
2e Bac...	1.30	3.11	0.007	85.9	0.13	23.9		
Vidange.	0.95	2.02	0.003	77.7	0.10	20.2		
1er Bac..	2.70	6.00	0.044	82.2	0.23	27.7	0.30	
2e Bac...	1.70	3.80	0.024	80.8	0.15	25.4		
Vidange.	1.25	2.69	0.059	79.0	0.11	24.5		
1er Bac..	2.40	5.58	0.011	85.8	0.26	21.4	0.24	0.20
2e Bac...	1.00	2.50	0.005	81.2	0.15	16.6		
Vidange.	0.75	1.62	0.008	74.6	0.14	11.5		

Lavage méthodique.

Plusieurs ingénieurs ont eu l'idée de faire servir plusieurs fois l'eau pour le lavage des filtres-presses; cette idée a été appliquée avec différentes modifications de détail. M. Martin opère de la manière suivante : On commence par laver les tourteaux avec une quantité de petits jus équivalente à celle des jus que l'on veut envoyer à la deuxième carbonatation ; on continue ensuite le lavage avec de l'eau pure qui, après son passage dans le filtre-presse s'écoule soit au monte-jus, soit à la pompe chargée de refouler les petits jus dans les filtres-presses. Les derniers petits jus sont envoyés à l'atelier de lait de chaux. MM. Martin et Brunet paraissent avoir eu simultanément l'idée de faire du lavage méthodique avec les filtres-presses en batterie. Quoi qu'il en soit, nous laisserons M. Brunet lui-même décrire le procédé qu'il a imaginé et expérimenté dans la sucrerie où nous nous trouvions à cette époque. Nous ne donnons pas la reproduction des figures qui accompagnent son explication, celle-ci pouvant se comprendre sans leur secours :

Description du lavage méthodique Brunet. — Le lavage des écumes de filtres-presses de sucrerie auquel on s'est avec raison beaucoup attaché ces dernières années s'obtient ordinairement au moyen de filtres-presses dits à lavage absolu où chaque tourteau est traversé par une couche d'eau qui dissout en partie le sucre contenu dans l'écume.

Mais si on veut pousser trop loin le degré de lavage, il arrive un moment où la richesse en sucre du petit jus est tellement faible que le prix du charbon qu'il faudra dépenser ultérieurement pour l'évaporer sera bien supérieur au prix du sucre qu'elle contient. Donc, en opérant dans ces conditions, le lavage absolu réel n'existe pas et ne doit pas exister.

La limite à laquelle on doit s'arrêter pour le lavage est donc complètement inconnue, car elle est variable avec le prix du charbon, du sucre et la quantité d'eau vaporisée par kg. de charbon. Dans un cas comme dans l'autre, il y a perte notable soit du fait du sucre resté dans l'écume, soit du fait du charbon brûlé en pure perte.

Pour éviter cette perte, il faut arriver à un lavage complet de l'écume en ne faisant que des jus forts. Or, le seul moyen d'y arriver c'est incontestablement le lavage méthodique. On peut obtenir ce lavage méthodique très simplement par une légère.

modification dans la construction des filtres-presses, modification que nous allons décrire et qui a été imaginée par M. Brunet :

Prenons un filtre-presse dit à lavage absolu ; au centre, par exemple, se trouve l'arrivée d'écumes et l'arrivée d'eau de lavage et ce canal communique avec tous les plateaux impairs ; tous les plateaux portent en bas un robinet communiquant avec leurs deux faces, mais les plateaux pairs en portent un à la partie supérieure.

Pendant le lavage les robinets sont fermés, et l'eau de lavage arrivant de chaque côté des plateaux impairs, traverse les tourteaux et sort par les robinets des plateaux pairs.

La modification consiste en l'adjonction d'un canal traversant tous les plateaux, mais ne communiquant, comme les robinets, qu'avec les deux côtés des plateaux pairs ; si donc on ferme ces robinets, l'eau de lavage ou petit jus sera recueillie par le canal et conduite par le tube au robinet à trois voies du filtre-presse suivant ; ce robinet permet d'envoyer dans le canal soit du petit jus du filtre précédent, soit de l'eau venant de la canalisation alimentée par une pompe.

Ceci posé, nous allons pouvoir avec ces filtres ainsi disposés, composer une batterie de 3 filtres, par exemple, qui fonctionnera exactement comme une batterie de diffusion ; cette batterie est représentée dans 2 positions successives :

$1°$
- Dans le filtre 1 entre de l'eau ; il est à sa 3e période de lavage
- — 2 — du petit jus du filtre 1, il est à sa 2e période
- — 3 — — — 2, — 1re —

et le jus fort qui sort par les robinets est jaugé et va à la 2e carbonatation.

Le filtre 4 est en train de s'emplir d'écumes

$2°$
- Le filtre 1 a été dégarni et se remplit à nouveau d'écumes.
- — 2 reçoit de l'eau, il est à sa 3e période.
- — 3 — du petit jus de 2, il est à sa 2e période.
- — 4 — — — 3 — 1re —

et le jus fort va à la 2e carbonatation.

Nous avons fait quelques essais, mais dans des conditions trop défavorables pour arriver à un résultat absolument satisfaisant ; cependant avec 2 filtres en batterie et en envoyant l'eau dans la conduite à 4 kg nous avons épuisé à 0,20 en employant 90 litres d'eau par 100 kg d'écumes, alors que dans les mêmes conditions nous avions épuisé à 1,30 en employant 160 litres d'eau par 100 kg d'écumes. Mais une condition essentielle est que les trous des différents plateaux se correspondent parfaitement; il sera donc très avantageux d'employer des filtres dans lesquels les conduits sont placés latéralement et, par suite, des toiles sans trous; il est aussi nécessaire d'avoir un serrage énergique pour éviter le mieux possible les fuites par les joints.

M. Caudron, lorsqu'il était directeur de la sucrerie de Trosly-Loire, s'est fait breveter pour un lavage méthodique dans un seul filtre-presse.

Procédé Gallois. — M. Gallois avait, avant la création des filtres à lavage, trouvé le moyen de laver les écumes dans les filtres-

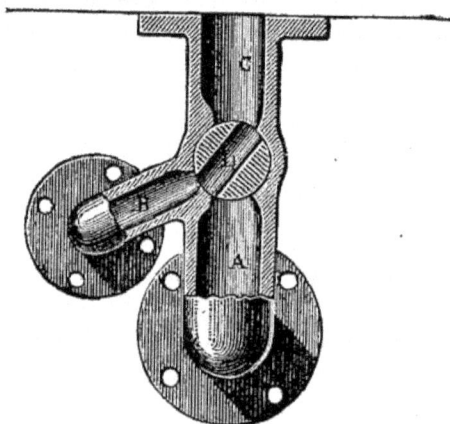

Fig. 122. — Robinet Gallois.

presses ordinaires. Le principe de la méthode consiste à envoyer dans le filtre-presse simultanément des écumes et une certaine quantité d'eau par le même robinet, pour finir enfin avec de l'eau.

Ce robinet, d'une construction spéciale, porte le nom de son inventeur M. Gallois; il est représenté par la figure ci-contre.

Pour mettre le filtre en route, on place le robinet de manière que le conduit L soit dans la direction A C, le jus trouble venant de la première carbonatation entre seul dans le filtre-presse; dès que les robinets de sortie de jus commencent à couler plus lentement, on place le robinet dans la position indiquée par la figure; le filtre-presse est alors traversé par un mélange de jus trouble venant de A et d'eau chaude venant de B; lorsque le filtre-presse est plein on place le conduit L en communication complète avec le conduit B de manière à ne plus donner passage qu'à de l'eau; une éprouvette en communication avec le jus filtré permet de prendre la densité de celui-ci au moyen d'un densimètre gradué à 90°; lorsque cette densité est suffisamment basse, on arrête l'arrivée de l'eau et il ne reste plus qu'à dépresser le filtre. La

Fig. 123. — Filtre-presse Gallois.

densité que doit atteindre le petit jus est déterminée par un certain nombre d'analyses comparées d'écumes et de petits jus. Ce procédé a donné de très bons résultats; l'écume, en effet, grâce au passage du mélange de jus trouble et d'eau, se laisse ensuite fort bien pénétrer par l'eau qui parachève le lavage.

Un index placé sous la clef du robinet se meut sur un cadran qui indique la position à donner audit robinet pour envoyer soit du jus trouble seul, soit du jus trouble et de l'eau, soit de l'eau seule.

Comme nous l'avons vu au chapitre II, les écumes ou défécations sont livrées aux cultivateurs qui les utilisent comme engrais.

Nous ne reviendrons pas sur cette question que nous avons déjà traitée ainsi que la composition des écumes.

Compresseurs

L'air comprimé qui sert dans le travail des filtres-presses est obtenu au moyen de compresseurs. Ces appareils se composent en général d'une machine motrice, d'un cylindre muni d'un piston ou de soupapes et de tuyaux distribuant l'air comprimé. Il existe un grand nombre de types de compresseurs, nous n'en décrirons que quelques-uns.

Compresseur Westinghouse. — Cet appareil bien connu pour son application aux freins des chemins de fer est assez répandu en sucrerie. La figure 124 le représente en coupe verticale ; il se compose d'un cylindre à vapeur A et d'un cylindre à air B, le piston de chacun fonctionnant ensemble sur une même tige.

La vapeur du générateur pénètre dans la chambre C comprise entre les deux pistons de la valve principale 14, et aussi dans la chambre voisine d. Le piston supérieur étant d'un diamètre plus grand que celui du bas, la pression de la chambre C tend toujours à soulever la valve lorsqu'elle n'est pas retenue en bas par la pression plus forte du piston 20 qui est plus grand, se mouvant dans un cylindre 19, situé au-dessus. Ce piston reçoit de la vapeur de la chambre d,

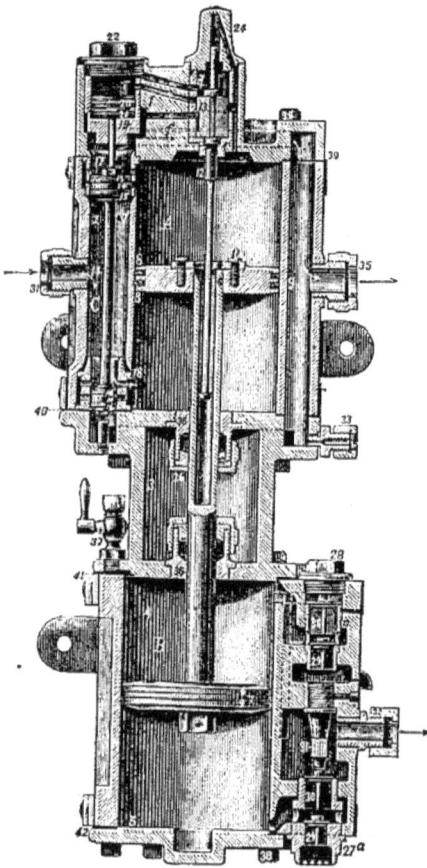

Fig. 124. — Compresseur Westinghouse.
Coupe verticale.

laquelle est toujours en communication, à l'aide du conduit f, avec l'espace compris entre les deux pistons de la valve principale.

Ainsi que le montre la figure, la vapeur pénètre par le fond du cylindre A, au delà du piston inférieur de la valve principale, et force le piston principal 6 à s'élever. Lorsque celui-ci termine sa course ascensionnelle, la plaque 10 soulève la tige 12 qui se meut dans la tige creuse du piston, et avec elle le tiroir 13 ferme la communication a entre la chambre d et le cylindre 19, et ouvre en même temps l'orifice d'échappement b vers l'atmosphère à travers c, supprimant ainsi la pression sur la face supérieure du piston 20. Il en résulte que la vapeur, par suite de cette cessation

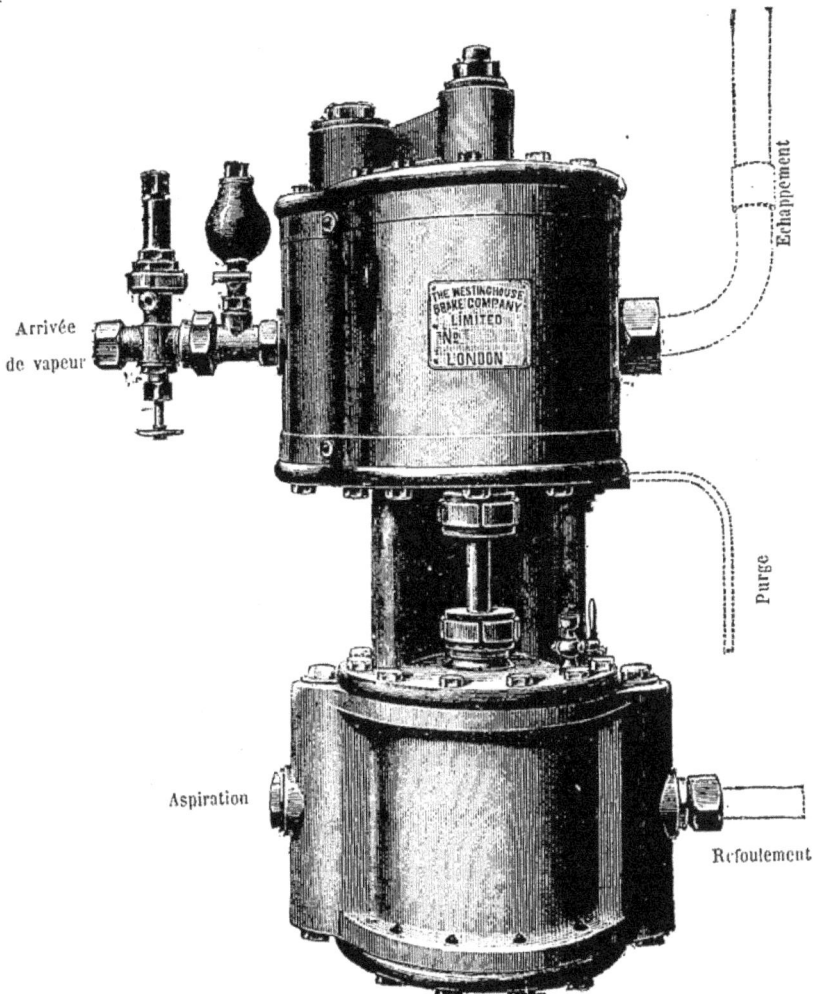

Fig. 125. — Compresseur Westinghouse.

de pression sur le piston 20 dans la chambre de la valve principale, soulève cette valve et vient agir sur la face supérieure du piston principal 6, en même temps qu'elle ouvre l'échappement sous ce piston. En arrivant au bas de sa course, le piston principal fait prendre de nouveau à la tige 12 et au tiroir 13 la position figurée, renverse la position de la valve principale, et, par suite, la course du piston principal 6.

Le cylindre à air est du type ordinaire. Chaque course ascendante introduit l'air au-dessous du piston et le décharge au-dessus; chaque course descendante fait le contraire.

Le compresseur Westinghouse est également appliqué à la diffusion.

Compresseur Sautter-Lemonier. — La machine motrice de cet appareil est composée de deux cylindres à vapeur. Les tiges des pistons à vapeur commandent directement les pistons des compresseurs. Pour produire le refroidissement, de l'eau circule autour du cylindre, à l'intérieur de la tige du piston et du piston lui-même. Celui-ci est creux, en fonte, et porte trois rainures dans lesquelles sont logés des cercles en acier.

Les soupapes sont en bronze et maintenues sur leur siège par des ressorts à boudins; elles sont placées sur les fonds des cylindres au nombre de deux pour l'aspiration et une pour le refoulement. L'eau d'injection est refoulée par une pompe qui reçoit son mouvement de l'arbre du volant.

Compresseur Venger. — Cet appareil, construit par la Cie de Fives-Lille, a d'abord été appliqué aux freins servant sur les wagons de chemin de fer, il peut aussi servir en sucrerie à la diffusion ou au travail des filtres-presses. A la sucrerie de Coulommiers il est employé pour ce dernier usage :

Deux cylindres verticaux, l'un supérieur, l'autre inférieur portent chacun un piston, le premier reçoit la vapeur et actionne le second directement; ce dernier comprime l'air dans une culotte en fonte qui communique avec le tuyau de refoulement; le cylindre compresseur est muni de deux soupapes, une d'aspiration et une de refoulement.

Tout l'appareil est porté sur un bâti que l'on peut fixer contre un mur.

FILTRATION DES JUS A LEUR SORTIE DES FILTRES-PRÉSSES

Il y a une dizaine d'années les fabricants de sucre considéraient encore comme impossible d'obtenir de bons rendements et de beaux produits, sans le secours de la filtration sur le noir ; mais peu à peu le travail devenant meilleur et le jus des betteraves plus pur, on a cherché à supprimer le noir contre lequel les griefs ne manquaient pas : son emploi augmentait considérablement le prix de revient du sucre, nécessitait un matériel important et un stock considérable de noir ; en outre la filtration sur noir entraînait de grandes pertes de sucre.

Le but poursuivi a été atteint. Aujourd'hui la filtration sur le noir n'est plus employée en France. C'est pourquoi nous nous bornerons à quelques lignes sur le noir à la fin de ce chapitre, les anciens ouvrages de sucrerie s'étant d'ailleurs suffisamment étendus sur ce procédé qui ne présente plus maintenant qu'un intérêt historique.

La filtration sur le noir a été remplacée par la filtration mécanique sur tissus. Cette filtration doit être aussi soignée que possible, c'est là un point capital pour un travail convenable.

Voici les différentes phases du travail où il faut avoir recours à la filtration :

1° Filtration des jus de diffusion ; nous la croyons utile bien que nous n'ayons pas encore en mains de résultats prouvant qu'elle est indispensable.

2° Filtration des jus de première carbonatation à leur sortie des filtres-presses. Nous ne saurions trop recommander cette pratique, car quelque soin qu'on apporte à la filtration aux filtres-presses, les jus après leur passage dans ces appareils contiennent encore des précipités en suspension ; or, après chaque opération on doit séparer les précipités qui se sont formés avant de passer à l'opération suivante qui risquerait de les redissoudre.

3° Filtration des jus de deuxième carbonatation après leur passage aux filtres-presses.

4° Filtration des sirops entre la 2ᵉ et la 3ᵉ caisse. Cette opération n'est pas indispensable, mais elle rendrait de grands services ;

5° Filtration des sirops avant leur arrivée au bac d'attente des appareils à cuivre.

Dans le cas où l'on cuit les égouts de premier jet en grains, et que par conséquent on les dilue vers 25°Bᵉ ,il sera bon de les filtrer et même peut-être de les chauffer et de les carbonater.

Filtres mécaniques

Depuis la suppression du noir une grande quantité de filtres ont été imaginés ; nous allons les passer en revue en commençant par ceux qui existaient du temps de l'emploi du noir.

Filtres Taylor. — Ces filtres ont été employés pendant long-temps en raffinerie, la filtration s'y faisait de l'intérieur à l'extérieur au travers de deux sacs, dont l'un en toile renfermait l'autre en coton ; ce second avait la même longueur, mais il était plus large que le premier. On s'explique que de cette façon le sac en coton était plissé. Les deux sacs étaient suspendus verticalement dans une cuve portant des ajutages destinés à les fixer ; le liquide à filtrer était introduit dans une deuxième cuve supérieure, passait au travers des tissus et se rendait dans la chambre inférieure.

Poches Puvrez. — A leur origine, c'est-à-dire en 1878, les poches Puvrez étaient constituées par une poche en coton posée horizontalement dans une gouttière, les jus ou les sirops entraient dans la poche, qui se gonflait, et après l'avoir traversée se rendaient dans la gouttière qui les déversait dans un bac récepteur.

Cette disposition a été perfectionnée : les poches sont placées dans des paniers en toile métallique placés les uns à côté des autres dans un bac en tôle muni de couvercles à charnières ; chaque poche est fixée à des ajutages ménagés sur ce bac ; les ajutages portent des robinets qui permettent, les uns l'entrée du liquide à filtrer à l'intérieur des poches, les autres l'évacuation du liquide trouble lorsque l'on veut changer une poche.

Un certain espace est ménagé entre le fond du bac et la partie inférieure du panier filtrant ; c'est dans cet espace que se rend le liquide filtré qui s'écoule dans les bacs destinés à le recevoir.

Avec cet appareil la filtration peut laisser à désirer, car les attaches des extrémités des poches peuvent être mal faites, elles le
sont même quelquefois du fait de l'ouvrier qui cherche à faire débiter longtemps ; pour ne pas nettoyer les poches quand il ne se
sait pas surveillé, il frappe même quelquefois sur les tissus pour
activer la filtration qui alors est mauvaise.

Les filtres Taylor et les poches Puvrez présentent les inconvénients de la filtration de l'intérieur à l'extérieur qui élargit les
pores des tissus ; ils ont en outre l'inconvénient de refroidir rapidement les liquides et de les exposer à l'air.

Filtre Walkhoff. — Ce filtre a été créé dans le but d'éviter le
dépôt à l'intérieur des poches; celles-ci sont placées verticalement,
l'orifice inférieur est large et débouche dans une chambre dans
laquelle arrive le jus trouble sous pression; les poches sont fixées
par le haut dans une chambre supérieure qui reçoit le liquide filtré. On voit qu'avec cette disposition les dépôts tombent dans le
fond de la chambre inférieure et n'obstruent pas les pores du
tissu filtrant.

Filtre Puvrez. — Ce filtre ressemble à un osmogène (appareil
dont nous parlerons plus loin); il est constitué par des cadres en
bois séparés en deux parties inégales par une cloison verticale ;
les deux parties sont inégales, parce que la filtration est double et
que les chambres les plus grandes sont traversées par le jus non
encore filtré qui donne par conséquent le plus de précipité. Tous
les cadres sont garnis de toiles filtrantes. Le liquide arrive dans un
conduit formé par des trous pratiqués à la partie inférieure des
cadres et communiquant avec tous les cadres de rang pair; les
liquides traversent alors le tissu et se trouvent dans les cadres de
rang impair, ils en sortent par un canal qui opère une deuxième
filtration analogue dans les petits compartiments; ils sortent enfin
par la partie supérieure.

Filtre Loze et Hélaers. — Ce filtre est analogue au précédent,
mais les cadres ne sont pas séparés en deux chambres; la filtration est donc simple. Le liquide à filtrer se rend dans un conduit
formé par des trous pratiqués à la partie supérieure des cadres, il
pénètre dans les cadres de rang pair par de petits conduits prati-

qués dans le bois, traverse les tissus filtrants, se rend dans les cadres de rang impair, et sort ensuite par un robinet qui le déverse dans une gouttière. Si l'on veut obtenir une filtration double, il suffit d'intercaler entre les cadres pairs et les cadres impairs un nouveau cadre ne communiquant pas avec le conduit; de cette façon le jus traversera deux toiles.

Filtre éponge Perret. — Il est constitué par un bac divisé en un certain nombre de compartiments par des cloisons en tôle perforée entre lesquelles on dispose du tissu de coton à larges mailles; le liquide entre par une extrémité du filtre et sort par l'autre après avoir traversé tous les éléments filtrants.

Filtre Mariolle-Pinguet. — Il se compose de cadres en bois analogues à ceux d'un osmogène, mais il fonctionne comme un filtre-presse; il en est de même du filtre Daix.

Filtre Wackernie. — Ce filtre se compose d'un vase cylindrique en fonte divisé par des diaphragmes et qui renferme à la partie inférieure une couche de substance minérale non poreuse, puis au-dessus un produit poreux très divisé. L'appareil est fermé par un couvercle, le jus entre par la partie inférieure et sort par la partie supérieure. Une arrivée de vapeur permet de revivifier la matière filtrante.

Le filtre est muni d'un robinet d'épreuve, d'une soupape de sûreté, d'un purgeur d'air et d'une arrivée d'eau pour le lavage.

Dans la plupart des filtres dont nous avons parlé la filtration s'effectue de l'intérieur à l'extérieur. Dans presque tous ceux qui nous restent à décrire, c'est le contraire qui a lieu.

Cette disposition empêche l'élargissement des pores des tissus que nous avons signalés en parlant des poches Puvrez; en outre, les impuretés, au lieu de rester à l'intérieur des poches filtrantes, tombent dans les récipients qui reçoivent les poches et ne nuisent pas à la filtration.

Filtre à sacs, système Kasalowsky. — Ce filtre (fig. 126) est composé d'un bac rectangulaire en tôle, à fond incliné, ayant un dessus en fonte formant siège pour couvercle articulé, avec contrepoids en fonte équilibrant ledit couvercle, qui fait joint étanche sur le bac au moyen d'un caoutchouc et de boulons articulés avec manivelles.

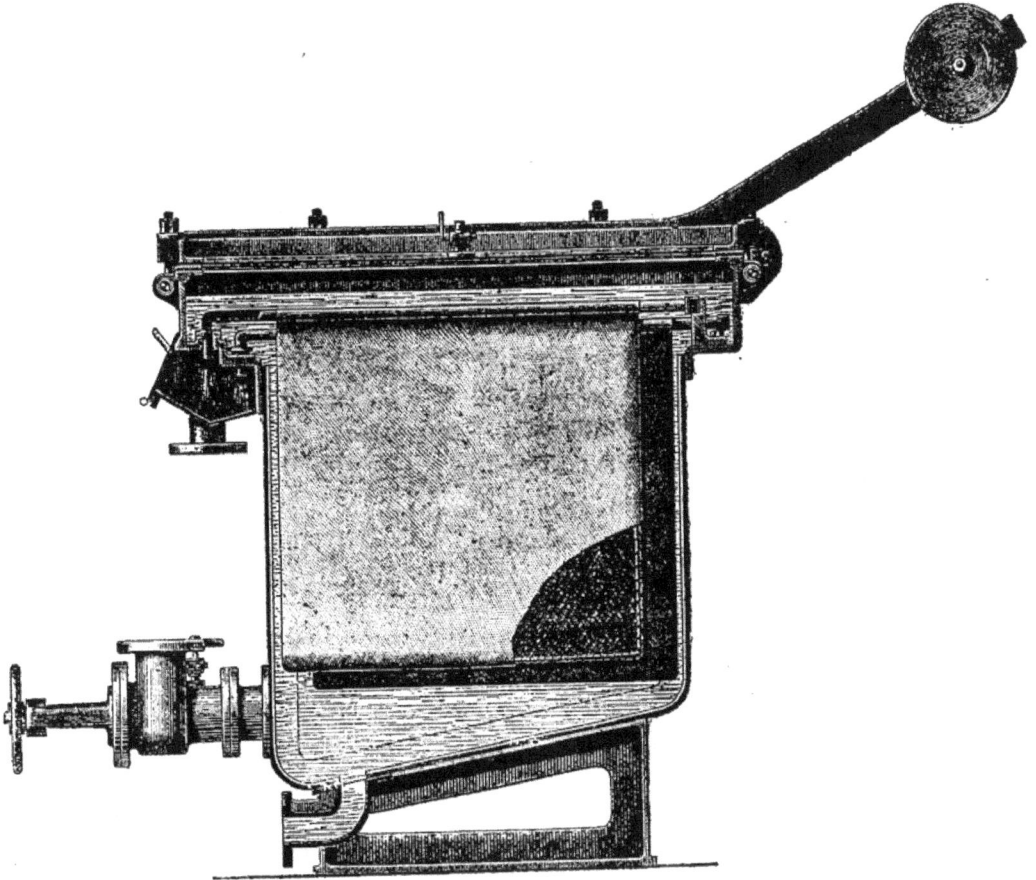

Fig. 126. — Filtre Kasalowski, construction Cail.

Les cadres filtrants sont suspendus dans le bac ; chaque bac se compose d'un tissu à fil spiriforme d'acier galvanisé à spires de 13 m/m ; l'étanchéité s'obtient par le poids propre du cadre sur l'embase du coude, tandis que l'extrémité droite du tuyau, fermé par un long bouchon méplat, s'appuie dans les entailles d'une cornière-support en fonte. Chaque tuyau des cadres est percé en dessous d'un certain nombre de trous de 8 m/m de diamètre qui communiquent avec l'espace intérieur des spirales, et qui correspondent à la section du tuyau de suspension.

La partie supérieure en fonte forme une auge de coulage du liquide filtré, elle porte an milieu de sa longueur une tubulure de sortie et deux coudes s'appliquant, l'un sous cette tubulure de l'auge, et l'autre sous celle du tuyau collecteur de sortie du liquide filtré, dans le cas d'une batterie de filtres Kasalowsky. Sur le bac rectangulaire sont montés : un robinet à soupape pour arrivée du

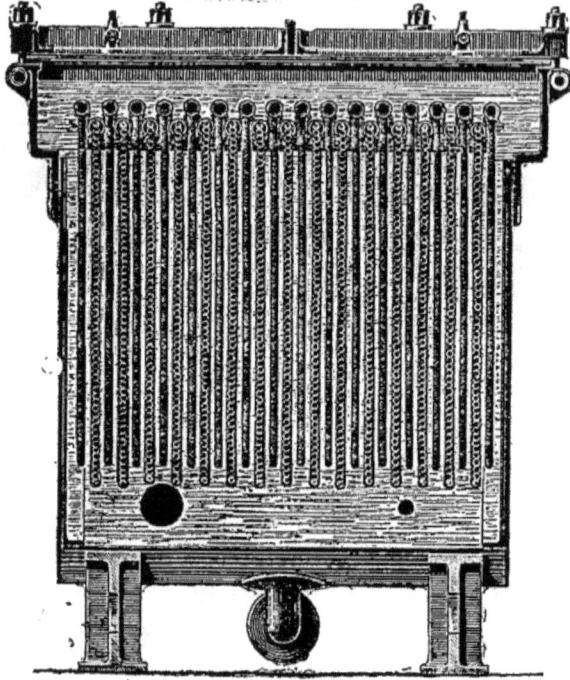

Fig. 127. — Filtre Kasalowski, vue en coupe verticale.

liquide à filtrer ; un robinet à deux brides placé à l'extrémité d'un coude servant à la sortie des dépôts boueux, ou des écumes, et un robinet à soupape introduisant la vapeur destinée au lavage de l'appareil.

Sur chaque couvercle, un petit robinet permet de faire sortir l'air du filtre lors de son remplissage ; deux supports en fonte sont boulonnés sur les cornières rivées sur le fond du bac pour porter l'appareil.

Les extrémités des tuyaux coudés des cadres dépassent l'extérieur de la caisse pour entrer dans l'auge en fonte et possèdent un pas de vis correspondant à des écrous borgnes en bronze à l'aide desquels on peut fermer la sortie de chaque tuyau si la toile filtrante laissait passer du liquide trouble.

Les toiles filtrantes sont en tissu épais de coton, cousues et tissées en forme de sac, en laissant dans le haut une échancrure de chaque côté, de telle façon que sur l'entrée il reste deux pattes de la largeur du sac, dont on se sert après la mise des cadres dans les sacs pour envelopper le tuyau sur lequel on pose alors un couvre-joint cintré en zinc ayant comme longueur la largeur du sac ; aux deux angles supérieurs du sac on ménage un petit trou ourlé par lequel on passe une ficelle pour attacher les côtés de l'é- chancrure du sac autour du tuyau, par-dessus le couvre-joint en zinc, on place une traverse en fer à U qui se serre par deux trous à oreilles pour assurer le joint.

Le cadre ainsi monté avec sa bague d'étanchéité en feutre ou en caoutchouc est mis dans le bac sans autre préparatif.

L'emploi des garnitures en tissu métallique à fils spiriformes a l'avantage de laisser libre toute la surface filtrante de la toile puisqu'elle ne porte que sur les arcs extérieurs des spirales.

On règle la pression nécessaire à la filtration par l'ouverture du robinet d'arrivée de jus, suivant le débit du filtre, et on ou- vre davantage ce robinet à mesure que les impuretés s'accumu- lent sur les toiles.

Cette disposition permet d'avoir pour la filtration une grande pression de liquide, puisqu'elle peut être réglée à volonté, et per- met alors de laisser l'appareil travailler longtemps ; il faut remarquer aussi que la filtration est d'autant meilleure que la toile a reçu plus d'impuretés, puisqu'elle travaille comme si le tissu était plus serré.

Outre les avantages que l'application pratique des filtres a fait connaître, il y a lieu de faire ressortir la grande simpli- cité de sa manœuvre, car les cadres des filtres sont simplement suspendus dans la caisse, d'où on peut les retirer sans aucun desserrage préalable et les remplacer par des cadres de rechange qu'il suffit de suspendre à la place des premiers, les joints des tuyaux des cadres étant rendus étanches par le poids propre de ces cadres.

On peut compter que chaque sac ayant environ 1 mètre carré de surface filtrante, peut filtrer en 24 heures 100 hectolitres de jus de betteraves après carbonatation,

35 hectolitres de sirop à 25° Baumé, ou

30 hectolitres de sirop à 30° Baumé.

La pression à donner dans ces filtres peut aller depuis 0,50 cent. jusqu'à 5 et 6 mètres d'eau.

Filtre Danek. — Ce filtre a été breveté en 1886. Nous avons eu l'occasion d'expérimenter le premier appareil de ce système appliqué en France et nous avons été, à cette époque, frappé de la supériorité de filtration obtenue par cet appareil, ceci n'a rien d'étonnant si l'on considère les filtres qui existaient alors ; ce que nous avions surtout remarqué, c'est l'économie de main-d'œuvre obtenue.

Ce filtre se compose d'un récipient en tôle muni d'une tubulure d'entrée de jus avec soupape ; cette tubulure est placée un peu au-dessus du fond et au fond lui-même est pratiquée la tubulure de vidange munie également d'une soupape.

L'entrée de jus est bitubulée de manière à permettre, au moyen d'une soupape spéciale, l'arrivée d'eau et de vapeur destinées au lavage des tissus dans le filtre lui-même (1).

Les cadres sont constitués par une tôle ondulée dont le bord supérieur, perpendiculaire aux ondes, est engagé dans la fente longitudinale d'un tube qui amène le liquide filtré dans une gouttière extérieure ; le tout est supporté par les extrémités de ce tube, dont l'une s'engage dans un cylindre creux pratiqué sur les parois du récipient en tôle (c'est de ce côté que se fait l'écoulement dans la gouttière), l'autre est munie d'un trou conique maintenue par une vis qui est manœuvrée de l'extérieur et passe dans un trou taraudé dans la tôle de la chemise du filtre. L'extrémité qui s'engage dans le cylindre est munie d'un épaulement et d'un caoutchouc, de telle sorte que par la manœuvre de la vis le joint est fait et empêche le jus non filtré contenu dans l'appareil de se rendre dans la nochère de jus filtré.

Les cadres sont introduits dans les tissus filtrants qui ont la forme de taies d'oreiller, les bords supérieurs sont repliés l'un sur l'autre et fixés au moyen d'une réglette formant ressort et de deux vis qui l'appliquent sur le tube fendu.

---

(1) Nous n'engageons pas les fabricants à se servir de cette disposition, car on n'arriverait pas à un lavage convenable et on serait obligé, peu de temps après ce lavage, de démonter le filtre pour le remonter avec des tissus propres ; d'autre part, la vapeur introduite dans l'appareil détériore rapidement les sacs.

Une porte supérieure munie d'un levier double à contre-poids vient fermer l'appareil et fait joint au moyen d'un caoutchouc prisonnier dans la porte.

Un filtre contient généralement 30 cadres disposés en quinconce pour tenir moins de place.

Le liquide trouble entrant dans l'appareil, le remplit, traverse les tissus, entre dans le tube par la fente longitudinale en suivant le fond des ondulations et vient se déverser dans la gouttière.

Les cadres mesurent généralement 70 $\times$ 70 et chaque élément filtrant représente environ 1^{m2} de surface filtrante ; ces appareils exigent donc très peu de place pour la filtration.

Les ajutages de sortie dans lesquels s'engagent les tubes, et qui étaient droits à l'origine, ont été courbés afin d'éviter les éclaboussures du liquide lorsqu'on ouvre le couvercle de la gouttière réceptrice des liquides filtrés. On fera bien, en outre, de couvrir le trou d'issue de jus de cette gouttière par une tôle cintrée qui empêchera les bulles d'air, lorsqu'elles remontent, de projeter le liquide.

Une dernière modification a consisté à remplacer les vis de serrage par des plans inclinés sur lesquels vient s'appuyer une extrémité du tube du plateau qui fait serrage par son propre poids à l'autre extrémité. Cette modification est importante ; elle supprime, en effet, la possibilité d'un mélange de jus trouble et de jus clair du fait de l'ouvrier qui ne serrait pas toujours les vis suffisamment afin d'augmenter le débit de l'appareil et de retarder son nettoyage.

Lorsqu'un élément filtre trouble, on le supprime en bouchant la goulotte, dont l'extrémité est taraudée, au moyen d'un tampon à vis.

Les filtres Danek fonctionnent bien avec une pression de $1^m 50$ à 2^m pour les jus, et 2 à 3 mètres pour les sirops ; mais ces pressions ne sont pas indispensables. On a souvent, en cas d'insuccès dans la filtration, cru devoir l'attribuer à l'excès de pression, alors que c'est dans le lavage défectueux des tissus qu'on aurait dû le chercher. Nous nous sommes trouvés dans ce cas et, supposant que les toiles se calaient sur les tôles ondulées, nous avons superposé sur celles-ci des tôles perforées, mais sans obtenir aucune amélioration. Nous avons fait alors procéder au lavage des toiles, la filtration est devenue parfaite et rapide, et l'appareil marchait longtemps sans nettoyage. Nous reviendrons plus loin sur le lavage des tissus.

Un filtre Danek à jus peut, en travail normal, fonctionner sans inconvénient pendant six jours aux jus et 18 heures aux sirops sans être nettoyé.

Nous estimons qu'on se trouvera dans de bonnes conditions pour des filtres Danek avec 15^{m2} de surface filtrante par 100.000 kg. de betteraves travaillées par 24 heures et avec 10^{m2} environ pour les sirops.

Filtre Müller. — Dans cet appareil les poches sont par groupe de huit ; une seule toile repliée 16 fois sur elle-même constitue ce groupe ; les deux faces de chaque poche sont isolées par un cadre en treillis suspendu sur les bords du couronnement en fonte de la cuve ; chaque série est suspendue au moyen de barrettes ; un couvercle à contre-poids en se fermant forme joint sur la partie supérieure du bac ; chaque série de poches est concentrique avec un conduit ménagé dans

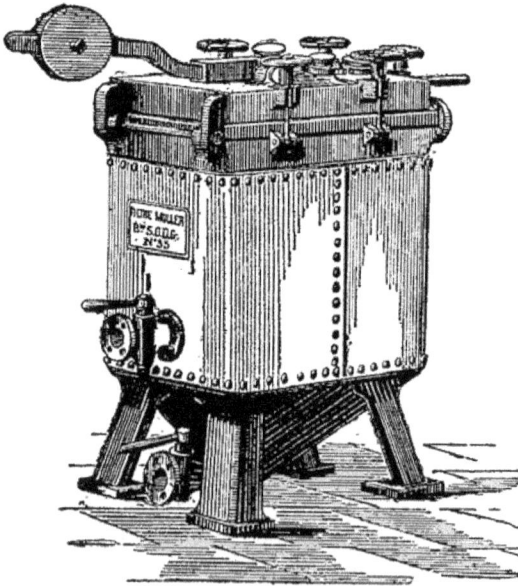

Fig. 128. — Filtre Müller, construction Cambrai.

la porte qui aboutit à un canal collecteur. L'arrivée de jus se fait sur le côté du bac ; un agitateur que l'on fait manœuvrer quand on le désire chasse par une tubulure spéciale les dépôts amoncelés dans le fond de l'appareil.

La surface filtrante d'une poche est de 1^{m2} 445 ; un groupe de poches représente donc 11^{m2} 56, on admet en général 10^{m2}. Sous une pression de 1ᵐ70 environ, ce filtre débite par m² de surface filtrante et par 24 heures, environ.

100 à 125 hect. de jus.
  75 à   90 de sirop à 23° Bé
  50 à   70   —   à 28 Bé
  40 à   50 de clairce à 30,33 Bé

Cette disposition qui assure l'écoulement de tous les jus dans un même canal présente cet avantage qu'on peut placer deux filtres en batterie si l'on veut opérer une double filtration.

Filtre Dolignon. — Ce filtre permet d'effectuer une double filtration : une caisse en tôle séparée en deux compartiments porte une cornière rivée qui est munie de boulons de serrage destinés à assurer la fermeture d'une porte à contre-poids et à joint de caoutchouc; le compartiment dans lequel le jus passe en premier lieu étant de 1/5 plus grand que le 2ᵉ parce qu'il doit retenir plus d'impuretés. Un sommier lié à la cornière sert de butée aux cadres et porte la communication qui amène les jus du premier compartiment dans le second.

Les cadres du premier compartiment sont formés d'une armature métallique entourée d'une toile en fil de fer galvanisé. Un sommier en bois est adapté à la partie supérieure du cadre ; une vis de serrage extérieure à l'appareil sert, à l'aide de ces sommiers, à assurer les joints des poches. Des conduits ménagés dans tous les sommiers font parvenir le liquide filtré dans un collecteur formé par des trous pratiqués dans les sommiers ; ce collecteur conduit les jus dans le 2ᵉ compartiment. Les cadres de ce dernier portent des sommiers en fonte et ceux-ci ont leur ouverture pratiquée de manière à amener le liquide filtré sur le côté par des raccords en bronze placés en quinconce qui déversent le liquide filtré dans une gouttière.

Ce filtre présente l'inconvénient de mettre les jus ou sirops en contact avec des parties en bois.

Filtre Bontemps. — Dans ce filtre, des poches montées sur un cadre en tôle perforée, sont placés dans une cuve, le joint supérieur est assuré par le serrage de barres en bois et le joint inférieur par une tubulure qui traverse la poche et s'emboîte dans un tube collecteur qui reçoit les liquides filtrés. On voit que de cette façon la sortie du jus se fait par le bas et que l'on peut vider à volonté tout le liquide filtré.

Filtre Villette. — Dans le filtre Villette le fond est incliné; cet appareil diffère en outre du Danek en ce que la tôle ondulée est remplacée par un cadre en fer mince sur les deux faces duquel sont fixées des toiles métalliques. Des entretoises évitent le rapprochement de ces toiles. A un angle supérieur du cadre se trouve une pièce creuse par laquelle s'écoule le liquide filtré. Les cadres se placent dans la cuve comme cela a lieu dans le Danek modifié.

Filtre à poches, système Philippe. — Ce filtre comporte plusieurs particularités et notamment l'obtention des joints : un couvercle fixe B est percé d'ouvertures longitudinales qui permettent d'introduire les éléments filtrants. A l'intérieur de chaque poche est placé un cadre métallique en treillis, ces poches fermées de trois côtés présentent à la partie supérieure une pièce souple F dite *tête de*

Fig. 129. — Filtre à poches, système Philippe.

poche qui facilite le montage du cadre dans la poche et assure la suspension de l'élément. Chaque ouverture est recouverte, après introduction de l'élément filtrant, d'une pièce creuse ou chapeau qui forme joint avec la poche D; cette pièce est fermée à une extrémité et porte à l'autre une tubulure dans laquelle est vissée la goulotte de décharge du liquide filtré dans la gouttière K; les chapeaux sont serrés par les écrous H sur les étriers.

Ce filtre est très pratique et donne de bons résultats; il per-

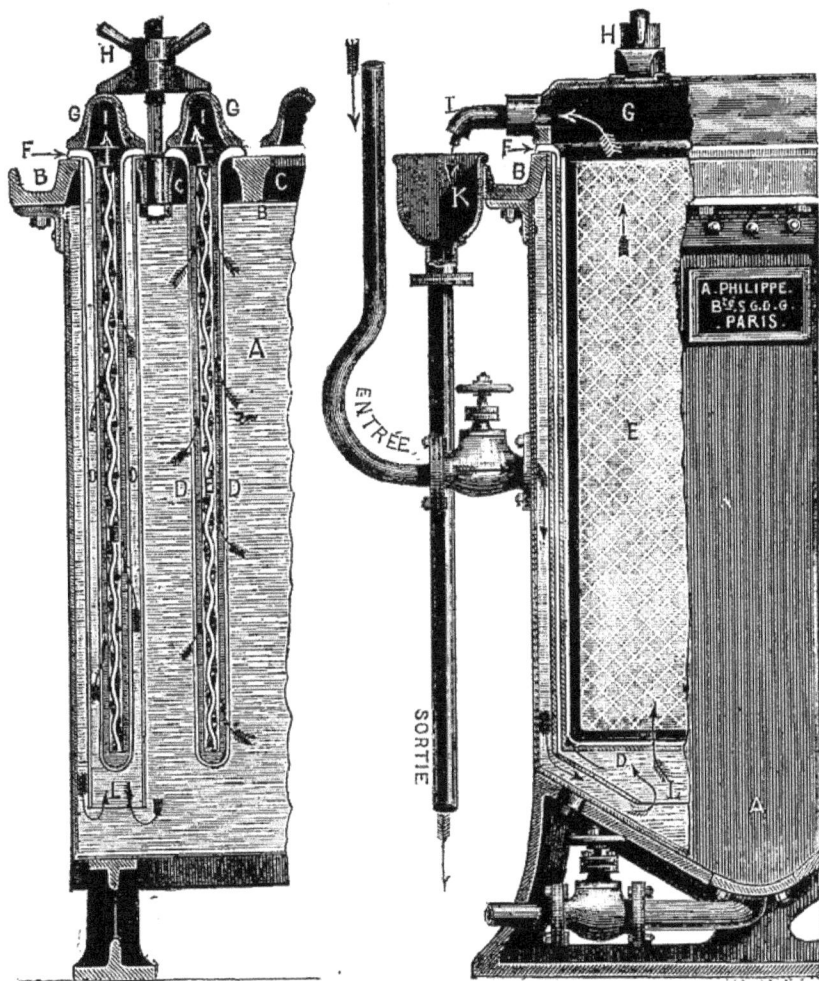

Fig. 130 et 131. — Filtre Philippe, vue en coupe.

met de se rendre compte de la filtration dans chaque élément, de supprimer, en bouchant l'orifice de la goulotte, le travail d'une poche qui serait percée ou de la remplacer rapidement sans toucher aux autres.

Le fond a une forme très rationnelle. Toutes les parties de l'appareil ont été, du reste, sérieusement étudiées par l'inventeur qui cherche encore tous les jours à le perfectionner.

Dans le cas où un joint des poches et du chapeau viendrait à fuir, il n'y aurait pas mélange de liquide filtré avec du liquide non filtré, puisque ceux-ci passeraient à l'extérieur ; du reste le mal serait facile à corriger en serrant l'écrou insuffisamment serré.

Pour vider complètement le liquide contenu dans le récipient A, on place un cadre dans une gaine métallique L ne communiquant avec ce récipient que par la partie inférieure et on fait agir sur le liquide de la pression d'air ou de vapeur, ou bien encore on siphonne par le conduit I.

Le filtre Philippe présente l'avantage de tenir peu de place. Avec le filtre Philippe perfectionné, que nous avons eu l'occasion d'étudier tout récemment, on évite au liquide filtré tout contact de l'air, car il se rend dans une gouttière fermée en traversant un petit tube en verre qui permet de s'assurer de l'état de la filtration de chaque élément filtrant.

Filtre Bolikowski. — Ce filtre dans lequel la filtration s'effectue toujours de l'extérieur à l'intérieur diffère des précédents par la forme des poches et la forme de l'appareil lui-même : l'enveloppe est cylindrique, elle porte une plaque munie de trous par lesquels sont introduits les éléments filtrants ; au-dessus de cette plaque se trouve une chambre dans laquelle se répand le liquide filtré qui sort par une tubulure appropriée à cet effet. Le liquide à filtrer entre par la partie basse de la chambre inférieure. Lorsque tous les éléments filtrants sont placés et leurs rebords serrés sur la plaque tubulaire, il n'y a plus communication entre les deux chambres.

Les éléments filtrants se composent d'une carcasse métallique qui est recouverte extérieurement et intérieurement par le tissu filtrant qui a la forme des anciens bonnets de coton, c'est-à-dire que c'est un boyau replié et sans couture ; de cette façon, il y a filtration du jus de la cuve baignant l'extérieur de l'élément et filtration du jus qui, entré par le bas de celui-ci, forme un cylindre de liquide à filtrer ; le liquide provenant de ces deux filtrations se réunit et forme un anneau cylindrique creux de jus filtré qui par la chambre supérieure gagne la tubulure de sortie.

Ce filtre présente l'inconvénient suivant : en cas de fuite par un des joints ou d'avarie à une poche, le liquide filtré coulera trouble sans qu'on puisse savoir quel est l'élément défectueux et sans qu'on puisse y remédier facilement.

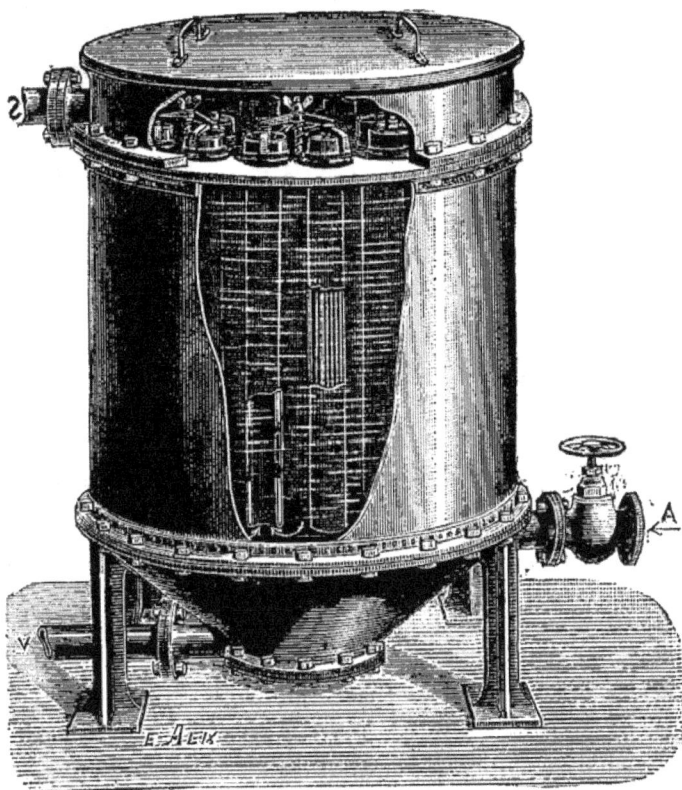

Fig. 132. — Filtre Bolikowski.

Filtre Fuckner. — Cet appareil construit par la maison Rassmus offre ceci de particulier que le jus filtré coule par la partie inférieure des sacs ; il s'écoule dans une tubulure ménagée à la base de chaque cadre et se rend dans un tuyau collecteur ; le joint de la tubulure est obtenu au moyen d'un emmanchement conique. L'écartement entre les deux faces des sacs est conservé au moyen d'un cadre en fils de fer galvanisé.

La poche ouverte seulement à l'endroit de la tubulure y est fixée avec un morceau de tube et une ligature. Deux poignées permettent de saisir les cadres pour les placer dans la cuve ou pour les en retirer.

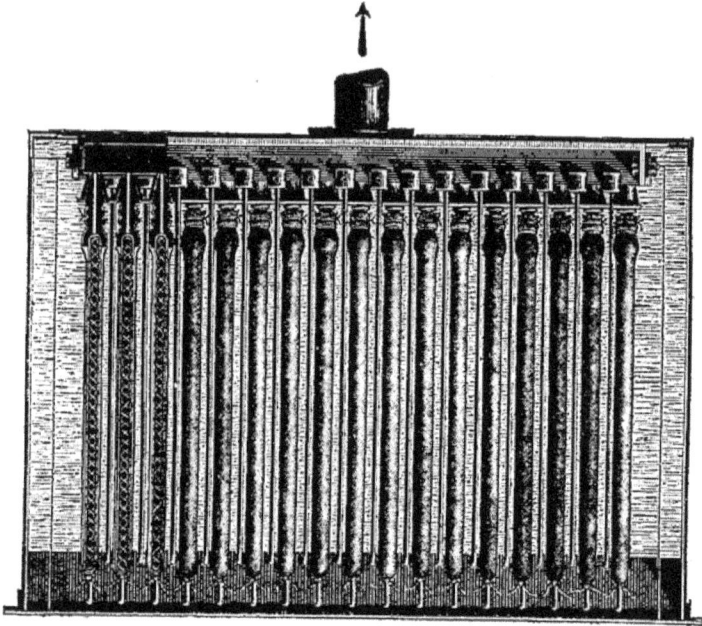

Fig. 133. — Filtre Fuckner, construction Rassmus.

Filtre Guerry. — Ce filtre pour lequel il a été pris un brevet, offre 3 mètres carrés de surface filtrante ; il suffirait, suivant l'inventeur, de deux filtres semblables pour filtrer 4,000 hectolitres de jus par 24 heures. Ce filtre a été surnommé l'*Économique* parce qu'avec un travail de cette importance, il ne couterait que le tiers d'un filtre à cadres de 20 mètres carrés.

M. Puvrez de Groulart qui décrit cet appareil dans la *Sucrerie indigène* attribue le grand débit obtenu par m² de surface filtrante à ce que les tissus filtrants n'adhèrent à aucune surface pleine et ne se touchent pas.

Sans vouloir nous prononcer sur la valeur de cette assertion, nous dirons que les mêmes conditions sont remplies dans d'autres filtres, par celui de Kosalowski par exemple, dans lesquels les deux faces de la poche sont écartées par deux treillis métalliquesél oignés eux-mêmes de quelques millimètres. On nous objectera peut-être que cet écartement est insuffisant ; nous répondrons que des essais faits avec le même filtre et avec des cadres tels que ceux que nous venons de décrire, puis avec des cadres à un seul treillis auraient donné sensiblement les mêmes résultats. Enfin, attendons que le filtre Guerry soit passé dans la pratique ; nous serons heureux d'apprendre qu'il réalise un nouveau progrès dans cette question si importante de la filtration mécanique.

Quoi qu'il en soit, l'appareil se compose d'une série de poches placées verticalement dans un récipient qui reçoit le jus trouble ; un cylindre métallique placé dans celles-ci empêche le rapprochement de leurs parois ; une soupape spéciale est destinée à faire fonctionner ou à arrêter chaque élément filtrant dans le cas où il filtrerait trouble.

Filtre Napravil. — Une cuve cylindrique terminée à la partie inférieure par un fond bombé est divisée en trois parties ; dans la chambre inférieure se rassemblent les plus forts dépôts ; on a placé dans cette chambre un serpentin de chauffe chargé de maintenir le liquide à 60°-70°, température favorable à la précipitation des dépôts. Ce serpentin ne nous paraît guère utile en sucrerie, les liquides en filtration étant généralement à une température supérieure à 70°. La chambre médiane est séparée de la chambre inférieure par un tamis qui peut s'ouvrir pour le nettoyage du serpentin ; dans cette chambre on place une matière filtrante, des fibres de bois par exemple ; un petit robinet permet de se rendre compte de l'état du liquide après son passage et de laisser échapper l'air à la mise en route du filtre. La chambre supérieure est également séparée de la chambre médiane par un tamis ; elle reçoit des cadres en bois recouverts de tissus filtrants. Le liquide après son passage dans la deuxième chambre traverse ces tissus, se rend dans la partie supérieure de la 3e chambre et sort par la tubulure de sortie de liquide filtré.

Ce filtre aurait permis de passer 750 hectolitres de jus ou 520 hectolitres de sirop par m² de surface filtrante et par 24 heures. (?)

Filtre Maignen. — Ce filtre, récemment proposé pour la filtration des jus et sirops en sucrerie, diffère essentiellement des précé-

25

dents; il est basé sur la filtration à travers l'amiante, procédé qui avait déjà été appliqué à la filtration des eaux.

A l'intérieur d'un sac en tissu d'amiante pur on introduit un disque perforé, puis on passe à l'extérieur un anneau et on dirige le tout vers le fond du sac; on introduit à l'intérieur un deuxième disque, puis à l'extérieur un deuxième anneau et ainsi de suite; le disque supérieur porte une tubulure par laquelle s'écoule le liquide filtré. Les éléments filtrants ainsi constitués sont placés dans un récipient à l'intérieur duquel arrive le jus. M. Maignen propose différents types d'appareils que nous ne décrirons pas, de peur d'être entraînés trop loin sur ce genre de filtration qui sera probablement encore perfectionné maintes fois.

Disons seulement que les organes peuvent être lavés à la soude et à l'acide. Quand le tissu n'est plus revêtu d'une quantité suffisante de fibres d'amiante, on en introduit dans le liquide à filtrer afin de provoquer le dépôt de cette matière sur la surface extérieure du tissu.

Nature et lavage des toiles. — Les toiles sont généralement en tissu de coton très serré. Comme nous l'avons dit plus haut, le lavage est un point très important; un lavage mal compris fait souvent condamner un appareil qui pourrait donner de très bons résultats.

Le simple lavage des tissus dans l'eau et le brossage n'ont pour effet que de faire rentrer les matières gommeuses dans les pores et de les obstruer, ils ne laissent alors plus passer les liquides. Nous engageons à passer d'abord les poches dans un bain d'eau acidulée avec de l'acide chlorydrique à raison de 3 litres d'acide pour 40 litres d'eau; ce bain peut généralement servir pour 60 sacs ; on les passe ensuite dans une solution de carbonate de soude. Sans cette précaution les poches deviendraient absolument dures et arriveraient à se détériorer rapidement. Il faudra, en outre, se servir d'un battoir de blanchisseuse qui, au lieu d'opérer comme la brosse, fait sortir les impuretés des pores du tissu.

Lave-sacs. — On peut opérer le lavage des tissus des filtres-presses et des filtres à jus et sirops mécaniquement, en se servant d'un appareil qui remplit le but du battoir ; il peut présenter la forme d'un tambour creux tournant autour d'un arbre horizontal et divisé en quatre chambres dans lesquelles on place les toiles ; le mouvement de rotation les fait tomber violemment sur les cloisons qui séparent les chambres ; elles subissent de cette façon un battage automatique, si l'on peut s'exprimer ainsi ; l'arbre est creux et perforé perpendiculairement à son axe à l'intérieur de l'appareil afin de permettre d'y introduire de l'eau chaude ou de l'eau froide.

Composition des dépôts recueillis dans les filtres mécaniques. — L'analyse suivante a été effectuée par nous, sur des filtres à jus de 2° carbonatation, mais l'échantillon a été prélevé dans une usine où malheureusement il y avait parfois aux filtres-presses mélange de jus troubles et de jus clairs :

Silice....................................	0,70
Alumine et fer............................	0,50
Chaux....................................	32,35
Acide carbonique.........................	14,00
Acide sulfurique..........................	1,50
Acide phosphorique.......................	0,86
Magnésie................................	2,00
Matières organiques autres que le sucre........	14,07
Sucre soluble............................	4,56
Sucre insoluble..........................	0,16
Eau	26,00
Divers...................................	1,90
	100,00

Le *Bulletin de l'association des chimistes* a extrait de *Scheibler's neue Zeitschrift* les analyses suivantes dues à E. Donath :

1° Dépôt gélatineux formé à l'extérieur d'un filtre sac, servant au jus (filtre en coton) :

Matières solubles dans l'eau........	7,12 (sucre 6,10)
Graisses	2,45
Acides gras combinés.............	0,90
Acide carbonique.................	36,41
Cendres moins CO^2..............	52,34
	99,22

Les cendres contenaient :

Acide silicique.....................	0,45
Oxyde de cuivre..................	0,12
Oxyde de fer et d'alumine.........	1,94
Chaux............................	83,05
Magnésie.........................	2,03
Potasse..........................	1,06
Soude	0,30
Acide sulfurique.................	0,38
Acide carbonique.................	10,75

Ce dépôt est en partie formé d'écumes de saturation.

2° Dépôt gras formé sur la partie extérieure d'un filtre à sac, servant au sirop :

Matières organiques...............	71,70	Sucre.............	44,68
		Graisses....	9,16
		Acide gras........	4,67
Acide carbonique...................	8,58		
Cendre moins CO^2.................	19,68		
	99,96		

Les cendres contenaient :

Silice	47,12
Acide carbonique..................	2,10
Oxyde de cuivre...................	2,73
Chaux............................	1,59
Oxyde de fer......................	1,12
Alumine	18,52
Acide phosphorique................	0,39
— sulfurique....................	1,64
Potasse..........................	18,74
Soude	3,21
Chlore magnésie et maganèse.........	traces.
	97,16

Travail avec le noir. — Comme nous l'avons fait observer en commençant le chapitre de la filtration des jus à leur sortie des filtres-presses, nous ne dirons que peu de choses de l'emploi du noir, nous contentant d'en indiquer les principales propriétés et de décrire les appareils construits par la maison Cail et leur fonctionnement. Nous considérons que le noir n'a plus en sucrerie qu'un intérêt historique et qu'il est inutile de décrire tous les appareils qui ont été créés en vue de son utilisation.

Le noir possède avant tout un pouvoir décolorant très actif, il absorbe aussi le sucre ; mais tandis que ce corps peut être séparé du noir par lavage, la matière colorante résiste à ce traitement. Le noir absorbe aussi la chaux, c'est cette propriété qui a fait hésiter longtemps un grand nombre de fabricants à travailler sans noir. Dans la revivification du noir on se sert d'acide chlorhydrique pour transformer le carbonate de chaux en chlorure de calcium qui est éliminé par l'eau.

Fig. 134. — Filtre clos à noir en grains pour jus et sirops.

Le pouvoir absorbant du noir pour les sels est variable, il est beaucoup moindre pour les acétates, les nitrates et les chlorures que pour les oxalates, les citrates de potasse et de soude, les phosphates, les sulfates et les carbonates.

Les matières organiques sont aussi absorbées par le noir.

Les fig. 134 et 135 représentent des filtres à noir en grains construits par la maison Cail.

L'un est appelé « *filtre clos* », et l'autre « *filtre ouvert.* »

Chaque usine employait un certain nombre de l'un ou de l'autre de ces types de filtres.

Filtre clos (fig. 134). — Il se compose d'un cylindre en tôle terminé à ses deux extrémités par des fonds emboutis. Il est muni d'un trou d'homme pour introduire le noir animal ; un autre trou d'homme pour sortir ce noir lorsqu'il doit être revivifié. Le noir repose dans le filtre sur une tôle perforée, garnie d'une toile en chanvre ou en coton.

Le jus arrivant de la gouttière par le tuyau (fig. 134) (la gouttière est dans l'installation plus élevée que celles R et S), passe par le robinet J, remplit le filtre, et après avoir traversé la tôle T, passe par le tuyau O pour sortir par le robinet P dans une des gouttières R ou S. Lors de la mise en marche du filtre, il faut avoir soin d'ouvrir le robinet N placé à la partie supérieure du tuyau colonne I, jusqu'à ce que le jus sorte par ce robinet.

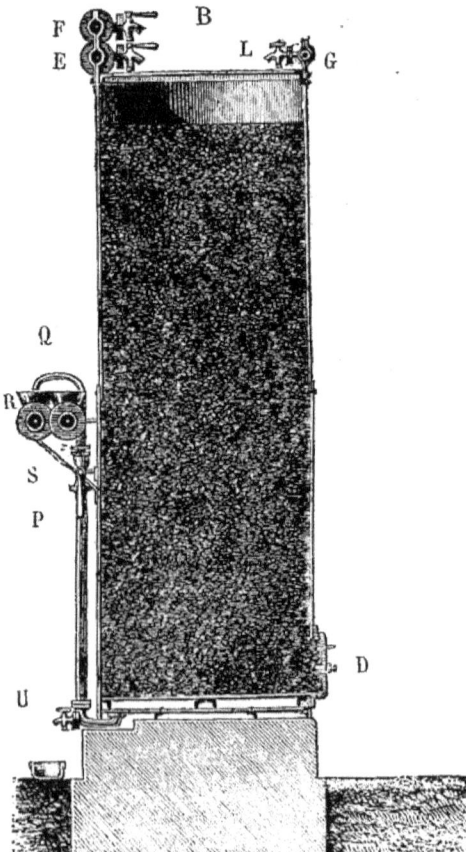

Fig. 135. — Filtre ouvert à noir en grains pour jus et sirops.

La gouttière R est destinée à recevoir le jus clair et filtré pour le conduire à l'appareil d'évaporation.

La gouttière S reçoit le sirop filtré pour le conduire à la cuite. On fait couler le liquide à volonté dans l'une ou l'autre des gouttières en déplaçant la pièce Q pour placer son trou de vidange sur la gouttière à alimenter.

F est un tuyau d'arrivée du sirop, qui entre dans dans le filtre par le robinet K. G est un tuyau d'arrivée de l'eau qui entre dans le filtre par le robinet L, et enfin H est un tuyau d'arrivée de la vapeur qui entre dans le filtre par le robinet placé sur ce tuyau.

Lorsque le noir doit être remplacé, on ferme le robinet J d'arrivée de jus, et on ouvre le robinet d'arrivée d'eau L. L'eau chasse devant elle le jus qui se trouve dans le filtre et le fait couler par la gouttière R. Lorsque l'eau arrive au robinet P, on ferme le robinet L, et on ouvre un robinet de vidange d'eau placé en U pour laisser égoutter le noir. On ouvre ensuite le robinet d'arrivée de vapeur en H pour sécher le noir autant que possible avant sa vidange.

Filtre ouvert B. — Le filtre ouvert B est muni d'un tuyau E d'arrivée de jus à filtrer, d'un tuyau F d'arrivée de sirop à filtrer, d'un tuyau d'arrivée d'eau G. Le tuyau R reçoit le jus filtré, et le tuyau placé à côté du tuyau R′ S le sirop filtré ; le petit tuyau tournant Q sert à diriger le liquide filtré dans l'un ou l'autre des tuyaux R ou S.

Le liquide filtré sort par le robinet P.

On voit par ce qui précède que dans les filtres ouverts comme dans les filtres clos, le liquide à filtrer arrive à la partie supérieure ; dans le filtre ouvert, l'épaisseur de noir utilisée pour la filtration est celle existant dans chaque filtre, tandis que dans les filtres clos qui peuvent travailler sous pression, on a la possibilité d'augmenter la durée du contact avec le noir, en faisant successivement passer le même liquide sur deux ou plusieurs filtres.

Avec l'un ou l'autre des types de filtres, on passe généralement le sirop sur un filtre fait à neuf ; après un certain temps de marche on chasse le sirop par du jus, et lorsque le noir n'a plus suffisamment d'action, on chasse le jus par de l'eau ; on procède ensuite à la vidange du filtre.

Revivification du noir. — Lorsque le noir a épuisé son action décolorante, on le revivifie en le calcinant dans des fours spéciaux ; la chaleur détruit les matières organiques dont il est imprégné, et il peut servir de nouveau à la décoloration des jus.

La fig. 136 représente en coupe longitudinale A, en vue de face B, et en coupe transversale C, un four à revivifier le noir animal.

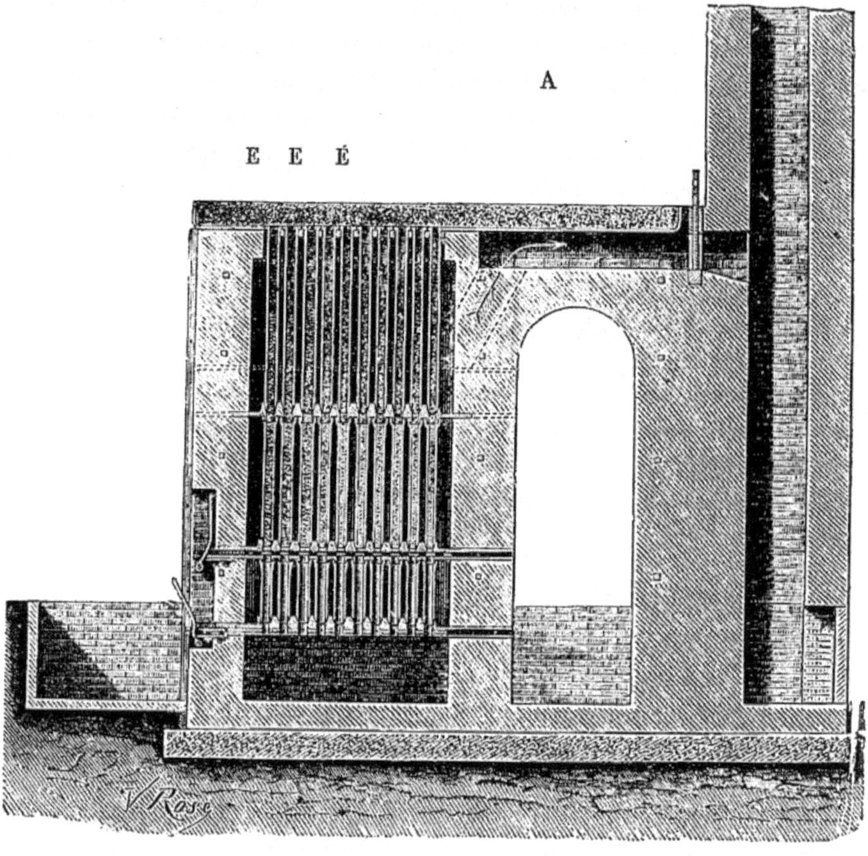

Fig. 136. — Four à revivifier le noir, à 20 tuyaux rectangulaires. Construction Cail.

Ce four se compose de :

Un foyer D qui occupe la longueur prise par les tuyaux verticaux ;

Trois séchoirs de noir E É E ou plaques en fonte avec bordures qui couvrent la surface du four ;

Vingt tuyaux rectangulaires ou cornues, dans lesquels le noir est porté au rouge par la température ;

Vingt tuyaux refroidisseurs du noir ;

Vingt tuyaux étouffoirs et mesureurs du noir avant sa sortie ;

Quatre vannes qui servent à faire la vidange du noir;

Les carneaux sont disposés de façon à chauffer les cornues et les séchoirs E E' E.

Le four fonctionne de la façon suivante :

Lorsque le noir qui a servi a été mis en fermentation dans l'eau acidulée pour décomposer les matières végétales qu'il a absorbées, on le lave fortement à l'eau claire dans un laveur spécial. On le passe ensuite dans un cylindre fermé appelé « lavoir à la vapeur »; dans lequel on fait arriver de la vapeur pour chasser le plus possible l'eau restant du lavage.

Fig. 137. — Four à revivifier le noir, à 20 tuyaux rectangulaires. Construction Cail.

On place ensuite ce noir dans des séchoirs E E' E d'où il descend dans les cornues. On chauffe le four de façon à porter au rouge cerise les cornues. On voit que le premier noir contenu dans les cornues n'a pas été porté au rouge, aussi le sort-on en manœuvrant des glissières pour le remettre à nouveau sur les séchoirs E E' E. Il faut avoir soin de tenir toujours les cornues pleines de noir. On fait de temps à autre des vidanges de noir en remplissant au moyen de la glissière les étouffoirs dans lesquels le noir doit séjourner un certain temps pour se refroidir ; il faut éviter que le noir soit tiré encore rouge, car il continuerait à brûler au contact de l'air et serait mis hors de service.

A sa sortie du four, le noir ainsi traité peut rentrer dans le travail.

Toutes les manipulations que subit le noir détruisent peu à peu les grains et les réduisent en poudre; aussi faut-il de temps à autre le bluter pour enlever cette poudre qui gênerait la filtration des liquides dans les filtres. Le noir fin de blutage est utilisé comme engrais.

CHAPITRE IX

L'ÉVAPORATION

Les jus étant épurés autant que le permettent les procédés actuels de fabrication, il reste à obtenir à l'état de cristaux le sucre qu'ils contiennent. A cet effet, il faut d'abord provoquer la formation des cristaux, puis les séparer des matières étrangères de la solution sucrée qu'on n'a pas pu parvenir à faire cristalliser.

Pour former les cristaux il faut concentrer les jus et les amener à l'état de solution de sucre sursaturée, solution dans laquelle on provoquera, comme nous le verrons plus loin, la cristallisation.

Le jus ayant, après deuxième carbonatation ou sulfitation, une densité de 1040 à 1050, est amené par une première opération qu'on appelle *évaporation* proprement dite, à l'état de sirop à 20° à 30° Bᵉ, c'est-à-dire à une densité variant entre 1160 et 1260.

La concentration est achevée ensuite dans l'opération nommée *cuite* dont nous parlerons dans le chapitre suivant.

Admettons que l'on produise des sirops à 1200 de densité en évaporant des jus d'une densité de 1045.

Quelle quantité n d'eau faut-il ajouter à un litre de sirop pour amener le jus à 1045 ?

Si nous ajoutons à 1 litre de sirop pesant 1200 gr. x litres d'eau pesant 1000 grammes, nous obtiendrons $1+x$ litres de jus pesant $1200+1000\,x$ d'où poids d'un litre $= \frac{1200+1000\,x}{1+x}$

Comme un litre de jus doit peser 1045, nous pouvons poser

$$\frac{1200+1000\,x}{1+x} = 1045$$

d'où $x = 3,44$; il faudra donc avec un litre de sirop faire 4 litres 44 de jus ou ajouter 77,5 0/0 d'eau.

De même pour faire passer du jus de 1050 à l'état de sirop à 1200 il faudra évaporer 77,5 0/0 d'eau.

Admettons que 1000 kg. de betteraves fournissent 1200 litres de jus à 1045 après épuration ; il faudra dans ces conditions évaporer 930 litres d'eau par tonne de betteraves pour produire du sirop à 1200 de densité.

On voit d'après cela l'importance qu'il faut attacher au procédé d'évaporation employé et l'avantage qu'il y a à rechercher des appareils évaporant beaucoup d'eau avec peu de vapeur. Mais avant de parler de ces appareils, nous allons faire succinctement la théorie de l'évaporation.

THÉORIE DE L'ÉVAPORATION

On appelle évaporation le passage d'un corps de l'état liquide à l'état de vapeur. Ce mot évaporation ne devrait s'appliquer qu'au phénomène qui se produit à la surface du liquide, et il faudrait réserver le mot ébullition au phénomène qui se produit dans toute la masse. En sucrerie on emploie couramment le mot évaporation au lieu du mot ébullition, et réciproquement.

Les liquides émettent des vapeurs à toutes les températures, mais plus la température est élevée, plus il y a de vapeurs émises dans le même espace de temps.

Comme les gaz, les vapeurs exercent une pression sur les récipients qui les contiennent ; c'est ce qu'on appelle force élastique. A température égale, les vapeurs de liquides différents ne possèdent pas la même tension.

Une vapeur est saturée lorsque dans un espace donné elle se trouve en proportion telle qu'un excès de liquide ne peut plus émettre de nouvelles vapeurs ; dans le cas contraire, elle est saturante.

Lorsque la vapeur est saturée, elle a atteint sa tension maximum ; celle-ci augmente avec la température, mais à une même température elle est indépendante de la pression ; au contraire, les vapeurs saturantes sont soumises à la loi de Mariotte.

Nous donnons ci-dessous les tensions de la vapeur d'eau à différentes températures d'après Regnault.

Tension de la vapeur d'eau à différentes températures d'après Régnault.

De — 30° à + 35°

Températures	Tension en ᵐ/ᵐ de mercure	Températures	Tension en ᵐ/ᵐ de mercure	Températures	Tension en ᵐ/ᵐ de mercure	Températures	Tension en ᵐ/ᵐ de mercure
30	0.365	5	6.534	16	13.536	27	26.505
25	0.553	6	6.998	17	14.421	28	28.101
20	0.841	7	7.492	18	15.357	29	29.782
15	1.284	8	8.017	19	16.346	30	31.548
10	1.963	9	8.574	20	17.391	31	33.405
5	3.004	10	9.165	21	18.495	32	35.359
0	4.600	11	9.792	22	19.669	33	37.410
1	4.940	12	10.457	23	20.888	34	39.565
2	5.302	13	11.162	24	22.184	35	41.827
3	5.687	14	11.908	25	23.550		
4	6.097	15	12.699	26	24.988		

De 40° à 230°

Températures	Tension en ᵐ/ᵐ de mercure	Températures	Tension en ᵐ/ᵐ de mercure	en atmosphères	Pression sur 1 cmq en kilog	en atmosphères	Pression sur 1 cmq en kilog.
40	54.906	140	2717.63	0.072	0.07465	3.575	3.69490
45	71.391	145	3125.55	0.094	0.09706	4.112	4.24950
50	91.982	150	3581.23	0.121	0.12505	4.712	4.86904
55	117.478	155	4088.56	0.154	0.15972	5.380	5.55881
60	148.791	160	4651.62	0.196	0.20323	6.120	6.32434
65	186.945	165	5274.54	0.246	0.25417	6.940	7.17127
70	233.093	170	5961.66	0.306	0.31692	7.844	8.10547
75	288.517	175	6717.43	0.380	0.39227	8.838	9.13302
80	354.643	180	7546.39	0.466	0.48217	9.929	10.2601
85	433.041	185	8453.23	0.570	0.58877	11.122	11.4930
90	525.450	190	9442.70	0.691	0.71440	12.424	12.8383
95	633.778	195	10519.73	0.834	0.86168	13.841	14.3025
100	760.000	200	11688.96	1.000	1.03330	15.380	15.8923
105	906.41	205	12955.66	1.193	1.23236	17.047	17.6145
110	1075.37	210	14324.80	1.415	1.4621	18.848	19.4760
115	1269.41	215	15801.33	1.673	1.72592	20.791	21.4835
120	1491.28	220	17390.00	1.962	2.02755	22.881	23.6439
125	1743.88	225	19097.04	2.294	2.37098	25.127	25.9643
130	2030.28	230	20926.40	2.671	2.76037	27.534	28.4515
135	2353.73			3.097	3.20013		

Pour compléter ces renseignements nous donnerons en centimètres cubes le volume occupé par 1 gr. de vapeur d'eau saturée à différentes températures et la densité de la vapeur.

Volume occupé par 1 gr. de vapeur d'eau saturée à différentes températures.

Températures	Densité	Volume	Températures	Densité	Volume
10	0.00000232	431607	50	8314	12030
5	325	307546	60	0.00013038	7670
0	491	203521	70	19378	5160
5	682	146528	80	0.00029315	3411
10	945	105830	90	42258	2366
15	0.00001289	77572	100	59470	1681
20	1731	57767	120	0.00105764	945
25	2300	43473	160	313690	317
30	3044	33613	180	492866	203
35	3958	25264	200	721669	140
40	5118	19539	230	0.01215790	82

Watt a énoncé la loi suivante appelée *loi des parois froides :*

Lorsque deux vases à des températures différentes contiennent une même vapeur saturée, la tension de cette vapeur correspond à la température la plus basse des deux vases.

Le passage d'un corps de l'état liquide à l'état gazeux est accompagné d'absorption de chaleur.

La chaleur latente de vaporisation de l'eau, c'est-à-dire la quantité de chaleur nécessaire pour faire passer à l'état de vapeur à 100° un kilog d'eau à 100° est de 537 calories. On appelle calorie la quantité de chaleur nécessaire pour augmenter de 1° la température d'un kilogramme d'eau.

1 kg d'eau transformée à l'état de vapeur occupe un volume d'environ 1700 litres.

L'évaporation en sucrerie devant être active, on aura recours non pas à l'évaporation proprement dite, mais à l'ébullition.

Nous allons voir à quelles lois est soumise l'ébullition :

Si nous chauffons un liquide, sa température commencera par augmenter; puis il entrera en ébullition et sa température deviendra constante, c'est ce qu'on appelle le *point d'ébullition ;* sous pression constante, celui-ci sera toujours le même pour un même liquide. Pour l'eau, la pression étant de 760 $^m/^m$ de mercure, le point d'ébullition est 100° centigrades ; la pression intervient, car lorsqu'un liquide est en ébullition la tension de sa vapeur est égale à la pression extérieure qui s'exerce à sa surface. En consultant les tables de Regnault donnant les tensions de la vapeur d'eau à différentes températures on voit, étant donnée cette dernière loi, que sous une pression de 760 $^m/^m$ l'eau entrera en ébullition à 100°, à 50° sous une pression de 91$^m/^m$, 982 etc.

L'évaporation sera d'autant plus rapide que l'on communiquera plus de chaleur au liquide dans le même espace de temps.

La température restant la même, la quantité d'eau évaporée sera proportionnelle à la surface de chauffe.

La vaporisation sera donc d'autant meilleure que le corps qui reçoit la chaleur sera plus apte à la transmettre au liquide.

Il s'ensuit qu'on devra avoir recours à des corps bons conducteurs, le laiton par exemple. Mais s'il se dépose sur ces corps des dépôts mauvais conducteurs, comme cela a lieu pendant l'évaporation du jus, ils deviennent mauvais conducteurs, c'est ce qui explique la nécessité de nettoyer souvent, comme nous le verrons plus loin, les tubes des triple-effets.

APPAREILS D'ÉVAPORATION

Les appareils successivement employés pour produire l'évaporation du jus se divisent : 1° en appareils d'évaporation à feu nu ; 2° en appareils d'évaporation au moyen de la vapeur ; 3° en appareils d'évaporation au moyen de la vapeur et avec le secours du vide destiné à abaisser le point d'ébullition.

On avait d'abord commencé à évaporer les jus dans des bassines larges et peu élevées, placées sur un foyer dans lequel on brûlait du charbon ou du bois ; on évitait les coups de feu au moyen d'une voûte qui forçait les gaz à passer par des orifices spéciaux avant d'atteindre la chaudière.

Ce procédé présentait de grands inconvénients : il était très coûteux, l'ébullition du jus à air libre donnait lieu à des pertes de sucre par destruction, enfin les produits obtenus étaient très colorés.

On réalisa un premier perfectionnement en chauffant les appareils avec de la vapeur provenant des générateurs. Au point de vue économique ce procédé était bien supérieur au précédent, la chaleur des gaz provenant de la combustion étant beaucoup mieux utilisée par les générateurs que par le chauffage direct des bassines. Un des premiers appareils de ce genre était la chaudière d'Hallette; c'était un récipient cylindrique surmonté d'une cheminée qui servait à l'évacuation des vapeurs. Le chauffage était obtenu au moyen de la vapeur circulant dans un serpentin disposé dans la partie inférieure du récipient.

L'évaporation par la chaudière d'Hallette présentait encore l'inconvénient de s'effectuer à air libre.

En 1818, Howard créa l'appareil d'évaporation dans le vide.

Cet appareil consistait en une chaudière à double fond, la vapeur circulant entre les deux fonds sortait par un tuyau avec l'eau condensée; les vapeurs provenant de l'ébullition du jus se réunissaient dans une chambre d'où elles étaient entraînées par un tuyau communiquant avec une pompe à air. Un condenseur placé sur le parcours de ce tuyau l'entourait et on y introduisait de l'eau froide par une ouverture ménagée à cet effet.

Sur le tuyau d'enlèvement des vapeurs était ménagé près de la chaudière un autre tuyau destiné à réunir et à récolter le liquide sucré entraîné par les vapeurs.

Roth modifia ensuite cet appareil. Dans une chaudière de forme analogue à celle de Howard la vapeur circulait non seulement dans le double fond, mais encore dans un serpentin baigné par le liquide et entrait encore à la partie supérieure de l'appareil au commencement de l'opération, afin de produire le vide par la condensation.

Celle-ci était obtenue au moyen d'un réfrigérant en tôle mis en communication avec la chaudière; le condenseur dans lequel passe un courant continu d'eau est à diaphragmes. Cet appareil supprimait donc la pompe à air, le vide étant uniquement obtenu par la condensation.

Dans l'appareil de Trappe et Souvoir-Gaspard nous voyons l'apparition du condenseur barométrique ; en effet, l'eau condensée se rend dans un tuyau d'une différence de hauteur de 10 m. 33, minimum exigé pour équilibrer la pression barométrique, et ce tuyau plonge dans une citerne contenant de l'eau ; la colonne d'eau ne pouvant s'élever à plus de 10 m. 33 pour le vide absolu, cette hauteur est indiquée comme minimum ; l'eau condensée qui chercherait à augmenter la hauteur de cette colonne est obligée de s'écouler naturellement, et il ne reste qu'à enlever les vapeurs non condensables au moyen d'une pompe à air sèche. L'eau ne s'élève pas en réalité à 10 m. 33, la pompe ne produisant pas le vide absolu.

Cet enlèvement des eaux de condensation par le vide barométrique présente l'avantage de demander moins de travail à la pompe qui enlève les vapeurs non condensées qu'à celle qui enlèverait ces vapeurs et en plus l'eau de condensation. On pourrait objecter à cela, et avec raison, l'inconvénient qu'il y a d'élever de l'eau dans le condenseur à une hauteur de 10 m. 33 ; mais un avantage qui n'est pas contestable, pensons-nous, c'est que la pompe ne recevant pas d'eaux chaudes susceptibles d'incruster ses organes a très rarement besoin d'être nettoyée. Nous avons travaillé avec un condenseur barométrique et nous avons remarqué que la pompe se salissait très peu ; c'est le contraire qui avait lieu pour le tuyau du condenseur. C'est pourquoi ce tuyau doit toujours être construit à très grande section.

Degrand imagina ensuite un appareil dans lequel il commençait à évaporer le jus en se servant de ce dernier à la place de l'eau pour produire la condensation.

L'appareil de Derosne et Cail est une modification du précédent : le serpentin du condenseur est formé d'un tuyau replié dans un plan vertical appelé condenseur-évaporateur ; il communique avec une pompe à air, un récipient est destiné à retenir les vésicules sucrées entraînées par la vapeur, et le jus devant produire la condensation et se concentrer déjà en partie, est distribué sur les serpentins par un grand nombre de petits orifices.

Nous arrivons enfin aux appareils à effets multiples. Ils sont basés sur le principe de l'utilisation des vapeurs dégagées par l'ébullition du jus dans un premier appareil pour chauffer successivement le jus contenu dans les autres appareils. Les vapeurs dégagées par le premier appareil se rendent dans un deuxième et y portent le jus à l'ébullition ; les vapeurs dégagées dans ce deuxième appareil, se rendent dans un troisième pour y chauffer le jus qui y est contenu, et ainsi de suite. Selon que l'on se sert de 2 appareils, 3 appareils, 4 appareils l'évaporation est à *double effet*, à *triple effet*, à *quadruple effet*.

C'est Rillieux qui eut le premier l'idée de l'évaporation à multiple effet (1830) et l'appliqua en Amérique : il chauffait deux appareils avec de la vapeur directe et un troisième avec les vapeurs provenant de l'ébullition du jus dans les deux premiers, le condenseur se trouvait à la suite du troisième appareil qui constituait la chaudière à cuire.

Les appareils Rillieux étaient horizontaux et munis de tubes dans lesquels circulait la vapeur.

En France, l'application du triple-effet à l'évaporation des jus a été d'abord faite par Cail père ; ses premiers appareils, de forme horizontale, furent construits en 1834. Quelques années plus tard, la maison Cail adopta la forme verticale, elle donna d'abord aux tubes 1 m. 20 de longueur, et quand elle eut imaginé d'employer le grand tube central dans la chaudière, elle a porté ses tubes à 1 m. 750, à commencer par l'appareil installé dans la sucrerie de Cambrai. Pour vulgariser ses appareils en France, la maison Cail les vendait payables avec une partie de l'économie de combustible réalisée sur l'évaporation à air libre.

Robert de Seelowitz imita la maison Cail et remplaça les caisses horizontales par des caisses verticales et, au lieu de faire passer la vapeur dans les tubes, il la fit circuler dans la partie intertubulaire de l'appareil, le jus se trouvant dans les tubes et au-dessus des tubes.

Telle est, en peu de mots, la genèse de l'appareil d'évaporation.

Nous ne nous y étendrons pas plus longuement et nous étudierons le triple-effet actuel tel qu'il se rencontre dans la plupart des sucreries françaises, puis nous reviendrons plus loin sur les constructions spéciales d'appareils à évaporer.

L'Appareil à triple-effet

L'appareil à triple-effet est aujourd'hui employé dans toutes les sucreries de betteraves. La figure 138 représente la coupe verticale d'un appareil de ce genre.

La soupape S permet d'introduire dans la partie intertubulaire de la première caisse la vapeur venant du ballon collecteur des vapeurs de retour des machines de l'usine ; dans le cas où les vapeurs de retour ne suffisent pas, on peut introduire de la vapeur directe venant des générateurs.

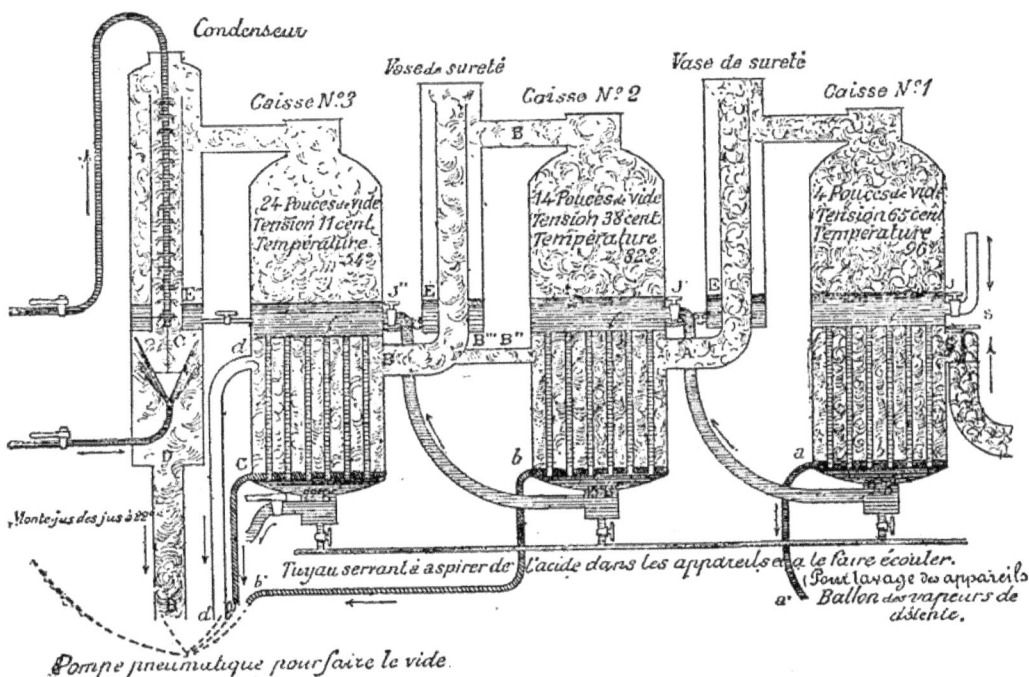

Fig. 138. — Schéma de l'appareil à triple-effet.

La soupape J étant ouverte, le jus provenant du récipient d'attente des jus à évaporer entre dans les tubes de la première caisse, ce jus chauffé par la vapeur qui circule autour des tubes entre bientôt en ébullition et s'évapore.

L'eau condensée dans la partie intertubulaire se rend par le tuyau $a\,a'$ dans le ballon des eaux de retour de la première caisse, d'où elles sont enlevées généralement par la pompe d'alimentation des générateurs.

Les vapeurs provenant de l'ébullition du jus dans la première caisse s'échappent par la partie supérieure de celle-ci, passent par le vase de sûreté placé entre la première et la deuxième caisse, vase destiné à retenir les vésicules sucrées entraînées (et dont nous reparlerons plus loin), et arrivent par A′ dans la partie intertubulaire de la deuxième caisse ; elles portent à l'ébullition le jus qui, après avoir été en partie évaporé dans la première caisse, est introduit dans les tubes de la deuxième en ouvrant le robinet J′ ; le vide étant plus grand dans la deuxième caisse que dans la première, le jus a été aspiré.

La figure ci-dessus suppose que les eaux provenant de la condensation de la vapeur qui a chauffé les jus de la deuxième caisse se rendent par bb' au condenseur ; mais le plus souvent elles se rendent, comme pour la première caisse, dans un ballon spécial en communication avec la pompe alimentaire des générateurs.

Les vapeurs provenant de l'ébullition du jus de la deuxième caisse se rendent dans la partie intertubulaire de la troisième en passant par le vase de sûreté placé entre la deuxième et la troisième caisse, et chauffent le jus venant de la deuxième caisse, qui a été introduit par l'ouverture de la soupape J″ et grâce à la différence de vide existant dans la deuxième et la troisième caisse.

Les vapeurs produites par l'ébullition du jus dans la troisième caisse sortent par la partie supérieure de la caisse et arrivent dans le condenseur qui agit par l'eau injectée au haut et au bas, dans la figure qui nous occupe.

Le condenseur est en communication avec la pompe à air qui aspire les vapeurs.

L'eau provenant de la condensation des vapeurs de chauffage de la troisième caisse se rend au condenseur par le tuyau C ; la vapeur non condensée qui se trouve dans la partie intertubulaire de la troisième caisse s'y rend également par le tuyau dd'.

Le tuyau B″B′′ représenté sur la figure sert à réunir à la vapeur provenant de l'ébullition du jus dans la deuxième caisse,

la vapeur non condensée qui se trouve dans la partie intertubulaire de la deuxième caisse.

Le tableau ci-contre indique le vide, la tension des vapeurs et
la température pour chaque caisse du triple-effet en marche normale.

1re Caisse. 4 pouces de vide,
— Tension 650 m/m.
— Température 96°.
2e Caisse. 14 pouces de vide.
— Tension 38 cent.
— Température 82°.
3e Caisse. 24 pouces de vide.
— Tension 11 cent.
— Température 54°.

*Tableau de concordance entre le vide en pouces et la hauteur de la
colonne de mercure.*

0 pouce de vide = 76c000 de Hg			16 pouces de vide = 32c688 de Hg		
1	—	73.293	17	—	29.981
2	—	70.586	18	—	27.274
3	—	67.879	19	—	24.567
4	—	65.172	20	—	21.860
5	—	62.465	21	—	19.153
6	...	59.758	22	—	16.446
7	—	57.051	23	—	13.739
8	—	54.344	24	—	11.032
9	—	51.637	25	—	8.325
10	—	48.930	26	—	5.618
11	—	46.223	27	—	2.911
12	—	43.516	28	—	0.204
13	...	40.809	28.075	—	0.000
14	—	38.102	1 pouce étant égal à 2c707		
15	—	35.395			

**Triple-effet permettant de marcher avec deux caisses pour
permettre le nettoyage de la deuxième ou de la troisième
caisse sans arrêter.**

Nous allons envisager ce cas un peu plus compliqué afin de ne
plus avoir à revenir sur la marche du jus et des vapeurs dans le
triple effet.

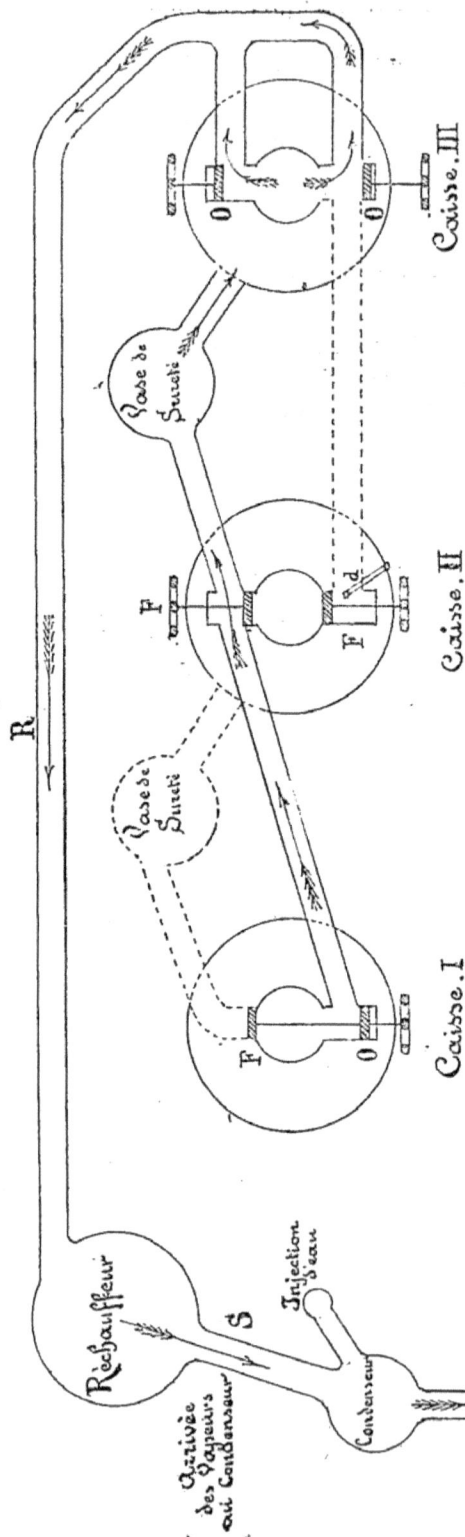

O = Ouvert
F = Fermé
La tuyauterie marquée par des lignes pleines est seule utilisée; la tuyauterie en pointillé est immobilisée.

Fig. 189. — Schéma démonstratif du fonctionnement du triple-effet. — Marche à double effet avec la 1re et la 3e caisse.

Supposons d'abord que nous marchions avec la première et la troisième caisse (fig. 139).

La soupape de la première caisse est une soupape double ; suivant que l'on tourne le volant dans un sens ou dans l'autre, les deux obturateurs se rapprochent ou s'éloignent l'un de l'autre ; dans le cas qui nous occupe ils sont placés à leur maximum d'éloignement et les vapeurs provenant de l'ébullition du jus de la première caisse ne peuvent passer par le vase de sûreté placé entre la première et la deuxième caisse, elles suivent la route indiquée par la flèche et arrivent dans le vase de sûreté de la deuxième caisse, puisque la soupape postérieure de cette caisse est fermée, elles se rendent dans la partie intertubulaire de la troisième caisse.

Les vapeurs provenant de l'ébullition du jus de la troisième caisse se rendent au condenseur, puisque les soupapes antérieures et postérieures de cette caisse sont ouvertes et puisque, par sa position, la soupape antérieure de la deuxième caisse empêche les vapeurs de la troisième de retrograder dans la deuxième.

Le tuyau R conduit les vapeurs dans un appareil réchauffeur de jus dont nous parlerons plus loin, et le tuyau S au condenseur.

Examinons le fonctionnement de la première et de la deuxième caisse.

Par sa position la soupape double de la première caisse (fig. 139) force les vapeurs provenant de l'ébullition du jus dans cette caisse à passer par le vase de sûreté de la première caisse pour se rendre dans la partie intertubulaire de la deuxième caisse.

Les vapeurs provenant de l'ébullition du jus dans la deuxième caisse ne peuvent passer par le vase de sûreté de cette caisse, puisque sa soupape postérieure est fermée ; mais, la soupape antérieure étant ouverte, elles suivent le trajet indiqué par la flèche, et les soupapes postérieure et antérieure de la troisième caisse étant fermées, elles se rendent directement dans le tuyau R.

Etudions maintenant la fonction de la tuyauterie inférieure du triple effet qui nous occupe et qui est construite par la Cⁱᵉ de Fives-Lille :

Cette tuyauterie se compose (fig. 141), d'un tuyau T qui permet au sirop de se rendre d'une caisse dans l'autre ; d'un tuyau F de vidange de sirop qui porte une soupape Y commandée par l'évaporeur

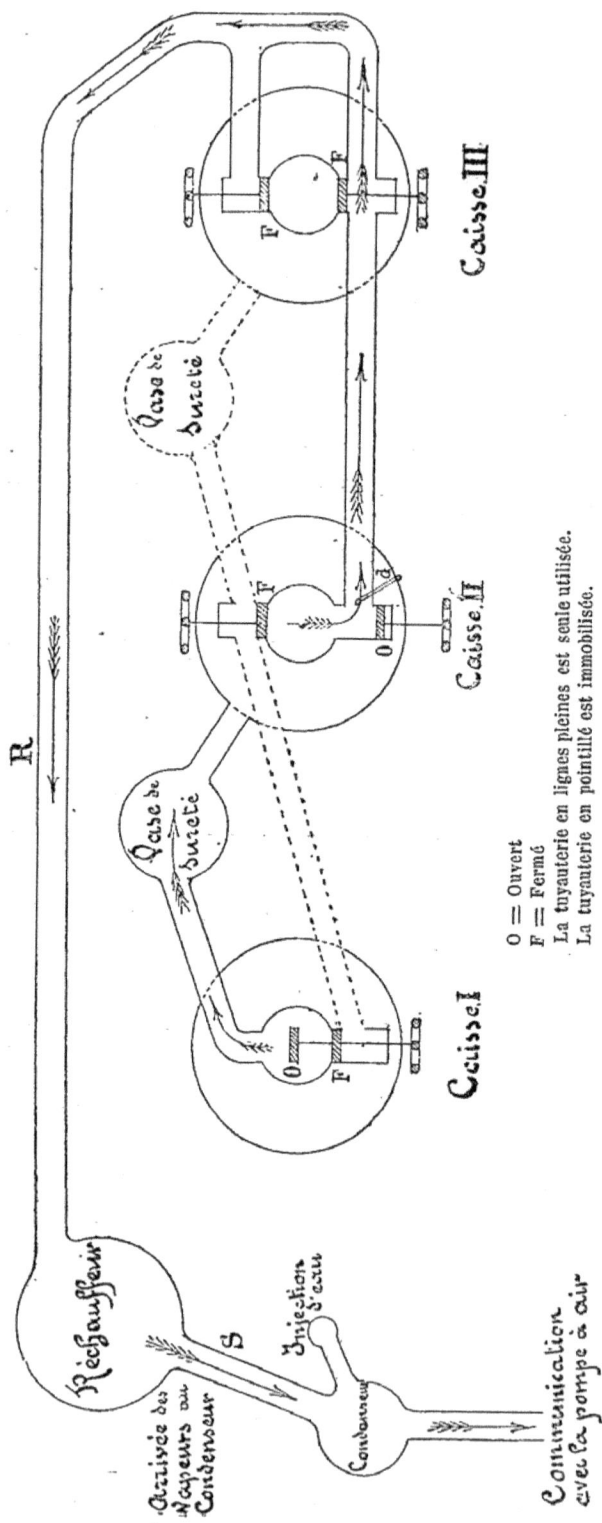

Communication avec la pompe à air

Arrivée des vapeurs au Condenseur

Réchauffeur

S

Injection d'eau

Condenseur

Caisse I

Case de sureté

Caisse II

Case de sureté

Caisse III

R

O = Ouvert
F = Fermé
La tuyauterie en lignes pleines est seule utilisée.
La tuyauterie en pointillé est immobilisée.

Fig. 140. — Schéma démonstratif du double effet. — Marche à double effet avec la 1re et la 3e caisse.

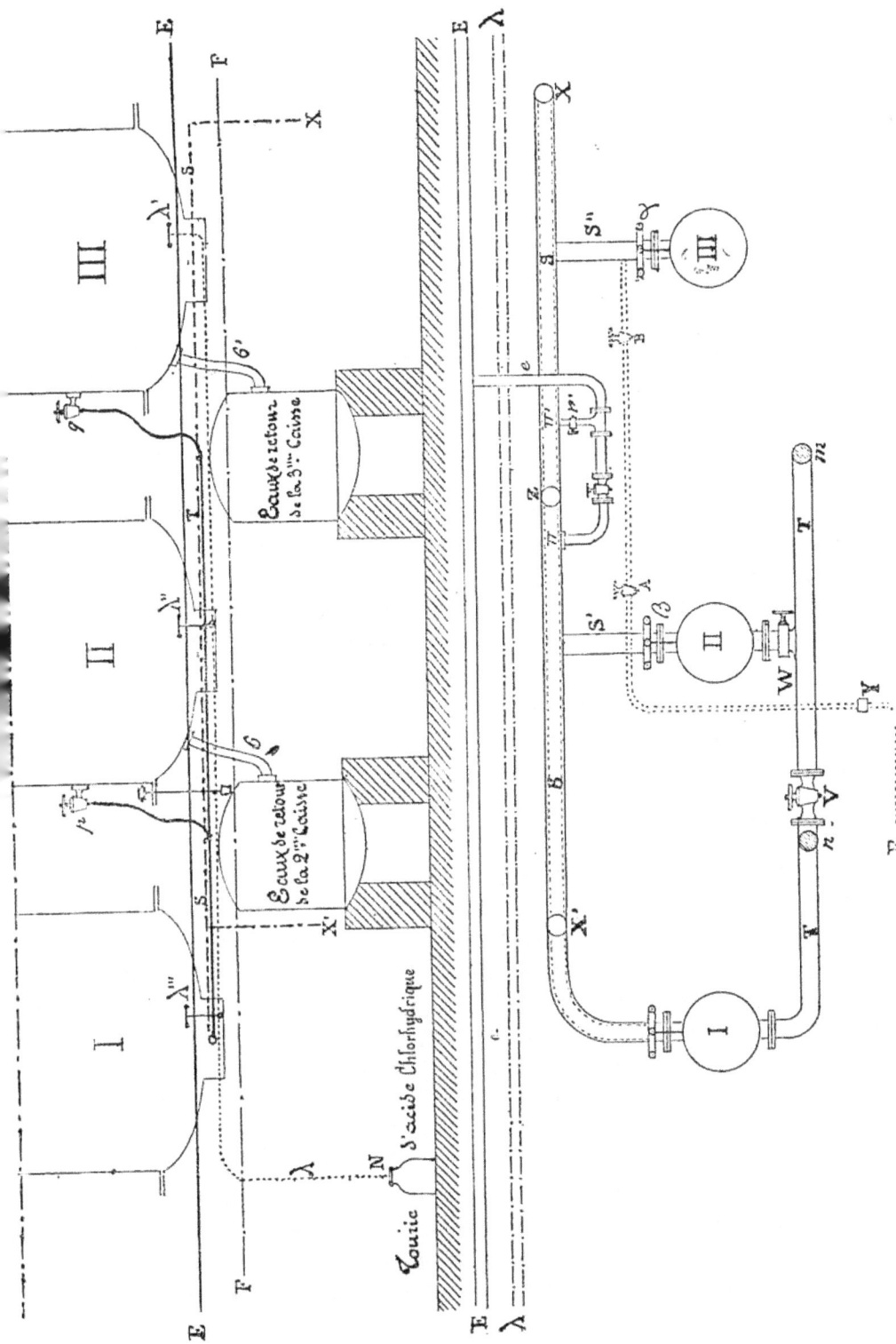

Fig. 141. — Tuyauterie inférieure du triple-effet à changement de marche

III II I

Eaux de retour de la 3ᵐᵉ Caisse

Eaux de retour de la 2ᵐᵉ Caisse

S' acide Chlorhydrique

Louite

du plancher du triple-effet; d'une conduite générale *e* d'eau alimentant aux points π et π la conduite mixte S de lavage et de vidange de la deuxième caisse ; de la conduite S et d'un tuyau λ permettant d'aspirer de l'acide chlorhydrique dans une tourie N.

Alimentation. —Si l'on opère avec les trois caisses, V est fermé et W est ouvert, le sirop se rend de la première caisse dans la deuxième par np. et de la deuxième dans la troisième par mq. Si l'on marche avec la première et la troisième caisse, V est ouvert, W est fermé, le sirop se rend de la première dans la troisième caisse par Vmq.

Si l'on marche avec la première et la deuxième caisse, V est fermé, W est fermé, le sirop passe par np.

Soutirage du sirop. — Supposons la marche à trois caisses : le sirop en passant par la conduite F sera aspiré par la pompe à sirop (généralement actionnée par le moteur de la pompe à air du triple-effet) et envoyé au bac d'attente des filtres à sirops.

Supposons maintenant que l'on marche avec la première et la deuxième caisse ; on soutire alors dans la deuxième, pour cela on ferme α X et X' et on ouvre β Z B A Y, le sirop se rend en F en passant par les tuyaux S'SS''.

Si on marche avec la première et la troisième, le soutirage se fait évidemment sur cette dernière caisse.

Lavage. — Supposons qu'on veuille procéder au lavage de la troisième caisse : on y fait parvenir de l'eau de la conduite E, qui y arrive par différence de niveau ; on ferme ZXrB et on ouvre r' et α, l'eau passe par e r'π'SS'' et α ; lorsque l'eau est en quantité suffisante dans la caisse, on ferme α r' et on rétablit la marche avec les trois caisses pour faire bouillir l'eau dans la troisième ; à cette eau on a ajouté de l'acide chlorhydrique aspiré par λ lorsque λ' est ouvert ; λ aspire dans N.

Soit à laver la deuxième caisse : on l'isole et on ferme X'Zr', on ouvre β r, l'eau passe par e r π β ; lorsque l'eau est en quantité suffisante dans la deuxième caisse, on ferme β et r et on rétablit la marche avec les trois caisses pour faire bouillir l'eau dans la deuxième ; à cette eau on a ajouté de l'acide chlorhydrique par λ''.

Détails de construction des appareils à triple-effet et manœuvre des dits. — La figure 142 représente un triple-effet construit par les établissements Cail :

Le jus filtré arrive à l'appareil d'évaporation, il est refoulé directement dans la première caisse par une pompe, ou remonté dans un bac supérieur par une pompe ou un monte-jus.

Cet appareil se compose de :

Trois chaudières tubulaires verticales (1, 2, 3), de deux vases de sûreté A et B des deux premières chaudières 1 et 2, et d'un réchauffeur de jus tubulaire C.

Les chaudières sont de grandeurs différentes, (aussi le triple effet est-il dit « différentiel »). La première chaudière est la plus petite et la dernière est la plus grande.

Cet appareil est ainsi combiné pour présenter à la vapeur des surfaces de chauffe plus grandes à mesure que la température de cette vapeur diminue. On n'ignore pas que la théorie sur laquelle repose cette application est discutable : la seule raison qui motive la dernière chaudière plus grande que les autres, c'est que les incrustations s'y produisent rapidement et diminuent l'effet utile des surfaces évaporatoires.

Chaque chaudière se compose d'une partie tubulaire et d'une calandre supérieure.

Chaque chaudière porte comme accessoires :

Un robinet d'arrivée de jus F,F',F''.

Un robinet de vidange G,G',G''.

Des glaces ou lunettes-fenêtres H,H',H'' permettant de voir le niveau du liquide et de régler l'ébullition.

Un indicateur de vide et de température I,I',I''.

Un robinet à beure J,J',J'' pour faire tomber les mousses en introduisant un corps gras dans la chaudière.

Un appareil d'épreuve K,K',K'' pour prendre la densité du sirop.

Un robinet LL' de lavage à la vapeur de l'intérieur des chaudières 2 et 3.

Une lunette ronde placée derrière la caisse pour éclairer les glaces du devant N,N',N''.

La première chaudière porte un robinet d'introduction de vapeur P (dans la partie tubulaire) ; les deux dernières un robinet de lavage à la vapeur des parties tubulaires Q'Q''.

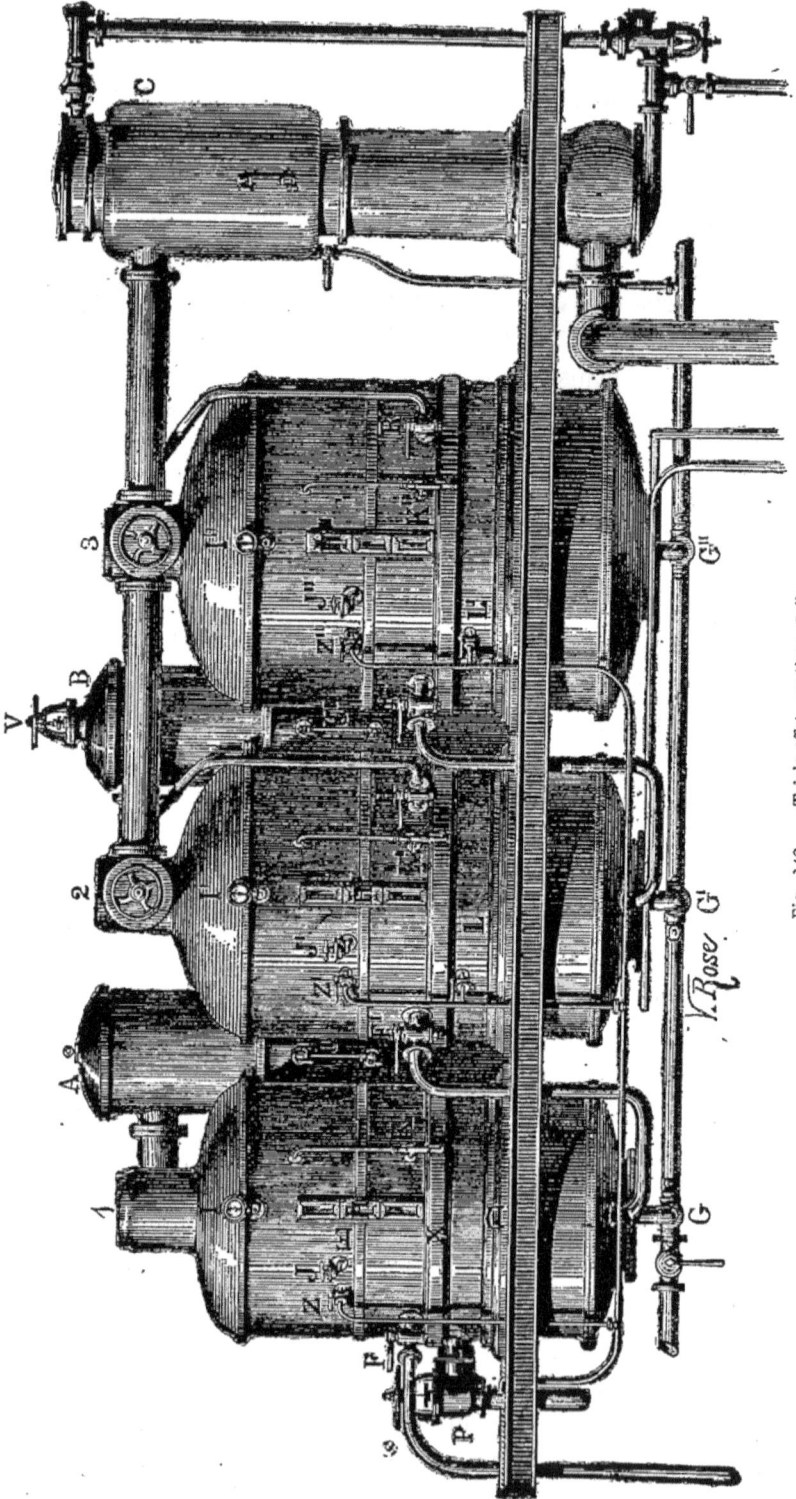

Fig. 142. — Triple-effet, système Cail

Un robinet de sortie de vapeur et gaz nuisibles RR′.

Un robinet de communication ou d'isolement avec la pompe à air S.

Un robinet de vidange des vases de sûreté.

Ceux-ci portent : le vase A, un indicateur de niveau U, le vase B, un indicateur de niveau U′ et un robinet d'isolement V.

Les parties supérieures des chaudières 1 et 2 sont reliées par un tuyau X à celles des vases de sûreté A et B.

Ces vases de sûreté A et B sont reliés par le bas aux parties tubulaires de la deuxième et de la troisième chaudière.

Les trois chaudières communiquent entre elles à leur partie inférieure au moyen de deux tuyaux qui servent, l'un à la vidange des sirops, l'autre à la vidange de l'eau de lavage.

La deuxième et la troisième chaudière sont reliées par le haut du réchauffeur de jus C, lequel communique avec le condenseur par le tuyau Y.

L'appareil fonctionne de la manière suivante :

On met la pompe à air en fonctionnement et on ouvre le robinet d'injection d'eau au condenseur. Le vide s'établit dans les trois caisses à 24 pouces environ. On introduit du jus dans les trois chaudières en ouvrant les robinets F,F′,F″, puis lorsque l'on juge que l'on a assez de jus on ferme lesdits robinets.

On ouvre le robinet de vapeur P (ce robinet communique avec un récipient qui reçoit la vapeur d'échappement des machines de l'usine et qui porte une soupape de sureté chargée à 0 k. 600 au maximum). On chauffe alors la première chaudière, et à mesure que l'évaporation s'opère, on voit le vide baisser dans cette chaudière.

La vapeur d'échappement se condense dans la partie intertubulaire de la première chaudière, et l'eau condensée se rend par pression au récipient de retour d'eau de l'usine pour alimenter les générateurs.

La vapeur qui se dégage des jus de la 1ʳᵉ chaudière passe dans la partie intertubulaire de la 2ᵉ dont le jus entre en ébullition, le vide monte à environ 14 pouces ; les eaux condensées provenant de la vapeur qui a produit l'ébullition dans cette chaudière sont aspirées soit par une pompe à air, soit par une pompe spéciale commandée par une pompe à air.

La vapeur produite par l'ébullition du jus dans la 2ᵉ chaudière va de la même façon chauffer le jus de la troisième, et la vapeur qui se dégage de cette troisième passe dans le réchauffeur tubulaire où elle commence le chauffage du jus froid venant de la diffusion et se rendant à la carbonatation.

La vapeur sortant du réchauffeur se rend comme nous l'avons vu au condenseur et le mélange produit par la condensation est aspiré par la pompe à air.

Le régime normal de vide s'établit alors dans les trois caisses: environ 4 pouces pour la 1ʳᵉ caisse, 14 pour la 2ᵉ et 24 pour la 3ᵉ, comme il a été dit plus haut, et l'on peut alors marcher d'une manière continue.

Lorsque le sirop est arrivé au degré de concentration voulu dans la 3ᵉ chaudière (de 22° à 28° Bᵉ suivant la nature du sucre que l'on désire produire), on en vide une certaine quantité qu'on remplace par du liquide de la 2ᵉ chaudière. La 2ᵉ chaudière reçoit alors du jus de la première et celle-ci s'alimente de nouveau par le bac en charge ou la pompe à sirop.

On fait encore quelquefois l'extraction du jus de la 3ᵉ chaudière par un monte-jus qu'on emplit en le mettant en communication avec la chaudière et qu'on isole ensuite pour faire écouler le sirop, à cause du vide qui existe dans cette chaudière; mais on se sert presque généralement maintenant d'une pompe à sirop qui aspire dans la chaudière.

Avec l'emploi d'une pompe on peut régler tous les robinets et marcher d'une manière continue.

Triple-effet, système Dujardin. Lille. — Ce qui caractérise cet appareil, construit actuellement par MM. E. Wauquier et fils à Lille, c'est que l'entrée des vapeurs arrive dans chaque caisse au centre même des faisceaux tubulaires. Cette disposition permet de supprimer les chicanes, distributeurs, etc., et assure une répartition uniforme des vapeurs.

En outre, les vases de sûreté sont disposés dans les dômes des caisses; les conduits de vapeur d'une caisse à l'autre sont plus courts et ne présentent pas de coudes, ce qui a pour effet de faciliter la circulation.

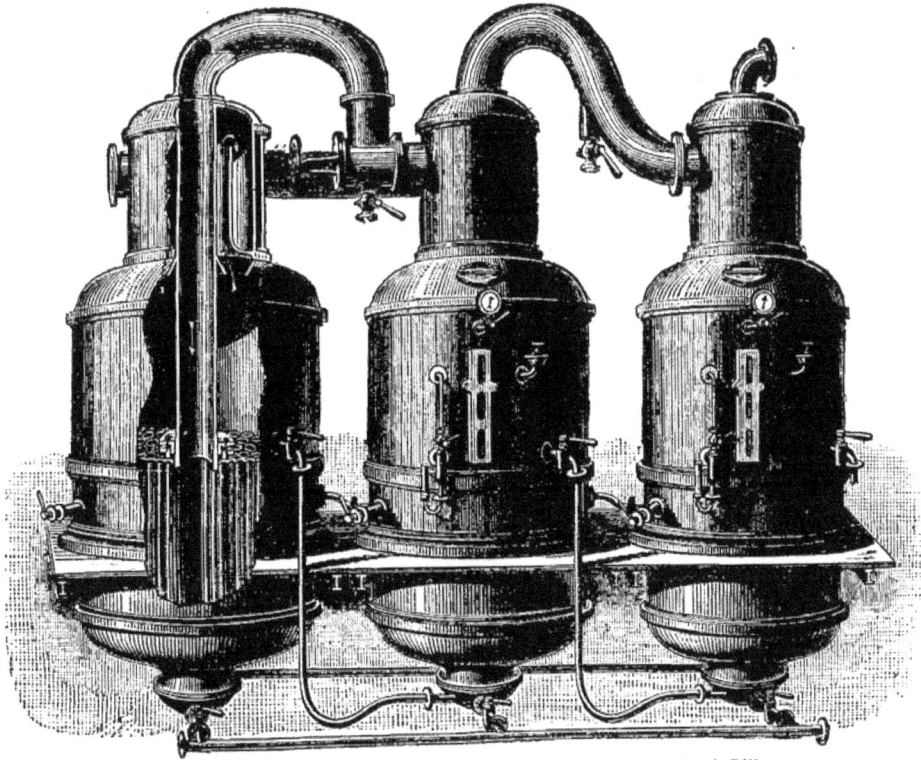

Fig. 143. — Triple-effet, système Dujardin, construction Wauquier, à Lille.

Dispositifs destinés à répartir la vapeur autour des tubes. — La répartition de la vapeur autour des tubes des chaudières se fait de manières différentes suivant les types d'appareils des différentes maisons de construction.

Dans les triples-effets de la Cᵢₑ de Fives-Lille l'enveloppe extérieure de chaque chaudière est renflée de manière à permettre l'interposition d'une enveloppe en tôle perforée entre le faisceau tubulaire et ladite enveloppe extérieure; la vapeur venant du ballon des vapeurs de retour ou de la caisse précédente remplit alors la partie annulaire formée par la tôle perforée et l'enveloppe extérieure et se distribue circonférentiellement autour des tubes.

Les établissements Cail, et d'autres maisons de construction après eux, placent autour des tubes des chicanes en tôle étamée qui forcent la vapeur à parcourir un chemin composé d'un grand nombre de lignes brisées avant de passer dans la caisse suivante ou de se rendre au condenseur. Les chicanes ont été adoptées pour faire que tous les tubes formant les faisceaux tubulaires se trouvent dans un courant de vapeur pour enlever l'ammoniaque liquide qui, sans cette précaution rongerait ces tubes.

En 1889 les établissements Cail ont présenté à l'exposition universelle un appareil porteur d'un nouveau dispositif : chaque caisse était divisée en trois secteurs indépendants destinés à recevoir la vapeur, chacun par une arrivée spéciale et branchant chacune sur une culotte distributrice ; les chicanes en tôle sont cependant conservées dans chaque secteur étant indépendantes les unes des autres.

La maison Cail a observé depuis de longues années que lorsqu'un liquide est en ébullition dans un petit vertical chauffé par l'extétérieur, il se forme à la partie inférieure de ce tube des vapeurs qui, pour se dégager soulèvent le liquide devant elles. Une partie de la longueur de ces tubes ne travaille donc plus. Par l'emploi du gros tube central, ces jus qui sont soulevés dans les petits tubes redescendent par le gros pour remplir à nouveau la partie inférieure des petits tubes et utiliser ainsi toute leur surface.

Différents procédés d'élimination des eaux de condensation. — Leur utilisation. — Leur composition. — Nous avons déjà vu comment on éliminait les eaux de condensation en décrivant la marche du triple-effet et l'appareil construit par la maison Cail ; revenons sur cette question pour donner quelques détails.

En 1868-70, de graves accidents de générateurs s'étaient produits dans plusieurs sucreries du département de l'Oise. On chercha la cause de ces accidents sans pouvoir la trouver. Cependant, un vieux contre-maître de la maison Cail, M. Mazert, disait que ces accidents étaient dus à de la poudre qu'il recueillait dans chacune des fabriques où il était appelé pour réparer les générateurs. M. Champion, consulté sur la formation de cette poudre, reconnut qu'elle était due à la combinaison de l'huile entraînée par la vapeur d'échappement en sortant des cylindres des machines, et les matières dissoutes contenues dans l'eau nouvelle qui servait à compléter l'alimentation des générateurs. La cause étant connue, il s'agissait de trouver le remède. Deux moyens se présentaient : le premier consistait à rejeter toutes les eaux de condensation des vapeurs d'échappement et de n'alimenter les générateurs qu'avec de l'eau nouvelle ; mais ce moyen réduisait l'économie de com-

bustible qu'on voulait réaliser par l'emploi du triple-effet. Le
deuxième moyen était de compléter l'alimentation avec de l'eau
distillée. L'eau distillée était à la disposition des fabricants et en
abondance dans les parties tubulaires des deuxième et troisième
chaudières des triple-effets, mais il fallait l'en extraire. M. Henri
Corbin s'est alors fait breveter pour l'emploi de siphons convenablement disposés pour sortir ces eaux de condensation des caisses tubulaires ; mais ces siphons n'étaient pas applicables à toutes les sucreries à cause de la hauteur d'écoulement de l'eau. C'est alors que
M. Jules Linard eut l'idée d'employer des pompes pour faire ce

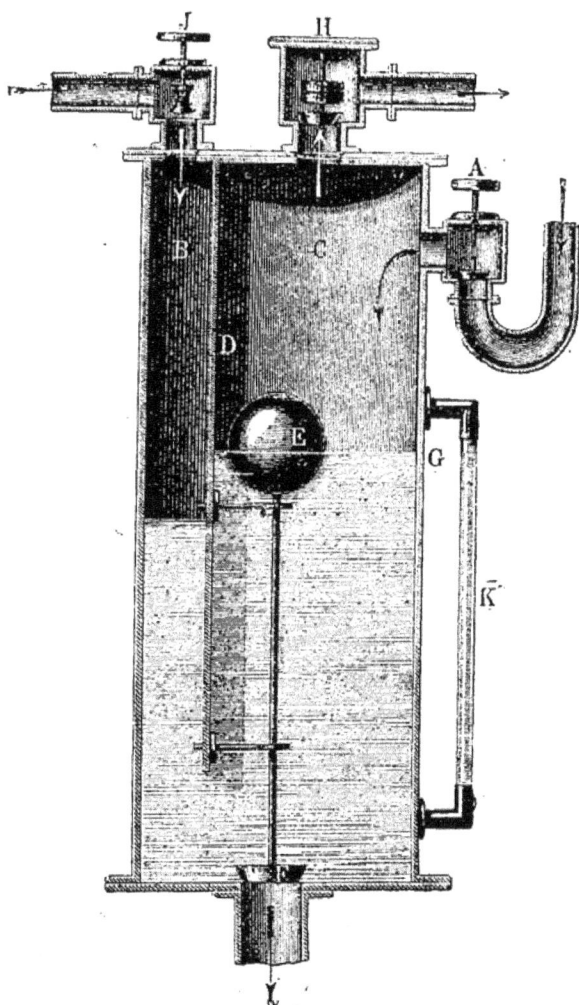

Fig. 144. — Appareil pour l'évacuation des eaux de retour.

travail, et la première pompe, dite pompe de retour, a été montée par la maison Cail en 1871 à la sucrerie de Meaux.

Cette première pompe de retour était construite comme une pompe à air.

La Cie de Fives-Lille dirige les eaux de condensation de la première chaudière dans le réservoir d'aspiration de la machine d'alimentation et celles de la 2e et de la 3e chaudière dans des récipients intermédiaires placés entre les parties tubulaires et les aspirations de la pompe à eaux de retour ; de cette manière les eaux condensées sont éliminées à mesure de leur formation et ne séjournent pas dans les parties tubulaires.

L'appareil représenté par la fig. 144 sert à l'évacuation des eaux condensées dans la partie intertubulaire des tubes du triple-effet : A est la soupape de retour, la vapeur et l'eau condensée entrent dans la chambre C, le flotteur E est destiné à rendre le niveau G constant au moyen de la soupape F qui se soulève quand le flotteur monte au-dessus de ce niveau G ; la pression soulève la soupape H qui permet la sortie des vapeurs et leur arrivée dans la caisse suivante, la chambre B et la soupape J mettent l'appareil en communication avec la partie intertubulaire de la caisse dont l'appareil reçoit les retours.

L'appareil de Kusenberg est constitué par un tube recourbé qui porte une petite soupape ; quand le tube traversé par les retours ne contient que de la vapeur, elle se ferme sous l'influence de la dilatation ; quand au contraire il contient de l'eau condensée dont la température est moins élevée par conséquent, la soupape s'ouvre.

Tous ces appareils présentent l'avantage d'extraire automatiquement l'eau condensée sans diminuer la vapeur vers la sortie de son parcours dans la partie intertubulaire.

La figure ci-contre (fig. 145), représente une pompe horizontale construite par la maison Cail et destinée à aspirer les retours d'eau des 2e et 3e caisses, elle est mue par la pompe à air du triple-effet.

La Cie de Fives-Lille fait aussi mouvoir la pompe de retour d'eau du triple-effet par la pompe à air ; cette pompe de retour est à double effet avec aspiration et refoulement séparés et à clapets mus mécaniquement pour obvier aux inconvénients que présentent les eaux chaudes au point de vue du fonctionnement des clapets ;

Fig. 145. — Pompe horizontale pour aspirer les retours d'eau des 2° et 3° caisses tubulaires de- appareils à triple-effet et mue par la pompe à air du triple-effet.

l'un des côtés de la pompe aspire les eaux condensées de la 2ᵉ caisse, l'autre celles de la 3ᵉ ; ces eaux peuvent être envoyées en des postes différents de l'usine, les unes aux générateurs, les autres aux filtres-presses.

Comme nous l'avons vu, les eaux de retour du triple-effet servent généralement à l'alimentation des générateurs, mais on emploie souvent une partie de celles de la deuxième ou de la troisième caisse pour le lavage des écumes aux filtres-presses.

Les eaux de retour du triple effet contiennent de l'ammoniaque dans des proportions variables suivant la nature des betteraves mises en œuvre et le travail à la carbonatation.

Voici les résultats de quelques essais que nous avons faits à ce sujet :

1ʳᵉ caisse ammoniaque %₀ cc. 0ᵍ002.

—	—	0 0094.	Alcalinité en ammoniaque,	0.008
—	—	0.0146	—	0.0093
2ᵉ caisse	—	»	—	0.017
—	—	»	—	0.016
—	—	0.0198	—	0.017
—	—	0.0196	—	0.017
3ᵉ caisse	—	0.0204	—	0.0182
—	—	0.0102	—	0.0073

Prise d'échantillon du sirop dans une des caisses. — Cette opération s'effectue au moyen de l'appareil d'épreuve constitué par une petite bouteille en bronze terminée par un robinet (n° 1) à la partie inférieure, et reliée avec la partie tubulaire de la caisse par deux communications placées, l'une immédiatement au-dessus du robinet dont il vient d'être question, l'autre à la partie supérieure de la bouteille ; ces deux communications portent elles-même chacune un robinet (l'inférieur n° 2, le supérieur n° 3). Pour emplir l'appareil avec du sirop contenu dans la caisse, on ferme le robinet n° 1 et on ouvre les n° 2 et n° 3 ; le régime de vide de la caisse s'établit dans la bouteille qui s'emplit de sirop ; on ferme 2 et 3, on ouvre 1 et le sirop s'écoule ; on répète l'opération jusqu'à obtention d'un échantillon suffisant.

Enlèvement des vapeurs non condensables. — Les vapeurs non condensables sont un mélange de gaz et de vapeur qui s'accumule

Fig. 146. — Vue d'ensemble d'un triple-effet avec ses ac

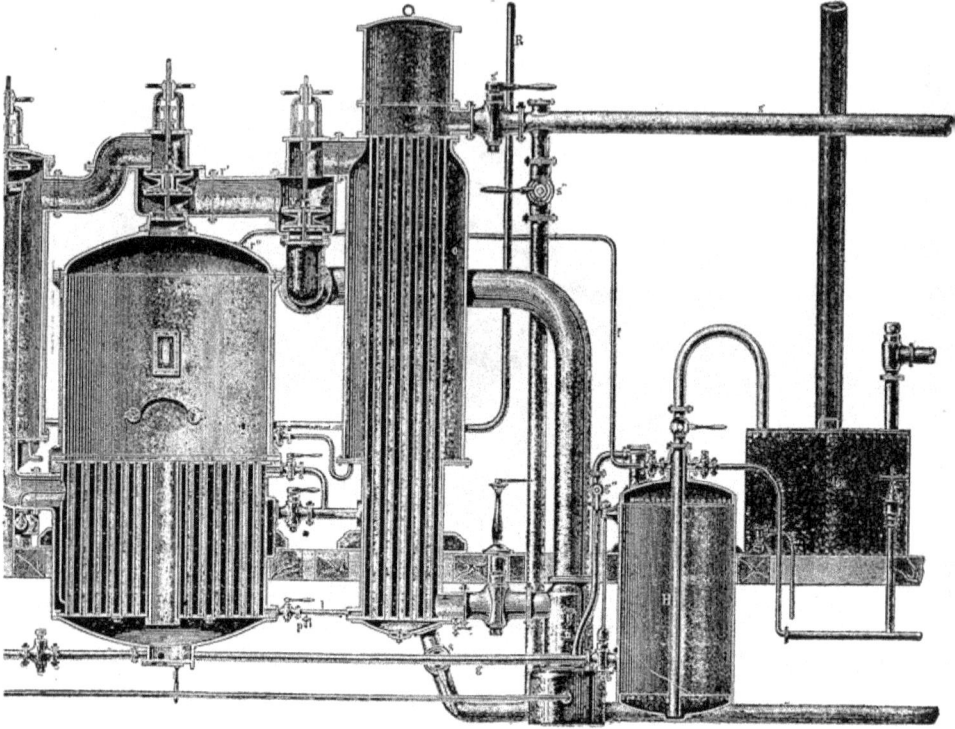

ses accessoires (p. **421**).

dans la partie supérieure des espaces intertubulaires des deuxième et troisième caisse et qui contiennent, comme les eaux de condensation de ces deux caisses, de l'ammoniaque provenant de la décomposition de certaines matières organiques du jus ; on peut les extraire de la manière que nous avons indiquée en parlant du triple-effet de la maison Cail, par les robinets R et R' correspondant avec une prise de vide ménagée au-dessous de la plaque tubulaire supérieure.

On opère parfois différemment : on laisse libres trois orifices pratiqués sur la plaque tubulaire supérieure autour du tube central et on fait communiquer ces orifices au moyen de tuyaux intérieurs avec un robinet unique placé à l'extérieur et dont l'ouverture règle la communication avec la pompe à air ; en outre de l'extraction des vapeurs ammoniacales, il y aurait appel des vapeurs de la circonférence vers le centre, ce qui favoriserait la répartition de la vapeur autour des tubes.

La figure 146 représente l'ensemble d'un triple-effet pouvant traiter 1800 kg. de jus en 24 heures ; il est muni d'un réchauffeur et se trouve en communication avec les réservoirs et les conduites de vapeur (1).

Le simple examen des conduites et des soupapes montre qu'on peut fort bien employer l'appareil comme appareil à double effet et qu'on peut isoler de la batterie le réchauffeur du jus lorsque le condenseur des vapeurs émises par le dernier corps de la batterie a besoin d'être nettoyé, ou lorsqu'on n'a plus de jus à réchauffer.

Comme la figure montre les soupapes en coupes, il est superflu de nous y arrêter ; l'ensemble de la figure est du reste facile à comprendre d'après ce qui précède. Nous nous bornerons donc à signaler quelques particularités.

On remarque que le diamètre des appareils va en augmentant du premier au troisième. Comme la tension des vapeurs va en diminuant du premier au troisième, cette disposition a pour but d'augmenter la surface de chauffe dans une proportion sensiblement égale et de la maintenir en rapport avec le volume de vapeur, de manière à ce que l'évaporation soit la même dans les trois corps de l'appareil.

(1) Le dessin de cet appareil est emprunté à l'album de M. A. Vivien, de St-Quentin.

Le réchauffage de jus se fait dans le condenseur tubulaire ou à surface *o*, le jus ou l'eau entre par *s* et sort par *s'* ; suivant la position des robinets *s*, *s' s''* on peut intercepter la communication avec le condenseur.

Les vapeurs dégagées par le 3e corps, passent par *r'* et, suivant la position du double robinet V, se rendent soit au réchauffeur de jus, soit au condenseur à injection *n*.

Sur différents points du réchauffeur se trouvent des robinets de retour, qui permettent de diriger les entraînements dans l'appareil d'évaporation ou au condenseur à injection.

Le 2e corps est également en communication avec la pompe à air par le tuyau *m*.

A côté du condenseur on voit le monte-jus H qui communique par *f* avec le système tubulaire du 3e corps et qui aspire le sirop par le tuyau *g* et les robinets *g'* et *g''* pour l'envoyer dans le réservoir D.

On distingue facilement sur la figure les tuyaux et les soupapes pour porter le sirop à l'ébullition en D, ceux d'évacuation des vapeurs et de pression de vapeur en H.

dd sont des tuyaux de vapeur pour l'introduction de vapeur directe avec les tuyaux d'échappement ou des vapeurs venant d'un autre corps de l'appareil ; *ppp* sont des robinets de prise d'échantillon de sirops et *p'* une autre prise d'essai de sirop concentré.

a est la conduite qui dirige le jus du vase collecteur A dans le triple-effet.

Ce vase collecteur est muni d'un tuyau B de dégagement des vapeurs et d'un tuyau de chauffage ; *b* est la soupape d'entrée de la vapeur, *b'* la soupape de sortie, *w* le vase de retour de l'eau condensée.

D' est le réservoir des vapeurs, duquel le tuyau G dans lequel plonge un thermomètre, conduit les vapeurs dans le 1er corps. Sur le réservoir de vapeur on voit encore le tuyau d'arrivée de la vapeur, la soupape de départ de celle-ci avec soupape de sûreté, et le tuyau *n* des eaux de condensation à fonctionnement automatique.

Signalons encore le tuyau R qui en *rr* est en communication avec le jus de chaque corps pour y introduire les eaux de lavage des écumes.

Pertes à l'évaporation ; appareils destinés à les réduire.

Les pertes en sucre à l'évaporation sont dues, soit à une cause physique : entraînement de vésicules sucrées par la vapeur et élimination du sucre entraîné ; soit à une cause chimique, c'est-à-dire à une décomposition d'une certaine quantité du sucre contenue dans le sirop.

Nous nous occuperons d'abord des pertes physiques ou pertes par entraînement et nous décrirons ensuite les appareils destinés à les réduire.

Vase de sûreté. — C'est l'appareil que l'on rencontre le plus couramment dans les installations de triple-effet ; comme nous l'avons vu, il est placé sur le passage des vapeurs de la première à la deuxième caisse et sur celui des vapeurs de la deuxième à la troisième caisse.

Il est constitué par un cylindre vertical E (voir schéma de l'appareil à triple-effet fig. 138) qui communique avec la caisse précédente par le tuyau B, lequel arrivant dans le vase un peu au dessous du niveau du tuyau B′ se rendant dans la caisse suivante, sépare le liquide entraîné, qui se rend en E, des vapeurs qui passent par le tuyau central pour se rendre dans la caisse suivante.

La Cⁱᵉ de Fives-Lille construit un vase de sûreté qu'elle place sur le parcours des vapeurs à la sortie de la troisième chaudière : Le tuyau central forme socle et repose sur le plancher, il est recouvert d'une cloche ouverte à la partie inférieure ; les particules sucrées entraînées trouvant un grand espace, comme dans le vase de sûreté ordinaire, tombent dans le fond de la calandre, tandis que les vapeurs passent sous la cloche pour remonter vers la partie supérieure du tuyau central et de là se rendre au condenseur.

Ce vase de sûreté modifié pourrait aussi être placé entre les différentes caisses du triple-effet.

La même maison place en haut des chaudières, sous la coupole, un certain nombre de cylindres perforés et de cylindres pleins concentriques de manière à faire circuler la vapeur de la circonférence vers le centre ; ils traversent le premier cylindre perforé, puis sont obligés de venir passer à la partie inférieure du cylindre plein après avoir buté contre ses parois, ce qui a provoqué l'arrêt d'une certaine quantité de vésicules sucrées ; les vapeurs débarrassées d'une certaine quantité de liquide passent par les trous du deuxième cylindre perforé, etc.

Un appareil assez communément employé maintenant pour diminuer les pertes par entraînement à l'évaporation est le *Ralentisseur Hodek*. C'est un cylindre d'un diamètre beaucoup plus

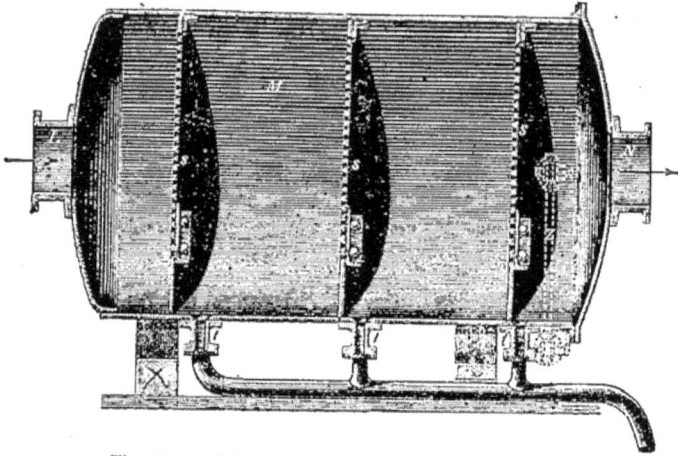

Fig. 147. — Ralentisseur Hodek. Coupe longitudinale.

grand que le tuyau qui fait communiquer soit deux caisses, soit la dernière caisse et le condenseur ; il est placé sur le parcours du tuyau de communication ; les vapeurs entrent dans cet appareil et rencontrent alternativement trois plaques perforées perpendiculaires à l'axe du ralentisseur ; la section totale des trous des plaques est plus grande que le diamètre de la conduite de la communication. Les fonds des trous des plaques forment larmiers afin de recueillir les liquides retenus ; trois tubulures rivées sur la face externe de l'appareil permettent de récolter les liquides réunis dans les deux chambres comprises entre les plaques et la chambre précédant la sortie des vapeurs ; ces liquides sont rentrés dans

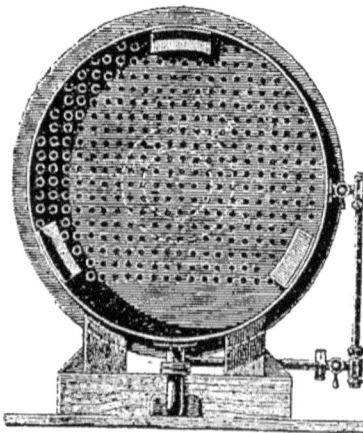

Fig. — 148. Ralentisseur Hodek. Coupe transversale.

le travail au moyen d'un tuyau collecteur. Un indicateur de niveau sert à se rendre compte de la quantité de sirop contenu dans le ralentisseur.

Certains constructeurs munissent chaque trou des plaques d'un bec recourbé.

M. Horsin Déon est partisan de supprimer les tôles perforées des ralentisseurs afin de faire disparaître les importantes pertes de charge que celles-ci occasionnent ; il cherche ensuite à quelles causes il faut attribuer l'effet utile d'un appareil Hodek ainsi modifié. En admettant comme seule cause de la précipitation des vésicules sucrées le ralentissement qui leur fait décrire une parabole, on arriverait à trouver pour un tuyau de vapeur de 100 m/m et une vitesse de 30 m., qu'il faut disposer d'un appareil de 5 m. 82 de longueur pour qu'aucune goutelette ne pénètre dans le tuyau de sortie, et cependant d'après M. Horsin Déon, 2 m. suffisent.

L'auteur cherche alors une autre cause et il croit l'avoir trouvée dans la contraction de la veine gazeuse qui se produit dans le ralentisseur et dans le fait que « les gaz s'échappant avec grande vitesse du petit tuyau de communication, laissent en arrière du cône de pénétration dans le cylindre un espace annulaire dans lequel se produit un vide relatif qui fait appel de la veine en sens inverse, et tout autour de cette veine, tendant à faire un remous aux dépens des couches externes de la veine..... Dans ce mouvement de contraction, de rapprochement des molécules gazeuses, puis de projection latérale, de diminution de pression, de ralentissement du mouvement et de tourbillonnement par rétroaction sur toute la surface périphérique du cône, les vésicules sucrées se resserrent et s'accroissent alternativement et crèvent enfin... Si l'on joint à cela l'action de la pesanteur sur les gouttelettes formées et les trajectoires paraboliques qu'elles décrivent, on voit que les vésicules occupant la périphérie sont bientôt entraînées dans le mouvement rétrograde » (1).

Le ralentisseur Hodek peut aussi être disposé verticalement comme l'indique la figure 149, le tube venant de la caisse précédente entre alors en partie dans l'appareil et aboutit sous une cloche renversée destinée à répartir les vapeurs.

(1) Voir la note complète de M. Horsin-Déon. *Bulletin association des chimistes de sucrerie et de distillerie de France*, n° 2 Tome X.

Condenseur à choc. — On a proposé d'appliquer à l'évaporation des liquides sucrés un condenseur à choc destiné dans le principe à dégraisser la vapeur : C'est un cylindre d'un diamètre triple ou quadruple du tuyau d'arrivée de vapeur qui a son débouché vers le milieu de l'appareil, et est terminé en dents de scie ; les vésicules liquides s'amassent à leur extrémité et tombent dans un double fond. La vapeur se dirige alors horizontalement à travers quatre grilles cylindriques à barreaux évidés, puis elle chemine verticalement de bas en haut en traversant deux larmiers qui retiennent l'eau de condensation et sort finalement de l'appareil. D'après M. Courtonne on n'aurait observé aucune perte de charge à la sortie. Nous ignorons les *résultats fournis* par cet appareil au point de vue du désucrage de la vapeur.

Fig. 149. — Ralentisseur Hodek, position verticale.

Désucreur Vivien. — M. A. Vivien, de Saint Quentin, a fait breveter un nouveau moyen permettant de diminuer les pertes par entraînement, et reposant sur un refroidissement partiel des vapeurs de façon à condenser les vésicules et amener formation d'une petite pluie qui, en tombant, balaye la veine de vapeur et la nettoye.

Les fig. 150-151 montrent une disposition de refroidissement par l'air extérieur. Les vases de sûreté sont supprimés et remplacés par des récipients en tôle munis ou non de chicanes jouant le rôle de condenseur AB et C (fig. 151) ayant de deux à quatre mètres de hauteur et environ un à deux mètres de diamètre, ou toute autre dimension facile à calculer suivant la forme des appareils d'évaporation et les sections de passage qui sont nécessaires.

Chacun de ces récipients est enfermé dans un lanterneau muni de fenêtres ouvrantes et dépassant le toit de l'usine. Des courants

d'air peuvent être établis pour maintenir une température plus ou
moins basse autour de chacun d'eux. Il faut, en effet, qu'on ait à
volonté un refroidissement plus ou moins intense pour chaque
caisse d'évaporation puisque les vapeurs n'y sont pas à la même
température.

Le refroidissement de la vapeur peut être obtenu par un courant
d'eau ou tout autre liquide, tel par exemple que le sirop sortant
de la dernière caisse d'évaporation en le faisant passer isolément ou successivement soit autour, soit à l'intérieur du désucreur, à l'aide de serpentins ou d'un faisceau tubulaire approprié

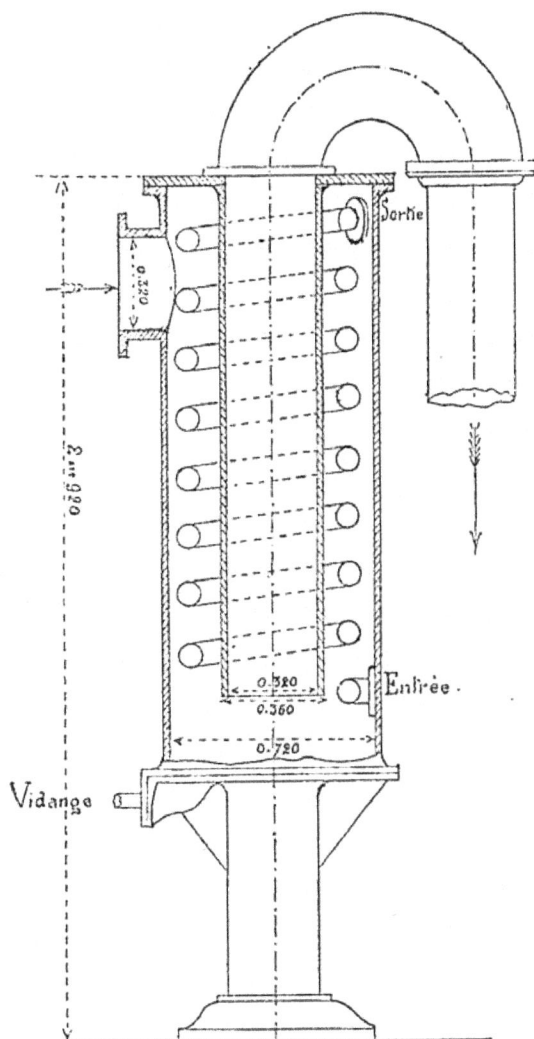

Fig. 150. — Désucreur A. Vivien.

et appliqué à chacun des vases formant ces condenseurs partiels. Ou bien on peut remplacer le liquide par un gaz, tel que l'air refroidi ou non qui, en circulant dans les doubles enveloppes, serpentins ou autres, amènera une condensation en s'échauffant.

La circulation successive d'un fluide du dernier condenseur au premier a pour avantage important d'établir méthodiquement la chute de température la plus convenable et de donner un fluide échauffé au maximum de température. C'est avantageux dans beaucoup de cas.

Ainsi en sucrerie, en se servant de sirop sortant de la dernière caisse d'évaporation pour opérer le refroidissement, il entre au dernier condenseur désucreur à 60° environ, en sort à 70°, puis rentre dans les désucreurs suivants pour en sortir à 80°, puis enfin à 90° dans le cas d'un appareil à triple-effet. On obtient ainsi une utilisation de la chaleur tout en produisant l'effet de condensation partielle qui permet de récupérer le sucre. Il n'y a plus de perte de chaleur et tout est profit, le sirop sortant de la dernière caisse devant être réchauffé pour être filtré.

Dans le cas d'installation d'appareils à serpentin ou tubulaire pour refroidissement, il n'est pas nécessaire de rehausser le toit et d'établir un lanterneau puisque le refroidissement n'a plus lieu par l'air extérieur.

M. Vivien a étudié une disposition qui permet d'appliquer le principe de désucrage en question tout en conservant la disposition actuelle des appareils.

Au lieu de supprimer les vases de sûreté existant, il les conserve et installe dedans un serpentin ou un faisceau tubulaire (fig. 151) pour la circulation de l'eau ou de tout autre fluide, liquide ou gazeux à chauffer ; une ou plusieurs cloisons placées convenablement forcent la vapeur à lécher toutes les parties du serpentin.

En sucrerie, on peut y faire circuler le sirop à réchauffer et le faire passer méthodiquement du dernier vase de sûreté dans le premier pour avoir un échauffement progressif. Les vapeurs sucrées condensées passent par l'éprouvette de contrôle décrite ci-dessous et rentrent à l'appareil d'évaporation. Ou bien comme elles sont très chargées d'ammoniaque, on peut les recevoir isolément en vue d'en séparer les produits ammoniacaux par distillation ou tout autre moyen.

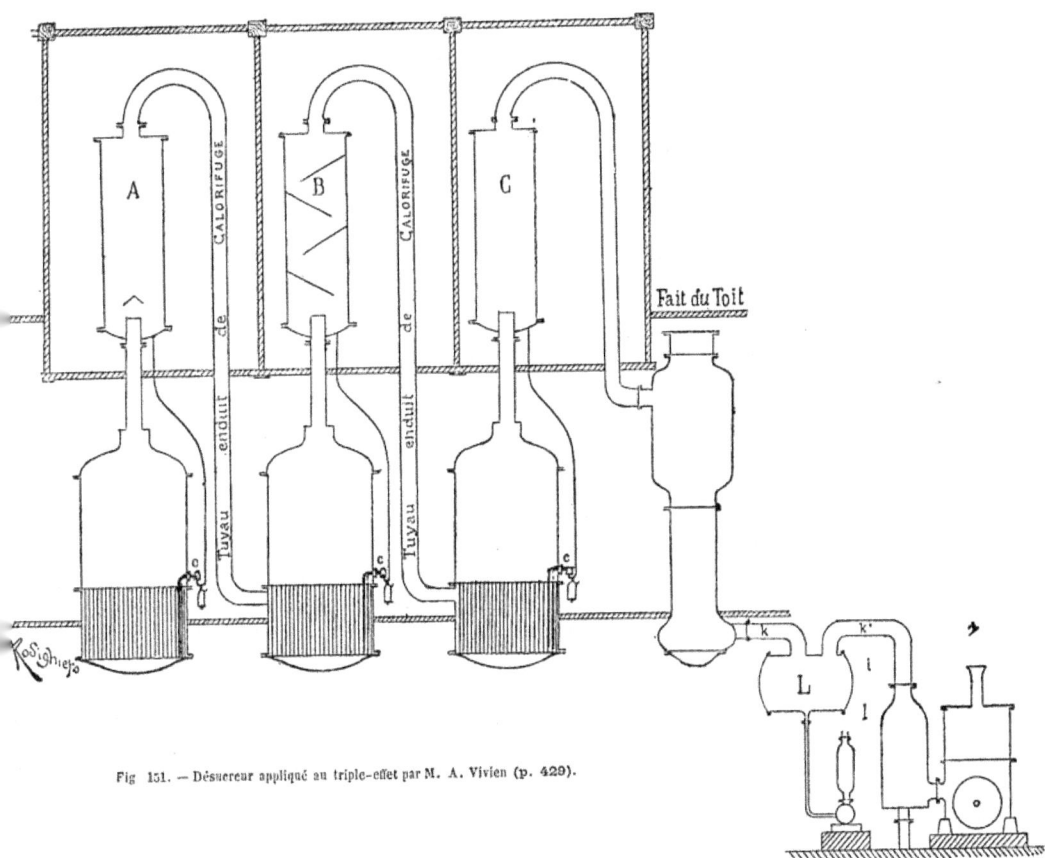

Fig 151. — Désucreur appliqué au triple-effet par M. A. Vivien (p. 429).

Dans le cas où on opère par distillation on peut ajouter un peu de chaux aux liquides recueillis et on récupère l'ammoniaque, la solution ou eau mère est jetée ou utilisée à la carbonatation s'il y a du sucre avec l'ammoniaque.

Au lieu de distiller on peut récupérer l'ammoniaque par réaction chimique : par exemple en le précipitant à l'état de phosphate ammoniaco-magnésien, filtrant et faisant rentrer le sucre dans le travail de l'usine, ou en le combinant à un acide quelconque par absorption des vapeurs ou par voie de dyalise, etc., mais en opérant de façon à avoir les produits condensés dans le cas où il y en a plusieurs.

Pour régler le refroidissement, M. Vivien installe sur le tuyau qui ramène le liquide condensé à la caisse d'évaporation une éprouvette à cloche de verre C' (fig. 151) portant un thermomètre et un densimètre pour contrôler à chaque instant la densité et la température des liquides condensés et régler le refroidissement. Quand la densité et la température sont trop basses on ralentit la condensation. Pour le bien, on doit faire rentrer dans chaque caisse par un tuyau plongeant ou autre, des liquides à une densité égale aux deux tiers environ de celle du liquide qui s'y trouve.

Un cylindre en cuivre D d'une capacité connue (cinq litres par exemple), installé sur chaque rentrée, permet de cuber le volume de liquide condensé par vingt quatre heures et d'en faire l'analyse.

Les vapeurs sortant de la dernière caisse de l'appareil d'évaporation passent généralement par le réchauffeur. Il y a là une forte condensation et des quantités importantes de sucre ou autres corps entraînés à l'état vésiculaire y sont condensés.

En industrie actuellement, ces eaux sont perdues et la quantité en est importante. Pour les recueillir, M. Vivien propose de couper le tuyau KK' ne faisant qu'un actuellement, et d'interposer un récipient L où se réunit l'eau de condensation. Une pompe l'aspire et la refoule pour servir au désucrage des écumes ou à la diffusion d'après le système Mariolle frères, ou à tout autre usage permettant de récupérer le sucre qu'elle contient.

Pour retenir les vésicules sucrées entraînées, Hermann Schmid place au-dessus des caisses du triple-effet un dôme dans lequel les vapeurs arrivent par un tuyau central et se rendent ensuite

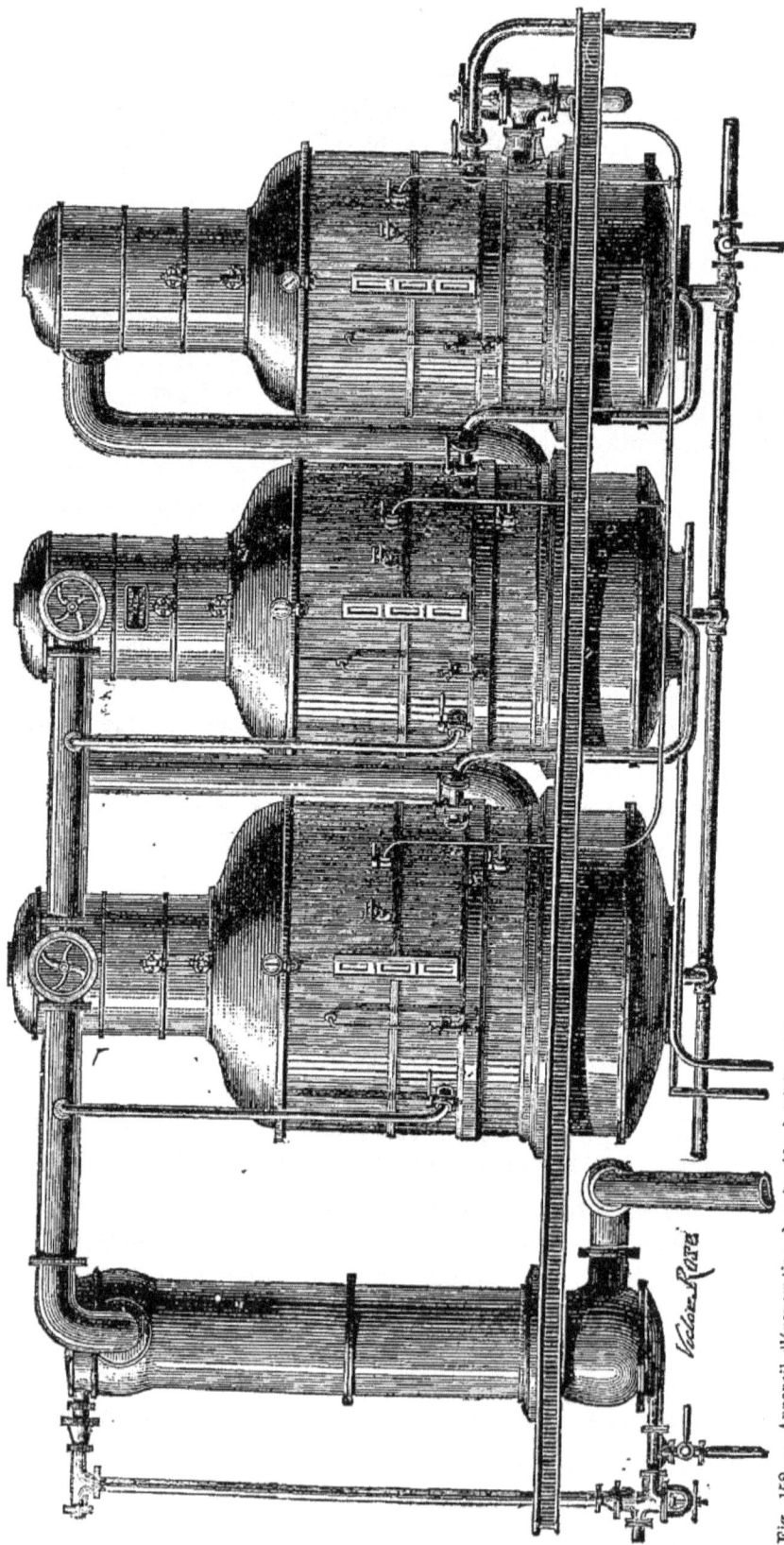

Fig. 152. — Appareil d'évaporation dans le vide, à triple-effet, pour concentrer le jus, avec condenseur tubulaire réchauffeur de jus. (Les vases de sûreté sont placés sur les chaudières). Système Cail.

dans un tuyau circulaire dont la section d'abord carrée, devient de plus en plus étroite et enfin très étroite après un tour complet ; la sortie s'effectue dans le dôme par une ouverture qui occupe toute sa hauteur, et les vapeurs sortent enfin du dôme en passant au travers d'un tamis.

M. Emile Leclercq a imaginé un appareil destiné à empêcher les pertes par enlèvement brusque : il place sur la chaudière un réservoir cylindrique muni d'un flotteur équilibré par un contre-poids ; ce flotteur se lève dans le cas d'un enlèvement brusque et fait obturateur, ce qui isole de la caisse suivante celle qui porte l'appareil, le vide de la pompe à air ne s'exerçant plus, l'ébullition devient moins tumultueuse.

Pour remettre l'évaporation en marche il suffit d'agir sur le contre-poids pour faire descendre le flotteur.

Nous mentionnons cet appareil, mais tout en ignorant s'il a donné de bons résultats.

Les appareils destinés à diminuer les pertes par entraînement, peuvent être disposés de différentes manières ; les vases de sûreté, par exemple, ne sont pas toujours placés comme nous l'avons indiqué, ils peuvent être situés directement sur les appareils comme l'indique la figure 152.

M. Battut divise en deux catégories les appareils destinés à diminuer les pertes par entraînements à l'évaporation : les premiers, comme l'appareil Emile Leclercq, sont destinés à remédier aux enlèvements brusques ; dans ces appareils le réservoir doit pouvoir contenir sûrement tout le liquide provenant de l'enlèvement le plus considérable qui puisse se produire ; les seconds, comme le ralentisseur Hodek, ont pour but de remédier aux entraînements réguliers.

Le même auteur a trouvé avec un triple-effet ordinaire à marche un peu forcée et à vase de sûreté de taille moyenne, 0,0445 de sucre p. 100 cc d'eau de la pompe à air, soit 0,089 p. 100 des betteraves.

M. Brooks Hovey a trouvé une perte de sucre de 360 kg. par jour de travail avec un double effet capable d'évaporer 120 hectolitres d'eau, sur 750 hectolitres d'eau de condensation.

M. Battut ne tient compte, dans le chiffre que nous avons donné, que des entraînements par les eaux de la pompe à air ; nous sommes persuadés que pour la plupart des usines il y aurait encore lieu de tenir compte du sucre contenu dans les eaux de retour du fait des entraînements d'une caisse à l'autre, et quelquefois de fuites de l'appareil.

Voici par exemple des renseignements moyens pour une usine dans laquelle des analyses ont été faites tous les jours :

Eaux de retour de la 2ᵉ caisse........	0 ^{gr} 0053	% cc.
— 3ᵉ —	0 0399	% cc.
Eaux de la pompe à air du triple-effet.	0 00951	% cc.

L'usine en question possède un triple-effet avec deux vases de sûreté et un réchauffeur de jus.

Comme les pertes par entraînement, les pertes chimiques, c'est-à-dire des pertes par destruction de sucre, varient suivant les usines. Les avis des savants et des praticiens qui se sont occupés de cette question pourront nous en donner une idée.

M. Lalo a trouvé que les pertes augmentaient à mesure que la fabrication avançait, c'est-à-dire à mesure que les betteraves travaillées étaient moins bien conservées; il indique comme pertes à l'évaporation jusqu'au point de cuite les chiffres suivants :

23 octobre.	Perte :	0,44 % kilog. de betteraves.
30 —	—	0,60 —
20 décembre.	—	0,77 —
8 janvier.	—	1,86 —

M. Battut a trouvé de son côté :

Campagne 87-88............	Perte :	0,33 à 0,44
— 88-89..............	—	0,18 à 0,27
— 89-90.............	—	0,15 à 0,22

D'après M. Pellet la quantité de sucre transformé à l'évaporation est de 0.15 0/0 cc. de jus.

M. Breton, dans un mémoire présenté à l'association des chimistes, arrive à conclure que les pertes à l'évaporation sont négligeables quand celle-ci est rapide ; il base son opinion sur ce qu'il a trouvé peu de différence entre les coefficients potassiques des jus et des sirops.

M. Battut de son côté a soumis cette question à une étude approfondie ; son travail a été couronné par l'association des chimistes. Nous résumons dans les lignes suivantes la partie de son mémoire relative aux pertes chimiques :

L'auteur commence par l'étude des pertes par fermentation, dues à des appareils trop grands et exigeant par conséquent un long séjour des jus dans le triple-effet, à une filtration défectueuse entraînant l'encrassement rapide des tubes, à l'emploi d'un excès de graisse de mauvaise qualité pour l'émoussage.

Le tableau suivant montre la diminution d'alcalinité en KO et NaO progressive avec l'encrassement des tubes entre deux nettoyages.

OBSERVATIONS	DIMINUTIONS SUCCESSIVES D'ALCALINITÉ									
	1er jour	2e jour	3e jour	4e jour	5e jour	6e jour	7e jour	8e jour	9e jour	10e jour
1. Après liquidation des jus ; marche normale, 2e tiers de la fabrication.	0.005	0.022	0.040	0.057	0.070	0.085	0.100	0.127	0.155	»
2. Sans liquidation, arrêt accidentel le 4e jour, 3e tiers de la fabrication.	0.020	0.028	0.038	0.060	0.073	0.100	0.140	0.162	0.190	»
3. Après liquidation, arrêt accidentel le 6e jour, fin de la fabrication ...	0.000	0.010	0.021	0 027	0.051	0.100	0.120	0.444	0.201	»
4. Après liquidation partielle, marche normale, commencement de la fabrication	0.002	0.007	0.019	0.033	0.042	0.050	0.070	0.091	0.108	0.130
5. Sans liquidation, après arrêt de 4 heures.....................	0.015	0.035	0.051	0.070	0.092	0.115	»	»	»	»
6. Sans liquidation, marche normale.....................	0.012	0.027	0.043	0.052	0.071	0.080	»	»	»	»
7. Liquidation partielle, marche normale	0.000	0.007	0.020	0.031	0.041	0.060	»	»	»	»
8. Après liquidation, arrêt de 4 h. le 3e jour pour cause accidentelle.	0.000	0.011	0.019	0.053	0.091	0.114	0.170	»	»	»
9. Sans liquidation, pour arrêt accidentel d'une durée totale de 6 heures.....................	0.028	0.048	0.100	0.169	»	»	»	»	»	»
10. Après liquidation, marche normale	0.004	0.010	0.019	0.035	0.047	0.052	»	»	»	»

Pour évaluer la perte d'alcalinité en potasse et en soude, M. Battut opère de la manière suivante : il détermine soigneusement sur le jus entrant au triple-effet l'alcalinité totale moyenne, la densité et la teneur en ammoniaque, cette dernière par le procédé Boussingault.

L'alcalinité totale, déduction faite de l'ammoniaque, donne l'alcalinité potasse et soude, plus celle afférente à la chaux libre,

28

s'il y en a accidentellement ; cette alcalinité doit être diminuée de la perte constatée d'autre part sous l'influence de la chaleur et de la séparation de quelques sels calcaires pendant l'évaporation, laquelle, comptée en chaux p. 100 cc, varie dans nos essais de 0 gr. 023 à 0 gr. 041. Sur le sirop sortant de la dernière caisse et ramené à la densité initiale, on dose l'alcalinité restante ; en marche normale, on doit arriver à reconstituer l'alcalinité primitive à 0,030 à 0,040 près p. 100 cc. Dès qu'il se produit un abaissement plus considérable, on peut en conclure sûrement qu'il y a fermentation.

M. Battut croit se trouver en présence des fermentations lactique et butyrique ; il examine ensuite la destruction de sucre par fermentation accompagnée de formation de *leuconostoc mésentéroïdes* ou frai de grenouilles ; il a maintenu pendant deux jours à l'étuve à 65° du sirop contenant du leuconostoc, il y a eu accroissement de ces derniers et l'analyse a accusé au cours de la végétation pour 100 gr. :

Acide carbonique......................	0,277
Dextrane..............................	16,300
Acide lactique........................	1,061
Leuconostoc tel quel..................	5,000
Ce dernier correspond à matière sèche........	0,304

Le sucre initial avait disparu dans la proportion de 75 0/0 ; un sirop normal placé dans les mêmes conditions pendant un même laps de temps accuse à peine des traces d'altération.

En ce qui concerne les pertes en sucre par destruction sous l'influence de la chaleur, M. Battut a trouvé p. 100 kg de betteraves une perte moyenne de 0 k 0924. Nous reviendrons sur ce sujet au chapitre analyses et contrôle.

D'après M. Horsin Déon, les appareils ne doivent pas être trop grands, afin que le jus ne séjourne pas longtemps dans les caisses, sinon il y a coloration due surtout à l'ébullition prolongée en présence d'incrustations ; on devrait, dit notre collègue, et nous partageons son avis, filtrer entre la 3e et la 4e caisse si l'on possède un quadruple-effet. Nous pensons même qu'avec un triple-effet on devrait, comme nous l'avons déjà dit, filtrer entre la 2e et la 3e caisse.

M. Horsin Déon ne craint pas pour le jus dans la première caisse une température de 112 à 120° : il ajoute que la coloration n'est peut-être pas un signe d'altération. M. Weisberg ne partage pas cet avis ; il estime que la température ne doit pas dépasser 108°, vu que les hautes températures sont plus nuisibles sur des jus concentrés que sur des jus de faible densité, mais que cependant il faut les éviter avec ces derniers.

En résumé, pour diminuer autant que possible les pertes par destruction du sucre, il faut nettoyer souvent le triple-effet comme il sera indiqué ultérieurement ; introduire peu de jus dans les caisses, soit environ la quantité nécessaire pour remplir la moitié des tubes, afin de ne pas le laisser séjourner longtemps dans chaque chaudière ; éviter des températures élevées ; employer à la carbonatation et à l'évaporation le moins de graisse possible mais de bonne qualité, du beurre de coco par exemple.

Vidange du sirop. — Comme nous l'avons dit en décrivant le triple-effet de la maison Cail, la vidange des sirops de la dernière caisse se fait, soit au moyen d'un monte-jus, soit au moyen d'une pompe. Dans certaines installations on a adopté un autre dispositif : la 3ᵉ caisse peut être mise en communication avec un récipient cylindrique sur lequel se trouve l'aspiration de la pompe chargée d'élever les sirops : un indicateur fait connaître le niveau du sirop dans l'appareil, lequel comporte en outre un robinet de communication avec la dernière caisse, une soupape de vidange et un robinet à deux eaux qui permet le remplissage du vase en le mettant en communication avec le vide de la chaudière, ou sa vidange en supprimant cette communication et en laissant la pression atmosphérique s'exercer dans le récipient.

La figure 153 montre un système de deux pompes construites par la maison Cail, l'une destinée à l'alimentation de jus de la première caisse, l'autre à la vidange des sirops de la dernière caisse du triple-effet ; le tout est mu au moyen d'engrenages par la pompe à air du triple-effet. Ces pompes fournissent un bon travail.

La maison Cail construisait autrefois les pompes de retour de triple-effet avec un mouvement mécanique de clapets d'aspiration ; mais elle a reconnu qu'il y avait lieu d'abandonner ce mode de

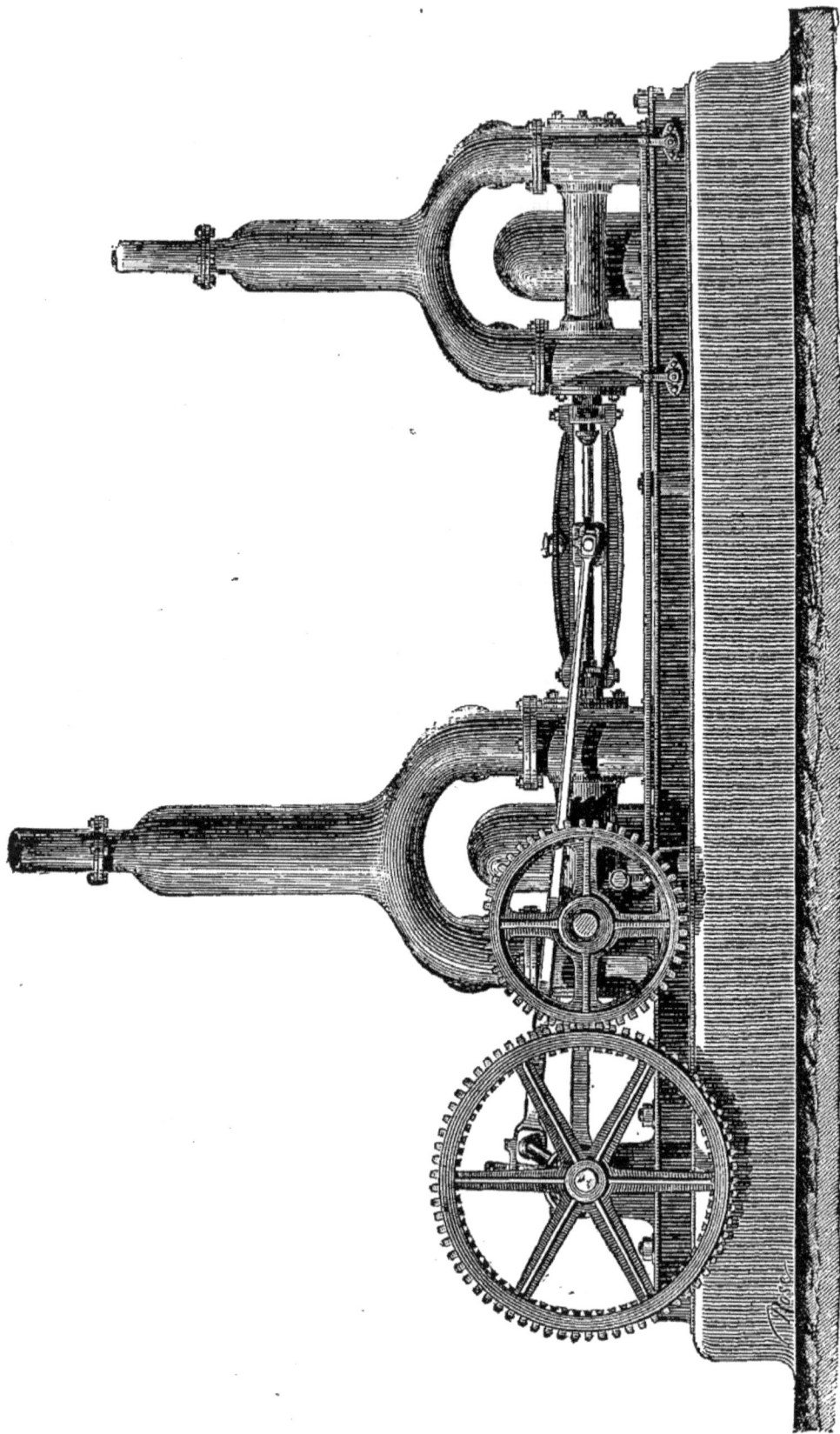

Fig. 153. — Système de pompes à jus et à sirops pour alimentation et vidange du triple–effet, mu par la pompe à air du triple–effet, construction Cail.

construction, parce que les rentrées d'air se faisaient très facilement par les presses-étoupes des tiges de manœuvre de ces clapets, ce qui empêchait l'appareil de fonctionner.

Les pompes à jus et à sirops construites par la Cie de Fives-Lille sont, comme les pompes à eaux de retour, munies de clapets mus mécaniquement, elles sont en outre à double effet.

Alimentation automatique. — Certains appareils permettent d'alimenter automatiquement de jus la première caisse du triple-effet. M. J. Dolignon construit un appareil qui permet en même temps d'avoir toujours un niveau constant dans la caisse, indépendamment de la vigilance de l'évaporeur.

Condenseurs

Les condenseurs peuvent affecter des dispositions très différentes ; nous allons en décrire quelques types :

1° Un cylindre en fonte à l'intérieur duquel se trouve un tuyau perforé, généralement en cuivre rouge, porte à sa partie supérieure la tubulure d'arrivée des vapeurs et à sa partie inférieure la tubulure du tuyau d'aspiration de la pompe à air ; le tuyau perforé vient aboutir par le bas à une tubulure sur laquelle est fixée à l'extérieur de l'appareil un robinet qui permet de régler l'arrivée d'eau dans le condenseur ; cette eau passe au travers des trous du tube perforé et condense les vapeurs aspirées par la pompe à air.

Cet appareil est défectueux en ce sens que les trous du tube se bouchent rapidement et s'opposent dès lors à l'introduction d'une quantité d'eau suffisante. Nous préférons de beaucoup l'appareil suivant :

Condenseur à cône d'injection. — Ce condenseur est renflé dans sa partie médiane ; comme dans le précédent l'arrivée des vapeurs se fait par le haut et l'aspiration de la pompe à air par le bas ; le tube perforé est remplacé par un tube plein, ouvert à sa partie supérieure, sur les bords de laquelle vient s'appliquer un cône mobile renversé que l'on peut manœuvrer de l'intérieur de manière à régler le débit de l'eau d'injection ; la nappe d'eau qui se projette jusque sur la paroi de la partie renflée de l'appareil doit être traversée complètement par les vapeurs. Cette disposition permet, malgré l'encrassement du cône et des bords supérieurs du tuyau, de pouvoir injecter la quantité d'eau voulue en éloignant comme cela est nécessaire le cône du bord supérieur du tuyau.

Pour un condenseur de 950 de diamètre dans la partie renflée, on admet un tuyau d'injection d'eau de 140, un tuyau d'arrivée de vapeurs de 440, et d'aspiration de la pompe à air de 440.

Condenseur barométrique. — Nous avons indiqué au commencement de ce chapitre en décrivant l'appareil de Trappe et Souvoir-Gaspard, le principe du condenseur barométrique. Il est évident que tous les dispositifs tels que cône d'injection, projection centrifuge peuvent être employés pour produire l'injection de l'eau dans les condenseurs barométriques.

Nous allons encore décrire brièvement quelques dispositifs de condenseurs. Celui représenté par la figure 154 fonctionne de la

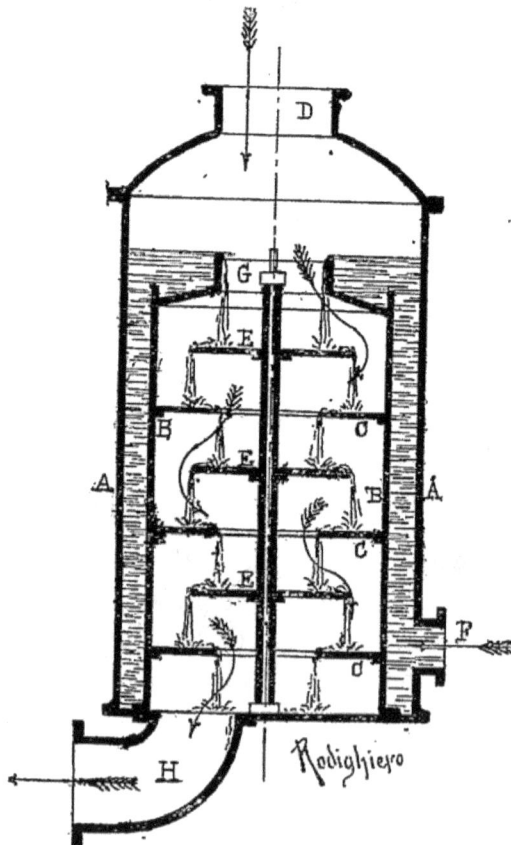

Fig. 154. — Condenseur barométrique.

manière suivante : L'eau d'injection arrive par F remplit la partie
annulaire placée entre les récipients A et B et se déverse par G
sur un premier disque plein E, et de là sur une première couronne
C, puis sur un 2e disque E et ainsi de suite, les vapeurs à condenser arrivent par D, entrent en G et suivent le même trajet que l'eau ;
l'aspiration de la pompe à air se fait en H.

Nous représentons enfin un condenseur dit débourbeur : les
vapeurs entrent en A, l'eau d'injection en B et le tout suit le chemin indiqué par les flèches pour se rendre par C à la pompe à air ;
les dépôts se fixent dans les anfractuosités D, tandis que les
lumières qui laissent passer l'eau et la vapeur sont placés en
quinconce.

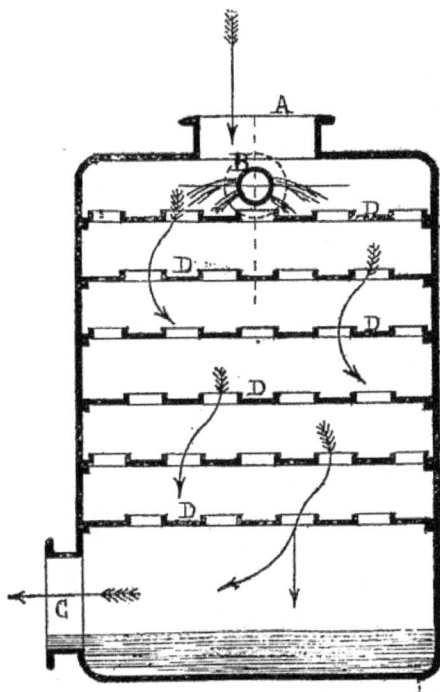

Fig. 155. — Condenseur débourbeur.

Condensation fractionnée.

Pour avoir un bon rendement avec les appareils d'évaporation,
il faut obtenir un vide aussi puissant que possible. On y arrive
en employant des pompes à air puissantes et de l'eau aussi froide

que possible. Mais en sucrerie on a besoin d'eau chaude soit pour laver les betteraves lorsqu'elles sont gelées, soit pour alimenter la diffusion, et il a paru tout naturel d'utiliser pour ces divers usages les eaux ayant servi à effectuer la condensation de la vapeur.

On se trouve alors dans l'obligation de mettre peu d'eau au condenseur pour avoir de l'eau la plus chaude possible, tandis qu'on devrait en mettre un grand excès pour qu'elle sorte la plus froide possible pour avoir le maximum de vide.

MM. Dervaux et Vivien ont fait breveter le 30 juin 1890, la disposition suivante consistant en principe à opérer la condensation par injection directe, de façon à avoir à chaque phase de la condensation de l'eau à la température voulue et en quantité suffisante pour les usages auxquels elle est destinée.

Supposons le cas d'un triple-effet ayant 270 mètres carrés de surface de chauffe et muni d'une pompe à air de 400 millimètres de diamètre et 500 de course. Les vapeurs de la troisième caisse vont actuellement directement à l'injecteur de la pompe à air.

Ces messieurs suppriment cette communication directe et font passer d'abord les vapeurs par un autre condenseur alimenté avec de l'eau froide ou de l'eau déjà chaude sortant de la pompe à air et qui a servi à condenser les vapeurs ayant échappé à la première condensation. La pompe à air devient ainsi le second condenseur; elle est alimentée par de l'eau bien froide et permet d'obtenir un vide plus considérable.

En outre, l'eau du second condenseur étant moins chaude, sera plus facilement refroidie pour servir à nouveau s'il y a lieu.

Le premier condenseur peut être disposé à la façon d'un condenseur barométrique, c'est-à-dire être constitué par un tube d'une hauteur suffisante pour que l'eau de condensation descende complètement par le tube barométrique et que l'air ne rentre en aucun cas; ce condenseur sera muni d'un injecteur à la partie supérieure amenant l'eau à échauffer. La vapeur non condensée continue sa marche vers la pompe à air qui l'attire, tandis que l'eau chaude de condensation sort à la partie inférieure et s'accumule dans un réservoir où elle se clarifie par décantation.

L'eau épurée et chaude se rend dans un second réservoir où une pompe l'aspire pour l'envoyer là où l'on en a besoin, à la diffusion par exemple.

Un flotteur actionné par le niveau de l'eau du réservoir du condenseur barométrique sert à régler l'injection d'eau pour la première condensation de façon à ne chauffer que l'eau dont on a besoin et l'obtenir à son maximum de chaleur.

Quand on veut se servir de l'eau déjà échauffée par la seconde condensation, on peut prendre telle disposition qu'on juge utile pour que, par aspiration directe si la hauteur n'est pas grande, soit par une pompe, on fasse arriver l'eau déjà chauffée à l'injecteur du premier condenseur. Cette disposition est utilisable dans beaucoup de circonstances.

Dans le cas d'eaux incrustantes, la majeure partie des dépôts se forme dans le premier condenseur et le débourbeur, et l'eau chaude ainsi obtenue étant épurée, sinon complètement au moins en grande partie, ne produit plus les inconvénients des eaux calcaires. C'est important, notamment quand on se sert de ces eaux pour alimenter les générateurs.

L'injecteur du premier condenseur devra donc être disposé comme les condenseurs à surface par exemple, c'est-à-dire disposé pour fonctionner régulièrement quelle que soit l'incrustation.

La disposition brevetée par MM. Dervaux et Vivien et que nous venons de décrire permet de récupérer une partie de la chaleur qu'on perd à la sortie des appareils d'évaporation et de cuite.

On sait qu'un kilog. de vapeur entrant dans la première caisse du triple-effet ou dans le serpentin d'une cuite, donne sensiblement un kilog. de vapeur provenant de l'évaporation du jus. La vapeur produite dans le premier corps du triple-effet engendre une quantité de vapeur sensiblement égale dans le second corps et ainsi de suite ; si bien qu'on peut dire qu'on perd à la sortie du triple-effet ou de la cuite un poids de vapeur presque égale à celui introduit dans l'un ou l'autre de ces appareils.

La chaleur totale d'un kilog. de vapeur pris à 5 atmosphères est de 653°, tandis que la chaleur totale d'un kilog. de vapeur à 0 atm. 2 prise à la sortie de la troisième caisse est de 625°. La différence est minime et on peut dire qu'on perd au moins 95 0/0 de la chaleur introduite en n'utilisant pas la vapeur sortant des appareils de cuite et d'évaporation.

Voici comment M. Vivien calcule l'économie réalisée par l'interposition d'un condenseur barométrique :

« Supposons un appareil d'évaporation à triple-effet pour une fabrique travaillant 100.000 kilos de betteraves et faisant 1200 hectolitres de jus par 24 heures.

« La quantité d'eau à vaporiser sera environ de 1000 hectolitres et la quantité de vapeur entrant au triple effet sera de $\frac{100.000}{3}$ = 33.333 kg. 33 théoriquement, soit pratiquement 35.000 kilog à 110° représentant 35.000 × 640 c. = 22.400.000 calories.

« Si l'on dispose d'un condenseur réchauffeur appliqué au chauffage du jus sortant de la diffusion et allant à la carbonatation, on pourra relever la température du jus d'environ 20°, ce qui permettra d'utiliser 120.000 × 20 = 2.400.000 calories représentant $\frac{2.400.000}{5000}$ = 480 kilog de charbon environ, en supposant qu'un litre de jus exige la même chaleur qu'un litre d'eau, ce qui n'est pas éloigné de la réalité.

« Il restera disponible (22.400.000 — 2.400.000) = 20.000.000 calories correspondant à $\frac{20.000.000}{5000}$ = 4000 kilog de charbon au minimum.

« En employant le système de la condensation fractionnée, on en verra dans le premier condenseur l'eau nécessaire à la diffusion par exemple, soit 2.500 hectolitres. Elle y entrera à 10° et en sortira à 50°, soit 40° de température de gagnés, ou 250.000 × 40 = 10.000.000° correspondant à une économie de 2000 kilog de charbon.

« Quand on aura des betteraves gelées à travailler, au lieu d'ajouter un jet de vapeur dans les laveurs, on pourra faire passer plus d'eau par le premier condenseur de façon à chauffer à 50° toute l'eau nécessaire au lavage, soit 200 hectolitres ; on réalisera de ce chef une nouvelle économie de 20.000 × 40 = 800.000 c. ou 160 kilog. de charbon.

« En résumé, on peut réaliser pour 100.000 kilog de betteraves, une économie de charbon de :

En employant le condenseur réchauffeur au chauffage des jus..		480 kg.
En employant la condensation fractionnée système Dervaux et Vivien....................	Pour l'eau de la diffusion..	2000
	Pour l'eau des laveurs de betteraves gelées........	160
Charbon économisé...		2640 kg.

Soit 26 kg. 40 par 1000 kilos de betteraves. »

Envoi d'eau par pompe dans les condenseurs. — Si au lieu de profiter du vide produit par la condensation pour faire arriver l'eau d'injection dans les condenseurs, on se sert d'une pompe ou si l'eau est en charge, on aura une condensation plus complète, partant un meilleur vide dans le triple-effet.

Réchauffeurs.

Les réchauffeurs, que l'on place sur le trajet des vapeurs allant de la troisième caisse au condenseur, servent à utiliser une partie de la chaleur généralement pour commencer le chauffage des jus qui viennent de la diffusion ou du bac récepteur des jus de râperies et se rendent, soit dans les chaudières de première carbonatation, soit dans le bac où les jus sont chaulés.

Un réchauffeur est composé d'un récipient vertical, généralement, qui contient un certain nombre de tubes traversés par le jus et autour desquels circulent les vapeurs provenant de l'évaporation de la dernière caisse du triple-effet.

Les réchauffeurs sont ordinairement combinés pour former aussi un vase de sûreté de la dernière chaudière du triple-effet.

Pompes à air.

La pompe à air humide que l'on rencontre encore communément dans la plupart des sucreries françaises est représentée par la figure 156.

A est un cylindre muni d'un piston mû par une machine motrice supportée par le même bâti que la pompe, lequel cylindre communique avec une première chambre située au-dessus de lui ; cette chambre est divisée en trois parties dont deux communiquent avec le cylindre par les lumières C et D, l'autre avec le tuyau E venant du condenseur ; les deux parties latérales de la chambre peuvent communiquer avec la partie centrale par le soulèvement du dehors au dedans de deux clapets ; une deuxième chambre placée au-dessus de la première est encore mise en communication, soit isolée de celle-ci au moyen de deux clapets s'ouvrant du dedans au dehors et porte le trop plein d'évacuation d'eau.

Considérons la partie gauche de l'appareil : le piston accomplissant son mouvement de gauche à droite (nous supposons que la gauche se trouve du côté du cylindre à vapeur), la soupape de la chambre inférieure se lève, les gaz condensables et l'eau condensée de E arrivent en C; le piston se mouvant de droite à gauche, la soupape inférieure se ferme et la soupape supérieure

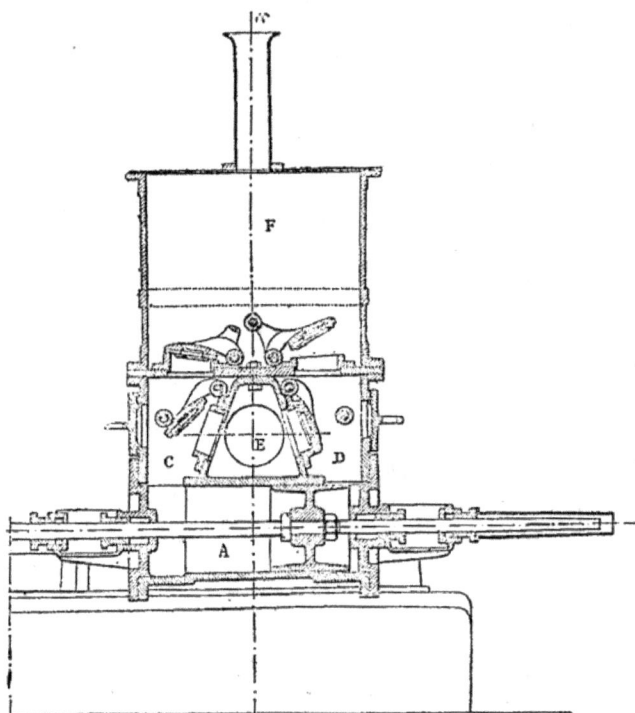

Fig. 156. — Pompe à air humide.

s'ouvre pour permettre aux gaz non condensables et à l'eau condensée de passer dans la chambre F et de sortir par le trop plein.

Les clapets d'aspiration sont généralement en bronze et battent sur un siége de caoutchouc; les clapets de refoulement sont en caoutchouc.

La maison Cail construit des pompes à air de ce genre (fig. 158): la machine motrice est à détente fixe sans condensation, les vapeurs d'échappement se rendant, comme celle des autres moteurs de l'usine, au récipient de vapeur qui sert au chauffage des jus dans la première caisse du triple-effet.

Comme nous l'avons fait observer, le même moteur actionne une pompe à jus destinée à l'alimentation de la première caisse, une pompe à sirops aspirant le sirop de la dernière caisse, et une pompe destinée à extraire les eaux de retour de la deuxième et troisième caisse.

La pompe à air de la Cie de Fives-Lille qui diffère peu de celle que nous venons de décrire.

Les figures 157 et 158 représentent encore une pompe à air humide; l'aspiration au condenseur se fait par le tuyau G et le conduit F; le piston A se mouvant dans le sens de la flèche la soupape B

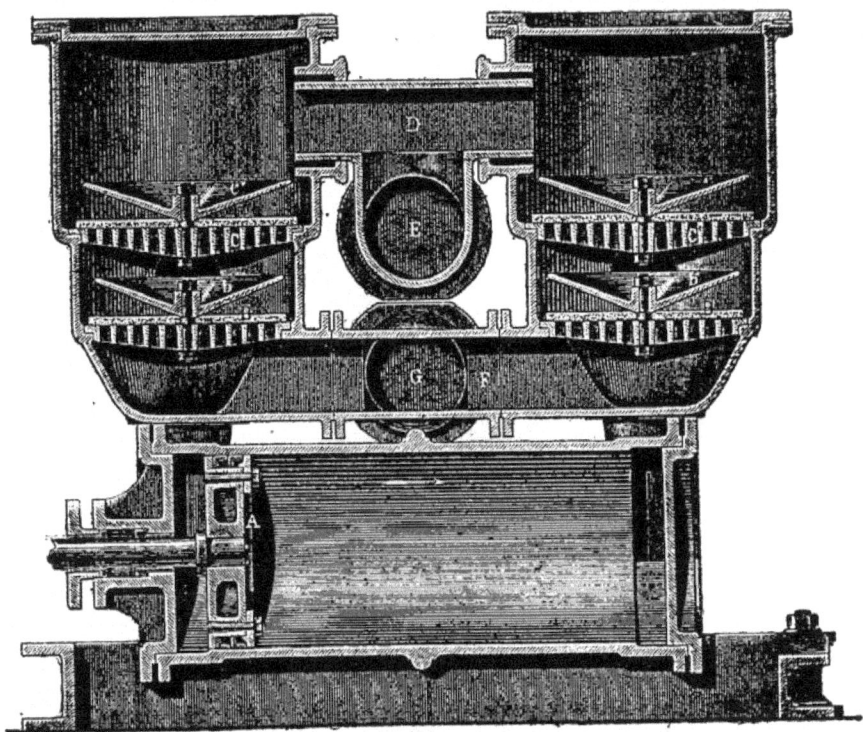

Fig. 157. — Pompe à air humide, coupe longitudinale

se lève jusqu'à ce qu'elle butte contre le taquet b et la soupape C s'ouvre autant que le permet le taquet c; une certaine quantité de gaz non condensé et d'eau est donc aspirée de G dans la chambre comprise entre B et C et les gaz et l'eau emmagasinés entre B' et C' sont envoyés dans la chambre supérieure, puis en D et dans le conduit de sortie E. Lorsque le piston accomplit le chemin inverse, B et C' sont fermés, tandis que B' et C sont ouverts.

Fig. 168. — Système mécanique de pompe à air horizontale avec son moteur à vapeur à action directe, système Cail.

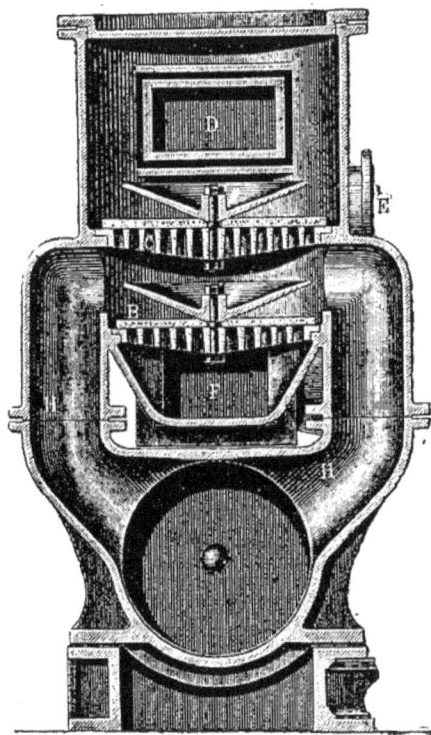

Fig. 159. — Pompe à air humide, coupe transversale. (Voir page 446.

Fig. 160. — Pompe à air humide, de Riedel. (Voir pages 449 et 450.)

La pompe représentée fig. 160 est construite par Riedel, A est le cylindre moteur, B le cylindre de la pompe, *b* la tubulure d'aspi-

Fig. 161. — Pompe à air sèche, syst. Wegelin et Hubner. (Voir page 450.)

ration, D la bâche qui reçoit l'eau et le gaz non condensés, EE des regards permettant de procéder au nettoyage.

Avec un condenseur barométrique, la pompe à air n'a plus à aspirer que le gaz non condensé et très peu d'eau ; on peut alors avoir recours à une pompe à air sèche dont nous allons décrire quelques types. Nous ne reviendrons pas sur la pompe Burckhard et Weiss dont nous avons parlé à propos des pompes à gaz carbonique.

La pompe à air sèche Wegelin et Hubner est représentée par les figures 161 et 162, la deuxième donnant le schéma de la distribution :

Nous voyons qu'il existe deux tiroirs, l'un T, l'autre E destiné à supprimer l'influence des espaces nuisibles. Le tiroir T est

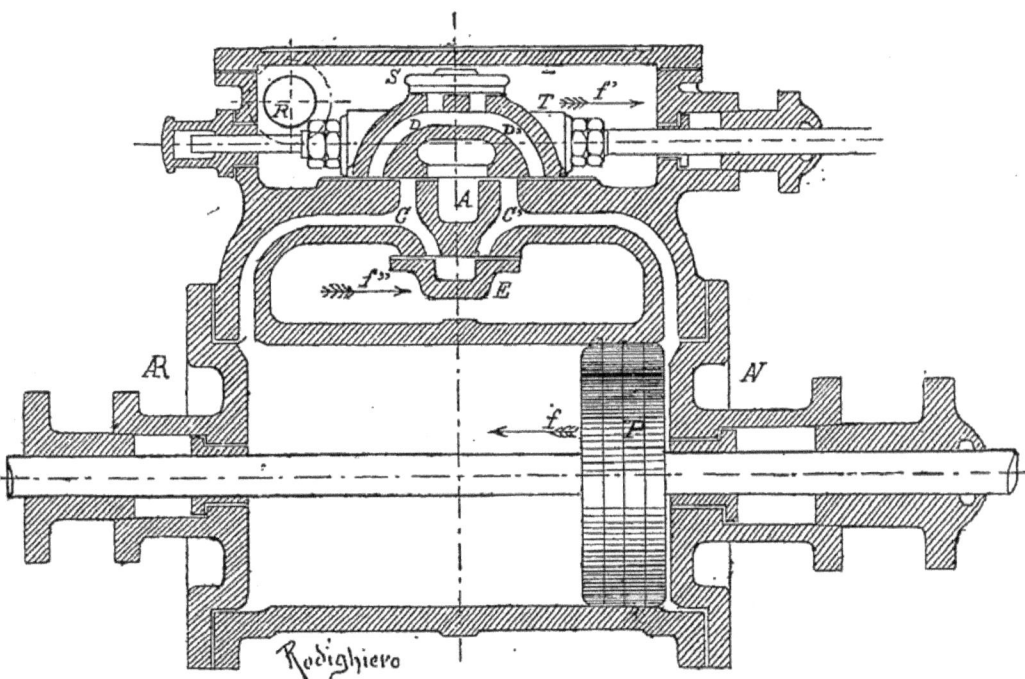

Fig. 162. — Pompe à air sèche syst. Wegelin et Hubner. Schéma de la distribution.

monté avec retard à l'admission et au refoulement ; la détente des gaz situés à l'arrière du piston s'effectue lorsque le tiroir E se place de manière à mettre C et C' en communication, communication interrompue lorsque C' et A ou C et A communiquent à leur tour. C' et A communiquant, les gaz s'échappent par C, D et la soupape S ; C et A communiquant au contraire, ils s'échappent par C'D' et la soupape S.

MM. Wegelin et Hübner garantissent pour leur pompe un effet utile de 95 0/0.

La société de sconstructions mécaniques de St-Quentin remédie aux espaces nuisibles sans l'adjonction d'un deuxième tiroir.

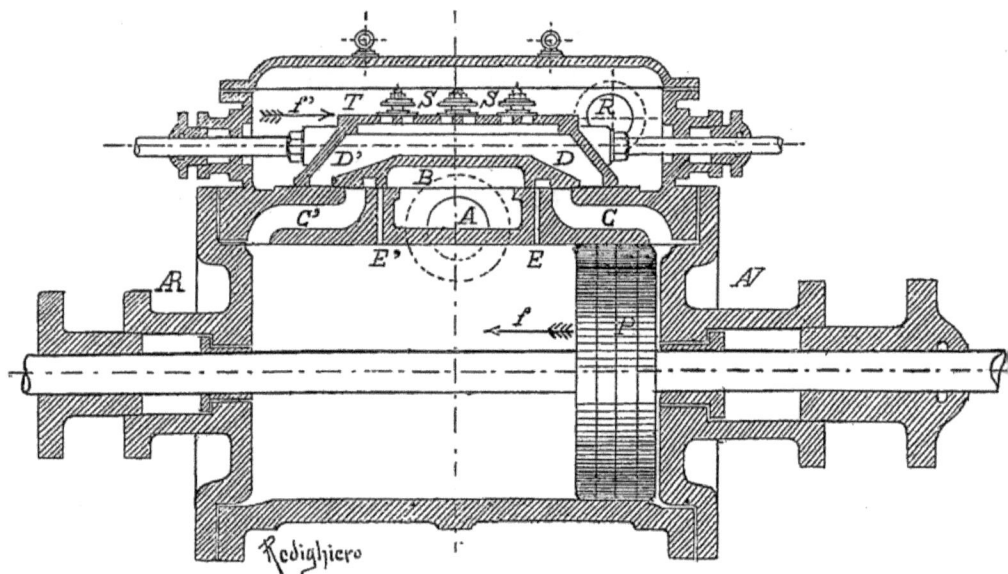

Fig. 163. — Schéma de la pompe à air sèche de la société de constructions mécaniques de Saint-Quentin.

La communication des deux faces du piston est obtenue au moyen des conduits E et E′, d'encoches pratiquées dans la bande du tiroir et des conduits C et C′ ; au lieu d'une seule soupape permettant la sortie des gaz, il y en a une assez grande quantité, elles sont figurées en SS.

Lavage du triple-effet. — Nature des incrustations.

Le triple-effet, nous l'avons déjà dit, doit être nettoyé souvent, tant pour conserver le pouvoir de transmission de la surface de chauffe que pour empêcher la perte d'alcalinité et la destruction du sucre par décomposition.

La nature des incrustations diffère suivant le travail des usines ; le mode et le nombre des nettoyages doivent donc différer également.

Voici la composition des incrustations de la troisième caisse

d'un triple-effet; l'analyse en a été faite par nous dans une sucrerie de betteraves :

Silice	30,90
Alumine et fer	3,50
Chaux	5,60
Magnésie	1,40
Potasse et soude	1,50
Acide sulfurique	0,35
Chlore	traces
Acide carbonique	0,30
Matières organiques	36,75
Eau	19,15
Non dosé	0,55
Total	100,00

Donnons encore quelques analyses effectuées par M. Pellet sur
des dépôts provenant d'un triple-effet de sucrerie de cannes :

	Caisse 1.	Caisse 2.	Caisse 3.
Humidité et matières organiques	29,80	26,70	18,60
Silice	0,40	23,40	69,80
Peroxyde de fer et alumine	3,80	9,98	2,80
Chaux	46,30	25,80	0,80
Magnésie	1,36	0,81	1,08
Acide phosphorique	17,10	11,70	traces
Acide sulfurique	nul	nul	traces
Cuivre	traces	traces	traces
Non dosé et pertes	1,24	1,61	0,92

Enfin des essais dus à M. Biard.

	Caisse 1.	Caisse 2.	Caisse 3.	Caisse 4.
Eau combinée au sulfate de chaux	1,44	2,14	2,80	4,87
Matières organiques	25.29	22,08	18,00	13,64
Chlorure de potassium	0,60	0,49	0,76	0,90
Sulfate de chaux	5,43	8,07	10,60	18,37
Phosphate de chaux	49,68	52,67	56,30	40,09
— de magnésie	7,76	2,07	0,22	0,03
Chaux organique	2,37	3,46	3,39	1,90
Fer et aluminium	1,98	3,23	1,68	2,51
Silice	2,97	1,95	1,63	13,49
Pertes	2,48	3,84	4,62	4,20

Les caisses du triple-effet sont lavées soit simultanément, soit alternativement si l'on possède un appareil permettant d'isoler la caisse à nettoyer.

Dans certaines usines on lave complètement l'appareil tous les huit ou dix jours, dans d'autres on lave plus souvent la troisième caisse que la deuxième, la deuxième plus souvent que la première, ce qui est d'ailleurs absolument logique.

On se sert pour le nettoyage soit d'acide chlorhydrique seulement, soit d'acide chlorhydrique et de soude, ou bien encore de carbonate de soude. Par l'emploi de l'acide chlorhydrique et de la lessive de soude on arrive presque toujours à un lavage convenable ; on doit cependant de temps en temps nettoyer les tubes avec des grattoirs spéciaux manœuvrés par des ouvriers placés dans l'intérieur de la caisse au-dessus des tubes. Mais, nous le répétons, on devra surtout se guider d'après la nature des incrustations pour savoir quel réactif il faut employer ; la présence d'une grande quantité de silice nécessitera l'emploi de la soude.

D'après MM. Quenneson et Lachaud, les corrosions se produisent surtout en haut et en bas des tubes! D'après M. Lachaud et M. Lalo le phénomène a surtout lieu dans la troisième caisse, et d'après M. Quenneson dans la deuxième. MM. Lachaud et Lalo nous semblent être dans le vrai.

Il est important quand on a mis de l'eau acidulée dans un appareil à triple-effet de faire toujours fonctionner la pompe à air pour éviter les explosions.

Dimensions et calcul des différents organes d'un triple-effet et de ses accessoires.

Pour concentrer en 24 heures 2.600 hectolitres de jus à 25° Bé la compagnie de la Fives-Lille propose un triple-effet de 390^{m3} de surface de chauffe totale, c'est-à-dire que l'appareil qui est à caisses différentielles devra évaporer 6 hect. 6 de jus par ·m² de surface de chauffe et par 24 heures.

Ci-dessous un tableau rendant compte du travail des triple-effets de 10 usines françaises durant la campagne 1889-90.

USINES	1	2	3	4	5	6	7	8	9	10
Surface 1re Caisse......	290	400	149	276	70	173	84	70	57	153
— 2e —	490	500	154	320	100	185	111	78	72	182
— 3e —	590	600	216	359	112	234	111	104	85	204
— totale.........	1470	1500	519	955	282	592	306	252	214	539
Evaporé par m² de surface de chauffe et par 24 heures..............	7ᵏ55	5.20	6.30	6.05	7.43	5.61	7.16	7.10	7.8	4.87
à la densité de :	5.4	4.71	5.1	4.9	4.8	5.0	5.0	4.7	4.91	4.19

M. Dessin a publié récemment dans le *Bulletin du Syndicat des fabricants de sucre* un travail très remarqué sur l'évaporation.

L'auteur calcule d'abord les chutes de température pour un appareil à caisses égales.

« Nous admettrons pour nos calculs, dit-il, que la tension des vapeurs d'échappement des machines motrices dans le ballon du triple-effet est de 1 kil. 50 à 1 kil. 55, ce qui suppose une température de 112° cent. à ces vapeurs. Nous admettrons également un vide de 23 pouces dans la 3e caisse, ce qui correspond à une tension absolue d'environ 5 pouces, ou plus exactement, 0 kil. 184 de pression ; la température des vapeurs ayant cette tension est de 58° cent.

« Prise isolément, chaque caisse d'un appareil à triple-effet peut être considérée comme un appareil à simple effet, dans lequel la chaleur nécessitée pour la vaporisation d'un kilog. d'eau est sensiblement égale à la quantité de chaleur abandonnée par 1 kilog. de vapeur condensée dans le tambour tubulaire, sauf pour la première caisse à laquelle il est toujours possible de fournir un excédent de vapeur pour le réchauffage du jus. La quantité d'eau évaporée par chacune des caisses d'un appareil à triple effet est donc sensiblement la même.

« Les surfaces de ces caisses étant égales, ainsi que nous l'avons supposé, il s'ensuit que les chutes de température dans chacune des caisses doivent être les mêmes. Nous appelons ici chute de température, non pas la différence accusée par les indicateurs, mais bien la différence entre la température de la vapeur contenue dans le tambour d'une caisse et celle du jus en ébullition dans la partie tubulaire de cette même caisse. Théoriquement et d'après les chiffres adoptés, cette chute de température devrait être de :

$$\frac{112-58}{3} = 18°$$

« Mais avec les appareils existants et la façon de les conduire, il est matériellement impossible d'atteindre ce chiffre qui est un des principaux facteurs de leur puissance évaporatoire. Nous allons le déterminer dans la pratique ; et de notre raisonnement il sera facile de déduire les causes pour lesquelles la chute de 18° ne peut être obtenue.

« Nous supposerons, pour cela, que le jus qu'il s'agit de concentrer, doit être ramené de 5 à 25° Baumé ou de 9 à 45°,83 Brix. Ainsi que nous l'avons dit, l'évaporation étant égale dans chaque caisse, il est possible de déterminer les degrés de concentration de jus à son passage dans chacune des caisses, dans le cas d'une marche à continu. Nous les indiquons ci-dessous en mettant en regard les densités correspondantes :

Bac d'attente	9° Brix	Densité 1,036
1re Caisse	12° 3	— 1,049
2e Caisse	19° 6	— 1,080
3e Caisse	45° 83	— 1,210

« Les densités indiquées sont supposées à 15° de température ; ces chiffres ayant une influence assez grande dans la détermination de la chute de température, il y a lieu de les rectifier d'après les températures qu'atteint le jus dans chaque caisse. Ces dernières seront déterminées exactement dans la suite et, pour le moment, en les supposant approximativement et respectivement égales à 99°, 85° et 68° dans les caisses, nous obtiendrons comme densité réelle du jus pendant l'évaporation les chiffres ci-dessous :

1re Caisse	Densité 1,008
2e Caisse	— 1,054
3e Caisse	— 1,185

« Examinons maintenant de quelle façon se produit l'ébullition du jus dans un triple-effet à tubes de 1 m. 500 de longueur. D'après la construction ordinaire des appareils et la manière de conduire l'évaporation, consistant à maintenir le niveau du jus à quelques centimètres au-dessus de la partie inférieure des lunettes d'avant, le niveau du liquide en ébullition se trouve être d'environ 0 m. 230 au-dessus des plaques tubulaires. Or, la vapeur qui se forme dans le faisceau tubulaire d'une caisse doit, pour pouvoir se dégager du liquide, être à une tension égale à celle de la vapeur contenue dans la chambre d'ébullition, augmentée de celle qui est nécessaire pour soulever la masse liquide. Cette tension supplémentaire varie par conséquent avec la partie du faisceau tubulaire où se forme la vapeur, puisque, pour la vapeur produite à la partie inférieure la hauteur maximum de la masse à soulever est de :

$$1^{m}500 + 0,230 = 1^{m}730,$$

tandis que, pour la partie supérieure, cette hauteur est au minimum de 0 m. 230. Nous ne considérerons que la partie moyenne du faisceau tubulaire dont la distance au niveau du jus est de

$$0^{m}750 + 0^{m}230 = 0^{m}980,$$

c'est-à-dire une moyenne des hauteurs maximum et minimum déterminées plus haut.

« Or, puisque la vapeur, au moment de sa formation dans le faisceau tubulaire, est à une tension supérieure à celle déjà dégagée du jus, elle est à une température plus élevée que cette dernière ; et puisque, d'un autre côté, la température d'un liquide en ébullition est égale à celle de la vapeur qu'il produit au moment de sa formation, il s'ensuit que la température moyenne du jus en ébullition dans le faisceau tubulaire est supérieure à celle de la vapeur dans la chambre d'ébullition de ce même jus ; cet excès de température est égal à la différence des températures de la vapeur au moment de sa formation et après s'être dégagée du liquide.

« Observons que la masse fluide à soulever se compose du jus contenu dans la caisse et émulsionné par la vapeur déjà produite et qui se dégage à travers lui. Cette émulsion a pour résultat de diminuer la densité de la masse. Pour déterminer cette dernière, nous rappellerons à nos lecteurs un phénomène qu'ils auront eu certainement l'occasion de remarquer dans leurs appareils d'évaporation : lorsqu'on arrête un triple-effet en marche, en fermant de suite toutes communications de jus et la prise de vapeur, le niveau apparent du jus dans chaque caisse paraît baisser d'environ 7 à 8 centimètres et même davantage dans les appareils de grande production par unité de surface. Or cette dépression représente, à notre avis, le volume de vapeur que contenait la masse pendant son ébullition.

« Considérons donc la troisième caisse d'un appareil à triple-effet dont le vide est de 23 pouces (tension absolue 0 kil. 184), ayant 1 m. 820 de diamètre intérieur et munie de 630 tubes de 46 millimètres de diamètre intérieur et 1 m. 500 de longueur. Le volume total du jus à considérer, l'appareil étant au repos, se compose du volume contenu à l'intérieur des tubes et du volume du jus au-dessus de la plaque tubulaire sur une hauteur de 0 m. 230, diminuée de la dépression dont nous avons parlé, c'est-à-dire sur une épaisseur de 0 m. 150. (Il n'y a pas lieu de tenir compte de la capacité du fond qui n'est pas émulsionnée pendant l'ébullition).

« Ce volume du jus au repos se décompose comme suit :

Volume des tubes	1575 litres
Volume du jus au-dessus de la plaque..	390—
Total.....	1965 litres

« Le volume de la masse pendant l'ébullition est égal à celui ci-dessus augmenté de celui de la dépression ; il se compose donc :

Du volume du jus au repos............	1965 litres
Et du volume de la dépression........	208 —
Total.............	2173 litres

« Nous pouvons admettre comme négligeable le poids de la vapeur occupant le volume de la dépression. Cette vapeur, dans le cas actuel

pèse en effet de 0 k. 160 à 0 k. 190 le mètre cube et son poids total n'influe-
rait pas sensiblement sur notre calcul. Nous concluons alors que la densité
de la masse en ébullition et celle du liquide au repos sont inversement
proportionnelles aux volumes déterminés ci-dessus. Ces derniers étant
d'ailleurs proportionnels à la surface de chauffe pour des caisses de dimensions différentes, les chiffres que nous allons déterminer seront exacts
pour tous les appareils à tubes de 1 m. 500.

« Nous avons vu que la densité du jus d'une troisième caisse de triple-
effet est de 1,185 ; celle de la masse en ébullition dans cette même caisse
sera donc de :

$$\frac{1,185 \times 1965}{2173} = 1,071.$$

« La vapeur formée à l'intérieur du faisceau tubulaire et à la partie
moyenne aura donc à soulever une masse de 0 m. 980 de hauteur dont la
densité est de 1,071 ; elle devra donc avoir sur la vapeur contenue dans la
calandre un excès de tension correspondant à une hauteur d'eau de

$$0,980 \times 1,071 = 1,050 ;$$

ce qui représente 0 k. 105 de pression.

« La tension absolue de cette vapeur au moment de sa formation devra
être alors de :

$$0.184 + 0,105 = 0^k,289.$$

« La température correspondante à cette pression est de 68°, celle de la
vapeur contenue dans la calandre est de 58° ; différence, 10°.

« Donc la différence moyenne entre la température d'ébullition du jus
dans la troisième caisse d'un triple-effet et celle de la vapeur qu'il a
dégagée est de 10° centigrades.

« En appliquant le raisonnement ci-dessus aux deux autres caisses du
triple-effet, nous trouverons que cette différence est de 4°,5 pour la deuxième
caisse et de 2° pour la première.

« Il s'ensuit de ce qui précède que les chutes de température dans
chacune des caisses et dans les conditions que nous avons admises seraient
de :

$$\frac{112 - 58 - (10 + 4,5 + 2)}{3} = 12°,5.$$

« Mais comme il y a écoulement de la vapeur de la calandre d'une
caisse vers le tambour tubulaire de sa suivante, il y a une différence de
pression entre ces deux milieux qui se traduit par une différence de température. Nous admettrons pour cette dernière 0°,5 et nous ferons voir
plus tard que la différence de pression qui en résulte est bien suffisante
pour produire l'écoulement de la vapeur, à condition toutefois que celle-
ci n'atteigne pas, par suite des faibles sections des conduites, une vitesse
exagérée.

« La chute réelle de température est donc de 12° et les conditions de marche d'un appareil à triple-effet se résument dans le tableau suivant relatif à un appareil à caisses égales.

	1ʳᵉ caisse	2ᵉ caisse	3ᵉ caisse
Température de la vapeur de chauffage....	111° 1/2	97°	80°
Pression absolue correspondante..........	1ᵏ,46	0ᵏ,930	0ᵏ,482
Température d'ébullition moyenne........	99° 1/2	85°	68°
Chute de température..................	12°	12°	13°
Température de la vapeur produite.......	97° 1/2	80° 1/2	58°
Pression absolue correspondante..........	0ᵏ,943	0ᵏ,491	0ᵏ,184
Vide en pouces........................	2 p. 1/2	14 p. 2/3	23 p.

« Les températures d'ébullition du jus indiquées ci-dessus ne sont pas celles de la masse totale du jus contenu dans chaque caisse ; ces dernières ne sont en réalité supérieures à celles des vapeurs dégagées que d'un ou deux degrés.

Détermination de la puissance évaporatoire d'un triple-effet à caisses égales.

« Nous allons maintenant déterminer la puissance d'évaporation d'un tel appareil. Celle-ci est fonction de trois facteurs : 1° la surface de chauffe totale, 2° la chute de température entre les deux parois de cette surface de chauffe, et 3° le coefficient d'évaporation représentant la quantité d'eau évaporée par heure, par mètre carré de surface et par degré de chute de température.

« Donnons-nous la surface de chauffe, 300 mètres carrés par exemple, répartis également entre les 3 caisses. La chute de température vient d'être déterminée et est de 12°. Quant au coefficient d'évaporation, nous l'admettrons de 2 k. 5, c'est-à-dire qu'un mètre carré de surface de chauffe évapore 2 kilogrammes et demi d'eau par heure et par degré de chute de température.

« La quantité totale d'eau évaporée par heure dans ces conditions sera donc alors de :

$$3 \times 100 \times 12 \times 2,5 = 9.000 \text{ kilogr.,}$$

soit en 24 heures :

$$9,000 \times 24 = 216.000 \text{ kilogr. ou litres.}$$

« Or, la quantité d'eau à évaporer pour concentrer 100 kilogrammes de jus de 9 à 45°,83 Brix ou 5 à 25° Baumé est de :

$$100 \left(1 - \frac{9}{45,83} \right) = 81 \text{ kilogr. 4.}$$

« Donc la quantité de jus concentrée par 24 heures par l'appareil de 300 mètres sera de :

$$\frac{216.000 \times 100}{81^k,4} = 265.536 \text{ kilogr.,}$$

dont la densité est de 1,036 et qui représentent par conséquent :

$$\frac{265.356}{100 \times 1,036} = 2.560 \text{ hectolitres.}$$

« Ce qui suppose une puissance d'évaporation de 8 hect. 53 par mètre carré de surface de chauffe et par 24 heures.

« Ce chiffre, d'après les données que nous avons admises, est celui de la marche d'un appareil de production moyenne.

Détermination de la quantité de vapeur nécessaire à l'évaporation à triple-effet.

« Il serait intéressant de savoir dès à présent quelle est la dépense de vapeur d'échappement nécessitée pour produire cette évaporation.

« A cet effet, nous allons déterminer la quantité de chaleur emportée par les vapeurs, le sirop et les eaux condensées extraites de l'appareil ; nous en déduirons la chaleur apportée par le jus à son entrée dans la première caisse. Cette différence représentera alors la chaleur fournie par la vapeur de chauffage et nous permettra de trouver le poids de cette dernière.

« Nous admettrons dans ce calcul que les eaux condensées extraites des tambours sont à la température de la vapeur qui les a formées, condition essentielle pour obtenir le maximum de chute de température.

« Il s'échappe de la troisième caisse vers le condenseur un poids de vapeur à 58° de température représentant le tiers de l'évaporation totale et qui emporte avec lui :

$$\frac{216.000}{3} (606,5 \times 0,305 \times 58°) \qquad = 44.942.400 \text{ calories} \quad .$$

« Le sirop extrait à environ 60° de la troisième caisse et dont le poids est de

$$265.356 - 216.000 = 49.436 \text{ kilogr.}$$

emporte :
$$49.356 \times 60 \qquad = 2.961.360 \quad —$$

« L'eau de condensation enlevée du troisième tambour à 80° et dont le poids équivaut au tiers de l'évaporation totale, contient :

$$\frac{216.000}{3} \times 80 \qquad = 5.760.000 \quad —$$

« Enfin l'eau de condensation extraite du deuxième tambour à 97° entraîne

$$\frac{216.000}{3} \times 97 \qquad = 6.984.000 \quad — .$$

« Total des calories emportées pendant l'évaporation. $\overline{60.647.760 \text{ calories}}$ desquelles il y a lieu de retrancher la chaleur apportée par 265.356 kilogrammes de jus entrant à 75° dans la première caisse, soit :

$$265.356 \times 75 \qquad = 19.901.700 \quad —$$

Différence... $\overline{40.746.060 \text{ calories}}$

« Cette différence, avons-nous dit, doit être fournie par la vapeur produite à 111°,5 dans le premier tambour et qui, après avoir été condensée et extraite, abandonne par kilogr. :

$$606,5 + 0,305 \times 111,5 - 111,5 = 529 \text{ calories } 5.$$

« L'appareil nécessitera donc une quantité de vapeur de :

$$\frac{40.746.060}{529,5} = 76.950 \text{ kilogrammes.}$$

« Comme il a évaporé 116,000 kilogr. d'eau, nous en concluons que, dans un appareil à triple-effet et dans les conditions de marche que nous avons adoptées, 1 kilogr. de vapeur peut évaporer

$$\frac{216.000}{76.950} \quad 2^k,80 \text{ d'eau.}$$

« Ce chiffre est purement théorique et est le résultat des calculs simplifiés qui précèdent. Néanmoins il nous servira de base dans nos comparaisons et nous l'admettrons pour ce comme exact.

Détermination de la puissance évaporatoire d'un triple-effet à caisses différentielles.

« Avant de tirer aucune conclusion de l'exposé ci-dessus, recherchons quel serait le travail d'un triple-effet à caisses inégales ayant la même surface de chauffe totale que le précédent et croissantes de la première à la troisième. Admettons pour ces dernières des surfaces respectivement égales à 78, 100 et 122 mètres carrés.

« L'évaporation produite par chaque caisse étant toujours la même et le coefficient de condensation étant un nombre constant, il s'ensuit que si l'un des deux autres facteurs de la puissance évaporatoire varie, le troisième doit varier en raison inverse. En d'autres termes, la surface de chauffe allant en progressant d'une caisse à l'autre, il faut que les chutes de température aillent en décroissant dans le même sens; c'est-à-dire, dans le cas actuel, qu'elles soient proportionnelles aux termes $\dfrac{1}{78}, \dfrac{1}{100}$ et $\dfrac{1}{122}$.

« Les différences entre les températures d'ébullition et celles de la vapeur produite seront peu différentes de celles que nous avons déterminées pour un triple-effet à caisses égales ; la chute de la température utilisable sera donc encore d'environ 36° et les chutes réelles de l'appareil à caisses inégales seront respectivement :

$$\text{Pour la 1}^{re} \text{ caisse : } \frac{36 \times \dfrac{1}{78}}{\dfrac{1}{78} + \dfrac{1}{100} + \dfrac{1}{122}} = 14°,88 :$$

Pour la 2e caisse : $\dfrac{36 \times \dfrac{1}{100}}{\dfrac{1}{78} + \dfrac{1}{100} + \dfrac{1}{122}} = 11^\circ,60$;

Pour la 3e caisse : $\dfrac{36 \times \dfrac{1}{122}}{\dfrac{1}{78} + \dfrac{1}{100} + \dfrac{1}{122}} = 9^\circ,51$.

« Dans ces conditions, la quantité d'eau évaporée par heure sera :

Dans la 1re caisse : $78 \times 2,5 \times 14,88 = 2.901$ kilogr.
Dans la 2e caisse : $100 \times 2,5 \times 11,60 = 2.900$ —
Dans la 3e caisse ; $122 \times 2,5 \times 9,51 = 2.900$ —

Total.......... 8.701 kilogr.

soit, par 24 heures :

$$8.701 \times 24 = 208.824 \text{ kilog.} ;$$

ce qui correspond à un travail de :

$$\frac{208.824}{81,4 \times 1,036} = 2.476 \text{ hectolitres}$$

par 24 heures et représente une puissance d'évaporation de 8 hect. 25 par mètre carré et par jour ; c'est-à-dire un travail moindre par unité de surface qu'un triple-effet à caisses égales.... »

Détermination de la vitesse de la vapeur entre les caisses.

« Nous allons essayer d'élaborer d'une manière générale le calcul des divers éléments d'un appareil d'évaporation.

« Examinons d'abord la question du transport et de la répartition de la vapeur.

« Lorsque nous avons déterminé les chutes de température dans le triple-effet, nous avons trouvé théoriquement $12^\circ,5$ par chute partielle de température. Nous ajoutions : comme il y a écoulement de la vapeur de la calandre d'une caisse vers le tambour tubulaire de la suivante, il y a une différence de pression entre ces deux milieux qui se traduit par une différence de température. Nous admettrons pour cette dernière $0^\circ,5$ et nous ferons voir plus tard que la différence de pression qui en résulte est bien suffisante pour produire l'écoulement de la vapeur, à condition toutefois que celle-ci n'atteigne pas, par suite des faibles sections des conduites, une vitesse exagérée.

« Pour déterminer la vitesse correspondante à cette perte de température de $0^\circ,5$, considérons que d'après le tableau de marche que nous avons présenté, la vapeur sort à $97^\circ,5$, soit 0 k. 954 de pression absolue, de la première caisse et s'écoule dans le tambour de la deuxième, où elle n'a plus à son entrée que 97°, soit 0 k. 930 de pression. La différence des pressions produisant son écoulement est de :

$$0^k,954 - 0,930 = 0^k,024$$

soit une pression de 0 m. 24, exprimée en mètres d'eau.

« Or la formule exprimant la vitesse d'écoulement des gaz et de la vapeur d'eau par un orifice et par seconde est la suivante :

$$V = 396 \, m \, \varphi \sqrt{\frac{E}{E + B} \cdot \frac{1 + \alpha^t}{\delta}},$$

dans laquelle :

V = vitesse d'écoulement par seconde ;

m = un coefficient de réduction qui dépend des pressions et qui est donné par des tables spéciales, négligeable ;

φ = un coefficient de contraction afférent à la forme de l'orifice, égal à 0,83 dans notre cas ;

E = l'excès de pression produisant l'écoulement en mètres d'eau, égal à 0 m. 24 dans notre cas ;

B = la pression du milieu où se fait l'écoulement en mètres d'eau, égale à 9 m. 30 dans notre cas ;

$1 + \alpha^t$ = binôme de dilatation dans lequel $t°$ est la température de la vapeur qui s'écoule, soit 97°,5 dans notre cas ;

δ = densité de la vapeur à 0° et à la pression atmosphérique par rapport à l'air, égale à 0,620 dans notre cas.

Cette formule est déduite de celle plus simple et plus compréhensible de la vitesse théorique absolue qui s'exprime :

$$V = \sqrt{2 \, g \, E,}$$

et à laquelle on a appliqué toutes les corrections nécessaires.

« En substituant les valeurs aux lettres dans la première formule, nous trouverons :

$$V = 66 \text{ mètres environ.}$$

« La vitesse réelle est loin d'être celle ci-dessus, qui est relative à l'écoulement par un orifice ou un ajutage. En effet, à la formule théorique il y a lieu d'appliquer une série de coefficients pour tenir compte :

« 1° De la perte de charge totale due au frottement de la vapeur sur les parois de la conduite et proportionnelle à la longueur de cette dernière ;

« 2° De la perte de charge occasionnée par le changement brusque de la direction de la vapeur produit par les chicanes des vases de sûreté ;

« 3° De la perte de charge occasionnée par deux ou trois coudes nécessités par la construction de l'appareil ;

« 4° De la perte de charge occasionnée par la condensation d'un certain poids de vapeur ;

« 5° Enfin du coefficient de dépense de la conduite.

« La détermination de ces coefficients se fait par des calculs très complexes et très savants, mais trop arides pour être présentés dans cette étude. Nous nous en dispenserons et, en nous basant sur les résultats d'expériences que relatent les ouvrages de Péclet et de Ser, nous adopterons approximativement 0,50 comme coefficient total, et nous concluons en disant que : la vitesse d'écoulement de la vapeur entre la première et la deuxième caisse d'un appareil à triple-effet, proportionnelle à une perte de chaleur de 0°5, est d'environ 33 mètres par seconde.

« En appliquant le même calcul aux autres conduites de vapeur, on trouverait pour la vitesse d'entrée de vapeur dans la première caisse un chiffre un peu supérieur à celui ci-dessus, et comme vitesse d'entrée dans la troisième caisse une valeur un peu plus faible.

« De sorte que, pratiquement, on peut admettre, pour la détermination des sections de vapeur d'un appareil à effets multiples, une vitesse moyenne de 30 mètres par seconde.

« Toutefois, pour la sortie des vapeurs de la dernière caisse, comme la perte de chute de température a moins d'inconvénients, et pour éviter de tomber dans des dimensions exagérées, on peut admettre 50 mètres pour cette vitesse.

Calcul des sections des conduites de vapeur.

« Dans ces conditions, pour le triple-effet de 300 mètres carrés dont nous avons déterminé la puissance par les calculs auxquels on peut se reporter pour suivre ceux ci-après, la détermination des sections se fera comme suit :

« Le poids de vapeur entrant dans la première caisse par seconde et à 111°,5 de température est de :

$$\frac{76.950}{24 \times 60 \times 60} = 0^k,89.$$

« Comme un kilogramme de cette vapeur occupe un volume de $1^{m3},16$, le volume de vapeur entrant dans la première caisse par seconde, exprimé en mètres cubes, sera de :

$$0^k,89 \times 1,16 = 1^{m3},0324.$$

« A 30 mètres de vitesse, la section de la soupape de prise de vapeur sera de :

$$\frac{1,0324}{30} = 0^m,0344 \,;$$

ce qui donne un diamètre d'environ 210 m/m à cette soupape ; soit, d'une façon générale, 13 millimètres carrés 5/10 de section par hectolitre de jus traité par l'appareil.

« Le volume de vapeur entrant à 97° dans la deuxième caisse et par seconde est de :

$$\frac{216.000}{3 \times 24 \times 60 \times 60} \times 1,820 = 1^{m3},5142.$$

« A 30 mètres de vitesse, la section du conduit reliant la première à la deuxième caisse sera de :

$$\frac{1^m,5142}{30} = 0^m,0505,$$

soit un diamètre approximatif de 260 m/m, ou une section correspondante à 19 millimètres carrés 8/10 par hectolitre de jus.

« Le volume de vapeur entrant à 80° dans le troisième tambour et par seconde est de :

$$\frac{216.000}{3 \times 24 \times 60 \times 60} \times 3,44 = 2^{m3},8620$$

« A 30 mètres de vitesse, la section du conduit reliant la deuxième à la troisième caisse sera de :

$$\frac{2.8620}{30} = 0^m,0954 \,;$$

ce qui correspond à un diamètre d'environ 350 m/m, soit une section de 37 millimètres carrés 4/10 par hectolitre de jus.

« Enfin le volume de vapeur sortant à 58° de la troisième caisse et par seconde est de :

$$\frac{216.000}{3 \times 24 \times 60 \times 60} \times 8,47 = 7^{m3},0470.$$

« A 50 mètres de vitesse, la section de sortie des vapeurs de la troisième caisse sera de :

$$\frac{7.0470}{50} - 0^m,1400,$$

soit un diamètre de 420 m/m environ correspondant à une section de 54 millimètres 8/10 par hectolitre de jus.

« Comme on le voit, les sections vont en augmentant de la première caisse à la dernière et sont respectivement dans le rapport approximatif de :

$$1 - 1,46 - 2,77 - 4,07.$$

« Si l'on conservait aux deux dernières conduites le même diamètre qu'à celle reliant la première à la deuxième caisse, on arriverait aux vitesses exagérées de 57 et 140 mètres par seconde dans ces conduites ; ce qui serait une cause de perte de charge considérable et aurait pour résultat immédiat d'augmenter la différence de température de la vapeur avant son écoulement et après. Cette différence, qui est beaucoup plus grande que l'on peut le supposer, devrait se retrancher de la chute totale de température utilisable et réduirait par suite dans une grande proportion la puissance de l'appareil.

« On conçoit que cette diminution de puissance devient énorme lorsque, comme il nous a été donné de le constater dans quelques études de transformation d'appareils, les vitesses de vapeur atteignent près de

200 mètres dans certaines parties. Aussi nous n'insisterons pas davantage sur ce point, qui fait voir clairement la nécessité de l'adoption de grandes communications entre les diverses caisses d'un appareil d'évaporation.

« On déterminerait facilement, en adoptant les vitesses de 30 mètres entre les caisses et de 50 mètres pour la sortie de la dernière, les sections d'un appareil à effets multiples supérieurs à trois. On arriverait ainsi, pour les dernières caisses d'un sextuple-effet, par exemple, à des sections qui paraîtraient un peu exagérées; nous pensons que, dans ce cas, la question du coup d'œil doit être considérée tout à fait comme secondaire et qu'il ne faut pas lui sacrifier la bonne marche assurée de l'appareil.

« Les dimensions que donnerait le calcul doivent être suivies : on s'y habituera petit à petit....

Détermination des dimensions d'une pompe à air humide.

« Nous allons essayer de déterminer par un calcul approximatif les dimensions d'une pompe à air humide desservant un triple-effet; pour cela, nous allons d'abord rechercher quelle est la quantité d'eau d'injection, prise à 15° de température, nécessaire à la condensation d'un kilogramme de vapeur s'échappant, comme nous l'avons vu, à 58° de la troisième caisse de l'appareil.

« Nous supposerons pour cela que le vide existant dans le condenseur à injection est d'environ 26 pouces, correspondant à une pression absolue de 0 atm. 0722 et à une température de 40° centigrades. C'est également à cette dernière température que les eaux de condensation sortiront de la pompe à air.

« La quantité d'eau d'injection nécessaire à la condensation d'un kilogramme de vapeur s'exprime par la formule suivante que nous croyons inutile de justifier :

$$\frac{550 + T - T'}{T' - T''},$$

dans laquelle T est la température de la vapeur à condenser égale à 58° dans notre cas ;

T', la température des produits de la condensation égale à 40° ;

T'', la température de l'eau d'injection, soit 15°.

Remplaçant les lettres par leur valeur, nous aurons :

$$\frac{550 \times 58 - 40}{40 - 15} = 22 \text{ lit. } 7.$$

« La condensation d'un kilogramme de vapeur sortant de la troisième caisse d'un triple-effet exige donc théoriquement 22 litres 7 d'eau. Les températures que nous avons adoptées n'ayant rien d'absolu, et en raison de la difficulté de la condensation de la vapeur mélangée de gaz incondensables, qui s'opposent en partie au contact intime de l'eau et de la vapeur, il y a lieu d'adopter 30 litres comme chiffre moyen de cette quantité.

« Observons également, pour l'intelligence du calcul qui va suivre, qu'un kilogramme de vapeur répandu dans le condenseur à injection et refroidi à 40° occupe un volume de 19,700 litres et qu'il provient, ainsi que l'on peut en conclure en se reportant à la théorie que nous avons exposée, de 3 lit. 6 environ de jus introduit dans l'appareil.

« Le volume total à extraire du condenseur à injection par kilogramme de vapeur condensée, à l'aide de la pompe à air humide, se décompose comme suit :

1° Volume de la vapeur condensée et sortant de la 3ᵉ caisse..   1 litre

2° Volume de l'eau d'injection nécessaire à la condensation du kilogramme de vapeur ci-dessus.........................   30 litres

3° Volume de l'air en dissolution dans le jus à son entrée dans l'appareil et égal à 1/20 de ce volume, soit $\dfrac{3,6}{20} = 0$ lit. 18

et qui, à son arrivée au condenseur à injection où la pression absolue n'est que de 0 atm. 0722, se dilate suivant la loi de Mariotte et devient :

$$\frac{0,18}{0,0722} = \dots\dots\dots\dots\dots\dots\dots \text{2 lit. 50}$$

4° Volume de l'air en dissolution dans l'eau d'injection, représentant 1/20 du volume de cette dernière, soit $\dfrac{30}{20} = 1$ lit. 5, qui, dilaté dans le condenseur, devient :

$$\frac{1,5}{0,0722} = \dots\dots\dots\dots\dots\dots\dots \text{20 lit. 70}$$

5° Volume des gaz ammoniacaux provenant de la décomposition des matières organiques des jus, des vapeurs incondensables et de l'air entré dans l'appareil par les fuites et les fissures. Cette quantité est tout à fait inappréciable et très variable. Pour lui fixer une valeur et en nous basant sur quelques observations, nous l'admettrons égale au maximum à 1/2 0/0 du volume de vapeur à condenser, soit dans notre cas :

$$\frac{0,5 \times 19.700}{100} = \dots\dots\dots\dots\dots\dots \text{98 lit. 50}$$

Total des volumes à enlever du condenseur par kilogramme de vapeur condensée.. $\overline{\text{152 lit. 70}}$

« En admettant 0,55 comme coefficient de rendement de la pompe humide, nous en déduirons que le volume engendré par le piston à air pour 1 kilogramme de vapeur à condenser doit être de

$$\frac{152,70}{0,55} = 277 \text{ lit. 64,}$$

soit en chiffres ronds, 280 litres.

« Reprenant pour exemple le triple-effet de 300 mètres carrés et considérant qu'il sort de sa troisième caisse

$$\frac{216.000}{3 \times 24 \times 60} = 50 \text{ kilogr. environ}$$

de vapeur par minute, nous voyons que le volume engendré dans le même temps par la pompe à air le desservant doit être au minimum de

$$50 \times 280 = 14.000 \text{ litres};$$

ce qui correspond à une pompe de 550 millimètres de diamètre et 600 de course marchant à 50 tours par minute.

Détermination des dimensions des pompes à air sec.

« ...Nous pouvons admettre pour ces appareils un rendement pratique de 80 à 85 0/0. En nous reportant à la détermination des dimensions d'une pompe à air humide, que nous avons exposée précédemment, nous en déduisons que le volume de gaz incondensables à extraire du condenseur barométrique par kilogramme de vapeur condensée, se décompose comme suit :

1° Volume de l'air en dissolution dans le jus à son entrée dans l'appareil et distendu dans le condenseur. . . . .   2 litres 50

2° Volume de l'air en dissolution dans l'eau d'injection et dilaté dans le condenseur. . . . .   20 — 70

3° Volume des gaz ammoniacaux. . . . .   98 — 50

Total du volume de gaz à enlever du condenseur barométrique. 121 litres 70

« En admettant un coefficient de rendement de 0,80 à la pompe à air sec nous concluons que le volume engendré par le piston de cette dernière par kilog. de vapeur condensée doit être de

$$\frac{121.70}{0.80} = 152 \text{ litres } 12$$

soit en chiffres ronds 160 litres

« Le triple-effet de 300 m² duquel il sort par la 3e caisse 50 kil. de vapeur par minute, nécessitera donc une pompe à air sec engendrant un volume de :

$$50 \times 160 = 8000 \text{ litres}$$

dans le même temps.

« Ce qui suppose une pompe sèche de 380 m/m de diamètre, de 400 m/m de course marchant à 90 tours par minute. »

L'évaporation à quadruple effet.

« Considérons un quadruple-effet ayant même surface totale que le précédent appareil, répartie également entre les 4 caisses qui auront alors chacune :

$$\frac{300}{4} = 75 \text{m2}$$

« Les conditions de marche peuvent être déterminées comme nous l'avons fait pour le triple-effet ; elles sont résumées dans le tableau suivant :

	1re caisse	2e caisse	3e caisse	4e caisse
Température de la vapeur de chauffage..	111° 1/2	98°	84° 1/2	71°
Pression absolue correspondante........	1k,460	0k,975	0k,578	0k,331
Température d'ébullition moyenne......	98° 1/2	85°	71° 1/2	58°
Chute de température.................	13°	13°	13°	13°
Température de la vapeur produite......	98° 1/2	85°	71° 1/2	58°
Pression absolue correspondante........	0k,980	0k,590	0k,337	0k,184
Vide en pouces.......................	1 p. 1/2	12 p.	19 p.	23 p.

« Cet appareil évaporera par heure :

$$4 \times 75 \times 13 \times 2,9 = 300 \text{ kilog. d'eau,}$$

soit 2,712 hectolitres en 24 heures. La quantité de jus traité correspondante est d'environ 3,220 hectolitres de jus ; ce qui indique une puissance de concentration de 10 hectolitres 73 par mètre carré de surface et par jour.

« La consommation de vapeur de cet appareil à quadruple-effet se détermine comme suit :

« Il s'échappe de la 4e caisse vers le condenseur un poids de vapeur à 58° représentant le quart de l'évaporation totale et qui emporte avec lui :

$$\frac{271.200}{4} (606,5 + 0,305 \times 58) \qquad = 42.320.000 \text{ calories}$$

« Le sirop extrait de la 4e caisse à 58° et dont le poids est de :

$$(322\,000 \times 1,036) - 271.200 = 60.800 \text{ kilog.}$$

emporte avec lui :

$$60.800 \times 58 \qquad = 3.526.400 \text{ —}$$

« L'eau de condensation enlevée du 4e tambour à 71° et dont le poids équivaut au quart de l'évaporation totale contient :

$$\frac{271.200}{4} \times 71 \qquad = 4.813.800 \text{ —}$$

« L'eau de condensation extraite à 84°,5 du 3e tambour entraîne .

$$\frac{271.200}{1} \times 84,5 \qquad = 5.729.100 \text{ —}$$

« Enfin, l'eau de condensation extraite à 98° du 2e tambour contient :

$$\frac{271.200}{4} \times 98 \qquad = 6.644.400 \text{ —}$$

Total des calories emportées pendant l'évaporation 63.033.700 calories

Report....................... 63.033.700 calories

desquelles il y a lieu de retrancher la chaleur apportée par 3.220 hectolitres de jus entrant à 75° dans la première caisse, soit :

$(322.000 \times 1{,}036) \times 75 \quad = \quad 24.900.000$ —

Différence........ 38.133.700 calories

« Comme 1 kilogramme de vapeur condensée dans le premier tambour abandonne 529 calories 5, la consommation totale de vapeur sera de :

$$\frac{38.133.700}{529{,}5} = 72.018 \text{ kilogrammes.}$$

« L'appareil ayant évaporé en total 2,712 hectolitres d'eau, nous en déduisons que, dans un appareil d'évaporation à quadruple-effet, un kilogramme de vapeur peut évaporer :

$$\frac{271.209}{72{,}018} = 3^k{,}26 \text{ d'eau,}$$

dans les conditions que nous avons admises.

L'évaporation à quintuple-effet.

« Examinons maintenant le cas du quintuple-effet ayant même surface de chauffe totale que précédemment, c'est-à-dire 300 mètres carrés répartis également entre chaque caisse, ce qui donne 60 mètres carrés pour chacune de ces dernières.

« Voici les conditions de marche d'un tel appareil :

	1re caisse	2e caisse	3e caisse	4e caisse	5e caisse.
Température de la vapeur de chauffage.....	111° 5	100° 7	89° 9	79° 1	68° 3
Pression absolue correspondante............	$1^k{,}460$	$1^k{,}066$	$0^k{,}715$	0^k463	$0^k{,}294$
Température d'ébullition moyenne..........	101° 2	90° 4	79° 6	68°8	58°
Chute de température......................	10° 3	10° 3	10° 3	10° 3	10° 3
Température de la vapeur produite........	101° 2	90° 4	79° 6	68, 8	58°
Pression absolue correspondante............	$1^k{,}078$	$0^k{,}730$	$0^k{,}475$	$0^k{,}300$	$0^k{,}184$
Vide en pouces............................	»	8 p. 1/4	15 p.	20 p.	23 p

« Cet appareil peut évaporer par heure :

$$5 \times 60 \times 10{,}3 \times 2{,}9 = 8.960 \text{ litres}$$

soit 2,150 hectolitres en 24 heures. Ce qui correspond à un traitement d'environ 2,550 hectolitres et suppose une puissance de concentration de 8 hect. 50 par mètre carré de surface et par jour.

« Pour la détermination de la consommation de vapeur, nous ferons succinctement les calculs analogues aux précédents. Les quantités de chaleur emportées pendant l'évaporation sont respectivement les suivantes :

Par les vapeurs sortant de la 5ᵉ caisse vers le condenseur à injection :

$$\frac{215.000}{5} \times (606,5 + 0,305 \times 58) = 26.840.000 \text{ calories.}$$

Par le sirop extrait de cette même caisse :

$$(255.000 \times 1,036 - 215.000) \times 58 = 2.847.800 \quad —$$

Par l'eau de condensation enlevée du 5ᵉ tambour :

$$\frac{215.000}{5} \times 68,3 = 2.936.800 \quad —$$

Par l'eau de condensation du 4ᵉ tambour :

$$\frac{215.800}{5} \times 79,1 = 3.401.300 \quad —$$

Par l'eau de condensation du 3ᵉ tambour :

$$\frac{215.000}{5} \times 89,9 = 3.865.700 \quad —$$

Par l'eau de condensation du 2ᵉ tambour :

$$\frac{215.000}{5} \times 100,7 = 4.330.400 \quad —$$

$$\text{Total.} \ldots \ldots \quad 44.221.800 \text{ calories.}$$

A retrancher la chaleur apportée par le jus à son entrée, soit :

$$(255.000 \times 1,036) \times 75 = 19.807.000 \quad —$$

$$\text{Différence.} \ldots \ldots \quad 24.414.300 \text{ calories.}$$

« La consommation totale de vapeur est donc de :

$$\frac{24.414.300}{529,5} = 46.108 \text{ kilogrammes.}$$

« L'appareil ayant évaporé 2,150 hectolitres d'eau, il s'ensuit que, à l'aide d'un appareil d'évaporation à quintuple-effet, un kilogramme de vapeur peut évaporer :

$$\frac{215.000}{46.108} = 4^k,66 \text{ d'eau.}$$

L'évaporation à sextuple-effet.

« Passons enfin au sextuple-effet composé de six caisses ayant chacune 50 mètres carrés de surface de chauffe, soit au total 300 mètres carrés. Les conditions de marche sont les suivantes :

	1ʳᵉ caisse	2ᵉ caisse	3ᵉ caisse	4ᵉ caisse	5ᵉ caisse	6ᵉ caisse
Température de la vapeur de chauffage...	111° 1/2	102° 1/2	93° 1/2	84° 1/2	75° 1/2	66°1/2
Pression absolue correspondante......	1ᵏ,460	1ᵏ,129	0ᵏ,816	0ᵏ,578	0ᵏ,400	0ᵏ,272
Température d'ébullition moyenne.....	103°	94°	85°	76°	67°	58°
Chute de température...........	8° 1/2	8° 1/2	8° 1/2	8° 1/2	8° 1/2	8° 1/2
Température de la vapeur produite.....	103°	94°	85°	76°	67°	58°
Pression absolue correspondante......	1ᵏ,149	0ᵏ,830	0ᵏ,590	0ᵏ,408	0ᵏ,277	0ᵏ,184
Vide en pouces.............	»	5 p. 1/2	12 p.	17 p.	20 p.1/2	23 p.

« Cet appareil évapore par heure :

$$6 \times 50 \times 8,5 \times 2,9 = 7.405 \text{ litres,}$$

soit 1,777 hectolitres en 24 heures. La quantité de jus concentré correspondante est de 2,100 hectolitres environ. La puissance de concentration de l'appareil est alors de 7 hectolitres par mètre carré de surface et par jour.

« Nous allons en déterminer la consommation de vapeur ; les quantités de chaleur emportées pendant l'évaporation sont :

Par les vapeurs sortant de la sixième caisse :

$$\frac{177.700}{6} \times (606,5 + 0,305 \times 58) \quad = \quad 18.486.300 \text{ calories.}$$

Par le sirop extrait de cette même caisse :

$$(210\,000 \times 1,036 - 177.700) \times 58 \quad = \quad 2.354.800 \quad —$$

Par l'eau de condensation du sixième tambour :

$$\frac{177.700}{6} \times 66,5 \quad = \quad 1.969.400 \quad —$$

Par celle du cinquième tambour :

$$\frac{177.700}{6} \times 75,5 \quad = \quad 2.236.000 \quad —$$

Par celle du quatrième tambour :

$$\frac{177.700}{6} \times 84,5 \quad = \quad 2.502.500 \quad —$$

Par celle du troisième tambour :

$$\frac{177.700}{6} \times 93,5 \quad = \quad 2.769.000 \quad —$$

Enfin par celle du deuxième tambour :

$$\frac{177.700}{6} \times 102,5 \quad = \quad 3.035.600 \quad —$$

$$\text{Total. . . . .} \quad 33.353.600 \text{ calories.}$$

A retrancher la chaleur apportée par le jus
à son introduction dans l'appareil, soit :

$$(210.000 \times 1,036) \times 75 \quad = \quad 16.372.500 \quad —$$

$$\text{Différence. . . . .} \quad 16.981.100 \text{ calories.}$$

« La consommation totale de vapeur est alors de :

$$\frac{16.981.100}{529,5} = 32.070 \text{ kilogrammes.}$$

« Or l'appareil a évaporé 1,777 hectolitres d'eau ; la quantité d'eau pouvant être alors évaporée par un kilogramme de vapeur dans un sextuple-effet sera donc de :

$$\frac{177.700}{32.700} = 5^k,54.$$

M. Dessin en arrive à conclure qu'à sextuple-effet la puissance de concentration par unité de surface n'étant plus que 7 hect. par m² et par 24 heures ce chiffre est trop faible pour permettre de

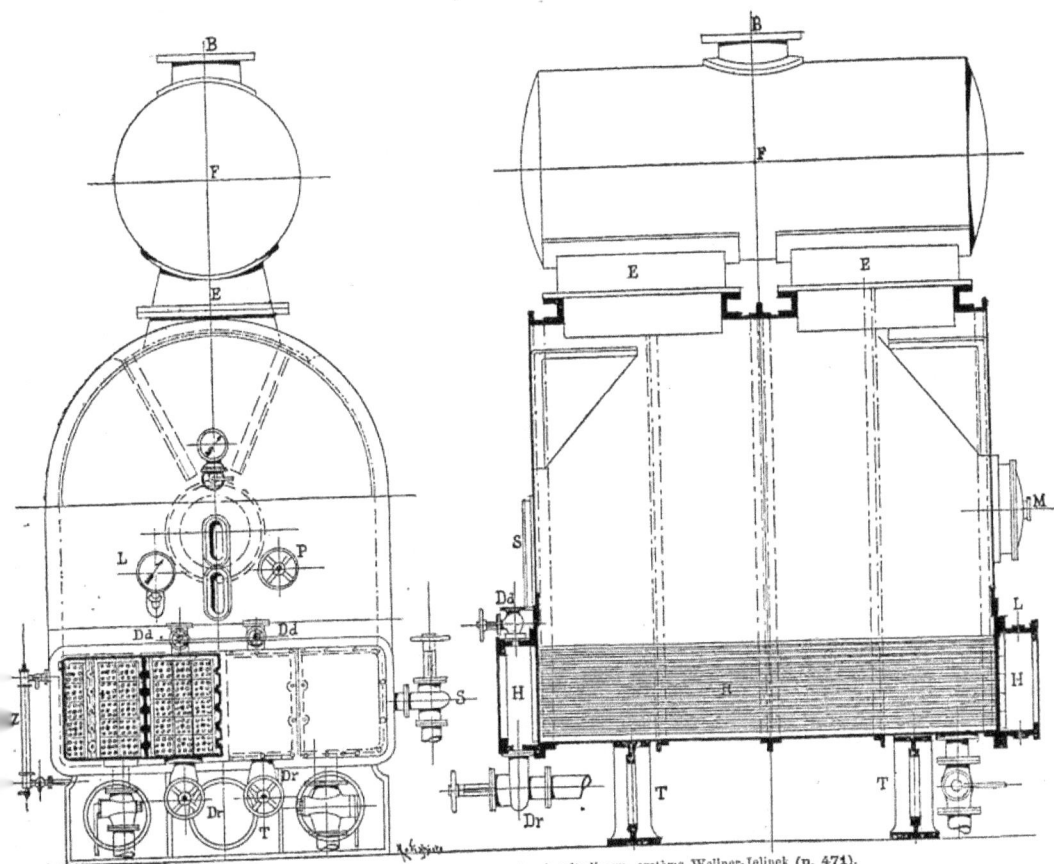

Fig. 164 et 165. — Appareil d'évaporation avec tubes longitudinaux, système Wellner-Jelinek (p. 471).

marcher de cette manière et que, même pour marcher à quadruple et quintuple-effet les moteurs actuels de sucrerie devraient
être remplacés, parce qu'ils dépensent trop de vapeur par cheval
et par heure ; ils sont généralement à détente fixe avec admission
de 75 à 80 0/0 de leur course et consomment environ 32 kg. de
vapeur par cheval et par heure. Cette consommation devrait
s'abaisser.

$$
\begin{aligned}
\text{Pour marcher à quadruple-effet à} \quad & 32 \times 0,75 = 24\text{kg}.0 \\
- \quad \text{quintuple} \quad - \quad & 32 \times 0,60 = 19 \quad 2 \\
- \quad \text{sextuple} \quad - \quad & 32 \times 0,51 = 16 \quad 3
\end{aligned}
$$

Appareils horizontaux

Doit-on préférer les caisses verticales aux caisses horizontales ?
Nous répondrons avec notre éminent collègue, M. Horsin-Déon, que
les caisses verticales valent les caisses horizontales et réciproquement ; mais à une condition, c'est qu'elles soient également bien
construites et bien comprises et que l'ouvrier évaporeur sache s'en
servir intelligemment.

Nous n'avons guère jusqu'ici parlé que des appareils d'évaporation que l'on rencontre constamment dans les sucreries françaises ; nous allons passer en revue quelques autres qui présentent des particularités intéressantes.

Appareil Wellner-Jelinek. — Cet appareil a été construit pour
la première fois en 1878. Les fig. 164-165 et 166-167 en représentent deux modèles différents.

Comme on le voit, dit Stammer (1) les inventeurs ont adopté la
forme de caisse, ce qui permet de donner à la couche de liquide
une faible hauteur, 0 m. 50 à 0 m. 60, et de répartir ce liquide sur
toute la surface de chauffe. Celle-ci est constituée par des tubes ou

---

F Vase de sûreté. — V Indicateur de vide. — H Chambre de chauffage. —
R Tubes de chauffage. — T Supports. — Dd Soupape de vapeur directe. — Dr Soupape de vapeur de retour. — C Evacuation des eaux de condensation. — L Robinet
d'air. — M Trou d'homme. — S Regard. — B Départ des vapeurs d'ébullition. —
W Evacuation des eaux sales. — *S* Soupape d'entrée du jus. — S Soupape de
sortie du jus. — E Tronçon reliant l'appareil avec le vase de sûreté. — Z Indicateur
de niveau du jus.

(1) Stammer. Der Dampf in der Zuckerfabrikation.

serpentins à faible section (environ 20 $^{m/m}$) qui permettent à la vapeur de parcourir un chemin en rapport avec leur longueur, de

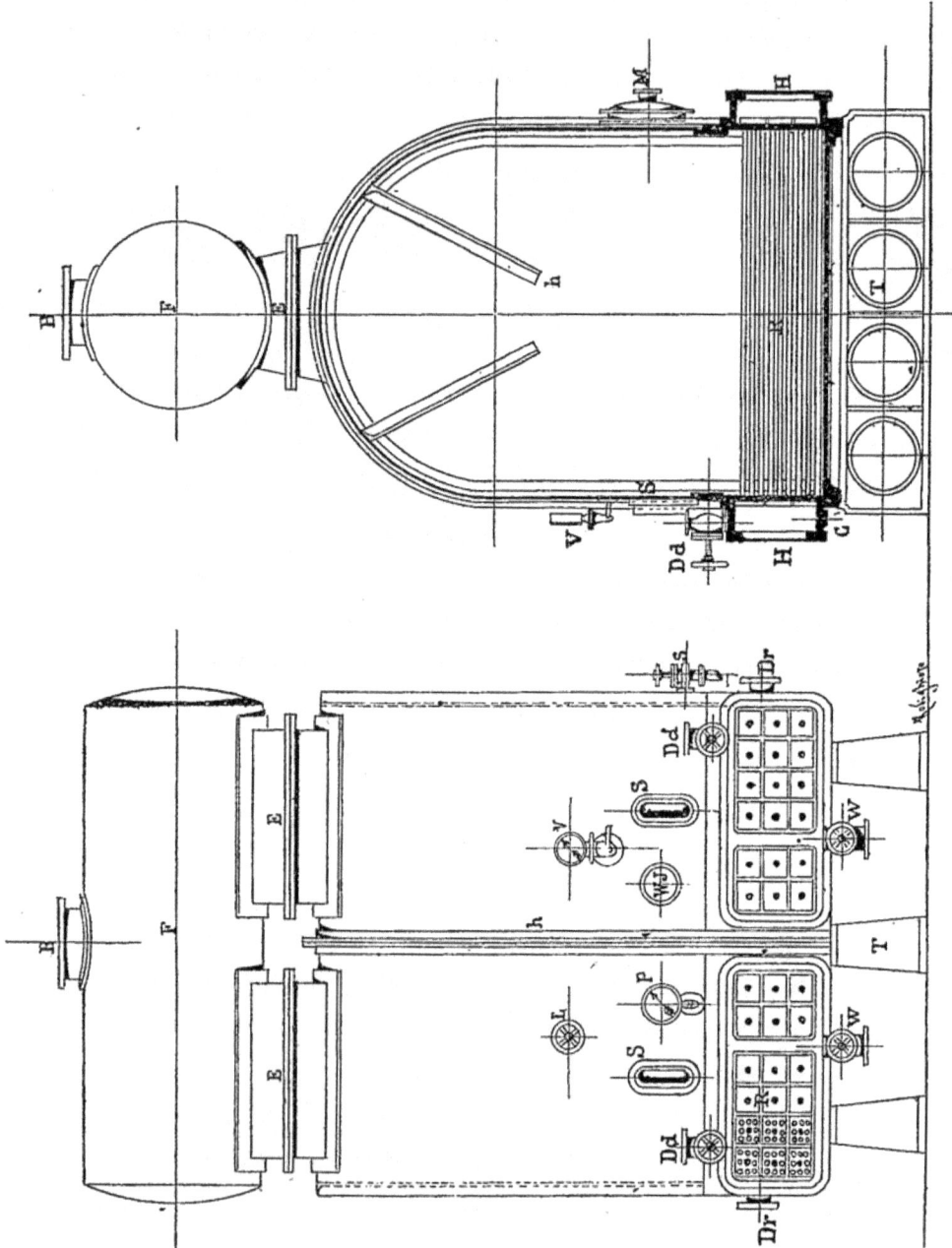

Fig. 166 et 167. — Appareil d'évaporation, avec tubes transversaux, système Wellner-Jelinek.

sorte qu'elle se condense parfaitement après avoir transmis au liquide toute sa différence de calorique. En outre, les diamètres de l'ensemble des tubes d'un faisceau sont tels que la vitesse de la circulation dans les tubes est toujours égale à celle de la vapeur entrant par la soupape d'admission. Elle conserve donc toujours sa vitesse initiale, qui est d'environ 25 m. (avec une tension de 1,5 atm), vitesse qui ne permet pas à l'eau de condensation de s'arrêter en route. Cette eau, sous forme de gouttelettes, est entraînée et déposée à l'extrémité des tubes. Afin de pouvoir donner à ces derniers la longueur voulue, on les a disposés en serpentins repliés et formant faisceaux. La surface de chauffe totale est divisée en plusieurs systèmes, ce qui a permis d'employer, à la place des tubes, des serpentins à faible section et de longueur voulue.

Les parois de l'appareil Jelinck sont verticales et se rejoignent seulement à une certaine hauteur au-dessus du niveau du liquide pour former un dôme. Le fond inférieur est plat, le liquide répandu sur la couche peu épaisse, présente une grande surface ; par suite l'ébullition s'effectue sans violence malgré la circulation active du liquide : l'ébullition de la masse est uniforme parce qu'il y règne partout la même température et la même différence de température entre le liquide et la vapeur.

Le tuyau de dégagement des vapeurs d'ébullition est construit avec grand diamètre ; la hauteur du liquide est à l'espace réservé à l'ébullition comme 1 : 5, ce qui rend les entraînements impossible.

D'après Stammer l'appareil Jelinek réalise sur les appareils verticaux une importante économie de vapeur : 1 m² de surface de chauffe transmet par minute et par degré de différence de température 24 calories, tandis que dans les appareils verticaux la surface de chauffe transmet à peine 16 calories. La différence entre l'effet utile de la surface de chauffe de l'appareil Jelinek $= \frac{24}{16} = 1,5$ fois celle d'un appareil vertical.

Walkhoff reprochait à cet appareil de laisser à désirer au point de vue de l'écoulement des eaux de condensation ; en outre le mélange de la vapeur directe avec la vapeur de retour présenterait l'inconvénient d'augmenter la contre-pression dans les cylindres des machines motrices. Pour remédier à ces inconvénients

Wellner et Jelinek ont construit un appareil du même genre, mais dans lequel le jus se trouve réparti sur deux étages ; la vapeur circule alors de haut en bas et chaque étage comporte deux chambres, l'une pour la vapeur directe, l'autre pour la vapeur d'échappement des machines.

Triple-effet Mariolle-Pinguet à caisses superposées. — Cet appareil qui figurait à l'exposition de 1889 a été créé dans le but de

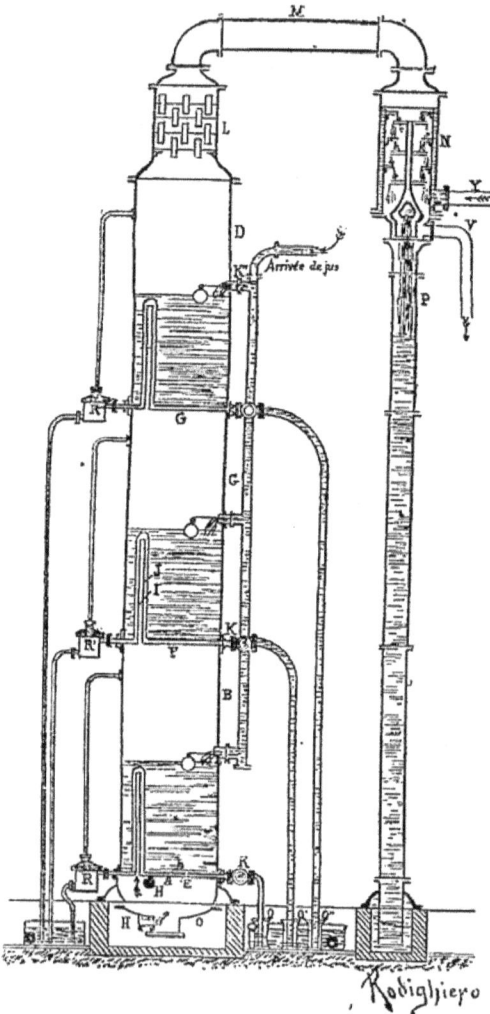

Fig. 168. — Triple-effet Mariolle-Pinguet.

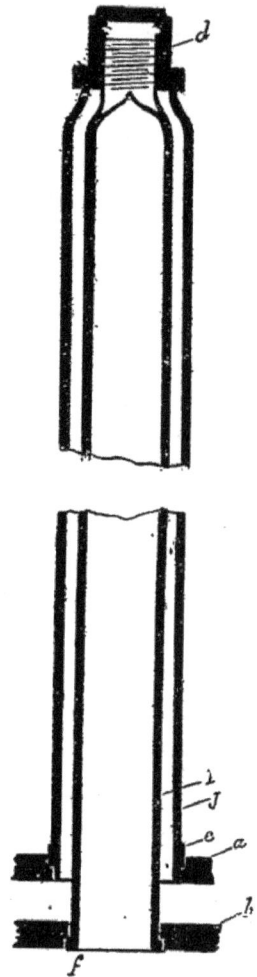

Fig. 169. — Disposition des tubes dans le triple-effet Mariolle-Pinguet.

diminuer les frais de transport très onéreux des appareils d'évaporation ordinaires qui sont envoyés dans les colonies, et d'éviter les soubresauts qui se produisent généralement dans les caisses de triple-effet et favorisent les pertes de sucre par entraînement.

Cet appareil se compose de trois caisses superposées; le fond de la deuxième caisse sert de dôme à la première et le fond de la troisième sert de dôme à la deuxième. Dans cet appareil c'est la vapeur qui circule dans les tubes et le jus qui les baigne, chaque ensemble de tube est composé d'un tube en fer fixé sur une plaque tubulaire et d'un tube en laiton qui enveloppe le premier et est fixé sur une deuxième plaque tubulaire située au-dessus de celle des tubes en fer; la vapeur entre dans celui-ci par f, monte jusqu'à sa partie supérieure et redescend dans l'espace annulaire ménagé entre les deux tubes, puis ressort dans l'espace qui se trouve entre les deux plaques pour traverser un analyseur R qui sépare l'eau des produits non condensés, lesquels se rendent dans la chambre d'évaporation de la caisse qu'ils ont chauffée et servent au chauffage de la caisse suivante; l'entrée de vapeur dans la première caisse se fait en H; l'arrivée de jus dans chaque caisse se fait par un conduit G muni de trois branchements sur lesquels se trouvent des soupapes à flotteur qui permettent d'avoir toujours un niveau constant dans chaque chaudière. L est un vase de sûreté et P un condenseur barométrique dans lequel l'eau d'injection arrive par Y, monte dans un espace annulaire, puis redescend en cascades avec les vapeurs venant de M. V communique avec une pompe à air sèche qui aspire les gaz non condensés.

Appareil Muller. — Chaque caisse de cet appareil représenté fig. 170 et 171 est constituée par un récipient cylindrique dans lequel sont placées trois bassines superposées *abc* : chaque bassine est munie d'un certain nombre de tuyaux horizontaux dans lesquels circule la vapeur. Le jus arrive d'abord dans la bassine *a*, puis par trop plein dans la bassine *b* et de même dans la bassine *c*; les vapeurs provenant de l'ébullition du jus dans la bassine *c* se rendent dans les tubes de *b* en passant entre les parois des bassines et du récipient cylindrique; il en est de même pour les vapeurs provenant de l'ébullition du jus dans *b* qui vont chauffer le jus contenu dans A.

Procédé Rillieux. — Le procédé Rillieux appliqué dans quelques sucreries françaises et dans un assez grand nombre de sucreries autrichiennes a ses partisans convaincus et, nous ne dirons pas ses adversaires, mais ses sceptiques. Il consiste essentiellement à faire passer toute la vapeur venant des générateurs dans la parti-

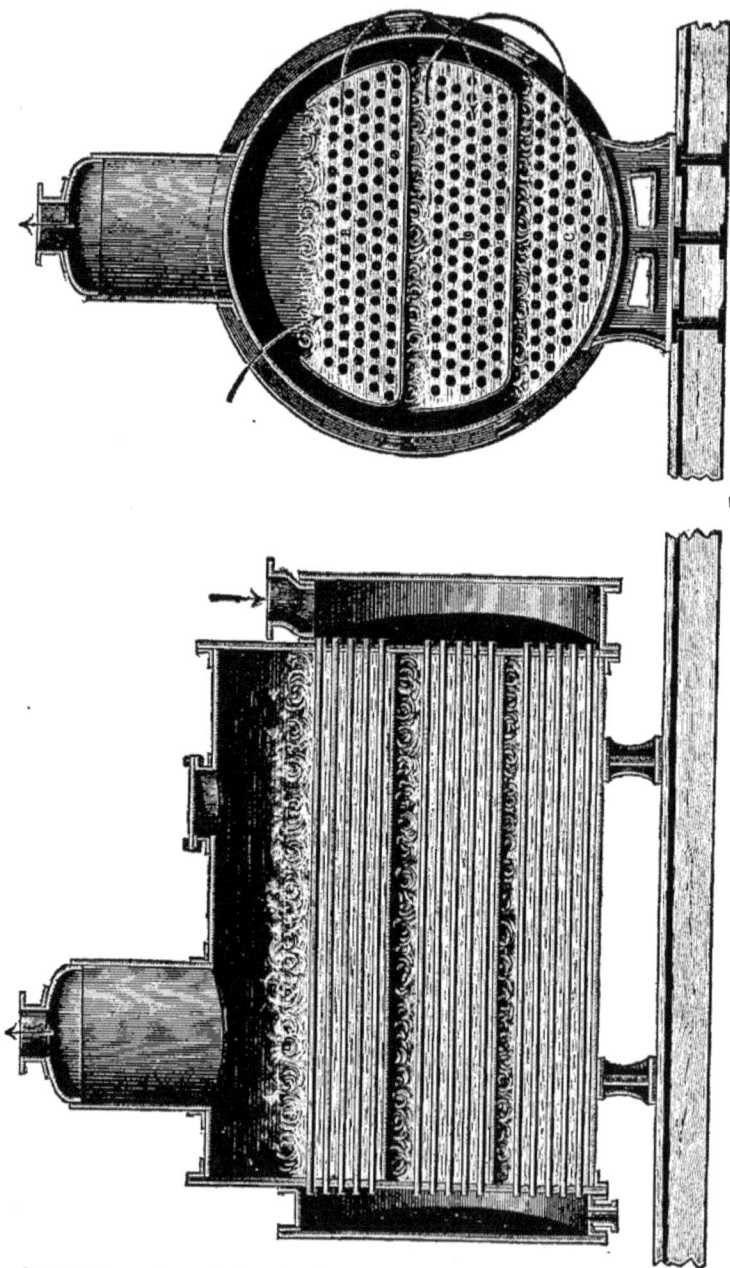

Fig. 170 et 171. — Appareil à quadruple-effet, avec système Muller, coupe longitudinale et coupe transversale. Voir page 475.

intertubulaire de la première caisse du triple effet et à se servir de
la vapeur produite par l'ébullition du jus dans cette caisse, ainsi

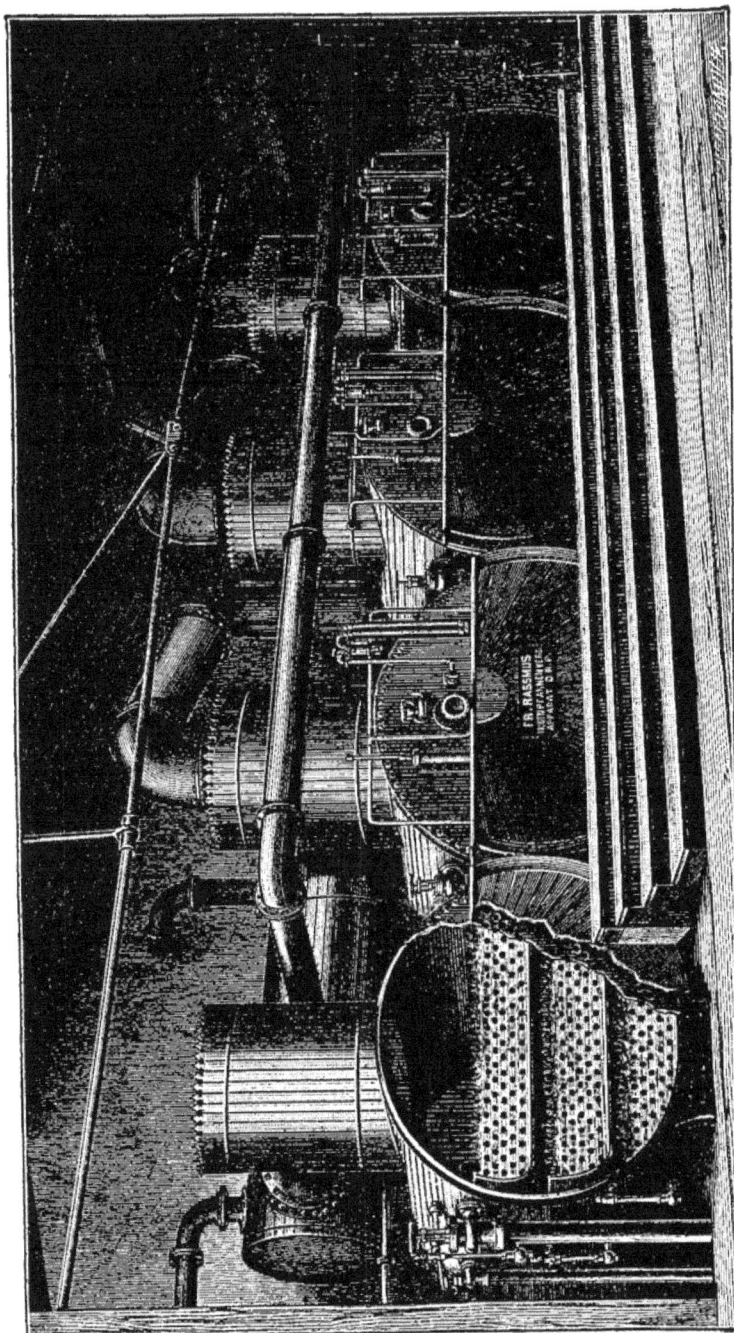

Fig. 172. — Vue de l'appareil à quadruple-effet avec système Muller, installé à la sucrerie
de Radegas (Allemagne).

que de la vapeur produite par l'ébullition du jus dans la 2ᵉ caisse, pour le chauffage de toutes les autres stations de l'usine. M. Horsin Déon considère que de cette façon le chauffage de ces stations est fait d'une manière presque gratuite.

A la sucrerie de Coucy-les-Eppes, où nous avons vu ce procédé appliqué, la vapeur provenant de l'ébullition du jus dans la première caisse sert au chauffage de la diffusion, au chauffage de réchauffeurs destinés à porter de 60° à une température plus élevée le jus filtré de première carbonatation qui se rend dans les chaudières de 2ᵉ carbonatation, au chauffage des réchauffeurs traversés par le jus filtré de 2ᵉ carbonatation, au chauffage des sirops filtrés et de l'appareil à cuire. Les vapeurs provenant de l'ébullition du jus dans la 2ᵉ caisse chauffent le jus de diffusion chaulé à 75-80° avant son entrée dans les chaudières à carbonater.

L'entrée de vapeur directe dans la première caisse s'effectue au moyen de la soupape Dulac qui se ferme automatiquement au moment voulu pour éviter une contre pression susceptible d'arrêter les machines.

Une des objections que l'on fait au procédé Rillieux, c'est la nécessité qu'entraîne son application d'effectuer la première carbonatation de jus chauffés à 75°, ce qui, suivant un assez grand nombre de fabricants, nuit à la pureté des jus. M. H. Déon prétend que cet inconvénient pouvait bien exister avec les jus de presses, mais qu'il n'existe pas avec les jus de diffusion ; il estime qu'avec le procédé en question on ne doit pas consommer plus de 80 kg de charbon par 1000 kg de betteraves travaillées.

Procédé Reboux-Gilain. — La maison J. J. Gilain installe, entre les caisses d'évaporation et leurs dômes, des réchauffeurs à tubes horizontaux ; les liquides à réchauffer parcourent les tubes, et les vapeurs produites par l'ébullition du jus dans la caisse lèchent ces tubes avant de se rendre dans la caisse suivante ; chaque réchauffeur est composé de quatre compartiments qui peuvent être isolés, ce qui permet de procéder au nettoyage des tubes d'un compartiment tout en laissant fonctionner les trois autres.

L'eau condensée dans le réchauffeur tombe sur des feuilles de cuivre étamées disposées en pente et se rend dans des récipients de retour d'où elle est aspirée par des pompes.

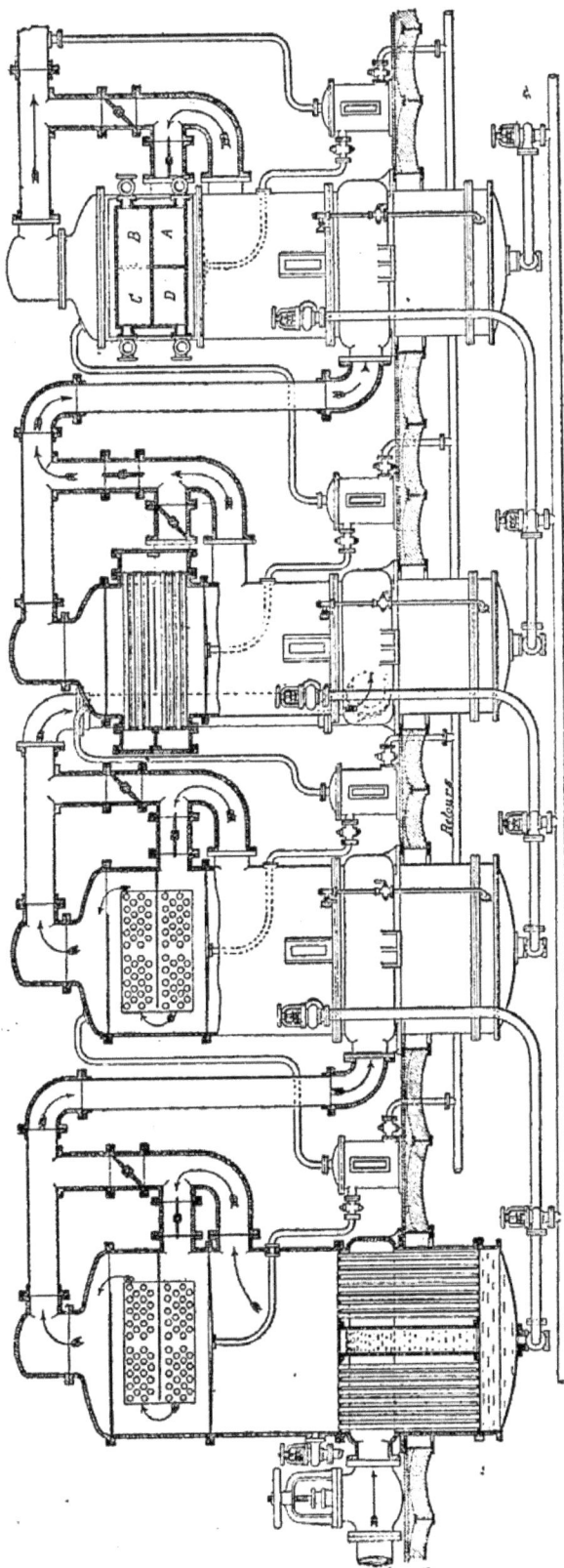

Fig. 173. — Réchauffeurs de jus, système Reboux (M. Maguin, concessionnaire.)

MM. Gilain font passer les jus de diffusion alternativement dans les réchauffeurs des 4e et 3e caisses, les jus de 1re carbonatation sortant des filtres-presses dans le réchauffeur de la 2e caisse, et les jus de 2e carbonation filtrés passent par le réchauffeur de la première caisse avant de se rendre dans celle-ci pour être évaporés.

Procédé Selwig et Lange. — Ce procédé consiste à évaporer à simple effet, mais en se servant de la vapeur provenant de l'ébullition du jus pour chauffer ce même jus. Pour arriver à ce résultat, on se sert d'un aspirateur Kœrting qu'on met en communication avec la chambre des vapeurs de la caisse et qui reçoit de la vapeur venant des générateurs.

Evaporation par ruissellement

Dans les appareils à évaporation, le dégagement des bulles de vapeur qui se forment au sein du liquide est d'autant plus difficile que la bulle a au-dessus d'elle une grande hauteur de jus, d'où il résulte que le point d'ébullition du liquide à la partie inférieure du tube est plus élevé qu'à la partie supérieure. M. Horsin Déon a objecté à cela que dans un triple-effet les tubes ne sont jamais pleins, comme preuve il cite l'expérience suivante : « Cessez subitement le vide d'une caisse pleine de jus jusqu'à la première glace et vous verrez que c'est à peine si la plaque tubulaire est couverte ». Cela est exact, mais il n'en est pas moins vrai qu'on obtient de meilleurs résultats avec des tubes courts qu'avec des tubes longs et avec peu de jus dans les tubes qu'avec un niveau de jus, même apparent, atteignant la première ou la deuxième glace.

C'est surtout dans la troisième caisse où le sirop est le plus concentré et le vide le plus élevé que l'évaporation est défectueuse au point de vue qui nous occupe. M. Dessin a en effet constaté qu'avec un appareil à tube de 1^m 500 de diamètre, la différence entre les températures d'ébullition et celle des vapeurs produites est de 2° pour la première caisse, de 4°, 5 pour la 2e et de 10° pour la 3°. En outre il faut s'arranger pour que le liquide à évaporer absorbe le plus rapidement possible la chaleur transmise par la surface de chauffe, ce qui se produira d'autant plus facilement que le liquide en contact avec un point donné de la surface de chauffe sera renouvelé plus rapidement. C'est ce que l'on constate dans l'expérience suivante que nous empruntons à la *Physique indus-trielle*, de Ser :

On a fait passer de l'eau à des vitesses différentes dans un tube en cuivre de 0,001 d'épaisseur, de 0,01 de diamètre intérieur et de 0,314 de longueur, et de la vapeur à 100° dans un manchon entourant le tube ; on a obtenu les résultats suivants :

Coefficients de transmission de la vapeur d'eau

Vitesse de l'eau.	Coefficient.	Vitesse de l'eau.	Coefficient.
0 m 10	1.400	0 m 70	3.180
0, 20	22.300	0, 80	3.330
0, 30	2.550	0. 90	3.480
0, 40	2.710	1, 00	3.640
0, 50	2.860	1, 10	3.800
0, 60	3.020		

On a cherché, par différentes modifications apportées aux triples effets et par les tubes à ruissellement, à supprimer l'inconvénient résultant de la grande hauteur du jus et au manque de vitesse de la circulation du liquide dans les tubes.

On a d'abord employé des tubes courts : nous connaissons une usine où les tubes du triple-effet sont de 0ᵐ 60 et donnent de bons résultats ; puis on a placé de gros tubes centraux dans les caisses, comme nous l'avons vu, afin de permettre au liquide d'opérer un mouvement continu d'ascension dans les petits tubes et de descente dans les gros ; ensuite on a évaporé dans les triple-effets ordinaires ou à tube central, en maintenant le niveau du liquide à moitié des tubes, ce niveau étant constaté au moyen d'un tube en verre en communication avec les parties supérieures et inférieures de la chambre tubulaire ; on a enfin imaginé des appareils permet-tant d'évaporer à ruissellement, c'est-à-dire sans colonne de liquide dans les tubes.

Déjà vers 1860 Lambeck eut l'idée de faire de l'évaporation par ruissellement : son appareil présentait la forme de deux troncs de cône renversés, emmanchés l'un dans l'autre ; la vapeur circulait dans l'espace annulaire ménagé entre ces deux troncs de cône et le liquide à évaporer circulait en ruisselant sur la surface interne du tronc de cône intérieur et sur la surface externe du tronc de cône extérieur ; le ruissellement était réalisé au moyen d'une succession de pièces tronconiques dentées, placées à l'intérieur

31

de l'appareil ; ces pièces étaient disposées la petite base en haut, tandis que des pièces analogues disposées en sens contraire assuraient le ruissellement autour de la paroi externe du système.

L'appareil de Görz est composé de trois faisceaux tubulaires superposés, le premier placé à la partie inférieure est immergé dans le jus qui est aspiré par une pompe et refoulé autour du troisième faisceau situé à la partie supérieure ; le jus traverse alors une tôle perforée pour se rendre autour du 2ᵉ faisceau placé entre le premier et le troisième.

Système Chapman. — M. Chapman a eu pour but d'avoir le moins de liquide possible sur la plaque tubulaire, afin de faciliter le dégagement des vapeurs des jus. A cet effet, il fait arriver le jus dans la première caisse par la partie inférieure a et le fait sortir par la partie supérieure dans un entonnoir central légèrement en saillie sur la plaque tubulaire. De là le jus se répartit entre tous les tubes, dans lesquels il monte pour redescendre dans le tube central d'où il se rend dans un siphon D, puis de là dans la deuxième caisse par F, il suit dans la deuxième caisse un trajet analogue à celui effectué dans la première caisse, puis ils parvient au deuxième siphon H, arrive dans la troisième caisse par J, se répartit de nouveau dans les tubes au moyen d'un entonnoir, atteint la plaque tubulaire, redescend par le tube central et sort par K.

Les siphons formés de deux tubes concentriques ont ·pour but de ralentir la circulation du jus qui sans eux serait trop rapide ; leur longueur est calculée de manière a déterminer la vitesse de circulation appropriée à la marche de l'appareil.

Dans cet appareil les eaux de condensation de la 1ʳᵉ caisse passent dans la 2ᵉ caisse par l'intermédiaire d'un siphon capable d'équilibrer la différence de vide ; l'arrivée se fait vers le milieu de la longueur des tubes, pour utiliser ainsi la vapeur qui se reforme par suite de la dépression entre la chaudière d'arrivée et la chaudière précédente.

L'eau de condensation de la 2ᵉ chaudière passe de la même manière dans la 3ᵉ d'où elle est extraite par une pompe de retour.

L'inventeur pense obtenir par ce procédé beaucoup plus de travail tout en faisant une certaine économie de combustible. Nous admettons très volontiers la disposition de M. Chapman dans toutes ses parties, excepté le passage de l'eau de condensation de

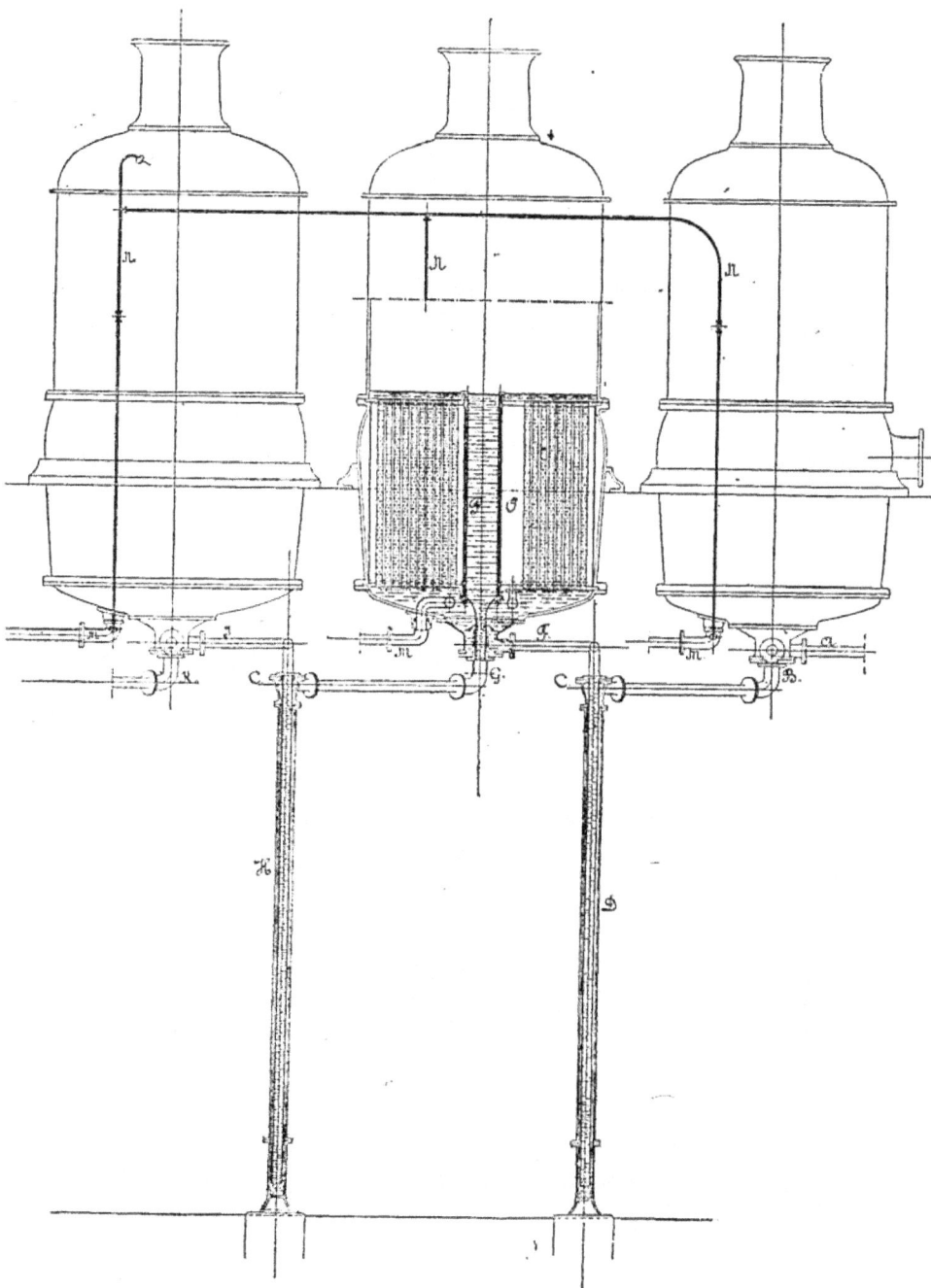

Fig. 174. — Triple-effet, système Chapman.

la 1re chaudière dans la seconde, car on utilise aussi bien l'eau de condensation de la 1re caisse en l'envoyant directement aux générateurs.

Nous avons donné la disposition adoptée par la Cie de Fives-Lille concessionnaire en France du brevet Chapman.

Système Greiner. — Cet ingénieur adapte à la partie supérieure des tubes A du triple-effet des petits tuyaux B crenelés à leur partie supérieure et dentelés à leur partie inférieure. Des trous C ménagés en coule sur deux rangs permettent au jus qui est entré dans la caisse E (fig. 175) de pénétrer dans les tuyaux B et de se répandre en ruisselant sur les parois des tuyaux A ; pour arriver

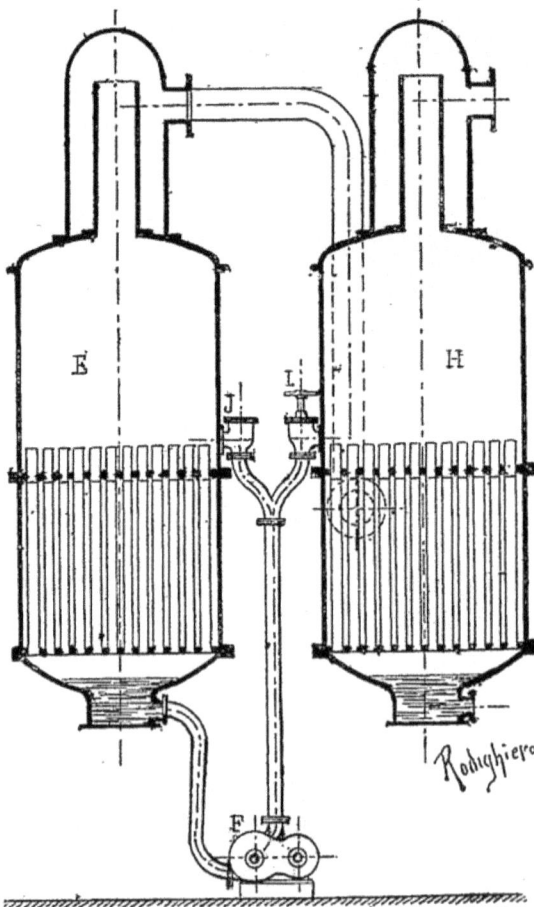

Fig. 175. — Triple-effet, système Greiner.

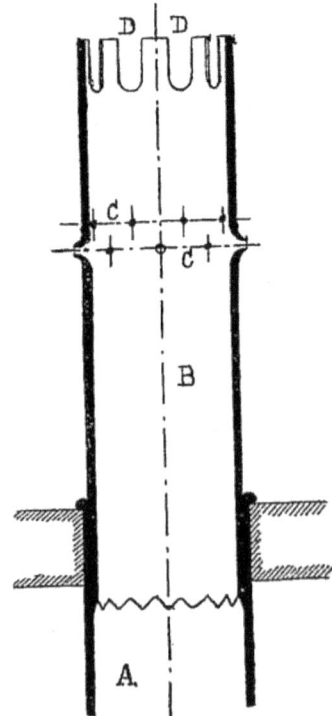

Fig. 176. — Tube du triple-effet, système Greiner.

à ce résultat les dents de la partie inférieure de B sont dirigées vers ces parois.

Le jus entre dans la caisse E, passe par les tubes pour arriver vers F, et est refoulé par une pompe; le tuyau de refoulement porte deux branchements qui permettent au moyen des soupapes J et I, de renvoyer la quantité de jus nécessaire dans la caisse E et de faire passer le reste dans la caisse H.

Système Bontemps. — M. Bontemps engage, comme Greiner, des petits tuyaux à la partie supérieure des tubes du triple-effet, mais ceux-ci diffèrent des tuyaux de Greiner en ce qu'ils sont munis à la partie inférieure d'hélices creuses par lesquelles le sirop qui est entré dans les tuyaux par débordement autour de la rondelle qui les entoure, ruisselle contre les parois des tubes du triple-effet en suivant un mouvement giratoire en forme d'hélice dont le pas grandit à mesure que le liquide approche de la partie inférieure de ces tubes.

Appareil Vaultier. — L'inventeur place à la partie supérieure des tubes du triple-effet une douille terminée par un cône, dans laquelle est taraudé un croisillon également terminé par un cône d'inclinaison différente de celle du cône de la douille ; en faisant varier la position des cônes on augmente ou on diminue l'entrée du jus dans les tubes qui y coulent en ruisselant.

Appareil Schrœder. — Cet inventeur distribue le jus sur la plaque tubulaire en lui faisant traverser les trous de deux tôles perforées superposées, et en faisant varier la position des trous de la tôle supérieure par rapport à ceux de la tôle inférieure, par conséquent la quantité de liquide distribué.

Les éléments destinés à produire le ruissellement sont composés d'une série de demi-cercles légèrement coniques disposés les uns au-dessus des autres et fixés à une tige supportée par un croisillon qui repose sur la plaque tubulaire ; chaque fois que le liquide rencontre ces demi-cercles, il est projeté contre les parois du tube sur lesquels il ruisselle.

Appareil Bouvier. — M. Bouvier place sur les tubes du triple-effet un bouchon conique *a* creux ayant la forme indiquée par la figure. D'après l'inventeur, l'obturateur posé sur le tube ne le touchant que par une ligne de contact très faible, l'entrée du liquide n'est pas empêchée et la nappe formée est excessivement mince ; si on veut en augmenter l'épaisseur il suffit d'interposer entre le tronc de cône et les tubes des fils métalliques de grosseur voulue. En outre, les ouvertures donnant passage au liquide ayant comme entrée tout le diamètre intérieur du tube, et la section à la sortie étant oblique, les dépôts qui pourraient se former sont entraînés par la concentration du jus. Il se forme avec cet appareil deux ruissellements, l'un sur la paroi intérieure du tube du triple-effet, l'autre le long du bouchon conique. L'auteur appelle « *compound* » l'évaporation qui se produit. Les bulles de vapeurs provenant de l'évaporation de la couche externe, avant de passer par la cheminée c, rencontrent la nappe médiane et lui abandonnent ainsi une certaine quantité de calories.

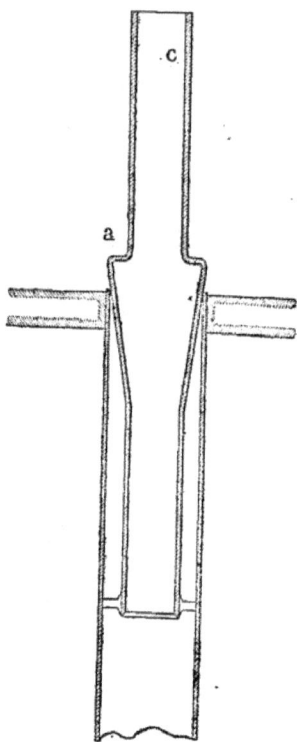

Fig. 177. — Disposition adoptée par M. Bouvier pour le ruissellement.

Appareil Chenailler. — L'appareil à évaporer Chenailler est analogue à l'appareil à cuire du même inventeur et que nous décrirons plus loin ; mais le nombre des lentilles est supérieur à trois et l'évaporation a lieu à air libre.

Tubes à ailerons. — On a appliqué aux appareils d'évaporation les tubes à ailerons dont on a fait depuis longtemps usage dans la construction de certains générateurs.

Ces tubes qui offrent plus de surface que des tubes sans ailerons de même dimension paraissent avoir donné de bons résultats à la sucrerie de Lambres où ils ont été appliqués.

Tous les appareils de ruissellement dont nous venons de parler ont été plus ou moins appliqués, ils ont des partisans ou des détracteurs ; la pratique donnera raison aux uns ou aux autres.

Composition des sirops comparés aux jus. — Leur degré de concentration.

Certaines causes tendent à augmenter la pureté et le coefficient salin des jus pendant l'évaporation, d'autres tendent à les diminuer.

Les tubes du triple-effet s'incrustent, il y a donc de ce fait épuration ; mais d'un autre côté il y a destruction de sucre, donc diminution de la pureté et du coefficient salin ; de plus les sirops étant filtrés à leur sortie du triple-effet et quelquefois même à leur sortie de chaque caisse, il y a encore épuration pour cette raison.

L'augmentation et la diminution des coefficients salins et de pureté varient évidemment suivant les usines, puisque l'évaporation et la filtration ne s'y effectuent pas de la même façon.

Au point de vue de l'économie de charbon, on a intérêt à concentrer le plus possible les sirops dans le triple-effet, on les concentre généralement à 25° — 30° B⁶ sauf dans le cas où l'on veut obtenir de très beaux sucres blancs ; il ne faut alors guère dépasser 20° — 22° B⁶ .

CHAPITRE X

LA CUITE

CONSIDÉRATIONS GÉNÉRALES

La cuite peut se faire de deux manières : ou bien on pousse l'évaporation jusqu'au point de saturation de la solution sucrée qui cristallise alors dès qu'elle se refroidit, ou bien on fait en sorte que la cristallisation commence à se produire déjà pendant la cuite. Le premier mode d'opérer est appelé cuite au filet, le deuxième est la cuite en grains.

Pour bien comprendre la nature de cette opération, il faut tenir compte des points suivants :

« Pour rester en solution, dit Stohmann (1), le sucre a besoin d'une certaine quantité d'eau, et cette quantité doit être plus grande à une température basse qu'à une température élevée. Par suite, si à une quantité donnée de sucre, on ajoute l'eau strictement nécessaire pour sa dissolution, on obtient une *solution saturée*, c'est-à-dire, incapable de dissoudre plus de sucre qu'elle n'en contient, toutes choses égales d'ailleurs.

« Mais une solution ainsi saturée à froid pourra dissoudre une nouvelle proportion de sucre si on la chauffe ; si au contraire on refroidit une solution de sucre saturée à chaud, elle ne pourra pas maintenir tout son sucre en solution, une partie de ce sucre se précipitera sous forme de cristaux. La solution sucrée, saturée à chaud, se sépare donc dès qu'on la refroidit, en deux parties : l'une constitue le sucre cristallisé, l'autre une solution saturée à froid qui est la mélasse. »

« Si la solution sucrée sur laquelle on opère est diluée, on peut la priver d'une partie d'eau par l'évaporation et l'amener ainsi à

(1) *Op. cit.*

l'état de saturation à chaud ; dès qu'elle se refroidit, elle précipitera également des cristaux de sucre.

« Si on enlève une nouvelle quantité d'eau d'une solution sucrée déjà saturée à chaud, la proportion d'eau restante sera insuffisante pour maintenir tout le sucre en dissolution, par suite une partie de ce dernier se précipitera en cristaux ; on obtient alors outre le sucre cristallisé, une solution sucrée saturée à chaud qui précipitera de nouveaux cristaux si on la refroidit. »

« Dans toute cristallisation, les cristaux ont tout d'abord une grande ténuité ; sur le cristal initial à peine perceptible à l'œil nu, viennent se fixer de nouvelles quantités de sucre, le cristal se nourrit et peut, dans certaines circonstances, atteindre de grandes dimensions.

« Que les cristaux soient gros ou petits, le mode de cristallisation dépend principalement du genre de mouvements imprimés au liquide. Si la solution est au repos parfait, il se forme de gros cristaux, car chaque cristal devient ainsi un centre d'attraction attirant sans cesse de nouvelles quantités de sucre qui viennent se poser sur lui tout en respectant la grande régularité de sa forme. Vient-on à agiter fortement le liquide en cristallisation, le centre de cristallisation sera troublé, le sucre ne se déposera plus que très peu sur le cristal initial, mais formera de nouveaux individus qui empêcheront le cristal voisin de grossir et seront eux mêmes gênés dans leur croissance.

« La nutrition des cristaux dépend aussi de la rapidité du refroidissement. Si on laisse refroidir lentement une solution sucrée bouillante, les molécules de sucre ont assez de temps pour se transporter vers les centres d'attraction dont nous venons de parler et de s'y fixer ; il se formera de gros cristaux.

« Si par contre, on refroidit subitement la masse, les molécules de sucre prendront la forme solide en moins de temps qu'il ne leur faudrait pour se fixer sur les cristaux existants. D'un autre côté, les cristaux ne peuvent se nourrir qu'autant que la transition de la molécule liquide à l'état solide se fasse au contact immédiat avec un cristal déjà formé. Dans ces conditions il ne se formera donc que des petits cristaux.

« En séparant la solution saturée des cristaux qui s'y sont formés et en lui enlevant une partie d'eau par évaporation, on l'amènera de nouveau à l'état saturé à chaud ; elle précipitera de nouveaux cristaux en se refroidissant. Ou encore, si l'on continue à évaporer une solution qui a déjà précipité des cristaux à chaud, elle déposera de nouveaux cristaux à mesure qu'on lui enlèvera de l'eau, et il pourra y avoir nutrition du grain déjà formé.

« La cuite au filet consiste à préparer une solution sucrée saturée à la température d'ébullition ; la cuite *en grains* est une cristallisation produite à une température élevée.

« Si, outre le sucre, une solution sucrée renferme encore d'autres corps, ceux-ci se comporteront différemment suivant leur solubilité. S'ils sont aussi solubles ou moins solubles que le sucre à la température d'ébullition ou à froid, ils se précipiteront avec le sucre, et comme lui prendront la forme de cristaux. Mais s'ils sont plus solubles que le sucre, ils resteront en solution aussi longtemps qu'ils se trouveront en présence d'une quantité d'eau suffisante, ils resteront dans la mélasse.

« Ce sont ces différences de solubilité qui permettent de séparer le sucre des matières étrangères qui l'accompagnent dans la solution et de l'obtenir à l'état pur.

« L'évaporation des jus de betteraves a précisément pour but de provoquer la cristallisation du sucre et de maintenir en solution les impuretés plus solubles que lui.

« La présence de ces impuretés, appelées non-sucre, entrave toujours la cristallisation du sucre. La solution saturée, capable de cristalliser, est un mélange homogène de molécules de sucre et de molécules de non-sucre. Or, comme la formation des cristeaux de sucre repose sur l'attraction et la juxtaposition des molécules de sucre sur d'autres molécules de même nature, il est clair que les molécules étrangères posées à l'état liquide entre les molécules de sucre constitueront un obstacle à la migration et à la réunion de ces dernières. Dans des liquides de cette nature, la nutrition des grains sera donc d'autant plus faible qu'ils renfermeront une quantité plus grande d'impuretés, les cristaux restent ténus, le sucre a une apparence mate.

La présence de grandes quantités d'impuretés exerce en outre une certaine influence sur la consistance du sirop. Tandis que les solutions de sucre pur conservent un certain degré de fluidité, même lorsqu'elles sont très concentrées, et sont par suite faciles à séparer des cristaux formés, un sirop renfermant une importante proportion de corps non cristallisables sera épais et aura même une consistance plastique qui rendra difficile, sinon impossible, sa séparation des cristaux si on lui donne un degré de concentration trop élevé.

« Enfin, lorsque la proportion du non-sucre dépasse une certaine limite, il devient un obstacle à la précipitation et à la cristallisation du sucre, et au lieu d'un sirop capable de cristalliser, on a de la mélasse qui ne cristallise plus. »

De ce qui précède, il est facile de comprendre que, suivant la nature du jus, on sera obligé d'avoir recours à l'une ou à l'autre de ces méthodes de cuite.

Avec du sirop renfermant une importante proportion de non-sucre, ayant un faible coefficient de pureté par suite de la mauvaise qualité de la betterave ou d'un travail défectueux, on sera obligé de cuire au filet. Dans ce cas, il faudra se contenter d'amener les sirops à saturation à chaud et de les laisser ensuite cristalliser à froid ; on obtient alors une quantité de cristaux relativement faible, parce que ce n'est que dans ces conditions que le sirop reste suffisamment liquide pour donner lieu à la formation de gros cristaux. Si l'on poussait l'évaporation plus loin, il ne se formerait que des cristaux ténus dont l'élimination présenterait de grandes difficultés.

Inversement, lorsque les sirops sont très purs et que la proportion de non-sucre y est peu élevée, on peut pousser la cuite jusqu'à une concentration élevée, et provoquer la cristallisation à chaud, vu que dans ce cas, le non-sucre ne fera pas obstacle à la cristallisation ; par suite aussi, les cristaux sont gros et bien nourris, faciles à séparer du sirop.

La grande différence entre ces deux méthodes de travail est donc la suivante : par la cuite au filet on obtient un faible rendement en sucre et comme résidu une grande proportion de mélasse ; la cuite en grains au contraire donne un rendement élevé en sucre et peu de mélasse. On voit immédiatement laquelle des deux méthodes est la plus avantageuse. C'est donc les phases antérieures du travail qu'il faut soigner afin d'obtenir des sirops ayant un coefficient de pureté élevé et fournissant par suite un rendement élevé en sucre.

L'APPAREIL A CUIRE DANS LE VIDE

Pour amener les sirops à un état de concentration suffisante en vue de la cristallisation du sucre, on se servait autrefois de bassines en cuivre, munies de serpentins de chauffe et de cheminées. Nous n'entrerons pas dans les détails de construction de ces appareils qu'on ne rencontre plus maintenant que dans quelques rares usines. Ces appareils sont remplacés partout par l'appareil à cuire dans le vide. Nous avons déjà fait ressortir au chapitre précédent les avantages que présente l'emploi du vide pour l'évaporation des jus ; au point de vue de la cuite ils sont bien plus considérables et répondent presque à une nécessité. En effet, à mesure que la concentration des sirops augmente, le danger de destruction de sucre par la chaleur augmente également. Exposé à une température trop élevée, le sucre perd la propriété de cristalliser, et plus facilement encore lorsqu'il se trouve en présence d'alcalis. Une température trop élevée et la présence des alcalis ou sels sont donc deux causes nuisibles à éviter dans la cuite ; on les supprime d'un coté en neutralisant les alcalis, de l'autre en abaissant le point d'ébullition des sirops pendant la cuite. Mais cette dernière condition ne peut être réalisée que si l'on diminue la pression atmosphérique et la tension des vapeurs dans l'appareil.

Cette diminution de pression a en outre l'avantage d'imprimer une grande rapidité à la cuite, rapidité qu'on cherche encore à augmenter par la différence de température entre la surface de chauffe et le point d'ébullition des sirops. Pour arriver à ces résultats, on emploie, non plus la vapeur de retour, mais la vapeur directe.

On chauffe généralement avec de la vapeur à une pression de 3-4 atmosphères, soit une température de 134° C. La température de la vapeur à cette pression ne présente cependant aucun danger par suite de la rapidité de transmission au liquide de la chaleur par la surface de chauffe. La température du liquide qui seule peut avoir de l'influence sur le sucre, n'est pas influencée précisément par la chaleur de la surface de chauffe, mais par la pression qui règne au-dessus du liquide.

Les vapeurs que dégage l'appareil à cuire sont presque toujours condensées immédiatement par l'action de l'eau froide au condenseur. Cet appareil ressemble donc au troisième corps du triple-effet. De même qu'on peut employer les vapeurs de ce dernier pour chauffer les calorisateurs, de même on peut intercaler entre l'appareil à vide et le condenseur un réfrigérant tubulaire et réaliser une économie d'eau de condensation en portant une partie de la chaleur dans le sirop froid.

Fig 178. — Chaudière close tubulaire pour cuire en grains dans le vide avec vase de sûreté, système des anciens établissements Cail.

La construction de l'appareil à cuire présente, tout comme le triple-effet, de grandes différences suivant les constructeurs. La sur-face de chauffe est formée le plus souvent par un serpentin entouré complètement de sirop ; on y introduit la vapeur par la partie supérieure, tandis que l'extrémité inférieure aboutit à un réservoir de retour dans lequel la vapeur est condensée par l'eau qui s'y trouve. On établit souvent deux, trois ou un plus grand nombre de serpentins superposés, indépendants et chauffés par la vapeur directe, ou bien reliés ensemble de manière à ne former qu'un seul serpentin. Cette disposition est avantageuse au point de vue de l'utilisation de la vapeur, mais il faut faire en sorte que chaque serpentin puisse être isolé des autres et chauffé séparément.

Les serpentins de chauffe et la paroi intérieure du double fond de l'appareil à cuire sont toujours en cuivre, tant en raison de sa ductilité que parce qu'il est bon conducteur de la chaleur; l'appareil est en fonte ou en tôle. Dans le premier cas, on lui donne une forme cylindrique, dans le second, on lui donne généralement la forme sphérique, la disposition du condenseur et de la pompe à air, qui peut être une pompe sèche ou une pompe humide, est la même que pour le triple-effet.

L'appareil à cuire en grains dans le vide a été appliqué tout d'abord par la maison Cail. Nous décrirons pour la démonstration l'appareil construit par cette maison.

Une calandre en tôle porte un fond en fonte A et est surmontée d'une coupole en fonte L.

Le fond porte une soupape de vidange B manœuvrée par le levier C et est porté sur un plancher par quatre colonnes D.

Sur la calandre en tôle sont placées des glaces E destinées à permettre au cuiseur d'observer ce qui se passe dans l'appareil; le sirop est introduit dans l'appareil par l'ouverture de la soupape F; le robinet à beurre G sert à faire tomber, au moyen d'un corps gras, les mousses qui pourraient se produire et occasionner des entraînements de sucre. Le robinet d'entrée d'air J permet de casser le vide dans l'appareil, c'est-à-dire d'y rétablir la pression atmosphérique. Au moyen de la sonde J' on peut prélever des échantillons de masse cuite et, de cette manière, se rendre compte de la marche de l'opération.

Derrière l'appareil se trouvent : un trou d'homme qui permet d'entrer dans la chaudière, un robinet de lavage à la vapeur et une lunette ronde derrière laquelle on place un bec de gaz qui éclaire l'intérieur de l'appareil.

La coupole en fonte porte un indicateur de vide M et un

manomètre N (1) ; la vapeur provenant de l'ébullition de la masse cuite sort par O pour se rendre au vase de sûreté par S et du vase de sûreté au condenseur par X.

V est le robinet qui permet de régler l'arrivée d'eau dans le condenseur.

Le vase de sureté R porte un indicateur de niveau T.

La tige V sert au réglage de l'arrivée d'eau dans le condenseur.

Le chauffage de l'appareil est obtenu au moyen de trois serpentins dans lesquels la vapeur peut être introduite au moyen des soupapes K, K', K" qui communiquent avec la conduite de vapeur directe de l'usine par l'intermédiaire du robinet R.

Chaque serpentin porte un tuyau destiné aux retours.

Nous donnons (figure 179), une chaudière à cuire construite

Fig. 179 — Chaudière à cuire dans le vide, de la Cⁱᵉ de Fives-Lille.

(1) Ce manomètre indique la pression de la vapeur dans les serpentins.

par la Cie de Fives-Lille qui comporte les mêmes organes que l'appareil que nous venons de décrire.

Dans certains appareils la calandre en tôle est remplacée par une calandre en fonte.

Ci-dessous les dimensions données par la Cie de Fives-Lille à deux appareils :

1° Volume d'une coulée de masse cuite, 280 hect.

Diamètre de l'appareil, 4^m.

Hauteur de calandre, 3^m05.

Long. totale des serpentins, 187^m70.
$\begin{cases} 1^{er} \text{ serpentin, longueur.....} & 45^m\,30 \\ 2^e \quad\quad - \quad\quad - \quad ..... & 45\quad 30 \\ 3^e \quad\quad - \quad\quad - \quad ..... & 45\quad 30 \\ 4^e \quad\quad - \quad\quad - \quad ..... & 51\quad 80 \end{cases}$

Diamètre des serpentins, 0^m140.

—   du tuyau d'injection, 0^m115.

2° Volume d'une coulée de masse cuite, 45 hect.

Diamètre de l'appareil, 2 m.

Long. totale des serpentins, 41^m30.
$\begin{cases} 1^{er} \text{ serpentin, longueur....} & 11^m\,30 \\ 2^e \quad\quad - \quad\quad - \quad .... & 12\quad 50 \\ 3^e \quad\quad - \quad\quad - \quad .... & 17\quad 50 \end{cases}$

Diamètre des serpentins, 0^m100.

—   du tuyau d'injection, 0,065.

Nous donnons en outre les dimensions de quelques appareils à cuire (1).

	1	2	3
Capacité en hectolitres......................	88.50	75	90
Hauteur de calandre......................	1.90	3.75.	2.50
Hauteur des calottes......................	0.85	3.75	0.56
Diamètre...............................	2^m	2.40	1.70
Hauteur de cuite au-dessus des serpentins.	1^m	0.75	1.00

Les fabricants de sucre ont toujours remarqué que les cuites étaient meilleures et plus rapides dans les petites chaudières que dans les grandes, ce qui au premier abord paraît anormal. La cause en est, qu'à mesure que l'appareil grandit, les serpentins s'allongent et une partie de la longueur de ces serpentins n'est plus chauffée que par l'eau de condensation. Son effet utile diminue donc considérablement. Dans les grands appareils pour éviter une

(1) *Bulletin de l'Association des Chimistes.*

trop grande longueur des serpentins, on les divise en deux ou trois parties pour éviter cet inconvénient.

La fig. 180 représente dans son ensemble l'appareil à cuire moderne. Comme le montre la figure, la chaudière V n'a aucune ressemblance avec les corps du triple-effet; sa forme est le plus souvent sphérique. L'appareil est surmonté du vase de sûreté D destiné à empêcher les entraînements de sirop par la vapeur. De la partie supérieure du vase de sûreté part le tuyau R qui conduit les vapeurs en H et de là dans le condenseur C.

Les sirops sont introduits dans l'appareil à cuire par le tuyau z, le robinet d'aspiration z^0 et les tuyaux z^1, z^2, z^3 et z^4 qui aspirent les sirops à évaporer, ou l'eau nécessaire au nettoyage de l'appareil.

Le chauffage se fait avec de la vapeur directe qui y arrive par le tuyau d branché sur la conduite de vapeur du générateur. La vapeur peut être conduite par le robinet d^1 dans la spirale s et et par le robinet d^2 dans le double-fond b constitué par le fond de l'appareil et une double enveloppe dont il est muni au bas. Le tuyau s' évacue l'eau condensée et la vapeur non condensée hors de la spirale s', le tuyau de retour d' fait de même pour l'eau de condensation et la vapeur du double-fond; l est un robinet d'air pour la sortie de la vapeur et la rentrée d'air pour le cas où l'on voudrait produire rapidement un abaissement de température.

A est le thermomètre; m le baromètre, remplacé généralement par un manomètre; g le robinet destiné à l'introduction de graisse pour abattre les mousses; u et u' sont des regards, devant u' se trouve une lampe ou un bec de gaz, tandis que u permet de surveiller la marche de l'ébullition dans l'intérieur de l'appareil.

P est une sonde permettant de prélever des échantillons du sirop en ébullition dans l'appareil sans y laisser rentrer d'air, afin de juger de son degré de concentration. Au lieu de la sonde, l'appareil porte souvent un robinet établi de telle sorte que lorsqu'il se trouve dans une certaine position, il y entre un peu de sirop qu'on en fait écouler en tournant le robinet.

Le cône c est en fonte durcie et polie; il est parfois recouvert de caoutchouc épais et destiné à assurer la fermeture hermétique de l'ouverture inférieure a. On le presse contre l'ouverture au moyen du levier h ou du levier h'. La masse cuite venant de a après l'achèvement de la cuite, coule par l'entonnoir T soit dans le bac d'attente K muni d'un double-fond chauffé par la vapeur, ou bien on la recueille dans des appareils portatifs pour la transporter à l'endroit voulu, ou encore on la fait couler directement dans les cristallisoirs. Y est le trou d'homme de l'appareil.

La disposition intérieure du vase de sûreté D est facile à comprendre par le simple examen de la figure. Le tuyau n est destiné à réduire l'espace pour le dégagement des vapeurs et à empêcher les entraînements de sucre. Le sucre qui serait éventuellement entraîné par l'ébullition, est retenu par la calotte f et retourné dans l'appareil par les ouvertures k. L'indicateur de niveau i permet de reconnaître si l'ébullition est trop forte et s'il y a enlèvement.

Du vase de sûreté, les vapeurs se rendent par le tuyau R en H muni d'un niveau d'eau i. Le liquide entraîné est recueilli par le robinet q. La calotte f' empêche les entraînements de sucre dans le condenseur, tandis que les vapeurs y sont entraînées.

Le condenseur consiste, dans le cas qui nous occupe, d'un système tubulaire C combiné avec un condenseur à injection C'. Les vapeurs passent dans le premier par un grand nombre de tubes verticaux en laiton, renfermés dans un cylindre fermé dans lequel l'eau froide suit un courant opposé à celui des vapeurs. L'eau froide entre au bas par le tuyau e', réglée à l'aide du robinet e^2; l'eau devenue chaude s'écoule au haut par le tuyau e.

Dans le condenseur à injection, les vapeurs non encore condensées par le condenseur tubulaire achèvent de se condenser au contact de la nappe d'eau froide o. Une pompe à air humide épuise l'eau chaude en même temps que l'air, par les tuyaux x, x.

Le mode de formation de la nappe d'eau dans le condenseur à injection ressort de la figure elle-même. Le tuyau w dans lequel le tuyau w' amène de l'eau froide, est recourbé à sa partie supérieure et à sa partie inférieure. Il est traversé par une tige métallique qu'on peut élever ou abaisser au moyen du régulateur v' et qui est surmonté d'une petite calotte qui épouse exactement la convexité du tuyau. On voit que de cette manière on peut ménager à la partie supérieure du tuyau une ouverture circulaire par laquelle l'eau se répand en couche très mince sous forme de cloche. La section de l'ouverture, et par suite l'épaisseur de la nappe d'eau, peut être réglée par v'; une aiguille mobile sur une échelle montre sa position exacte. La quantité d'eau injectée est également réglée par l'ouvrier cuiseur au moyen du robinet H sur le tuyau *w* qui se meut sur un cadran.

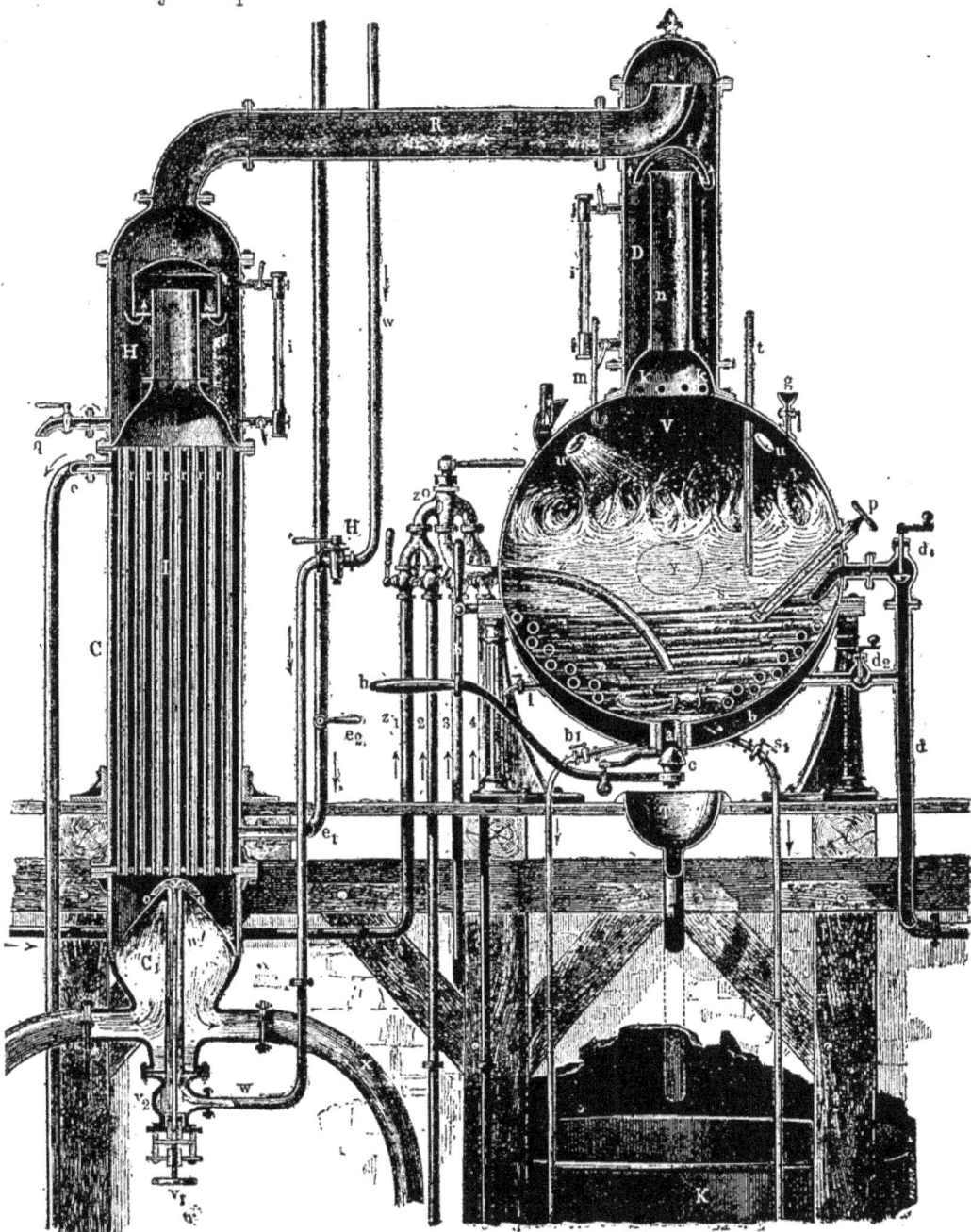

Fig. 180. — Ensemble d'un appareil à cuire dans le vide. (Ancien appareil de Derosne.) Vue en coupe.

Porte de vidange. — La porte de vidange des appareils à cuire doit être suffisamment grande pour couler le contenu de l'appareil en peu de temps, même quand la masse cuite est très serrée.

Pour arriver à ce résultat, il est en outre indispensable que le fond de la chaudière soit très conique et la trémie de coulage, quand il en existe une, très inclinée.

Dans une usine où la porte de vidange de l'appareil à cuire avait 375 $^{m/m}$ environ on mettait 2 h. 30 à 3 heures pour couler 280 hect. de masse cuite ; le diamètre ayant été porté à 750 $^{m/m}$, la masse cuite fut coulée en un temps variant de 50 minutes à une heure. (La masse cuite contenait 4 à 5 0/0 d'eau.)

Certains constructeurs ont eu l'idée d'appliquer à la fermeture des appareils à cuire un joint hydraulique semblable à celui dont nous avons parlé au chapitre de la diffusion.

Retours. — Les retours des serpentins des appareils à cuire se faisaient et se font encore ·dans un certain nombre d'usines au moyen d'un appareil que nous allons décrire et que l'on appelle généralement *bouteille allemande*.

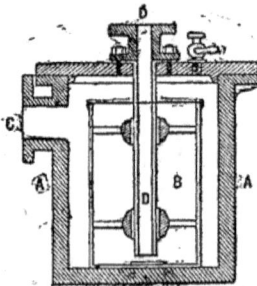

Fig. 181. [— Bouteille allemande.

B est un seau qui peut se mouvoir verticalement et qui est guidé dans son ascension ou sa descente par des anneaux à trois bras avec douilles centrales qui glissent sur le tuyau fixe D. Lorsqu'il n'y a pas d'eau à l'intérieur du seau, mais seulement à l'extérieur, le tuyau D est bouché par le fond du seau et il n'y a pas communication entre les serpentins et la conduite de retour ; mais lorsque l'eau condensée qui arrive par C en même temps que la vapeur déborde au-dessus du seau, celui-ci s'enfonce et l'eau s'échappe par le tuyau D ; le seau, quand il est vide, se soulève, la communication est de nouveau interrompue, il s'emplit d'eau et s'abaisse de nouveau et ainsi de suite.

Cet appareil a été surnommé *boîte à chagrin*, parce que dans bon nombre de cas il a fonctionné d'une manière défectueuse ; mais nous pensons que s'il a occasionné des mécomptes, cela provenait du poids défectueux du seau mobile ainsi que de la section du tube de sortie d'eau, étant donnée la pression exercée dans l'appareil.

La Cⁱᵉ de Fives-Lille a fait breveter un récipient régulateur de pression pour retour d'eau des appareils à cuire chauffés avec de la vapeur directe ; cet appareil permet de ne faire passer dans les serpentins que la quantité de vapeur nécessaire à l'évaporation.

A la partie supérieure du récipient se trouve une soupape d'échappement dont on règle la pression au moyen d'un volant placé à l'extérieur de l'appareil ; le récipient porte un manomètre.

L'évacuation de l'eau s'effectue par le fond de l'appareil au moyen d'une soupape mue par une tige verticale reliée à un levier muni à une extrémité d'un contre-poids et à l'autre d'un flotteur ; une des branches de ce levier forme un côté d'un parallélogramme, un des trois autres côtés de celui-ci est constitué par la tige verticale qui porte le flotteur ; une des articulations du parallélogramme sur le levier est située entre le contre-poids et l'articulation de la tige qui porte la soupape.

Lorsque l'eau condensée arrive à un certain niveau dans le récipient, le flotteur se soulève et soulève en même temps la tige de commande de la soupape et par suite la soupape elle-même. Le contre-poids peut être déplacé pour régler le niveau dans l'appareil.

Dans la plupart des usines on a supprimé les bouteilles allemandes et les récipients régulateurs de pression pour aspirer les retours avec des pompes qui refoulent directement l'eau condensée aux générateurs.

On réalise ainsi une grande économie de combustible, puisque au lieu de laisser refroidir l'eau au-dessous de 100° en l'envoyant dans le récipient des retours d'eau, on l'introduit dans les générateurs à une température de 125-140° C, suivant la pression de la vapeur dans les serpentins. C'est M. Derosne qui le premier avait appliqué les pompes de retour, puis elles furent abandonnées, nous ne savons pour quel motif. Ce procédé a été ensuite réemployé par la maison Cail avec les pompes de retour actuelles.

Un appareil beaucoup employé depuis quelque temps en Amérique et en Angleterre et qui permet d'effectuer les retours sans pompes et sans récipients intermédiaires, est le Steamloop ou boucle de vapeur. M. Cambier, qui emploie cet appareil, en a publié une description dans la *Sucrerie indigène,* année 1892.

Le *Steam Loop* ou boucle de vapeur, dont la figure 182 donne deux applications, se compose essentiellement d'une tuyauterie de fer ou de cuivre, munie de robinets et de clapets de manœuvre et de sûreté, qui prend l'eau condensée ou entraînée au point bas de la conduite de vapeur ou de l'appareil de chauffage et la ramène automatiquement, instantanément et sous pression à la chaudière, quelle que soit la différence des niveaux.

Comme on le voit, cet appareil est d'une construction très simple et d'une application facile.

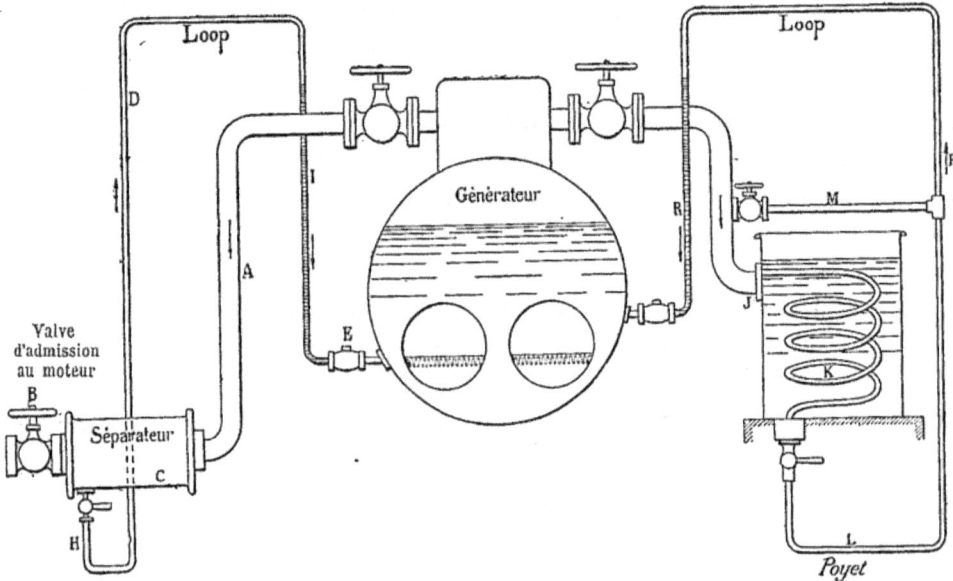

Fig. 182. — Steamloop ou boucle de vapeur (1).

Quant à son fonctionnement, il dépend uniquement des dimensions absolues et des proportions relatives à donner à ses différentes parties qui varient dans chaque cas particulier.

Cet appareil peut être appliqué à la vapeur avant qu'elle ne

(1) Représentants MM. Boulte et Rogers, ingénieurs à Paris.

serve, par exemple, à l'admission d'une machine ; ou à la vapeur ayant servi, par exemple au sortir d'un appareil de chauffage (serpentin, enveloppe de vapeur, double fond, etc.).

La partie gauche de notre dessin montre l'application du Loop à une conduite de vapeur A alimentant une machine par la valve d'admission B. L'inventeur intercale un séparateur d'eau C à la base duquel est appliqué le Loop qui consiste en un simple tube D aboutissant à la chaudière par l'intermédiaire d'un clapet de sûreté E.

Lorsqu'on ouvre le robinet H il se produit dans le tube D, dans le sens de la flèche, un courant de vapeur qui entraîne, à mesure qu'elle se présente, l'eau du séparateur et la déverse dans le tube I où elle ne tarde pas à former une colonne capable de vaincre la pression du générateur et d'y rentrer.

La partie de droite du dessin montre l'application du Loop à un serpentin à vapeur. La vapeur est amenée en J au serpentin K où elle se condense en grande partie en eau qui tend à s'accumuler à la base L du Loop.

Dans ce cas, le Loop simple ne fonctionne pas ; il faut lui ajouter une prise de vapeur M (faisant l'objet d'une addition au brevet) qui permet à la circulation de s'établir dans le sens de la flèche P et à l'eau condensée de rentrer à la chaudière par le tube R, comme il est dit plus haut.

Le Steam Loop peut donc s'appliquer à toute conduite ou appareil à vapeur où il y a des condensations à recueillir.

La seule difficulté est de bien disposer et proportionner les différentes parties du Loop de façon, non seulement à obtenir le parfait fonctionnement de l'appareil, mais aussi son maximum de rendement économique.

Suivant le procédé appliqué aux retours on dépense, d'après M. Cambier, par tonne de betteraves :

8.324.45 calories avec purgeur automatique et pompe alimentaire.
101.50   —   avec pompe de retour.
205.90   —   avec Steamloop.

Le Steam Loop est également appliqué à la raffinerie Say, à Paris, qui s'en déclare satisfaite.

Conduite de la cuite.

La porte de vidange de l'appareil et toutes les soupapes étant fermées, on met en route la pompe à air qui fait le vide dans l'appareil et on règle le robinet d'injection d'eau du condenseur. Le vide atteint rapidement 15 à 16 pouces, on ouvre alors la soupape d'alimentation et on introduit du sirop de manière à couvrir complètement un ou deux serpentins, suivant le nombre de ceux-ci, puis on admet lentement la vapeur dans le ou les serpentins couverts, en maintenant autant que possible le vide entre 19 ou 20 pouces ; de temps en temps on introduit du sirop par charges pour maintenir le niveau pendant l'évaporation. Certains cuiseurs, au lieu d'opérer ainsi, laissent un petit filet de sirop arriver d'une manière continue dans l'appareil.

Bientôt on a suffisamment de sirop concentré dans l'appareil et celui-ci arrive à ce qu'on appelle le *point de cuite*, c'est-à-dire que l'on est en présence d'une solution saturée à la température à laquelle elle se trouve, ce qui veut dire qu'il ne reste que la quantité d'eau suffisante pour dissoudre le sucre existant sans qu'elle puisse en dissoudre davantage ; si, par un moyen quelconque, on abaisse la température de ce sirop, cette quantité d'eau ne sera plus suffisante pour tenir tout le sucre en dissolution, le sirop sera sursaturé et laissera cristalliser des petits grains de sucre.

L'abaissement de température est obtenu en introduisant du sirop froid dans l'appareil.

Quand on approche du point de cuite, le sirop marque environ 43° Bé, il glisse difficilement sur les glaces ; à ce moment on doit avoir 18 à 19 pouces de vide et il faut souvent prendre des échantillons avec la sonde afin de ne pas dépasser le point en question ; si, en prenant une goutte de sirop entre le pouce et l'index et en écartant vivement ces deux doigts, on voit un léger filet, il est temps de grainer ; si le filet se casse le point de cuite est trop serré.

Formation du grain. — Le point de cuite atteint, on introduit du sirop par charges en ouvrant complètement la soupape d'introduction pendant quelques secondes ; quand on juge qu'il y a assez de grains on effectue une charge plus forte que les autres, afin (pour employer l'expression consacrée) de casser le point de cuite ; à partir de ce moment on maintient la masse assez liquide pour ne plus se rapprocher du point de cuite et ne plus former de grains.

Nutrition du grain. — Dès lors on continue à marcher, soit par charges, soit par alimentation continue, mais en ne se rapprochant pas trop du point de cuite, et on évite aussi une masse trop liquide afin de ne pas refondre les grains obtenus. Au bout d'un certain temps, il faut se préparer à introduire la vapeur dans le deuxième ou le troisième serpentin, suivant qu'on a grainé avec un ou deux ; pour cela, on serre un peu plus sans toutefois dépasser 19 pouces de vide. On règle alors avec soin l'introduction d'eau dans la pompe à air et on ouvre la soupape d'introduction de vapeur ; on continue à marcher de la même façon en introduisant successivement la vapeur dans tous les serpentins, mais la vapeur ne doit jamais être admise dans un serpentin qui ne serait pas bien couvert par le sirop. Quand on est arrivé au dernier, on laisse la cuite se rapprocher lentement, c'est-à-dire que la masse devient de moins en moins liquide, le vide monte progressivement et le manomètre descend.

On procède alors au *serrage*. Si le manomètre indique trois kilogrammes, on ferme la soupape d'alimentation, la masse se concentre et le manomètre indique bientôt 3 kilog. 25 ; on donne une forte charge et on arrive à 2 kilogrammes, la masse cuite se serre de nouveau et la pression monte à 2 kilog. 25. On donne une nouvelle charge et on obtient 1 kilogramme ; par suite de la concentration, on se trouve bientôt à 1 kilog. 500 ; on marche pendant quelque temps avec un très petit filet de vapeur, puis on ferme toutes les soupapes de vapeur et on laisse refroidir la masse cuite sous l'action du vide jusqu'à ce qu'un échantillon pris entre le pouce et l'index prenne bien la forme d'une poire par l'écartement des deux doigts. A ce moment on arrête la pompe à air, on laisse entrer l'air dans l'appareil (c'est ce qu'on appelle casser le vide), puis on ouvre la porte de vidange pour laisser couler la masse cuite dans le bac d'attente des turbines (1).

Il est toujours avantageux, lorsque le temps dont on dispose le

(1) La marche telle que nous venons de la donner a déjà été indiquée par nous dans les *Voyages pittoresques et techniques* de M. Lami. B.

permet, de refroidir la masse cuite dans l'appareil avant de la couler, et au besoin de se servir vers la fin de l'opération d'eau au lieu de sirop, afin de bien laver le grain. Dans ces conditions si le serrage est bon, le turbinage se fera bien et le grain sera dur.

Ce qui occasionne souvent des mécomptes dans le turbinage des masses cuites froides et surtout refroidies dans le bac, c'est que le serrage était bon quand la masse cuite était chaude, mais trop fort pour la masse une fois refroidie, d'où turbinage difficile, grande quantité de clairce et de vapeur employée et forte proportion de sucre fondu.

Nous sommes d'avis de grainer avec peu de sirop dans l'appareil ; dans ces conditions on ne devra ouvrir la soupape de vapeur du 2e serpentin et couvrir celui-ci qu'après le grainage ; de cette façon, si on a pris trop de grain, il sera facile de le refondre en diluant fortement la masse avec une forte injection de sirop et en laissant un peu tomber le vide ; on n'aura plus alors qu'à grainer de nouveau en ayant soin de prendre cette fois la quantité de grains voulue ; en grainant avec beaucoup de sirop dans l'appareil, cette refonte et ce deuxième grainage seront difficiles, en ce sens qu'il ne restera plus assez de sirop à introduire pour opérer une nutrition suffisante du grain.

On devra toujours grainer autant que possible avec un point de cuite très léger ; on opérera alors 15 à 20 charges avant d'avoir assez de grains, en évitant un point de cuite serré qui donnerait assez de grains avec 3 à 4 charges. En opérant comme nous le disons, on aura du grain mélangé et un rendement plus élevé à la turbine. Cependant lorsque la cuite est très avancée, il faudrait bien se garder d'en refaire dans le but d'avoir du grain mélangé, car ce grain serait alors très fin et passerait à travers les toiles des turbines.

Pertes à la cuite et appareils destinés à les éviter. — Comme à l'évaporation, il y a des pertes pendant la cuite et ces pertes sont toujours ou physiques ou chimiques.

Les pertes physiques sont dues à l'entraînement de vésicules sucrées par la vapeur ou accidentellement à des enlèvements de la masse cuite. Les pertes chimiques sont dues à la destruction du sucre sous l'influence de la chaleur.

M. Battut évalue 0 kilog. 286 de sucre par 100 kilog. de betteraves travaillées la perte par destruction pendant la cuite 1er jet, et
à 0 kilog. 010 la perte par entraînement pour un appareil qui ne
comporte qu'un vase de sûreté ordinaire ; il a publié à ce sujet (1)
une série d'essais qui montrent bien que les vases sont insuffisants
pour retenir les pertes par entraînement, les vapeurs sortant de
l'appareil passaient dans le vase de sûreté, puis dans un ralentisseur Hodek.

Voici les chiffres trouvés par M. Battut :

	Sucre retenu dans le vase de sûreté	Sucre retenu dans le ralentisseur	Sucre dans l'eau de la pompe à air
1er essai......	0,275	0,103	0
2e —	0,210	0,089	0
3e —	0,321	0,108	0
4e —	0,228	0,104	0
5e —	0,189	0,093	Traces indosables
Moyennes.....	0,244	0,0994	0

Les appareils destinés à éviter ou à diminuer les pertes à la
cuite sont les mêmes que ceux employés à l'évaporation ; aussi ne
reviendrons-nous pas sur leur description.

Avant d'aller plus loin disons que la maison Cail a pris un
brevet pour l'éclairage électrique à l'intérieur des appareils d'évaporation ou des chaudières à cuire.

Pompes à air. — Les pompes à air qui servent à produire le vide
dans les appareils à cuire sont les mêmes que celles que nous
avons décrites au chapitre précédent.

Pour un appareil de 4 mètres de diamètre dont nous avons
parlé plus haut, la Cie de Fives-Lille a admis pour la pompe les
dimensions suivantes :

Diamètre du piston de vapeur.........	0,350
— du piston de la pompe à gaz...	0,550 ou 0,600
Course..........................	0m70
Vitesse...........................	42 tours

Pour un appareil de 2 mètres de diamètre.

Diamètre du piston de vapeur.........	0,210
— du piston de la pompe à gaz.	0,300
Course..........................	0m30
Vitesse...........................	55 tours.

(1) *Bulletin de l'Association des Chimistes.*

Cuites difficiles, causes, remèdes

Les cuites difficiles, du moins celles de 1ᵉʳ jet, sont devenues inconnues en sucrerie ; elles ne sont plus guère possibles maintenant, d'abord parce que les betteraves travaillées sont beaucoup plus riches et beaucoup plus pures qu'il y a une dizaine d'années, ensuite parce que le travail à la carbonatation et à la filtration est maintenant soigné dans la plupart des sucreries.

Les cuites difficiles peuvent se présenter sous deux aspects : 1° la masse cuite est mousseuse et il se produit des enlèvements fréquents de sirop ; dans ce cas c'est que les sirops fermentent ou tout au moins ont des tendances à la fermentation ; cela provient généralement d'un manque d'alcalinité ou d'un foyer de ferments se trouvant sur le parcours des jus. Il suffira pour faire disparaître cet accident de surveiller le travail à la carbonatation et de procéder au nettoyage de tous les appareils ; on pourra par des dosages de glucose effectués sur les différents produits en cours, rechercher le point de départ de la fermentation ; mais l'accident dont nous venons de parler ne peut guère se produire dans nos sucreries, étant donné le mode de travail actuel.

2° La cuisson est excessivement lente et la vapeur paraît passer dans les serpentins sans produire un effet appréciable. Ce phénomène est dû à la présence d'une notable quantité de sels de chaux dans les sirops, sels qui se déposent sur les serpentins et en diminuent la conductibilité ; nous renverrons pour ce cas au passage qui traite de la manière d'éviter les sels de chaux. Disons seulement que l'on a souvent, pour remédier à la cuisson de produits semblables, ajouté un peu d'acide chlorhydrique dans l'appareil ; mais si on a recours à ce moyen il faut opérer avec beaucoup de précautions afin d'éviter l'inversion d'une certaine quantité de sucre.

On trouve dans le commerce certains corps gras acides destinés à faciliter la cuite des sirops défectueux ; ils agissent d'abord par leur acidité, puis ils détruisent les mousses par l'action des graisses.

Description de quelques appareils à cuire spéciaux

Appareils Wellner-Jelinek. — Pour diminuer autant que possible la hauteur de la couche de sirop et empêcher les entraînements

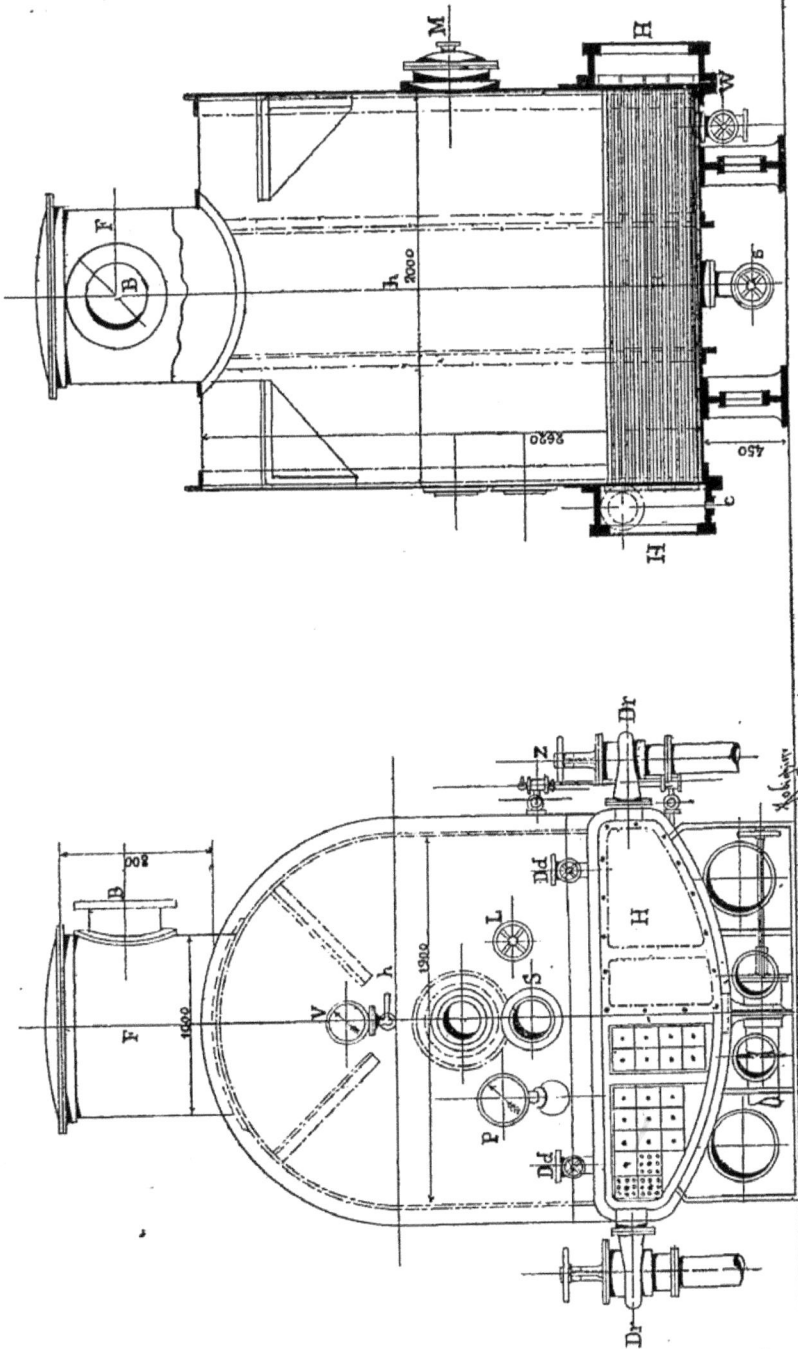

Fig. 183 et 184. — Appareil à cuire dans le vide avec 50m² de surface évaporatoire système Wellner–Jelinck.

F Vase de sûreté. — V Indicateur de vide. — H Chambre de chauffage. — R Tubes de chauffage. — T Supports. — Dr Soupape pour vapeur directe et vapeur de retour. — Evacuation des eaux de condensation. — P Talpotassimètre. — E Coudes reliant l'appareil avec le vase de sûreté. — s Vidange de la masse cuite. — p Prise d'échantillon.

contre lesquels aucune disposition ne garantit complètement, Jelinek a abandonné la forme cylindrique des appareils à cuire pour leur donner celle des figures 183-184 et 185-186.

Pour établir également une surface de chauffe économique, cet ingénieur a remplacé les tubes de grand diamètre par des tubes à faible section. Les figures 183 et 184 représentent un appareil de ce genre tel qu'il fonctionne dans les sucreries autrichiennes. La disposition de l'appareil permet de donner aux surfaces de chauffe les dimensions nécessaires pour évaporer 3-4000 quintaux métriques de sirop sans donner à l'appareil des dimensions exagérées et sans qu'il cesse d'être économique (Stammer).

Une forme un peu modifiée, notamment au point de vue de la vidange de la masse cuite, est représentée par les figures 185 et 186. Les parties de l'appareil sont représentées par les mêmes lettres que pour l'appareil des figures données plus haut.

La surface de chauffe est constituée par des tubes de 25 à 27 millimètres de section, reliés en faisceaux. La faible section des tubes permet d'en disposer un grand nombre dans la chambre de chauffage et sur un espace cubique relativement faible, et d'obtenir ainsi une grande surface de chauffe. Pour que ces tubes ne fassent pas obstacle à l'écoulement de la masse cuite, ils sont distants de 100 à 150 millim., et disposés les uns au-dessus des autres sur une ligne verticale, tandis que dans les serpentins des appareils verticaux on est obligé de rapprocher beaucoup les tubes pour obtenir une grande surface de chauffe.

A cet effet, les tubes sont répartis dans 2, 3 et 4 chambres superposées, suivant les dimensions de l'appareil, et les tubes de chaque étage peuvent être chauffés séparément avec de la vapeur directe ou de la vapeur de retour.

Les tubes sont en laiton qui résiste bien à l'action corrosive des vapeurs ammoniacales lorsqu'on chauffe avec des vapeurs d'ébullition.

L'évaporation est effectuée en n'introduisant de la vapeur que dans les tubes du premier étage; on graine de même, et on

F Vase de sûreté. — V Indicateur de vide. — R Tubes de chauffage. — T Supports. — Dd Soupape de vapeur directe. — Dr Soupape de vapeur de retour. — C Evacuation des eaux de condensation. — L Robinet d'air. — m Trou d'homme. — S Regard. — B Evacuation des vapeurs d'ébullition. — W Vidange des eaux de lavage. — s Vidange de la masse cuite. — z Niveau d'eau.

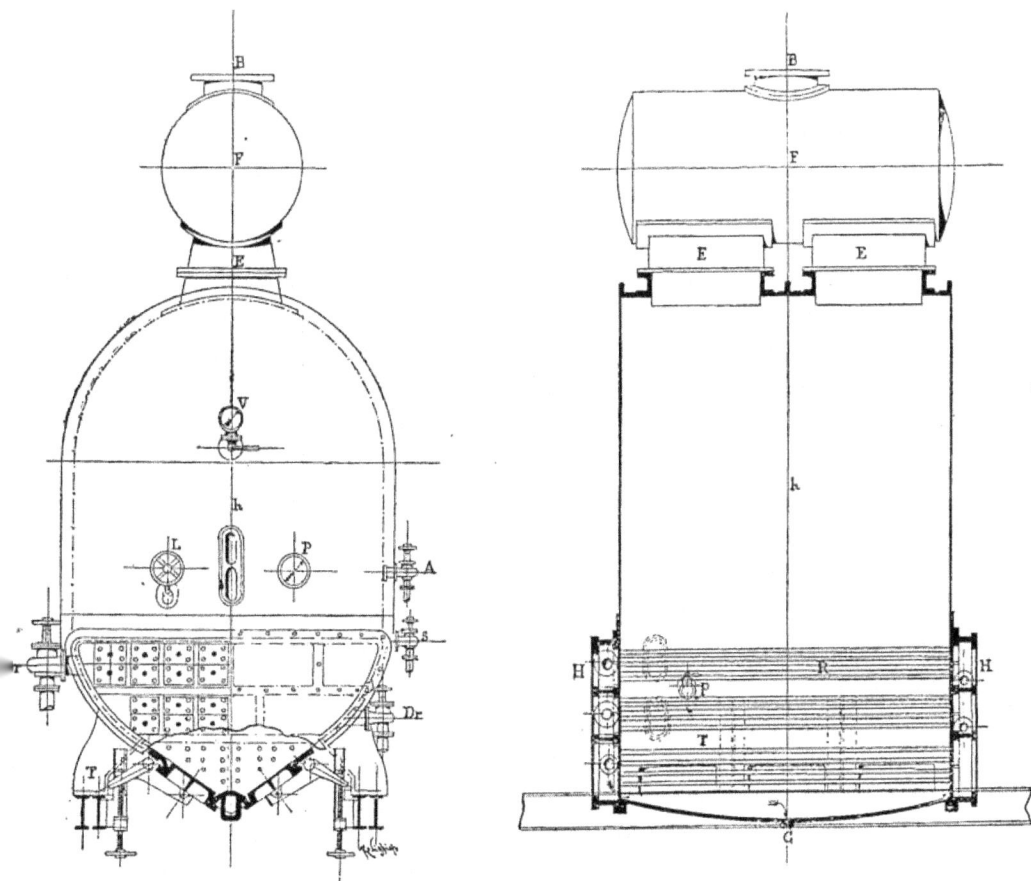

Fig. 185 et 186. — Appareil à cuire dans le vide, système Wellner et Jelinek (p. 510).

introduit successivement la vapeur dans les tubes des autres étages comme si on se trouvait en présence d'un appareil à serpentin tel que ceux que nous avons décrits. Le fond de l'appareil est formé de deux surfaces très inclinées et la masse cuite est entraînée pour la vidange par une hélice vers l'orifice s; les spires de l'hélice sont disposées pour arriver à ce résultat.

Les figures 185 et 186 représentent un appareil à cuire de 50 m² de surface de chauffe.

Appareil Greiner. — Cet appareil est vertical; la vapeur pénètre dans des couronnes annulaires, puis dans des spirales en fer creux verticales qui viennent, après s'être recourbées, rejoindre dans le fond de l'appareil d'autres couronnes qui reçoivent les retours.

Appareil Mik et Ringhoffer. — Dans l'appareil de Mik et Ringhoffer les serpentins ou les tubes sont remplacés par des plaques verticales en cuivre enchassées dans des cadres en fer. Des nervures inclinées maintiennent les plaques, assurent l'écoulement de l'eau condensée et s'opposent à ce que la vapeur ne circule trop rapidement.

Appareil Aders. — Comme dans l'appareil Jelinek le chauffage est obtenu au moyen de tubes horizontaux répartis en étages et et chaque étage est divisé en deux chambres; mais la porte de vidange mérite d'être signalée : elle a la longueur de l'appareil et environ 60 centimètres de largeur; elle est mue par un triple mouvement de vis sans fin et la fermeture est assurée au moyen d'un joint hydraulique.

Appareil Lexa-Hérold. — Cet appareil horizontal a cela de particulier que son fond est également horizontal et se compose de deux panneaux montés sur galets qui peuvent s'éloigner l'un de l'autre, mus par un axe porteur de deux vis à pas contraires et qui reçoit le mouvement d'une poulie par une vis et un engrenage. L'étanchéité du joint est assurée par pression hydraulique. Les tubes sont disposés en étages et sont à dilatation libre; chaque étage est en outre divisé en deux chambres que l'on peut isoler l'une de l'autre si on le désire. Dans cet appareil on peut chauffer le premier étage avec de la vapeur directe et se servir pour les autres des·vapeurs de retour des deuxième et troisième caisses du multiple-effet.

Appareil à cuire Chenailler. — Cet appareil se compose d'un axe horizontal creux divisé en deux compartiments et porteur de trois lentilles également creuses en cuivre rouge ; la vapeur entre dans un des compartiments et traverse les lentilles, les retours s'effectuent par le deuxième compartiment, ces lentilles tournent et plongent en partie dans un bac qui contient le sirop ; des petits godets placés circonférentiellement aux lentilles répandent, quand ils arrivent dans leur période descendante, le liquide qu'ils ont entraîné. Les lentilles sont placées dans un appareil clos où l'on fait le vide.

Appareil Reboux. — Cet appareil (fig. 187 et 188) est destiné à cuire les premiers jets en mouvement et offre par conséquent

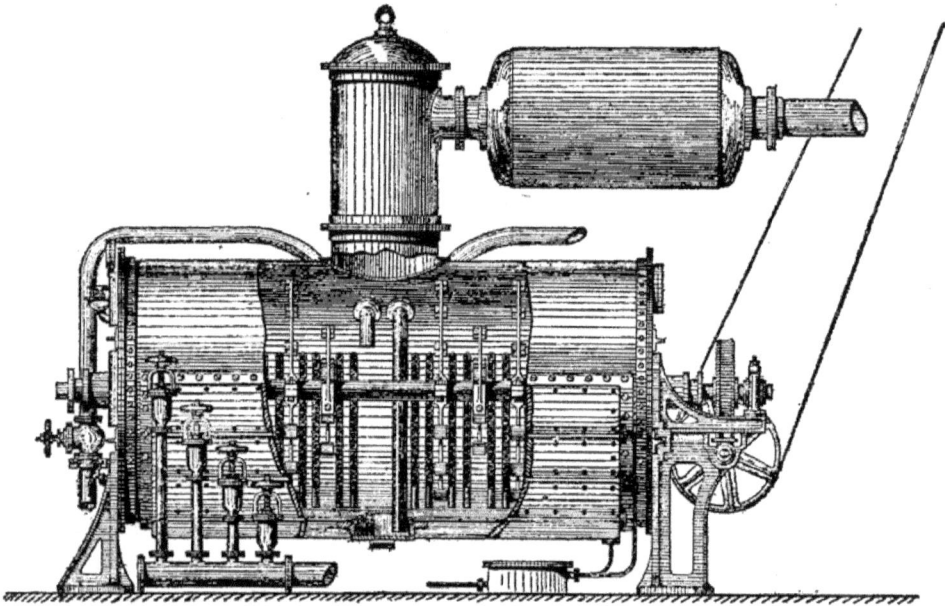

Fig. 187. — Appareil de cuite en mouvement, système Reboux.

l'avantage de mélanger constamment la masse et de faciliter de cette façon la nutrition des grains.

L'appareil est en tôle, il est horizontal et a la forme d'un cylindre ; à l'intérieur de ce cylindre tourne un arbre muni de palettes en fonte et mu par poulie et engrenages, sa vitesse est d'environ

quatre tours à la minute. Le chauffage est obtenu au moyen de
quatre faisceaux tubulaires dans lesquels la vapeur peut être
introduite séparément comme dans les serpentins des appareils
ordinaires ; ces faisceaux ont la forme d'arcs de cercle et sont disposés entre les palettes; l'injection de sirop dans l'appareil se fait
par une tuyauterie qui le distribue en plusieurs points.

Voyons maintenant le mode de fonctionnement de l'appareil : on
commence, comme avec les appareils ordinaires, à évaporer le pied
de cuite au moyen du premier faisceau tubulaire alimenté avec de
la vapeur directe, puis, arrivé au point de cuite, on graine; on continue comme il a été dit à la marche de la cuite, en ouvrant successivement les soupapes des 2ᵉ, 3ᵉ, 4ᵉ faisceaux tubulaires que l'on

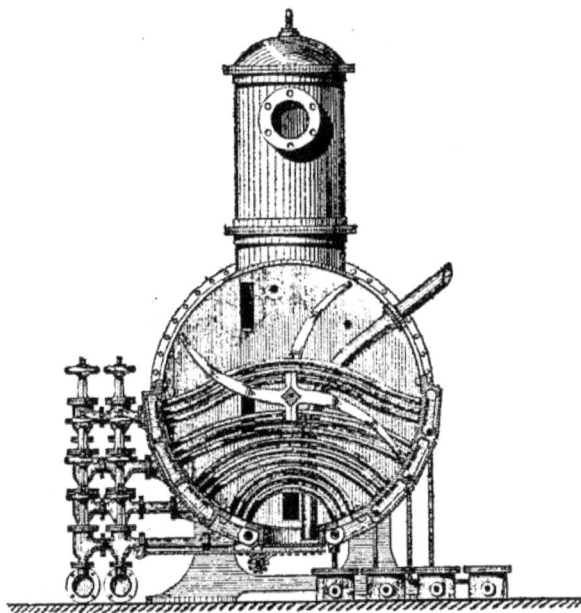

Fig. 188. — Appareil de cuite en mouvement, coupe transversale.

alimente avec de la vapeur de retour. L'arbre porteur de palettes
est mis en mouvement après le grainage.

Lorsque la cuite est terminée on introduit dans l'appareil du
sirop d'égout venant des turbines que l'on mélange avec la masse
et on coule. On conseille de couler la masse cuite dans un cristallisoir clos, de casser le vide dans l'appareil à cuire *et de se servir du
vide de la pompe à air* pour aspirer rapidement le contenu de la
cuite.

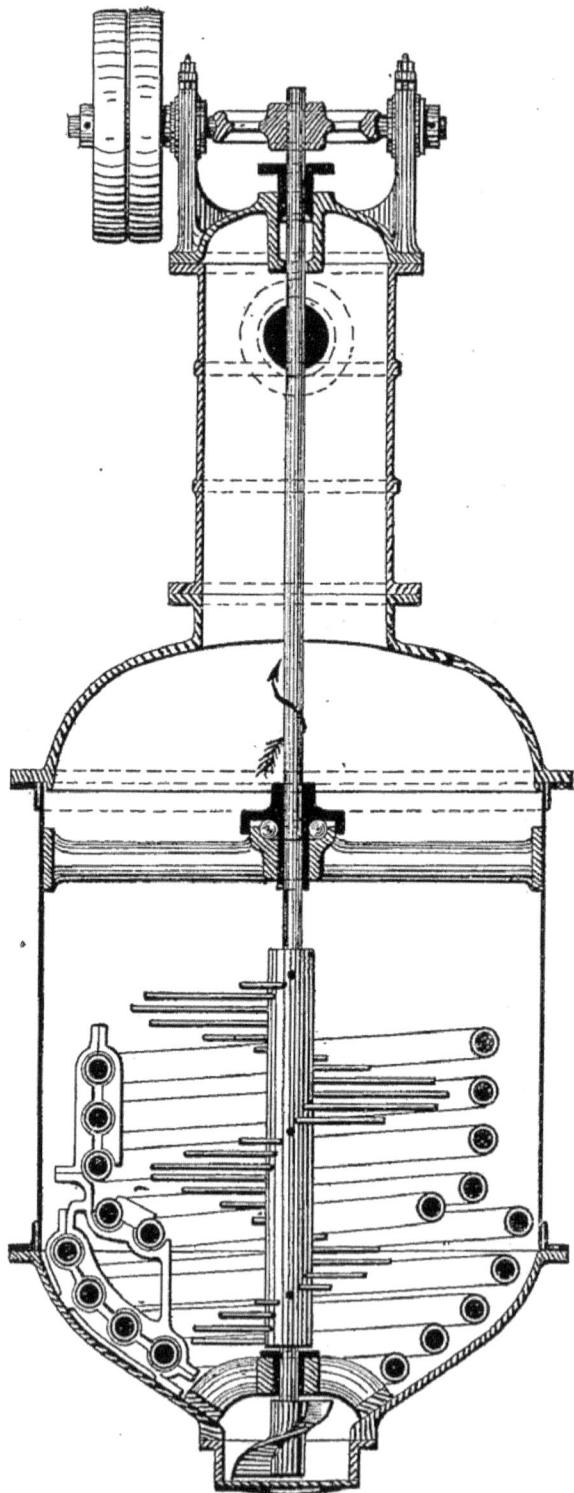

Fig. 189. — Application de la cuite en mouvement aux appareils verticaux existants.

Composition de la masse cuite du premier jet

La composition de la masse cuite de premier jet est évidemment variable dans chaque usine avec la composition des betteraves et le mode de travail ; nous allons cependant donner quelques exemples d'analyses de masses cuites provenant d'usines différentes et de diverses campagnes.

Composition de quelques masses cuites 1er jet

Densité............	1525	1536								
Sucre °/₀ cc... ...	85,51	84,67	82,86	85,20	86,90	82,16	84,82	87,81	84,80	85,17
Cendres..........	2,98	3,14	3,46	2,94	2,74	3,92	3,05	2,88.	2,95	3,39
Eau..............	5,51	5,21	5,80	4,35	5,51	5,61	6,40	4,15	5,77	5,67
Mat. org..........	5,97	6,71	7,88	7,51	4,82	8,31	5,73	5,16	6,48	5,77
Chaux	0,025	0,025	0,080	0,032	»	»	»	»	»	»
Alcalinité en chaux.	0,134	0,10	0,11	0,127	0,103	0,106	0,060	0,122	0,102	0,195
Coef. salin........	28,70	26,96	23,9	28,9	31,71	20,95	27,8	30,48	28,75	25,12
Coef. organique....	66,7	68,1	60,9	71,8	63,7	67,9	65,3	64,0	68,7	62,9
Coef. calcique.....	0,84	0,79	2,31	1,09	»	»	»	»	»	»
Pureté réelle......	90,52	89,3	87,9	89,00	92,0	87,04	90,6	91,61	90,0	90,28
Glucose......	»	0,27	»	»	»	»	»	»	»	»

Toutes ces analyses, sauf celle de la troisième colonne, représentent la moyenne d'une fabrication. Ce que nous appelons ici coefficient calcique est la chaux °/₀ de cendres : il est beaucoup trop élevé pour le n° 3. Les coefficients organiques calculés dans ce tableau représentent la quantité de matières organiques °/₀ de non-sucre sec.

CHAPITRE XI

TURBINAGE

Le sirop étant passé à l'état de masse cuite, c'est-à-dire lorsqu'on a obtenu en cristaux suffisamment gros le sucre susceptible de cristalliser en une opération, il s'agit de séparer ce sucre de la mélasse qui l'entoure ; on y arrive par le turbinage qui fera l'objet de ce chapitre.

La masse cuite tombe généralement de l'appareil à cuire dans un ou plusieurs bacs que l'on appelle « bacs d'attente des turbines » ; des ouvriers prennent cette masse cuite au moyen de pelles et la transportent dans un moulin où elle est malaxée avec un peu d'égout provenant du turbinage des premiers jets ; du moulin elle est conduite jusqu'aux turbines par différents moyens que nous passerons en revue.

MOULINS A DIVISER LA MASSE CUITE

La masse cuite pour être turbinée a besoin d'être malaxée et même un peu diluée, d'autant plus qu'avant de procéder au turbinage on la laisse souvent refroidir quelques heures dans les bacs d'attente.

Le malaxage est effectué au moyen de moulins dont la forme diffère suivant les constructeurs. Celui représenté par la figure 190 est construit par les établissements Cail.

Il se compose d'un arbre horizontal sur lequel se trouve placé un cylindre en fonte mu par poulies, lequel porte des dents perpendiculaires à son axe et placées en hélice ; ces dents en tournant passent entre les barreaux d'une grille fixe et divisent la masse tout en la mélangeant avec la clairce ; le système tourne dans un récipient surmonté d'une trémie dans laquelle tombe la masse cuite et la clairce, et muni à sa partie inférieure d'une porte de vidange manœuvrée par un levier.

Fig. 190. — Moulin à diviser le sucre construction Cail.

Un autre moulin, dù à M. Fesca, est reprèsenté par la figures 191.
La masse cuite tombe dans la trémie A et passe entre les cylindres
dentés BB chargés de diviser les gros morceaux, de là elle parvient
dans le récipient C où elle est malaxée au moyen des couteaux
mobiles EE et des couteaux fixes FF; les premiers sont liés au
cylindre D qui les entraîne dans son mouvement de rotation et
les autres sont fixés sur le pourtour du récipient, les couteaux
mobiles sont disposés en spirales; la masse cuite sort par G.
Le mouvement est donné aux arbres B et B' au moyen de
l'arbre b muni de poulies et dont une est folle, et d'engrenages;

l'arbre D reçoit son mouvement de B′ par l'intermédiaire d'engrenages.

Dans la plupart des usines françaises, la masse cuite tombe du moulin dans un récipient suspendu par une tige qui porte à sa partie supérieure un galet roulant sur un chemin de fer qui court au-dessus des turbines ; le récipient est mobile autour d'un axe horizontal de manière à pouvoir déverser son contenu dans la turbine. Cette disposition est représentée par les figures 192 et 193.

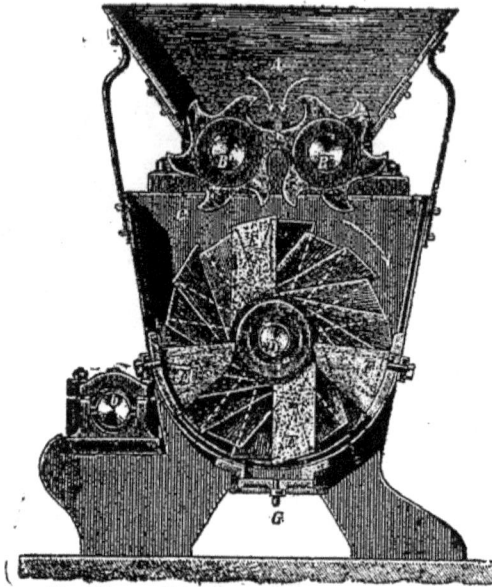

Fig. 191. — Malaxeur de sucre, système Fesca.

On se sert parfois aussi de wagonnets qui parcourent le chemin compris entre le moulin et les turbines ; mais ce moyen exige beaucoup de temps et de main-d'œuvre. On a donc cherché un procédé plus rapide et plus économique, on a construit le transporteur de masse cuite. Voici en quoi il consiste :

Dans le ou les bacs d'attente sont pratiqués des orifices surmontés d'une cheminée rectangulaire de la hauteur du bac ; ces cheminées portent à leur partie inférieure deux ouvertures qui peuvent être obturées au moyen de vannes commandées par des volants placés en haut des cheminées. Ces vannes étant levées comme il convient à la vitesse d'écoulement de la masse cuite, celle-ci tombe dans un moulin diviseur muni de bras tournant dans l'espace compris entre les barreaux d'une grille, et de là dans une auge à l'intérieur de laquelle tourne une hélice qui entraîne la masse cuite aux turbines.

La planche 194 représente certains dispositifs adoptés par M. Maguin pour la distribution de la masse cuite aux turbines et le transport du sucre au magasin ; nous reviendrons ultérieurement sur la deuxième partie de la question.

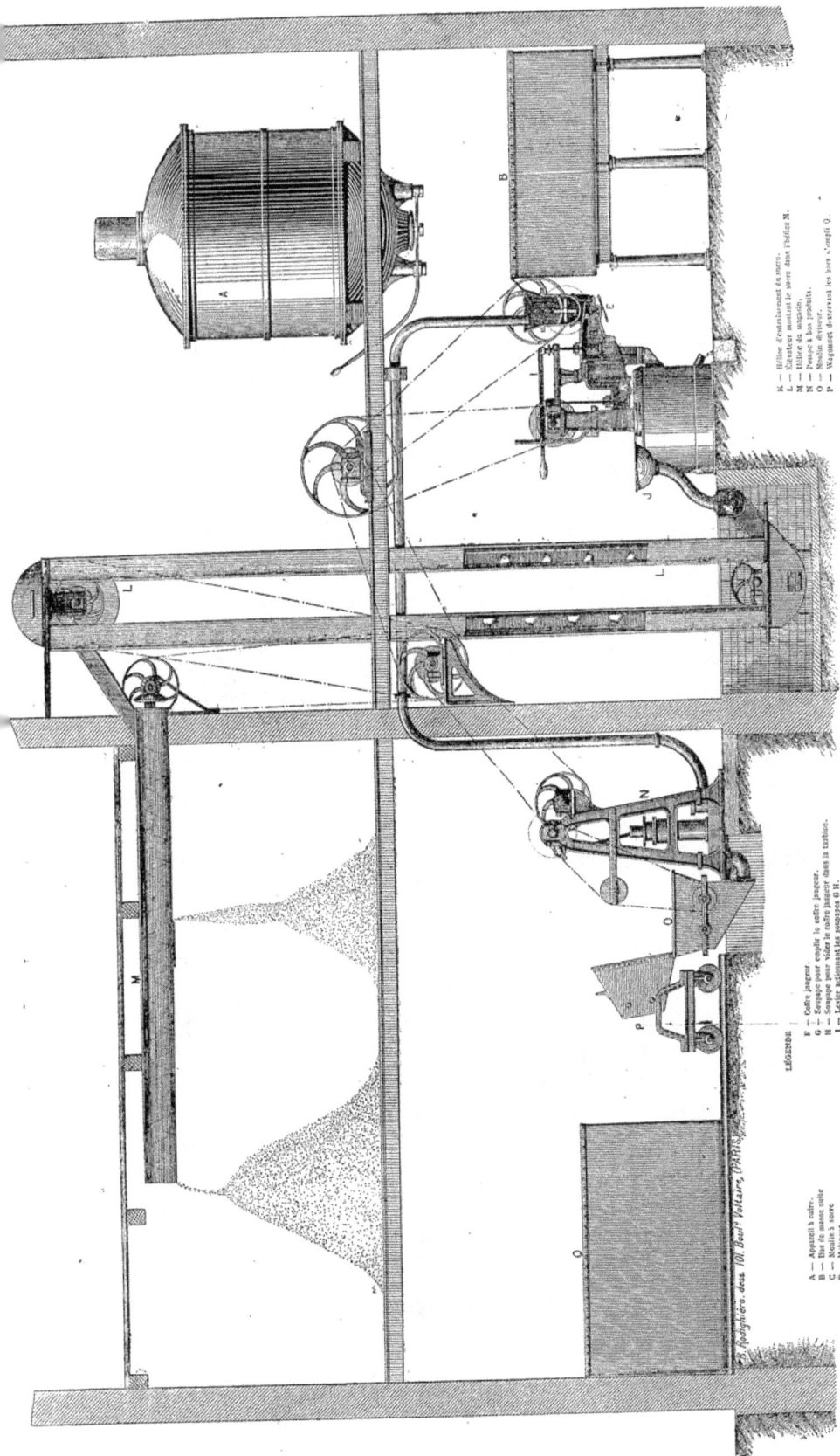

A. Rostorien, dess.   101, Boul⁴ Voltaire, PARIS.

A — Appareil à cuire.
B — Bac de masse cuite.
C — Moule à sucre.
D — Malaxeur.
E — Fermeture isolant les turbines.

F — Coffre jaqueur.
G — Soupape pour emplir le coffre jaqueur.
H — Soupape pour vider le coffre jaqueur dans la turbine.
I — Levier actionnant les soupapes G H.
J — Estomac communiquant avec l'hélice K.

K — Hélice d'entraînement du marc.
L — Élévateur montant le sucre dans l'hélice M.
M — Hélice du malaxeur.
N — Pompe à bas produits.
O — Moulin diviseur.
P — Wagonnet d'enlèvement des bas produits Q.

Figure 194. — Disposition d'appareils pour le travail des masses cuites et des bas produits (Maguin) (p. 546).

B est le bac d'attente de la masse cuite de premier jet, C l'hélice
distributrice, E la fermeture isolant l'appareil jaugeur des turbines,

Fig. 192. — Vue de la salle de turbinage et du dispositif pour le transport de la masse cuite d'après Rassmus.

F un coffre de capacité correspondante au volume de masse cuite que l'on désire introduire dans la turbine, G la soupape permettant l'emplissage du coffre F, H celle commandant la vidange de ce coffre ; les soupapes F et H sont commandées par le levier I placé à portée de la main de l'ouvrier turbineur.

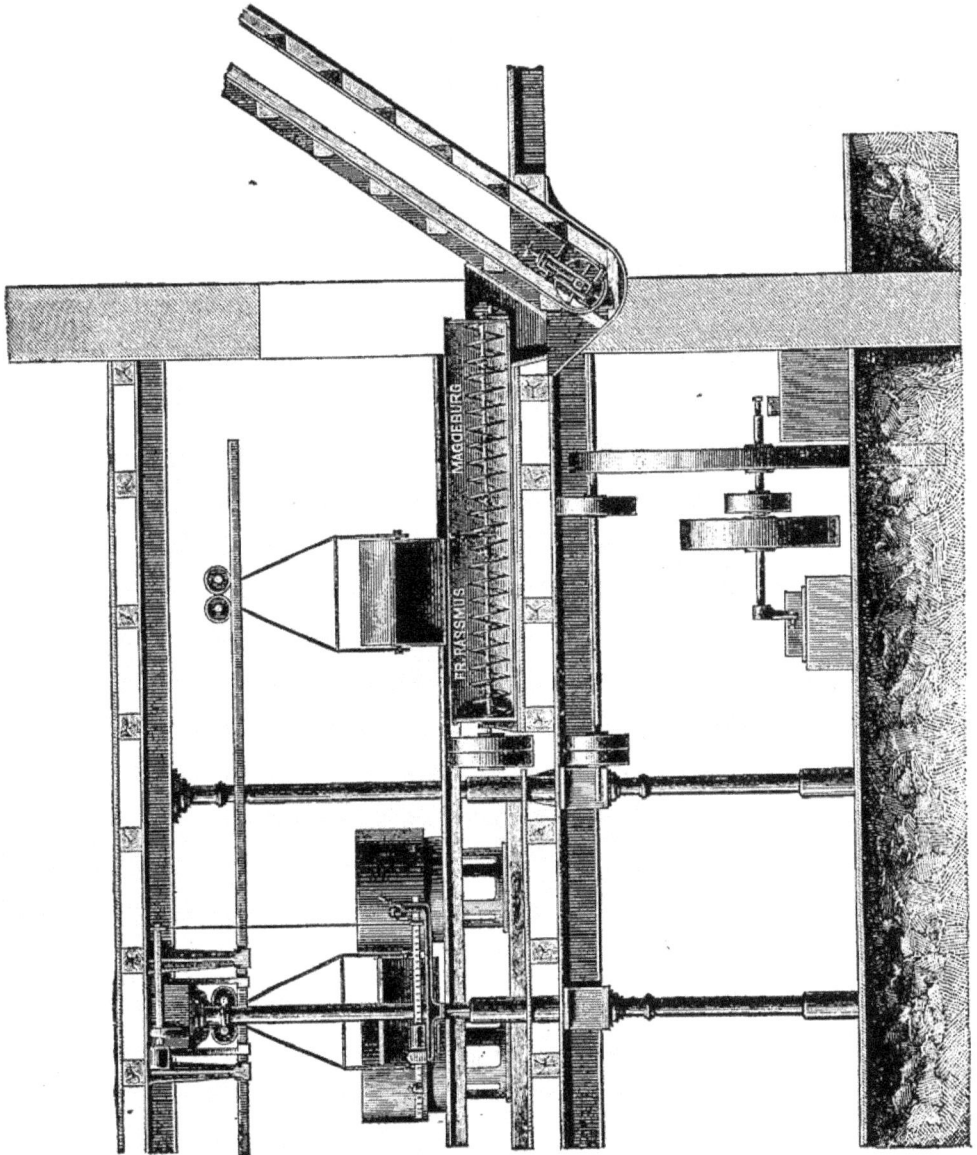

Fig. 193. — Vue de l'installation pour le transport du sucre et de la masse cuite, d'après Rassmus.

Les figures 195 et 196 représentent deux dispositions de jaugeur, l'un à bascule, l'autre à bec mobile.

Dans les turbines les plus employées en France et qui ont environ 0 m. 75 de diamètre, on introduit généralement 40 à 45 litres de masse cuite.

Fig. 195. — Jaugeur à bascule pour la distribution des masses cuites dans les turbines.

TURBINES CENTRIFUGES

Les turbines sont des appareils destinés à séparer les grains de sucre de la mélasse qui les entoure ; ils sont basés sur le principe de la force centrifuge.

Les appareils centrifuges employés en sucrerie se composent d'un tambour en tôle, ouvert à sa partie supérieure et fermé à sa partie inférieure. Ce tambour est mobile autour d'un axe vertical; sa paroi verticale est perforée et il est entouré d'une enveloppe ouverte à sa partie supérieure. Si on introduit la masse cuite dans le tambour et qu'on lui imprime un mouvement de rotation rapide, la masse est projetée vers la périphérie par la force centrifuge, la mélasse qui tient les cristaux de sucre en suspension passe par les ouvertures du tambour, coule le long de la double enveloppe qui l'entoure et vient s'écouler dans une gouttière qui

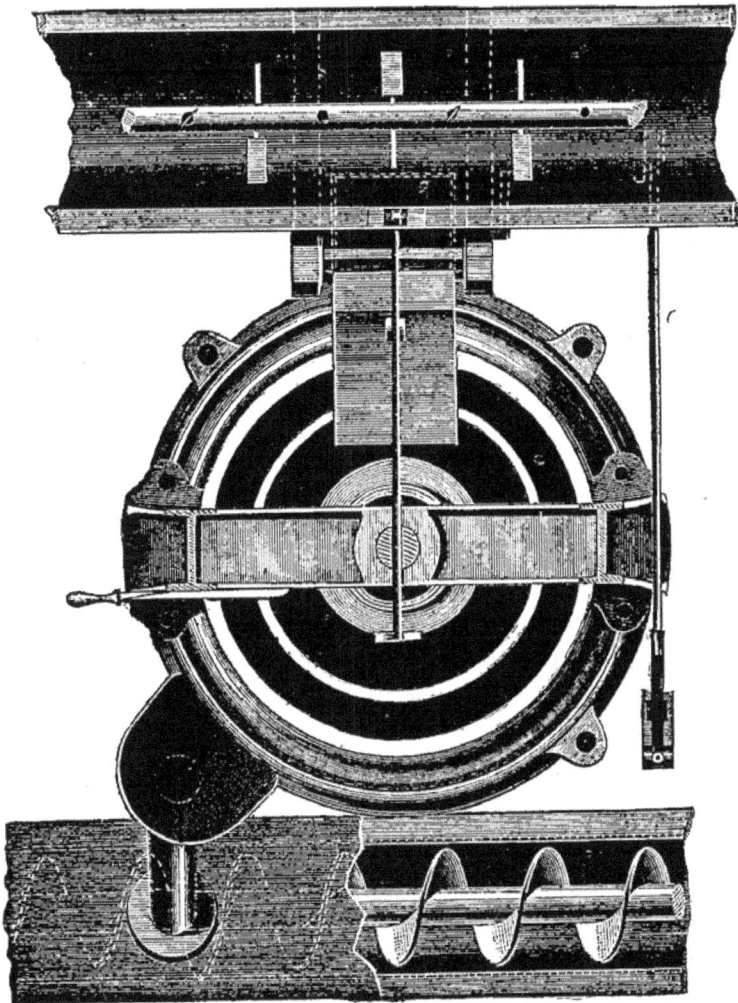

Fig. 196. — Jaugeur à bascule. Vue en plan. Voir page 521.

la dirige dans un bac destiné à la recevoir, tandisque le sucre est retenu dans le tambour.

La pression exercée par la masse sur la paroi du tambour sous l'influence de la force centrifuge est très considérable. Elle augmente avec le diamètre du tambour et le nombre de rotations qu'il fait par minute. Par suite, on ne pourrait sans danger donner à une turbine de grandes dimensions le même nombre de rotations qu'à une turbine plus petite. Un tambour construit en tôle de 6,5 $^{m/m}$ d'épaisseur et ayant 785 $^{m/m}$ de diamètre peut faire jusqu'à 1,100 tours par minute, tandis qu'un tambour de 942 $^{m/m}$ ne pourrait tourner à plus de 940 tours par minute sans danger d'explosion. Un tambour ayant les dimensions données en premier lieu peut être chargé à raison de 100 kilog. de masse cuite.

Il s'ensuit que le centrifuge doit être d'une construction soignée. Il faut tenir compte des points suivants, d'après Stohmann :

1° La pression qui agit sur le tambour est d'autant plus forte que le diamètre du tambour est plus grand. Le diamètre recommandé par Fesca est de 780 $^{m/m}$ en moyenne.

2° Le tambour doit être construit en tôle de fer de première qualité.

3° Il ne doit pas recevoir une charge supérieure à celle qui a été calculée pour sa construction; si on la dépasse on s'expose à le faire éclater. Il faut de même faire en sorte que la charge soit toujours répartie uniformément dans toutes les parties du tambour et que la couche de sucre ait la même épaisseur sur tous les points de la périphérie, ce qui suppose un bon malaxage de la masse cuite.

4° La force centrifuge augmente avec la vitesse de rotation du tambour; il faut donc adapter un dispositif qui permette de modérer la vitesse en cas de besoin. En admettant que pour sa vitesse normale de 1,000 tours par minute le tambour exige 60 courses du piston de la machine à vapeur, il suffirait que ce dernier fît 70 courses pour donner au tambour une rotation de 1.166 tours. De là ressort la nécessité de munir la machine à vapeur d'un bon régulateur qui maintienne le piston dans sa course normale.

Le mieux serait de donner le mouvement au centrifuge au moyen d'une machine spéciale, indépendante, et non au moyen de la transmission actionnant encore d'autres appareils.

5° Eviter tout arrêt brusque du tambour, car sa force vive suffirait pour briser la paroi ou la crapaudine sur laquelle il pivote.

6° Le tambour est muni d'une enveloppe en tôle de fer destinée, en principe, à protéger les ouvriers contre les explosions possibles. On ne sait encore au juste la force de résistance qu'il doit avoir, les recherches faites à ce sujet n'ayant abouti à aucun résultat.

La turbine représentée par la figure 197 est celle que l'on rencontre le plus couramment dans les sucreries françaises ; elle se

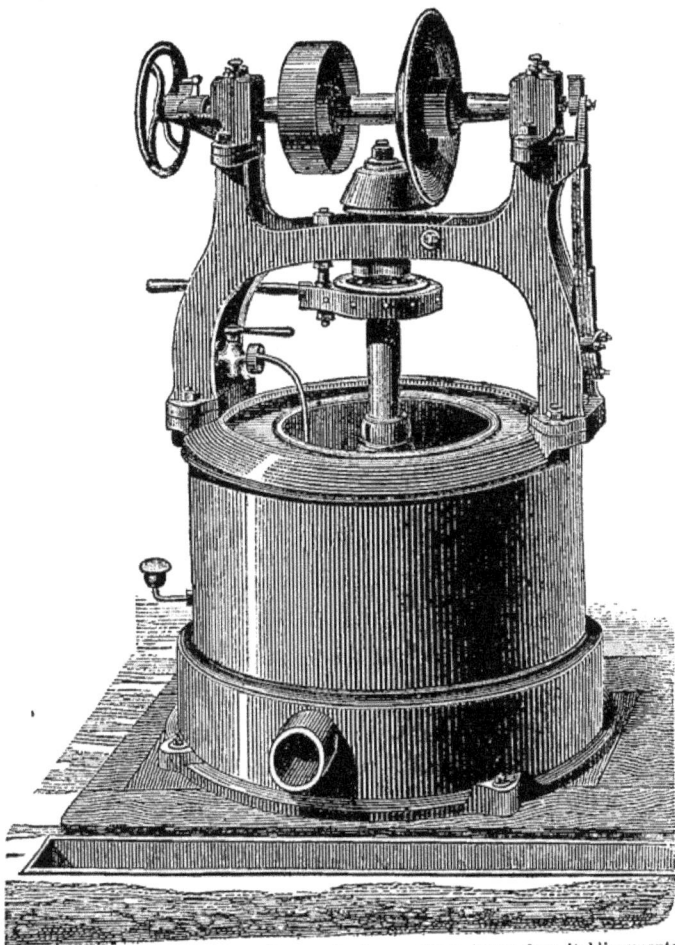

Fig. 197. — Appareil à force centrifuge ordinaire, système des anciens établissements Cail.

compose d'une cuve cylindrique à l'intérieur de laquelle tourne un panier perforé recouvert intérieurement d'une toile métallique ; le mouvement est donné à ce panier au moyen d'un arbre vertical, qui lui-même reçoit son mouvement par l'intermédiaire de cones à friction, d'un arbre horizontal. A l'intérieur du panier perforé se trouve un cône dont la grande base est à la partie inférieure. Un volant placé sous la main de l'ouvrier turbineur permet de faire mouvoir horizontalement l'arbre horizontal et d'éloigner ou de rapprocher l'un de l'autre les deux cônes de friction, par conséquent de mettre la turbine en route ou de l'arrêter; mais les deux cônes étant écartés l'un de l'autre, le panier continuerait encore à tourner longtemps si on ne pouvait l'arrêter au moyen d'un frein qui dans l'appareil que nous décrivons est manœuvré par un levier. L'appareil porte en outre un robinet et un tuyau qui permettent de procéder au clairçage à la vapeur; nous reviendrons sur ce sujet. Ces turbines doivent faire 1200 tours environ par minute.

Conduite de l'appareil. — On procède à la mise en route au moyen du volant, les deux cônes se rapprochent alors et le cône vertical communique par friction le mouvement au cône horizontal et au panier perforé par l'intermédiaire de l'arbre vertical; on introduit alors dans le panier perforé une quantité de masse cuite déterminée, la force centrifuge l'applique contre la toile perforée et force la mélasse à traverser cette toile, tandis que les grains de sucre plus gros que les trous restent à l'intérieur du panier; au bout de 1 minute 1/2 à 2 minutes, on procède au clairçage comme nous le verrons plus loin, et au bout de 3 à 4 minutes on arrête la turbine en agissant sur le volant et sur le frein. La mélasse qui a traversé la toile perforée arrive entre le panier et la paroi verticale de la cuve, puis se rend par une goulotte que l'on peut voir sur la figure dans une gouttière placée en-dessous de celle-ci. Le sucre resté dans le panier est détaché de la toile métallique au moyen d'une palette en bois et ramassé avec une pelle par le turbineur qui le met dans un sac ou dans un entonnoir communiquant avec un transporteur de sucre dont nous parlerons plus loin.

On peut avec une turbine travailler 4 hl. à 4 hl. 25 de masse cuite à l'heure.

La turbine que nous venons de décrire est à mouvement en-dessus et mue par transmission.

On construit aussi des turbines à moteur direct, mais leur fonctionnement est très couteux.

Dans ces appareils, nous retrouvons les cônes de friction, mais le mouvement est donné à l'arbre horizontal par un cylindre à vapeur fixé à la turbine et par l'intermédiaire d'une bielle et d'une manivelle.

Turbine Wauquier. — Les turbines centrifuges de MM. E. Wauquier et Fils, constructeurs à Lille, sont également très répandues en sucrerie.

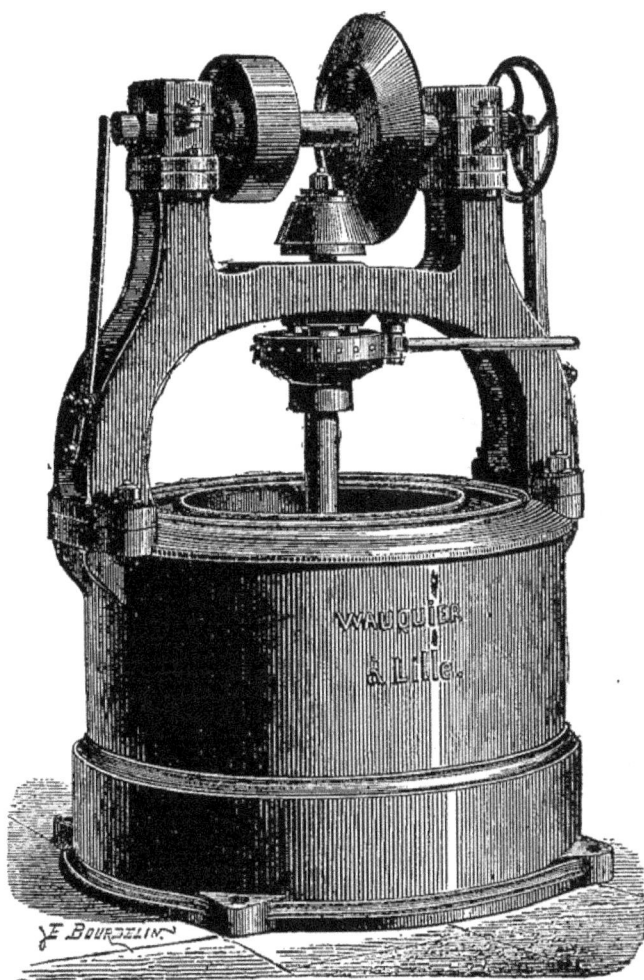

Fig. 198. — Turbine centrifuge, système Wauquier.

Les paniers sont construits entièrement en tôle de fer et, par suite, très légers.

Des paliers graisseurs à l'arbre horizontal, et un grand réservoir d'huile à la crapaudine, assurent la lubrification et empêchent les échauffements.

En outre, la douille du pont arcade présente une amélioration qui a son importance ; cette douille se compose de deux parties :

Un collet fileté, fixe, et une bague conique pouvant tourner dans le pont, au moyen d'une clé, et dont le bout fileté est maintenu par le collet fixe.

Lorsque par suite de la pression du ressort qui assure la friction des cônes, la douille s'est usée du côté opposé à ce ressort, il suffit de tourner légèrement la bague conique pour lui faire présenter une nouvelle face à l'usure, et comme cette bague filetée dans le collet descend légèrement en même temps qu'elle tourne, l'arbre conserve bien sa position verticale ce qui empêche les vibrations qui se présentent dans les turbines à douille cylindrique, dès qu'il y a un peu d'usure.

D'autres turbines sont à mouvement en-dessous par exemple

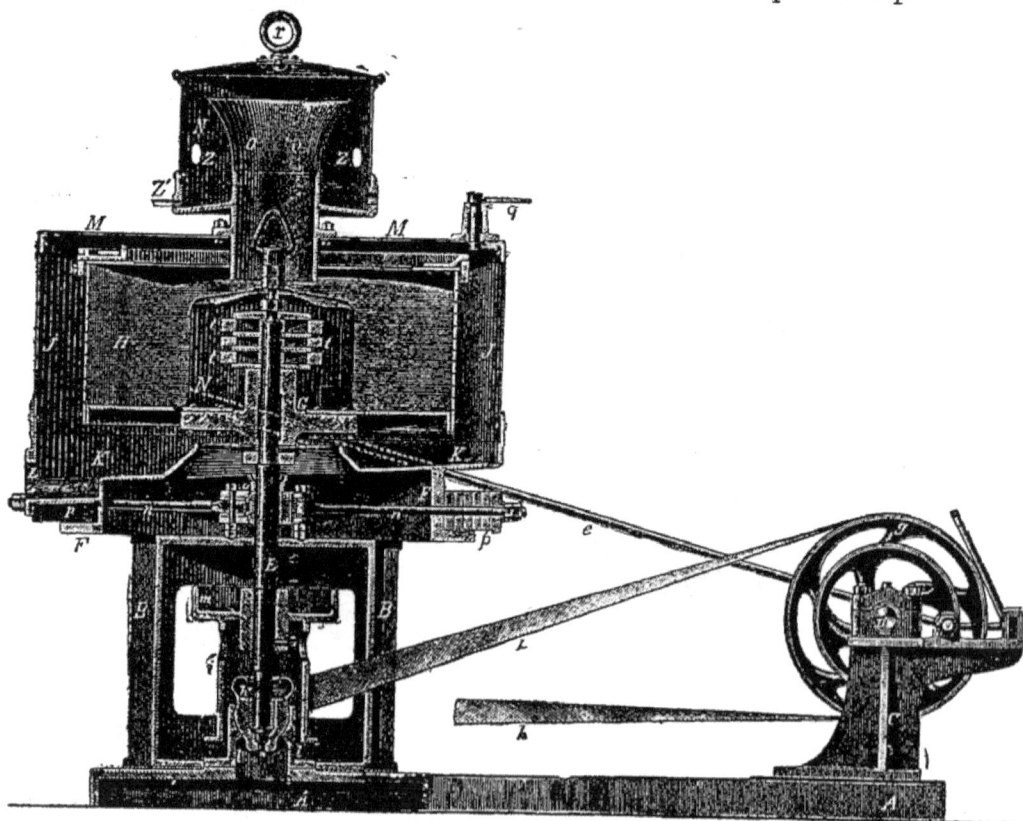

Fig. 199. — Turbine centrifuge, système Fesca. Voir page 528.

celle de Fesca représentée par la figure 199. Les pièces A supportent la turbine et le chevalet C sur lequel se trouve l'arbre D et les poulies G ; le mouvement est transmis à l'arbre E par la poulie I et la courroie croisée H ; ledit arbre est supporté par la crapaudine K et le collier maintenu par des barres de fer N ; ces bancs sont fixés à leurs extrémités par des boulons et des pièces de caoutchouc P superposées, ce qui donne une certaine mobilité

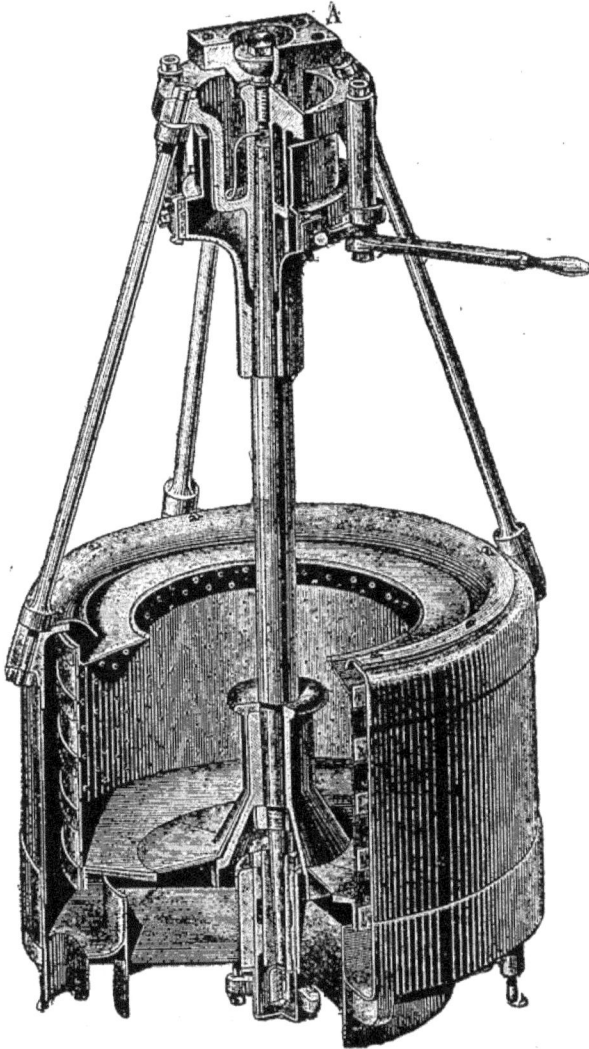

Fig. 200. — Turbine Hepworth. (Voir p. 530.)

au collier et à l'arbre; la pièce E supporte le fond du panier perforé H, et en N se trouve le régulateur destiné à contrebalancer l'effet d'une charge distribuée inégalement dans ce panier ; il se compose d'anneaux T placés les uns au-dessus des autres dans la

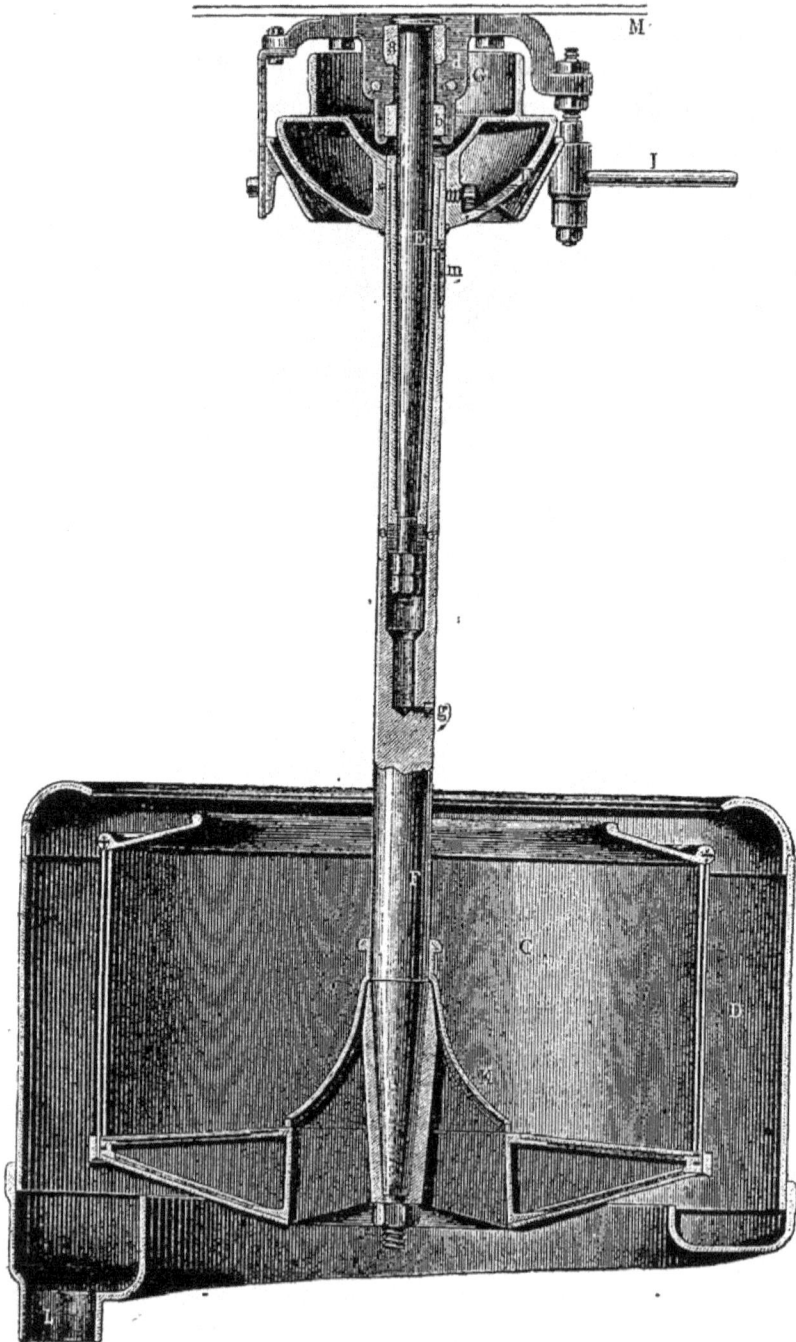

Fig. 201. — Turbine Weston-Cail. Voir page 530.

position normale lorsque le fond du panier tourne bien dans un plan horizontal ; mais s'il vient à s'incliner d'un côté, la force centrifuge entraîne les anneaux dans le sens opposé et ceux-ci rétablissent l'équilibre ; ce régulateur n'est guère utile qu'avec de grands appareils et avec des masses cuites très sèches qui pourraient ne pas se répartir également dans le panier de la turbine ; un frein muni de trois sabots V est destiné à arrêter la turbine, il est commendé par la courroie U et le levier X ; pour arrêter l'appareil avant d'agir sur le frein on fait passer la courroie H sur la poulie folle G au moyen de l'embrayage D.

La turbine Hepworth est une turbine suspendue, elle est représentée par la figure 200. La partie inférieure de l'arbre est maintenue par des brides en caoutchouc ; dans cet appareil la vidange du sucre s'effectue au moyen de trappes ménagées dans le fond du panier mobile de la turbine, et qui s'ouvrent lorsqu'on serre le frein pour arrêter le mouvement de rotation ; la suspension de la cuve est obtenue au moyen des trois barres obliques, représentées sur la figure : à la partie supérieure elles reposent dans une rotule permettant l'oscillation qui se produit au commencement du mouvement de rotation et avant que la matière contenue dans le tambour se soit répartie sur une couche de poids égale sur toute la circonférence.

Ces appareils sont construits en France par la Cie de Fives-Lille.

La turbine Weston est aussi une turbine suspendue : le panier C (fig. 201) est solidaire d'un arbre mobile F qui est mu par la poulie G ; l'arbre fixe E est relié au précédent par la pièce M et par des anneaux en acier C, il est engagé à sa partie supérieure dans des rondelles en caoutchouc A B maintenus par la pièce D ; les anneaux C baignent constamment dans l'huile qui s'écoule par G ; le panier C est entouré de la cuve D qui reçoit la mélasse laquelle s'écoule par L ; le sucre est évacué du panier perforé par les ouvertures K.

Les établissements Cail construisent les appareils centrifuges Weston représentés par les figures 202 et 203, qui donnent une idée de l'installation de ces turbines, avec un malaxeur de masse cuite et les poulies de commande.

Cônes. — Les cônes des turbines sont généralement constitués par des disques en cuir ou en carton collés les uns contre les autres ; on se sert quelquefois de disques spéciaux en carton siliceux qui parait-il offrent une résistance plus grande et durent plus long-temps que les disques ordinaires.

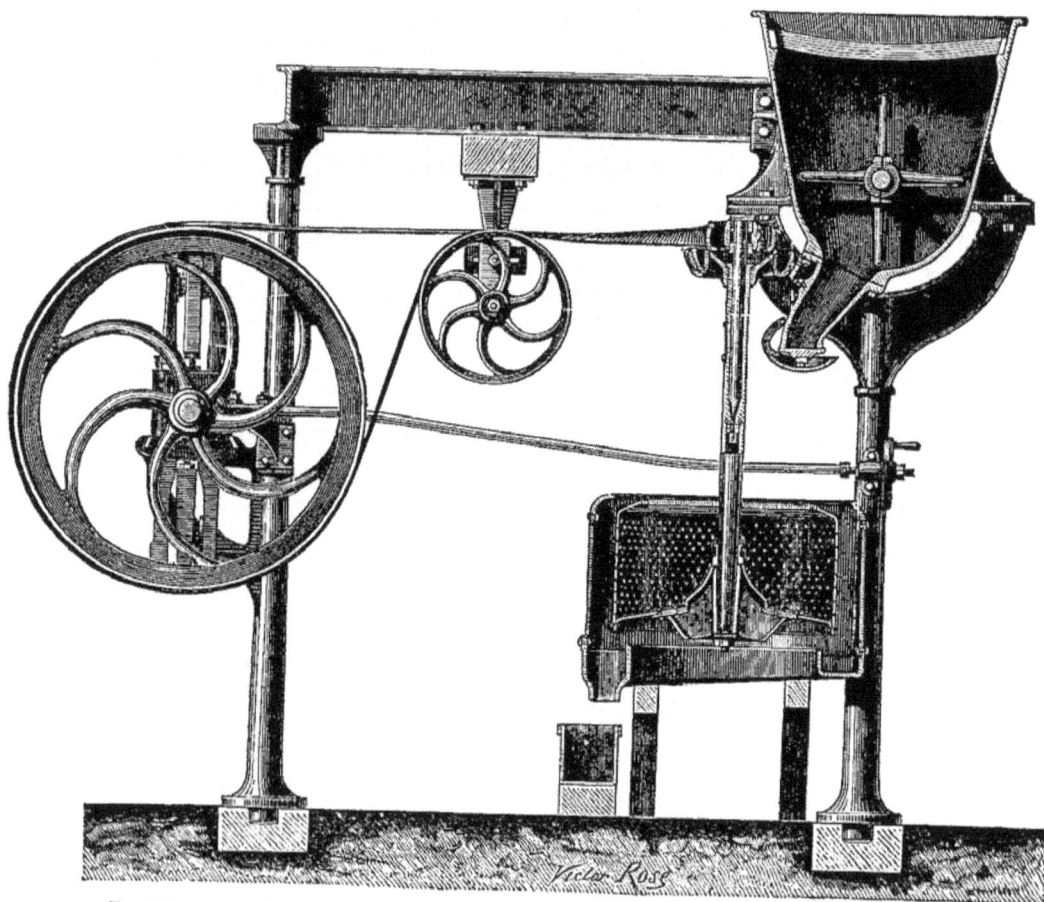

Fig. 202. — Appareil centrifuge, système Weston, appliqué à un malaxeur, pour le clairçage du sucre.

Freins. — Les freins de turbines sont à sabots en bois ; comme nous l'avons dit, ils sont commandés le plus souvent par un levier que l'ouvrier est obligé de maintenir jusqu'à l'arrêt de la turbine. On a remédié à cet inconvénient en fixant l'une des extrémités du collier qui serre les sabots à une tige taraudée qui traverse un trou pratiqué à l'autre extrémité du dit collier, un écrou relié à une manivelle permet de rapprocher ou d'éloigner l'une de l'autre les deux extrémités en question, et par consé-quent de serrer ou de desserrer le frein.

Fig. 203. — Jeu de 4 Centrifuges (système Weston) avec malaxeur, construction des anciens Etablissements Cail.

Un frein assez particulier est le frein Corsol que nous représentons par les fig. 204 et 205. A est l'arbre de la turbine, B le collier

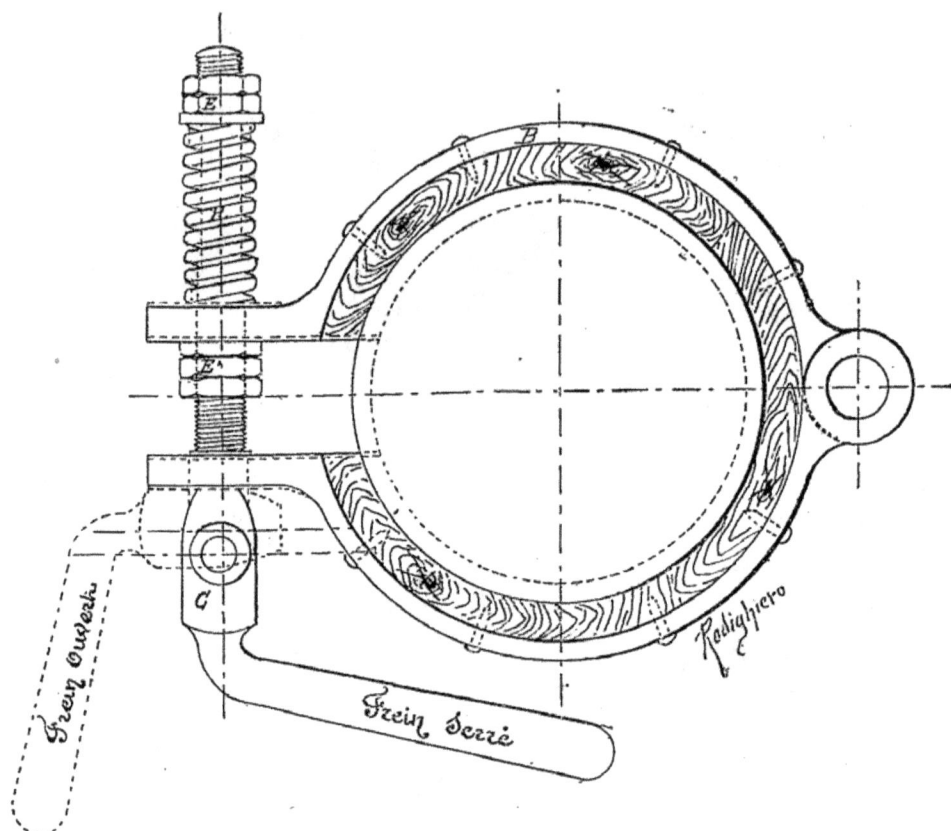

Fig. 204. — Frein Corsol.

du frein, P la poulie et R un ressort qui, au moyen des écrous E et E', permet de compenser l'usure des bois; pour arriver à ce but,

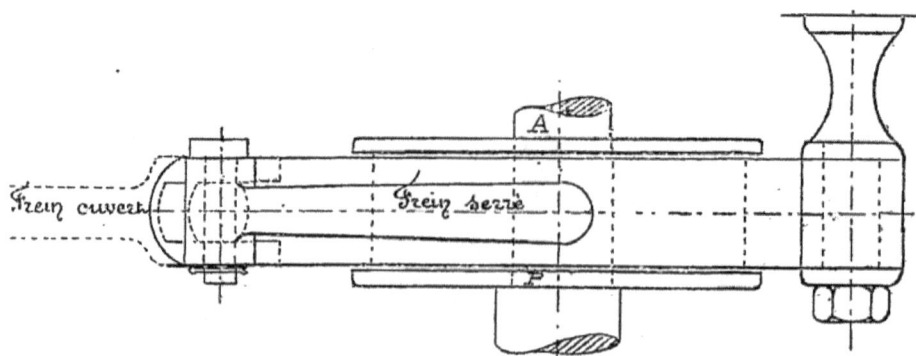

Fig. 205. — Frein Corsol.

il suffit de serrer E et de desserrer E'. On s'expliquera facilement
le fonctionnement de la canne C à l'examen de la figure : le frein est
serré lorsque celle-ci occupe la position occupée par le tracé en
traits pleins et est desserré dans la position indiquée par le tracé en
traits pointillés.

Nature des toiles. — Les toiles qui garnissent l'intérieur des
paniers de turbines diffèrent suivant les fabriques ; on rencontre
de simples plaques de cuivre perforées, de la toile métallique
ordinaire en laiton plus ou moins serrée, et enfin la toile Lieber-
mann composée de spires en fils de laiton vissées pour ainsi dire
les unes dans les autres ; cette dernière toile paraît préférable tant
au point de vue du rendement que de la facilité avec laquelle le
sucre se décolle au moment de l'arrêt de la turbine.

Suivant le mode de travail des usines et surtout suivant le
mode de cuisson, on devra employer une toile ou une autre ; il
est évident qu'avec des sucres à gros grains uniformes on pourra
employer des tissus à larges ouvertures, tandis qu'avec des grains
fins ou des grains mélangés on devra se servir de tissus fins ; les
fabricants feront bien d'essayer différentes toiles et de déterminer
le déchet au turbinage comme nous le verrons plus loin ; ils seront
ainsi fixés sur le tissu à employer.

CLAIRÇAGE

Le clairçage a un double but : débarasser les grains de sucre
d'un peu de mélasse que la force centrifuge ne parvient pas à éliminer et sécher le sucre. On arrive à ces résultats en clairçant
soit à l'eau, soit à la vapeur, soit à l'air chaud.

Clairçage à l'eau. — Le clairçage proprement dit est le clairçage
que l'on effectue dans la turbine, parce qu'on appelle aussi clairce
l'égoût dilué que beaucoup de fabricants ajoutent à la masse cuite
au moulin ; cette clairce, qui est généralement à 35°-40° Baumé, doit
autant que possible être à la même température que la masse cuite.

C'est, comme nous l'avons dit, environ 1 minute 1/2 après le
commencement du turbinage que l'on procède au clairçage à l'eau
en versant sur le cône intérieur du panier de la turbine environ
un litre d'eau ; celle-ci, grâce à la force centrifuge, est projetée

en pluie sur le sucre qu'elle lave en traversant les grains. Certains fabricants remplacent l'eau dans cette opération par de la clairce analogue à celle qui a été mise au moulin.

Clairçage à la vapeur. — On procède ensuite au clairçage à la vapeur. Pour cela on ouvre le robinet qui permet l'introduction de vapeur dans le petit tuyau perforé ; pour produire des sucres blancs, nous pensons qu'il doive être placé verticalement dans le panier de manière à ce que la vapeur arrive directement sur le sucre sans qu'il soit besoin de se servir du couvercle de la turbine : pour produire des sucres roux, il nous paraît au contraire avantageux de placer le tuyau horizontalement et de le faire courir autour, extérieurement au panier le long de son bord supérieur ; on devra alors couvrir la turbine pendant le clairçage à la vapeur.

Mais le clairçage a l'inconvénient de fondre plus ou moins de sucre, par conséquent de diminuer le rendement en sucre p. 100 de masse cuite.

Le Bulletin de l'Association des Chimistes a publié quelques essais de M. Mittelmann sur l'influence des différents modes de clairçage au point de vue du rendement de la masse cuite en sucre.

Chaque opération a été faite sur 5 hectolitres de la même masse cuite :

a) Turbinage sans clairce, mais avec vapeur seule :

Rendement : 370 kilog. de sucre ou 7,400 kilog. p. 100 hect. de masse cuite.

Sucre obtenu : Sucre......	99,10
— Cendres......................	0,07
Rendement.................	98,82

b) Turbinage avec clairce chaude à 70° C. pesant 35° Bº et vapeur :

Rendement : 364 kilog. de sucre ou 7,280 kilog. p. 100 hect. de masse cuite.

Sucre obtenu : Sucre.......................	99,30
— Cendres...	0,06
Rendement...................................	99,06

Différence en moins entre *a* et *b* : 120 kilog. pour 100 hect. de masse cuite.

c) Turbinage avec clairce froide à 23° B. vapeur.

Rendement : 360 kilog. de sucre ou 7,200 kilog. p. 100 hect. de masse cuite.

Sucre obtenu : Sucre.......................	99,35
— Cendres......................	0,05

Différence entre *a* et *c* : 200 kilog. de sucre p. 100 hect. de masse cuite.

d) Turbinage avec de l'eau froide et vapeur.

Sucre obtenu : Sucre......................... 99,70
— Cendres......... 0,04
Rendement.................................. 99,54

Différence entre *a* et *d* : 720 kilog. de sucre p. 100 hect. de masse cuite.

M. Mittelmann en conclut que :

1° On peut obtenir du sucre n° 3 d'un titrage moyen de 98, 50 sans clairce aucune, avec vapeur, en ne mettant que 23 à 25 kilog. de masse dans la turbine, en faisant tourner une minute à une minute et demie.

Le rendement est augmenté ainsi de 120 à 200 kilog. de sucre par 190 hect. de masse cuite ;

2° La différence de rendement résultant de l'emploi de clairce lourde et chaude et celle légère et froide n'est pas sensible ;

3° L'emploi de l'eau comme clairce se recommande dans le cas où l'on veut rentrer beaucoup d'égout dans le travail, en même temps qu'on veut obtenir du sucre irréprochable. »

Clairçage Koerting. — Ce procédé est destiné à remplacer, comme nous allons le voir, le clairçage à la vapeur par le clairçage à l'eau afin de diminuer la perte au turbinage.

On ajoute au moulin de l'égout de premier jet provenant du turbinage avant clairçage, puis on opère comme dans la conduite ordinaire du turbinage jusqu'au moment où pour claircer, on fait traverser la couche de sucre par de l'eau pulvérisée lancée par un jeu de pulvérisateurs ; lorsque l'on juge que le sucre est assez blanc, on arrête le clairçage et on continue à turbiner jusqu'à obtention d'un sucre assez sec. Voyons maintenant comment on obtient l'eau pulvérisée : une pompe aspire l'eau dans un récipient et refoule dans des pulvérisateurs au travers d'un réservoir d'air ; des soupapes permettent d'établir ou de supprimer le passage de l'eau dans les pulvérisateurs qui sont disposés de telle sorte que l'eau arrive sur le sucre dans le sens inverse au mouvement de la turbine ; la pompe doit refouler l'eau sous une pression de 6 à 8 atmosphères,

Procédé Folsche. — Ce procédé qui a fait parler de lui il y a quelques années, mais qui, pensons-nous, n'a pas eu beaucoup d'applications, est basé sur le principe suivant : au moment d'opérer le clairçage, on commence celui-ci avec de l'égout provenant du clairçage à la vapeur d'une turbine précédente, puis on achève dans la turbine en travail avec de la vapeur ; la partie de l'opération effectuée avec l'égout est même scindée en deux, car on utilise d'abord l'égout le moins pur provenant du commencement du clairçage à la vapeur, puis ensuite l'égout provenant de la deuxième partie de cette opération.

Rendement des masses cuites de 1ᵉʳ jet. — Perte ou déchet.

Les masses cuites de 1ᵉʳ jet rendent en France environ de 70 à 80 kg. de sucre à l'hectolitre ; avec de très bonnes betteraves, on peut atteindre 84 kg. suivant les années.

Nous avons effectué quelques essais de perte au turbinage par le procédé indiqué par M. Dupont, procédé que nous décrirons en nous occupant des analyses.

Ci-dessous deux de ces essais :

1° Polarisation de la masse cuite............................ 82,00

— de l'égout.......... 62,00

Poids de sucre cristallisé % de masse cuite $\left(\frac{82,0 - 62,0}{100 - 62,0}\right) \times 100$. 52,06

Poids de sucre cristallisé à l'hectolitre.................... 77,32

Le rendement à la turbine a été de...................... 70,00

Donc perte au turbinage................................. 7,32

Après le turbinage de cette masse cuite sur huit turbines qui servaient, on a changé trois toiles jugées mauvaises.

La cuite turbinée ensuite a donné alors les résultats suivants :

Sucre cristallisé par hectolitre de masse cuite... 75,67

Rendement...... 71,7

Perte.......................... 3,97

On voit d'après cette expérience combien on doit faire attention à l'état des toiles de turbines.

Coup d'œil rétrospectif

Formes. — On a pas toujours séparé la mélasse des grains au moyen des turbines ; à l'origine on plaçait la masse cuite dans des formes coniques et la mélasse s'égouttait en cheminant entre les cristaux jusqu'à la partie inférieure de l'appareil ; pour accélérer l'opération et éviter qu'il ne restât de la mélasse avec la couche inférieure de masse cuite on a ensuite fait communiquer le bas de la forme avec une tuyauterie dans laquelle on faisait le vide ; on clairçait ensuite en versant une solution de sucre pure sur la masse cuite.

Caisses Schutzenbach. — On a encore remplacé les formes par les caisses de Schutzenbach qui ont une forme pentagonale et contiennent environ 75 litres de masse cuite ; la mélasse s'écoule à la partie inférieure comme dans les formes, et quand elle y est réunie on enlève un tampon placé sur un côté de la caisse afin d'en permettre l'écoulement.

Les caisses affectent quelquefois une autre forme, elles possèdent alors un double fond formé par le fond plein de la caisse et un tamis ; la mélasse s'écoule par une goulotte qui la déverse dans une gouttière qui reçoit l'égout de toutes les caisses superposées par groupes de quatre ou cinq.

TRANSPORT DU SUCRE AU MAGASIN ET ENSACHAGE

Le sucre enlevé des turbines au moyen de pelles est, comme nous l'avons vu, généralement placé dans des sacs qui, lorsqu'ils sont pleins, sont alignés dans un coin de l'atelier des turbines et montés toutes les six heures ou toutes les douze heures au magasin à sucre au moyen d'un monte-sac. Cet appareil est généralement composé d'un treuil mu mécaniquement, l'embrayage est obtenu au moyen d'une poulie de friction commandée par un levier.

On a cherché à diminuer la main-d'œuvre nécessitée par le transport du sucre des turbines au magasin à sucre ; on voudra bien à ce sujet se reporter à la figure du transporteur de masse cuite (fig. 194), et on verra la disposition adoptée par la maison Maguin : le sucre est jeté dans l'entonnoir J qui l'amène dans l'hélice K, celle-ci l'amène au monte-sucre L composé de petits godets fixés sur une courroie en caoutchouc qui tourne autour de deux poulies ; le sucre est déversé dans le transporteur à hélice M qui porte un certain nombre de trappes permettant de distribuer le sucre en tas dans le magasin. Souvent ces trappes sont remplacées par de grands entonnoirs munis eux-mêmes de trappes à leur partie inférieure ; les sacs peuvent être accrochés au pourtour de ces entonnoirs : on ouvre alors la trappe, le sac s'emplit et quand il contient à peu près 100 kilog. de sucre on referme la trappe.

Une disposition qui nous a bien réussi pour la fermeture des entonnoirs est la suivante : une tôle circulaire ferme complètement l'orifice quand elle est placée horizontalement, mais elle peut être placée verticalement au moyen d'une manivelle agissant sur un arbre horizontal qui traverse diamétralement la plaque ; le sucre peut alors s'écouler dans le sac.

Cette méthode d'emplissage des sacs n'est souvent appliquée qu'aux sucres blancs qui sont généralement homogènes ; tandis que les roux doivent être mélangés à la pelle avant d'être ensachés ; mais ce que nous venons de dire n'est pas une règle générale, car dans certaines usines le mélange opéré par les hélices est suffisant.

Le transporteur de sucre présente l'inconvénient de faire perdre à celui-ci en partie son brillant, mais cela n'a pas grande importance lorsqu'on ne cherche à faire que des sucres nº 3, car les sucres obtenus en premier jet remplissent presque toujours largement les conditions nécessaires à leur classement dans cette catégorie. Du reste, le petit inconvénient signalé est négligeable, étant donnée la grande économie de main-d'œuvre que procure l'installation du transporteur de sucre.

Dans certaines usines le sucre est pesé à son arrivée au magasin au moyen de bascules automatiques, le monte-sucre le déverse alors dans ces bascules qui pèsent généralement 100 kilog. à chaque pesée.; de là il est repris par un autre monte-sucre et un transporteur analogue au transporteur M dont nous avons parlé précédemment ; on peut encore le faire tomber directement de la bascule dans ce transporteur.

Les bascules automatiques construites par la maison Thomas comportent un tambour à trois compartiments pouvant contenir chacun 100 kilog. Quand un de ces tambours est plein, le peseur en est averti par l'affleurement d'un fléau avec un index ; au moyen d'un levier il produit alors un déclanchement qui fait parcourir au tambour 1/3 de tour, le sucre se déverse du compartiment dans lequel il se trouve et le suivant s'emplit.

Les hélices Legat appliquées dans certaines usines au transport des sucres sont en bronze et soudées sur un tuyau en fer, les raccords sont obtenus au moyen de bagues filetées garnies de manchons en fonte qui reposent sur les paliers.

TURBINES CONTINUES

Depuis longtemps les inventeurs se sont préoccupés de faire du turbinage un opération continue ; mais le problème paraissait assez difficile à résoudre, puisqu'on n'est arrivé à des résultats satisfaisants que depuis un ou deux ans.

Turbine Dumoulin. — La turbine Dumoulin se compose en principe d'un tambour conique en bronze perforé ayant sa grande base à la partie inférieure et fixé à la partie supérieure d'un arbre vertical monté sur pivot. A l'intérieur de ce tambour en est un autre portant sur sa surface extérieure neuf ou dix spires en hélice ayant extérieurement le même cône que l'intérieur du premier tambour et ne laissant avec celui-ci que le jeu strictement nécessaire pour que le mouvement relatif des deux tambours ait lieu sans qu'ils se touchent. La saillie des spires sur le noyau du tambour intérieur est plus grande à la partie supérieure qu'à la partie inférieure, de telle sorte que la section dans laquelle chemine le sucre est à la partie supérieure deux fois ce qu'elle est à la partie inférieure.

Le tambour intérieur en bronze avec spires porte une longue douille enveloppant l'arbre du tambour extérieur, et ces deux tambours ont entre eux un mouvement relatif obtenu par une même courroie sans fin passant sur les deux poulies de commande des deux tambours, ces poulies sont montées l'une sur l'arbre vertical du tambour extérieur et l'autre sur la douille du tambour intérieur et dont les diamètres sont un peu différents. Ce mouvement relatif des deux tambours fait cheminer le sucre de bas en haut, au fur et à mesure de son turbinage, entre le tambour extérieur et celui intérieur. Le sucre à turbiner tombe au centre de la partie supérieure de l'appareil sur un disque plein qui le répartit dans l'espace annulaire compris entre l'intérieur du tambour extérieur et le noyau du tambour intérieur.

Une cuve en fonte enveloppe l'appareil et reçoit les mélasses provenant du turbinage.

Des tuyaux de clairçage à la vapeur, à la clairce ou à l'eau, viennent déboucher à l'intérieur du tambour à spires et le clairçage a lieu entre les deux tambours par l'action de la force centrifuge.

Un malaxeur de masse cuite placé au-dessus de l'appareil et porté par celui-ci, prépare la masse cuite à turbiner.

Turbine Prober. — Le panier de cette turbine est formé d'anneaux horizontaux qui sont serrés et superposés les uns sur les autres au moyen de pièces spéciales. L'appareil étant toujours en mouvement, lorsque l'on veut opérer la vidange du sucre on agit sur un volant qui, par l'intermédiaire d'un levier, déplace les pièces en question et permet l'écartement des anneaux qui laissent alors passer le sucre dans une cuve soulevée au moment de la vidange.

Turbine Merker. — Dans cette turbine, lorsque la masse cuite appliquée par la force centrifuge contre le panier de l'appareil, est suffisamment turbinée, on approche de la couche de sucre un couteau manœuvré par un levier placé à portée de la main du turbineur : le sucre se détache alors, traverse une issue ménagée à la partie inférieure du panier et se rend dans l'hélice du transporteur. Replaçant le couteau dans sa position primitive, on introduit de nouveau de la masse cuite dans l'appareil et l'on commence une nouvelle opération sans avoir besoin d'arrêter la turbine.

Turbine Sczeniowsky et Piontkowsky. — Cet appareil représenté par la figure 206, se compose essentiellement d'une cuve en fonte fixée sur maçonnerie d'un cône renversé *cc*, en tôle perforée, surmonté d'une partie cylindrique *d*, également en tôle perforée, d'une cheminée *a* d'introduction de masse cuite, d'un plateau distributeur *e*, d'une gouttière *f*, réceptrice du sucre et d'un couvercle *g*.

Cet appareil fonctionne dans les conditions suivantes :

La masse cuite à traiter, d'abord malaxée, puis coulée dans le tuyau central *a* de l'appareil, sort en *b* par les trente-deux ouvertures de ce tuyau, entre le fond du tambour conique et un disque horizontal destiné à laminer la matière à une épaisseur convenable. Cette masse cuite, chassée de l'espace annulaire par la

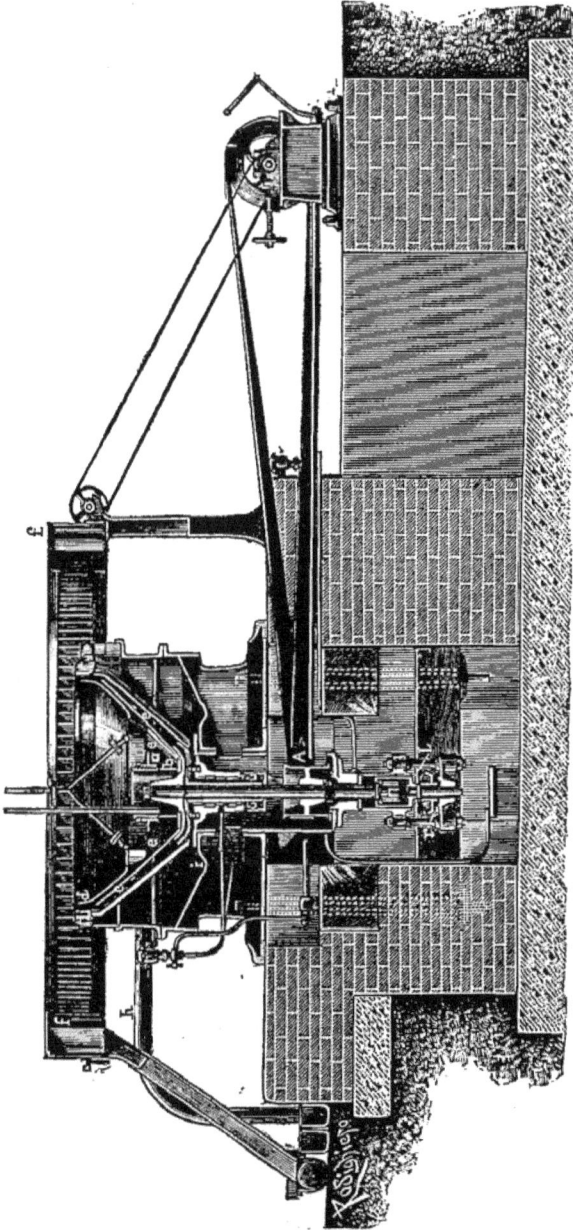

Fig. 206. — Turbine continue, système Sczeniowsky et Pionkowsky, construction Cail.

force centrifuge, se répand sur le tambour conique perforé, qui est garni d'une toile en fil de cuivre rouge recouverte d'une tôle de même métal également perforée ; cette masse cuite diminue d'épaisseur au fur et à mesure qu'elle monte dans le tambour en laissant écouler la mélasse qui est projetée à l'extérieur du tambour.

Le sucre, débarrassé d'une partie de la mélasse, diminuant de plus en plus d'épaisseur par suite de cette perte en mélasse et de l'augmentation du diamètre du tambour conique, rencontre un tambour cylindrique d (ou régulateur de sortie du sucre) perforé et garni comme le tambour conique, tournant à la même vitesse que lui. Le but de ce tambour cylindrique est de retenir plus ou moins longtemps le sucre dans l'appareil, afin d'obtenir des sucres au degré voulu de siccité et à la nuance convenable ; ce résultat s'obtient en soulevant ou en abaissant au moyen d'une manivelle et de l'engrenage rs l'arbre vertical portant le tambour conique, lequel, entraînant seulement le tambour cylindrique par l'intermédiaire de fourchettes, permet un déplacement relatif des deux tambours dans le sens vertical.

Si l'on veut claircer à la vapeur, cette dernière est distribuée par un tuyau circulaire fendu longitudinalement et se répand au moyen de seize palettes en tôle formant ventilateur, sur la matière laminée ; elle est dirigée à l'intérieur de l'appareil par une toile imperméable conique, qui épouse la forme des tambours en laissant libre la sortie du sucre.

La vapeur qui a servi au clairçage ne devant pas sortir avec le sucre, est aspirée par un ventilateur formé de huit ailettes placées à la partie inférieure du tambour cylindrique, et sort à l'extérieur par une cheminée.

Le sucre sort entre l'intérieur du tambour cylindrique et la toile imperméable retenant la vapeur dans le cas du clairçage, et est projeté tangentiellement aux palettes courbes en tôle d'un récepteur circulaire de sucre, tournant à une vitesse convenable. Les palettes de ce récepteur sont disposées de façon à éviter tout choc pouvant briser les cristaux de sucre; il est en outre muni d'un râcloir nettoyant les palettes, et de brosses amenant le sucre à une ouverture munie d'une gouttière inclinée f qui le conduit dans un transporteur quelconque.

La mélasse sort par un tuyau hi qui l'amène dans une gouttière.

La turbine, dont le tambour conique a $1^m.500$ de diamètre, tourne à 470 tours par minute, tandis que son récepteur ne fait qu'un tour dans le même temps; elle peut produire par heure 1.800 kilogr. de sucre blanc sec ou 2,200 kilogr. de sucre roux, en traitant des masses cuites de premier jet.

De nombreuses turbines continues, du même type, fonctionnent dans diverses sucreries et raffineries de Russie.

Des essais ont été effectués à différentes reprises avec cet appareil en 1891 par une commission nommée par la société technique de Kiew; l'appareil a turbiné 39.000 kg. de masse cuite 2e jet en 24 heures, le sucre polarisait 95,60.

En 1892 d'autres essais ont encore été effectués par une nouvelle commission nommée par la même société, ils ont donné :

Rendement en sucre blanc p. 100 du poids de la masse cuite :

	Turbine continue.	Turbine ordinaire.
Essai n° 1...........	51,4 p. 100	52,3 p. 100
— 2...........	56,3 —	50,9 —
— 3...........	53,7 —	52,2 —

Dans l'essai n° 2 le sucre obtenu avec la turbine ordinaire était plus blanc que celui obtenu avec la turbine continue, les premières ayant marché à chaque opération plus longtemps que de coutume.

Des essais ont été également faits sur de la masse cuite de 3e jet de la composition suivante .

Matières sèches..........	85,40 %
Sucre........	68,00
Eau...	14,60
Pureté..	79,60

On a turbiné en deux heures 3.600 kg. de cette masse cuite et on a obtenu 1.392 kg. de sucre de la composition suivante :

Matière sèche..............................	98,57 %
Sucre	96,20
Eau...	1,43
Pureté	97,60

Le compte rendu de ces expériences a été publié dans la *Sucrerie indigène et coloniale.*

Les établissements Cail ont monté cette turbine à la sucrerie de

Lambres où elle a fonctionné durant la campagne dernière sur des masses cuites de 1ᵉʳ et 2ᵉ jet; sauf quelques modifications de détail à apporter, l'appareil a été jugé bon.

Grâce aux récents perfectionnements apportés à cet appareil par les établissements Cail, la question du turbinage continu nous semble résolue ; nous espérons qu'elle entrera complètement dans la pratique en France, lorsque les premiers tâtonnements inhérents à la marche de tout nouvel appareil auront eu lieu.

MAGASIN A SUCRE

Dans toutes les sucreries on rencontre un magasin dans lequel on peut conserver une quantité plus ou moins grande de sacs de sucre ; lorsque pour une raison quelconque on ne veut pas vendre ses produits fabriqués, le magasin que l'on possède devient souvent trop petit ; on expédie alors en entrepôt.

Le magasin à sucre est généralement placé au dessus des emplis dont nous parlerons plus loin, il doit être établi très solidement afin qu'on puisse superposer sans crainte d'accident un assez grand nombre de sacs ; de plus, on devra faire entrer dans sa construction le moins de bois possible afin de diminuer les risques d'incendie, lequel pourrait détruire des quantités de sucre correspondant à des sommes d'argent très importantes ; la toiture doit être absolument étanche afin de préserver le sucre des atteintes de la pluie ou de la neige.

Les sacs de sucre sont chargés sur wagons ou bateaux au moyen de plans inclinés.

Le poids réglementaire par sac est de 100 kg., non compris le poids du sac ; mais on ajoute souvent 200 grammes environ en plus.

RÉFRIGÉRATION DES MASSES CUITES DE 1ᵉʳ JET EN MOUVEMENT

Ce procédé, appliqué depuis plusieurs années en Allemagne et en Belgique, commence à s'implanter en France ; il fonctionnera la campagne prochaine aux sucreries de Bourdon, Beauchamps et Guignicourt, sucreries dans lesquelles M. Maguin, concessionnaire en France avec la Cⁱᵉ de Fives-Lille des appareils Stammer-Bock, installe les cristallisoirs.

M. Aulard (1) attribue au docteur Wulf (1884-85) et à MM. Stammer et Bock (1888) l'idée de la cristallisation en mouvement, et à MM. Bocquin et Lipszinski (1880) le premier dispositif d'appareil pouvant servir à l'application de cette idée.

Le procédé consiste à mettre en mouvement dans du sirop les grains de sucre de la masse cuite en soumettant le tout à un refroidissement lent. En dehors de l'avantage du turbinage d'une masse cuite froide, le grain pendant l'opération continue à se nourrir aux dépens du sirop qui l'entoure ; on comprend bien l'utilité du mouvement, puisque c'est lui qui renouvelle sans cesse le sirop autour de chaque grain. Du reste n'y a-t-il pas mouvement dans l'appareil à cuire les premiers jets ? n'y a-t-il pas mouvement dans les bacs d'emplis pendant la descente du sucre ? les appareils qui perfectionneront ce mouvement jusqu'alors imparfait réaliseront un progrès.

L'appareil Bocquin et Lipszinski a été décrit par M. Jules Bocquin (2).

Il se compose d'un cylindre placé horizontalement et ouvert à sa partie supérieure sur toute sa longueur ; les parois de ce cylindre sont doubles et laissent entre elles un espace libre traversé par un courant d'eau froide que l'on peut régler à volonté par un robinet. Des chicanes obligent ce courant à circuler progressivement dans toutes les parties de la double enveloppe. — Un malaxeur, placé suivant l'axe du cylindre remue la masse cuite et, au moyen de ses lames hélicoïdales, en présente successivement tous les éléments aux parois refroidies par le courant d'eau.— Ce malaxeur est mis en mouvement par une poulie actionnant une vis sans fin, engrenant avec une roue à dents hélicoïdales calée sur l'arbre du malaxeur ; la poulie ci-dessus reçoit son mouvement de la transmission destinée aux turbines, par exemple.

Le réfrigérant de masse cuite est placé sous l'appareil de cuite, de manière que la masse cuite tombe à l'une des extrémités du cylindre ; le malaxeur agissant comme propulseur, pousse la masse cuite vers l'autre extrémité, munie d'une ouverture de vidange. Cette ouverture est fermée par un registre, mis en mouvement par des roues dentées engrenant avec une crémaillère faisant corps

---

(1) *Bulletin Assoc. chim.*
(2) Journal des fabricants de sucre.

avec le registre. La circulation de l'axe et celle de la masse sont en sens inverse.

L'appareil imaginé par les docteurs Stammer et Bock se compose d'un cylindre en tôle à double enveloppe cylindrique placé horizontalement et dans l'axe duquel se meut, à raison de 1 tour à 1 tour 1/2 par minute, un arbre actionné par poulie et engrenage et armé, sur environ 1/3 de la longueur à chaque extrémité, de palettes disposées en hélice.

Les dimensions de l'appareil sont variables ; on peut cependant citer comme dimensions courantes : diamètre 2m 50, longueur 4 mètres. La double enveloppe a dix centimètres de largeur dans le

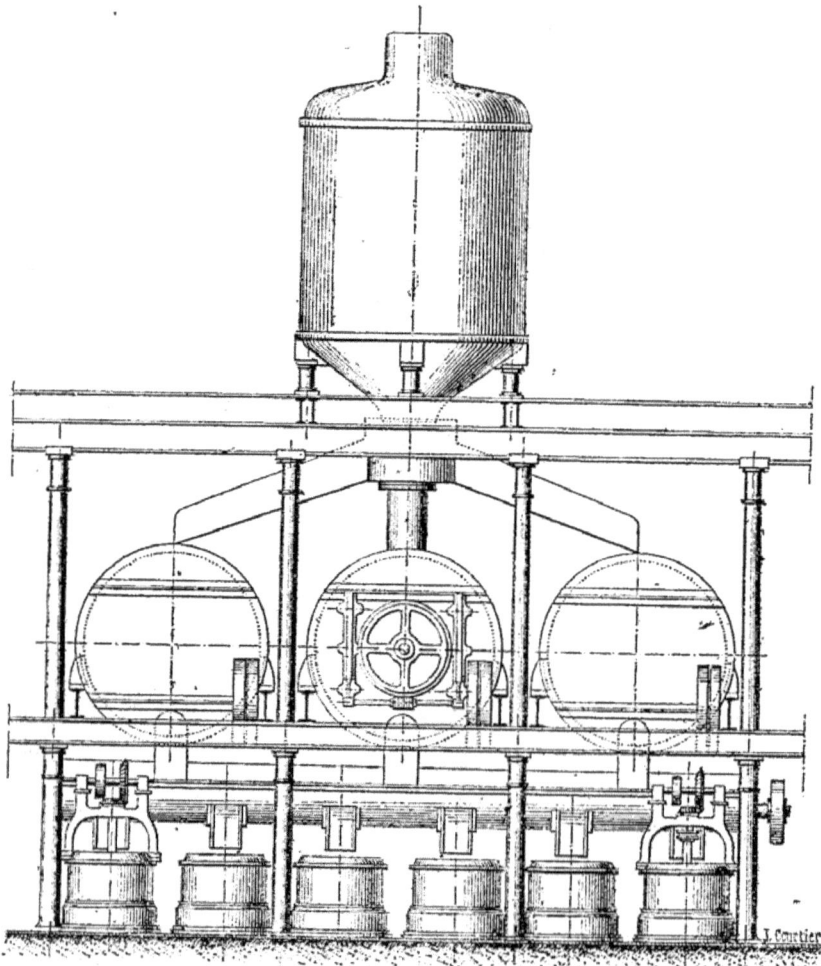

Fig. 207. — Installation de la cristallisation en mouvement, système Stammer-Bock. Vue de face

sens du rayon ; on y introduit soit de la vapeur pour réchauffer
l'appareil, soit de l'eau pour accélérer, quand il en est besoin, la
chute de température de la masse cuite.

Un trou d'homme à la partie supérieure sert à faire l'emplissage de
l'appareil et reste constamment ouvert pendant le fonctionnement.

La vidange des produits se fait par un robinet de dix centimètres
de diamètre environ, placé sur la face de l'appareil opposée au
mouvement.

La contenance d'un appareil ayant les dimensions que nous
avons indiquées est de 22.500 kg.

Les figures 207 et 208 montrent la disposition de trois appareils

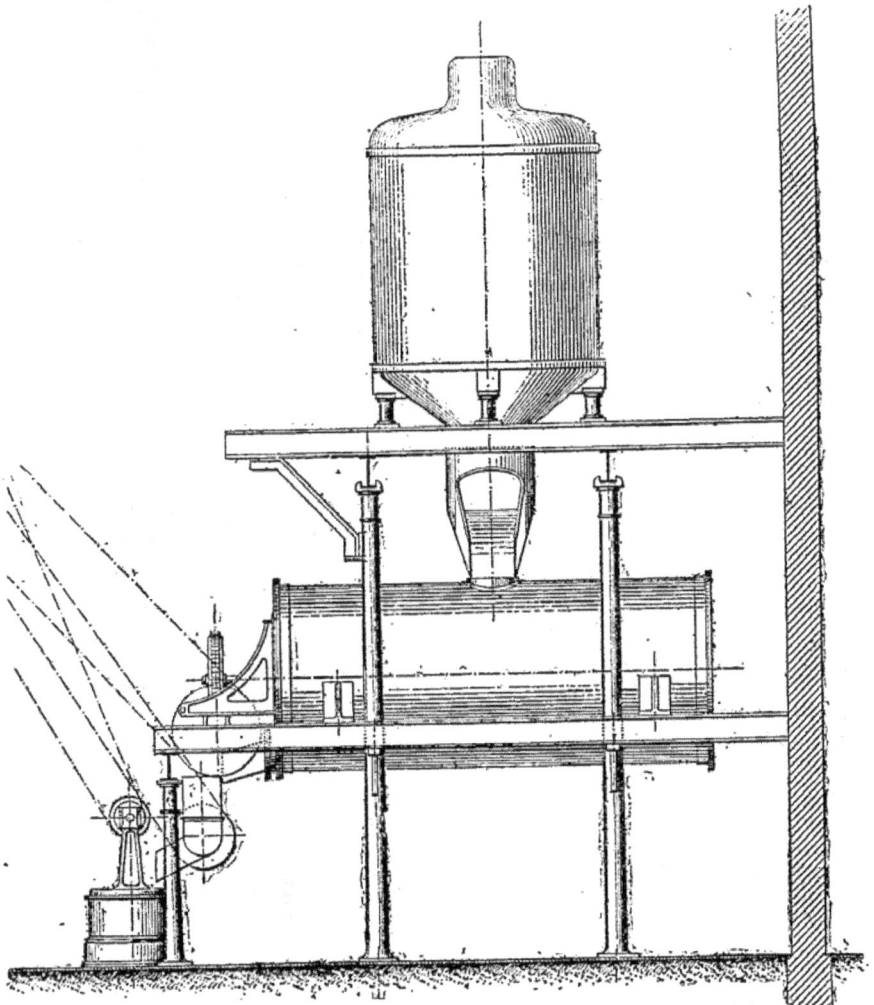

Fig. 208. — Cristallisation en mouvement, système Stammer-Bock. Vue de côté

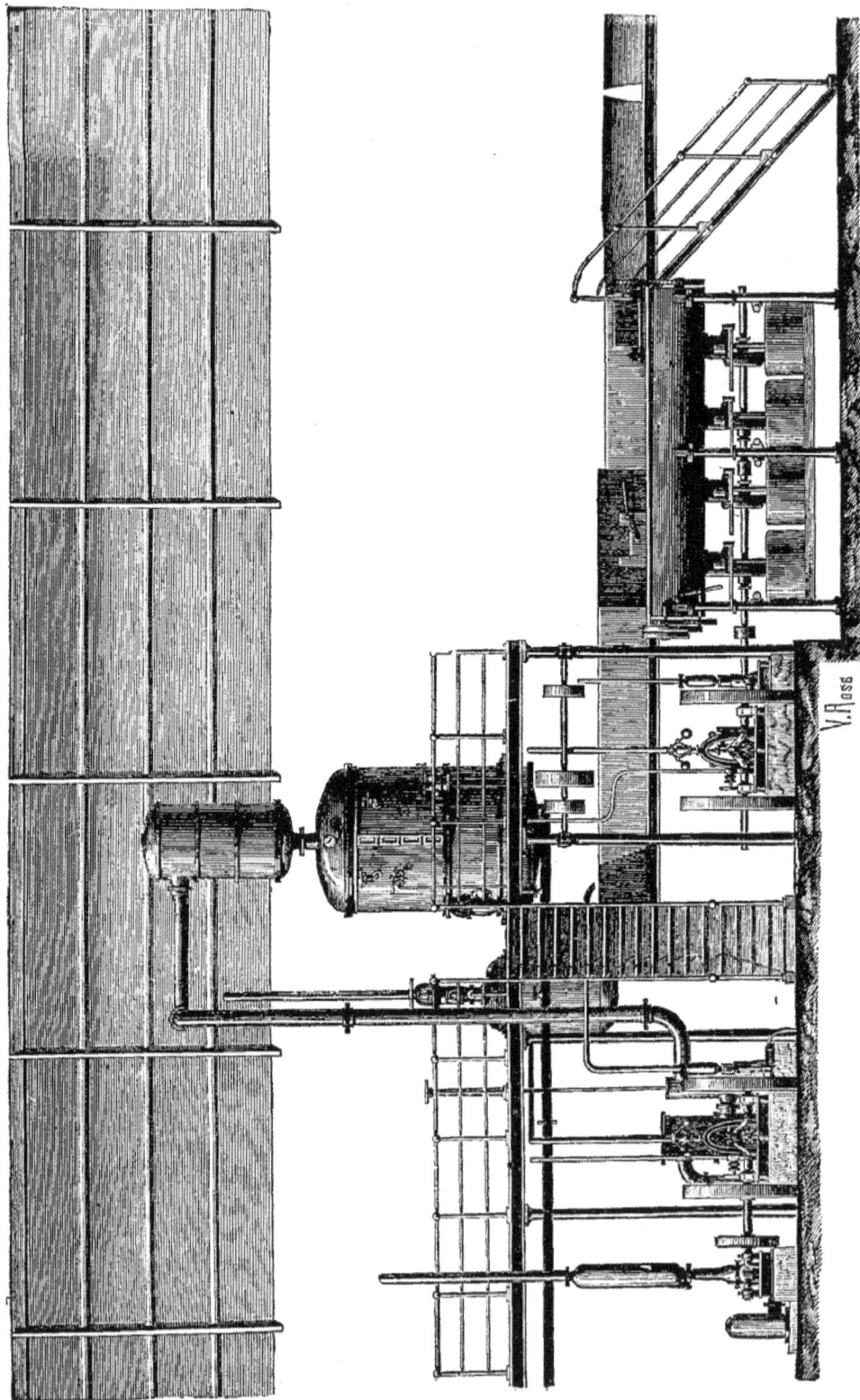

Fig. 209 — Installation d'une chaudière à cuire avec pompe à air et centrifuge, système Weston. Elévation. construction Cail.

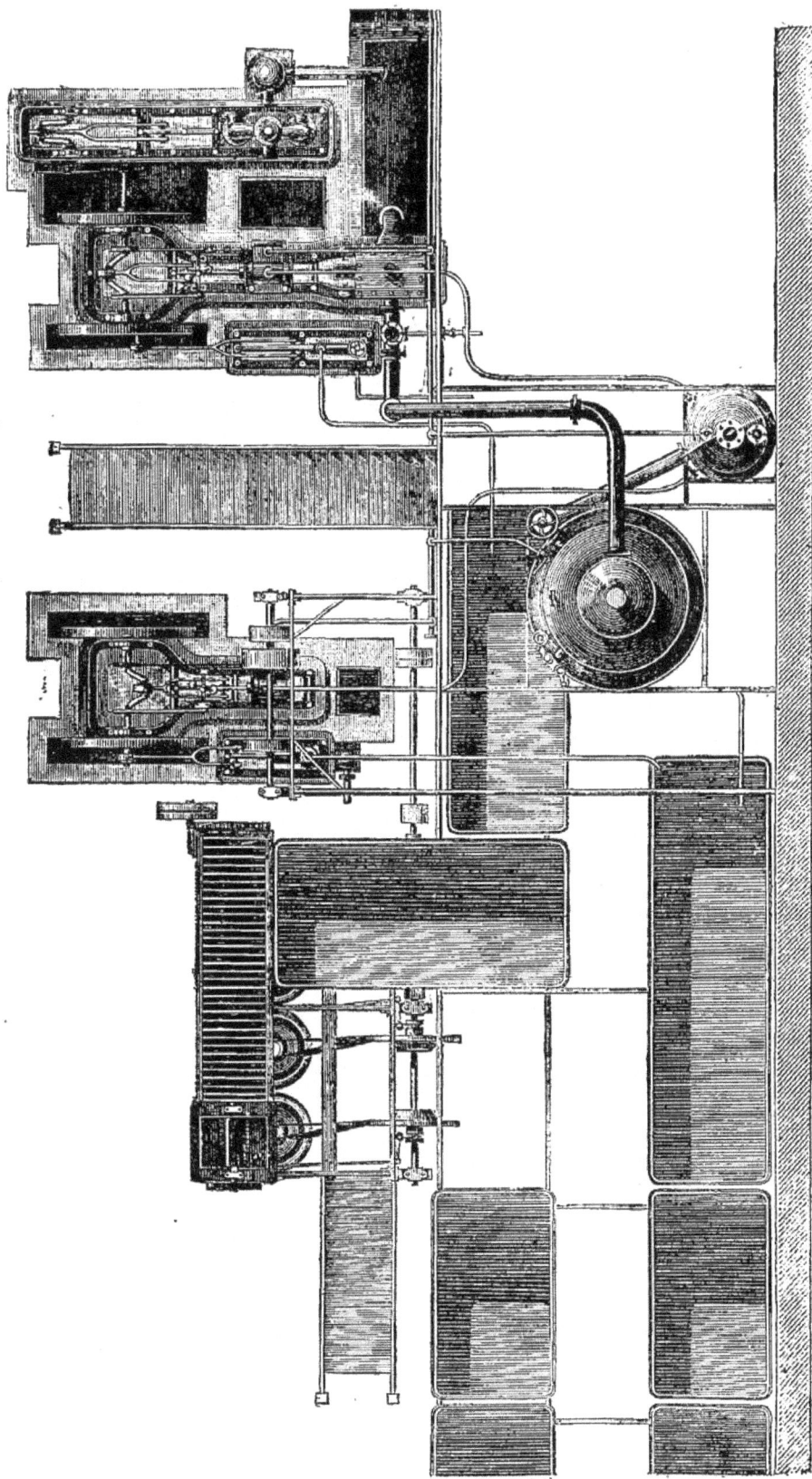

Fig. 210. — Installation d'une chaudière à cuire avec pompe à air et centrifuge Weston. Vue en plan.

placés au-dessous de la chaudière à cuire et au-dessous du transporteur de masse cuite aux turbines.

La cuite est serrée et coulée à 70°, c'est-à-dire environ à 20 pouces de vide, elle est coulée dans le cristallisoir avec 25 0/0 d'égout de premier jet chauffé également à 70° ; elle est laissée dans l'appareil pendant 15 heures ; pendant ce temps l'arbre tourne d'une manière continue et la masse est refroidie graduellement de manière à être turbinée à 45°. Le turbinage est alors facile à effectuer, car la masse est homogène comme composition et comme température.

En appliquant le procédé de réfrigération des masses cuites en mouvement, on est arrivé à des rendements en 1er jet de 95 kg de sucre blanc à l'hectolitre et de 112 kg environ en sucre roux.

M. Aulard a toujours trouvé avec ce procédé des égouts moins riches qu'avec les procédés ordinaires, d'où l'on peut conclure à un rendement supérieur en sucre au premier jet.

Procédé Drost et Schulz. — Ce procédé, que nous ne faisons que mentionner, permettrait d'obtenir des rendements voisins de 9,50 en premier jet avec des betteraves à 13 0/0 de sucre environ ; il consiste à carbonater le jus trois fois et à le traiter ensuite par l'acide sulfureux ; une partie du sirop concentré dans l'appareil à cuire à 35° Bé environ sert à claircer le sucre dans la turbine en employant 10 de sirop pour 100 de sucre ; l'égout qui s'écoule rentre dans l'appareil à cuire après prélèvement de la claircе à 35° dont il vient d'être question ci-dessus.

Nous terminerons ce chapitre par une vue d'ensemble d'installation d'une chaudière à cuire avec pompe à air et centrifuge Weston.

CHAPITRE XII

TRAVAIL DES BAS PRODUITS

Le turbinage de la masse cuite de premier jet donne du sucre blanc ou du sucre roux suivant que l'on turbine et qu'on claircе plus ou moins, et en outre de l'égout qui sera appelé égout de 1er jet. Cet égout contient encore du sucre susceptible de cristalliser ; mais pour arriver à ce résultat il faut concentrer la solution.

À cet effet, on la fait cuire dans un appareil semblable à celui que nous avons décrit en traitant de la cuisson des premiers jets.

Les turbines se trouvant généralement au niveau du sol et l'appareil à cuire au premier étage, il y a presque toujours lieu de se servir d'une pompe pour élever l'égout des turbines au bac d'attente de l'appareil à cuire les bas produits, c'est-à-dire les égouts de 1er jet et ceux de 2e, 3e, 4e jets dont nous parlerons plus loin.

La figure 211 représente une pompe destinée à cet usage, pompe construite par les établissements Cail. Comme on le voit elle est verticale et aspirante et foulante ; le mouvement est donné au moyen de poulie et d'engrenages.

Pour cuire les égouts de 1er jet il faut opérer comme pour faire un pied de cuite avec des sirops de 1er jet ; on commence l'évaporation après avoir couvert de sirop deux

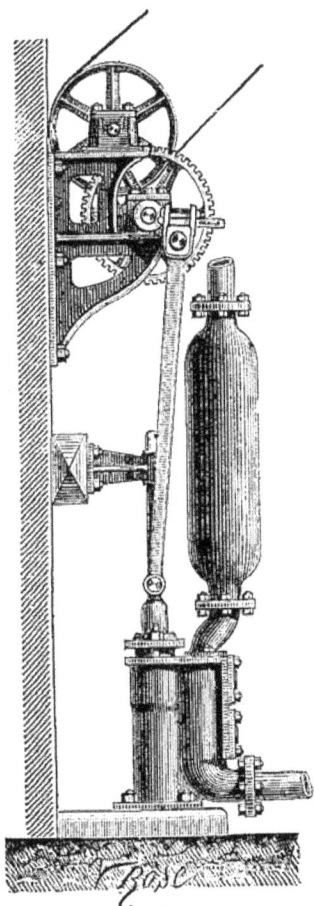

Fig. 211. — Pompe verticale avec transmission pour élever les mélasses provenant des centrifuges, système Cail.

serpentins et on maintient le vide entre 19 et 20 pouces. On alimente soit par charge, soit d'une manière continue, en n'ouvrant le 3ᵉ serpentin et le 4ᵉ, s'il en existe un, que lorsqu'ils sont couverts de sirop ; dès qu'on juge que l'on a assez de liquide dans l'appareil, on ferme la soupape d'introduction d'égout et on laisse la masse se serrer. Son aspect se modifie alors, peu à peu elle se colore et les gouttes qui sont projetées sur les glaces y glissent de plus en plus lentement ; l'opération est terminée lorsqu'un peu de masse cuite, prélevée avec la sonde et placée entre le pouce et l'index réunis, puis écartés vivement, donne un long filet brillant qui se brise une fois les deux doigts arrivés à peu près à leur maximum d'écartement.

On ferme alors les soupapes de vapeur, on casse le vide et on coule la masse cuite dans des gouttières qui la conduisent dans les bacs d'empli. Dans le cas qui nous occupe, c'est de la masse cuite de 2ᵉ jet. La cuite, telle que nous venons de la décrire, est la cuite au filet.

M. Battut a fait cinq essais sur les pertes à la cuite de 2ᵉ jet ; il a trouvé les résultats suivants (1) :

	Sucre 100 kil. de betteraves.
1..........................	0,0461
2..........................	0,0415
3..........................	0,0586
4..........................	0,0284
5..........................	0,0643
Moyenne....................	0,0478

EMPLIS

On appelle emplis de grands locaux chauffés dans lesquels se trouvent des bacs destinés à recevoir les masses cuites de 2ᵉ, 3ᵉ, 4ᵉ jets, et même de 5ᵉ, 6ᵉ et 7ᵉ jets si l'on applique le procédé de l'osmose.

Les emplis sont généralement chauffés à des températures variant entre 40 et 50°. Sous l'influence de cette température, il se forme au sein de la masse cuite qui a été amenée au point de cuite

---

(1) *Bulletin assoc, chim.*

des petits cristaux de sucre qui descendent lentement jusqu'à la partie inférieure de la masse ; dans ce trajet ils se nourrissent aux dépens du sucre en solution dans le liquide, et au bout d'un certain temps on a une couche de sucre au-dessus de laquelle se trouve une certaine quantité de mélasse plus pauvre en sucre que l'égout de 1er jet dont elle provient. Mais cette séparation est loin d'être absolue ; aussi devra-t-on recourir au turbinage pour obtenir d'une part le sucre de 2e jet et de l'autre l'égout de 2e jet.

Les bacs d'emplis sont rectangulaires ou cylindriques ; les gouttières venant de l'appareil à cuire courent à leur partie supérieure et sont percées d'un trou correspondant à chaque bac, ce trou est muni d'un tampon que l'on retire quand on veut faire écouler la masse cuite dans le bac placé au-dessous ; lorsque celui-ci est plein, on replace le tampon et on enlève celui qui permet l'emplissage d'un autre bac. Les bacs sont généralement placés sur des petits massifs en maçonnerie et munis à leur partie inférieure d'une porte de vidange à laquelle on accède facilement lorsqu'on est placé sur le sol. Un plancher encadrant tous les bacs permet de les aborder à leur partie supérieure. Suivant les sucreries, on emplit complètement un bac avant de se servir du suivant ; dans d'autres on emplit chaque bac en plusieurs fois ; chacune de ces manières d'opérer a ses partisans et ses adversaires.

On compte en moyenne pour les bacs d'emplis de 2e et 3e jets une capacité de 30 hectol. par 1,000 kilog. de betteraves et par 24 heures.

Les petits bacs à notre avis donnent plus de rendement que les grands, mais ils sont malheureusement plus encombrants ; quoi qu'il en soit, une capacité de 200 hectolitres nous paraît la plus convenable.

Les emplis contenant les masses cuites de 2e jet doivent être chauffés à une température voisine de 40° ; dans certains cas il est bon d'abaisser pendant quelques jours la température pour ralentir la descente du grain et lui donner plus de temps pour se nourrir.

Chauffage des emplis

Le chauffage des emplis a été longtemps effectué au moyen de poèles placés autour des bacs, mais ce procédé a été à peu près

partout abandonné, car il augmentait très considérablement les
risques d'incendie.

On chauffe presque toujours maintenant avec des conduites de
vapeur qui circulent au-dessous des bacs. Cependant, quelques
usines se servent du calorifère Michel Perret ou du calorifère
Vivien ; le chauffage au moyen de ces appareils est plus économique que le chauffage par conduites de vapeur, car dans les sucreries où l'on n'a pas besoin de force motrice en dehors de la fabrication, on est obligé d'allumer un générateur spécialement pour
le chauffage des emplis.

Calorifère Perret. — On brûle dans ce four les résidus de charbon et de coke provenant de la fabrication ; le combustible est
placé sur cinq dalles en terre réfractaire, il est introduit par les
ouvertures pratiquées sur la face d'avant du foyer; l'air entre-
tient la combustion sur toutes les dalles, se chauffe et va lui-
même chauffer les emplis ; de temps en temps on fait tomber
au moyen d'un ringard une partie du combustible, de la dalle
supérieure sur celle placée immédiatement au-dessous, puis
ce combustible qui aura déjà été brûlé en partie sur deux dalles
sera poussé sur la troisième, etc., jusqu'à son arrivée sur la grille
où il ne devra parvenir que des cendres ne contenant absolument
plus de matière combustible.

Il va sans dire que pour faire parcourir ce chemin au combustible on devra à chaque opération commencer le ringardage par la
dalle inférieure en remontant jusqu'à celle de haut, sur laquelle
on place une couche de combustible neuf d'environ 10 centimètres.

On charge toutes les 24 heures généralement.

Pour procéder à l'allumage on fait du feu sur la grille, ce qui au
bout de trois jours environ porte au rouge la dalle inférieure, on la
charge alors de combustible ; lorsque la deuxième est rouge à son
tour on la charge de même, et ainsi de suite jusqu'à la dalle supérieure. Quand on en est arrivé à celle-ci, on supprime le feu entre-
tenu sur la grille.

La disposition que nous venons d'indiquer a été heureusement
modifiée ; les anciennes dalles ont été remplacées par une succession de prismes triangulaires dont les bases se trouvent dans un

même plan pour une même dalle ; entre chacune de ces bases est ménagé un petit espace qui permet au combustible de couler. Ces prismes sont disposés en quinconces

Calorifère Martin. — M. Vivien a décrit ce calorifère dans le *Bulletin de l'Association des chimistes.*

« Le calorifère à chute libre Martin se compose figure 212 de bandes en terre réfractaire M N N N P disposées en étages et présentant une pente suffisante pour que le combustible tombe de l'un sur l'autre. Ces bandes occupent toute la longueur du foyer, soit 1 m. 40, sauf un espace de 0 m. 10 qui sert de passage à l'air et aux produits de la combustion.

« L'air pénètre par une réglette ménagée dans la porte du bas B, suit le carneau A sur toute sa longueur et arrive à l'extrémité,

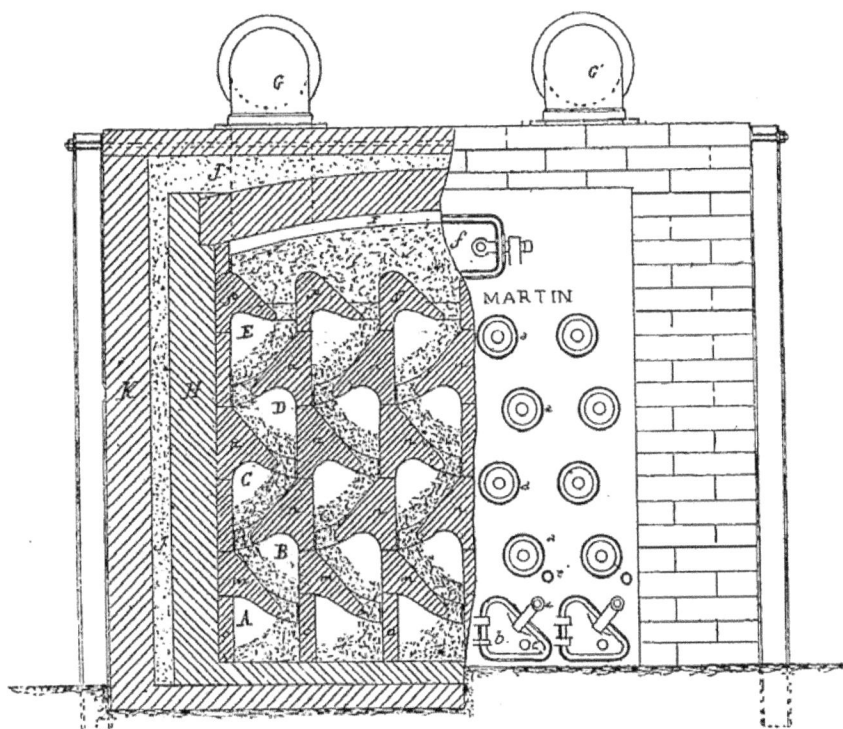

Fig. 212. — Calorifère Martin.

monte dans le carneau B, va du fond à l'avant, passe en C, puis en D, en E et sort en F pour venir trouver l'une des cheminées de départ G placée en avant du foyer en léchant tout la couche de combustible disposée sur les dalles supérieures et qu'on introduit par la porte F.

« Des tampons ou regards A A sont ménagés en face chaque créneau et servent pour les cas où la marche du foyer serait dérangée.

« Les blocs réfractaires rougissent tous, ainsi que la voûte supérieure.

« Toutes les 24 heures ou plus souvent, s'il y a lieu, on procède au chargement du calorifère.

« On ouvre successivement chacune des portes B, on retire à l'aide d'une raclette les cendres accumulées en A de chaque élément. Le combustible descend d'étage instanément, celui de C tombe en B, etc., et quand on a terminé l'évacuation des cendres par tous les compartiments A du bas, on charge par la porte F.

M. Vivien calcule qu'il faut dépenser : avec chauffage des emplis par les générateurs 0 fr. 88 par hectolitre de sirop, avec chauffage par calorifère type Perret 0 fr. 13.

Fermentations. Mousses. — La masse cuite coulant d'une certaine hauteur produit toujours dans les bacs d'empli une certaine quantité de mousse dont il n'y a pas lieu de s'inquiéter ; il suffit, du reste, pour s'en débarrasser de jeter un peu d'eau en pluie sur le bac.

Mais une autre mousse à redouter est celle au-dessous de laquelle on rencontre une croûte. Dans cette mousse on trouve de la glucose, ce qui indique qu'on se trouve en présence d'une fermentation. Pour arrêter le mal, il faut mouvronner la masse avec un corps gras mélangé avec de la soude caustique. La quantité de soude à ajouter sera déterminée par l'analyse de la masse cuite qui, dans ce cas, manque toujours d'alcalinité.

Un autre signe non équivoque de fermentation est lorsque non seulement la masse cuite est mousseuse, mais lorsqu'elle se soulève et tend à sortir du bac.

Un autre fait qui se produit rarement, il est vrai, mais que nous avons cependant remarqué est le suivant :

Non seulement le bac n'avait pas de dépression, non seulement le sucre occupait toute la masse au moment du turbinage, mais en-

core il était arrivé à dépasser les bords du bac de plusieurs centimètres.

Comment expliquer ce fait ? Nous pensons que la masse cuite
étant trop serrée, le grain s'est formé rapidement dans toute la
masse et n'a pas pu remuer, puis la température de l'empli ayant
été augmentée il a bien fallu que le niveau monte sous l'action de
la dilatation ; il se pourrait encore qu'il se soit produit une légère
fermentation, bientôt arrêtée, à la partie inférieure du bac et que
l'effet observé ait été dû au soulèvement du sucre ; en tous
cas le sucre obtenu a été très fin et le rendement médiocre.

*Enlèvement de la masse cuite des emplis et transport aux tur-
bines.* — L'extraction de la masse cuite des bacs d'empli se fait de
plusieurs manières :

Souvent on perce sur le devant du bac un trou de toute la hauteur de la masse et venant déboucher près de la porte ; la partie
liquide s'écoule et ce qui reste est enlevé avec des pioches et des
pelles ; le transport peut se faire au moyen de gouttières inclinées,
ou de bennes suspendues à des chariots roulant sur rails, bennes
que l'on promène de la porte de vidange du bac au malaxeur
dont nous parlerons plus loin ; on peut encore se servir de
wagonnets semblables à celui représenté en P sur la figure 194,
qui déversent la masse cuite dans un malaxeur O où elle est.
mélangée avec de la clairce qui la rend suffisamment liquide
pour qu'elle soit aspirée par la pompe N et refoulée dans le transporteur malaxeur C qui la distribue dans les turbines.

La Cie de Fives-Lille construit des malaxeurs élévateurs de
masse cuite qui méritent d'être signalés : ils sont ou fixes ou placés sur un chariot monté sur roues qui permet de les placer au-
dessous de la porte de vidange qu'ils doivent desservir ; certains
possèdent un moteur spécial, d'autres sont mus par courroie.

La masse cuite tombe dans une trémie et est malaxée par un
tambour muni de dents qui se meuvent entre les barreaux d'une
grille fixe, de là elle tombe dans une chambre d'où elle est aspirée
par une pompe et refoulée dans la conduite qui la mène aux turbines ; un clapet de retenue maintient la colonne pendant les périodes d'aspiration.

TURBINAGE DES MASSES CUITES DE 2e JET

Les masses cuites de 2e jet sont turbinées après un séjour d'empli variable suivant les usines et la nature des produits ; dans certains cas on peut turbiner après 8 jours, dans d'autres seulement après un mois. L'opération s'effectue comme pour les premiers jets, mais généralement avec turbines couvertes et avec clairçage à la vapeur distribuée autour de la partie supérieure du panier. Les rendements obtenus à la turbine avec des masses cuites de 2e jet varient suivant qu'on fait des sucres à différents titrages. Deux essais faits par nous et publiés dans le *Bulletin de l'Association des Chimistes* nous ont fourni les résultats suivants (le sucre étant de grosseur moyenne) :

1er *essai*. — 2 mêmes poids de même masse cuite ont été turbinés séparément et ont donné, le premier un sucre dont voici l'analyse :

Polarisation directe..........	96,90	
Cendres...................	0,18	
Eau	2,04	Le rendement a été de 12 kilog. de sucre % kilog. de masse cuite.
Matières organiques........	0,88	
Rendement au coef. 4/2.....	96,18	

Le second a fourni un sucre d'analyse suivante :

Polarisation directe........	87,20	
Cendres...................	2,97	
Eau.....................	4,24	Le rendement a été de 24 kilog. de sucre % kilog. de masse cuite.
Matières organiques........	5,59	
Rendement au coef. 4/2.....	73,52	

2e *essai*. — 2 mêmes poids de même masse cuite ont été turbinés séparément et ont donné le premier un sucre de composition suivante :

Polarisation directe........	97,30	
Cendres...................	0,70	
Eau	0,64	Le rendement a été de 18 kilog. 10 de sucre % de masse cuite.
Matières organiques.........	1,36	
Rendement au coef. 4/2....	94,50	

Le second a fourni un sucre d'analyse suivante :

Polarisation directe........	94,50	
Cendres	1,33	Le rendement a été de 32 kilog.
Eau	1,80	20 % de masse cuite.
Matières organiques........	2,37	
Rendement au coef. 4/2.....	89,18	

Dans le 1ᵉʳ essai nous obtenons 0 kilog. 57 de perte pour une augmentation de 1 de rendement au coefficient 4/2, dans le 2ᵉ une perte de 2 kilog. 65.

Cela prouverait donc que les sucres sont très variables suivant les masses cuites, de plus que la perte pour 1 serait plus forte pour passer de 89 à 95 que pour passer de 75 à 89, ce qui était à prévoir.

En tous cas, cela montre que le fabricant doit étudier sérieusement la question de savoir à quel titrage il a avantage à turbiner.

Quant à nous, l'expérience et le calcul nous ont conduit la plupart du temps à produire des sucres variant entre 89,50 et 90,50 de rendement au coefficient 4/2.

Rentrée des égouts riches à la carbonatation et aux sirops

Dans un assez grand nombre d'usines on ne cuit pas tous les égouts de 1ᵉʳ jet pour produire de la masse cuite de 2ᵉ jet qui est envoyée à l'empli ; mais on fait rentrer dans le travail une partie de ces égouts. Nous sommes partisans de cette manière d'opérer, à condition qu'elle soit bien comprise.

Nous pensons que l'on n'a jamais jusqu'ici rentré tout l'égout de 1ᵉʳ jet, car cette manière de faire entraînerait une diminution sensible de la pureté et du coefficient salin de la masse cuite de 1ᵉʳ jet.

Si l'on analyse l'égout aux différentes phases du turbinage, on remarque qu'après le clairçage à l'eau et à la vapeur on obtient une mélasse beaucoup plus riche que celle qui s'écoule au commencement de l'opération ; cela se conçoit du reste facilement, car à ce moment la mélasse contient une assez grande quantité de sucre fondu.

Voici d'après M. Mittelmann (*Bul. assoc. chim.*), les quantités et natures des égouts aux différentes phases du turbinage d'une masse cuite ayant la composition suivante :

Sucre......................	85,20
Cendres....................	2,60
Eau.......................	8,00
Coefficient salin...............	32,79
Pureté.....................	92,60

La clairce était à 23° Bé froide.

Turbinage.

	Commence-ment.	Milieu et fin.	Clairçage.	Fin et vapeur.
	hect.	hect.	hect.	hect.
100 hect. de masse cuite donnent hect. d'égouts.......	35.20	22	10	8
Densité....................	42	42	39.5	40
Sucre.....................	56.40	56.90	54.60	58.80
Cendres...................	6.04	6	5.40	4.14
Eau	25	25.50	31.30	29.50
Coef. salin...	9.33	9.48	10.11	14.20
Pureté....................	75.20	76.24	79.49	83.40

Ici se pose une question : dans quelle phase. du travail doit-on faire rentrer l'égout ? M. Manoury a proposé de le rentrer à la diffusion ; mais ce procédé, appliqué dans quelques usines, ne paraît pas avoir donné de résultats satisfaisants. D'un autre côté, en faisant entrer l'égout à la première carbonatation on augmente la perte en sucre aux écumes. La plupart des fabricants les font donc rentrer à la 2ᵉ carbonatation.

Les essais de M. Mittelmann (*Bul. assoc. chim.*), prouvent qu'en opérant de cette façon, et en ne faisant rentrer que l'égout final, on augmente la pureté des jus de 2ᵉ carbonatation. et des sirops.

Jus de 2ᵉ carbonatation.

	Sans égouts			Avec égouts		
Densité..............	3.9	4.4	4.3	4.5	4.8	4.6
Sucre................	8.99	9.80	9.72	10.12	10.93	10.41
Cendres..............	0.30	0.32	0.32	0.32	0.38	0.35
Chaux	0.05	0.08	0.11	0.04	0.06	0.08
Alcalinité	0.25	0.22	0.36	0.26	0.20	0.35
Coefficient salin	29.97	30.62	30.39	31.62	28.70	29.74
Pureté	85.6	85.4	86.7	86.5	87.4	86.7

Sirop.

	Sans égouts	Avec égouts
Densité...............................	23	24
Sucre...............................	36.50	39
Cendres.............................	1.44	1.37
Chaux..............................	0.08	0.07
Alcalinité..........................	0.49	0.52
Coefficient salin......................	25.34	28.46
Eau................................	57	58
Pureté.............................	85	92 85

Dans certaines usines la rentrée des égouts se fait aussi aux sirops. Cette manière d'opérer présente l'avantage d'éviter une légère perte en sucre dans les écumes de 2ᵉ carbonatation, mais elle prive ceux-ci de l'épuration qu'ils subissent par leur mélange aux jus dans la chaudière de 2ᵉ carbonatation avant le commencement de cette opération.

Citons à ce sujet une expérience que nous avons faite pour nous rendre compte de l'épuration possible d'une masse cuite de 2ᵉ jet par la carbonatation.

	Masse cuite initiale	4 °/₀ de lait et car-bonatation
Densité..		1364
Polarisation..........................	69.40	56.90
Sels	6.46	5.06
Chaux..............................	0.034	0.0057
Alcalinité...........................	0.29	0.16
Coefficient salin......................	10.74	11.24
Coefficient calcique...................	0.53	0.11
Alcalinité °/₀ de sucre...............	43.2	28.1

Le plus souvent il y a lieu de diminuer la quantité d'égouts rentrés à mesure que la fabrication avance ; en tous cas on devra suivre la pureté des égouts qu'on fait rentrer et ne pas dépasser une certaine limite inférieure. On sera même souvent obligé de supprimer les rentrées d'égout dans les dernières semaines de fabrication.

En 1891-92, la pureté moyenne des égouts rentrés dans le travail à l'usine où nous nous trouvions à cette époque a été de 85,2, inférieure de 3,0 à celle des égouts de la campagne précédente ; mais il faut ajouter qu'au lieu de rentrer 0 litre 795 par 100 kilog. de betteraves comme en 1890-91, nous avions rentré 1 litre 68 et nous avions obtenu de cette manière une augmentation de rendement d'environ 1 % en 1ᵉʳ jet par 100 kilog. de betteraves.

Certaines usines qui font la rentrée des égouts effectuent une liquidation tous les huit ou quinze jours ; nous n'en avons jamais éprouvé le besoin.

Différents chimistes qui se sont occupés de la composition des égouts riches à différentes phases du turbinage ont trouvé des résultats très différents ; cela tient, pensons-nous, à ce que l'égout séjourne plus ou moins longtemps entre le panier et la cuve de la turbine avant de couler par la goulotte qui le déverse dans les gouttières. Pour diminuer ce séjour, on peut placer dans la turbine un faux fond très incliné vers l'orifice de vidange.

Pour opérer la séparation des égouts, on dispose de deux gouttières, l'une destinée à recevoir l'égout pauvre envoyé à l'appareil à cuire les bas produits, l'autre destinée à recevoir l'égout riche ; une plaque qui au moyen d'un levier peut être basculée soit du côté d'une gouttière, soit de l'autre, distribue l'égout dans l'une ou l'autre de celles-ci ; le levier est généralement manœuvré par le turbineur qui le fait mouvoir avec son pied. On peut encore rendre la manœuvre automatique en rendant ce lévier dépendant du robinet de vapeur destiné au clairçage.

CUITE DES 2mes JETS EN GRAINS

Depuis quelques années, un certain nombre de fabricants cuisent les égouts de 1ᵉʳ jet en grains, de manière à turbiner la masse cuite de 2ᵉ jet sans l'envoyer dans les bacs d'empli. Ce procédé donne des résultats satisfaisants à condition que ladite masse cuite possède un cofficient salin assez élevé.

Voici quelques exemples :

Composition de la masse cuite

Densité 1546
Polarisation 75,50

Cendres...................... 6,29
Eau.......................... 5,76
Matières organiques........... 12,45
Chaux........................ 0,028
Alcalinité en chaux........... 0,11
Coefficient salin.............. 12,00
Coefficient organique.......... 66,4
Coefficient calcaire........... 0,45
Pureté réelle................. 80,1
Rendement à l'hectolitre....... 39 kg. 66

Le sucre titrait environ 94,00 au coefficient 4/2.

Composition de la masse cuite.

Densité 1561
Polarisation.................. 72,20
Cendres...................... 6,68
Eau.......................... 3,54
Mat. org..................... 16,96
Chaux........................ 0,039
Alcalinité en chaux........... 0,09
Coefficient salin.............. 10,81
Coefficient organique 71,7
Coefficient calcaire........... 0,58
Pureté réelle................. 74,8
Rendement à l'hectolitre....... 30 kg. 24

Le sucre titrait environ 91,00 au coefficient 4/2.

Composition de la masse cuite

Densité 1560
Polarisation.................. 71,20
Cendres...................... 7,50
Eau.......................... 4,85
Mat. org..................... 15,79
Chaux........................ 0,076
Alcalinité en chaux........... 0,09
Coefficient salin.............. 9,49
Coefficient organique.......... 67,8
Coefficient calcique........... 1,01
Pureté réelle................. 74,8
Rendement à l'hectolitre....... 20 kg. 95

Le sucre titrait environ 90,00 au cofficient 4/2.

Chaque série de résultats que nous venons de donner est la moyenne de 10 cuites ; certaines d'entre elles ont donné un rendement de 50 kilog. à l'hectolitre, d'autres par contre ont donné très peu. Il faut attribuer ces différences à ce fait que, au moment où ces essais ont été faits, les fabricants n'étaient pas encore au courant du travail des 2ᵉˢ jets en grains.

Nous sommes convaincus qu'avec des betteraves moyennes et un travail suffisamment soigné on peut arriver au bout de quelque temps à un rendement voisin de 50 kilog. ; dans certaines usines on a même atteint, paraît-il, 62 kilog.

Donnons encore deux analyses de masses cuites de 2ᵉ jet cuites en grains, provenant de deux usines différentes.

Poids du litre...............	1546	
Polarisation...............	74,90	73,90
Sels...................	6,23	6,60
Eau....................	6,13	6,28
Mat. org..................	12,74	13,22
Chaux...................	0,034	0,119
Alcalinité en chaux.........	0,20	0,09
Coefficient salin............	12,02	11,19
Coefficient organique........	67,1	66,7
Coefficient calcique.........	0,54	1,80
Pureté réelle...............	79,8	78,8

La 2ᵉ masse cuite a donné environ 45 kilog. de sucre à l'hectolitre ; en voici l'analyse :

Polarisation...................	95,70
Cendres.....................	0,95
Eau.......................	1,60
Mat. org....................	1,75
Coef. org...................	64,8
Rendement au coef. 4/2.......	91,90

Pour cuire les égouts de 2ᵉ jet en grains, on commence par les diluer à environ 25° Baumé ; le plus souvent il faut grainer avec 21 pouces de vide, puis nourrir le grain à 18 pouces ; on devra serrer moins fort que pour les 1ᵉʳˢ jets ; suivant la nature des produits on arrivera à 20, 21 ou 22 pouces.

Pour terminer ce sujet, nous donnons quelques analyses de ces masses cuites provenant d'usines différentes.

Masses cuites de 2ᵉ jet.

	Nᵒ 1	Nᵒ 2	Nᵒ 3	Nᵒ 4	Nᵒ 5
Densité............	1527	1480	»	»	»
Polarisation........	72.15	69.85	69.65	73.82	70.53
Cendres............	6.55	6.25	6.96	5.92	7.69
Eau	8.07	12.36	»	11.28	10.07
Mat. organ........	12.96	11.54	»	8.98	11.71
Chaux.............	0.041	0.037	0.063	0.129	0.040
Alcalinité et chaux	0.18	0.27	0.253	0.196	0.410
Coef. salin........	11.02	11.17	10.01	12.47	9.17
Coef. org..........	66.4	64.8	»	60.0	60.0
Coef. calc.........	0.63	0.59	0.90	2.18	0.52
Pureté réelle.......	78.48	79.7	»	83.20	78.42
Rᵗ moyen à l'hectol.	»	44.9	»	»	»

Chacune de ces analyses se rapporte à la moyenne de toute une campagne, l'usine nᵒ 3 pratiquait la rentrée des égouts.

CUISSON ET TURBINAGE DES 3ᵉ ET DES 4ᵉ JETS

Les égouts de 2ᵉ jet sont cuits comme ceux de 1ᵉʳ jet et envoyés à l'empli ; ils constituent alors la masse cuite de 3ᵉ jet qui est turbinée suivant les usines après 2 ou 3 mois de séjour dans les bacs ; cette opération donne du sucre roux de 3ᵉ jet et de l'égout de 3ᵉ jet. Ce dernier produit est souvent livré sous le nom de mélasse au distillateur qui la soumet à la fermentation afin de produire de l'alcool ; il obtient comme bas produits des salins de potasse ou potasses brutes. La mélasse est encore utilisée pour la fabrication du cirage ; elle a été pendant quelques années très couramment travaillée dans les sucrateries. Nous aurons du reste à revenir sur ce sujet en traitant les différents procédés de travail des mélasses.

Mais le plus souvent les égouts de 3ᵉ jet sont cuits à leur tour ; ils constituent alors la masse cuite de 4ᵉ jet qui séjourne à l'empli environ 3 mois et plus ; elle est enfin turbinée et donne alors du sucre de 4ᵉ jet et de la mélasse qui cette fois est vendue au distillateur, à moins qu'elle ne soit soumise à un travail spécial par un des procédés que nous décrirons plus loin.

Pertes à la cuite de 3e jet. — M. Battut (1) donne les résultats de trois expériences sur les pertes à la cuite de 3e jet.

Sucre perdu pour
100 kg. de betteraves.

1	0,0271
2	0,0220
3	0,0371
Moyenne	0,0287

Composition de masses cuites de 3e jet.

Densité	1491	1522
Polarisation	64,20	64,47
Cendres	9,11	8,48
Eau	12,14	10,43
Mat. org	14,55	16,41
Chaux	0,042	0,053
Alcalinité en chaux	0,34	0,16
Coef. salin	7,05	7,60
Coef. org	61,5	66,0
Coef. calcique	0,46	0,62
Pureté réelle	73,1	72,0
Rendement moyen à l'hectol.	31 kg.	

Composition de masses cuites de 4e jet.

Densité	1529
Polarisation	56,71
Cendres	11,19
Eau	10,33
Matières organiques	21,51
Chaux	0,068
Alcalinité en chaux	0,15
Coefficient salin	5,07
Coefficient organique	65,7
Coefficient calcique	0,61
Pureté réelle	63,2

CRISTALLISATION EN MOUVEMENT DES MASSES CUITES DE 2e JET

Les cristallisoirs, analogues à ceux de MM. Stammer et Bock dont nous avons parlé à la fin du chapitre précédent, servent non seulement au travail des masses cuites de 1er jet, mais encore à celui

(1) *Bulletin de l'Association des Chimistes.*

des masses cuites de 2ᵉ jet. On opère alors de la manière suivante :

Les égouts de 1ᵉʳ jet sont cuits à 12 % d'eau environ ; ils sont portés à la température de 65 ou 70° à leur entrée dans l'appareil chauffé préalablement par une circulation de vapeur dans la double enveloppe. On élève progressivement la température à 80° environ et on laisse ensuite descendre cette température à raison de 1 degré par 2 heures en introduisant dans la double enveloppe l'eau ayant servi dans l'enveloppe d'un appareil voisin et ce, jusqu'à ce que la température soit tombée à 30°.

A la fin de l'opération on réchauffe à 50° avant de vidanger la masse cuite cristallisée. La durée d'une opération est de 3 jours 1/2 pendant lesquels l'agitateur central ne cesse de tourner.

La formation des cristaux aurait surtout lieu entre 65° et 50°.

Le turbinage de la masse cristallisée se fait immédiatement à la sortie de l'appareil ; les égouts en provenant sont cuits et mis en bacs pour les faire cristalliser à la façon ordinaire.

Certains chimistes conseillent de laisser dans l'appareil un pied de cuite d'environ 1/3 du volume total pour l'opération suivante ; le Dʳ Lippmann n'est pas de cet avis, il a obtenu ainsi (en raffinage) des cristaux très gros qui rendaient le turbinage difficile. Dans certaines sucreries on ne laisse pas de pied de cuite, mais on ajoute du sucre comme amorce dans l'appareil.

On a également essayé la cristallisation en mouvement des 3ᵉˢ jets ; on a obtenu, nous dit M. Aulard, 24 kilog. de sucre à l'hectolitre au bout de 9 jours ; le même auteur annonce des rendements en 2ᵉ jet de 49 kilog. à l'hectolitre sans laisser de pied de cuite et sans ajouter de sucre. D'après d'autres auteurs on aurait atteint (toujours en 2ᵉ jet) 72 kilog. de sucre à l'hectolitre de masse cuite, sucre polarisant 95° ; nous ignorons si ce résultat comprend du sucre ajouté comme amorce ou simplement le sucre d'un pied de cuite laissé dans l'appareil.

TABLE DES MATIÈRES PAR ORDRE ALPHABÉTIQUE

EN VENTE A LA MÊME LIBRAIRIE

Agenda du Fabricant de sucre et du Distillateur, par le D^r Ch. Stammer, traduit de l'allemand avec l'autorisation de l'auteur et suivi d'un Traité d'analyse chimique à l'usage des Fabricants de sucre et des Distillateurs, par H. Pellet et L. Biard, chimistes. 1 vol. in-18°, 550 p., avec figures dans le texte, cartonné..... 5 fr. 50

Traité de la Distillation des produits agricoles et industriels, par J. Fritsch, ☼, ex-secrétaire de la rédaction du journal *La distillerie française* (1884 à 1893) et E. Guillemin, chimiste de distillerie. 1 vol. in-8, avec 92 figures dans le texte, br...................... 8 fr.

Ouvrage couronné par la Société d'Encouragement

Culture et distillation de la betterave et du topinambour, d'après les procédés les plus récents, par J. Fritsch, ☼, et E. Guillemin. 1 vol. in-16, avec figures dans le texte, cart............. 5 fr.

Nouveau traité de la fabrication des liqueurs, par J. Fritsch, ☼, avec le concours de M. A. Fescq, chef distillateur. 1 vol. in-8°, 550 p. avec 51 figures dans le texte. 2e tirage, br.................... 10 fr.

Fabrication de la fécule et de l'amidon, d'après les procédés les plus récents, par J. Fritsch, ☼. 1 vol. in-16, avec 100 figures dans le texte, br... 6 fr.

La fabrication des eaux-de-vie par la distillation des vins, cidres, fruits, etc., par Ch. Steiner, chimiste-distillateur. 1 vol. in-8°, 500 p. et nombreuses gravures dans le texte, br..................... 4 fr.

Fabrication des essences et des parfums. — Descriptions des plantes à parfums. — Extraction des essences et des parfums par distillation, par expression et par les dissolvants. — Falsification des parfums. — Méthodes d'analyse. — Parfums artificiels, par J.-P. Durvelle, chimiste-parfumeur. 1 vol. in-8°, 450 p., avec 82 figures dans le texte, broché... 6 fr.
Elégamment cartonné.................................. 6 fr. 60

Nouveau guide du parfumeur ou l'art de composer les parfums, par J.-P. Durvelle, chimiste-parfumeur. 1 vol. in-16 avec figures dans le texte (*Sous presse*).

Typographie Ed. Monnoyer.